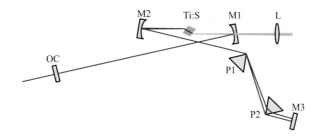

彩图1（见图3.8，101页）

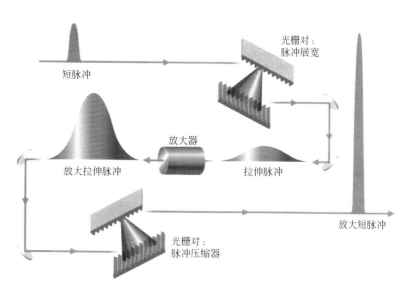

短脉冲

光栅对：
脉冲展宽

放大器

放大拉伸脉冲

拉伸脉冲

光栅对：
脉冲压缩器

放大短脉冲

彩图2（见图3.18，112页）

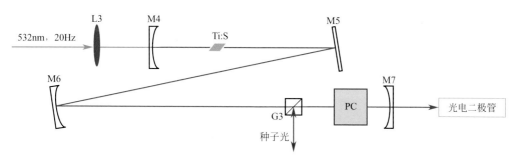

532nm，20Hz

L3 M4 Ti:S M5

M6 G3 PC M7 光电二极管

种子光

彩图3（见图3.21，114页）

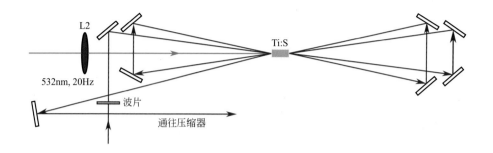

彩图4（见图3.22，115页）

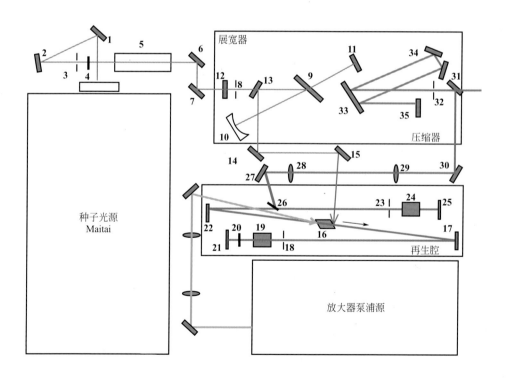

彩图5（见图3.23，116页）

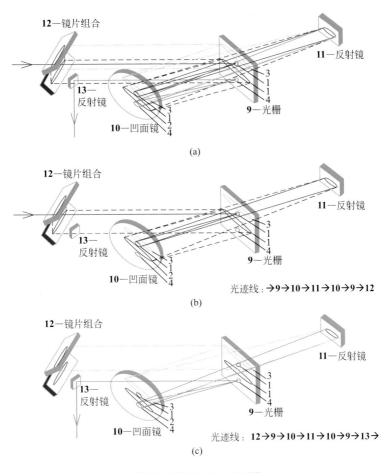

12—镜片组合

11—反射镜

13—反射镜

10—凹面镜

9—光栅

(a)

12—镜片组合

11—反射镜

13—反射镜

10—凹面镜

9—光栅

光迹线：→9→10→11→10→9→12

(b)

12—镜片组合

11—反射镜

13—反射镜

10—凹面镜

9—光栅

光迹线：**12→9→10→11→10→9→13→**

(c)

彩图6（见图3.24，117页）

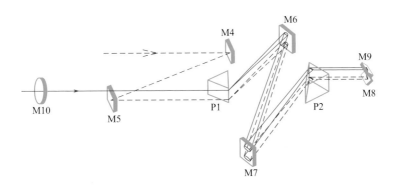

M4

M6

M9

M10

M5

P1

P2

M8

M7

彩图7（见图3.26(c)，119页）

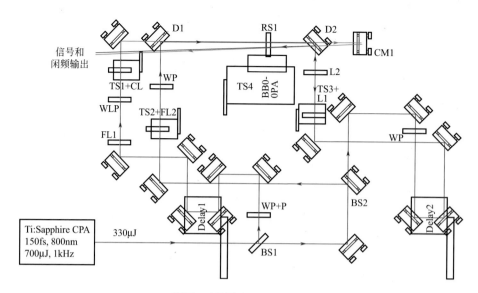

彩图8（见图3.34，128页）

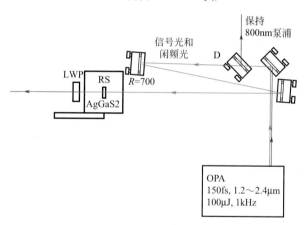

彩图9（见图3.35，129页）

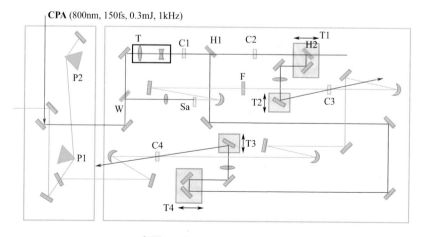

彩图10（见图3.36，130页）

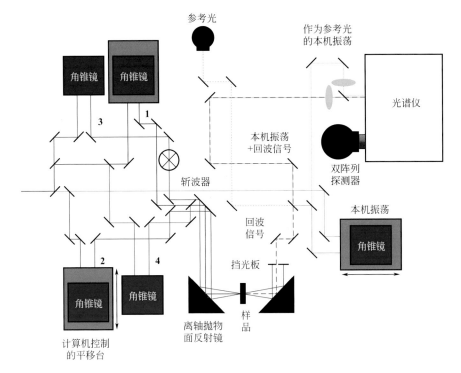

彩图11 （见图6.3，198页）

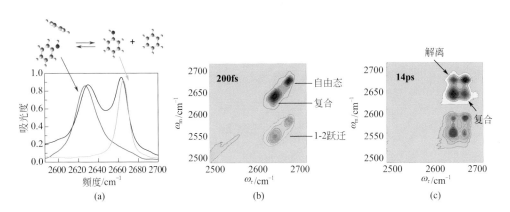

(a)　　　　　　(b)　　　　　　(c)

彩图12 （见图6.7，206页）

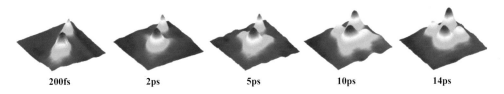

200fs　　**2ps**　　**5ps**　　**10ps**　　**14ps**

彩图13 （见图6.8，207页）

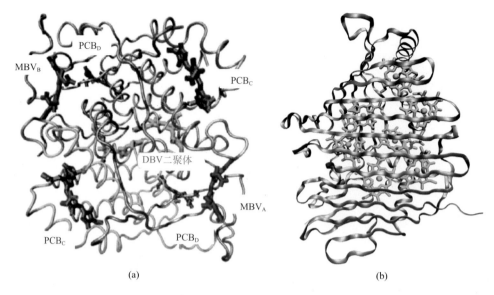

(a)   (b)

彩图14 （见图7.11，246页）

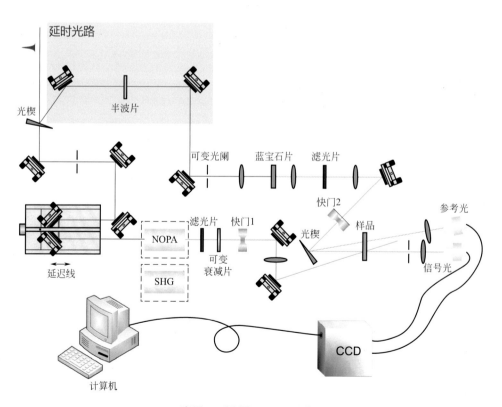

彩图15 （见图9.9，277页）

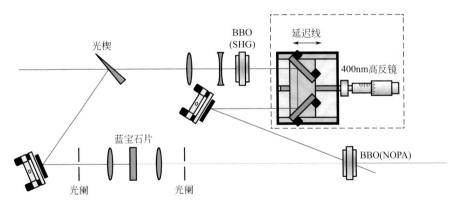

光楔 BBO (SHG) 延迟线 400nm高反镜 蓝宝石片 光阑 光阑 BBO(NOPA)

彩图16 （见图9.11，278页）

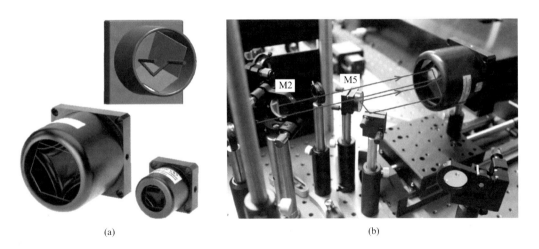

(a)   (b)

彩图17 （见图9.13，279页）

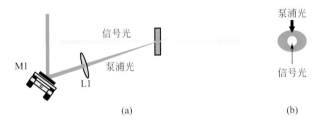

(a)   (b)

彩图18 （见图9.14，280页）

彩图19（见图9.20(a)，284页）

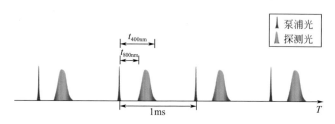

彩图20（见图9.22(a)，287页）

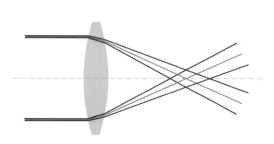

彩图21（见图9.24，289页）

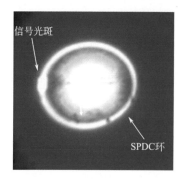

彩图22（见图12.7，346页）

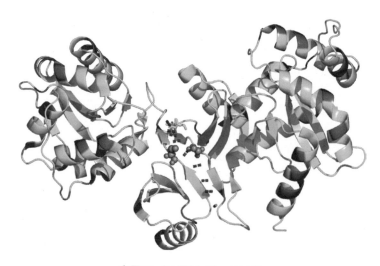

彩图23（见图14.20，415页）

国家科学技术学术著作出版基金资助出版

Ultrafast Spectroscopy
—— Principles and Techniques

超快激光光谱原理与技术基础

翁羽翔　陈海龙　等编著

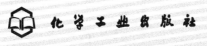

化学工业出版社
·北京·

本书较系统地介绍了超快光谱研究所涉及的理论基础和实验技能。全书共 16 章，主要内容包括：时间分辨光谱的历史和进展，分子光谱学基础，飞秒激光技术，非线性光谱学基础、原理及其应用，二维光谱实验及应用，飞秒瞬态吸收光谱技术及数据分析方法，荧光偏振及各向异性原理，超快荧光测量技术，飞秒激光脉冲性质表征方法，脉冲升温-纳秒时间分辨中红外瞬态吸收光谱，激光光谱实验中噪声与微弱信号测量以及计算机接口技术。

本书可作为从事时间分辨光谱研究科技人员的参考书，尤其适合进入该领域的研究生。书中对光谱学一些基本概念的阐述及光学实验技能的介绍也适合本科高年级学生。

图书在版编目（CIP）数据

超快激光光谱原理与技术基础/翁羽翔、陈海龙等编著．—北京：化学工业出版社，2013.2（2021.1重印）

ISBN 978-7-122-16010-2

Ⅰ．①超…　Ⅱ．①翁…，②陈…　Ⅲ．①激光光谱-研究　Ⅳ．①O433.5

中国版本图书馆 CIP 数据核字（2012）第 296137 号

责任编辑：李晓红　　　　　　　　　　　文字编辑：丁建华
责任校对：洪雅姝　　　　　　　　　　　装帧设计：王晓宇

出版发行：化学工业出版社（北京市东城区青年湖南街 13 号　邮政编码 100011）
印　　装：北京虎彩文化传播有限公司
710mm×1000mm　1/16　印张 29½　彩插 4　字数 594 千字　2021 年 1 月北京第 1 版第 4 次印刷

购书咨询：010-64518888　　　　　　　售后服务：010-64518899
网　　址：http://www.cip.com.cn

凡购买本书，如有缺损质量问题，本社销售中心负责调换。

定　　价：128.00 元

实现物质状态变化的过程远比状态自身丰富和精彩。 超快时间分辨光谱就是应用光谱学的理论和方法探究超短极限时间尺度内物质运动和变化过程的学科。 恰如在极小空间内物质运动位置和动量的变化满足量子力学中不确定性原理那样，在超短时间内，物质运动的时间与其对应的能量状态同样也满足量子力学的不确定性原理，也就是说，超快光谱可以通过探测物质的极限时间内的运动揭示其蕴藏的量子现象，不仅仅包含量子态的定态特征，还包含了量子态间的耦合和相互作用。 正如极限运动给人类带来莫大的惊喜，对时间极限内物质运动的探究同样给人类带来了惊喜。 超快时间分辨光谱在其漫长的发展过程中，取得了方方面面的成就，然而对于化学家而言，最动人心魄的莫过于 A. Zewail 教授领导的研究组对反应过渡态进行的超快光谱研究，并最终在人类历史上首次在飞秒至皮秒的时间尺度内实时观测到了反应过渡态化学键的断裂过程，并因此而获得 1998 年度的诺贝尔化学奖。 该成果的获得不仅仅得益于对当时最先进飞秒激光技术的掌握，更得益于他们对量子力学相干态波包运动理论的深刻理解。 他们的成功也说明了现代科学发展的一个趋势：没有扎实的理论基础就无法设计尖端的实验，也无法正确解读所获得的实验结果；同样，没有精湛的实验技术和深厚的实验功底根本就无法开展尖端的实验。 这两种不同的能力要在一个人的身上统一起来，对个人的素质要求就越高，训练的时间也越久。 好在飞秒激光技术的进展，特别是掺钛蓝宝石飞秒自锁模技术的发明，飞秒激光的稳定性和可操控性极大地提高，超快时间分辨光谱已不再是少数激光专家手中的利器。 作为一种强有力的研究手段，超快激光光谱技术正在向各个研究领域渗透，被越来越多的科研人员所掌握。 超快光谱应用极其广泛，涉及分子激发态、光化学反应、光催化过程、能量及电荷传输过程(包括光合作用原初过程、人工光伏、发光器件等)、纳米材料表征、蛋白质折叠动力学、超导电子库伯对、自旋电子学、生物医学等重要领域。

超快光谱的重要性尽管早已为国人所知，但与发达国家相比，我国在这方面的发展还是相对落后。 一方面是因为超快光谱技术本身的复杂性以及学科交叉的特点，另一方面与分子超快过程相关的理论也有一定的深度，归根结底是优秀人才队伍的相对缺乏。 我国科研及教学单位对超快光谱研究的需求日益增大，需要更多的青年才俊。国内尚无针对从事该领域研究的入门书籍，因此，撰写一本中文的超快光谱原理与技术方面的入门书籍，对于国内研究生的训练和人才的培养十分必要。

2009 年化学工业出版社李晓红博士邀我写一本超快光谱方面的书，考虑到自己一直脱离教学工作，何况科研任务繁重，一直不敢应承这件事。 然而这也给了我一个思考的机会，如果我是一个初入此道的新手，最需要掌握的应该是哪些方面？ 然而超快时间分辨光谱本身就像一条还在开拓流域，尚未定型的大河，要描摹超快时间分辨光谱的概貌，就个人的学识而言，是一件令人知难而退的事。

好在国外不少知名学者已采用不同的方式对超快光谱学的原理和方法进行了详细

的介绍，本书不少章节采用了"拿来主义"的原则，在此要特别感谢瑞士苏黎世大学 Peter Hamm 教授允许我们翻译他尚未完全出版的手稿（第4、5章），美国 Rice 大学郑俊荣教授允许我们采用他为《物理》杂志撰写的综述。本书编写宗旨是系统地介绍超快光谱测量的基本原理，测量方法及各种相关器件，并融合了一线工作者自身的经验和体会，不仅让初入门者对整个领域有一个富有整体感的认识，也从中学到一些实用的技能和方法。

在编写本书的过程中我个人也受益匪浅，特别是对一些概念和名词的辨析。例如波函数的初始位相，在量子化学中很少提及，而在分子系综内制备相干态时，就要涉及这一概念。又如量子系统纯态和混合态的区别，是密度矩阵可以用量子力学描述统计系统的基础；而对薛定谔方程算符法求解，不需要知道波函数的具体形式就能给出量子数满足的关系，一下子就让人领略到量子力学的精髓；分子跃迁的选择定则完全基于光子具有动量而没有自旋这一基本事实。我自己在本科和硕士阶段都学过分子点群知识，也知道其重要性，但就是不会应用。因此在分子光谱基础这一章中，以删繁就简的方式，着重演示了点群在分子光谱跃迁选择判定中的应用。

本书的编写倾注了研究组老师和同学的心血。在实验经验的介绍中，相关作者都采取了毫无保留的态度，如在与何小川同学的讨论和对内容的修改过程中，我能够感受到他那种认真和无私的态度：恨不得把他所知道的一切都告诉给读者，以避免实验中他所走过的弯路。离开这些尽责、认真的同事、学生和朋友，这本书是无法完成的，在此，向我的合作者表示衷心的感谢。每位作者的贡献按章节的目次排列如下：第1章翁羽翔；第2章翁羽翔，徐妍妍；第3章王专；第4、5章陈海龙译，翁羽翔校；第6章采用 Rice 大学郑俊荣教授发表在《物理》上的综述，翁羽翔作部分增减。第7、8章翁羽翔编译；第9章何小川；第10章陈海龙，何小川；第11章党伟译，翁羽翔校；第12章陈海龙，党伟，朱刚贝；第13章于志浩，翁羽翔，王专；第14章李姗姗，戴家骏，翁羽翔；第15章黄晓淳，李德勇，翁羽翔；第16章于志浩，陈岐岱(吉林大学教授)，何小川。全书由翁羽翔审阅。朱刚贝同学为本书的插图做了大量的工作，王专老师在本书的编排过程中做了大量的工作。另外，也向先前毕业的同学张蕾、张庆利、陈兴海、王莉、韩晓峰、李恒、叶满萍、都鲁超等，以及合作者美国南乔治亚大学物理系张景园教授、生物物理研究所王志珍院士表示感谢，他（她）们的工作构成了本书部分章节的内容。

在本书的编写过程中，阅读和写作给我带来了很大的乐趣，希望这份乐趣也能够带给读者。

翁羽翔

2013 年 3 月

|目录| | CONTENTS |

第1章　时间分辨光谱技术导论　　1

1.1　时间分辨光谱概述　　2

1.1.1　时间分辨简介　　2

1.1.2　飞秒化学　　5

1.2　量子波包　　11

1.2.1　量子力学波包　　11

1.2.2　里德堡(Rydberg)态波包　　14

1.2.3　波包再现结构　　15

1.2.4　波包的制备与激发光脉宽　　17

1.2.5　波包的产生　　19

1.2.6　波包运动的实验测量方法　　21

1.2.7　波包测量实例分析　　23

1.3　密度矩阵表示　　32

1.3.1　相干态的密度矩阵表示　　32

1.3.2　密度算符与密度矩阵　　33

1.3.3　纯态和混合态　　33

1.3.4　混合态的密度矩阵　　34

1.4　飞秒光相干振动激发的唯象处理　　37

1.5　低频振动相干态冲击受激拉曼散射实验测量及理论分析　　40

1.5.1　相干态冲击受激拉曼散射泵浦-探测实验测量　　40

1.5.2　相干态冲击受激拉曼散射实验结果的理论分析　　43

参考文献　　53

第2章　分子光谱学基础　　55

2.1　光谱的量子本性　　56

2.1.1　一维谐振子的波函数　　56

2.1.2　角动量的量子化特征　　63

2.2　轨道与电子态　　66

2.2.1　原子轨道与电子态　　66

2.2.2　分子轨道与电子组态　　70

2.3　分子对称性与分子点群　　72

2.4　电子跃迁与光谱　　75

2.4.1　分子的光吸收　　75

2.4.2　跃迁矩　　76

2.5　光谱跃迁选择定则　　79

2.5.1　原子的电子跃迁选择定则　79
2.5.2　分子的电子态跃迁选择定则　80
2.5.3　电子态跃迁中的振动跃迁选择定则　82
2.5.4　纯振动、转动跃迁选择定则　85
2.6　激发态性质　87
2.6.1　激发态表示方法　87
2.6.2　激发态寿命　87
2.6.3　激发态能量　88
2.6.4　溶剂效应　88
2.6.5　无辐射跃迁过程　89
2.6.6　激发态反应的 Kasha 规则　91
参考文献　92

第3章　飞秒激光技术　93
3.1　飞秒脉冲激光器的发展　94
3.2　克尔透镜锁模掺钛蓝宝石飞秒激光振荡器　95
3.2.1　掺钛蓝宝石晶体的性质　95
3.2.2　克尔透镜锁模原理　96
3.2.3　钛宝石激光器谐振腔　100
3.2.4　激光器锁模运转特性　104
3.2.5　色散与色散补偿　108
3.3　啁啾脉冲放大器　111
3.3.1　展宽器与压缩器　112
3.3.2　啁啾脉冲放大器工作原理与结构　113
3.3.3　啁啾脉冲放大器实例介绍　115
3.4　非线性光学频率变换　120
3.4.1　近红外波段共线光参量放大　120
3.4.2　可见光波段非共线光参量放大　123
3.4.3　如何获得紫外、中红外波段的飞秒脉冲　125
3.4.4　频率变换装置实例介绍　128
参考文献　131

第4章　非线性光谱学基础　133
4.1　密度算符　134
4.1.1　纯态的密度算符　134
4.1.2　密度算符的时间演化　134
4.1.3　统计平均的密度算符　135
4.1.4　二能级系统密度矩阵的时间演化：无微扰情形　136
4.1.5　Liouville 表示下的密度算符　137
4.1.6　退位相　138

4.1.7　各种表示的层级结构　138

4.1.8　二能级系统密度矩阵的时间演化：光学 Bloch 方程　139

4.2　微扰展开　141

4.2.1　动机：非微扰展开的局限　141

4.2.2　时间演化算符　142

4.2.3　相互作用表象　143

4.2.4　备注：Heisenberg 表象　144

4.2.5　波函数的微扰展开　145

4.2.6　密度矩阵的微扰展开　145

4.2.7　非线性光学简介　147

4.2.8　非线性极化强度　147

4.3　双边 Feynman 图　148

4.3.1　Liouville 路径　148

4.3.2　时序和准冲击极限　151

4.3.3　旋转波近似　152

4.3.4　相位匹配　153

参考文献　154

第5章　非线性光谱学原理及其应用　155

5.1　非线性光谱学　156

5.1.1　线性光谱学　156

5.1.2　三能级系统的泵浦-探测光谱学　158

5.1.3　量子拍光谱学　161

5.1.4　双脉冲光子回波光谱学　162

5.2　退相位的微观理论：光谱线型的 Kubo 随机理论　165

5.2.1　线性响应　165

5.2.2　非线性响应　169

5.2.3　三脉冲光子回波光谱学　172

5.3　退位相的微观理论：Brown 振子模型　175

5.3.1　含时哈密顿量的时间演化算符　175

5.3.2　Brown 振子模型　177

5.4　二维光谱仪：三阶响应函数的直接测量　183

5.4.1　单跃迁的二维光谱　183

5.4.2　一组耦合振子的二维红外光谱　185

5.4.3　弱耦合振动态的激子模型　187

参考文献　190

第6章　二维红外光谱　191

6.1　简介　193

6.1.1　二维红外光谱定义　193

6.1.2　二维红外光谱的用途　194

6.2　二维红外光谱原理　195

6.3　二维红外光谱实验　196

6.3.1　飞秒红外激光光源　196

6.3.2　二维红外光谱仪　196

6.3.3　二维红外光谱图　202

6.4　二维红外光谱的应用　204

6.4.1　快速动态变化　204

6.4.2　分子结构　214

6.4.3　分子间相互作用　219

6.5　展望　220

参考文献　220

第7章　二维电子态相干光谱原理、实验及理论模拟　223

7.1　二维光谱原理　224

7.2　二维可见光谱实验装置　228

7.3　数据采集及计算　233

7.4　理论　236

7.5　实验结果与讨论　239

7.5.1　实验　239

7.5.2　理论模拟　241

7.6　二维电子光谱应用举例　245

附：三能级系统的三阶响应函数　249

参考文献　251

第8章　二维飞秒时间分辨光谱概论　253

8.1　背景介绍　254

8.2　一维傅里叶变换谱　255

8.3　自由感应衰减　257

8.4　非线性响应　259

8.5　信号辐射和传播　261

8.6　密度矩阵方法及双边费曼图　261

8.7　二维傅里叶变换谱　265

参考文献　266

第9章　飞秒瞬态吸收光谱及常规光路调节技术　267

9.1　简介　268

9.2　实验光路　268

9.3　数据采集与计算　269

9.3.1 瞬态光谱动力学 269
9.3.2 数据采集 272
9.3.3 采集程序 274
9.4 超快实验光路调节技巧 274
9.4.1 双镜法调节光路 274
9.4.2 光程设定 275
9.4.3 延迟线 276
9.4.4 重合的调节 279
9.4.5 光楔的使用 280
9.4.6 偏振调节 281
9.4.7 翻转镜的使用 282
9.5 超连续白光 283
9.5.1 白光产生简介 284
9.5.2 白光产生条件 285
9.5.3 白光的色散与色差 286
9.6 实验检错 289
9.7 其他测量方法 290
9.7.1 锁相放大器 290
9.7.2 门积分平均器 291
9.7.3 电荷耦合器件 292
参考文献 295

第10章 奇异值分解及全局拟合数据处理方法 297
10.1 方法简介 298
10.2 数据矩阵的准备 300
10.3 奇异值分解的计算 301
10.4 组分的选择方法 303
10.5 物理模型的建立 305
10.6 全局拟合 307
参考文献 309

第11章 荧光的偏振性与荧光发射的各向异性 311
11.1 荧光偏振状态的表征（偏振比和发射各向异性) 313
11.1.1 线性偏振光激发 313
11.1.2 自然光激发 316
11.2 瞬时和稳态各向异性 316
11.2.1 瞬时各向异性 316
11.2.2 稳态各向异性 317
11.3 各向异性的加和法则 317
11.4 发射各向异性与发射跃迁矩角分布之间的关系 318

11. 5　分子固定不动取向随机分布的情形 319
11. 5. 1　吸收跃迁矩和发射跃迁矩相互平行的情形 319
11. 5. 2　吸收跃迁矩和发射跃迁矩非平行的情形 321
11. 6　转动布朗运动效应 323
11. 6. 1　自由转动 323
11. 6. 2　受阻转动 327
11. 7　应用 328
参考文献 330

第12章　超快荧光测量技术 331
12. 1　超快荧光测量技术简介 332
12. 2　荧光上转换技术 333
12. 2. 1　相位匹配 333
12. 2. 2　光谱带宽与群速失配 335
12. 2. 3　荧光上转换实验 336
12. 3　光克尔门技术 337
12. 3. 1　光克尔荧光技术原理 337
12. 3. 2　光克尔荧光技术实验 339
12. 4　荧光非共线光参量放大技术 342
12. 4. 1　光参量放大基本原理 342
12. 4. 2　荧光光参量放大系统的基本构成 344
12. 4. 3　数据采集系统 346
12. 4. 4　荧光收集系统 350
12. 5　荧光放大光谱的失真与矫正 354
12. 5. 1　影响光谱增益的因素 354
12. 5. 2　理论与实验的对比 357
12. 5. 3　光谱失真的解决方法 358
参考文献 359

第13章　飞秒激光脉冲性质表征方法 363
13. 1　飞秒激光脉冲 364
13. 1. 1　激光脉冲的数学表示 364
13. 1. 2　脉冲波形与脉冲宽度 365
13. 1. 3　色散、啁啾及其对脉冲宽度的影响 366
13. 1. 4　载波位相 368
13. 1. 5　相速和群速 369
13. 1. 6　波前及波前倾斜 370
13. 2　激光脉冲脉宽测量方法 373
13. 2. 1　自相关方法 373
13. 2. 2　频率分辨光学开关方法 377

13.2.3　光谱位相相干电场重建方法 379

13.3　脉冲激光载波位相及波前倾斜测量 382

13.3.1　光谱干涉仪及载波位相的测量 382

13.3.2　波前倾斜测量 383

13.3.3　非共线光参量放大的相速、群速匹配条件 392

参考文献 395

第14章　脉冲升温-纳秒时间分辨中红外瞬态吸收
　　　　光谱 397

14.1　引言 398

14.2　溶剂水(重水)的脉冲升温 399

14.3　纳秒脉冲升温典型激光光源介绍 400

14.3.1　高压气体拉曼频移池 400

14.3.2　Ho：YAG脉冲激光器 403

14.4　红外探测光源 403

14.4.1　一氧化碳激光器 404

14.4.2　红外单色仪定标 406

14.5　信号探测及数据采集系统 407

14.6　数据采集系统的改进 409

14.7　温度定标 410

14.8　红外实验蛋白样品处理方法 411

14.9　脉冲升温-时间分辨中红外瞬态吸收光谱应用实例 412

14.9.1　细胞色素C热稳定性研究 412

14.9.2　二硫键异构酶（DsbC）生物学异常活性研究 415

参考文献 421

第15章　噪声与微弱信号测量 423

15.1　信噪比 424

15.2　噪声的种类、来源以及相应的减噪措施 425

15.3　随机噪声 427

15.3.1　随机噪声的正态分布 427

15.3.2　典型随机噪声的频谱特性 428

15.3.3　噪声的时域特性：脉冲噪声、起伏噪声 430

15.3.4　等效噪声带宽 430

15.4　电子仪器的固有噪声 431

15.4.1　热噪声 431

15.4.2　温漂的影响 432

15.4.3　散粒噪声 432

15.4.4　接触噪声 432

15.4.5　放大器级联时的噪声 433

15.5　外部干扰噪声及其抑制　433

15.5.1　外部干扰的途径　433

15.5.2　传导干扰的抑制　435

15.5.3　公共阻抗耦合干扰的抑制　436

15.5.4　空间耦合干扰的抑制　436

15.6　相敏检测技术　438

15.7　纳秒量级时间分辨实验中电磁干扰屏蔽举例　439

参考文献　442

第16章　接口及计算机控制简介　443

16.1　常用仪器通信接口　444

16.1.1　串行接口　444

16.1.2　并行接口　446

16.1.3　GPIB/IEEE488 接口　446

16.1.4　Ethernet 接口　448

16.1.5　USB 接口　448

16.2　常用仪器控制编程软件　450

16.2.1　Visual C　450

16.2.2　Visual Basic　450

16.2.3　LabVIEW　450

16.3　常用接口编程示例　452

16.3.1　Visual Basic 串口编程　452

16.3.2　Visual Basic 并口编程　453

16.3.3　LabVIEW 串口编程　453

16.3.4　LabVIEW GPIB 编程　455

参考文献　456

第**1**章

Chapter 1

时间分辨光谱技术导论

1.1 时间分辨光谱概述

1.1.1 时间分辨简介

时间是和客观实体的运动相联系的，对于一个绝对静止的世界，时间也就失去了存在的意义。对时间认识的广度和精度，反映了人类对客观世界认识的广度和深度。时间既可与运动的周期相关联，也可与空间的尺度相关联。对于宇宙中的遥远星系，用光年来表示距离，而在日常生活中，人们用天体的周期运动来计时，如年、月、日，分别代表地球绕太阳、月亮绕地球及地球自转的周期。

人类对运动的感官认识是由器官的分辨率所决定的，人眼的时间分辨率约为1s，耳朵的分辨率约为0.1ms，突破人体生物极限的制约只能是现代科学发展起来后的事。然而这些并没有阻碍人类对时间含义在哲学上的思考。历史上人类对于时间和空间是否无限分割的思考可追溯到古希腊数学家芝诺提出的四个悖论，其中第二个为"飞矢不动"的悖论：飞着的箭在任何瞬间都是处于既非静止又非运动的状态。如果瞬间是不可分的，箭就不可能运动，因为如果它动了，瞬间就立即可以区分了。但是时间是由瞬间组成的，如果箭在任何瞬间都是不动的，则箭总是保持静止状态。所以飞出的箭不能处于运动状态。该悖论诘难了时间和空间不能无限可分，因而运动是间断的观点。放下时间的哲学意义不谈，如果对芝诺的悖论采取实用主义的态度，将运动分解成每一个更短的瞬间，这样就在时间序列上构成了刻画运动的瞬间，时间分辨光谱正是基于这一朴素的思想，也就是说，时间分辨运动的关键在于对运动进行时空上的分割，时间分割得越细，揭示的空间尺度也越小。

现代科学意义上对快速运动进行时空上的分割是由英国的 Eadweard Muybridge 于 1872 完成的。为了获得解决"马奔跑过程中是否有瞬间四蹄同时落地"问题的悬赏，Muybridge 在没有高速连拍摄影机的条件下，设计了巧妙的实验方

图 1.1 由 Muybridge 拍摄跑动中马的照片(维基百科)

案。他在跑马道上每隔一定距离拉一条线，每条线的一端固定在照相机快门的扳机上。这样马在奔跑过程中每碰到拉线就照下了该瞬间马的跑动姿势（图 1-1，相机的分辨率为 1/60s）。奔马是否四蹄同时着地的问题也就迎刃而解了。

现代时间分辨光谱学肇始于对化学反应过程中化学键形成及断裂的思索，也就是说对分子内原子核运动过程的探索。图 1.2 给出了不同微观运动过程（超快过程）的时间尺度。任何运动过程是通过速度将空间和时间联系在一起的，即 $v = \mathrm{d}s/\mathrm{d}t$。爱因斯坦在相对论中规定了在真空中物质运动速度的极限为光速，从而确定了时空分割精度的关联性。也就是说，时间最小的单位可用空间测量的最小单位来确定：比如目前空间测量的精度能够达到 $0.1\text{Å}(1\text{Å} = 10^{-10}\,\mathrm{m})$，则时间测量的精度能够达到 $1\text{as}(10^{-15}\,\mathrm{s})$。

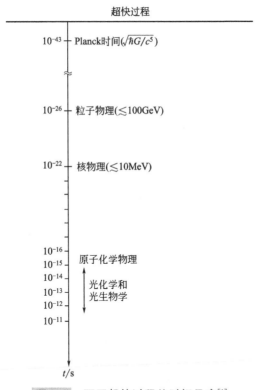

图 1.2 不同超快过程的时间尺度[1]

1889 年 Arrhenius 提出了化学活化能的概念，给出化学反应速率常 k 随温度变化的经验关系 $k = A\exp(-E_\mathrm{a}/RT)$，并因此获得 1903 年的诺贝尔化学奖。上式中宏观反应速率常数是遍及各个反应物态到产物态反应过程微观速率常数的平均值，这些不同的微观状态包含不同的相对平动速度、相对取向、振动及转动位相等。显然 Arrhenius 关系不能满足对微观反应动力学的精细描述。新的方法必须包含反应物分子是如何相互接近、碰撞、进行能量交换，并不时发生原有化学键的断裂及新化学键的形成过程。

1925 年量子力学的诞生，为化学键本质的研究提供了新的方法和概念。1927 年 Heitler 和 London 成功地将量子力学运用于氢分子成键机制。一年后，London 在 Sommerfield 60 岁生日庆典上提交了基于库仑作用及双原子对电子交换作用的三原子分子(H_3)势能面的近似表达式。1931 年 H. Erying 和 M. Polanyi 在 London 表达式的基础上给出了 $H+H_2$ 反应的势能面，描述了原子核由反应物态历经关键性的活化中间态到产物态的动力学过程。这一开创性的工作孕育了"反应动力学"，使得人们破天荒第一次去想象势能面和势能面上的动力学轨迹。

Eyring 和 Polanyi 独立地建立了单个分子的微观动力学理论，即分子反应的过渡态理论。依据反应过渡态理论，Arrhenius 关系中的指前因子被赋予明确的物理意义，$k=\dfrac{k_b T}{h}K^{\neq}=\dfrac{k_b T}{h}\dfrac{Q^{\neq}}{Q_A Q_B}\exp(-E_0/k_b T)$。其中，$k_b$ 为 Boltzmann 常数；h 为 Planck 常数；Q_A、Q_B 及 $Q^{\neq}$ 分别为反应物、产物及活化中间体的配分函数。反应过渡态理论给出最快的反应速率为 $\dfrac{k_b T}{h}$，其含义为反应物经历过渡态至产物的"频率"。室温条件下其数值为 $6\times10^{12}\,s^{-1}$，相当于反应时间 170fs，而分子的振动时间尺度一般为 $10\sim100$fs。通常情况下对于下述基元反应：

$$A+BC \longrightarrow [ABC]^{\neq} \longrightarrow AB+C$$

从反应物到产物的过程涉及总核间距的变化约 10Å。如果原子以 $10^4\sim10^5\,s^{-1}$ 运动，通过 10Å 的行程需 $10^{-12}\sim10^{-11}$s，即 $1\sim10$ps。如果要实现观测原子运动 0.1Å 的空间分辨率，测量的时间窗口必须控制在 $10\sim100$fs 内。可见研究这类分子反应动力学需要飞秒量级的时间分辨率。显然，化学动力学理论已经遥遥领先于实验技术的发展。在此理论提出后的数十年时间内，直接观测化学反应的基本过程仅仅是化学家的一个梦想。也正是这一梦想，激励着几代科学家朝着这一方向努力。

时间分辨率优于秒量级的实验是由 H. Hatridge 和 F. J. W. Roughton 于 1923 年用液相反应流动管实现的。两种反应物在流动管的一端混合，在流动管的不同位置观察产物。已知液体的流速，便可将距离换算成时间，由此得到的时间分辨率可达数十毫秒。随后 B. Chance 发展了反应停-流法(stop-flow)，时间分辨率为毫秒量级，现在生化动力学测量仍然使用该方法。能够让时间分辨率呈几个数量级提高的是电光技术和后来发展起来的激光技术。早在 19 世纪末，人们已经知道电弧及 Kerr 池光学门开关的响应时间可以小于 10ns。1899 年在一次极富天才的实验中，法国的 Abraham 和 Lemoine 就演示了 CS_2 的 Kerr 响应时间小于 10ns。而现在通过飞秒激光实验显示，该响应时间约为 2ps。他们将电脉冲同时用于产生弧光和激活 Kerr 开关，弧光经准直并适当延时后通过 Kerr 开关。电脉冲在 Kerr 介质中诱导了瞬时双折射效应，导致透过光偏振面的旋转。通过延时偏振测量，获得介质的光电响应时间小于 2.5ns。1950 年左右，Manfred Eigen 发展了化学弛豫的方法，将时间分辨率提高到微秒及纳秒量级,具体的方法是通过脉冲放电升温,使系统的温度和压强发生快速变化,而使化学平衡发生移动。R. Norrish 和 G. Porter 发展了闪光光解技术,该技术用一束强光(脉冲氙灯)光解反应物形成激发态分子及自由基,用另一束脉冲光记录激发态分子及自由基的光谱,时间分辨率达微秒量级。1967 年 Eigen,Norrish 和 Porter 分享了该年度的化学奖。

自 Maiman 1960 年发明了第一台红宝石激光器以来(中国科学院物理研究所徐积仁研究员 1962 年年底率先研制成功国内第一台红宝石激光器),超短脉冲技术不断取得新的突破。1961 年 R. W. Hellwarth 实现了 Q 开关纳秒激光输出;1966 年 A. De Maria(United Aircraft Research Labs.)等通过激光脉冲锁模技术,实现了皮秒脉冲激光输出。

1974 年贝尔实验室的 C. V. Shank 和 E. P. Ippen 采用饱和吸收被动锁模技术实现了染料激光器亚皮秒脉冲输出,并于 1987 年将输出激光脉宽压窄至 6s。1991 年英国圣安德鲁大学的 Sibbett 小组利用掺钛蓝宝石为激光增益介质,实现了全固态飞秒激光器,操作简便,很快就取代了染料激光器而成为常规的飞秒激光光源。

随着短脉冲激光器的出现,20 世纪 60~70 年代化学动力学研究也随之经历了一个蓬勃发展的时期。早期的研究包括激发态分子内能量转换过程、液相化学反应过程的皮秒时间分辨光谱研究、激发能的系间窜越速率测定、振动态弛豫过程的测量等。超快激光技术的发展为化学反应基本过程的研究带来了契机。1979 年,Zewail 小组首次使用超短激光脉冲和分子束技术研究超快化学反应,飞秒时间分辨过渡态光谱清晰地给出了化学反应的实时物理图像。Ahmed Zewail 因其首次应用飞秒时间分辨光谱在实验上揭示化学反应过渡态的存在,以及发展"飞秒化学"的成就而获得 1999 年度诺贝尔化学奖[2]。

1.1.2　飞秒化学

飞秒化学诞生于 1987 年,其突破性的标志是对化学键断裂的实时观测[3,4]。Zewail 小组首次利用飞秒激光泵浦-探测激光诱导荧光(laser induced fluorescence,LIF)技术,观测了如下的光解离反应:

$$(I\!-\!CN)^* \longrightarrow (I\cdots CN)^{*\ddagger} \longrightarrow I + CN$$

图 1.3(a)所示为 ICN 分子的势能曲线。ICN 分子首先被泵浦光(λ_1)激发到解离态上,然后 I 和 CN 在排斥势能面上逐渐分开,直到形成产物 I 原子和 CN 自由基。探测激光(λ_2)利用激光诱导荧光测量 CN 的光谱随时间的变化。在 I—C 键断裂过程中,CN 光谱随时间发生蓝移,在 200fs 时观察到自由的 CN 光谱,表明化学键完全断裂。这是人类历史上首次直接从实验上观测到化学键的断裂过程。该项工作无论就实验和理论而言,都是革命性的,因为化学反应过渡态是化学反应的核心,对其进行直接观测是化学家一百多年来的梦想。另一方面,波包是量子化学中的一个重要概念,尽管该概念的提出已有近一百年的历史,但从未在实验中实现过。

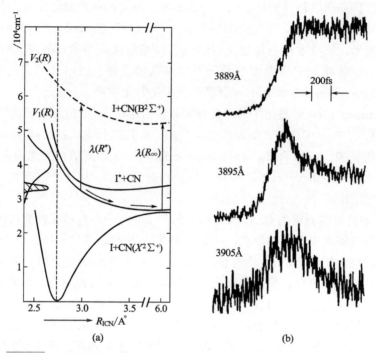

图 1.3　飞秒激光泵浦-探测激光诱导荧光技术原理及动力学曲线[4]

(a)为应用泵浦-探测(改变激光诱导荧光波长,标于左侧)进行飞秒时间分辨反应过渡态测量原理示意图。
势能曲线反映了"自由"及"扰动"态 CN 跃迁相对应的不同探测波长。相应的吸收光谱及激发脉冲谱
宽(阴影部分)标在纵坐标上。(b)为不同探测波长处测得的激光诱导荧光动力学曲线,并给出了时间标度

Zewail 小组利用超短脉冲激光制备了分子激发态波包,将量子态性质变换成经典粒子的性质,从而给出分子中原子核运动的动力学信息 [图 1.3(b)]。可以说,Zewail 的成功,不仅得益于相干态这一重要概念,更主要的是将这一概念付诸实践。

在飞秒化学的发展过程中,形成了以下一些重要的概念和定义:

① 时间尺度的定义。在飞秒化学中,时间尺度和分子的振动和转动运动相关联,在该时间尺度内,原子运动的空间范围和 de Broglie 的物质波长相比拟,达到对运动过程的原子尺度级空间分辨率。

② 相干性概念。化学反应中的相干性存在于分子的能态、取向及核波包动力学。上述相干性可在反应物中产生,并在产物中被探测到。

③ 分子运动学(kinetics)和单分子动力学(dynamics)的概念。分子运动学是描述多分子构成系综的统计平均动态行为,而单分子动力学描述的是单分子运动轨迹。在飞秒化学中,采用单分子动力学轨迹取代系综统计的平均过程。

④ 物理时间尺度和化学时间尺度的概念。前者指波包的弥散和失谐过程;后者指原子核运动过程。对于复杂分子系统两者是无法明确区分的。

⑤ 实时测量的概念。对过渡态(transition state)和反应中间体(reaction intermediates)在时域中进行直接测量。

⑥ 对化学反应进程进行控制的概念——利用超短脉冲光控制化学反应。

分子动力学的实时探测关键在于实验上如何制备相干叠加态。即使在皮秒时间尺度内，分子系统还处于本征态，因此只存在一种演化，即该本征态随时间布居数的变化。因而皮秒时间分辨光谱只能局限于分子运动学的研究而不是动力学的研究。飞秒激光的出现，带来了全新的局面。首先波包的制备成为可能，由于飞秒时间分辨光谱的高时间分辨，相当于在观测时间窗口内原子核的运动被冻结在某一特定的核间距位置上。换言之，时间分辨率远短于分子的振动（或转动）周期，而相应的波包是高度定域的，其定域空间尺度为 de Broglie 波长范围，约 0.1Å。其次，波包的制备过程并不违背量子力学的不确定性原理。第三，由于波包的成功制备，在实验上实现了由运动学到动力学的飞跃。使得人们能够在对运动进行原子级分辨率的水平上探测分子的演化轨迹，而不是系综统计平均的结果。第四，对于分子系统在飞秒时间分辨尺度内实现了 Ehrenfest 经典极限。和先前想象的结果相反，实验发现在分子系统中的波包弥散效应可以忽略不计。理论上考虑一个高斯型波包在自由空间中运动，可以发现波包是扩散的，但在飞秒时间尺度内并不显著。扩散时间由式(1.1)确定：

$$\tau_d = 2m \{ \Delta R^2 (t=0) \} \hbar^{-1} \tag{1.1}$$

式中，τ_d 为皮秒量级（m 为分子质量，R 为核间距）；ΔR 和 ΔP（动量）满足不确定性原理。因此飞秒时间分辨所要求的 $\Delta P (\Delta E)$ 所对应 ΔR 的不确定性为亚埃量级，故空间分辨率完全符合不确定性原理[5]。

波包的美妙之处首先在于其简洁，可在理论和实验能够企及的时间尺度上揭示其动力学。分子系统中，波包的本质由束缚或非束缚运动的作用力所决定。对于束缚系统，分子的结构信息反映在波包运动中，可以通过对波包运动的测量而获得势能面的信息。对于反应过程中的非束缚系统，波包运动描述了化学键断裂或形成的过程。与该过程相对应的化学及生物变化中，由光谱获取动力学的方法已行不通。理由是所有的反应都涉及过渡态，而要研究这些过渡态，必须从时间上对过渡态进行"隔离"。换言之，反应的始态和终态并不直接与沿反应路径发生变化的中间态相关。如对于有些反应的中间体，初始状态具有很宽的光谱，然而分子动力学和上述宽带光谱没有任何联系。另一个面临的困难是光谱本身由非均匀展宽引起的复杂性，再者是失谐效应带来的复杂性，即使对于光谱均匀展宽系统仍然存在上述效应。

因此一般情况下要考虑两种时间尺度，即"化学时间尺度"和"物理时间尺度"。前者测量化学键的断裂和形成过程，后者反映波包的失谐和弥散。在化学键的断裂或生成及规避势能面交叉过程中，原子核在陡峭的排斥势能面上做微小的运动（<0.05Å）就足以导致波包的失谐。在上述两种情形下，初始吸收光谱被严重地展宽，尽管不是由化学动力学过程所引起的。

对于原子核运动的测量技术为超短脉冲激光控制化学反应提供了新的机遇。在该领域中涌现了不少利用具有量子性质的能级结构控制方案，其中最令人感兴趣的是由 Tannor，Rice 和 Kosloff，Manz，Wilson，Bandrauk，Metiu 等发展起来的波包动力学，下面将以几个实验例子来阐释波包动力学的要义。

(1)ICN 的光解离的单分子反应飞秒化学

飞秒化学的第一个实验是研究单分子基元反应：

$$ICN^* \longrightarrow [I\cdots CN]^{*\neq} \longrightarrow I+CN \tag{1.2}$$

该反应定义了化学键断裂过程。图 1.4 所示为 ICN 的光解离过程势能面示意图及

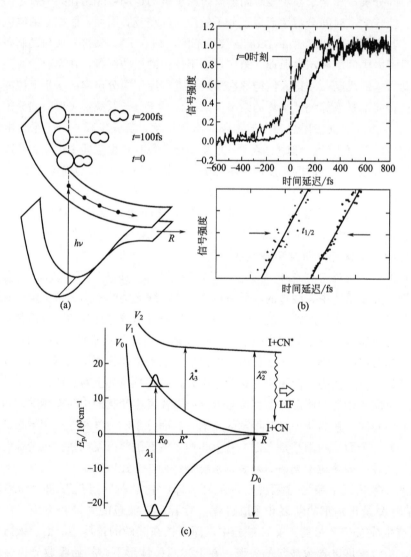

图 1.4 反应 ICN+ $h\nu \longrightarrow$ I+ CN 中化学键断裂过程的测量

(a)实验卡通示意图，没有考虑角动量关系的一维简单图像。 t= 0 时刻，脉冲激光将分子激发到激发态势能面。
当 0< t< $t_{1/2}$ 时，为键的拉伸过程。 在 t= $t_{1/2}$ 时化学键基本断裂。

(b)典型的实验结果，粗线是实验测得的 ICN 瞬态信号，细线为确定时间零点的参考样品瞬态信号。 下图为
t= 0 时刻附近的放大图。 对于傅里叶变换极限的脉冲激光，延时为(205±30)fs

(c) "自由(free)" 及 "扰动(perturbed)" 态 CN 激光诱导荧光测量示意图[6]

实验测量结果。当探测分子碎片 CN 的吸收时，瞬态动力学存在一个布居数的建立和衰变过程，是典型的过渡态特征。对 CN 的共振吸收探测给出布居数建立的动力学曲线，该动力学曲线的上升沿相对于 $t=0$ 时刻，延时了 $t_{1/2}=(205\pm30)\,\mathrm{fs}$。该延时时间对应于化学键的形成时间(clocking time)，依赖于势能面的本质。作为简单的一维势能曲线，过渡态形成的时间直接和两解离碎片间的排斥势长度标度(L，length scale)相关：

$$t_{1/2}=L/v\ln(4E/V_{\mathrm{f}}) \tag{1.3}$$

式中，V_{f} 为探测到的终态势能(且 $E\gg V_{\mathrm{f}}$)。势能面为排斥势，$V(R)=E\exp[-(R-R_{\mathrm{i}})/L]$，下标"i"，"f"表示分别始态和终态。公式(1.3)定义了化学键断裂的基本点：键的断裂依赖于势能的终态值及分子运动的速度 v；断裂时间依赖于分子的回旋能 $\left(\text{recoil energy}, E=\dfrac{1}{2}\mu v^2\right)$ 及势阱的陡度(长度参量 L)。特征时间 $t_{1/2}$ 简单地等价于排斥势能降低到 V_{f} 所需要的时间。对于 ICN 分子，L 的有效值为 $0.8\,\text{Å}\,(v=0.0257\,\text{Å/fs})$。

过渡态仅存在 50fs 或更短，依赖于在势能面的哪段区间进行过渡态的探测，因为过渡态的寿命由下式给出：

$$\tau^{\mp}=\Delta V(R^{\mp})/[v(R^{\mp})|F(R^{\mp})|] \tag{1.4}$$

式中，$v(R^{\mp})$ 表示分子运动速度；$R^{\mp}$ 为过渡态的核间距；$|F(R^{\mp})|$ 表示作用力；ΔV 代表过渡态核构型 $R^{\mp}$ 处所对应的能量窗口[2]。

如图 1.5 所示，在化学键的断裂过程中，化学反应的时间标度(time scale)是呈连续变化的。由吸收光谱宽度获得的时间宽度(t_{a})与化学反应的时间尺度($t_{1/2}$)或者过渡态寿命(t^*)毫无关系[5]。

如果想要了解反应物到不同 CN 转动状态的反应轨迹，须测量 $t_{1/2}$ 对不同角动量状态的分布，并测定飞秒激光对分子的排列。从上述实验结果可以获得 I 和 CN 间的转动力矩(势能面的角动量部分)以及产物不同态间的退相干程度。

同样可以通过质谱探测另一光解碎片 I 原子。引入一束探测光，通过对新生产物进行速度分辨及角分辨测量，能够获得完整的光解时间分辨过程及其动能随时间的变化信息。该方法为化学反应动力学提供了时间、速度、角度分布及反应态的分辨。

(2) 沿反应坐标发生的共价态与离子态间的共振现象

NaI 光解离实验能够很好诠释飞秒过渡态谱学(femtosecond transition-state spectroscopy)的概念和方法，波包定域及沿反应坐标的共振动力学的典型实验是碱金属卤化物的解离反应。对于这类系统，共价态的势能面和离子态的势能面在核间距大于 3Å 处交叉。因此，系统的电子态性质沿核反应坐标发生变化，即在小的核间距内呈共价态及在大的核间距内呈离子态，反应按鱼叉机理进行(即反应有两个分支)，且具有很大的反应截面。

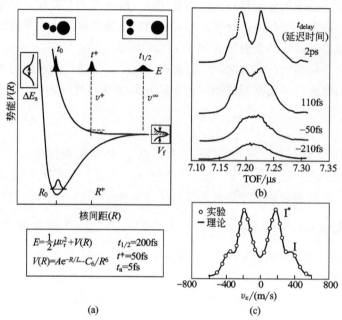

$$E = \frac{1}{2}\mu v_r^2 + V(R) \qquad t_{1/2} = 200\text{fs}$$
$$V(R) = Ae^{-R/L} - C_6/R^6 \qquad t^+ = 50\text{fs}$$
$$\qquad\qquad\qquad\qquad t_a = 5\text{fs}$$

图 1.5 (a)反应动力学的时间和速度分辨概念示意图、(b)ICN 光解过程不同时刻观测到的动能飞行时间质谱及(c)I 和 I* 的速度分布理论及实验曲线

实验过程中，第一束飞秒激光将离子对 Na^+I^- 激发至核间距为 2.7Å 的共价态势能面。由此制备的相干态活化中间体 $[NaI]^{*\ddagger}$ 随即发生核间距增加过程，并最后形成离子态 $[Na^+X^-]$。继激发脉冲之后的一系列延时探测脉冲能够追踪由过渡态一直到解离产物 Na＋I 核运动的全部过程。探测光可以在活化中间体 $[Na^+\cdots X^-]^{*\ddagger}$ 或 Na 原子相应的吸收频率处进行检测。

图 1.6 给出 NaI 解离反应对应两种测量极限所观测到的瞬态过程。当在某一

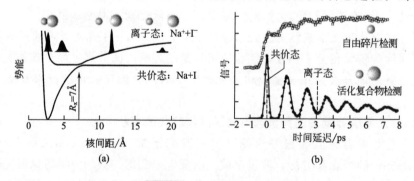

图 1.6 NaI 解离反应

(a)NaI 基态、激发共价态及离子态的势能曲线；(b)通过实验检测活化中间体 $[Na^+\cdots X^-]^{*\ddagger}$ 或 Na 原子吸收光谱测量到的活化中间体的波包运动过程 波峰对应于共价态，波谷对应于离子态

特定核间距处检测活化中间体时，沿核坐标方向出现的共振现象反映了波包的运动过程。动力学曲线上的台阶描述了解离产物形成过程中的量子化及相干现象。活化中间体每次经过拉伸极限处并不发生 100% 的解离，因为当核间距拉长到 7Å 附近及共价态和离子态的势能面交叉点时，总会按一定的概率分叉至离子态（离子态的势能面是吸引势），活化中间态可以存在大约 10 个往返周期直到彻底解离。

1.2 量子波包

"量子力学的数学表达并不复杂，然而要将数学表达同物理世界的直观描述联系起来却十分困难"（Claude N. Cohen-Tannoudji，1997 年度物理学诺贝尔奖获得者）。

飞秒时间分辨光谱是量子力学诞生以来能够在时间尺度内探索微观系统量子性质的武器。如果只是确定各能级的弛豫速率，超快时间分辨光谱也就会失去她大部分的魅力。Zewail 工作最激动人心的地方是他提出了分子的相干态。相干态的量子力学表示是由无穷多个本征态的线性相干叠加，可用于揭示微观粒子间的协同行为。Zewail 小组利用飞秒激光制备了分子的相干态，最后通过实验手段证实了相干态的存在。以往人们只能通过分子的振动和转动谱线了解原子核运动，Zewail 的工作是人类有史以来首次在时间尺度上观测到原子核对应于分子振动和转动过程的周期运动，这些成就不仅仅是技术上的突破，也是概念上的突破。脉冲激光对分子动力学过程时域测量通过激发脉冲和测量脉冲间光程的延时，$1\mu m$ 光程差相当于 3.3fs 的延时。该测量过程的一个基本假定是每次光激发产生的被测量系统是一致的。设想一下，在时间尺度上测量分子的转动及振动周期首先面临的困难是对被测分子运动的同步。按照经典力学的思路，对于单个分子的测量，即使能够控制每次激发一个分子，由于振转运动的位相不确定性，经过延时的重复测量原则上无法回复周期运动的信息。对于多个分子的系综测量，就更加难以实现了。

1.2.1 量子力学波包

物理学中，波包是一群波长、相位、波幅不同的平面波在空间小区域内的相干叠加。在传播的时候，如果不存在色散作用，波包的包络线可以在传播过程中保持不变。微观物体的运动符合 De Brogile 的物质波，其运动状态可用量子力学中的 Schrödinger 方程来描述，波函数描述了物体的运动状态。依据量子力学的态叠加原理，物体运动的真实状态为各本征态的线性叠加。作为描述微观世界更精确、更普遍的量子力学，也应当适合于宏观物体的描述。量子力学和经典力学最直观的区别是前者采用概率波描述粒子在空间出现的概率、时间与能量，或者空间位置和动力量的关系受不确定性原理的限制。可见与经典粒子轨道运动对应的量子态，不可能是一个简单的定态，而只能是由若干定态的相干叠加所构成的非定态。为模拟经典粒子的轨道运动，它们应该是一个在较窄空间内运动的局域波包（localized wavepacket)。1926 年 Schrödinger 由谐振子的量子力学本征态构造了一个模拟经典力学振子往复运动的波包，也就是后人称之为相干态(coherent state)的特殊状态。波包的位置给出了粒子的位置，波包越狭窄，粒子的位置越明确，而动量的分布也越弥散。因此在超快光谱测量中如果能够制备类似于波包的相干态，就有可能在量子规律统治的世界中发现经典运动的轨迹，也就是分子振动、转动的时间行为。按照 Bohr 的对应原理，在大量子数极限下，量子力学系统的行为将逐渐地趋同于经典力系统。因此，高量子数(n)的 Rydberg 态是容易实现波包运动的量子态。

能量本征态是定态，位置分布与时间无关，所以是否能找到模拟经典力学谐振子运动的量子力学波函数(与时间有关)，也就是能否找出满足下述关系的波函数 $\Psi(x,t)$[7,8]。

$$\langle \Psi(t) | x | \Psi(t) \rangle = A\cos\omega t \tag{1.5}$$

现以谐振子为例讨论量子力学相干态波包与经典力学对应的一些性质：

$$V(x) = \frac{1}{2}kx^2 = \frac{1}{2}m\omega^2 x^2 \tag{1.6}$$

粒子在初始时刻 $t=0$ 的状态为一高斯分布函数

$$\Psi(x,0) = \left(\frac{1}{\sqrt{\pi}x_0}\right)^{\frac{1}{2}} e^{-(x-A)^2/2x_0^2} \tag{1.7}$$

式中，A 为振幅；$x_0 \equiv \sqrt{\frac{\hbar}{m\omega}}$ 为自然长度。引入无量纲变量 $\xi = \frac{x}{x_0}$，$\xi_m = \frac{A}{x_0}$，将 $\Psi(x,0)$ 用谐振子能量本征态展开(谐振子本征态波函数为厄米多项式，见第 2 章)：

$$\Psi(x,0) = \sum_{n=0}^{\infty} c_n \varphi_n(x) \tag{1.8}$$

式中，$c_n = \xi_m^n e^{-\frac{\xi_m^2}{4}} / \sqrt{2^n n!}$。然后将各项分别乘以相应的动力学相因子 $e^{-iE_n t/\hbar}$，结果就能得到符合初始条件式(1.7)，并满足 Schrödinger 方程的波函数

$$\Psi(x,t) = \sum_{n=0}^{\infty} c_n \varphi_n(x) e^{-iE_n t/\hbar} \tag{1.9}$$

将 c_n 代入式(1.9) 得：

$$|\Psi(x,t)|^2 = \frac{1}{\sqrt{\pi}x_0} e^{-(\xi - \xi_m \cos\omega t)^2} \tag{1.10}$$

得到其位置及动量的平均值为

$$\langle x \rangle = x_0 \xi_m \cos\omega t = A\cos\omega t \tag{1.11}$$

与式(1.5)完全相同。动量的平均值为

$$\langle p \rangle = \frac{m\mathrm{d}\langle x \rangle}{\mathrm{d}t} = -\omega A\sin\omega t \tag{1.12}$$

位能平均值

$$\langle V \rangle = \frac{1}{2}kA^2 \cos^2\omega t + \frac{1}{4}\hbar\omega \tag{1.13}$$

位置平方平均值

$$\langle x^2 \rangle = \xi_m^2 \cos^2 \omega t + \frac{1}{2} \tag{1.14}$$

位置不确定性量 $\Delta x = \sqrt{\langle x^2 \rangle - \langle x \rangle^2} = \sqrt{\dfrac{\hbar}{2m\omega}}$。Hamilton 平均值

$$\langle H \rangle = E = \sum |c_n|^2 E_n = \sum_{n=0}^{\infty} \frac{\xi_m^{2n} \mathrm{e}^{-\frac{\xi_m^2}{2}}}{2^n n!} \left(n + \frac{1}{2}\right)\hbar\omega = \hbar\omega \mathrm{e}^{-\xi_m^2/2} \sum_{n=0}^{\infty} \left(n + \frac{1}{2}\right)\frac{\xi_m^{2n}}{2^n n!} \tag{1.15}$$

$$E = \hbar\omega \left(\frac{\xi_m^2}{2} + \frac{1}{2}\right) = \frac{1}{2}kA^2 + \frac{1}{2}\hbar\omega \tag{1.16}$$

动能平均值

$$\langle T \rangle = \frac{\langle p^2 \rangle}{2m} = \frac{1}{2}\hbar\omega \left(\xi_m^2 \sin^2 \omega t + \frac{1}{2}\right) = \frac{1}{2}kA^2 \sin^2 \omega t + \frac{1}{4}\hbar\omega \tag{1.17}$$

动量的平均值为

$$\langle p^2 \rangle = m\hbar\omega \left(\xi_m^2 \sin^2 \omega t + \frac{1}{2}\right) \tag{1.18}$$

得动量不确定性量

$$\Delta p = \sqrt{\langle p^2 \rangle - \langle p \rangle^2} = \sqrt{\frac{m\hbar\omega}{2}} \tag{1.19}$$

由此可推得不确定性原理:

$$\Delta p \Delta x = \frac{\hbar}{2} \tag{1.20}$$

可见,谐振子相干态运动性质和经典振子的行为很相似。在该状态下,谐振子的能量平均值(零点能除外)与经典振子能量相同,波包中心位置与动量随时间的演化关系也和经典振子完全相同(见图 1.7),且符合不确定性原理。

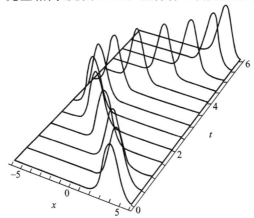

图 1.7 由等式(1.9)计算而得的谐振子波包演化过程(表明谐振子相干态局限于空间小区域内一个不扩散的波包)

1.2.2 里德堡(Rydberg)态波包

Rydberg 态起先是用来称原子或分子中量子数 n 很大的束缚态。现在对于其他体系中大量子数 n 的束缚态，习惯上也称为 Rydberg 态。由许多 Rydberg 态相干叠加形成的波包称为 Rydberg 波包[9]。在谐振子模型中，波包是所有本征态的相干叠加，实验上要制备这样的相干态，要求激光谱线宽度覆盖振动基态到 Rydberg 电离态，相当于电子的电离势，而这么宽的谱线宽度对飞秒脉冲激光而言，往往是达不到的。而 Rydberg 波包可以实现相对较窄谱线宽度范围内相干态的制备(图 1.8)。

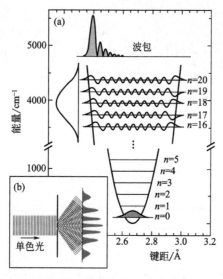

图 1.8 超短脉冲激光在谐振子量子系统(I₂)中制备 Rydberg 波包原理图激光中心频率约为 4000cm⁻¹，对应的平均量子数 $\bar{n}$= 18。(a) 为杨氏双缝干涉示意图；(b) 为相干叠加态形成波包的波形

定域量子态波包的含时波函数可表示为所有一维能量本征态的叠加：

$$\Psi(r,t) = \sum_n c_n\psi_n(r)\exp(-iE_nt) \tag{1.21}$$

通常情况下，上述波函数的叠加可能包括连续态，下标 n 也就成为连续变量，而求和就变成相应的积分。在实验中，我们只对束缚态的叠加感兴趣，理由为实验中定域波包是由短脉冲激光作用后产生的。依据不确定性原理 $\Delta t\Delta E\geqslant 1/2$，$\Delta t$ 为激光脉宽，ΔE 为能量展宽即谱线宽度。由量子系统的基态经脉冲激光激发后形成的激发态为一个以平均量子数 $\bar{n}$ 为中心的量子态叠加，平均量子数 $\bar{n}$ 由激光的中心频率确定，n 的分布宽度反比于激光脉宽。在平均量子数 $\bar{n}$ 很大的情况下，假定局域波包是以态 $\psi_{\bar{n}}$ (量子数为 $\bar{n}$)为中心，统计权重为高斯分布的定态波函数 φ_n 的线性叠加而成的对称波包，标准偏差为 σ(σ 取 1.5)，即

$$|c_n|^2 = \frac{1}{\sqrt{2\pi\sigma^2}}e^{-(n-\bar{n})^2/2\sigma^2} \tag{1.22}$$

可见，这些定态的能量只有在 $\bar{n}$ 附近贡献较大。将式(1.21)中指数项包含的定态能量 E_n 按 Taylor 级数在 $\bar{n}$ 处展开后得到：

$$E_n \approx E_{\bar{n}} + E'_{\bar{n}}(n-\bar{n}) + \frac{1}{2}E''_{\bar{n}}(n-\bar{n})^2 + \frac{1}{6}E'''_{\bar{n}}(n-\bar{n})^3 + \cdots\cdots \tag{1.23}$$

令 $T_c = \dfrac{2\pi}{|E'_{\bar{n}}|}$，$T_{rev} = \dfrac{2\pi}{\frac{1}{2}|E''_{\bar{n}}|}$，$T_{super\,rev} = \dfrac{2\pi}{\frac{1}{6}|E'''_{\bar{n}}|}$。第一项时间尺度 T_c 称为经典周期(谐振子周期)，第二项 T_{rev} 为回复(revival)时间，第三项 $T_{super\,rev}$ 为超回复时间。在现实情况下，有 $T_c \ll T_{rev} \ll T_{super\,rev}$。

在含时波函数表示中，忽略指数函数中总体位相随时间的变化项 $(-iE_{\bar{n}}t)$ 后得

$$\Psi(r,t) = \sum_n c_n\psi_n(r)\exp\left[-2\pi i\left(\frac{(n-\bar{n})t}{T_c} + \frac{(n-\bar{n})^2 t}{T_{rev}} + \frac{(n-\bar{n})^3 t}{T_{super\,rev}}\right)\right] \tag{1.24}$$

在 Rydberg 波包形成后的短时间内(大约只有几个经典周期)，波包能够近似地保持周期运动(周期为 T_c)。长时间之后，波包会因各组分波函数的相位差而导致波包的塌缩。而在经过一段时间 T_{rev} 或 $T_{super\,rev}$ 之后，波包的形状有可能部分或者完全回复。这几个特征时间与能量随量子数 n 的变化及波包组成有关。

1.2.3　波包再现结构

由式(1.24)可知，当 t 较小时，式(1.24)中相位第一项起主导作用，波函数 $\psi(r,t)$ 在时间轴上以周期 T_c 呈近似的周期性变化。时间 t 进一步增加并与 T_{rev} 相比拟，周期运动受第二项的调制，并最终导致波包的扩展和塌缩。然而当 t 再增加，使第二项的数值等于 $2\pi i$ 时，波函数的变化与第二项无关(位相增加了 2π)，波函数的变化再次仅由第一项决定，结果是波函数再现了其初始状态，并以 T_c 为周期作周期性变化，这一过程为完全复原过程。当时间大于 T_{rev} 但又远小于 $T_{super\,rev}$ 时，波函数将多次重复周期性变化的波包再现过程，每当 t 为 T_{rev} 的整数倍时，相位也为 2π 的整数倍。在一些特殊的时刻，t 与 T_{rev} 之比为有理分数，波包汇聚成一系列子波，称为分数期回复波包。分数期回复的子波包运动同样具有周期性，运动周期为 T_c 的分数倍。

式(1.24)中含时位相中的第三项调制波包运动的整个周期，包括波包塌缩、分数期和整数期周期性再现。当时间 t 和 $T_{super\,rev}$ 相比拟时，整个波包再现过程塌缩，而新的波包再现过程受 $T_{super\,rev}$ 控制。在时刻 $t = (1/q)T_{super\,rev}$，其中 q 为 3 的倍数，同样波包将演化成一系列的子波包，称为分数期超回复波包，波包的运动周期为 $(3/q)T_{super\,rev}$。特别是，当 $t = T_{super\,rev}$ 时，波函数重新回复到初始波包，回复程度甚至好于全回复时刻 (T_{rev}) 的波形。这一新的演化波包结构称为超回复。

上述分析可知，波包演化的时间结构取决于本征能量与量子数间的关系。举几个简单的例子说明波包在各种势阱中的演化过程。

(1) 简单谐振子系统

谐振子的本征能级为 $E_n = (n+1/2)h\omega$，取自然单位 $h=\omega=1$，有 $E'_{\bar{n}}=1$，$E''_{\bar{n}}=0$，$E'''_{\bar{n}}=0$，可见在谐振子系统波包的演化呈完美的周期性运动，并在 T_c 的整数倍时刻完全回复初始时刻波包的形状。波包既不会塌缩，也不存在回复和超回复期。该结论同样也适用于 D 维谐振子，该量子系统的本征能量为 $E_n = (n+D/2)h\omega$。

图 1.9 为一维谐振子波包在一个经典轨道周期内的演化过程，参数取 $\bar{n}=15$，$\sigma=1.5$。如图 1.9 所示，波包开始处于势阱右侧的折返点，对应于经典振子。值得注意的是，尽管波包是定域的，但其形状并不是高斯波形，波包在运动过程中波形会发生改变。这一点和图 1.7 的谐振子不同，两者的区别是，前者是所有本征态的相干叠加，而后者仅仅取能量空间中某一片段对应的本征态的相干叠加。尽管如此，波包还是遵循经典运动过程，周期为 $T_c = 2\pi/E'_{\bar{n}} = 2\pi$ 或 $T_c = 2\pi/\omega_c$。ω_c 为相应的圆频率。这一差别可由不确定性原理来解释，即空间位置的不确定性与动量的不确定性满足傅里叶变换。波包在空间的弥散表示位置的不确定性，能量分布的宽度表示动量的不确定性。因此相干叠加的能态能谱越宽，波包的定域性越好，反之亦然。

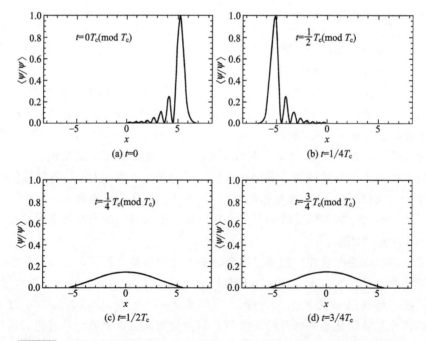

(a) $t=0$

(b) $t=1/4T_c$

(c) $t=1/2T_c$

(d) $t=3/4T_c$

图 1.9　平均量子数为 $\bar{n}=15$，高斯型分布半宽为 $\sigma=1.5$ 的一维谐振子
波包在四个典型时刻的非归一化空间概率密度分布

（2）非谐性振子系统[10]

对于类 Morse 势函数型的非谐性系统，非谐性振子的能级可表示为 $E_n = \hbar\omega$ $(n - Bn^2)$，其中 ω 为基频，B 为非谐性系数。取自然单位 $h = \omega = 1$，有 $E'_n = 1 - 2B\overline{n}$，$E''_n = -2B$，$E'''_n = 0$。可见在对非谐性振子系统而言，波包的经典振动周期为 $T_c = 2\pi/(1 - 2B\overline{n})$，与波包的平均振动量子数 $\overline{n}$ 及非谐性系数 B 相关，$\overline{n}$ 或 B 越大，振动频率越低。与谐性振子不同，非谐性振子存在一相位回复周期 $T_{rev} = 2\pi/B$ 或 $T_{rev} = 2\pi/(\omega B)$，但不存在超回复周期。

（3）刚性转子

刚性转子的 Hamiltonian 为 $H = L_z^2/2I$，L_z 为角动量，I 为转动惯量，为简便起见，取原子单位且令 $I = 1$。本征波函数符合周期性边界条件，并表示为 $\psi_n(\phi) = (1/\sqrt{2\pi})e^{in\phi}$，本征能量为 $E_n = n^2/2$。可知 $E'_n = \overline{n}$，$E''_n = 1$，$E'''_n = 0$，相应的特征时间为：$T_c = 2\pi/\overline{n}$，$T_{rev} = 2\overline{n}T_c$，$T_{super\ rev} = \infty$。波包的演化过程为经历 T_c 间隔后，波包大致回复，经历 $1/2 T_{rev}$ 后波包更接近初始形状，当 $t = T_{rev}$ 时，波包完全回复。

1.2.4　波包的制备与激发光脉宽[7]

在上述有关波函数的表述中，仅仅利用了激光脉冲宽频谱的特征，并没有考查激光脉宽对波包制备及演化特性的影响。在实际情况中，超短脉冲的脉宽和频谱宽度皆会影响波包的性质及其演化特性。波包的运动具有经典粒子运动的某些性质，因此可以通过对波包运动的实时观测，获得分子结构的空间分辨率。分子中典型原子运动速度的量级为 $10000m/s (= 0.1\text{Å/fs})$，因此对于脉宽为 10fs 的激光，具有原子运动的空间分辨率为 1Å。

考虑脉冲激光作用于本征能量为 E'_0 的基态 χ_0，导致系统跃迁至 $\varphi_0, \varphi_1, \varphi_2$ 等更高的能级，相应的本征态能量为 E_0, E_1, E_2 等。由电场对系统作用的一阶微扰理论，并且在近共振跃迁的条件下可推出系统基态到激发态的跃迁概率。脉冲激光的电场可由高斯函数表示：$\vec{E}(t) = \vec{E}_0 \exp(-t^2/\alpha\tau^2) \times \cos(\omega t)$，其中脉宽为 τ，$\alpha = 2\pi^2/\ln2$。激发态的波函数各本征态的叠加：

$$\psi = \sum_{n=0}^{n} c_n \varphi_n \tag{1.25}$$

式中，c_n 为本征态 φ_n 的振幅，其模平方为经脉冲激光作用后该本征态的布居数，可由一阶微扰公式计算：

$$c_n = A\langle \varphi_n | \chi_0 \rangle \int_{-\infty}^{+\infty} \exp[-i(E_n - E'_0)t/\hbar] \times \exp(-t^2/\alpha\tau^2)\cos(\omega t)dt \tag{1.26}$$

式中，A 为包含脉冲激光电场振幅及电偶极跃迁矩的乘积因子，即 $A = \boldsymbol{\mu} \cdot \boldsymbol{E}$，而 $\langle \varphi_n | \chi_0 \rangle$ 为所谓的 Franck-Condon 因子，表示电子垂直跃迁情况下初始态与激

发态间的波函数重叠积分(见第 2 章)。对式(1.26)积分,即对高斯函数进行傅里叶变换后得

$$c_n = A\langle \varphi_n | \chi_0 \rangle \exp[-(\omega_n - \omega_0)^2 \alpha \tau^2 / 4] \tag{1.27}$$

式中,$\omega_n = (E_n - E_0')/\hbar$ 为 Bohr 频率。在超短脉冲作用的极限条件下($\tau \to 0$),有 $c_n = A\langle \varphi_n | \chi_0 \rangle$,表明超短脉冲作用的极限相当于 Franck-Condon 跃迁过程。此时由超短脉冲激光产生的激发态可表示为

$$\psi = A \sum_{n=0}^{n} \langle \varphi_n | \chi_0 \rangle \varphi_n \tag{1.28}$$

注意到初始状态的波函数也可以用激发态本征态波函数 φ_n 为基函数表示:

$$\chi_0 = \sum_{n=0}^{n} \langle \varphi_n | \chi_0 \rangle \varphi_n \tag{1.29}$$

由此可见,当超短脉冲激光(Delta 函数形式)作用于系统后在上能级势能面上形成波包与基态波函数形式完全相同的激发态波函数(常数因子除外),然而该波包显然不是激发态的本征波函数,而是相干叠加态。该波包在演化过程中,各本征态的位相关系随时间消失,波包函数演化过程表示为

$$\psi(t) = \sum_{n=0}^{n} c_n \exp(-iE_n t/\hbar)\varphi_n \tag{1.30}$$

对于上述非稳定状态,量子力学可观测物理量如位置和动量也随时间变化。以双原子分子的核间距 R 为例,核间距的量子力学期望值为

$$R(t) = \langle \psi(t) | R | \psi(t) \rangle$$
$$= \sum_{n=0}^{n} \langle \varphi_n | R | \varphi_n \rangle + 2\sum_{m=1}^{m-1}\sum_{n=0}^{m-1} c_m^* c_n \cos[(E_m - E_n)t/\hbar]\langle \varphi_m | R | \varphi_n \rangle \tag{1.31}$$

等式右边第一项为平衡核间距,不随时间变化,第二项来源于波包动力学对核间距的影响,显然是随时间变化的。对于双原子分子,原子核在谐振势阱中运动,波包的运动取决于能级间隔 ΔE,波包做谐振运动,并经 $\hbar/\Delta E$ 时间间隔后回到起始位置,对碘分子而言,相当于一个振动周期,约 333fs。图 1.10 给出了由等式(1.31)计算的 $R(t)$ 随时间变化的期望值。图中虚线为由经典力学描绘的谐振子核间距变化轨迹;其他三条曲线分别为由脉宽为 1/8(42fs)、1/2(167fs)及 2 倍(667fs)振动周期的脉冲激光所激发波包对应核间距变化轨迹。如图 1.10 所示,脉宽为 1/8 周期所激发的波包运动轨迹和经典谐振子的运动轨迹相近;而脉宽为 2 倍周期所激发的波包运动轨迹和核间距的平衡值十分接近,无法用于波包动力学测量,事实上在该情形中,只有一个本征态被激发。

在激发光为长脉冲的极限条件下(频率分辨光谱),有 $\tau \to \infty$,等式(1.27)取如下形式:

$$c_n = A\langle \varphi_n | \chi_0 \rangle \delta(\omega_n - \omega) \tag{1.32}$$

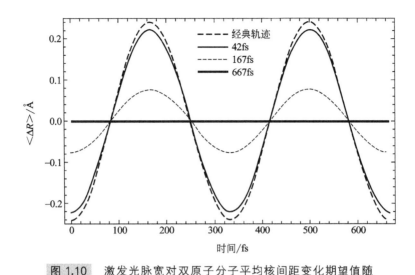

图 1.10　激发光脉宽对双原子分子平均核间距变化期望值随
时间变化的计算结果［根据等式(1.31)计算］

脉宽为 42fs 的脉冲产生的上能态波包，其演化动力学和谐振子势阱中的经典粒子运动轨迹
十分相像；脉宽为 667fs 的脉冲产生的上能态波包没有显示振荡运动，原因是所
形成的波包类似于势阱中的单一本征能级

其中 $\delta(\omega_n-\omega)$ 为 Delta 函数，除了频率 ω 等于 ω_n 处有非零值外，其余处处为零。因此只有当激发光频率与能级 n 和基态能级能量差完全匹配时，才能够激发，而满足该条件时，只有一个本征能级被激发，而物理可观测量如动量、空间位置的期望值不随时间变化。对于处于中间状态的激发光脉宽，只要 τ 足够小，以保证 $\exp[-(\omega_n-\omega_0)^2\alpha\tau^2/4]\gg0$，则将不止有一个本征态被激发。

利用能量和时间满足的傅里叶变换关系，显而易见，激发脉冲越长，上能态的波包越接近于稳态的单个本征态；同理，激发脉冲越短，覆盖的频谱范围就越宽，在上能态形成的波包就和基态初始波函数越接近，并存在波包演化动力学。

1.2.5　波包的产生

以双原子分子为例，说明分子由其电子基态的基态振动能级激发至第一激发态的过程。分子的势能曲线如图 1.11 所示。图中的势能曲线是根据 Born-Oppenheimer 近似做出的，即分子中原子核的运动远远慢于电子的运动，因此可以将电子的势能表示为原子核间距的函数。相应的分子振动能级也在势能曲线中给出。电子的势能曲线以谐振子势函数 $V_1(R)$，$V_2(R)$ 和 $V_3(R)$ 表示。假定激发前分子的初始状态 χ_0 布居于电子基态中的基态振动能级，其波函数的模平方由图 1.11 给出。第一激发态的电子构型与基态的不同，同时平衡核间距也比基态的稍大，这一差异是典型的分子特征，表明电子构型的变化将影响原子间的相互作用。

基态分子吸收光子后电子遵循 Franck-Condon 原理在势能曲线间进行垂直跃

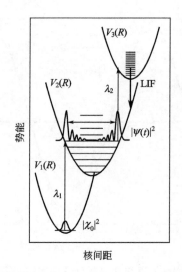

图 1.11 含三个特征电子态 $V_1(R)$，$V_2(R)$ 和 $V_3(R)$ 的双原子分子的势能曲线示意图
电子态的谐振势使原子核处于束缚态，并导致势阱内振动能级的出现。系统超快光谱
信息可通过以下途径获取：第一束短脉冲激光 λ_1 将分子由基态激发到中间态 $V_2(R)$，
并在 $V_2(R)$ 势能曲线上形成波包，且随时间振荡。对波包运动的测量由第二束脉
冲激光 λ_2 实现，该脉冲激光将中间态激发到第三个电子态 $V_3(R)$ 上。
第三个电子态可由激光诱导荧光的方法进行荧光的强度测量

迁，即电子态构型的变化远快于核运动，在电子跃迁过程中核运动被认为处于"冻结"状态。如果激光为单色光，则第一激发态势能曲线中只有一个振动能级被激发。如果采用短脉冲激发，且激光频谱范围足够宽，则有可能不止一个本征态被同时激发，形成相干叠加态即波包 $\psi(t)$。图中基态和第一激发态能量差（按势能曲线的最小值处计算）为 $15770\mathrm{cm}^{-1}$（约 $2\mathrm{eV}$）。采用的约化质量及基态与第一激发态内振动能级的间隔（$\omega = 1.9 \times 10^{13}\,\mathrm{Hz}$，相当于振荡周期为 $333\mathrm{fs}$）皆与碘分子相当。

图 1.12(a) 给出了采用不同激发脉宽在激发态 $V_2(R)$ 上制备的波包概率分布 $|\psi(t)|^2$，从上至下激发光高斯线性的脉宽分别为 $42\mathrm{fs}$，$167\mathrm{fs}$ 及 $667\mathrm{fs}$（对应于 I_2 分子的 $1/8$，$1/2$ 和 2 倍周期）。可见 $1/8$ 分子振动周期脉宽所激发的波包和基态 $V_1(R)$ 势能曲线上的波包 $|\chi_0|^2$ 十分相近，正如式（1.28）～式（1.30）所预期的那样。如果加大激发光脉宽，波包的形状逐渐偏离 $|\chi_0|^2$，而是变得越来越像单个本征态的波函数概率分布（见第 2 章）。在上述例子中，选择激发光的波长与基态 $V_1(R)$ 和激发态 $V_2(R)$ 的第 5 个本征态 φ_5 间的能隙相匹配，该本征态的波函数模平方 $|\varphi_5|^2$ 如图 1.12(a) 所示，由于采用的激光脉宽（$667\mathrm{fs}$）足够长，使得式（1.33）成立，因此所激发的波包和 $|\varphi_5|^2$ 相同。不同于脉宽为 $42\mathrm{fs}$，$167\mathrm{fs}$ 激光在 $V_2(R)$ 势能面上所产生的激发态（上述两个激发态为本征态的线性叠加），脉宽为 $667\mathrm{fs}$ 激光所激发的是一个稳定态，不随时间演化。如果对激发光频率进行扫描，可获得分子

的吸收光谱。由于受时间-能量不确定性原理的限制，光谱的分辨率取决于扫描激光的脉宽。这一依赖关系包含在 c_n 项内［式(1.27)］，吸收光谱计算仅仅是对各系数模平方的简单求和：

$$A(\omega,\tau) = \sum_{n=0} \left| c_n \right|^2 \tag{1.33}$$

由脉宽不同的激发测定的吸收光谱如图 1.12(b)所示，表明激光脉冲越短，光谱分辨率越低。42fs 脉宽对应的光谱分辨率为 353cm^{-1}(FWHM)，而长脉冲光(667fs)对应的分辨率为 22cm^{-1}(FWHM)，且每条谱线对应于某一 $\chi_0 \rightarrow \varphi_n$ 的跃迁。可见长脉冲光激发，对应于频率分辨光谱，由于只有一个本征态被激发而无法观测波包的动力学。而对短脉冲激发的情形，光谱分辨率很差，但由于短脉冲在 $V_2(R)$ 上激发了一个本征态的相干叠加态，波包在 $V_2(R)$ 势能曲线上的运动可用于动力学测量。

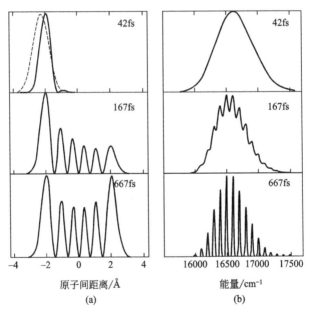

图 1.12 不同激发脉宽在激发态 $V_2(R)$ 上制备的波包概率分布 $|\psi(t)|^2$ 及其吸收光谱

(a)由脉宽分别为 42fs、167fs 和 667fs 的脉冲激光将分子由基态激发至电子激发态所产生波包的
计算结果，脉宽为 42fs 的脉冲激光所激发的波包和基态的波函数 $|\chi_0|^2$(虚线
所示)非常接近；(b)应用上述不同脉宽激光测量所得的吸收光谱

1.2.6 波包运动的实验测量方法

早期波包运动的测量主要采用由 Zewail 及合作者发展起来的飞秒过渡态谱学(femotosecond transition-state spectroscopy，FTS)方法，该方法起先用于气相小分子体系，随后再延伸到凝聚相大分子系统。该方法首先是采用一短脉冲激光将分子由基态束缚态激发至某一电子激发态，由此在上能态产生一非定态波包，波包在

该势能曲线内往复运动如同定域的概率波。

图 1.13 根据等式（1.31）进一步给出了三种不同脉宽的激光所制备的波包 $|\psi(x,t)|^2$ 在激发态 $V_2(R)$ 势能曲线上的含时演化过程，其中最短脉冲激发的波包其运动轨迹和经典粒子相似，运动的周期性由组成波包各本征态间的能量差所决定 [参见等式（1.31）]。而长脉冲制备的波包是一个定态，不随时间变化。对波包运动过程的测量还需要另一束脉冲激光，相对于激发脉冲的零时刻进行延时测量。对于定域性强的波包如脉宽为 42fs 脉冲所激发的波包，波包运动在某些时刻落在探测脉冲的范围内，而在另外一些时刻则落在探测脉冲的范围之外。如图 1.13 虚线所示。

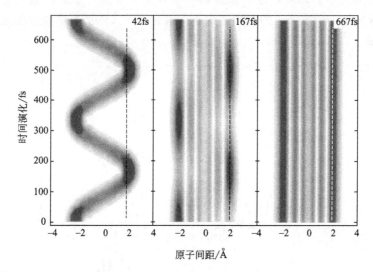

图 1.13 由等式(1.31)给出的三种不同脉宽激发光所制备波包演化轨迹计算的结果
深色阴影区表示概率密度较高的区域。脉宽为 42fs 的激光脉冲形成的波包有很好的定域性，而脉宽为 667fs 的激光脉冲形成的波包弥散在整个势阱中，没有显示任何动力学迹象

在波包动力学测量过程中，必须保证时间和空间的分辨率，因此探测激光的脉宽必须等于或小于激发光脉宽。通常波长为 λ_2 的第二束脉冲激光将含波包运动的中间态 $V_2(R)$ 激发至一个更高的激发态，该能态能够容易地实现荧光辐射或光电离测量。

由飞秒过渡态谱学方法进行实验测定的信号大小可通过量子力学二阶微扰方法进行理论模拟，理论模拟过程中将下列电子跃迁 $V_1(R){\rightarrow}V_2(R)$ 及 $V_2(R){\rightarrow}V_3(R)$ 作为激发脉冲和探测脉冲间时间延时量的函数，基于波包运动的模拟测量结果如图 1.14 所示。可见实验中采用的激发和探测光脉宽越短，波包的定域性越好，实验测到振荡曲线的调制深度也越大。对于长脉冲激光，所测得的信号中没有任何波包动力学信息。图 1.14 中给出的动力学曲线类似于图 1.10 中对原子核间距变化期望值的测量。

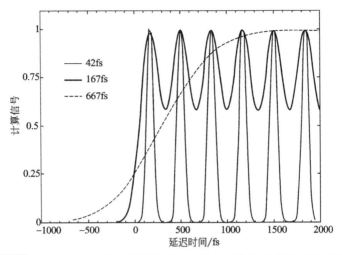

图 1.14　飞秒过渡态谱学方法中采用三种不同脉宽激光脉冲进行泵浦-探测测量信号的理论模拟结果

所有模拟计算中，泵浦光和探测光具有相同的脉宽。结果表明，测得信号的
上升沿和调制深度均随脉宽的增加而改变

1.2.7　波包测量实例分析[11]

(1)双原子分中 I_2 激发态振动－转动波包回复的实验观测

根据以上分析可知，波包是在势能面内往复运动的，实验中可以由于飞秒过渡态谱学(femtosecond transition-state spectroscopy，FTS)的方法对波包的运动进行实时观测，而且对通过波包过程测量数据的适当处理，有可能反演出势能面的信息。

图 1.15 所示为以双原子分子 I_2 为例，说明飞秒过渡态谱学在实际过程中的应用。图中 $\lambda_1 = 620nm$ 的飞秒激光脉冲将 I_2 的基态(X)激发到激发态($B^3\Pi_{0^+u}$)，并形成振动量子数 $v'' = 7\sim12$ 的波包，在势能面 $B^3\Pi_{0^+u}$ 上运动。此处将波包在势能面 $B^3\Pi_{0^+u}$ 上运动各动态位置称为广义上的过渡态。对过渡态的光谱测量方法为激光诱导荧光。图 1.15 中经适当延时后的另一束波长为 $\lambda_2 = 310nm$ 的飞秒激光将 $B^3\Pi_{0^+u}$ 态激发至更高的激发态。这两束脉冲激光分别对应于激发脉冲(用于波包的制备并提供时间零点)和计时探测脉冲(标记波包运动的时刻)。随着分子的振动，两个碘原子间的核间距呈周期性改变。当核间距处于 R 处的某一时刻，探测光被分子吸收，同时分子被激发到更高电子激发态中的某一特定振动能级，该过程取决于 Franck-Condon 跃迁原理。

对于 I_2 而言，该更高的激发态是荧光发光态，因此实验中可以探测每一延时时刻激光诱导荧光强度随延时时间的变化。由于在一个振动周期中，原子先离开并最终回到其起始位置，而激光诱导荧光强度也随着发生相应的变化，最后也就获得了 R 随

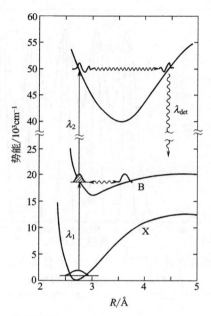

图 1.15　I₂ 过渡态光谱能级示意图

第一束飞秒脉冲激光(λ_1)将 I₂激发到 B³Π₀⁻ᵤ态并伴随着振-转态的激发。 第二束探测激光
(λ_2)将 B³Π₀⁻ᵤ态激发至更高的荧光发光态，并通过荧光(λ_{det})进行过渡态探测

时间的变化。如果振动是谐性振动，则只能观测到一个单一的振动周期，如图 1.16
所示。如果振动是非谐性的，振动周期就与振子的能量有关，导致包含多种振动周期
的叠加态，即波包。如果延时探测脉冲能够将 B³Π₀⁻ᵤ态的 I₂直接光电离，则可将荧光
测量改为离子成像或质谱的方法测量 I₂⁺ 的含量，同样给出波包演化动力学信息。

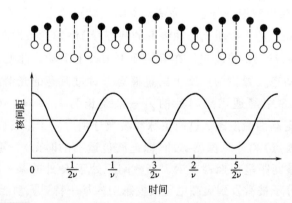

图 1.16　单频谐振子运动及时域中预期的原子核间距的变化
波峰和波谷分别对应于化学键完全压缩及完全伸展的状态

对于分子转动而言，激发脉冲光仅仅建立观测时间零点还不足以在时域内直接
观测分子的转动运动。激发光还必须使系综内的所有分子激发，使得实验能够追踪

分子的后续转动演化过程，如图 1.17 所示。为了跟踪系综转动状态的变化，实验中采用偏振脉冲激光制备碘分子不同转动能级（J）的相干叠加态。

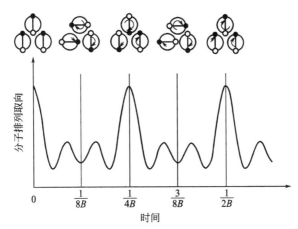

图 1.17　由三个线性分子作为理想转子构成的系综的转动初始位相、
半位相回复及全位相回复示意图

弧形箭头所包含的角度表示每一时间步长中分子所转过的角度，三个分子的转速不一样。值得指出的是，
转动的量子理论表明，在半位相回复处 [1/(4B)]，分子的转动取向与初始位置呈 180°倒相关系（负信号）

系综内只有那些跃迁矩 μ 平行或近似平行于激发光电场 E 偏振面的分子才能被有效激发，因为转动跃迁的振幅大小取决于 $\mu \cdot E$。可见系综的初始分子取向是由于各向异性激发而形成的。激光诱导荧光的偏振测量能够反映系综分子取向随时间的变化。系综转动的演化过程中，高转动量子态 J 的分子转速快于低转动量子态 J 的分子，并伴随相干态的衰减。在激发过程中形成的转动量子态 J 的分布越宽，相干态的衰减也越快。

由于实验中碘分子是孤立的，并进行自由旋转，经过一段演化时间后分子的取向能够回复到初始状态（位相回复）。如果忽略分子的离心畸变效应，则位相的回复时间完全由所处特定振动能级的分子转动常数 B 决定，即回复时间（rephasing time）为 1/(2B)。因此对于每一激发脉冲制备的振动态，都存在一转动位相回复时间。图 1.17 显示的只是单一振动态被激发的情形。而在实际过程中，通常有许许多多的振动能级被同时激发。在这种情况下，转动位相回复的时间的间隔由不同振动能级所对应的转动常数 B 值所决定。因此，转动运动可由两个方面表现出来：由于初始取向消失而导致的早期动力学失谐以及较长时间间隔后由分子取向复原导致的位相回复。实验中如果要排除分子取向的干扰，只要将激发脉冲和探测脉冲激光的偏振面夹角设置成魔角（54.7°）即可（参见第 11 章）。

图 1.18 所示为消除分子取向转动效应后由过渡态时间分辨激光诱导荧光测定的动力学曲线。图中最显著的特征是周期为 300fs 的快速振荡，对应于分子的振动周期，而振幅的变化则慢得多，其调制周期为 10ps，这一慢周期调制是由振动的非谐性引起的，表明波包中不同频率振动态间的干涉。傅里叶变换所得的两个主要

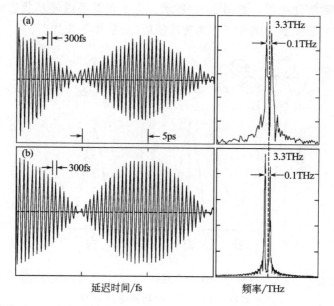

图 1.18 消除分子取向转动效应后由过渡态时间分辨激光诱导荧光测定的动力学曲线
(a)飞秒时间分辨过渡态光谱显示的碘分子实时振动(左)，有两个振动周期分别为 300fs 和 10ps。纵坐标为激光诱导荧光的振幅，可作为原子核间距的标度。右图为相应的傅里叶变换谱，表明在 3.3THz(99cm^{-1})波数附近存在两个间隔为 0.1THz(3cm^{-1})主要振动模式。(b)理论计算结果，如图(a)中包含两个主振动周期的波包及相应的傅里叶变换谱

振动模式可与碘分子的高分辨光谱结果相比拟。

　　如果实验中改为偏振测量，就有可能实现系综分子转动运动的实时测量。图 1.19 为实验观测碘分子转动运动的偏振飞秒时间分辨过渡态激光诱导荧光曲线，和图 1.18 不同的仅仅是激发光与探测光偏振面的夹角，后者分别为平行及垂直方向测量。图中清楚地显示早期系综分子空间取向的消失过程[图 1.19(a)，左，包络线指示部分]，其中快振荡部分为振动态的相干激发，周期为 300fs。平行与垂直方向测量的振幅一开始有显著的不同，约经 3ps 后趋于常量，说明分子的空间取向完全消失。经过相当长的一段时间后(约 600ps)，出现了系综转动位相完全回复信号，对应于由 6 个振动态(量子数 7~12)叠加而成的转动波包位相回复过程。

　　正如理论所预期的那样，偏振平行和垂直探测的转动波包振荡信号位相相差 180°。实验中观测到了理论预期的在 $1/(4B)$ 处出现的半周期回复(rephasing)信号(图 1.19 未给出)。可见振动及转动的波包运动在时间上分得很开，振荡周期分别为 300fs 和 600ps。

(2)双原子分子 Br$_2$ 振动波包分数周期相位回复的实验观测

　　由前文对波包的理论分析可知，对于非谐性振子存在一相位回复周期 $T_{rev} = 2\pi/(B\omega)$，且不存在超回复周期。因此当 $t > T_{rev}$ 时，波函数将多次再现波包的初始状态。如每当 t 为 T_{rev} 的整数倍时，相位也为 2π 的整数倍，波包回复初始状态。

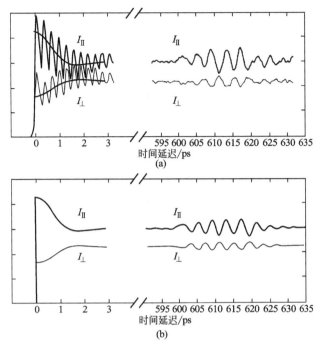

图 1.19 碘分子的偏振飞秒时间分辨过渡态激光诱导荧光动力学曲线

(a)瞬态光谱揭示由于分子转动导致的初始系综分子取向消失(左，包络线指示部分，快振荡为振动态的相干激发)及一段时间(600ps)后系综分子取向的完全回复(右)，图中分别给出了探测光偏振平行及垂直于激发光的测量结果，两者位相相差 180°，和理论预测一致。 (b)分子转动失谐(左)及位相回复(右)的理论计算结果。计算中假定相干态覆盖量子数右 7~12 的六个振动态，并考虑了振-转耦合及离心畸变效应

在一些特殊的时刻，$t/T_{rev}=p/q$ 为不可约分数有理数时，波包汇聚成一系列子波，称为分数期回复波包。分数期回复的子波包运动同样具有周期性，运动周期为 T_c 的分数倍。实验中 1% 的 Br_2 稀释到氦气中，脉宽小于 100fs、波长为 560nm 的脉冲激光将基态的溴分子激发到 B 态，另一脉宽相同、波长为 290nm 的脉冲激光直接将波包映射到电离态，即通过 290nm 的双光子吸收电离。形成的 Br_2^+ 用质谱仪检测。实验结果如图 1.20 所示。

波包动力学的起始阶段出现数十个振动峰，对应于 $T_c=300fs$ 的经典粒子振动周期，几个周期以后，由于波包相干态间的位相失谐，导致振动峰消失，直到6~9ps 延时时间段内，经典振动周期才重新出现，这一波包重现过程对应于半回复周期($1/2T_{rev}$)，该过程每隔 8ps 出现一次，由此可确定回复周期 $T_{rev}=16ps$，该数值和由对溴分子 B 激发态进行 Mores 势函数近似得到的理论期望值 $T_{rev}=2\pi/(B\omega)$ 相一致[12]。此外，图中在非经典粒子时段内，即 $t=1/4T_{rev}$，$t=3/4T_{rev}$，$t=5/4T_{rev}$，…，出现了振动频率是经典粒子振动频率两倍的信号。这些时刻对应的是波包被分成相同的两半，位相相反，振动周期是经典粒子周期的一半。图 1.21 给出了基于精确的 Ryderg-Klein-Rees(RKR)势函数的理论模拟波包演化动力学曲线，图中标出了相应 p/q 的位置。

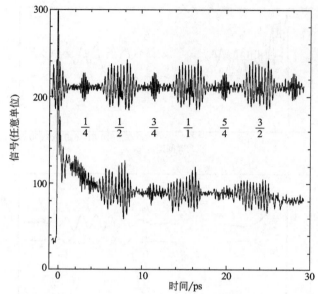

图 1.20 泵浦-探测扫描实验给出的 Br₂ 强度随时间变化的信号

下方的曲线为实验测量结果；上方的曲线为理论计算结果。 高频振动是由于分数波包回复所致，并由 p/q = 1/4, 1/2, …等记号标明

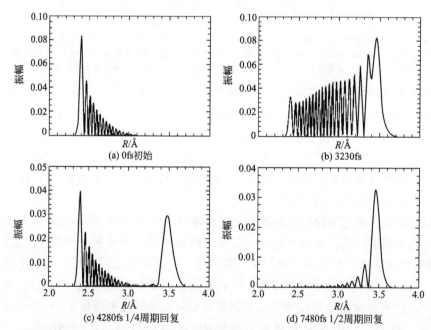

图 1.21 揭示波包具有经典和非经典力学性质的四个不同时刻的快照

初始波包由泵浦激光在上能态势能曲线的内折返点处产生(a)，该波包迅速失谐，形成弥散的波包(b)。 相干性得到部分回复如 1/4 周期回复处(c)，该波包被劈裂成两个子波包，分别位于势能曲线的内折返点和外折返点处。 相干性完全回复的波包如 1/2 周期回复处，该波包位于势能曲线的外折返点外，其形状和初始波包很接近。 而(c)中 1/4 周期回复处的波包可看成是波包(a)和(d)的叠加，两个子波包运动方向相反，导致位相相反，及总波包的运动频率为 2ω。

　　图 1.21 所示四个不同时刻波包形状 $|\psi(x,t)|^2$ 的理论模拟结果进一步揭示波包的分数周期回复过程。波包的在零时刻的起始位置位于势能曲线的内折返点，并在势阱内以频率 ω_c 按经典粒子模式振动 [图 1.21(a)]。经过一段时间后波包处于完全失谐状态 [图 1.21(b)]。图 1.21(c) 为波包处于 1/4 分数周期回复状态，波包由两个位相相反的相同子波包组成，每个子波包皆以 ω_c 频率振动，给出总的振动频率为 $2\omega_c$。图 1.21(d) 给出的是外折返点处首次出现半周期回复波包的结构，该波包通过内折返点再次以频率 ω_c 按经典粒子模式振动。

(3) 皮米尺度超快波包干涉量子条纹的测量[13]

　　当一个弱非谐性系统中的数个量子态被共振激发时，该系统的时间演化特性是波包回复现象，即起初空间定域很好的波包先弥散后再经过一段精确的回复时间后，重新回复到起始的形状。如前所述，如果该精确延时为半周期回复时间，则波包包含两个起始波包的副本，位相相差半个振动周期。理论表明对于该特殊情形，当两个相向传播的波包在空间相遇时，将形成显著的干涉现象。另外，详细的理论分析表明，形成的干涉条纹对于相邻的两次相遇具有倒相关系。

　　实验中可利用飞秒泵浦-探测技术对 I_2 蒸气的激发态波包动力学进行测量实现上述现象的实验观测。利用激发光的宽带宽，将 I_2 分子激发到平均振动量子数 $\bar{n}=14$ 附近的振动相干叠加态，形成一定域波包。对于 I_2 分子的 B 态，其光谱已十分清楚，对于 $\bar{n}=14$ 的相干叠加态，已知 $T_c\approx0.3\text{ps}$，$T_{rev}\approx37\text{ps}$，且 $T_{rev}\gg T_c$ 满足在激发态形成若干非谐性振动态的条件。因此在 $T_{rev}/4\approx9.3\text{ps}$ 附近，预期该系统发生半周期回复现象(图 1.22)。两个位相相差半个振动周期的波包将在势阱内振

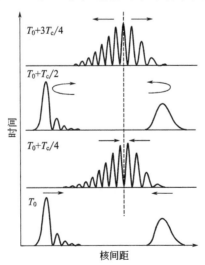

图 1.22　两列波包($|\Psi(r,t)|^2$)约在半周期回复($T_0=pT_c\approx T_{rev}/4$，

p 为整数)处的演化过程示意图

在 T_0 时刻，两列波包分别定域在势能面的折返点处，并相向传播。在 $T_0+T_c/4$ 时刻，两列波包在空间重合后相干，形成一稳态的波，持续至两列波分开为止。在 $T_0+T_c/2$ 时刻，两列波在折返点处互换位置后再次相向传播。在 $T_0+3T_c/4$ 时刻，两列波包再次相干，干涉波的位相和前次相比，相差 π(见虚竖线)

荡。理论预言，波包干涉形成的节点将分布在核间距为 3.1～3.4Å 的区间内，对应两个波包相遇的区间。更为重要的是，在该区间内形成的波包干涉条纹，在两个相邻的干涉事件内发生倒相过程，即原先极大变成极小，而极小变成极大。

飞秒泵浦-探测技术可用于上述干涉节点的观测，难点在于如何取得足够高的时间和空间的分辨率。

图 1.23 所示为将振动波包的运动映射成可测信号，即通过探测激光在某些特殊的核间距即所谓的"瞬态 Franck-Condon 点"将波包共振激发至更高的激发态。波长范围在 382～391nm 处的探测光诱导将产生 B 态到 E 态的跃迁，记录由 E 态发出的激光诱导荧光强度随泵浦-探测延时的变化。通过改变探测光波长，选择在不同的核间距进行激发。每一探测光截取相应波包波函数的截面，由此可以探测波包在时间和空间的交会。实验中探测光为一高斯型脉冲 $E(t) = E_0 e^{-t^2/\tau_{pr}^2} e^{-i\omega_{pr}t}$，式中，$\tau_{pr}$ 为脉宽。ω_{pr} 处探测信号随延时的变化可表示为：

$$P_{\lambda_{pr}}(T) \approx \int dr e^{-\frac{\tau_{pr}^2}{2\hbar^2}[V_E(r) - V_B(r) - \hbar\omega_{pr}]^2} \mid \Psi(r,t) \mid^2 \qquad (1.34)$$

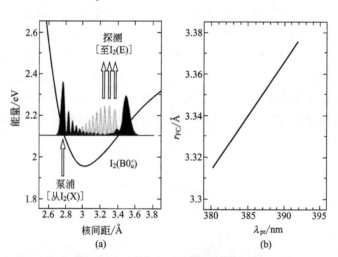

图 1.23　(a)I_2 B0$_u^+$ (B$^3\Pi_{g u}$)态的势能曲线以及振动波包两次经过半周期回复处，两列波包相遇时形成干涉条纹的情形；(b)瞬态 Franck-Condon 点(r_{FC})与探测波长的关系

式中，$V_B(r)$ 和 $V_E(r)$ 为 B 电子态和 E 电子态的势能，上式清楚地表明，瞬态信号测量到的是在 Franck-Condon 点左右的窗口 Δr_{FC} 内振动波函数模平方，在该探测窗口内 $V_E(r_{FC}) - V_B(r_{FC}) = \hbar\omega_{pr}$ 成立，且 Franck-Condon 点与探测波长几乎成线性关系。为了分辨含节点的波包的干涉条纹，要求 Franck-Condon 的窗口宽度

$$\Delta r_{FC} = \frac{2\hbar \sqrt{2\ln 2}}{\tau_{pr} \left| \dfrac{d}{dr}[V_E(r) - V_B(r)] \right|}$$ 小于运动波包相对应的 de Broglie 物质波波长(λ_{dB})

的一半。该关系设定了探测激光脉冲的谱宽的上限以及脉宽的下限。另一方面，为

了观测相邻两次波包相遇形成干涉条纹的 π 相移，探测光的脉宽须小于振动周期的一半。在上述限制条件下，泵浦-探测信号可近似为：

$$P_{\lambda_{pr}}(T) \approx |\Psi[r_{FC}(\lambda_{pr}), T]|^2 \tag{1.35}$$

图 1.23(b)清楚地表明，通过扫描波长范围在 382～391nm 的探测光，便可测量核间距在 3.32～3.37Å 振动波函数的模平方。

根据实验参数估算得出 $\lambda_{dB} \approx 0.08$Å，并由图 1.23 和探测激光的脉宽依据 Δr_{FC} 的计算公式可得出 $\Delta r_{FC} \approx 0.014$Å，另外 $T_c \approx 330$fs，并且条件 $\tau_{pr} < T_c/2$ 成立。在上述条件下，可以实现对出现在延时约为 9.3ps 处的皮米尺度干涉条纹结构进行实验测量。

实验中加热的 I_2/Ar(约 310K，约 1atm)混合气体经喷嘴膨胀到真空室，经另一束窄带染料激光测量 B～X 态荧光激发谱，估算出 I_2 分子系综的振动和转动温度分别为约 15K 和(220±40)K。泵浦探测实验中所采用的激光脉宽约为 100fs，重复频率为 1kHz，对激发光而言，典型的谱宽度约 10nm，探测光为 2.6nm。

如图 1.24 所示，在早期阶段，反映振动波包运动的振荡信号清晰可辨。大约经 5ps 后，由于波包的弥散，清晰的振荡周期现象消失。大约经 9ps，振荡现象又开始变得明显，然而在这一阶段，振荡现象对探测光波长十分敏感，如 9～10ps 的放大图所示。对极大值与极小值的变化进行细致观察发现，当探测光波长由 382nm 调至 391nm 时，极大值平缓地过渡到极小值，并在 385.3nm 经历了一个双

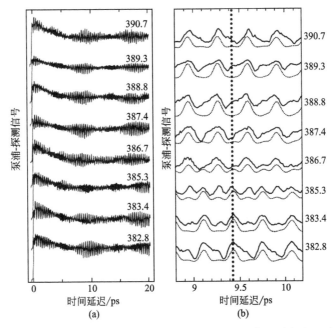

图 1.24 (a)实验中应用 587nm 泵浦光及不同波长探测光(中心波长如图中标注所示，单位 nm)所测到的泵浦-探测信号。每组曲线以头三个振荡周期的强度为基准进行归一。(b)9～10ps 时间尺度内实验曲线的放大图，以及理论模拟曲线(虚线)，显示随着探测波长的改变，振荡强度有极大值到极小值的变化

峰结构。由图 1.23 可知，当探测光波长由 382nm 扫描至 391nm 时，探测光扫过的核间距范围是 3.32～3.37Å，从而探测了这一时空区间内形成的包含节点的波包干涉条纹。

1.3 密度矩阵表示

1.3.1 相干态的密度矩阵表示

量子力学中一个系统的量子态通常用波函数 Ψ 来描述[14]。如果用 Dirac 符号，就表示为右矢（ket）$|\Psi\rangle$，其共轭态则表示为左矢 $\langle\Psi|$。量子态的另一种描述是密度算符，如果采用一个具体的表象，ρ 就表示为一个矩阵，称为密度矩阵。

设体系的一组对易力学量完全集 F 的共同本征态为 ψ_n，有 $\hat{F}\psi_n = F_n\psi$，记为 $|\psi_n\rangle$，或简记为 $|n\rangle$。n 代表一组完备的量子数。以 $|n\rangle$ 为基矢的表象，称为 F 表象。这一组矢基的完备性表现为

$\sum_n |n\rangle\langle n| = \sum_n P_n = 1$，$P_n = |n\rangle\langle n|$ 称为投影算符。体系的任一量子态 $|\psi\rangle$ 都可用这一完备基展开

$$|\psi\rangle = \sum_n |n\rangle\langle n|\psi\rangle = \sum_n P_n|\psi\rangle = \sum_n c_n|\psi\rangle \tag{1.36}$$

式中，$c_n = \langle n|\psi\rangle$ 是量子态沿基矢 $|n\rangle$ 方向的投影分量的大小及位相。$|c_n|^2$ 表示在量子态 $|\psi\rangle$ 下测量 F 得到 F_n 的概率，$\sum_n |c_n|^2 = 1$。

将投影算符的概念进一步推广，定义与量子态 $|\psi\rangle$ 相对应的投影算符 $\rho = |\psi\rangle\langle\psi|$，称为与量子态对应的密度算符。密度算符 ρ 在 F 表象中表示为

$$\rho_{mn} = \langle m|\rho|n\rangle = \langle m|\psi\rangle\langle\psi|n\rangle = c_m c_n^* \tag{1.37}$$

式中，ρ_{mn} 为密度矩阵元，显然所有的对角元素之和（矩阵的迹）为 1，即：

$$\mathrm{Tr}\rho = \sum_n |c_n|^2 = 1 \tag{1.38}$$

量子力学可观测量的平均值可用密度矩阵来计算。在 $|\psi\rangle$ 态下，力学量 A 的平均值为

$$\langle A\rangle = \langle\psi|A|\psi\rangle = \sum_{nm}\langle\psi|n\rangle\langle n|A|m\rangle\langle m|\psi\rangle$$

$$= \sum_{nm} c_n^* A_{nm} c_m = \sum_{nm} \rho_{nm} A_{mn} = \sum_n (\rho A)_{nn} = \sum_m (A\rho)_{mm} \tag{1.39}$$

因此有

$$\langle A\rangle = \mathrm{Tr}(\rho A) = \mathrm{Tr}(A\rho) \tag{1.40}$$

密度矩阵可以作为量子态的另一种描述方式，对于纯态 $|\psi\rangle$，密度矩阵和波函数的描述

两者是等价的，但对于不能用一个波函数描述的混合态，就必须用密度算符来描述。

1.3.2　密度算符与密度矩阵

考虑到随时间的演化，量子态记为 $|\psi(t)\rangle$，并已归一化 $\langle\psi(t)|\psi(t)\rangle=1$，定义相应的密度算符为 $\rho=|\psi(t)\rangle\langle\psi(t)|$，密度矩阵元表示为

$$\rho_{nm}(t)=\langle n|\rho(t)|m\rangle=\langle n|\psi(t)\rangle\langle\psi(t)|m\rangle=c_n(t)c_m^*(t) \tag{1.41}$$

其对角元为 $\rho_{nn}(t)=|c_n(t)|^2$，且 $\mathrm{Tr}\rho=\sum_n|c_n(t)|^2=1$。密度算符还可表示为

$$\rho=|\psi(t)\rangle\langle\psi(t)|=\sum_{nm}|n\rangle\langle n|\psi(t)\rangle\langle\psi(t)|m\rangle\langle m|=\sum_{nm}c_n(t)c_m^*(t)|n\rangle\langle m|$$

$$=\sum_{nm}\rho_{nm}|n\rangle\langle m| \tag{1.42}$$

可见只有当 c_n 和 c_m 皆不为 0 时，ρ_{nm} 才不为 0。因此，当与量子态 $|\psi\rangle$ 相应的密度矩阵元 ρ_{nm} 不为 0 时，量子态 $|\psi\rangle$ 中必含有 $|n\rangle$ 和 $|m\rangle$ 态。ρ_{nm} 的大小与 $|n\rangle$ 和 $|m\rangle$ 态在 $|\psi\rangle$ 中出现的概率和相对位相都有关系，即

$\rho_{mn}=c_nc_m^*\mathrm{e}^{i(\Phi_n-\Phi_m)}$，其中 $\Phi_n-\Phi_m$ 为 $|n\rangle$ 和 $|m\rangle$ 态的相对位相，ρ_{nm} 不为 0 时，表明 $|n\rangle$ 和 $|m\rangle$ 相干。密度矩阵随时间的演化可借助于 Schrödinger 方程 $i\hbar\dfrac{\partial}{\partial t}|\psi(t)\rangle=H|\psi(t)\rangle$ 可得

$$\frac{\mathrm{d}}{\mathrm{d}t}\rho(t)=\frac{\partial}{\partial t}|\psi(t)\rangle\langle\psi(t)|+|\psi(t)\rangle\frac{\partial}{\partial t}\langle\psi(t)|=\frac{H}{i\hbar}|\psi(t)\rangle\langle\psi(t)|+|\psi(t)\rangle\langle\psi(t)|\frac{H}{-i\hbar}$$

$$=\frac{1}{i\hbar}[H\rho(t)-\rho(t)H] \tag{1.43}$$

如果选择一个具体的表象，则上式表述成一个矩阵方程。特别是如果选择能量表象，即以 H 本征态 $|n\rangle$ 为矢基的表象，则

$$\frac{\mathrm{d}}{\mathrm{d}t}\rho_{nm}(t)=\frac{1}{i\hbar}(E_n-E_m)\rho_{nm} \tag{1.44}$$

因而 $\rho_{nm}(t)=\rho_{nm}(0)\mathrm{e}^{-i\omega_{nm}t}$，$\omega_{nm}=(E_n-E_m)/\hbar$。上式表示非对角元以角频率 ω_{nm} 振荡，而对角元则不随时间变化。

1.3.3　纯态和混合态[15]

在经典力学中，可以存在一个概率密度 $W(p,x)$ 满足归一化条件 $\iint W(p,x)\mathrm{d}p\mathrm{d}x=1$，测量意味着概率的约化，即 $W(p,x)$ 可以分解为代表子系统的几个部分，这些子系统的概率是相加性的：

$$W(p,x)=g_1W_1(p,x)+g_2W_2(p,x)\quad(0<g<1) \tag{1.45}$$

在经典力学中，能够持续这一分解，直到辨认出 x，p 分别位于间隔$(x,x+\Delta x)$和$(p,p+\Delta p)$为止。经典系统不受不确定性原理的限制，即 Δp 和 Δx 之间没有关系。

量子力学系统和经典力学系统之间的区别为：①不确定性原理的限制；②波函数的相干叠加。由此可将系统分为纯（粹）态和混合态。对于纯态系统，系统处于量子力学的定态，波函数满足态叠加原理，概率为系统波函数的平方。

混合态是指粒子可处于多个状态，但某一时刻只能够处于一个状态，类似于经典系统中的子系统概率求和，$W(p,x)=g_1|\psi_1(x,p)|^2+g_2|\psi_2(x,p)|^2$。

混合态的概率具有加和性，不能用单纯的波函数来描述，而是分解为子系统，直至每个系统代表的态为纯态为止，概率为纯态的概率之和。在量子力学系统中，如果对所有的位相求平均，或用某种方法破坏位相间的关系，则总是得到混合态。图 1.25(a)表示光通过两个同时开着的狭缝，则狭缝后的光强分布为相干叠加，代表纯态。如图 1.25(b)所示的狭缝某一时刻只有一个开着，不满足态叠加，但符合概率求和。简单地说，纯态是子系统波函数加和，混合态是子系统波函数平方的统计求和。

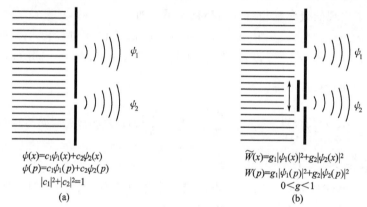

$$\psi(x)=c_1\psi_1(x)+c_2\psi_2(x)$$
$$\psi(p)=c_1\psi_1(p)+c_2\psi_2(p)$$
$$|c_1|^2+|c_2|^2=1$$
(a)

$$\widetilde{W}(x)=g_1|\psi_1(x)|^2+g_2|\psi_2(x)|^2$$
$$W(p)=g_1|\psi_1(p)|^2+g_2|\psi_2(p)|^2$$
$$0<g<1$$
(b)

图 1.25 纯态(a)及混合态(b)波函数不同叠加方式示意图(前者为振幅叠加，后者为模平方统计权重相加)[15]

1.3.4 混合态的密度矩阵

在实际系统中并不能确知系统处于哪一种纯态，只是知道系统处于各可能纯态的概率，如自然光源中发出的偏振光，具有两种偏振态，每种偏振态的概率为 0.5。同样对于多粒子系统，由于粒子之间的碰撞等因素导致位相的退相干，该系统中所观测的物理量满足混合态是子系统波函数平方的统计求和规则，参照纯态的密度算符与密度矩阵，可以建立混合态的密度矩阵，其本质是退相干系统中的量子统计方法。本质上混合态的密度矩阵是一种宏观经典多粒子统计和单粒子能态量子性质相结合的统计量子力学方法，正是由于宏观经典多粒子统计的引入，为密度矩阵的唯象时间演化描述奠定了基础。

假定混合态系统可分解成 N 个具有纯态波函数的子系统，子系统纯态波函数一般表示为 $\psi_s(r,t)$，s 的取值范围为 $1\sim N$，则相应子系统待测物理量的期望值

$\langle A_s \rangle$ 可表示为 $\langle A_s \rangle = \int \psi_s^*(r,t) A \psi_s(r,t) \mathrm{d}r$，将 $\psi_s(r,t)$ 按其完备基矢 $|\psi_n\rangle$ 展开，则 $\psi_s(r,t) = \sum_n c_n(t)|n\rangle$，$\langle A_s \rangle = \sum_{mn} c_m^{s*} c_n^s \mathrm{e}^{i(\Phi_m^s - \Phi_n^s)} \langle m|A|n\rangle$。

上式为纯态系统的期望值，然而在实际系统中，并不能够确定系统处于哪一种纯态，仅能给出系统在某一纯态上的概率分布函数 p_s，因此只能给出观测量期望值的统计平均，即系统可观测量的统计平均值可表示为

$$\overline{\langle A \rangle} = \sum_s p_s \langle A_s \rangle = \sum_s p_s \sum_{mn} c_m^{s*} c_n^s \langle m|A|n\rangle = \sum_{nm} \rho_{nm} A_{mn} \qquad (1.46)$$

式中，$\sum_s p_s = 1$，密度矩阵元为 $\rho_{nm} = \sum_s p_s c_m^{s*} c_n^s \mathrm{e}^{i(\Phi_m^s - \Phi_n^s)}$。上式表示状态 m 与状态 n 间的关联，表示两态之间的相干程度。如对于原子光辐射过程而言，在热平衡条件下，由于原子间的碰撞频繁，初始相位 Φ_m^s 和 Φ_n^s 完全无规，相位差 $\Delta\Phi = \Phi_m^s - \Phi_n^s$ 在 $(0, 2\pi)$ 也是无规分布的，故有 $\rho_{mn} = \int_0^{2\pi} \mathrm{e}^{i\Delta\Phi} \dfrac{\mathrm{d}\Delta\Phi}{2\pi} = 0$，说明在热平衡条件下，两个状态间是非相干的。若果系综处于相干场（如激光）激发之下，此时由于"外力"的作用，迫使系综内不同子系统实现同步，使之具有确定的位相关系，即 $\Delta\Phi = \Phi_m^s - \Phi_n^s$ 为常数，使得非对角元 ρ_{nm} 不为零，由此制备的相干态称为外场的相干激发。

混合态密度矩阵可表示为

$$\rho = \sum_s p_s |\psi_s\rangle\langle\psi_s| = \sum_s p_s \rho_s \qquad (1.47)$$

可以证明，在混合态中，量子力学可测量 A 的平均值期望值具有和纯态相同的形式 $\overline{\langle A \rangle} = \mathrm{tr}(\rho A)$。假定系统在纯态上的概率分布函数 p_s 不随时间变化，则混合态密度矩阵随时间的演化方程和纯态的时间的演化方程具有相同的形式：

$$\frac{\mathrm{d}\rho}{\mathrm{d}t} = \frac{1}{i\hbar}[H\rho(t) - \rho(t)H] \qquad (1.48)$$

$$\frac{\mathrm{d}}{\mathrm{d}t}\rho_{nm}(t) = \frac{1}{i\hbar}(E_n - E_m)\rho_{nm} \qquad (1.49)$$

及 $\rho_{nm}(t) = \rho_{nm}(0)\mathrm{e}^{-i\omega_{nm}t}$，$\omega_{nm} = (E_n - E_m)/\hbar$。其中哈密顿量包含了相应的纯态量 H_0 及粒子间相互作用项 H'，即 $H = H_0 + H'$。

实际系统中，各纯态上的分布概率并非是静态的，尤其对于光激发系统，存在上能级到下能级的弛豫过程，即 $\dfrac{\mathrm{d}p_s}{\mathrm{d}t} \neq 0$。由此引起解混合态密度矩阵演化方程的困难，为此在处理过程中采用唯象方法引入了两个弛豫参数：布居数弛豫速率 $\dfrac{1}{T_1}$ 及相位退相干（dephasing）速率 $\dfrac{1}{T_2^*}$，用于确定弛豫过程的影响。

$$\frac{\partial \rho_{nm}}{\partial t} = \frac{1}{i\hbar}[H,\rho] - \gamma_{nm}(\rho_{nm} - \bar{\rho}_{nm}) \qquad (1.50)$$

式中，第二项为弛豫项；γ_{nm} 为弛豫系数；$\bar{\rho}_{nm}$ 为稳态值。在热平衡情况下，各

状态的初始相位是无规的，故非对角元 ρ_{nm} 的稳态值 $\bar{\rho}_{nm}$ 应为 0，式(1.50)可表示为

$$\frac{\partial \rho_{nm}}{\partial t} = \frac{1}{i\hbar}[H,\rho] - \gamma_{nm}\rho_{nm}, \quad n \neq m \tag{1.51}$$

$$\frac{\partial \rho_{nn}}{\partial t} = \frac{1}{i\hbar}[H,\rho] - \gamma_{nn}(\rho_{nn} - \bar{\rho}_{nn}) \tag{1.52}$$

可以证明对角元的弛豫系数 γ_{nn}，γ_{mm} 与非对角元的弛豫系数 γ_{nm} 之间存在下列关系：

$$\gamma_{nm} = \frac{1}{2}(\gamma_{nn} + \gamma_{mm}) + \gamma_{nm}^* \tag{1.53}$$

式中，γ_{nm}^* 为单纯的退相干速率(dephasing rate)，即 $\gamma_{nm}^* = \frac{1}{T_2^*}$。对于二能级系统，基态的布居数弛豫速率为 0，故有

$$\frac{1}{2}(\gamma_{nn} + \gamma_{mm}) = \frac{1}{2T_1} \quad 及 \quad \gamma_{nm} = \frac{1}{T_2} = \frac{1}{2T_1} + \frac{1}{T_2^*} \tag{1.54}$$

T_1 为激发态的寿命，也称为纵弛豫时间；T_2 为相干态的失相时间，也称为横向弛豫时间。对于原子光谱，反映原子辐射的光谱线宽。位相失谐(dephasing)意味着相干(coherence)性的消失，也就是系统对初始位相记忆的消失。该现象的量子力学解释是 m 态和 n 态间的位相关系消失，初始位相按特征时间常数 T_2 呈指数衰减。对于分子的振动态而言，激发态布居数的弛豫和分子的非弹性碰撞相关，振动能必须转移到其他可及的自由度中。至于纯粹的相位失谐过程是由振子的位相涨落引起的。分子和环境的声子经非弹性碰撞后，会引起位相跳变，导致相移(见第4章)。包含布居数和单纯位相弛豫的振动弛豫信息可由频域和时域光谱获得，尽管通常无法直接区分两者的贡献。由上述非对角元的定义可知，密度矩阵的非对角元与相干激发形成的时域振荡相关，对应由泵浦光脉冲激发形成的宏观介质的极化振荡。

注：$\gamma_{nm} = \frac{1}{2}(\gamma_{nn} + \gamma_{mm}) + \gamma_{nm}^*$ 关系式的证明

设初始时系统处于 n 态的概率为 $|C_n(0)|^2$，经过时间 t 后弛豫为 $|C_n(t)|^2 = |C_n(0)|^2 e^{-\gamma_{nn}t}$，因此 $C_n(t) = C_n(0)e^{-\gamma_{nn}t/2 - i\Phi_n - i\omega_n t}$，同理有

$$C_m(t) = C_m(0)e^{-\gamma_{mm}t/2 - i\Phi_m - i\omega_m t} \tag{1.55}$$

$$\rho_{nm}(t) = \sum_s p_s C_m^{*s}(t)C_n^s(t) = \sum_s p_s C_m^{*s}(0)C_n^s(0)e^{[-(\gamma_{nn} + \gamma_{mm})t/2 - i\omega_{nm}t]}|e^{i[\Phi_m(t) - \Phi_n(t)]}| \tag{1.56}$$

其中 $|e^{i(\Phi_m - \Phi_n)}|$ 为 m 态和 n 态间的退相干项，引入唯象表述退相干速率 γ_{nm}^* 及相应的唯象关系 $|e^{i(\Phi_m - \Phi_n)}| = e^{-\gamma_{nm}^* t}$，将该关系代入(1.56)得：

$$\rho_{nm}(t) = \sum_s p_s C_m^{*s}(0)C_n^s(0)e^{-(\gamma_{nm}t - i\omega_{nm}t)} = \rho_{nm}(0)e^{-(\gamma_{nm}t - i\omega_{nm}t)} \tag{1.57}$$

其中 $\gamma_{nm} = \frac{1}{2}(\gamma_{nn} + \gamma_{mm}) + \gamma_{nm}^*$ [16]。

1.4　飞秒光相干振动激发的唯象处理

按照密度矩阵理论，相干振动原子核位移的期望值可由下式计算[17]：

$$\langle Q(t) \rangle = \mathrm{tr}\{Q\rho(t)\} = \sum_{nm} \rho_{nm}(t) Q_{mn} \tag{1.58}$$

Q_{mn} 为 m 和 n 振动态的矩阵元，即 $Q_{mn} = \langle t_m | Q | t_n \rangle$，对于两个相干的振动态，非对角元 Q_{mn} 取非零值。由于相干性 $\rho_{nm}(t)$ 以时间常数 T_2 呈指数衰减，如果要在时域内观测相干性，相干态必须在小于 T_2 的时间尺度内产生。因此，作用于系统的冲击力的持续时间必须小于 T_2。对于光脉冲的激发过程而言，这就意味激发光的脉宽和 T_2 相比要足够的小。

式(1.58)中核位移 Q 的相干振动运动可唯象地表示为：

$$\frac{\mathrm{d}^2}{\mathrm{d}t^2} Q + \frac{2}{T_2} \frac{\mathrm{d}}{\mathrm{d}t} Q + \omega_0^2 Q = \frac{F(t)}{m'} \tag{1.59}$$

式中，ω_0 和 m' 分别为相干振子的振动频率和约化质量；$F(t)$ 是相干振动的驱动力。微分方程式(1.59)的通解为：

$$Q(t) = \frac{1}{\widetilde{\omega}} \int_{-\infty}^{t} \mathrm{d}t' F(t') \mathrm{e}^{-(t-t')/T_2} \sin[\widetilde{\omega}(t-t')] \tag{1.60}$$

式中，$\widetilde{\omega} = \sqrt{\omega_0^2 - 1/T_2^2}$。如果作用力为冲击力，即 $F(t) = \delta(t)$，则系统表现为自由感应衰减(free-induction decay)

$$Q(t) \propto \sin(\widetilde{\omega}t - \phi) \mathrm{e}^{-t/T_2} \tag{1.61}$$

式中，ϕ 为初始位相。

(1)时域和频域测量比较

实验中如果用于振动激发的红外或拉曼激发光脉宽远大于位相失谐时间 T_2，有关振动弛豫的信息可由分析红外或拉曼光谱的线型 $I(\omega)$ 获得(假定谱线是均匀展宽的)。振动光谱的线性可由振动自相关函数 $\phi_v(t) = \langle Q(t)Q(0) \rangle_{eq}$ 的傅里叶变换描述，即

$$I(\omega) = \int \mathrm{d}t \phi_v(t) \mathrm{e}^{i\omega t} \tag{1.62}$$

式中，$\langle \cdots \rangle_{eq}$ 为系综平衡态的均值。对于均匀展宽系统，自相关函数可表示为 $\phi_v(t) = \cos(\omega_0 t) \mathrm{e}^{-t/T_2}$，由此给出光谱的 Lorentzian 线型：

$$I(\omega) = I_0 \frac{1}{(\omega - \omega_0)^2 + (1/T_2)^2} \tag{1.63}$$

可见，如果系统是均匀加宽的，则可通过频域内对光谱谱宽的测量给出相干态的特征失谐时间常数。在实际过程中，很难由频域实验测量确定失谐时间常数 T_2 分别来自布居数弛豫及纯粹位相失谐贡献的相对大小。

时域测量的优点是能够直接测量布居数衰减，实验中必须满足下列条件，即泵

浦光的脉宽 Δt 和 T_1 及 T_2 须符合以下关系：$T_2 < \Delta t < T_1$。当泵浦光的脉宽 Δt 小于 T_2 时，振动模式将被相干激发，这时时间分辨光谱可直接测量核位移量 $\langle Q(t) \rangle$，取代频域测量的有关核位移量的自相关函数。正如式(1.61)所示，在上述短脉冲激发下，时域测量不仅能够给出相干失谐时间常数 T_2，还能够由测得的振荡信号中获得初始位相 ϕ 的信息。

(2)光激发机制

含时的密度矩阵算符可以用微扰方法展开：

$$\rho(t) = \rho^{(0)}(t) + \rho^{(1)}(t) + \rho^{(2)}(t) + \cdots \tag{1.64}$$

式中，$\rho^{(0)}$ 是系统处于热平衡条件下的密度算符；$\rho^{(n)}$ 为系统所处电场第 n 阶作用的贡献量。图 1.26 列出了产生相干振动的几种可能的激发途径。

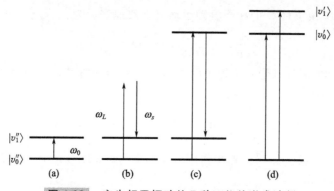

图 1.26　产生相干振动的几种可能的激发途径

图1.26 中(a)表示红外共振激发，为电场的一阶效应；(b)~(c)所示为电场作用的二阶效应，称为冲击受激拉曼散射(impulsive stimulated Raman scattering)。其中，(b)表示非共振情形下的冲击受激拉曼散射。如果泵浦光脉冲频宽足以覆盖两振动能级的能隙，满足振动共振条件 $\omega_L - \omega_s = \omega_0$，则产生受激拉曼散射现象。这一受激过程将被大大地增强，如果泵浦光的波长接近电子态共振吸收频率，该过程由图(c)表示。在上述共振条件下，如果泵浦光脉宽远小于激发态振动周期，则可诱导相干振动运动(coherent vibrational motion)，如图 1.26(d)所示。图 1.26(c)和(d)所对应的激发途径只有当电子态完全失谐后才能够加以区分。因为在电子态失谐之前，振动波包分别在基态和激发态的位能面上运动，并由基态和激发态间的相干耦合所关联。在实际过程中电子态的失谐过程远小于振动态的振动周期，电子态间的相干耦合可不加考虑。

(3)红外振动共振激发

考虑图 1.26(a)的情形，分子在频域包含有一共振频率 ω_0 的红外辐射场作用下，在偶极近似条件下，哈密顿总量可表示为

$$H = H_0 - \mu E(r, t) \tag{1.65}$$

式中，H_0 为无辐射场情况下的哈密顿量；μ 为偶极子算符。作用于分子的等效力场可表示为

$$F(r,t) = e^* E(r,t) \tag{1.66}$$

式中，e^* 为等效动态电荷（dynamic charge）。参照密度矩阵演化方程式（1.51）和式（1.52），在两能级近似条件下，运动的密度矩阵方程可表示为：

$$\frac{\mathrm{d}\rho_{nm}}{\mathrm{d}t} = \left(-i\omega_0 - \frac{1}{T_2}\right)\rho_{nm} + \frac{i}{\hbar}V_{nm}(\rho_{nn} - \rho_{mm}) \tag{1.67}$$

$$\frac{\mathrm{d}\rho_{nn}}{\mathrm{d}t} = \frac{1}{i\hbar}(V_{nm}\rho_{mn} - \rho_{nm}V_{mn}) - \frac{1}{T_1}\rho_{nn} \tag{1.68}$$

$$\rho_{mm} = 1 - \rho_{nn} \tag{1.69}$$

$$\rho_{nm} = \rho_{mn}^* \tag{1.70}$$

式中，$V_{nm} = V_{mn}^* = \langle\phi_n| -\mu E(t)|\phi_m\rangle = -\langle\phi_n|\mu|\phi_m\rangle E(t)$，$\langle\phi_n|\mu|\phi_m\rangle$ 为两振动能级 $|\phi_n\rangle$ 及 $|\phi_m\rangle$ 的偶极跃迁矩阵元。

如果系统与一脉宽小于 T_2 的红外脉冲激光发生共振作用，将产生一个振动波包。假定红外脉冲激光的波形为 δ 函数，$t=0$ 时刻产生的振动波包为

$$\rho_{nm}(t) = \rho_{nm}(0)\mathrm{e}^{-(i\omega_0 + 1/T_2)t} \tag{1.71}$$

导致由宏观激化率显示的自由感应衰变：

$$P(t) = N\langle\mu\rangle = N\mathrm{tr}(\rho\mu) = N\sum_{nm}[\rho_{nm}(0)\mu_{mn}\mathrm{e}^{-i\omega_0 t} + \mathrm{c.c.}]\mathrm{e}^{-t/T_2} \tag{1.72}$$

(4) 冲击拉曼激发

当一束飞秒激光在分子媒介中传播时，只要飞秒激光的脉宽小于分子的振动周期，就能够激发任意一个拉曼活性的分子振动模式，这一激发模式被称为冲击受激拉曼散射（impulsive stimulated Raman scattering，ISRS）。该过程是物质对激光脉冲的一般响应，即使不发生共振激发，上述过程也会发生。通过光激发产生拉曼相干态，激发光脉冲中必须同时存在两种波长的光，其频率差和分子振动频率相匹配。当激发光带宽足以覆盖由起始态到拉曼激发态的整个能隙时，就可以产生冲击受激拉曼散射[18]。

拉曼过程起源于二阶极化率。将二阶极化张量 α_{kl} 按振动坐标 Q 展开至一级级数 $\alpha_{kl} = \alpha_{kl}^0 + \left(\frac{\partial\alpha}{\partial Q}\right)_{kl}Q$，则系统的哈密顿量可表示为

$$H = H^0 - \frac{1}{2}Q\sum_{k,l}\left(\frac{\partial\alpha}{\partial Q}\right)_{kl}E_k E_l \tag{1.73}$$

式中，E_k 表示参与拉曼过程的光分量。作用于分子的有效力场为

$$F = \frac{1}{2}\sum_{k,l}\left(\frac{\partial\alpha}{\partial Q}\right)_{k,l}E_k E_l \tag{1.74}$$

在拉曼相干弱激发极限及单一激发光源条件下，冲击受激拉曼散射可简单地用一经典力学模型来表示：

$$\frac{d^2Q}{dt^2} + 2\gamma \frac{dQ}{dt} + \Omega_v^2 Q = \frac{1}{2} N \left(\frac{d\alpha}{dQ}\right)_0 E_L^2 \tag{1.75}$$

等式右边为对分子的有效冲击力场，Ω_v 为振动频率；γ 为相干态失谐速率；Q 为偏离平衡态的核位移坐标；N 为振子密度；$\left(\frac{d\alpha}{dQ}\right)_0$ 为核位移变化导致的分子极化率变化。

现简单讨论两种极限情况。当激发光脉宽远小于分子振动周期 $\tau_p \ll \frac{2\pi}{\Omega_v}$ 时，分子对激光的响应是谐振子的冲击响应，也即，冲击拉曼激发，分子呈阻尼正弦振荡，导致分子极化率也随时间呈正弦变化；在绝热近似条件下，当激发光脉宽显著大于分子振动周期 $\tau_p \gg \frac{2\pi}{\Omega_v}$，分子的核位移随激发光强的作用而偏离基态平衡位置，即 $Q(t) \propto I(t)$，分子被光场拉抻，导致分子极化率变化，其效果和分子中电子云对光场响应而产生的 Kerr 效应无法区分。当光场瞬间撤去后(该瞬间小于分子的振动周期，如极陡的脉冲下降沿)，会导致分子的键长呈周期性振动。这一激发模式成为位移冲击受激拉曼激发(displacive ISRS)。两者的区别是，冲击受激拉曼散射导致分子振动瞬时动量的改变，而后者则是动量持续改变导致谐振子平衡位置的改变。

1.5 低频振动相干态冲击受激拉曼散射实验测量及理论分析

1.5.1 相干态冲击受激拉曼散射泵浦-探测实验测量[19]

飞秒激光的出现使冲击受激拉曼散射实验成为可能，尤其是在频谱测量中难以被探测到的低频振动，可以直接通过冲击受激拉曼散射实验在时域中直接测量分子的振动。冲击受激拉曼散射振动信号在实验上表现为由分子媒介折射率受到激发光电场的极化调制，产生瞬态光栅(写光栅)，其衍射效率随时间变化并形

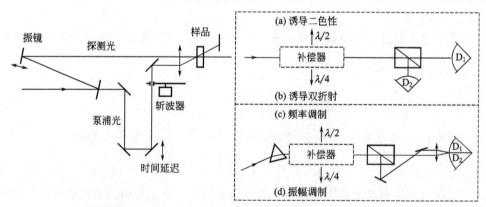

图 1.27　饱和吸收泵浦-探测实验中的四种设计方案(a～d)

成量子拍，使得探测光（读光栅）受到相应的衍射调制而给出分子的相干振动信息。

　　Chesnoy 等通过对饱和吸收实验的不同设计方案，获得了孔雀绿染料分子基态和激发态低频振动模的相干振荡（图 1.27、图 1.28）。

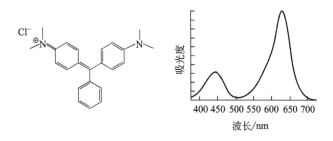

图 1.28　孔雀绿的分子结构和相应的吸收光谱

　　实验中心波长为625nm（接近于孔雀绿染料分子的最大吸收波长），脉宽为 50～60fs，重复频率为 50MHz 的锁模染料激光脉冲被分成两束，构成泵浦-探测光路。泵浦、探测光束偏振方向相差 45°。图 1.27(a)～(d)共列出了四种偏振敏感测量方案，探测光先经偏振补偿器进行偏振调制，再经偏振分束器分成两束片振方向相互垂直，光强相等的光分别入射到探测器 D_1、D_2 上。D_1-D_2 的差分信号与泵浦光调制同步进行相敏检测。方案(a)中偏振补偿器为 1/2 波片，测量结果反映的是探测光偏振面的转动，即探测光的二色性(dichroism)。方案 (b)中偏振补偿器为 1/4 波片，测量的是激发光诱导的探测光椭偏度变化(elipllicity)。方案(c)和(d)中，探测光先经过棱镜散射，再经过偏振补偿器。方案(c)中测量的是探测光的频移(frequency shift，实际上是两束偏振相互垂直的偏振光)，(d)中探测的是探测光振幅的变化〔amplitude variation，也可以看成是延时时间的漂移(delay time shift)〕。图中测量光路中采用的动镜是为了获取饱和吸收动力学曲线的二阶微分信号，用于提高量子拍振荡信号的信噪比。简言之，方案(a)检测感生二色性；方案(b)检测感生双折射；方案(c)检测感生频率调制；方案(d)检测感生振幅调制。

　　图 1.29 的实验结果表明只在饱和吸收及色散弛豫动力学曲线的背景大信号上观测振荡幅度很小量子拍信号。图中分别给出了激光脉冲的自相关曲线，用于确定时间零点和时间分辨率。其中(a)为泵浦光诱导的各向异性(二色性)饱和吸收衰减；(b)为泵浦光诱导饱和色散引起的双折射(Kerr 效应)，叠加于其上的阻尼振荡周期约为 150fs，对应于孔雀绿分子的一个振动模式(约 220cm^{-1})。图(c)显示探测光频率被激发光移位，并且分子的振动引起的振荡清晰地反映在频移衰减曲线上(频移量仅为 10^{-2}cm^{-1} 量级，而激光的频谱宽度为 200cm^{-1})。图(d)为泵浦光诱导的振幅调制衰减曲线同样叠加了源于分子振动的振荡调制，延时时间的漂移量在数十阿

秒量级。在所有实验测定的衰减曲线中，在 $t=0$ 时刻总是存在一个尖峰结构，即所谓的相干假象，是由于实验中采用同一激光光源的光束同时用于泵浦和探测所导致的[20]。

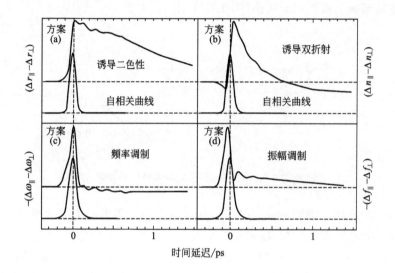

图 1.29　相应实验方案所给出的孔雀绿染料分子在水溶液中测量结果

图1.30 和图 1.31 为通过对振镜的振动频率调制进行锁相测量获得的饱和吸收的微分信号，可见阻尼振荡的信噪比有了显著的改善。

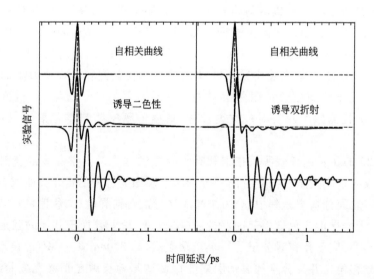

图 1.30　振动时间延时(按图所标方向振动动镜)并将检相频率锁定于振镜频率的二倍频上所测到的感生二色性及双折射二阶微分信号

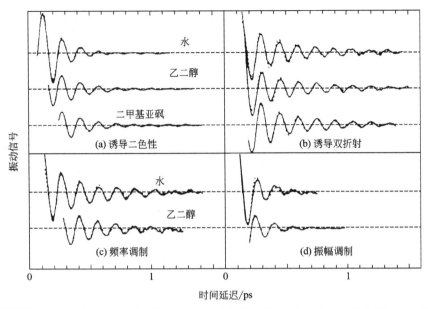

图 1.31　在不同溶剂中观测到的孔雀绿分子的阻尼振荡(实验方案标注与图 1.29 相同)

1.5.2　相干态冲击受激拉曼散射实验结果的理论分析

(1)非线性光学响应理论分析

泵浦光的电场可表示为

$$\varepsilon(t)_{\mathrm{p}}=E_0(t)\exp(i\omega_0 t)+\mathrm{c.\,c.} \tag{1.76}$$

式中，$E_0(t)$为电场的包络线。探测光脉冲相对于泵浦光脉冲被延时了 τ，$\varepsilon_s(t-\tau)$ 并被分成两个分量：$\varepsilon_{s\parallel}$ 和 $\varepsilon_{s\perp}$。探测光经过样品后其振幅和相位发生改变，平行偏振和垂直偏振的变化量不同。

探测光脉冲的包络线可表示为：

$$E_s(t-\tau,l)=E_{s\parallel}(t-\tau)\mathrm{e}^{a_\parallel(t)+i\phi_\parallel(t)}+E_{s\perp}(t-\tau)\mathrm{e}^{a_\perp(t)+i\phi_\perp(t)} \tag{1.77}$$

其中振幅因子 $a(t)$ 源于消光系数的变化 $\Delta\Gamma(t)$，而位相因子 $\phi(t)$ 源于折射率的变化 $\Delta n(t)$。在方案(a)中实际测量的是两个相互垂直偏振方向上探测光能量差异随时间的变化

$$S_{\mathrm{a}}(\tau)=\frac{W_\parallel-W_\perp}{W_\parallel}=-lR_\Gamma(t)\otimes C(t) \tag{1.78}$$

直积符号⊗表示两函数间的卷积(convolution)，其中后者为探测光的自相关函数

$$C(t)=\int I(t)I(t-\tau)\mathrm{d}t\bigg/\left[\int I(t)\mathrm{d}t\right]^2 \tag{1.79}$$

$R_\Gamma(t)$ 为消光系数的变化量 $\Delta\Gamma_\parallel(t)-\Delta\Gamma_\perp(t)$ 对于脉冲光激发的响应函数；l 为被测样品的厚度。方案(b)中，插入的 1/2 波片将探测光的偏振方向改变了 45°，检测光诱导

Kerr 效应，给出两个相互垂直偏振方向上（均垂直于起始探测光的偏振方向）探测光能量差值随时间的变化，反映了折射率响应函数的变化，$R_n(t)=(\Delta n_\| - \Delta n_\perp)$，即

$$S_b(\tau)=\frac{2\pi}{\lambda}R_n(t)\otimes C(t) \tag{1.80}$$

上述两种方法在实验对光强差的测量精度可达 10^{-5}，而且能够从实验上分别给出光吸收和折射效应对探测光强的扰动，不同于感生光栅测量方法，后者无法区分上述两种不同效应。

后两种实验方案［(c)、(d)］分别用于测量探测光的光谱扰动和振幅扰动。光路大部分和方案(a)、(b)相似，差别在于后者探测光由样品池出射后，先经一棱镜进行光色散，再进入补偿器，由偏振分光器出射的两束光聚焦在二元探测器上，使得二元探测器的差分输出为零。两束偏振不同的探测光在二元探测器上的空间色散方向正好相反（反射光被反射了三次），二元探测器的信号输出正比于两束偏振方向互相垂直探测光频谱变化的差值，即 $\Delta\omega_\| - \Delta\omega_\perp$。$\Delta\omega$ 为光谱中心与初始值 ω_0 的偏差：

$$S_c(\tau)=\Delta\omega(\tau)\propto\int_0^{\omega_0}E_s^*(\omega,l)E_s(\omega,l)\mathrm{d}\omega-\int_{\omega_0}^\infty E_s^*(\omega,l)E_s(\omega,l)\mathrm{d}\omega \tag{1.81}$$

为了分析上述信号的来源，假定方程(1.77)中项 $a(t)+\mathrm{i}\phi(t)$ 的值和 1 相比为小量，而且随时间变化足够慢，将其以时间为变量展开至二级级数，有

$$E_s(\omega-\omega_0,\tau)=\int E_s(t-\tau)\mathrm{e}^{-i\omega(t-\tau)}\mathrm{e}^{a(t)+i\phi(t)}\mathrm{d}t \tag{1.82}$$

$$E_s^*(\omega-\omega_0,\tau)E_s(\omega-\omega_0,\tau)$$

$$=E_s(\omega-\omega_0)E_s(\omega-\omega_0)[1+2a(\tau)]+E_s(\omega-\omega_0)\frac{\mathrm{d}}{\mathrm{d}\omega}E_s(\omega-\omega_0)\left(-2\frac{\mathrm{d}\phi}{\mathrm{d}\tau}\right) \tag{1.83}$$

为了简单起见，将 $E(t)$ 与 $E(\omega)$ 当成对称的实函数。上述计算给出时瞬态频率近似 $\Delta\omega(\tau)\simeq-\frac{\mathrm{d}\phi}{\mathrm{d}\tau}$。因此

$$S_c(\tau)=-\frac{2\pi}{\lambda}l\frac{\mathrm{d}}{\mathrm{d}t}[R_n(t)]\otimes C(t) \tag{1.84}$$

最后一个实验方案(d)中由 1/4 波片取代了方案(c)频移分析中的 1/2 波片，而 1/4 波片的作用只是对相位项 $\phi(t)$ 和振幅项 $a(t)$ 进行了角色互换，即 $S_d(\tau)\simeq-\mathrm{d}a(\tau)/\mathrm{d}\tau$：

$$S_d(\tau)\simeq l\frac{\mathrm{d}}{\mathrm{d}t}[R_\Gamma(\tau)]\otimes C(t) \tag{1.85}$$

在上述近似条件下，$S_d(\tau)$ 测量的是探测两个偏振分量的时间漂移差 $\Delta\tau$：

$$\Delta\tau\simeq-\frac{\mathrm{d}a(\tau)}{\mathrm{d}\tau}\times\frac{E(t=0)}{\mathrm{d}^2E(t=0)/\mathrm{d}t^2} \tag{1.86}$$

如果忽略由于折射变化的延时，则 $S_d(\tau)\simeq-\Delta\tau$。

(2)密度矩阵理论分析

考虑分子的电子态处于泵浦光场的共振激发下，如图 1.32 所示。按一维核振动坐标 Q 构造势能面，由于电子 S_0 到 S_1 的跃迁是光学允许的，因此处于基态 S_0 的振动模（γ,γ' 等）及处于激发态 S_1 的振动模（β,β' 等）具有不同的平衡核构型。

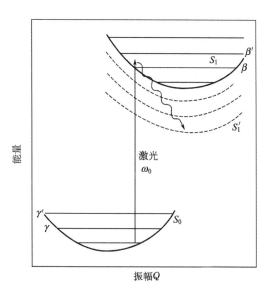

图 1.32　分子共振激发示意图

ω_0 为激发光频率，和分子电子态的共振跃迁频率相近，一维核坐标 Q 综合了电子态跃迁过程中涉及的数个振动模式。电子激发态的弛豫由位能面 S_1 到 S_1' 的下降过程表示

在激发光场作用下，分子的振动哈密顿量 H_0 受到外场的扰动，分子与外电场的偶极作用哈密顿量为 $H_I(t)=-\mu E(t)$。系统的演化过程可由密度矩阵表示，且满足以下方程：

$$\frac{\mathrm{d}\rho}{\mathrm{d}t}=\frac{1}{i\hbar}[H_0+H_I,\rho(t)]+\frac{\mathrm{d}\rho_{\text{relax}}}{\mathrm{d}t} \tag{1.87}$$

式中，ρ_{relax} 表示随时间变化的密度布居，参见式(1.50)。可通过微扰法解上述方程，并获得振动量子拍的解。在一阶极化作用下，实现 S_0 中的 γ 振动态与 S_1 中的 β 振动态相干

$$\rho_{\gamma\beta}^{(1)}(t)=-\frac{i}{\hbar}\mu_{\gamma\beta}\rho_{\gamma\gamma}^0\int_{-\infty}^{\infty}R_{\gamma\beta}(t')E(t-t')\mathrm{d}t' \tag{1.88}$$

式中，$\mu_{\gamma\beta}$ 为偶极跃迁矩阵元；$\rho_{\gamma\gamma}^0$ 为 γ 态上的平衡布居；$R_{\gamma\beta}(t')$ 为 $\rho_{\gamma\beta}'$ 矩阵元的响应函数，在 Bloch 近似条件下有

$$R_{\gamma\beta}(t)=\mathrm{e}^{-(i\omega_{\gamma\beta}+1/T_{\gamma\beta})t}, \quad t>0 \tag{1.89}$$

在二级微扰近似条件下，考虑了电场二阶极化率的作用，这时两个电子态 S_0 及 S_1 内形成振动布居及相干态。对于基态振动和激发态振动形成的量子拍相干密度矩阵

元的二级近似展开项为：

$$\rho_{\gamma\gamma'}^{(2)}(t) = -\frac{1}{\hbar^2} \int_{-\infty}^{\infty} \mathrm{d}t_2 E(t-t_1) E(t-t_1-t_2) \mu_{\gamma\gamma'}(t_2)$$

$$\sum_\beta R_{\gamma\beta} R_{\beta\gamma'} \left[\rho_{\gamma\gamma}^{(0)} \mu_{\gamma\beta}(t_1) + \rho_{\gamma\gamma'}^{(0)} \mu_{\beta\gamma'}(t_1) \right] \tag{1.90}$$

$$\rho_{\beta\beta'}^{(2)}(t) = -\frac{1}{\hbar^2} \int_{-\infty}^{\infty} \mathrm{d}t_1 E(t-t_1) E(t-t_1-t_2) \mu_{\beta\beta'}(t_2) \sum_\gamma R_{\beta\gamma} R_{\gamma'\beta} \rho_{\gamma\gamma}^{(0)} \left[\mu_{\gamma\beta'}(t_1) + \mu_{\beta\gamma}(t_1) \right] \tag{1.91}$$

式中，$\mu_{\gamma\gamma'}$ 和 $\mu_{\beta\beta'}$ 分别为基态 S_0 和激发态 S_1 内任意振动能级的振动量子拍频电偶极跃迁矩阵元。基态和激发态间的退相干时间 $T_{\gamma\beta}$ 与激发光脉宽相比很短，通过对 t_2 积分，式(1.90)式(1.91)可进一步简化为：

$$\rho_{\gamma\gamma'}^{(2)} = -\frac{1}{\hbar^2} \int_{-\infty}^{\infty} \mathrm{d}t' E_0^2(t-t_1) \sum_\beta \mu_{\gamma\beta} \mu_{\beta\gamma'} \left[\frac{\rho_{\gamma\gamma}^0 R_{\gamma\gamma'} \left(t_1 - \frac{T_{\gamma\beta}^+}{2} \right)}{i(\omega_0 + \omega_{\gamma\beta}) + \frac{1}{T_e}} + \frac{\rho_{\gamma\gamma'}^0 R_{\gamma\gamma'} \left(t_1 - \frac{T_{\gamma\beta}^-}{2} \right)}{-i(\omega_0 + \omega_{\gamma\beta}) + \frac{1}{T_e}} \right] \tag{1.92}$$

$$\rho_{\beta\beta'}^{(2)} = -\frac{1}{\hbar^2} \int_{-\infty}^{\infty} \mathrm{d}t' E_0^2(t-t_1) \sum_\gamma \mu_{\beta\gamma} \mu_{\gamma\beta'} \rho_{\gamma\gamma}^0 \left[\frac{R_{\beta\beta'} \left(t_1 - \frac{T_{\gamma\beta'}^+}{2} \right)}{i(\omega_0 + \omega_{\gamma\beta}) + \frac{1}{T_e}} + \frac{R_{\beta\beta'} \left(t_1 - \frac{T_{\gamma\beta}^-}{2} \right)}{-i(\omega_0 + \omega_{\gamma\beta}) + \frac{1}{T_e}} \right] \tag{1.93}$$

式中，$T_{\gamma\beta}^\pm = 1/[1/T_e \pm i(\omega_0 + \omega_{\gamma\beta})]$；$T_e$ 为电子态弛豫时间常数。可见，二阶微扰作用导致振动布居的改变（当 $\gamma = \gamma'$ 和 $\beta = \beta'$）以及基态振动相干态核构型 Q_γ 与激发态振动相干态核构型 Q_β：

$$Q_\gamma(t) = \sum_{\gamma,\gamma'} \rho_{\gamma\gamma'}^{(2)} \ q_{\gamma'\gamma}, \quad Q_\beta(t) = \sum_{\beta,\beta'} \rho_{\beta\beta'}^{(2)} q_{\beta'\beta} \tag{1.94}$$

$q_{\gamma'\gamma}(q_{\beta'\beta})$ 为振动矩阵元。对于一个质量为 $m(m^\gamma, m^\beta)$ 振动频率为 $\omega(\omega^\gamma, \omega^\beta)$ 的谐振子，根据振动跃迁的选择定则，在响应函数中，只有 $\gamma' = \gamma \pm 1$ 和 $\beta' = \beta \pm 1$ 的项才有非零值，基态振动相干态核构型 Q_γ 可表示为：

$$Q_\gamma(t) = 2\mathrm{Re} \int_{-\infty}^{\infty} \frac{-\mathrm{d}t_1}{(2m^\gamma \omega^\gamma \hbar^2)^{1/2}} \sum_{\gamma,\beta} \sqrt{\gamma+1} \mu_{\gamma\beta} \mu_{\beta,\gamma+1} E_0^2(t-t_1)$$

$$\left[\frac{\rho_{\gamma\gamma}^0 R_{\gamma,\gamma+1} (t_1 - T_{\gamma\beta}^+)}{i(\omega_0 + \omega_{\gamma\beta}) + \frac{1}{T_e}} + \frac{\rho_{\gamma+1,\gamma+1}^0 R_{\gamma,\gamma+1} (t_1 - T_{\gamma+1,\beta}^-)}{-i(\omega_0 + \omega_{\gamma+1,\beta}) + \frac{1}{T_e}} \right] \tag{1.95}$$

激发态振动相干态核构型 Q_β 可表示为：

$$Q_\beta(t) = 2\mathrm{Re} \int_{-\infty}^{\infty} \frac{-\mathrm{d}t_1}{(2m^\beta \omega^\beta \hbar^2)^{1/2}} \sum_{\gamma,\beta} \sqrt{\beta+1} \mu_{\beta\gamma} \mu_{\gamma,\beta+1} E_0^2(t-t_1)$$

$$\left[\frac{\rho_{\gamma\gamma}^0 R_{\beta,\beta+1} (t_1 - T_{\gamma,\beta+1}^+)}{i(\omega_0 + \omega_{\gamma,\beta+1}) + \frac{1}{T_e}} + \frac{\rho_{\gamma\gamma}^0 R_{\beta,\beta+1} (t_1 - T_{\gamma\beta}^-)}{-i(\omega_0 + \omega_{\gamma\beta}) + \frac{1}{T_e}} \right] \tag{1.96}$$

式(1.95)和式(1.96)表明，探测光强 $E_0^2(t)$ 的傅里叶变换频谱中出现了振动频率[$R_{\gamma,\gamma+1}(t)$ 及 $R_{\beta,\beta+1}(t)$]，也就是说振动态被激发了，即冲击拉曼激发。该过程之所以能够实现，是因为激发光的谱宽内同时包含了激发光 Stokes 位移频率。在共振拉曼激发频域内，电子基态和激发态都能够发生冲击拉曼激发，而振动的初始相位依赖于共振激发频率的失谐，详细分析在后文中给出。

对于单束激光拉曼激发过程，振动激发波矢可表示为：$k^{\gamma} = \dfrac{\omega^{\gamma} n}{c}$，$k^{\beta} = \dfrac{\omega^{\beta} n}{c}$，$n$ 为样品在激发光波长处的折射率。考虑探测光和激发光由同一激光器发出，探测光相对于激发光的延时时间为 τ，其电场可表示为：

$$E_s(t-\tau)e^{-i\omega_0(t-\tau)+k_s r} + \text{c. c.} \tag{1.97}$$

则由探测光作用后辐射出的极化电场可将密度矩阵展开至外加电场作用的三阶分量求得：

$$P^{(3)}(t) = \frac{i}{\hbar^3} \sum_{\substack{\gamma,\beta \\ \gamma',\beta'}} \mu_{\gamma\beta'}\mu_{\beta\gamma}\mu_{\gamma'\beta}\mu_{\beta\gamma} \times \int_{-\infty}^{+\infty}dt_3 \int_{-\infty}^{+\infty}dt_2 \int_{-\infty}^{+\infty}dt_1 E_s(t-t_3)E_0(t-t_1-t_2) \times$$

$$E(t-t_1-t_2-t_3) \times R_{\gamma\beta}(t_3)\{R_{\gamma\gamma'}(t_2)[\rho_{\gamma\gamma}^0 R_{\gamma\beta'}(t_1) + \rho_{\gamma'\gamma'}^0 R_{\beta'\gamma'}(t_1)] + R_{\beta\beta'}(t_2)\rho_{\gamma'\gamma'}^0 [R_{\gamma\beta'}(t_1) + R_{\beta\gamma'}(t_1)]\} \tag{1.98}$$

上述三阶极化相应函数忽略当激发光和探测光时间重合的情形，也就是所谓的"相干尖峰"或"相干伪信号"。为了获得密度矩阵的高阶微扰展开一个清晰的物理图像，式(1.98)可用费曼图获得电场与分子相互作用相干态的响应函数。考虑 γ, γ' 为基态 S_0 内的任意两个振动态，β, β' 为激发态 S_1 内任意两个振动态。图 1.33 为与激发态 S_1 相干有关联的 Liouville 路径（见第 4 章）。

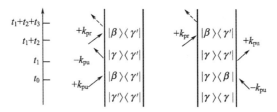

图 1.33 与激发态 S_1 相干有关联的 Liouville 路径(振动态 β，β')
下角标"pu"表示泵浦光，"pr"表示探测光

激发光和探测光对系统的作用及系统每步发生的弛豫过程给出相应的演化函数：

① 在 $t=0$ 前什么也未发生。

② 经泵浦光第一次作用($t=0$)，得到基态与激发态的相干：$\rho_{\beta\gamma}(0) \propto \mu_{\beta\gamma}\rho_{\gamma\gamma}^0$，$\rho_{\gamma\gamma}^0$ 表示初始时在 γ 态的平衡布居。

③ 经时间 t 的演化：$\rho_{\beta\gamma}(t) \propto \mu_{\beta\gamma} e^{-i\omega_{\beta\gamma}t} e^{-\Gamma_{\beta\gamma}t} \rho_{\gamma\gamma}^0 = \mu_{\beta\gamma} R_{\beta\gamma}(t)\rho_{\gamma\gamma}^0$

④ 在 $t=t_1$ 时与泵浦光第二次作用：

$$\rho_{\gamma\gamma'}(t_1) \propto \mu_{\beta\gamma}\mu_{\beta\gamma'}[R_{\beta\gamma'}(t_1)\rho^0_{\gamma\gamma'} + R_{\gamma\beta}(t_1)\rho^0_{\gamma\gamma}]$$

$$\rho_{\beta\beta'}(t_1) \propto \mu_{\beta\gamma}\mu_{\beta'\gamma}\rho^0_{\gamma\gamma}[R_{\beta\gamma}(t_1) + R_{\gamma\beta'}(t_1)]$$

⑤ 经时间 t 的演化：

$$\rho_{\gamma\gamma'}(t) \propto \mu_{\beta\gamma}\mu_{\beta\gamma'}R_{\gamma\gamma'}(t)[R_{\beta\gamma'}(t_1)\rho^0_{\gamma\gamma'} + R_{\gamma\beta}(t_1)\rho^0_{\gamma\gamma}]$$

$$\rho_{\beta\beta'}(t) \propto \mu_{\beta\gamma}\mu_{\beta'\gamma}R_{\beta\beta'}(t)\rho^0_{\gamma\gamma}[R_{\beta\gamma}(t_1) + R_{\gamma\beta'}(t_1)]$$

考虑有多个振动态存在的情况，对于基态的相干振动，求和遍历激发态的所有振动态：$\rho_{\gamma\gamma'}(t) \propto R_{\gamma\gamma'}(t)\sum_{\beta}\mu_{\beta\gamma}\mu_{\beta\gamma'}[R_{\beta\gamma'}(t_1)\rho^0_{\gamma\gamma'} + R_{\gamma\beta}(t_1)\rho^0_{\gamma\gamma}]$。

同理，对于激发态的相干振动，求和遍历基态的所有振动态：

$$\rho_{\beta\beta'}(t) \propto R_{\beta\beta'}(t)\sum_{\gamma}\mu_{\beta\gamma}\mu_{\beta'\gamma}\rho^0_{\gamma\gamma}[R_{\beta\gamma}(t_1) + R_{\gamma\beta'}(t_1)]$$

⑥ 在 $t=t_1+t_2$ 时第三次与探测光作用并演化：

$$\rho_{\beta\gamma'}(t_3) \propto \mu_{\beta\gamma}R_{\beta\gamma'}(t_3)R_{\gamma\gamma'}(t_2)\sum_{\beta}\mu_{\beta\gamma}\mu_{\beta\gamma'}[R_{\beta\gamma'}(t_1)\rho^0_{\gamma\gamma'} + R_{\gamma\beta}(t_1)\rho^0_{\gamma\gamma}]$$

$$\rho_{\beta\gamma}(t_3) \propto \mu_{\beta'\gamma}R_{\beta\gamma}(t_3)R_{\beta\beta'}(t_2)\sum_{\gamma}\mu_{\beta\gamma}\mu_{\beta'\gamma}\rho^0_{\gamma\gamma}[R_{\beta\gamma}(t_1) + R_{\gamma\beta'}(t_1)]$$

⑦ 将上面所有的 Liouville 路径相加，得出最终的相应信号函数为：

$$S^{(3)}(t_3,t_2,t_1) \propto \sum_{\substack{\gamma,\gamma' \\ \beta,\beta'}}\mu_{\beta\gamma}\mu_{\beta\gamma'}\mu_{\beta'\gamma'}\mu_{\beta'\gamma}R_{\beta\gamma'}(t_3)\{R_{\gamma\gamma'}(t_2)[R_{\beta\gamma'}(t_1)\rho^0_{\gamma\gamma'} + R_{\gamma\beta}(t_1)\rho^0_{\gamma\gamma}]$$

$$+ R_{\beta\beta'}(t_2)\sum_{\gamma}\mu_{\beta\gamma}\mu_{\beta'\gamma}\rho^0_{\gamma\gamma}[R_{\beta\gamma}(t_1) + R_{\gamma\beta'}(t_1)]\}$$

或

$$S^{(3)}(t_3,t_2,t_1) \propto \left(-\frac{i}{\hbar}\right)^3\sum_{\substack{\gamma,\gamma' \\ \beta,\beta'}}\mu_{\gamma\beta'}\mu_{\beta'\gamma'}\mu_{\gamma'\beta}\mu_{\beta\gamma}R_{\gamma\beta}(t_3)\{R_{\gamma\gamma'}(t_2)[R_{\gamma\beta'}(t_1)\rho^0_{\gamma\gamma}$$

$$+ R_{\gamma'\gamma'}(t_1)\rho^0_{\gamma'\gamma'}] + R_{\beta\beta'}(t_2)\rho^0_{\gamma'\gamma'}\sum_{\gamma}[R_{\gamma\beta'}(t_1) + R_{\beta\gamma'}(t_1)]\}$$

对于三阶微扰，三阶极化率变化与相应函数的关系为：

$$P^{(3)}(t) = \int_0^{\infty}dt_3\int_0^{\infty}dt_2\int_0^{\infty}dt_1 E(t-t_3)E(t-t_3-t_2)E(t-t_3-t_2-t_1)S^{(3)}(t_3,t_2,t_1)$$

$$S^{(3)}(t_3,t_2,t_1) = \left(-\frac{i}{\hbar}\right)^3 <\mu(t_3+t_2+t_1)[\mu(t_2+t_1),[\mu(t_1),[\mu(0),\rho(-\infty)]]]>$$

$$(1.99)$$

因此可得

$$P^{(3)}(t) = \frac{i}{\hbar^3}\sum_{\substack{\gamma,\gamma' \\ \beta,\beta'}}\mu_{\gamma\beta'}\mu_{\beta'\gamma'}\mu_{\gamma'\beta}\mu_{\beta\gamma}\int_0^{\infty}dt_3\int_0^{\infty}dt_2\int_0^{\infty}dt_1 E(t-t_3)E(t-t_3-t_2)E(t-t_3-t_2-t_1)$$

$$R_{01}(t_3)\{R_{\gamma\gamma'}(t_2)[R_{\gamma\beta'}(t_1)\rho^0_{\gamma\gamma} + R_{\gamma'\gamma'}(t_1)\rho^0_{\gamma'\gamma'}] + R_{\beta\beta'}(t_2)\rho^0_{\gamma'\gamma'}\sum_{\gamma}[R_{\gamma\beta'}(t_1) + R_{\beta\gamma'}(t_1)]\}$$

$$(1.100)$$

最后出射光场表示为

$$E_p(t,l) \simeq E_p(t) + \frac{i\omega l}{2nc}P^{(3)}(t) \qquad (1.101)$$

将探测光表达式(1.77)指数函数展开成一级近似,并与式(1.101)相比较可得:

$$a(t) = \mathrm{Re}\left[\frac{i\omega l}{2nc} \times \frac{P^{(3)}(t)}{E_p(t)}\right], \quad \phi(t) = \mathrm{Im}\left[\frac{i\omega l}{2nc} \times \frac{P^{(3)}(t)}{E_p(t)}\right] \qquad (1.102)$$

由式(1.102)可知,极化辐射对探测光脉冲扰动除受基态和激发态振动布居(密度矩阵对角元)响应函数 $R_{\gamma\gamma}(t)$ 和 $R_{\beta\beta}(t)$ 的调制外,还分别受基态和激发态中振动相干响应函数 $R_{\gamma\gamma'}(t)$ 和 $R_{\beta\beta'}(t)$ 的调制。由密度矩阵在电场中的三阶展开得到的振动态响应函数 $R_{\gamma\gamma'}(t)$ 和 $R_{\beta\beta'}(t)$ 如式(1.99)～式(1.100)所示,在实验上描述的是冲击受激拉曼散射(ISRS)量子拍(quantum beat)现象。当远离电子态共振激发时,$P^{(3)}(t)$ 是一纯虚数,外加光场仅调制折射率,对应于实验中观测到仅发生于基态的冲击受激拉曼散射。当激发光靠近共振吸收波长时,基态和激发态的振动同时被激发,导致样品吸收和色散效应对探测光的共同调制。

(3)振动量子拍振荡及其衰减

图1.30中实验获得的量子拍阻尼振荡曲线可由下列表达式进行最小二乘法拟合:

$$A\exp\left(-\frac{\tau}{T_2}\right)\cos(\omega_v\tau + \phi) \qquad (1.103)$$

表1.1显示,拟合而得的振动周期约150fs,和孔雀绿分子在振动频率约为 $220\mathrm{cm}^{-1}$ 处的呼吸模式相对应,该振动模式具有极高的拉曼活性,并可通过电子态共振激发而得到加强。实验中观察到两种不同的失谐时间常数 T_2,分别对应于基态 S_0 和激发态 S_1 振动的失谐过程。对探测光振幅的扰动主要来源于激发态(光吸收效应),而对探测光位相的扰动仅来自于基态(色散效应)。可见,表1.1中方案(a)的实验结果给出光诱导二色性;方案(d)给出光诱导振幅调制的衰减时间常数约 $120\sim150\mathrm{fs}$,可归结于基态 S_0 呼吸模式振动的失谐时间常数;类似地,方案(b)为光诱导双折射,方案(c)中光诱导频率调制的衰减时间常数约 $330\sim350\mathrm{fs}$,可归结于激发态 S_1 呼吸模式振动的失谐时间常数。可见饱和吸收实验中所测得的振荡信号可给出分子基态和激发态中振动模式的失谐时间常数。表中给出的基态和激发态的振动周期十分接近,主要是由于实验精度无法给出两者间的显著差异。

表1.1 四种不同实验方案实验结果的拟合常数 ω_v 和 ϕ

项 目	(a)诱导二色性 $-(\Delta\Gamma_\parallel - \Delta\Gamma_\perp)$			(b)诱导双折射 $(\Delta n_\parallel - \Delta n_\perp)$		
	振动周期 $\frac{2\pi}{\omega_v}$/fs	阻尼常数 T_2/fs	位相 ψ/(°)	振动周期 $\frac{2\pi}{\omega_v}$/fs	阻尼常数 T_2/fs	位相 ψ/(°)
水	152(±3)	150(±20)	8(±20)	150(±2)	330(±30)	−40(±20)
乙二醇	151(±2)	200(±20)	10(±20)	150(±2)	330(±30)	−60(±20)
二甲基亚砜	148(±2)	200(±20)	3(±20)	151(±2)	340(±30)	−30(±20)

续表

项　目	(c)频率调制 $-(\Delta\omega_\parallel - \Delta\omega_\perp)$			(d)振幅调制 $(\Delta f_\parallel - \Delta f_\perp)$		
	振动周期 $\frac{2\pi}{\omega_v}$/fs	阻尼常数 T_2/fs	位相 $\psi/(°)$	振动周期 $\frac{2\pi}{\omega_v}$/fs	阻尼常数 T_2/fs	位相 $\psi/(°)$
水	150(±2)	350(±30)	80(±20)	153(±4)	120(±20)	135(±20)
乙二醇	150(±2)	350(±30)	90(±20)	151(±2)	160(±20)	145(±20)
二甲基亚砜						

(4)共振冲击受激拉曼散射的物理图像

为了更好地理解冲击受激拉曼辐射的物理图像，可将核位移坐标随时间变化量作进一步的近似。对于一阶微扰作用下呈阻尼运动的谐振子，若微扰势能曲线为核坐标的二次函数，则对于给定的电子态，相应函数 $R_{\gamma,\gamma+1}(t)$ 或 $R_{\beta,\beta+1}(t)$ 对所有的振动态都是相同的，即

$$R_{\gamma,\gamma+1}(t) = \exp(i\omega^\gamma t - t/T_2^\gamma)$$

上式同样适合所有的 β 振动态。如果在 $Q_\gamma(t)$ 和 $Q_\beta(t)$ 表达式求和项中的对应于基态振动态到激发态振动态跃迁频率统一由电子态跃迁频率 ω_e 替代，并考虑冲击激发条件即 $E_0^2(t) = \delta(t)$ 及在临近共振激发处有 $T_{\gamma\beta}^\pm = T_e$，则 $Q_\gamma(t)$ 和 $Q_\beta(t)$ 可进一步简化为：

$$Q_\gamma(t) = \left(\frac{2}{m\omega^\gamma \hbar^3}\right)^{1/2} e^{-(t-T_e)/T_2^\gamma} \sum_{\gamma,\beta} \frac{-\sqrt{\gamma+1}\mu_{\gamma,\beta}\mu_{\beta,\gamma+1}}{[(\omega_0-\omega_e)^2 - 1/T_e^2]^{1/2}}$$
$$\{\rho_{\gamma\gamma}^0 \cos[\omega^\gamma(t-T_e)-\phi] + \rho_{\gamma+1,\gamma+1}^0 \cos[\omega^\gamma(t-T_e)+\phi]\} \tag{1.104}$$

其中 $\phi = \mathrm{arctg}(\omega_0 - \omega_e)T_e$ 及

$$Q_\beta(t) = \frac{2}{T_e}\left[\frac{2}{m\omega^\beta\hbar^3}\right]^{1/2} e^{-(t-T_e)/T_2^\beta} \sum_{\gamma,\beta} \frac{\sqrt{\beta+1}\mu_{\beta,\gamma}\mu_{\gamma,\beta+1}}{(\omega_0-\omega_e)^2 + 1/T_e^2} \rho_{\gamma\gamma}^0 \cos[\omega^\beta(t-T_e)]$$

$$\tag{1.105}$$

如此，冲击受激拉曼辐射的物理图像可清晰地表示为：在远离共振激发的情况下，其过程为经典谐振子在一冲击力作用下的阻尼振荡，可表示为 $\sin(\omega^\gamma t)\exp(-t/T_2^\gamma)$，并且振幅正比于 $1/(\omega_0-\omega_e)$ [由 $Q_\gamma(t)$ 式导出]；当激发光接近共振频率时，$Q_\gamma(t)$ 和 $Q_\beta(t)$ 皆受到共振增强，直到与激发态相对应的 $Q_\beta(t)$ 的振幅和基态的 $Q_\gamma(t)$ 相当。选择不同吸收光谱区的波长激发，激发态核构型 $Q_\beta(t)$ 随激发波长的变化而变化，并且只有当电子态和振动态具有强耦合的条件下 $Q_\beta(t)$ 才有显著值，该条件要求基态和激发态的核坐标具有不同的平衡构型，否则的话，偶极跃迁矩阵元的乘积 $\mu_{\gamma\beta}\mu_{\beta,\gamma+1}=0$，即 $Q_\beta(t)=0$。当激发满足共振条件时，$Q_\gamma(t)$ 由非共振情形下的振荡形式 $\sin(\omega^\gamma t)$ 演化到共振情形下的振荡形式 $\cos(\omega^\gamma t)$，而激发态的核运动函数 $Q_\beta(t)$ 则位相锁定于 $\cos(\omega^\beta t)$（考虑到电子态的失谐时间 T_e，位相锁定时间也在 T_e 误差范围内）。对于激发态 S_1 而言，在 S_1 中激发了振动态

的布居的同时也激发了振动相干态，且谐振子在激发态势能面的左侧开始运动。在共振条件的冲击拉曼激发，不仅仅给予振动一个初始速度，还传给了一个初始振幅。

由于基态 S_0 中的振动激发不需要改变电子态的布居数，因此基态核坐标运动函数 $Q_\gamma(t)$ 的振幅按电子跃迁的色散曲线变化，远离共振频率。然而在共振频率处，冲击拉曼激发同样给予 S_0 中的相干振动一个非零值的初始振幅。可以认为在共振激发附近，电子态的退相干时间 T_e 导致基态相干振动的延时，而在远离共振激发的情形下，就无法探测到电子态退相干过程导致的延时现象，因为此处的 $T_{\gamma\beta}^{\pm} \approx 0$。

在上述经典冲击拉曼激发图像中，探测光受光激发诱导的吸光系数及折射率变化 $\Delta\Gamma(t)$、$\Delta n(t)$ 的调制为：

$$\Delta\Gamma(t) = \left[\frac{d\sigma_\gamma}{dq}Q_\gamma(t) + \frac{d\sigma_\beta}{dq}Q_\beta(t)\right] \tag{1.106}$$

$$\Delta n(t) = \frac{2\pi}{9n}(n^2+2)^2\left[\frac{d\alpha_\gamma}{dq}Q_\gamma(t) + \frac{d\alpha_\beta}{dq}Q_\beta(t)\right] \tag{1.107}$$

式(1.106)和式(1.107)中基态和激发态吸收截面 $\sigma_\gamma(\sigma_\beta)$ 和分子极化率的实部 $\alpha_\gamma(\alpha_\beta)$ 对单个振动坐标 q 求导。双折射及频率调制实验［方案(b)和(c)］观测的是 $Q_\gamma(t)$，因为激发态对极化率变化贡献很小，也就是说 $d\alpha_\beta/dq \ll d\alpha_\gamma/dq$；同理，二色性及振幅调制实验［方案(a)和(d)］观测的是 $Q_\beta(t)$，其隐含的条件为 $d\sigma_\gamma/dq \ll d\sigma_\beta/dq$。

实验中观测到的阻尼振荡中的初始位相可以和理论公式(1.104)和(1.105)相比拟。表 1.1 中，接近于零的初始位相分别出现在光诱导吸收实验［方案(a)］和振幅调制实验［方案(d)］中，结果表明电子态退相干时间 T_e 很短，以至于没有形成实验可测量级的相移。在位相的实验测量精度约 ±20° 内，由此估算 T_e 的上限值约为 20fs，对应的吸收光谱具有均匀加宽的性质，而由谱线宽度估算给出的下限值为 7fs。约 40° 的初始位相分别出现在光诱导双折射实验［方案(b)］和频率调制实验［方案(c)］中，该位相来自低频侧接近共振状态的 $Q_\gamma(t)$。

基态 S_0 及激发态 S_1 内相干振动的选择性观测

冲击受激拉曼散射实验表明，可以通过光诱导色散实验选择性地观测基态的核运动 Q_γ 以及通过光吸收实验观测激发态的核构型运动 Q_β。近似公式(1.106)和式(1.107)可对上述选择性给出简明的理论解释。

首先考虑基态振动 Q_γ 对吸收和色散的调制，基态吸收截面 σ_γ 和分子极化率实部 α_γ 由介质的宏观线性极化率 $\chi_\alpha\omega$ 确定。图 1.34 给出了孔雀绿分子的吸收光谱［$\sigma_a(\lambda)$，吸收截面随波数的变化］及对应的色散曲线［$\alpha_a(\lambda)$，定性］。为了讨论振动对吸收波长的影响，引入简单的自由电子气模型，在该模型中，吸收光谱的中心波长(λ_a)线性依赖于分子振动核构型坐标 Q_γ(表示键长拉抻的过程），如果振动对吸收光谱的影响仅仅限制在对中心波长的改变，则可给出下列关系：

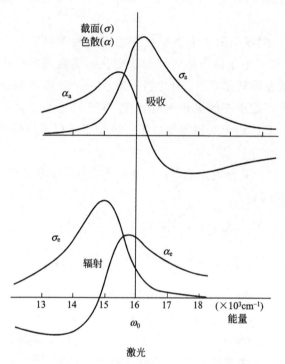

图 1.34　孔雀绿水溶液的吸收光谱和荧光光谱
激发光频率 ω_0 靠近吸收截面 σ_a 的最大值，并在相应的色散曲线 α_a 的斜率
快速变化一侧，对于荧光光谱，则上述关系倒过来

$$\frac{\mathrm{d}\sigma_\gamma}{\mathrm{d}q} = \frac{\mathrm{d}\sigma_a}{\mathrm{d}\lambda_0} \times \frac{\mathrm{d}\lambda_a}{\mathrm{d}q}, \quad \frac{\mathrm{d}\alpha_\gamma}{\mathrm{d}q} = \frac{\mathrm{d}\alpha_a}{\mathrm{d}\lambda_0} \times \frac{\mathrm{d}\lambda_a}{\mathrm{d}q} \tag{1.108}$$

　　由图 1.34 可知，激发光波长接近共振吸收峰，因而吸收截面 σ_a 和色散系数 α_a 在激发波长 λ_a 处的微分前者的绝对值取极小值（$\mathrm{d}\sigma_a/\mathrm{d}q=0$），而后者的绝对值取极大值，对探测光吸收变化的实验测量结果对基态振动不敏感，而测量色散效应对探测光影响的实验结果将会因基态振动而增强。

　　上述推论同样也适用于激发态 S_1 核构型运动 Q_β，但必须考虑 S_1' 态的辐射宏观极化率 $\chi_e(\omega)$。由于受到 Stokes 位移的影响，和基态相比，激发态的辐射宏观极化率 $\chi_e(\omega)$ 也发生了相应的 Stokes 位移。同理可得

$$\frac{\mathrm{d}\sigma_\beta}{\mathrm{d}q} = \frac{\mathrm{d}\sigma_e}{\mathrm{d}\lambda_0} \times \frac{\mathrm{d}\lambda_e}{\mathrm{d}q}, \quad \frac{\mathrm{d}\alpha_\beta}{\mathrm{d}q} = \frac{\mathrm{d}\alpha_e}{\mathrm{d}\lambda_0} \times \frac{\mathrm{d}\lambda_e}{\mathrm{d}q} \tag{1.109}$$

　　而此时的激发光波长正好处于辐射光谱的翼部，因而有 $\mathrm{d}\alpha_\beta/\mathrm{d}q$ 接近于零，而 $\mathrm{d}\sigma_\beta/\mathrm{d}q$ 具有大的数值，上述情形正好和基态核构型运动 Q_γ 出现的情况相反，从而

解释了为什么基态的基态核构型运动 Q_γ 仅在光诱导双折射实验［方案（b）］和频率调制实验［方案（c）］中被观测到，而激发态核构型运动 Q_β 只在光诱导吸收［方案（a）］和振幅调制实验［方案（d）］中被观测到。由此得到的一个推论是，当激发光波长偏离共振激发时，光诱导吸收和色散实验对基态和激发态振动运动测量选择性也随之消失。

（5）不同实验方法的比较

① 瞬态光栅法：该方法应用两束激光在被测物质上产生动态光栅，然后用另一束探测瞬态光栅的动态衍射信号，获得动力学信息。该方法具有提供多种偏振组合测量的优点，其缺点为探测信号反映的是 $|P^{(3)}(t)|^2$，为电场模平方测量，不同于饱和吸收实验中的线性测量，无法从实验上区分光诱导吸收还是色散变化的贡献，因而也不具备区分激发态还是基态相干振动的选择性。

② 时间分辨冲击受激拉曼散射实验和时间分辨相干反 Stokes 拉曼散射（CARS）是同一个物理过程。在时间分辨相干反 Stokes 拉曼散射实验中，振动模式的激发是通过两束激发光间的量子拍频来实现的，可以实现高频振动的选择性激发，并在 Stokes 或反 Stokes 频率处产生可以测量相干辐射。CARS 方法具有很高的频率选择激发及频率覆盖范围宽的特点，由于受不确定性原理的限制，其时间分辨率往往不足以分辨振动周期，而只能给出振动退相干过程的包络线。

参　考　文　献

［1］ Jortner, J. Ultrafast processes in chemistry and biology: concluding remarks. *Phil. Trans. R. Soc. Lond. A.* **1998**, *356*, 477-486.

［2］ Zewail, A. H. *J. Phys. Chem.* **1996**, *100*, 12701-12724.

［3］ Zewail, A. H. Femtochemistry: atomic-scale dynamics of the chemical bond using ultrafast lasers (Nobel lecture) // De Schryver, F. C.; De Feyter, S.; Schweitzer, G. Ed. Femtochemistry. Weinheim: Wiley-VCH Verlag GmbH, **2001**.

［4］ Dantus, M.; Rosker, M. J.; Zewail, A. H. *J. Chem. Phys.* **1987**, *87*, 2395-2397.

［5］ Zewail, A. H. Femtochemistry: dynamics with atomic resolution // Sundstrom, V. Ed. Femtochemistry and femtobiology: ultrafast reaction dynamics at atomic-scale resolution. Imperial College Press, **1996**.

［6］ Dantus, M.; Cross, P. Encyclopedia of *Applied Phys.* **1998**, *22*, 431.

［7］ 薛哲修，杨淳青. 物理雙月刊，**2002**，廿四卷（四期），566.

［8］ Senitzky, I. R. Harmonic oscillator wave functions. *Physical Review.* **1954**, *95*, 1115-1116.

［9］ Bluhm, R.; Kostelecky, A.; Porter, J. *A. Am. J. Phys.* **1996**, *64*, 944.

［10］ Vrakking, M. J. J.; Villeneuve, D. M.; Stolow, A. *Phys. Rev. A.* **1996**, *54*, R37.

［11］ Dantus, M.; Bowman, R. M.; Zewail, A. H. *Nature* **1990**, *343*, 737-739.

［12］ Barrow, R. F.; et al. *J. Mol. Spectrosc.* **1974**, *52*, 428.

［13］ Katsuki. *Science.* **2006**, *311*, 1589.

［14］ 曾谨言. 量子力学. 第 4 版. 北京：科学出版社，**2007**.

［15］ ［德］Pauli, W. 泡利物理学讲义 (6-5)：波动力学. 洪铭熙译. 北京：人民教育出版社，**1982**.

［16］ 谭维翰 . 量子光学导论 . 北京：科学出版，2009.

［17］ Matsumoto, Y.；Watanabe, K. Chem. Rev. **2006**, 106 (10), 4234-4260.

［18］ Bartels, R. A.；Backus, S.；Murnane, M. M.；Kapteyn, H. C. Chem. Phys. Lett. **2003**, 374, 326-333.

［19］ Chesnoy, J.；Mokhtari, A. Phys. Rev., A **1988**, 38, 3566-3576.

［20］ Ippen, E. P.；Shank C. V. // Shapiro S. L. Ed. Ultraafast light pulses. Berlin：Sringer-Verlag. **1984**.

第2章

Chapter 2

分子光谱学基础

分子光谱是利用分子能级间跃迁形成的光吸收、光发射或光散射等现象认识分子运动(电子运动、核运动)和分子结构的一种有力工具。常见的分子光谱有:紫外-可见分子吸收光谱、红外吸收光谱、拉曼散射光谱、分子发光(荧光、磷光及化学发光)光谱、核磁共振谱等。其中,紫外-可见吸收光谱主要产生于分子价电子在电子能级间的跃迁,属电子光谱;红外吸收光谱和拉曼散射光谱主要产生于分子的振动和转动,表现为纯转动光谱带和振动-转动光谱带。分子的纯转动光谱由分子转动能级之间的跃迁产生,谱峰分布在远红外波段,振动-转动光谱带由不同振动能级上的各转动能级之间跃迁产生,谱峰分布在近、中红外波段;分子发光光谱主要产生于电子由分子激发态向分子基态的跃迁,谱峰分布在紫外-可见波段;核磁共振波谱主要产生于分子内特定原子核能级间跃迁。分子光谱在上述各层次反映出分子的结构信息,通过实验测量并结合对分子结构的理论分析可准确地把握相关分子结构信息。本章将从量子力学的角度出发,介绍光谱的产生及与分子结构的关系。

2.1 光谱的量子本性[1,2]

原子轨道本征态能量、角动量等的量子化本性并不依赖于波函数的具体形式。但阐释量子本性的过程往往依赖于数学路径。采用幂级数的方法求解谐振子或氢原子波函数的时候,为了避免波函数的发散,采取了对无穷级数进行截断的数学处理,由此引入了勒让德多项式,给出了能量量子化的结论及主量子数和角量子数量子化取值关系。该方法尽管在数学上是合理的,但在物理上不免有人工斧凿的痕迹,给人以量子化的产生有点碰巧的感觉,对于初学者还添加了新的疑惑:如果当初就有了计算机,对薛定谔方程进行数值求解,量子力学还会是今天的样子吗?针对上述问题,本节在介绍幂级数解法的同时,介绍了采用算符的代数求解法,给出原子轨道本征态能量、角动量等的量子化是算符不对易性引起、与波函数的具体形式无关的结论。可见量子力学算符不对易性是系统可观测量具有量子化特性的本源。薛定谔方程的算符求解法对于领悟量子力学精髓有一种直指人心的魅力。

2.1.1 一维谐振子的波函数

谐振子模型在分子光谱学中占有重要地位,是理解分子能级的基础。对经典谐振子的量子力学处理凸显了经典力学描述和量子力学描述观念上的差异。谐振子的经典力学图像是质量为 m 的小球连接在弹力常数为 k 的弹簧上,其运动过程由胡克定律(Hooke's law)描述:

$$F = -kx = m\frac{\mathrm{d}^2 x}{\mathrm{d}t^2} \tag{2.1}$$

其解为 $x(t) = A\sin(\omega t) + B\cos(\omega t)$,其中 $\omega \equiv \sqrt{\dfrac{k}{m}}$ 为振动的频率,势能为 $V(x) = \dfrac{1}{2}$

$kx^2 = \dfrac{1}{2}m^2\omega^2 x^2$，势能曲线为抛物线。谐振子的薛定谔方程(Schrödinger equation)为

$$-\frac{\hbar^2}{2m}\times\frac{\mathrm{d}^2\psi}{\mathrm{d}x^2}+\frac{1}{2}m\omega^2 x^2 = E\psi \tag{2.2}$$

2.1.1.1　谐振子的薛定谔方程的分析解——幂级数法
令

$$\xi \equiv \sqrt{\frac{m\omega}{\hbar}}x \tag{2.3}$$

对薛定谔方程进行变量代换得

$$\frac{\mathrm{d}^2\psi}{\mathrm{d}\xi^2}=(\xi^2-\lambda)\psi \tag{2.4}$$

其中

$$\lambda=\frac{2E}{\hbar\omega} \tag{2.5}$$

为了求解该方程，先尝试 $\xi\to\pm\infty$ 时的渐进行为，当 $|\xi|$ 很大时，λ 与 ξ^2 相比可以略去，因而在 $\xi\to\pm\infty$ 时，方程可以近似为

$$\frac{\mathrm{d}\psi^2}{\mathrm{d}^2\xi}\approx\xi^2\psi \tag{2.6}$$

求得近似解为 $\psi(\xi)=\exp\left(\pm\dfrac{\xi^2}{2}\right)$，保留合理的渐近解（另一项发散）

$$\psi(\xi)=\exp\left(-\frac{\xi^2}{2}\right) \tag{2.7}$$

设

$$\psi(\xi)=H(\xi)\exp(-\xi^2/2) \tag{2.8}$$

为微分方程的待定解。其中 $H(\xi)$ 是一个未知函数，该待定函数 $H(\xi)$ 在 $\xi\to\pm\infty$ 时应为有限值，同时必须保证 $\psi(\xi)$ 为有限值。将式(2.8)代入式(2.6)后，得到 $H(\xi)$ 应满足的方程

$$\frac{\mathrm{d}^2 H}{\mathrm{d}\xi^2}-2\xi\frac{\mathrm{d}H}{\mathrm{d}\xi}+(\lambda-1)H=0 \tag{2.9}$$

用级数解法将把 $H(\xi)$ 展开成 ξ 的幂级数

$$H(\xi)=a_0+a_1\xi+a_2\xi^2+\ldots=\sum_{j=0}^{\infty}a_j\xi^j \tag{2.10}$$

该函数一阶微分为

$$\frac{\mathrm{d}H}{\mathrm{d}\xi}=a_1+2a_2\xi+3a_3\xi^2+\cdots=\sum_{j=0}^{\infty}ja_j\xi^{j-1} \tag{2.11}$$

二阶微分为

$$\frac{\mathrm{d}^2 H}{\mathrm{d}\xi^2}=2a_2+2\times3a_3\xi+3\times4a_4\xi^2+\cdots=\sum_{j=0}^{\infty}(j+1)(j+2)a_{j+2}\xi^j \tag{2.12}$$

将上述两式代回方程式(2.9)得

$$\sum_{j=0}^{\infty}\left[(j+1)(j+2)a_{j+2}-2ja_j+(\lambda-1)a_j\right]\xi^j=0 \tag{2.13}$$

上式成立的条件是系数项为零，即

$$(j+1)(j+2)a_{j+2}-2ja_j+(\lambda-1)a_j=0 \tag{2.14}$$

因此

$$a_{j+2}=\frac{(2j+1-\lambda)}{(j+1)(j+2)}a_j \tag{2.15}$$

上述递推公式可分别给出所有奇次及偶次项的系数，取决于第一项是 a_0 还是 a_1。偶次项的系数为

$$a_2=\frac{(1-\lambda)}{2}a_0, \quad a_4=\frac{(5-\lambda)}{12}a_2=\frac{(5-\lambda)(1-\lambda)}{24}a_0$$

奇次项的系数为

$$a_3=\frac{(3-\lambda)}{6}a_1, \quad a_5=\frac{(7-\lambda)}{20}a_3=\frac{(7-\lambda)(3-\lambda)}{120}a_1$$

完整的解为

$$H(\xi)=H_{even}(\xi)+H_{odd}(\xi) \tag{2.16}$$

其中 $H_{even}(\xi)\equiv a_0+a_2\xi^2+a_4\xi^4+\cdots$；$H_{odd}(\xi)\equiv a_1+a_3\xi^3+a_5\xi^5+\cdots$。可见 $H(\xi)$ 式中含两个任意常数 a_0 和 a_1。若 $H(\xi)$ 为无穷级数，则当 j 取很大值时，可以估算出 $H(\xi)\approx Ce^{\xi^2}$，C 为常数。由式 $\psi(\xi)=\exp(-\xi^2/2)H(\xi)$ 可知，当 $\xi\to\pm\infty$ 时，波函数不收敛。因此级数式(2.16)必须终止于某一项而成为有限项数的多项式，为此要求从某一项 $j=n$(最高幂次项)以后的系数皆等于零，由式(2.15)可得

$$\lambda=2n+1, \ n=0,1,2,\cdots \tag{2.17}$$

将式(2.17)式代入到式(2.5)得

$$E=\hbar\omega\left(n+\frac{1}{2}\right) \quad n=0,1,2,\cdots \tag{2.18}$$

由此可知，谐振子的能量是不连续的，只能取分立值，两相邻能级间的间隔均为 $\hbar\omega$，谐振子的基态($n=0$)能量，即 $E_0=1/2\hbar\omega$，称为零点能。对于允许的 λ 值，递推公式为

$$a_{j+2}=\frac{-2(n-j)}{(j+1)(j+2)}a_j \tag{2.19}$$

如果 $n=0$，则 $j=0$，即数列仅含一项 $a_0(a_2=0)$

$$H_0(\xi)=a_0, \ \psi_0(\xi)=a_0e^{-\xi^2/2}$$

对 $n=1$，则 $j=1$，有 $a_3=0$，并取 $a_0=0$，则

$$H_1(\xi)=a_1\xi, \ \psi_1(\xi)=a_1\xi e^{-\xi^2/2}$$

对 $n=2$，则 $j=0,2$，有 $a_2=-2a_0$ 及 $a_4=0$，可得

$$H_2(\xi)=a_0(1-2\xi^2), \ \psi_2(\xi)=a_0(1-2\xi^2)\xi e^{-\xi^2/2}$$

一般地，如果 n 为偶数，则多项式为 ξ 偶次幂项之和；如果 n 为奇数，则多项式为 ξ 奇次幂项之和。上述多项式 $H(\xi)$（除去系数相 a_0，a_1）为厄米（Hermite）多项式，其中起始的几项厄米多项式为：

$$H_0 = 1$$
$$H_1 = 2\xi$$
$$H_2 = 4\xi^2 - 2$$
$$H_3 = 8\xi^3 - 12\xi$$
$$H_4 = 16\xi^4 - 48\xi^2 + 12$$
$$H_5 = 32\xi^5 - 160\xi^3 + 120\xi$$

归一化的谐振子波函数的一般形式为

$$\psi_n(x) = \left(\frac{m\omega}{\pi\hbar}\right)^{1/4} \frac{1}{\sqrt{2^n\, n!}} H_n(\xi) e^{-\xi^2/2} \tag{2.20}$$

谐振子波函数具有以下重要性质：正交性，即

$$\int_{-\infty}^{+\infty} \psi_m(x)\psi_n(x)\,\mathrm{d}x = \delta_{mn} \tag{2.21}$$

宇称的奇偶性，即 n 的奇偶性决定了谐振子能量本征函数的奇偶性。

$$\psi_n(-x) = (-1)^n \psi_n(x) \tag{2.22}$$

图 2.1 给出了谐振子 $n=0 \sim 4$ 的波函数及相应波函数的平方。

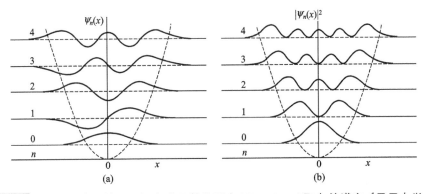

图 2.1　谐振子波函数(a)及相应波函数的平方(b)($n= 0 \sim 4$)(取自曾谨言《量子力学》)

2.1.1.2　谐振子的薛定谔方程的代数解

谐振子的薛定谔方程可以写成以下更富启发性的形式：

$$\frac{1}{2m}\big[p^2 + (m\omega x)^2\big]\psi = E\psi \tag{2.23}$$

其中 $p = (\hbar/i)\mathrm{d}p/\mathrm{d}x$ 为动量算符，基本思路是对哈密顿量进行因式分解

$$H = \frac{1}{2m}\big[p^2 + (m\omega x)^2\big] \tag{2.24}$$

如果上式是代数式的话，将很容易分解成下列形式

$$u^2 + v^2 = (iu+v)(-iu+v) \tag{2.25}$$

事实上并非如此简单，因为 p 和 x 是算符，通常不满足乘法交换律，即 $xp-px \neq 0$，然而可以仍然沿这一思路进行如下尝试：

$$a_\pm = \frac{1}{\sqrt{2\hbar m\omega}}(\mp ip + m\omega x) \tag{2.26}$$

式中的系数因子只是为了后续的结果形式上更美观一些。先看看算符乘法运算 a_+a_- 结果如何：

$$a_-a_+ = \frac{1}{2\hbar m\omega}(ip+m\omega x)(-ip+m\omega x) = \frac{1}{2\hbar m\omega}[p^2+(m\omega x)^2 - im\omega(xp-px)] \tag{2.27}$$

可见多出一项与 $(xp-px)$ 相关项，称为算符 x 和 p 的对易子。算符 A 和 B 对易子被定义为 $[A,B]=AB-BA$。引入对易子后，式(2.27)可写为

$$a_-a_+ = \frac{1}{2\hbar m\omega}[p^2+(m\omega x)^2] - \frac{i}{2\hbar}[x,p] \tag{2.28}$$

因此需要求出对易子的运算结果。求对易运算的方法是先代入一个检验函数 $f(x)$，得出结果后再删除检验函数，仅保留算符：

$$[x,p]f(x) = \left[x\frac{\hbar}{i}\times\frac{\mathrm{d}}{\mathrm{d}x}(f) - \frac{\hbar}{i}\times\frac{\mathrm{d}}{\mathrm{d}x}(xf)\right] = \frac{\hbar}{i}\left(x\frac{\mathrm{d}f}{\mathrm{d}x} - x\frac{\mathrm{d}f}{\mathrm{d}x} - f\right) = i\hbar f(x) \tag{2.29}$$

略去尝试函数 $f(x)$ 后可得

$$[x,p] = i\hbar \tag{2.30}$$

上式即为正则对易关系(canonical commutation relation)。将式(2.30)代入式(2.28)后得

$$a_-a_+ = \frac{1}{\hbar\omega}H + \frac{1}{2} \tag{2.31}$$

$$H = \hbar\omega\left(a_-a_+ - \frac{1}{2}\right) \tag{2.32}$$

可见，哈密顿算符并不能够被完全因式分解，等式右边还有一余项 $-1/2$。注意 a_+ 和 a_- 的次序，当 a_+ 处于最左边时，相应的表达式为

$$a_+a_- = \frac{1}{\hbar\omega}H - \frac{1}{2} \tag{2.33}$$

尤其是

$$[a_-,a_+] = 1 \quad 或 \quad a_-a_+ - a_+a_- = 1 \tag{2.34}$$

同理哈密顿算符可写成以下等价表示

$$H = \hbar\omega\left(a_+a_- + \frac{1}{2}\right) \tag{2.35}$$

采用 $a_\pm$ 的表达形式谐振子的薛定谔方程具有下列形式

$$h\omega\left(a_{\pm}a_{\mp}\pm\frac{1}{2}\right)\psi=E\psi \tag{2.36}$$

式中的"$\pm$"表示等式要么同时取上面的符号或取下面的符号。下面引入关于算符 a_{+} 及 a_{-} 的重要性质。如果 ψ 是薛定谔方程的解，并且本征能量为 E，则 $a_{+}\psi$ 也是薛定谔方程的解，且本征能量为 $E+\hbar\omega$，即 $H(a_{+}\psi)=(E+\hbar\omega)(a_{+}\psi)$。证明：

$$H(a_{+}\psi)=\hbar\omega\left(a_{+}a_{-}+\frac{1}{2}\right)(a_{+}\psi)=\hbar\omega\left(a_{+}a_{-}a_{+}+\frac{1}{2}a_{+}\right)\psi$$

$$=\hbar\omega a_{+}\left(a_{-}a_{+}+\frac{1}{2}\right)\psi=a_{+}\left[\hbar\omega\left(a_{+}a_{-}+1+\frac{1}{2}\right)\psi\right]$$

$$=a_{+}(H+\hbar\omega)\psi=a_{+}(E+\hbar\omega)\psi=(E+\hbar\omega)a_{+}\psi$$

上式推导中应用了(2.34)，即 $a_{-}a_{+}=a_{+}a_{-}+1$。同理可以证明，$a_{-}\psi$ 也是薛定谔方程的解，且本征能量为 $E-\hbar\omega$。可见，构造了一架能够输出谐振子薛定谔方程新解的机器，如果能够找到其中一个波函数，该机器就能够自动产生能量比该起始波函数更高或更低的一系列本征波函数作为新的解。因此将 $a_{\pm}$ 称为阶梯算符，且 a_{+} 为升算符，对应能量的爬升；a_{-} 为降算符，对应能量的下降。能量的阶梯态如图 2.2 所示。

依照上述思路，如果用降算符连续作用于某一起始态，则得到的本征态的能量会小于零，而这一点对谐振子而言是不成立的，因此自动求解机必须停留在最低的阶梯上。实际中存在能量最低态(记为 ψ_0)使得

$$a_{-}\psi_0=0 \tag{2.37}$$

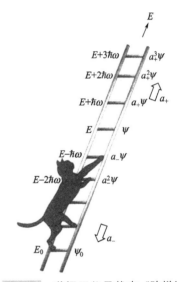

图 2.2 谐振子能量状态"阶梯"示意图(取自 Griffiths, D. J. Introduction to Quantum Mechanics)

利用该式可求得 $\psi_0(x)$：

$$\frac{1}{\sqrt{2\hbar m\omega}}\left(\hbar\frac{\mathrm{d}}{\mathrm{d}x}+m\omega x\right)\psi_0=0\quad\text{或}$$

$$\frac{\mathrm{d}\psi_0}{\mathrm{d}x}=-\frac{m\omega}{\hbar}x\psi_0$$

可求得归一化后的解为

$$\psi_0(x)=\left(\frac{m\omega}{\pi\hbar}\right)^{1/4}\mathrm{e}^{-\frac{m\omega}{2\hbar}x^2} \tag{2.38}$$

为了确定该态的能量，把该解代入薛定谔方程 $h\omega\left(a_{+}a_{-}+\frac{1}{2}\right)\psi_0=E_0\psi_0$，由于 $a_{-}\psi_0=0$，可得

$$E_0=\frac{1}{2}h\omega \tag{2.39}$$

有了能量最低态之后，求解更高能级的波函数只需将升算符连续作用于基态波函数，每作用一次能量增加一份 $\hbar\omega$：

$$\psi_n(x) = A_n\,(a_+)^n\psi_0(x),\ E_n = \left(n+\frac{1}{2}\right)\hbar\omega \tag{2.40}$$

其中 A_n 为归一化系数，求解归一化系数后可得波函数的表达式为

$$\psi_n = \frac{1}{\sqrt{n!}}(a_+)^n\psi_0,\ \text{即}\ A_n = \frac{1}{\sqrt{n!}} \tag{2.41}$$

在无限方势阱中，谐振子的定态波函数是正交的，即

$$\int_{-\infty}^{\infty}\psi_m^*\psi_n\,\mathrm{d}x = \delta_{mn} \tag{2.42}$$

证明如下：

算符 $a_{\pm}$ 是 $a_{\mp}$ 的厄米共轭算符具有以下性质，给定任意函数 $f(x)$ 和 $g(x)$，有

$$\int_{-\infty}^{\infty}f(x)^*\,[a_{\pm}\,g(x)]\mathrm{d}x = \int_{-\infty}^{\infty}[a_{\mp}\,f(x)]^*\,g(x)\,\mathrm{d}x \tag{2.43}$$

特别是

$$\int_{-\infty}^{\infty}(a_{\pm}\,\psi_n)^*\,(a_{\pm}\,\psi_n)\mathrm{d}x = \int_{-\infty}^{\infty}(a_{\mp}\,a_{\pm}\,\psi_n)^*\,\psi_n\mathrm{d}x \tag{2.44}$$

且

$a_+a_-\psi_n = n\psi_n$，$a_-a_+\psi_n = (n+1)\psi_n$（可通过联立薛定谔方程的升降算符表达式及本征能量关系导出）

$$\int_{-\infty}^{\infty}\psi_m^*\,(a_+\,a_-)\psi_n\mathrm{d}x = n\int_{-\infty}^{\infty}\psi_m^*\psi_n\mathrm{d}x = \int_{-\infty}^{+\infty}(a_-\,\psi_m^*)(a_-\,\psi_n)\mathrm{d}x \tag{2.45}$$

$$= \int_{-\infty}^{\infty}(a_+\,a_-\,\psi_m)^*\,\psi_n\mathrm{d}x = m\int_{-\infty}^{\infty}\psi_m^*\psi_n\mathrm{d}x \tag{2.46}$$

上式只有当 $m=n$ 时成立，否则 $\int_{-\infty}^{\infty}\psi_m^*\psi_n\mathrm{d}x = 0$。利用波函数的正交性求解谐振子的可观测物理量的期望值，如谐振子在第 n 个能级上的势能 $\langle V\rangle$。

$$\langle V\rangle = \left\{\frac{1}{2}m\omega^2 x^2\right\} = \frac{1}{2}m\omega^2\int_{-\infty}^{+\infty}\psi_n^*\,x^2\psi_n\mathrm{d}x \tag{2.47}$$

利用升降算符的定义，将 p 和 x 表示成 a_+ 和 a_- 的形式，该表达不失为计算含 p 和 x 幂次项积分的一种漂亮的方法：

$$x = \sqrt{\frac{\hbar}{2m\omega}}(a_+ + a_-);\ p = i\sqrt{\frac{\hbar m\omega}{2}}(a_+ - a_-) \tag{2.48}$$

$$x^2 = \frac{\hbar}{2m\omega}[(a_+)^2 + (a_+a_-) + (a_-a_+) + (a_-)^2] \tag{2.49}$$

因此

$$\langle V\rangle = \frac{m\omega^2}{4}\int_{-\infty}^{+\infty}\psi_n^*\,[(a_+)^2 + (a_+\,a_-) + (a_-\,a_+) + (a_-)^2]\psi_n\mathrm{d}x \tag{2.50}$$

由于 $(a_+)^2\psi_n$ 得到的新波函数是 ψ_{n+2}（系数除外），与 ψ_n 正交；同理 $(a_-)^2\psi_n$ 产生

的新波函数 ψ_{n-2} 也与 ψ_n 正交，因而

$$\langle V \rangle = \frac{\hbar\omega}{4}(n+n+1) = \frac{1}{2}\hbar\omega\left(n+\frac{1}{2}\right) \tag{2.51}$$

可见势能的期望值是总能量的一半(另一半当然是动能)。

2.1.2　角动量的量子化特征

光子没有质量，但光子具有角动量。因此当分子吸收或放出一个光子后，分子的总角动量必须守恒。经典力学指出，对于具有中心力场的系统而言，能量和角动量是两个基本守恒量，因此角动量在量子力学中占有重要的地位(甚至比能量还要重要)，尤其在分子光谱中学中，角动量守恒是光谱跃迁中的基本要求。经典力学中，粒子的角动量的定义由下式给出(相对于原点)：

$$\boldsymbol{L} = \boldsymbol{r} \times \boldsymbol{p} \tag{2.52}$$

$$L_x = yp_z - zp_y, \ L_y = zp_x - xp_z, \ L_z = xp_z - yp_x \tag{2.53}$$

其中，$p_x \rightarrow -i\hbar\partial/\partial x$，$p_y \rightarrow -i\hbar\partial/\partial y$，$p_z \rightarrow -i\hbar\partial/\partial z$。注意：正则对易关系对于位置和动量算符 r 和 p 具有以下关系：

$$[r_i, p_j] = -[p_i, r_j] = i\hbar\delta_{ij}, \ [r_i, r_j] = [p_i, p_j] = 0 \tag{2.54}$$

下标指 x，y，z，$r_x = x$，$r_y = y$，$r_z = z$。事实上，L_x 和 L_y 是非对易的：

$$[L_x, L_y] = [yp_z - p_z y, zp_x - xp_z] \tag{2.55}$$

量子力学算符运算除满足加和运算外还满足乘法分配律，即 $A(B+C) = AB + AC$，特别是 $[A, B+C] = [A, B] + [A, C]$。将 $[L_x, L_y]$ 展开可得

$$[L_x, L_y] = [yp_z, zp_x] - [yp_z, xp_z] - [zp_y, zp_x] + [zp_y, xp_z] \tag{2.56}$$

依据正则对易关系，只有 x 和 p_x，y 和 p_y 及 z 和 p_z 是非对易的，故上式等式右边中间两项为零，即

$$[L_x, L_y] = [yp_z, zp_x] + [zp_y, xp_z] = i\hbar(xp_y - yp_x) = i\hbar L_z \tag{2.57}$$

对下标进行循环置换(cyclic permutation)$(x \rightarrow y, y \rightarrow z, z \rightarrow x)$后即得三个角动量基本对易关系：

$$[L_x, L_y] = i\hbar L_z, [L_y, L_z] = i\hbar L_x, [L_z, L_x] = i\hbar L_y \tag{2.58}$$

注意 L_x，L_y 和 L_z 为非兼容观测量(incompatible)，依照广义不确定性原理(generalized uncertainty principle)可知：

$$\sigma_{L_x}^2 \sigma_{L_y}^2 \geqslant \left(\frac{1}{2i}\langle i\hbar L_z \rangle\right)^2 = \frac{\hbar^2}{4}\langle L_z \rangle^2 \ \text{或} \ \sigma_{L_x}\sigma_{L_y} \geqslant \frac{\hbar}{2}|\langle L_z \rangle| \tag{2.59}$$

另一方面总角动量的平方

$$L^2 \equiv L_x^2 + L_y^2 + L_z^2 \tag{2.60}$$

与 L_x 是对易的：

$$[L^2, L_x] = [L_x^2, L_x] + [L_y^2, L_x] + [L_z^2, L_x]$$
$$= L_y[L_y, L_x] + [L_y, L_x]L_y + L_z[L_z, L_x] + [L_z, L_x]L_z$$

$$=L_y(-i\hbar L_z)+(-i\hbar L_z)L_y+L_z(i\hbar L_y)+(i\hbar L_y)L_z$$

上式推导过程中利用了算符的以下性质，即任何算符与其自身是对易的。因此有

$$[L^2,L_x]=0, \quad [L^2,L_y]=0, \quad [L^2,L_z]=0 \tag{2.61}$$

更紧凑的表示为

$$[L^2,L]=0 \tag{2.62}$$

可见，L^2 和 L 的每个分量是兼容的，为找到 L^2 和 L 分量算符（如 L_z）同时本征态（simultaneous eignstate）提供了可能性：

$$L^2 f=\lambda f \quad 及 \quad L_z f=\mu f \tag{2.63}$$

将采用"阶梯算符"的方法，求解本征态波函数。定义角动量升降算符：

$$L_\pm=L_x\pm iL_y \tag{2.64}$$

该算符与 L_z 的对易子是

$$[L_z,L_\pm]=[L_z,L_x]\pm i[L_z,L_y]=i\hbar L_y\pm i(-i\hbar L_x)=\pm\hbar(L_x\pm iL_y)$$

因此

$$[L_z,L_\pm]=\pm\hbar L_\pm \tag{2.65}$$

当然还有

$$[L^2,L_\pm]=0 \tag{2.66}$$

性质：如果函数 f 是 L^2 及 L_z 的本征函数，则 $L_\pm f$ 也是它们的本征函数。证明：由式(2.66)得

$$L^2(L_\pm f)=L_\pm(L^2 f)=L_\pm(\lambda f)=\lambda(L_\pm f)$$

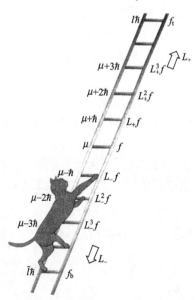

因而 $L_\pm f$ 是 L^2 的本征态函数，本征值为 λ。同理由式(2.65)得

$$\begin{aligned}L_z(L_\pm f)&=(L_zL_\pm-L_\pm L_z)f+L_\pm L_z f\\&=\pm\hbar L_\pm f+L_\pm(\mu f)\\&=(\mu\pm\hbar)(L_\pm f)\end{aligned} \tag{2.67}$$

可见 $L_\pm f$ 是 $L_\pm$ 的本征态函数，本征值为 $\mu\pm\hbar$。称 L_+ 为升算符，其作用是将 L_z 的本征值提高一个 $\hbar$；L_- 为降算符，其作用是将 L_z 的本征值降低一个 $\hbar$。

对于给定的 λ，能够得到一个所谓的状态"阶梯"（见图 2.3），每一等间距"横杠"在 L_z 本征值上的差异为一个 $\hbar$ 单位。沿"阶梯"上升，则采用升算符；沿"阶梯"下降，则采用降算符，但这一过程并非是无休止的，最终会遇到 z 分量的角动量超过总角动量，而这是不可能发生的。因此必定存在一条最

图 2.3　角动量状态"阶梯"示意图
（取自 Griffiths, D. J.
Introduction to Quantum Mechanics）

高的"横杠"对应的波函数 f_t（下标 t 指 top），使得

$$L_+ f_t = 0 \tag{2.68}$$

令顶端"横杠"处 L_z 本征值为 $\hbar l$，则有

$$L_z f_t = \hbar l f_t; \quad L^2 f_t = \lambda f_t \tag{2.69}$$

$$L_\pm L_\mp = (L_x \pm i L_y)(L_x \mp i L_y) = L_x^2 + L_y^2 \mp i(L_x L_y - L_y L_x) = L^2 - L_z^2 \mp i(i\hbar L_z)$$

或者写成另一种形式为

$$L^2 = L_\pm L_\mp + L_z^2 \mp \hbar L_z \tag{2.70}$$

因而有

$$L^2 f_t = (L_- L_+ + L_z^2 + \hbar L_z) f_t = (0 + \hbar^2 l^2 + \hbar^2 l) f_t = \hbar^2 l(l+1) f_t$$

$$\lambda = \hbar^2 l(l+1) \tag{2.71}$$

上式给出了以 L_z 最大本征值表示的 L^2 的本征值。同理存在一条最低"横杠"所对应的波函数 f_b（下标"b"指 base），使得

$$L_z f_b = 0 \tag{2.72}$$

令 $\hbar \bar{l}$ 为 L_z 在底端"横杠"处的本征值，则

$$L_z f_b = \hbar \bar{l} f_b; \quad L^2 f_b = \lambda f_b \tag{2.73}$$

应用式（2.70），可得

$$L^2 f_b = (L_+ L_- + L_z^2 - \hbar L_z) f_b$$

$$= (0 + \hbar^2 \bar{l}^2 - \hbar^2 \bar{l}) f_b = \hbar^2 \bar{l}(\bar{l} - 1) f_b$$

$$\lambda = \hbar^2 \bar{l}(\bar{l} - 1) \tag{2.74}$$

比较式（2.71）及式（2.74），有 $l(l+1) = \bar{l}(\bar{l}-1)$，可求得两个解：$\bar{l} = l+1$ 及 $\bar{l} = -l$；前者显然是不合理的，因为该情形对应的是低端"横杠"居然高于顶端"横杠"！显然 z 方向角动量分量的本征值为 $m\hbar$，m 的取值为从 $-l$ 到 l 共有 N 个整数步，特别是，$l = -l + N$，因而 $l = N/2$，故 l 必须是整数或半整数。本征函数以数 l 和 m 为特征：

$$L^2 f_l^m = \hbar^2 l(l+1) f_l^m; \quad L_z f_l^m = \hbar m f_l^m \tag{2.75}$$

其中

$$l = 0, 1/2, 1, 3/2, \cdots; \quad m = -l, (-l+1), \cdots, (l-1), l \tag{2.76}$$

对于给定的 l，m 有 $2l+1$ 个不同的取值，即"阶梯"有 $2l+1$ 个"横杠"。

　　角动量代数解法最令人惊奇之处是，仅仅从角动量基本对易关系出发，在没有见到任何波函数的情况下，就获得了角动量算符 L^2 及 L_z 的本征值！这一点正是量子力学的精髓所在，量子数所满足的关系并不依赖于波函数求解过程所引入的量子化条件。如果将算符按空间坐标展开，很自然就得到本征函数 f_l^m 与球谐函数 $Y_l^m(\theta, \phi)$ 是等价的，即 $f_l^m = Y_l^m(\theta, \phi)$，后者为氢原子的薛定谔方程解的角度部分。

　　许多人喜用图表示总角动量与其 z 分量间的关系（图中 $l = 2$），如图 2.4 所

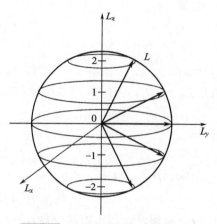

图 2.4 角动量状态示意图(l=2)

示。矢量用于表示可能的角动量取值,若以 $\hbar$ 为单位,所有矢量的长度为 $\sqrt{l(l+1)}$ 即 $\sqrt{6}=2.45$,它们的 z 分量允许的取值为 m (−2, −1, 0, 1, 2)。值得注意的是图中矢量的模(球的半径)大于 z 分量的最大值(除 $l=0$ 外,$\sqrt{l(l+1)}>l$)。显然没有人能够将矢量完全沿 z 方向排列。依据不确定性原理,无法同时确定 L_z,L_x 和 L_y 的值。因为矢量沿 L_z 排列,意味着 $L_z=0$,$L_x=0$,即同时确定了 L_z,L_x 和 L_y 的值,显然与不确定性原理相矛盾。事实该图中矢量这种画法本身就不妥当的,至少应该把纬线模糊

化,用于表示 L_x 和 L_y 的不确定性。

2.2 轨道与电子态

2.2.1 原子轨道与电子态

2.2.1.1 单电子原子轨道

氢原子是最简单的单电子原子。对氢原子体系,波函数 ψ 描述的是氢核外电子的运动状态,它是空间坐标 x、y、z 的函数即 $\psi=f(x,y,z)$。通过解氢原子体系的薛定谔方程,可得到一系列波函数(本征态)及其相应的能量,对应于电子运动的一系列可能状态。波函数作为空间坐标的函数,描述的是电子的运动状态,其空间图像可以形象地理解为电子运动的空间范围,俗称"原子轨道",在此意义上,波函数与原子轨道通常不加区分。

在求解薛定谔方程时,常把直角坐标 (x,y,z) 转换为极坐标 (r,θ,ϕ),并将波函数表示为 $\psi(r,\theta,\phi)=R(r)\Theta(\theta)\Phi(\phi)$,其中 $R(r)$ 表示电子离核远近,$\Theta(\theta)$ 和 $\Phi(\phi)$ 与角度 θ、ϕ 有关,若令 $Y(\theta,\phi)=\Theta(\theta)\Phi(\phi)$,则 $\Psi(r,\theta,\phi)=R(r)Y(\theta,\phi)$,$R(r)$ 称为波函数的径向分布部分,$Y(\theta,\phi)$ 称为波函数的角度分布部分,为球谐函数并具有如下形式:

$$Y_l^m(\theta,\phi)=\varepsilon\sqrt{\frac{(2l+1)}{4\pi}\frac{(l-|m|)!}{(l+|m|)!}}\,\mathrm{e}^{im\phi}P_l^m(\cos\theta) \tag{2.77}$$

其中若 $m\geqslant 0$,则 $\varepsilon=(-1)^m$;$m\leqslant 0$ 则 $\varepsilon=1$。$P_l^m[\cos(\theta)]$ 为联属勒朗德函数(associated Legender fuction),对于任意 l,m 共有 $2l+1$ 个取值:

$$l=0,1/2,1,3/2,\cdots;\quad m=-l,(-l+1),\cdots,(l-1),l$$

部分球谐函数列于表 2.1,相应的函数值随 θ,ϕ 角分布如图 2.5 所示。

表 2.1　部分球谐函数表达式

l	m_l	$Y_{l,m_l}(\theta,\varphi)$
0	0	$\left(\dfrac{1}{4\pi}\right)^{1/2}$
1	0	$\left(\dfrac{3}{4\pi}\right)^{1/2}\cos\theta$
	± 1	$\mp\left(\dfrac{3}{8\pi}\right)^{1/2}\sin\theta\mathrm{e}^{\pm i\varphi}$
2	0	$\left(\dfrac{5}{16\pi}\right)^{1/2}(3\cos^2\theta-1)$
	± 1	$\mp\left(\dfrac{5}{8\pi}\right)^{1/2}\cos\theta\sin\theta\mathrm{e}^{\pm i\varphi}$
	± 2	$\left(\dfrac{5}{32\pi}\right)^{1/2}\sin^2\theta\mathrm{e}^{\pm 2i\varphi}$

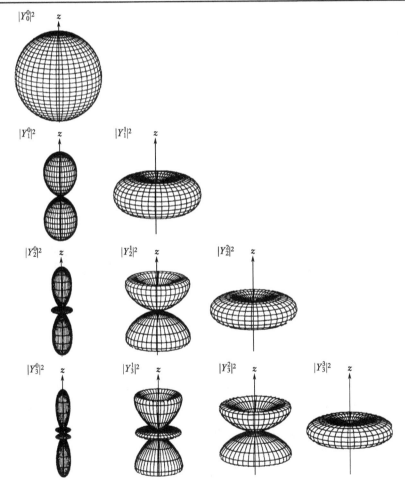

图 2.5　部分球谐函数的空间分布(取自 Brandt S, Dahmen D. The Picture Book of Quantum Mechanics, 3rd ed. New York: Springer-Verlag, 2001)

原子轨道为电子在空间的角向分布，与球谐函数 $Y_l^m(\theta,\phi)$ 相对应。当 $n=1$，$l=m=0$，仅一个轨道，由图 2.5 可知，$Y_0^0(\theta,\phi)$ 是球对称的，记为 1s 轨道。$n=2$

时，有 $l=m=0$ 及 $l=1$，$m=0$，±1：第一种情形给出一个轨道，同样是球对称的，记为 2s；第二种情形给出三个简并轨道，记为 $2p_{-1}$，$2p_0$ 和 $2p_1$。其中 $2p_{-1}$ 和 $2p_{+1}$ 经线性组合后可形成一对取向相互垂直的轨道 $2p_x$ 和 $2p_y$，均垂直于第三个轨道 $2p_z=2p_0$，通过这种处理，便把在球坐标中表示的原子轨道变化到笛卡儿坐标系中。当 $n=3$ 时，依次类推，有五个简并的 3d 轨道，三个简并 3p 轨道和一个 3s 轨道。图 2.6 列出了较常用 s，p 和 d 原子轨道角度分布，以便于在后文直观理解轨道所属对称类。图中"+"和"−"表示对称性，符号相同表示对称性相同，符号相反表示对称性不同或相反。如果波函数相对于与其对称中心是反对称的，即进行反演操作后波函数改变符号，则记为"u"，反之记为"g"（g 和 u 为德语 gerade 和 ungerade 的缩写，表示偶和奇的意思）。按照这一规则，所有的奇数轨道（$l=1,3,\cdots,$）为奇对称；所有的偶数轨道（$l=0,2,\cdots,$）为偶对称。

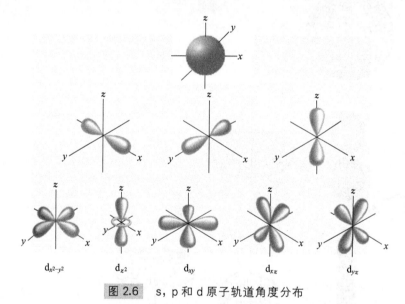

d$_{x^2-y^2}$ d$_{z^2}$ d$_{xy}$ d$_{xz}$ d$_{yz}$

图 2.6   s，p 和 d 原子轨道角度分布

2.2.1.2 多电子原子轨道与电子组态

和单电子原子相比，多电子原子哈密顿量多出了电子库仑排斥势项，破坏了原有电场所具有的中心对称性。因而对于多电子体系，薛定谔方程只有近似解。尽管如此，波函数有很大的相似性，并且量子数不变。在解多电子原子薛定谔方程时，可采用单电子波函数的乘积逼近真实的波函数。哈密顿量可写为 $H(1)$，$H(2)$，$\cdots$，$H(N)$，该近似处理中，其余电子的排斥势作为一种等效势函数引入，该轨道的电子不再和其余轨道电子坐标相关。在遵循泡利不相容原理的条件下，电子按能量从低到高的次序占据各外层原子轨道。

量子力学描述原子中各电子的运动状态需要四个参数，即主量子数 n、角量子数 l、磁量子数 m 和自旋量子数 m_s。轨道能量是量子化的,核外电子按能级的高低分层分布，这种不同能级的层次被称为电子层，主量子数用于描述电子层能量的高低次序和电子离核的远近。主量子数 n 的取值为 1，2，3，…等正整数。例如，$n=1$ 代表电子离核的平均距离最近的一层，即第一电子层；$n=2$ 代表第二电子层，其余依此类推。n 愈大电子离核的平均距离愈远。在光谱学上常用大写拉丁字母 K，L，M，N，O，P，Q 代表电子层数，分别对应的主量子数（n）为 1，2，3，4，5，6，7，与原子核外的电子壳层相对应，如图 2.7 所示。

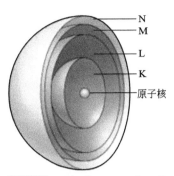

图 2.7　原子核外电子壳层的符号标记示意图

　　角量子数决定电子空间运动的角动量，以及原子轨道或电子云的形状。在多电子原子中与主量子数 n 共同决定电子能量高低。对于一定的 n 值，l 可取 0，1，2，3，4，…，$n-1$ 等共 n 个值，用光谱学上的符号相应表示为 s，p，d，f，g 等。角量子数 l 表示电子的亚层或能级。一个 n 值可以有多个 l 值，如 $n=3$ 表示第三电子层，l 值可有 0，1，2，分别表示 3s，3p，3d 亚层，相应的电子分别称为 3s，3p，3d 电子。对于多电子原子来说，这三个亚层能量为 $E_{3d}>E_{3p}>E_{3s}$，即 n 值一定时，l 值越大，亚层能级越高。在描述多电子原子系统的能量状态时，需要用 n 和 l 两个量子数。同一亚层（l 值相同）的几条轨道对原子核的取向不同。磁量子数 m 描述了原子轨道或电子云在空间的伸展方向。某种形状的原子轨道，可以在空间取不同的伸展方向，从而得到几个空间取向不同的原子轨道。这是根据线状光谱在磁场中还能发生分裂，显示出微小的能量差别的现象得出的结果。m 取值受角量子数 l 制约，对于给定的 l 值，$m=-l$，…，-2，-1，0，$+1$，$+2$，…，$+l$，共 $2l+1$ 个值。这些取值意味着在角量子数为 l 的亚层有 $2l+1$ 个取向，而每一个取向相当于一条"原子轨道"。如 $l=2$ 的 d 亚层，$m=-2$，-1，0，$+1$，$+2$，共有 5 个取值，表示 d 亚层有 5 条伸展方向不同的原子轨道，即 d_{xy}、d_{xz}、d_{yz}、$d_{x^2-y^2}$、d_{z^2}。把同一亚层（l 相同）伸展方向不同的原子轨道称为等价轨道或简并轨道。自旋量子数描述核外电子自旋状态，它决定了电子自旋角动量在外磁场方向上的分量，$m_s=+1/2$ 或 $-1/2$。

　　在单电子原子中，上述四个量子数已经刻画了电子的状态，然而在多电子原子中，净角动量必须通过矢量加法求得，对于闭壳层电子，净角动量为零，因此只需考虑电子部分填充的壳层。原子的电子态谱项用 $n^{2S+1}L_J$ 表示，S，L 和 J 分别为净自旋、轨道和总角动量。在矢量耦合模型中，有两种耦合方案。以原子中的两个电子为例：如果静电相互作用大于轨道-自旋耦合作用（在较轻的原子中），首先由电子的轨道角动量矢量 l_1 和 l_2 耦合成总轨道角动量矢量 L，电子的自旋角动量矢量 s_1 和 s_2 耦合成总自旋角动量矢量 S，然后再由 L 与 S 耦合成原子的总角动量矢量 J。这种耦合方案叫做 L-S 耦合，或 Russell-Saunders 耦合。

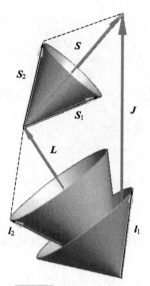

反之，如果轨道-自旋耦合作用大于静电相互作用（在较重的原子中），则首先由 l_1 和 s_1 耦合成 j_1；l_2 和 s_2 耦合成 j_2，然后再由 j_1 和 j_2 耦合成原子的总角动量矢量 J。这种耦合方案叫做 j-j 耦合。实际上，这两种方案代表了两种极端情况。原子中的真实情况介于这二者之间。实验表明，即使如 Pb($Z=82$) 这样的重原子，也远未达到纯粹的 j-j 耦合的程度。所以，许多较轻的原子（$Z<40$）可以采用 L-S 耦合方案，如图 2.8 所示。

图 2.8　L-S 耦合方案的矢量耦合图

2.2.2　分子轨道与电子组态[3]

原子按照一定的规律结合成分子，在空间上呈现一定的几何形状，并且原子间存在着较强的相互吸引作用，化学上将这种作用称为化学键。化学键大致可分为离子键、共价键和金属键三种基本类型。现代共价键理论的基础是量子力学，但分子的薛定谔方程求解比较复杂，为简化计算采取了近似假定，而不同的假定产生了不同的物理模型。目前有价键理论和分子轨道理论两种理论体系，重要的区别在于前者认为成键电子只能在以化学键相连的两原子间的区域内运动，后者认为成键电子可以在整个分子的区域内运动。

根据价键理论，共价键是指原子间由于成键电子的原子轨道重叠而形成的化学键。而且只有对称性相同的轨道重叠才能成键，对称性不同重叠难以成键。若重叠部分对键轴（原子核间连线）呈圆柱形对称，所成键为 σ 键，若重叠部分对键轴所在的某一特定平面呈反对称，所成键为 π 键。另外，共价键具有饱和性和方向性，饱和性即两个原子自旋相反的电子配对后就不能再与第三原子的电子配对，方向性即成键电子的原子轨道重叠需沿轨道伸展方向（s-s 轨道重叠除外）。

根据分子轨道理论，分子由两个或两个以上的同类或非同类原子构成，分子轨道由原子轨道线性组合而成。假设分子内层电子仍保留在原来的原子轨道内，分子轨道便可以用价层原子轨道的线性组合来表示。例如两个等同的原子轨道 ϕ_A 和 ϕ_B 在相互作用时可以生成两个分子轨道：成键轨道 $\psi_1=\phi_A+\phi_B$ 和反键轨道 $\psi_2=\phi_A-\phi_B$。成键轨道能量比起始的原子轨道更低，而反键轨道能量比起始原子轨道能量要高，反键轨道是理解分子激发态性质的关键，如表 2.2 所示，若分子轨道对核间轴线完全对称，成键时分子轨道记作 σ，成反键时分子轨道记作 σ*；若分子轨道对核间轴线成反对称，成键时分子轨道记作 π，反键时分子轨道记作 π*。

表 2.2　分子成键轨道与反键轨道比较

原子轨道类型	原子轨道示意图	分子轨道示意图	分子轨道类型
s 轨道 $(\phi_A、\phi_B)$			反键 $\sigma_{s\text{-}s}^*(\psi_2)$ 成键 $\sigma_{s\text{-}s}(\psi_1)$
p 轨道 $(\phi_A、\phi_B)$			反键 $\sigma_{p\text{-}p}^*(\psi_2)$ 成键 $\sigma_{p\text{-}p}(\psi_1)$ 反键 $\pi_{p\text{-}p}^*(\psi_2)$ 成键 $\pi_{p\text{-}p}(\psi_1)$

图中符号＋和－表示对称性,符号相同表示对称性相同,相反表示对称性不同或者相反

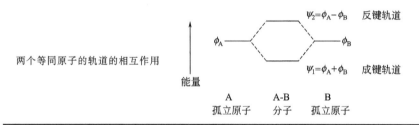

两个等同原子的轨道的相互作用

$\psi_2=\phi_A-\phi_B$ 　反键轨道

$\psi_1=\phi_A+\phi_B$ 　成键轨道

能量

A　　A-B　　B
孤立原子　分子　孤立原子

注：轨道示意图取自 http://winter.group.shef.ac.uk/orbitron。

　　下面以 H_2^+ 为例阐释双原子分子的电子组态。假定核间距可一直缩短下去,直至两原子核实现虚拟态的重合,形成一个所谓的"联合"原子。该联合原子的轨道将是一个电子环绕在 ^{2}He 核电场运动。当"联合"原子稍有形变,强的核间电场将使 $l>0$ 的简并轨道发生分裂（内 Stark 效应）,这些原子轨道在核间轴方向具有角动量分量 $|m|=0,1,2,\cdots$,这些原子轨道由原子轨道 s, p, d, f, ⋯变为在双原子分子中的分子轨道,记为 σ, π, δ, ⋯。即原先的 ns 原子轨道变为 $ns\sigma$ 分子轨道；np 原子轨道变为 $np\sigma$ 和 $np\pi$ 分子轨道；nd 原子轨道变为 $nd\sigma$, $nd\pi$ 和 $nd\delta$ 分子轨道。记号由英文表示的原子轨道改成由希腊字母表示的分子轨道反映了由原来的球对称原子变成圆柱对称的分子。在描述多原子分子的电子组态时,假定总波函数为类 H_2^+ 原子单电子波函数的乘积,电子在分子轨道中的填充次序在遵守泡利不相容原理及洪特规则的前提下按照能量由低到高的次序。当原子核间距足够大时,分子轨道的能级次序为：

$$\sigma_g(1s)<\sigma_u(1s)<\sigma_g(2s)<\sigma_u(2s)<\sigma_g(2p)<\pi_u(2p)<\pi_g(2p)<\sigma_u(2p)\cdots$$

除了在"联合"原子的极限条件下,主量子数 n 在分子的电子组态中已失去意义,下列轨道序列 $\sigma_g(2s)\sigma_u(2s)\sigma_g(2p)\pi_u(2p)\pi_g(2p)\sigma_u(2p)$ 通常被 $1\sigma_g1\sigma_u2\sigma_g1\pi_u1\pi_g2\sigma$ 所取代。

双原子分子的电子组态表示方法和原子的电子组态方法相似，皆用组项符号表示。组项表示给出了电子自旋角动量，轨道角动量在双原子核间轴上的分量，分别记为 S 和 Λ。电子自旋角动量在双原子核间轴上的分量记为 Σ，则 Λ 及 Σ 矢量和的模量记为 $\Omega = |\Lambda + \Sigma|$，分子的特定电子组态可用组项表示为 $^{2S+1}\Lambda_\Omega$。原子电子态的组项中的主量子数在分子的电子态组项中用字符 $\tilde{X}$（基态）及 $\tilde{A}$，$\tilde{B}$，$\tilde{C}$，…（激发的多重度和基态一致时，如电子单重态→单重态，三重态→三重态跃迁）代替；而多重度和基态不一致时采用符号 $\tilde{a}$，$\tilde{b}$，$\tilde{c}$，…表示（如基态为单重态，而激发态为三重态的情形）。对于 $\Lambda = 0$，± 1，± 2，…的电子态可记为 Σ，Π，Δ，…。Λ 可通过对单个电子占据轨道的角动量矢量求和而得，也可通过被占轨道的对称性求得，即通过被占轨道对称性的直乘求得。表 2.3 列出了部分双原子分子的轨道对称性与分子对称性的关系。一般而言，被两个电子占据轨道对称性的直乘结果为全对称的。对于分子轨道全部为双电子填满的线性双原子分子而言，对应的电子态为 $^1\Sigma_g^+$。

表 2.3　适用于双原子或线性分子的对称性直乘表

轨道对称性	分子对称性
σσ	Σ^+
σπ	Π
σδ	Δ
ππ	$\Sigma^+, \Sigma^-, \Delta$
πδ	Π, Φ
δδ	$\Sigma^+, \Sigma^-, \Gamma$

注：1. 对于等价电子，分子可能的电子项多重度受泡利不相容原理限制。
2. 三重乘积可以进行如下分解：$\sigma\pi\pi = (\sigma \times \pi) \times \pi \equiv \pi \times \pi \to \Sigma^+$，$\Sigma^-$，$\Delta$。
3. 如果分子具有中心对称，乘积字称的奇偶性法则为 $u \times u = g \times g = g$，$u \times g = g \times u = u$。

2.3　分子对称性与分子点群[4]

对有限大小的分子施行所有的对称操作时，分子图形中至少有一点是不动的，这样的操作称作点操作，所以分子的对称操作群又叫做点群。分子的对称性离不开对称操作。对称操作作用于分子后并不改变分子的骨架。存在五种对称操作分别定义如下：(1)含对称轴的旋转对称；(2)以对称面为镜面的反射对称；(3)通过对称中心的反演对称；(4)非真转动对称（improper rotation，先旋转再以垂直于旋转轴的平面为镜面作反射）；(5)恒等操作。由分子对称元素（轴、平面等）产生的对称操作的完备集合称为分子的点群。以 H_2O 分子为例，属于 C_{2v} 群，含四个对称操作 $C_2(z)$，$\sigma(yz)$，$\sigma(xz)$ 和 E。如氧原子的 $2p_z$ 原子轨道，由于其处在 z 轴上，因此对于所有的对称操作都是对称的，属于对称类 a_1。如果用 $2p_z$ 轨道为基，则点群对称操作表示可由一组整数给出：$+1$，$+1$，$+1$，$+1$。$2p_y$ 原子轨道仅在 E 和

$\sigma(yz)$ 对称操作下是对称的，在其他两个对称操作下波函数改变符号，属于对称类 b_2。如果用 $2p_y$ 轨道为基，则点群对称操作表示可由以下整数组给出：$+1$，-1，-1，$+1$。同理，C_{2v} 群中还存在另外两种对称类，即 a_2 和 a_1。表 2.4 列出了 C_{2v} 群的对称操作和对称类表示；符号 A 和 B 表示沿主对称轴旋转结果分别是对称和反对称的（按照约定，字母小写的对称类符号表示原子轨道，大写的表示分子轨道）。

表 2.4 C_{2v} 群特征标

C_{2v}	E	$C_2(z)$	$\sigma(xz)$	$\sigma(yz)$
A_1	$+1$	$+1$	$+1$	$+1$
A_2	$+1$	$+1$	-1	-1
B_1	$+1$	-1	$+1$	-1
B_2	$+1$	-1	-1	$+1$

分子的对称操作不会改变分子的可测量物理量，因此也不会改变分子本征态的能量。若以 O_R 表示分子的对称操作，ψ_i 为某一本征态波函数，则

$$O_R H \psi_i = O_R E \psi_i \quad \text{或} \quad H O_R \psi_i = E O_R \psi_i$$

由于哈密顿算符 H 在对称操作算符作用下的不变性，即 $H O_R = O_R H$，哈密顿算符 H 和分子点群对称操作算符 O_R 是对易的。若 ψ_i 和 $O_R \psi_i$ 给出相同的本征值，且 ψ_i 是非简并的，$O_R \psi_i$ 只能得出 $\pm 1 \cdot \psi_1$。因此分子轨道波函数可能的形式为在分子点群对称性操作下只能是对称或反对称的形式。每一轨道属于分子点群的对称类，作为分子点群对称表示的基。

下面以 H_2O 为例说明如何由原子轨道的对称性构建分子轨道。氧原子外层轨道的对称性为

$$2s(a_1)，2p_x(b_1)，2p_y(b_2)，2p_z(a_1)$$

如果将 H 的原子轨道进行单独考虑，则它们不具备分子的对称性。如果将其组合成 $H_2(C_{2v}$ 对称)，有两种可能的组合方式：

$$(1s+1s)(a_1)，(1s-1s)(b_2)$$

加上上述两个轨道后，将产生 H_2O 分子的六个分子轨道。只有对称性相同的原子轨道才能组合成为分子轨道，否则的话，新组成的分子轨道将不具备分子本身的对称性。因而只有氧原子的 $2p_x(b_1)$ 不能和 H 的原子轨道进行线性组合，形成孤立的具有 b_1 对称性的非键轨道，记为

$$1b_1 = (2p_x)_O \quad \text{(非键)}$$

b_2 对称性的氧原子轨道 $2p_y(b_2)$ 与 H_2 的 $(1s-1s)$ 轨道线性组合成两个同样是 b_2 对称性的分子轨道：

$$1b_2 = (2p_y)_O + (1s-1s)_H \quad \text{(成键)}$$

$$1b_2 = (2p_y)_O - (1s-1s)_H \quad \text{(反键)}$$

a_1 对称性的氧原子轨道 $(2s)_O$，$(2p_z)_O$ 与 H_2 的 $(1s+1s)_H$ 轨道组合成三个 a_1 对称的分子轨道，并可表示为

$$2a_1 = (2s)_O - (2p_z)_O + (1s+1s)_H \text{ （成键）}$$
$$3a_1 = (2s)_O + (2p_z)_O \text{ （非键）}$$
$$4a_1 = (2s)_O - (2p_z)_O - (1s+1s)_H \text{ （反键）}$$

$1a_1$ 轨道对应于氧原子核的内壳层 $(1s)_O$。H_2O 分子外壳层含八个电子，基态的电子组态为

$$\underbrace{(1a_1)^2}_{\text{内壳层}} \underbrace{(2a_1)^2 \ (1b_2)^2}_{H_2O\text{键合}} \underbrace{(3a_1)^2 \ (1b_1)^2}_{\text{非键}}$$

分子的对称性为所有被占轨道对称类的直积。对称类直积可表示为群表中相对应的对称元素特征标的乘积，如 C_{2v} 群中

$$a_1 \times a_1 = [(+1)^2, (+1)^2, (+1)^2, (+1)^2] \equiv a_1$$
$$b_1 \times b_1 = [(+1)^2, (-1)^2, (+1)^2, (-1)^2] \equiv a_1$$

可见所有的双占据轨道具有 a_1 对称，因此 H_2O 分子基态电子态的对称性为 A_1。由因为所有的电子皆为配对的，故电子态写为 $\tilde{X}^1A_1$。C_{2v} 群中的对称类都为一阶的，再以 C_{3v} 群给出高阶对称类直乘的例子。表 2.5 为 C_{3v} 群不可约表示的特征标。

表 2.5　C_{3v} 群特征标

C_{3v}	E	$2C_3$	$3\sigma_v$
A_1	1	1	1
A_2	1	1	-1
E	2	-1	0

对于旋转轴高于二次的群，某些群类是简并的。这意味着对于某些对称操作，结果对基函数而言并非对称或反对称，而是将某些基函数进行"混合"。如 NH_3 分子具有 C_{3v} 对称性。C_3 轴为 z 轴，原点在 N 原子中心。可见 $(2p_z)_N$ 轨道为全对称表示的基函数。如果以 $(2p_x)_N$ 为基函数，显然经旋转操作后的函数无法用单一的 $(2p_x)_N$ 表示，而只能表示成 $(2p_x)_N$ 和 $(2p_y)_N$ 的线性组合。这一点对 $(2p_y)_N$ 也同样适用，变换关系为：

$$C_3 \begin{bmatrix} (2p_x)_N \\ (2p_y)_N \end{bmatrix} = \begin{vmatrix} -\dfrac{1}{2}, & -\sqrt{\dfrac{3}{2}} \\ +\sqrt{\dfrac{3}{2}}, & -\dfrac{1}{2} \end{vmatrix} \times \begin{bmatrix} (2p_x)_N \\ (2p_y)_N \end{bmatrix}$$

可见该基函数是二阶的。特征标 $\chi(C_3)=1$，$\chi(\sigma_v)=0$ 及 $\chi(E)=2$（表示二阶对称类或有两个简并的基函数）。二阶对称类直乘 $e \times e$ 的特征标为 $e \times e = [(2)^2, (-1)^2, (0)^2] = [4,1,0]$。如果将特征标表中 A_1，A_2 和 E 的特征标进行加和，可得到相同的数组，因而

$$E \times E = A_1 + A_2 + E$$

即不可约表示的直乘可以分解成对称群中适当的不可约表示的和。这一简单规则足以确定任何对称性直乘产生的不可约表示。表 2.3 中线性分子中的直积分解就是该

法则的运用，因为线性分子属于 C_∞ 群：

$$\Pi \times \Pi = \Sigma^+ + \Sigma^- + \Delta$$

二阶对称表示的直积可分解为两个一阶对称和一个二阶对称不可约表示，总阶数是守恒的。该法则在讨论选择定制时会发挥重要的作用。

2.4　电子跃迁与光谱[5~7]

分子轨道中，处于最高被占有轨道（Highest Occupied Molecular Orbital, HOMO）的电子吸收特定的光子后，发生能级跃迁，形成电子激发态。电子激发态包含有两个未配对电子并且分别占据不同的轨道时，若两个电子自旋反平行，则该电子激发态为单线态（总自旋数 $S=0$，自旋态 $2S+1=1$），若两个电子自旋平行，则该电子激发态为三线态（总自旋数 $S=1$，自旋态 $2S+1=3$）。这两种电子激发态具有不同的物理性质与化学性质，而且三线态的能量通常低于单线态。

2.4.1　分子的光吸收

分子吸收光子后，从光子处获得能量，并引起其电子结构的变化。从分子轨道理论来看，可设想成电子占据轨道的模式发生改变，并且电子跃迁前后基态和激发态所涉及的轨道近似地认为不变，这就是所谓单电子激发近似，该近似适用于大多数光吸收过程。在光化学中，分子吸收光子之后，常见的电子跃迁类型有：n→π^*，n→σ^*，π→π^* 和 σ→σ^*，相应地，产生的激发态表示为（n,π^*），（n,σ^*），（π,π^*）和（σ,σ^*），不同类型的跃迁需要分子吸收不同波长的光，从而形成分子的吸收光谱。线性吸收光谱中，光与物质相互作用时，物质对光的吸收强度可用 Lambert-Beer 公式表示：

$$I = I_0 \times 10^{-\varepsilon c l} \tag{2.78}$$

式中，I_0 为入射单色光的强度；I 为透射光的强度；c 为样品浓度（分压或密度）；l 为通过样品的光程；消光系数 ε 是与化合物性质和吸收光波长有关的常数。公式中，c 以摩尔（mol）为单位，l 以厘米（cm）为单位。另一种量度吸收强度的方法是用振子强度 f：

$$f = 4.315 \times 10^{-9} \int \varepsilon(\nu) \, d\nu \tag{2.79}$$

式中，ν 是辐射光波数（单位 cm^{-1}）。Lambert-Beer 公式对光吸收强度的度量是针对单一波长下的吸收强度，而振子强度对光吸收强度的度量是针对整个谱带的积分强度。另外，振子强度与跃迁矩（transition moment）的关系式为

$$f = \frac{8\pi^2 \nu_{if} m_e \langle \Psi_i | \vec{\mu} | \Psi_f \rangle^2}{3he^2} \tag{2.80}$$

式中，ν_{if} 为吸收跃迁频率；$\langle \Psi_i | \vec{\mu} | \Psi_f \rangle$ 为从始态 Ψ_i 到终态 Ψ_f 的跃迁矩（$\vec{\mu}$ 为

偶极矩算符）；m_e 为电子的质量；h 为普朗克常数；e 为电子的荷电常数；因而结合从吸收光谱计算所得的振子强度 f 可得到跃迁矩。

2.4.2 跃迁矩

物质吸收和辐射（自发辐射和受激辐射）速率以及电子跃迁强度均正比于跃迁矩 $\langle \Psi_i | \vec{\mu} | \Psi_f \rangle$ 的平方，此处 Ψ 是体系的总波函数（电子和核），由于不知道分子波函数的具体形式，该积分无法计算，因而需对波函数进行玻恩-奥本海默（Born-Oppenheimer）近似处理。玻恩-奥本海默近似认为由于原子核的质量要比电子大很多，一般要大 3～4 个数量级，因而在同样的相互作用下，原子核的动能比电子也小得多，可以忽略不计。在分子内电子运动远远快于原子核的振动和回转运动，因此在分子波函数的求解过程中，可在固定核骨架的条件下计算分子中电子的近似波函数，故玻恩-奥本海默近似又称核固定近似。在 Born-Oppenheimer 近似条件下，系统总波函数可以分解成电子、振动及转动波函数的乘积：

$$\Psi(r,R) = \psi_e(r,R)\psi_v(R)\psi_r(R) \tag{2.81}$$

Born-Oppenheimer 近似假定对于电子波函数 $\psi_e(r,R)$ 中所有的电子坐标，R 取核间距的平衡坐标 R_e。在不考虑转动选择定则且将转动波函数移去后跃迁矩的积分为：

$$M = \iint \psi_e^i(r,R_e)\psi_v^i(R)(\mu_e + \mu_n)\psi_e^f(r,R_e)\psi_v^f(R)\,\mathrm{d}r\mathrm{d}R \tag{2.82}$$

式中，上标 i，f 分别表示分子的基态和激发态。核及电子对偶极跃迁算符皆有贡献，并将上述跃迁矩积分写成分别含 $\bar{\mu}_e$ 和 $\bar{\mu}_n$ 的两部分

$$M = \int \psi_e^i(r,R_e)\mu_e\psi_e^f(r,R_e)\mathrm{d}r\int \psi_v^i(R)\psi_v^f(R)\mathrm{d}R + \int \psi_v^i(R)\mu_n\psi_v^f(R)\mathrm{d}R\int \psi_e^i(r,R_e)\psi_e^f(r,R_e)\mathrm{d}r \tag{2.83}$$

由于不同电子态波函数是正交的，故 $\int \psi_e^i(r,R_e)\psi_e^f(r,R_e)\mathrm{d}r = 0$，上式等号右边的第二项为零，跃迁矩的积分简化为

$$M = \int \psi_e^i(r,R_e)\mu_e\psi_e^f(r,R_e)\mathrm{d}r\int \psi_v^i(R)\psi_v^f(R)\mathrm{d}R \tag{2.84}$$

上式中任何一个积分为零，则跃迁矩为零，而该跃迁被称为禁阻跃迁；反之，跃迁矩不为零的跃迁则称为允许跃迁。根据对称性理论，若被积函数为偶函数，则积分不为零，若被积函数为奇函数，则积分为零。等式右边第一项积分为电子跃迁矩，将给出电子跃迁选择定则，第二项积分为核振动波函数的重叠积分，即 Frank-Condon 因子，给出振动选择定则。

2.4.2.1 电子跃迁矩（electron transition moment，ETM）

电子跃迁矩

$$\mathrm{ETM} = \int \psi_e^i(r,R_e)\mu_e\psi_e^f(r,R_e)\mathrm{d}r \tag{2.85}$$

ETM 沿空间笛卡儿坐标轴可分解为：

$$\text{ETM} = \text{ETM}_x + \text{ETM}_y + \text{ETM}_z$$

如果跃迁是禁阻的（电子跃迁矩积分为零），则三个分量积分都必须为零。如果只有 ETM 的一个分量的被积函数（如 ETM_x）是全对称的（偶函数），那么跃迁将沿 x 轴偏振。实际应用分析中，被积函数是奇函数还是偶函数，可以根据所涉及的轨道及跃迁矩算符的对称性来判断。以电偶极跃迁为例，对于一个含 n 个原子的分子，每个原子所带的电荷为 Q_n，则系统电偶极跃迁矩表示为

$$\boldsymbol{\mu} = \sum_n Q_n \boldsymbol{x}_n \qquad (2.86)$$

式中 $\boldsymbol{x}_n$ 为位置矢量算符。表 2.6 给出了不同类型跃迁矩算符的对称性特征[3]。波函数与跃迁矩算符对称性乘积关系满足分子对应点群对称类的直乘。除非被积函数属于完全对称的不可约表示，否则此积分为零。

表 2.6　跃迁矩算符的对称性特征

跃迁类型	μ 的变换形式	注　释
电偶极矩	x, y, z	光谱
电四极矩	$x^2, y^2, z^2, xy, xz, yz$	约束条件　$x^2 + y^2 + z^2 = 0$
电极化	$x^2, y^2, z^2, xy, xz, yz$	拉曼光谱
磁偶极	R_x, R_y, R_z	光学谱（弱）

2.4.2.2　核振动波函数的重叠积分（Franck-Condon 原理）

Franck-Condon 原理是由德国物理学家 James Franck 和美国物理学家 Edward U. Condon 于 1926 年提出的。该原理可表述为当电子跃迁发生时，和分子运动相比较，电子跃迁过程是如此之快，以致在跃迁期间核的位置或核动能不发生变化，振动态的跃迁更倾向于在具有大的重叠积分态间发生。该原理成功地解释了为什么在吸收光谱中一些峰的强度大，另一些峰的强度小或者根本就观测不到。跃迁矩式（2.84）中的第二项积分为一个本征态与另一个本征态间的振动重叠积分，该积分的平方为 Franck-Condon 因子（简写为 FC 因子）。

$$\text{Franck-condon 因子} = \left| \int \psi_v^i(R) \psi_v^f(R) \mathrm{d}R \right|^2 \qquad (2.87)$$

Franck-Condon 因子决定了振动跃迁对跃迁概率的贡献，同时也表明如果要获得大的振动跃迁概率，基态与激发态的振动波函数必须要有大的重叠。该原理意味着跃迁可以用连接两个位能面的垂线来表示，且垂线中止于经典谐振子的折返点（实线表示的势能曲线）。对于谐振子而言，具有等间距的振动能级。对于双原子或多原子分子而言，振动运动能偏离了谐振子模型，而类似于过渡拉伸的弹簧振子，其位能曲线可由 Morse 函数 $V(r) = D_e [e^{-2a(r-r_e)} - 2e^{-a(r-r_e)}]$ 给出，其中 a、D_e 为常数，r_e 为核间距。图 2.9 给出了谐振子势函数与 Morse 势函数的差异。图中横线表示分子的振动能级，对于非谐性振子而言，振动能级越高，能级越靠近，直到解离极限处形成连续态即类里德堡态。

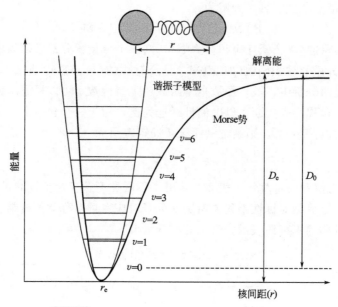

图 2.9　谐振子势函数与 Morse 势函数比较

　　图2.10(a)以双原子-非谐振子位能曲线为例，描述了分子从基态跃到激发态、遵从 Frank-Condon 原理的垂直跃迁（吸收或发射）。v''和 v' 分别为对应于电子基态和激发态的振动量子数。核振动波函数的平方表示取特征构型时的概率。如果激发时分子的几何形状变化很小，即激发态与基态的平衡核间距重合（$\Delta r_e \approx 0$），那么 $0 \rightarrow 0$ 振动跃迁将是最可几的，对应光谱最大强度；而 $0 \rightarrow n$ 跃迁概率则小很多，因而光谱强度很小。由图 2.10(a)所示，基态和激发态的平衡核间距不重合，表示在激发时分子的几何形状发生了变化，从图中可以看出，$A \rightarrow Y (v''=0 \rightarrow v'=2)$ 振动跃迁将是最强的，而 $A \rightarrow X$ 的振动跃迁是极不可几的。对于发射光谱可作类似的推算，只不过室温凝聚相中的激发态往往在发射光之前就达到了热平衡，因此发射几乎来自激发态的最低振动能级，在图 2.10(a)中的最强发射跃迁是 $Z \rightarrow B (v'=0 \rightarrow v''=3)$。另外，分子在激发时几何形状的变化，将导致光谱中的振动精细结构，如图 2.10(b)所示为含振动谱带的吸收光谱示意图。对于包含两个以上原子的任意分子，要用位能面来代替位能曲线，因此，对应于一特定的电子跃迁将出现靠得很近的许多振动与转动跃迁，它们互相重叠形成平滑的宽吸收带，因此在大多数情况下，很少能在可见和紫外吸收带中看到振动结构。

　　荧光与吸收光谱之间往往存在镜像关系，该现象的出现意味着基态与激发态的振动能级间隔相近，同时也表明光激发时，分子的几何构型变化很小。另外由于 Franck-Condon 效应，发射的跃迁能比相应的吸收跃迁能低，使得 $0 \rightarrow 0$ 跃迁带不重合。若荧光光谱较相应的吸收光谱发生红移（长波方向），则称为斯托克斯位移（Stoke's shift），这是由于分子受激后处于较高振动能级的电子态弛豫到振动基态，

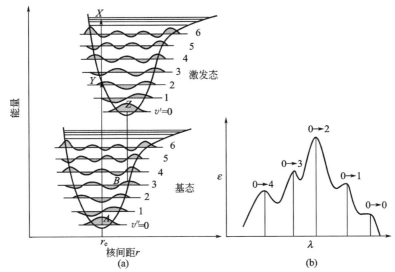

图 2.10　(a) Franck-Condon 最可几能级跃迁 A→Y(吸收)和 Z→B(发射)(以双原子-非谐振子位能曲线为例)；　(b) A→Y 跃迁吸收光谱振动谱带强度示意图

以及激发态分子构型的调整会损失掉部分能量；当激发态分子获得部分能量如与声子耦合然后返回到基态，或者激发态分子返回到比初始态能量更低的能态，所发射的荧光为 anti-Stokes 荧光。其荧光能大于激发能，荧光波长小于激发光波长发生蓝移(短波方向)，被称为反斯托克斯位移(anti-Stoke's shift)。

2.5　光谱跃迁选择定则

无论是分子光谱还是原子光谱，其光谱选择定则满足以下物理要求。

(1) 角动量守恒　光子没有质量，但光子具有角动量。因此当原子或分子吸收或放出一个光子后，分子的总角动量不变。光子具有一个单位的量子化角动量。因此在光的发射和吸收过程中，角动量 J 的变化不允许超过一个单位角动量。

(2) 自旋多重度守恒　由于电子自旋是磁效应，因此电偶极跃迁将不改变电子的自旋状态，故自旋多重度将不发生改变。

注：由非光激发过程形成的激发态不受自旋多重度守恒要求的限制，如由电荷复合复合过程形成的激发态中，三重态占有很大的比例。自然界光合反应中心电荷复合形成叶绿素三重态；电致发光器件中可通过形成三重态发光而加宽发光光谱。如不考虑能级高低对电荷复合的影响，由于三重态是三重简并的，则电荷复合形成单重态和三重态的比率为 1∶3。

2.5.1　原子的电子跃迁选择定则

对于原子光谱，由于不存在核振动波函数，只需考虑电子跃迁矩积分是否为零。原子的电子态由主量子数 n，角量子数 L，自旋量子数 S 及总角动量量子数 J 表示。对于原子序数 $\leqslant 20$ 的轻元素，依据电子耦合的 Russell-Saunders 近似，原子项可用符号 $^{2S+1}L_J$ 表示。自旋总量不变，即 $\Delta S=0$。

① 轨道总角动量的变化须满足 $\Delta L=0$，± 1，但 $L=0 \leftrightarrow L=0$ 禁阻。

② 总角动量的变化须满足 $\Delta J=0$，± 1，但 $J=0 \leftrightarrow J=0$ 禁阻。

③ 始态与终态波函数的宇称必须发生改变。宇称是指所有电子所处轨道角动量之和即 $\sum l_i$，可以是偶数或奇数；只有偶↔奇跃迁是允许的。

对于重原子而言，总角动量 J 为唯一可观测量，只有对 J 的选择定则仍然是严格的。随着原子序数的增加，$\Delta S=\pm 1$ 成为允许跃迁的可能性也在增大。Laporte 规则：发生于具有中心对称系统中的电子跃迁如原子轨道间的跃迁：s-s，p-p，d-d 或 f-f 的跃迁是禁阻的。对于电偶极跃迁，跃迁算符为奇宇称 u。就跃迁而言，p 轨道为奇宇称 u，电子跃迁矩的对称性由以下三重乘积确定：$u \times u \times u=u$，为奇函数，跃迁矩积分为零，为禁阻跃迁。类似的，s，d，f 轨道为偶宇称 g，跃迁矩的对称性为 $g \times u \times g=u$，同样为禁阻跃迁。

2.5.2　分子的电子态跃迁选择定则

分子的电子组态可由主量子数 n，角量子数在对称轴上的投影 Λ，自旋量子数 S（仍然是好量子数），量子数 Σ（自旋角动量在对称轴上的投影 S，$S-1$，…，$-S$），以及总角量子数在分子对称轴上的投影 Ω（$\Omega=\Lambda+\Sigma$）表示。电子组态项符号为 $^{2S+1}\Lambda_{\Omega(g/u)}^{+/-}$。群论对许多分子电子态跃迁选择规则的预测起了极大的作用。以一个具体的例子来阐释应用群论预测电子态跃迁的概率。自旋总量不变，即 $\Delta S=0$；规则 $\Delta\Sigma=0$ 适用于多重态。如果自旋-轨道耦合效应不大，自旋波函数可从电子波函数中分离出来。由于电子自旋是磁效应，因此电偶极跃迁将不改变电子的自旋状态，故自旋多重度将不发生改变。总轨道角动量变化将遵循 $\Delta\Lambda=0$，± 1。

对于具有 $C_{\infty v}$ 对称性的异核双原子分子，依据 $\Delta\Lambda$ 选择定则，由 $\Sigma^+ \leftrightarrow \Pi$ 跃迁是允许的。为证明该跃迁的允许性，可由群的直积（直乘）表查出 $\Sigma^+ \otimes \Pi$ 的直积，结果为 Π 不可约表示。基于表 2.7 所列的 $C_{\infty v}$ 群的特征标，在 x 和 y 方向的对称操作具有双重简并的 Π 对称。电偶极算符也具有 Π 对称性，因此 $\Sigma^+ \leftrightarrow \Pi$ 跃迁是允许的，因为任何不可约表示自身的乘积为全对称表示，故电偶极跃迁不为零。同理可以说明 $\Sigma^- \leftrightarrow \Phi$ 跃迁是禁阻的。

宇称指的是分子的波函数沿对称轴的反射对称性。对于同核双原子分子，$g \leftrightarrow u$ 跃迁是允许的。而对异核双原子分子，$+ \leftrightarrow +$ 及 $- \leftrightarrow -$ 跃迁是允许的。对于具有 $C_{\infty v}$ 对称性的异核双原子分子，应用群论揭示 $\Sigma^+ \leftrightarrow \Sigma^+$ 及 $\Sigma^- \leftrightarrow \Sigma^-$ 跃迁是允许的，而 $\Sigma^+ \leftrightarrow \Sigma^-$ 是禁阻的。因为 $\Sigma^+ \otimes \Sigma^+$ 及 $\Sigma^- \otimes \Sigma^-$ 的直乘给出相同的不可约表示 Σ^+。偶极跃迁的 z 分量具有 Σ^+ 对称性，偶极跃迁矩积分是一个全对称不可约表示，因此该跃迁是允许的。同理可证 $\Sigma^+ \leftrightarrow \Sigma^-$ 跃迁是禁阻的。

表 2.7　$C_{\infty v}$ 特征标

$C_{\infty v}$	E	C_2	$2C_{\infty}^{\phi}$	$\cdots$	$\infty \sigma_v$		
$A_1 \equiv \Sigma^+$	1	1	1	$\cdots$	1	z	x^2+y^2, z^2
$A_2 \equiv \Sigma^-$	1	1	1	$\cdots$	-1	R_z	
$E_1 \equiv \Pi$	2	-2	$2\cos\phi$	$\cdots$	0	$(x,y)(R_x,R_y)$	(xz,yz)
$E_2 \equiv \Delta$	2	2	$2\cos 2\phi$	$\cdots$	0		$(x^2-y^2, 2xy)$
$E_3 \equiv \Phi$	2	-2	$2\cos 3\phi$	$\cdots$	0		
$\cdots$	$\cdots$	$\cdots$	$\cdots$	$\cdots$	$\cdots$		
$\cdots$	$\cdots$	$\cdots$	$\cdots$	$\cdots$	$\cdots$		

　　类似地，对于具有中心反演对称的分子，用小标 g 和 u 表示分子在反演对称操作 i 下的对称性。电偶极跃迁算符的 x、y 和 z 分量具有 u 反演对称性。对于允许跃迁，电偶极跃迁积分必须给出全对称不可约表示 A_g，因此 $g \leftrightarrow u$ 跃迁是允许跃迁。

　　当用群论来分析分子受光激发后的跃迁属允许还是禁阻的时候，一般遵循如下步骤：首先要根据分子具有的对称元素(对称轴 C_n，对称面 σ，对称中心 i，旋转反映轴 S_n；体现在特征标表首行群符号后)确定分子所属的点群，然后确定跃迁的初始轨道和终态轨道(ψ_i 和 ψ_f)，分析轨道 ψ_i、ψ_f 及笛卡儿坐标 x、y、z 经对称操作后表现为对称或反对称来确定轨道所属的不可约表示(体现在特征标表左第一列)，然后计算它们的直积，并找出直积属于或分解为哪些不可约表示，若直积包含全对称不可约表示(A_1 或 A_{1g} 对应于群特征标表值的第一行)，则此分量的电子跃迁矩不为零。以下为以分析苯分子 $^1A_{1g} \rightarrow {}^1B_{2u}$、$^1A_{1g} \rightarrow {}^1B_{1u}$、$^1A_{1g} \rightarrow {}^1E_{1u}$ 跃迁允许与否为例，从群论角度借助特征标表分析跃迁允许或禁阻特性。苯分子属于 D_{6h} 对称群，其特征标和直积见表 2.8。

表 2.8　D_{6h} 群特征标和直积

D_{6h} 群特征标

D_{6h}	E	$2C_6$	$2C_3$	C_2	$3C_2'$	$3C_2''$	i	$2S_3$	$2S_6$	σ_h	$3\sigma_d$	$3\sigma_v$		
A_{1g}	1	1	1	1	1	1	1	1	1	1	1	1		x^2+y^2, z^2
A_{2g}	1	1	1	1	-1	-1	1	1	1	1	-1	-1	R_z	
B_{1g}	1	-1	1	-1	1	-1	1	-1	1	-1	1	-1		
B_{2g}	1	-1	1	-1	-1	1	1	-1	1	-1	-1	1		
E_{1g}	2	1	-1	-2	0	0	2	1	-1	-2	0	0	$(R_x - R_y)$	(xz, yz)
E_{2g}	2	-1	-1	2	0	0	2	-1	-1	2	0	0		$(x^2-y^2, 2xy)$
A_{1u}	1	1	1	1	1	1	-1	-1	-1	-1	-1	-1		
A_{2u}	1	1	1	1	-1	-1	-1	-1	-1	-1	1	1	z	
B_{1u}	1	-1	1	-1	1	-1	-1	1	-1	1	-1	1		
B_{2u}	1	-1	1	-1	-1	1	-1	1	-1	1	1	-1		
E_{1u}	2	1	-1	-2	0	0	-2	-1	1	2	0	0	(x,y)	
E_{2u}	2	-1	-1	2	0	0	-2	1	1	-2	0	0		

D_{6h} 群直积

	A_1	A_2	B_1	B_2	E_1	E_2
A_1	A_1	A_2	B_1	B_2	E_1	E_2
A_2		A_1	B_2	B_1	E_1	E_2
B_1			A_1	A_2	E_2	E_1
B_2				A_1	E_2	E_1
E_1					$A_1+[A_2]+E_2$	$B_1+B_2+E_1$
E_2						$A_1+[A_2]+E_2$

偶极矩算符 $\bar{\mu}$ 的三个分量 μ_x、μ_y、μ_z 所属的不可约表示与笛卡儿坐标 x、y、z 在群特征标表中所属不可约表示一一对应。表中 R_x、R_y、R_z 表示分子的旋转轴。

在考察电子态跃迁是否禁阻时，只需讨论电子跃迁矩式(2.85)是否为零，即计算与电子跃迁矩中相关被积函数的直积 $\Gamma\psi_i \times \Gamma\mu \times \Gamma\psi_f$（$\Gamma$ 为不可约表示）。对于 D_{6h} 群而言，$\Gamma\mu$ 所属的不可约表示为 E_{1u}（对应 x、y 轴分量）或 A_{2u}（对应 z 轴分量），苯分子上述三个跃迁所对应的电子跃迁矩被积函数直积分别为（查群不可约表示直积表或由特征标相乘求得相应直积对应的不可约表示）：

$$^1A_{1g} \rightarrow {}^1B_{2u}：A_{1g} \times E_{1u} \times B_{2u} = E_{2g} \quad 或 \quad A_{1g} \times A_{2u} \times B_{2u} = B_{1g}$$

$$^1A_{1g} \rightarrow {}^1B_{1u}：A_{1g} \times E_{1u} \times B_{1u} = E_{2g} \quad 或 \quad A_{1g} \times A_{2u} \times B_{1u} = B_{2g}$$

$$^1A_{1g} \rightarrow {}^1E_{1u}：A_{1g} \times E_{1u} \times E_{1u} = A_{1g} + 其他项 \quad 或 \quad A_{1g} \times A_{2u} \times E_{1u} = E_{1g}$$

可见仅 $^1A_{1g} \rightarrow {}^1E_{1u}$ 的直积含全对称不可约表示，即仅此跃迁是允许的，而 $^1A_{1g} \rightarrow {}^1B_{2u}$ 和 $^1A_{1g} \rightarrow {}^1B_{1u}$ 都是禁阻跃迁。

2.5.3 电子态跃迁中的振动跃迁选择定则

对于非谐性势 $\Delta v = \pm 1, \pm 2, \cdots$ 皆为允许跃迁，但强度随 Δv 值增大而减小。$v = 0 \rightarrow v = 1$ 的跃迁通常被称为基频振动(fundamental vibration)，而具有更大 Δv 值的跃迁被称作泛频振动(overtones)。$\Delta v = 0$ 在上下两个电子能态间 $(E_1, v' = n) \rightarrow (E_2, v'' = n)$ 的跃迁是允许的。振动波函数的性质在振动选择定则中扮演重要的角色。对于双原子分子，振动波函数对所有的电子态而言都是关于核间轴对称的。因而 Franck-Condon 积分于双原子分子而言总是全对称的。对双原子分子而言，不存在选择定则。对于多原子分子，非线性的分子拥有 $3N-6$ 个振动模式。基于谐振子模型，$3N-6$ 个振动模式对应的波函数乘积构成总的振动波函数：

$$\Theta_{\text{vib}} = \prod_{3N-6} \theta_1\theta_2\theta_3\cdots\theta_{3N-6} \tag{2.88}$$

每一振动模式由相应的波函数 θ_i 表示。与双原子分子的单振动模重叠积分相比，多原子分子需要计算 $3N-6$ 个振动模式的重叠积分（对于线性分子为 $3N-5$ 个）。基于每一简正模的对称性，多原子分子的振动波函数要么是全对称的，要么是非全对称的。如果一个简正模是全对称的，则振动波函数对所有的振动量子数 v 是全对称的。如果一个简正模是非全对称的，则振动波函数对振动量子数 v 取偶数或奇数而呈现对称和非对称交替变化的性质。

如果一个特定的简正模在上下电子态都是全对称的，则上下电子态所对应的振动波函数将是对称的，导致 Franck-Condon 积分项中的积分核具有全对称的性质。高能级电子态及低能级电子态任何一方的振动波函数是非全对称的，则 Franck-Condon 积分核将是非全对称的。下面以 CO_2 分子为例阐释振动选择定则。作为线性分子，CO_2 分子具有四个振动模并由图 2.11 表示。

全对称伸缩振动模 v_1 所对应的波函数对所有的振动量子数是全对称的。然而

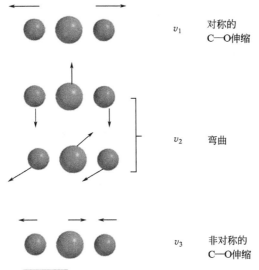

图 2.11　CO_2 分子的简正振动模示意图

双重简并的弯曲模 v_2 和反对称伸缩振动模 v_3 对应的振动波函数是非全对称的，因此相应的振动波函数对于偶振动量子数（$v=0,2,4\cdots$）是全对称的，而波函数对奇振动量子数（$v=1,3,5\cdots$）而言仍然保留非全对称的性质。因而对于 v_1 而言，上下两个电子态的跃迁对任意的 Δv_1 都是允许的。另一方面，v_2 和 v_3 包含非全对称波函数，振动量子数只能够以偶数间隔变化，即 $\Delta v=\pm 2,\pm 4\cdots$

　　振动-电子态耦合（vibronic coupling）　在实际情况中，某些按对称性判据为禁阻的电子态跃迁仍然在光谱中被观测到，尽管跃迁强度比较弱。例如，具有八面体对称的过渡金属配合物中的 d-d 跃迁，它们属于 Laporte 禁阻型的（相同的对称性，宇称禁阻），但它们仍然在光谱中被观测到，该现象由电子态跃迁和振动态跃迁的相互耦合来解释。"vibronic" 一词便是单词 "vibrational" 和 "electronic" 的组合。因为电子态间激发所需的能量要高于振动态的激发，所以电子态被激发时，通常也会伴随电子上能级振动态的激发。图 2.12 给出纯电子态激发（没有振动耦合）和伴随振动激发的电子态激发（振动-电子态耦合）。

　　以六水合亚铁离子 $Fe(H_2O)_6^{2+}$ 为例讨论振动-电子态耦合的情形（图 2.13）。亚铁离子的基态为低自旋的 d^6 组态。单电子跃迁应该由八面体配位场的 t_{2g} 轨道跃迁到 e_g 轨道。八面体分子具有 O_h 群对称性，由其特征标表可查得基态为 A_{1g} 对称。激发态的对称性为各单电子占有轨道特征标的直乘（此处为 t_{2g} 和 e_g 轨道）：$\Gamma_{t_{2g}}\otimes\Gamma_{e_g}=T_{1g}+T_{2g}$。电偶极算符 $\vec{\mu}$ 从特征标表中查出具有和算符 x，y，z 相同的对称性。在 O_h 群对称操作下，上述算符是简并的，并具有 T_{1u} 对称性。可见电偶极跃迁积分对于两种可能的单电子跃迁 $^1T_{1g}\leftarrow{}^1A_{1g}$ 和 $^1T_{2g}\leftarrow{}^1A_{1g}$ 都是禁阻的（$^1T_{1g}\times{}^1T_{1u}$ 和 $^1T_{2g}\times{}^1T_{1u}$ 的直乘不包含全对称元素 $^1A_{1g}$）：

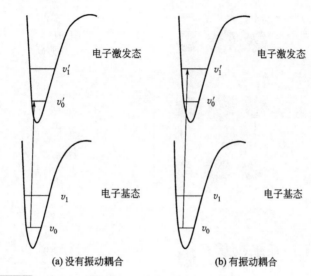

图 2.12　纯电子态激发(a)和伴随振动激发的电子态激发(b)示意图

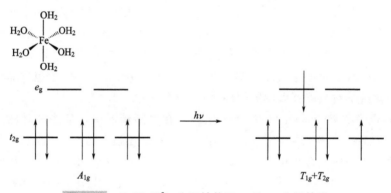

图 2.13　$Fe(H_2O)_6^{2+}$ 分子结构及 e_g 和 t_{2g} 分子轨道

$$T_{1g} \times T_{1u} \times A_{1g} = A_{1u} + E_u + T_{1u} + T_{2u}$$
$$T_{2g} \times T_{1u} \times A_{1g} = A_{2u} + E_u + T_{1u} + T_{2u}$$

对于八面体配合物，共有 15 个振动模，从 O_h 群特征表中可查到这些振动模的不可约表示为：

$$\Gamma_{\text{vib}} = a_{1g} + e_g + 2t_{1u} + t_{2g} + t_{2u}$$

当电子运动与振动有强烈耦合时，电子波函数不能表示成电子波函数与振动波函数的乘积（即 Born-Oppenheimer 近似不再成立），而是以下形式：

$$M = \int \psi_e^i \psi_v^i \boldsymbol{\mu}_e \psi_e^f \psi_v^f \, \mathrm{d}\tau \tag{2.89}$$

如果要使振动-电子态跃迁是允许跃迁，电偶极矩积分必须有非零值。由于处于基态振动模的波函数是全对称的，故只须将激发态振动波函数的对称性与电子跃迁对称性进行耦合：

$$A_{1g} \times \{T_{1g} \times T_{1u} \times A_{1g}\} = A_{1u} + E_u + T_{1u} + T_{2u}$$

$$E_g \times \{T_{1g} \times T_{1u} \times A_{1g}\} = E_g \times \{A_{1u} + E_u + T_{1u} + T_{2u}\} = A_{1u} + A_{2u} + 2E_u + 2T_{1u} + 2T_{2u}$$

$$T_{1u} \times \{T_{1g} \times T_{1u} \times A_{1g}\} = T_{1u} \times \{A_{1u} + E_u + T_{1u} + T_{2u}\} = A_{1g} + \cdots$$

$$T_{2g} \times \{T_{1g} \times T_{1u} \times A_{1g}\} = T_{2g} \times \{A_{1u} + E_u + T_{1u} + T_{2u}\} = A_{1u} + A_{2u} + 2E_u + 3T_{1u} + 4T_{2u}$$

$$T_{2u} \times \{T_{1g} \times T_{1u} \times A_{1g}\} = T_{2u} \times \{A_{1u} + E_u + T_{1u} + T_{2u}\} = A_{1g} + \cdots$$

可见 t_{1u} 和 t_{2u} 振动模的不可约表示能够产生全对称表示。因此 t_{1u} 和 t_{2u} 振动模可以和电子跃迁过程耦合在一起，导致振动-电子态跃迁允许的情形。故 $Fe(H_2O)_6^{2+}$ 的 d-d 跃迁可以通过振动-电子态耦合而被观测到。类似地，前文判定的苯分子的禁阻跃迁 $^1A_{1g} \rightarrow ^1B_{2u}$ 也存在振动-电子态耦合的情形。在 Born-Oppenheimer 近似下 $^1A_{1g}$ $\rightarrow ^1B_{2u}$ 是禁阻跃迁，实际上当考虑电子振动耦合时，它是"轻微允许的"。

假设始态分子处于振动基态，此时振动波函数 θ_i 是完全对称的，属于 A_{1g} 不可约表示，则有 $\Gamma_{\psi_i} \times \Gamma_{\theta_i} = A_{1g} \times A_{1g} = A_{1g}$。对于 $^1A_{1g} \rightarrow ^1B_{2u}$，则有：

$$\Gamma_{\Psi_i} \times \Gamma_{\boldsymbol{\mu}} \times \Gamma_{\Psi_f} = A_{1g} \times E_{1u} \times B_{2u} \times \Gamma_{\theta_f} = E_{2g} \times \Gamma_{\theta_f} \text{ 或}$$

$$\Gamma_{\Psi_i} \times \Gamma_{\boldsymbol{\mu}} \times \Gamma_{\Psi_f} = A_{1g} \times A_{2u} \times B_{2u} \times \Gamma_{\theta_f} = B_{1g} \times \Gamma_{\theta_f}$$

从群直积表中可以看到，不可约表示与其本身相乘的结果属于全对称不可约表示。对于具有所有 E_{2g} 或 B_{1g} 对称性的振动模，$^1A_{1g} \rightarrow ^1B_{2u}$ 跃迁矩不为零，导致轻微的跃迁允许。

2.5.4　纯振动、转动跃迁选择定则

2.5.4.1　振动选择定则

纯振动、转动跃迁过程不涉及电子态的变化，因此可以先求得偶极矩 $\boldsymbol{\mu}$ 对电子态变化的平均值 $\bar{\mu}$。对于双原子分子，$\boldsymbol{\mu}$ 方向与两原子核的连线重合，即 z 方向，偶极矩矢量为核间距 R 的函数，可表示为 $\boldsymbol{\mu} = \bar{\mu}(R)z$。于同核双原子分子，电子波函数的对称性分为 g 与 u，而电偶极算符的对称性对为 u

$$\bar{\mu} = \int \psi_e^i(r, R_e) \mu_e \psi_e^i(r, R_e) dr = 0 \tag{2.90}$$

即同核双原子分子的固有偶极矩为零，没有纯振动与转动跃迁。对于异核双原子，可由下式讨论振动与转动的选择定则：

$$\langle r^i \theta^i | \boldsymbol{\mu} | r^f \theta^f \rangle = \langle \theta^i | \bar{\mu}(R) | \theta^f \rangle \langle r^i | z | r^f \rangle$$

其中 r 为转动波函数。可见，振动跃迁选择定则决定于矩阵元 $\langle \theta^i | \bar{\mu}(R) | \theta^f \rangle$，而转动跃迁选择定则决定于矩阵元 $\langle r^i | z | r^f \rangle$。而且，只有前者不为零的情况下才能考虑后者。

原则上要预先知道 $\bar{\mu}(R)$ 与 R 的解析关系才能确定 $\langle \theta^i | \bar{\mu}(R) | \theta^f \rangle$，但在数学上可将 $\bar{\mu}(R)$ 在平衡核间距 R_e 处展开成 Taylor 级数：

$$\bar{\mu}(R) = \bar{\mu}(R_e) + \frac{d\bar{\mu}(R)}{dR} q_{R_e} + \frac{1}{2} \left(\frac{d^2\bar{\mu}(R)}{dR^2} \right) q_{R_e}^2 + \cdots \tag{2.91}$$

其中 $q = R - R_e$。由谐振子波函数可求出 Taylor 级数中每一项所引起的选择定则。

对于常数项 $\bar{\mu}(R_e)$，由于不同能级波函数的正交性，$\Delta v=0$，即常数项不发生振动跃迁。对于一次项 q，得到的选择定则为 $\Delta v=\pm 1$。在纯振动光谱中，主要是一次项起作用。

2.5.4.2 转动选择定则

(1)$\Delta J=\pm 1$ 的跃迁为允许跃迁　光子没有质量，但光子具有角动量。角动量守恒是光谱跃迁中的基本要求。因此当分子吸收或放出一个光子后，分子的总角动量必须守恒。转动选择定则是基于这样的事实，即光子具有一个单位的量子化角动量。因此在光的发射和吸收过程中，角动量 J 的变化不允许超过一个单位角动量。考虑一个双原子分子的单光子过程。转动选择定则要求 $\Delta J=\pm 1$ 的跃迁为允许跃迁。定义 $\Delta J=1$ 为 R 支跃迁，而 $\Delta J=-1$ 为 P 支跃迁。转动跃迁习惯上标记为 P 或 R 并将低电子能态的转动量子数 J 置于其后缀的括号中。如 $R(2)$ 表示转动跃迁从低能级电子态 $J=2$ 的转动态跃迁到高电子能级 $J=3$ 的转动态。

(2)当跃迁涉及两个不同的电子态或振动态$(X'',J''=m)\rightarrow(X',J'=m)$时 $\Delta J=0$ 的跃迁为允许跃迁　定义 $\Delta J=0$ 为 Q 支跃迁。Q 支跃迁只发生在其中的一个电子态必须有净轨道角动量。因此 Q 支跃迁不可能在$^1\sum\leftrightarrow^1\sum$的电子态跃迁过程中，因为 $\sum$ 态不含净轨道角动量。另一方面，如果其中一个电子态含净轨道角动量，则存在 Q 支跃迁。在这种情况下，光子的角动量将抵消轨道的角动量，因此跃迁发生不会改变转动量子态。P，Q 和 R 支的跃迁可如图 2.14 所示。

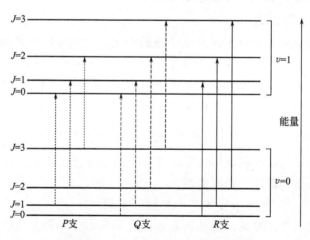

图 2.14　P，Q 和 R 支的跃迁示意图

对于闭壳层的非线性多原子分子，选择定则要比双原子分子复杂得多。作为总角动量量子数，如果不考虑核自旋的话，转动量子数 J 依然是个好量子数。在单光子跃迁条件下，依据角动量守恒规则，J 的最大变化仍然限制在 ± 1。然而 Q 支的跃迁概率大为增强，并与上下两个电子态的对称性没有关系。此时引进一个沿惯性轴的转动量子数，对于具有陀螺几何对称的多原子分子，跃迁矩是沿惯性轴极化

的，选择定则变成 $\Delta K = 0$。

（3）红外及拉曼光谱比较　分子振动的红外（吸收）和拉曼（散射）光谱都是研究分子结构的有力手段。红外光谱是由分子固有偶极矩变化引起，拉曼光谱是由分子的诱导偶极矩变化引起（诱导偶极矩＝分子极化率和外电场强度的乘积）。分子中同一基团的红外光谱峰位置和拉曼光谱峰（拉曼位移）的位置相同，但由于红外光谱和拉曼光谱对分子基团的选择定则不同，在分析分子结构方面两者是互补的。一般地，极性基团的振动和分子的非对称性振动使分子的偶极距发生变化，从而它是红外活性的，而非极性基团和分子的全对称振动使分子的极化率发生变化，从而它是拉曼活性的，研究同原子的非极性键最适宜用拉曼光谱，而研究不同原子的极性键振动最适宜用红外光谱。对于大多数有机化合物分子，因具有不完全的对称性，使得它们同时具有红外活性和拉曼活性。红外吸收光谱和拉曼散射光谱的简单比较如表 2.9 所示。

表 2.9　红外吸收光谱和拉曼散射光谱的简单比较

比较		红外吸收光谱	拉曼散射光谱
相同点		反映分子振动、转动特征 某基团的红外吸收峰位置等于其拉曼光谱峰位置	
异同点	产生于测定量	分子固有偶极矩变化 分子基团吸收红外光 后的透射光	分子极化率变化 分子对光的散射：Stokes 和 anti-Stokes 散射
	互补关系	当一个分子基团存在几种振动模式： 偶极矩变化大的振动，红外吸收峰强，拉曼峰弱； 偶极矩变化小的振动，红外吸收峰弱，拉曼峰强； 偶极矩没有变化的振动，拉曼峰最强	

2.6　激发态性质

2.6.1　激发态表示方法

① 如果主要考虑对称性，应选用群论符号表示，如苯的吸收跃迁 $^1A_{1g} \rightarrow {}^1B_{2u}$；

② 当强调与跃迁有关的分子轨道（n，π，π*）时，Kasha 提出 π→π*，n→π*，n→σ* 的表示法，产生的激发态分别表示为（π，π*），（n，π*），（n，σ*）；

③ 当只讨论状态的顺序时，单线态表示为 S_0，S_1，…，S_n（S_0 为基态，S_n 为较高单线态），三线态表示为 T_1，T_2，…，T_n（除像氧一类的顺磁性分子外，一般不存在 T_0 态）；另外，文献中还有其他的表示方法。

2.6.2　激发态寿命

辐射寿命：如果不存在其他衰变过程，处于电子受激态的物质将自发辐射衰到基态，其速率常数等于爱因斯坦系数 A_{ul}，辐射寿命 τ_0 定义为：

$$\tau_0 = \frac{1}{A_{ul}} \tag{2.92}$$

根据振子强度与 A_{ul} 间的关系可知，当导致特定激发态的吸收很强时（该跃迁是允许的，且 f 很大），则激发态的辐射寿命很短。反之，对于禁阻跃迁（如单线态→三线态），其辐射寿命将很长。换言之，若吸收辐射为禁阻（或允许），则发射也是禁阻（或允许）的。处于紫外区吸收带的辐射寿命量级，可由关系式 $\tau_0 \sim 10^{-4}/\varepsilon_{max}$ [某波长下 ε_{max} 可由测量的吸收光谱根据公式(2.78)确定] 来估计。

一般地，激发态有多种衰变过程（辐射的和非辐射的），它们的一级或准一级速率常数为 $k_i(i=1,2,\cdots,n)$，则激发态的实际寿命为：

$$\tau = \frac{1}{\sum_i k_i} \tag{2.93}$$

激发态辐射寿命和实际寿命的关系为：

$$\tau = \tau_0 \phi_f \tag{2.94}$$

式中，ϕ_f 为荧光量子产率，$\phi_f = \dfrac{\text{产生荧光的速率}}{\text{吸收光子的速率}}$。

2.6.3 激发态能量

通常认为单线态能量或三线态能量（E_S 或 E_T）是激发态的 $v=0$ 和基态相应能级间的能量差。这是一个可用光谱测定的 $0-0$ 跃迁量。如果存在振动精细结构，通过记录 $S_0 \to S_1$ 和 $S_0 \to T_1$ 吸收和（或）发射光谱，很容易完成 S_1 和 T_1 状态的测量。在缺乏振动结构时，这些状态的能量可以由低温下的吸收光谱长波的尾部粗略地加以估算。采用低温是为了消除"热带"。在轨道构型相同情况下，所有三线态均比相应单线态能量低，更稳定。能量差 $E_S - E_T$ 称作单线态-三线态分裂。

对两个自旋电子（在波函数中以 α 或 β 表示），有四种满足对称性要求的自旋组合，其中三个是对称的三线态自旋波函数，表示为：$\alpha(1)\alpha(2)$，$\beta(1)\beta(2)$ 和 $[\alpha(1)\beta(2)+\beta(1)\alpha(2)]/\sqrt{2}$；一个是反对称的单线态波函数，表示为：$[\alpha(1)\beta(2)-\beta(1)\alpha(2)]/\sqrt{2}$。根据泡利不相容原理的要求，总电子波函数（空间和自旋函数的乘积）必须是反对称的，则单线态的空间波函数是对称的，而三线态的空间波函数是反对称的，结果是三线态中两电子云的电荷中心比相应的单线态中隔得更远，从而三线态能量总是比相应的单线态更稳定。

2.6.4 溶剂效应

当测量分子的吸收光谱随溶剂极性变化时，可以发现有些分子的吸收发生红移（λ_{max} 移向长波方向），而另一些分子的吸收光谱则发生蓝移（λ_{max} 移向短波方向）。这些光谱移动说明，溶剂极性的改变影响了分子的吸收跃迁。如果溶质分子激发态的极性大于基态的极性，溶剂极性增大对激发态有较大的稳定化作用，从而降低跃迁能，导致吸收谱带红移；反之，若激发态的极性比基态小，溶剂极性增大对基态有较大的稳定化作用，而使跃迁能增大，导致吸收谱带蓝移。

极性溶剂能稳定 (π,π^*) 状态而使 (n,π^*) 比在非极性溶剂中更不稳定。如果分子的 (n,π^*) 与 (π,π^*) 能量差不多，溶剂极性的改变可能使能级顺序发生颠倒的现象，见图 2.15。

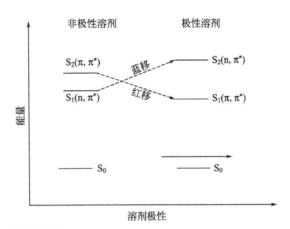

图 2.15　溶剂极性对分子吸收光谱的影响示意图

2.6.5　无辐射跃迁过程

无辐射跃迁发生在不同电子态的等能（或简并）振动-转动能级之间。该跃迁发生时，因为体系的总能量不变，不发射光子，而称为无辐射跃迁，在 Jablonski 能级示意图上以波纹箭头表示，见图 2.16。如果参与无辐射跃迁的电子态是同一分子的不同电子态，那么这种跃迁是光物理过程如内转换（internal conversion）或系间窜越（intersystem crossing），如果涉及的两个电子态分属两个不同的分子，则此种跃迁是光化学转变。

与辐射跃迁情况一样，无辐射跃迁也可以用与时间相关的微扰理论来处理，微扰 H' 引起体系从始态 Ψ_1 到终态 Ψ_2 与时间相关的演变，内转换过程的 H' 来自电子与核间的静电相互作用，系间窜越的 H' 来自自旋-轨道相互作用。由费米黄金律（Fermi golden rule）可以得出从激发态 1 的每个布居能级发生无辐射跃迁的速率常数 k_{nr}：

$$k_{nr}=\frac{2\pi}{h}\langle \Psi_1 \mid H' \mid \Psi_2 \rangle^2 \rho \qquad (2.95)$$

式中，ρ 为态密度，描述了态 2 能级与态 1 能级等能态的状态数，无辐射跃迁发生在这些等能态之间。根据 Born-Oppenheimer 近似，将波函数分解成电子和核部分即 $\Psi=\psi_e\Theta_v$，则有：

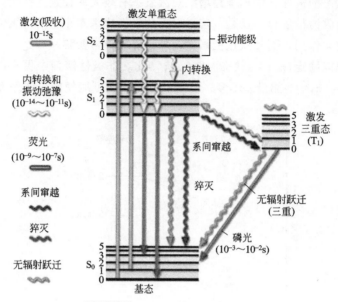

图 2.16　Jablonski 能级示意图

$$k_{nr} \propto \langle \psi_{e1} \mid H' \mid \psi_{e2} \rangle^2 \sum_i \sum_j \langle \rho \Theta_{1i} \mid \Theta_{2j} \rangle^2 \tag{2.96}$$

$\langle \psi_{e1} \mid H' \mid \psi_{e2} \rangle$ 是电子态矩阵元，$\langle \Theta_{1i} \mid \Theta_{2j} \rangle$ 是态 1 第 i 个振动能级和态 2 第 j 个振动能级间的振动重叠积分（Franck-Condon 因子），$\sum_i \sum_j$ 包括发生无辐射跃迁的态 1 的所有能级和跃迁到态 2 的能量相近的能级，态密度因子 ρ 相当于各振动能级的亚能级数对 Franck-Condon 项的加权平均。

　　(1) 系间窜越　　系间窜越的 H' 是自旋-轨道耦合算符 H_{SO}，为一个电子算符，它的三个互相垂直分量的变换与群特征标表中的旋转轴 R_x、R_y、R_z 相对应（电子自旋-轨道耦合波函数本身含有与转动有关联的角动量描述，所以旋-轨耦合算符分量的不可约表示与转轴分量的不可约表示相同）。

　　系间窜跃的埃尔赛义德（El-Sayed）选择定则：
允许窜越 $^1(n, \pi^*) \rightarrow {}^3(\pi, \pi^*)$；$^3(n, \pi^*) \rightarrow {}^1(\pi, \pi^*)$
禁阻窜越 $^1(n, \pi^*) \rightarrow {}^3(n, \pi^*)$；$^1(\pi, \pi^*) \rightarrow {}^3(\pi, \pi^*)$
对于禁阻的系间窜越，它们具有相同的空间波函数，则两个态波函数的不可约表示的直积属于全对称不可约表示，而且对大部分分子来说 H_{SO} 分量不属于全对称不可约表示，因此电子跃迁矩阵元 $\langle \psi_S \mid H_{SO} \mid \psi_T \rangle = 0$，此跃迁是禁阻的，同时无辐射跃迁的速率常数 $k_{nr} = 0$。而允许的系间窜越的空间波函数不同，两个波函数的直积并不是全对称的，则电子矩阵元积分可能不为零，因此无辐射跃迁是有可能发生的，即系间窜越在对称性不同的态间发生。当 S→T 跃迁允许时，跃迁概率正比于矩阵元 $\langle \psi_S \mid H_{SO} \mid \psi_T \rangle$ 的大小，其数值随原子序数的增大而迅速增大，产生所谓的重原子效应。

以上讨论基于 Born-Oppenheimer 近似，仅考虑电子波函数。严格来说，应考虑电子态-振动波函数，电子态-振动的耦合将可能使以上禁阻的跃迁发生。

（2）内转换　内转换的 H' 是核振动算符 H'_{ic}，它属于全对称不可约表示。若要电子矩阵元 $\langle \psi_{e1} | H_{ic} | \psi_{e2} \rangle \neq 0$，则 ψ_{e1} 和 ψ_{e2} 应属于同一个不可约表示，即内转换发生在对称性相同的激发态间。

能隙定律　能隙定律与水平无辐射跃迁的振动重叠积分 $\langle \theta_{1i} | \theta_{2j} \rangle$ 相关。能隙即同一个分子不同电子态的振动级 $v=0$ 间的能级差。分子的无辐射跃迁速率和不同电子态中 $v=0$ 能级的能量差成反比，即能隙越小，无辐射跃迁速率越大。

当能隙增大时，由态 1 某给定振动能级无辐射跃迁到态 2 的振动能级将越来越高，则振动重叠积分 $\langle \theta_{1i} | \theta_{2j} \rangle$ 减小，相应的速度常数也将降低。图 2.17 给出了无辐射跃迁的振动重叠积分示意图。

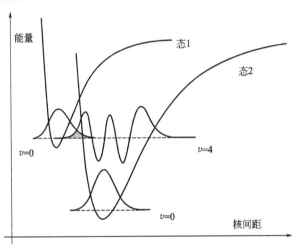

图 2.17　无辐射跃迁的振动重叠积分示意图

2.6.6　激发态反应的 Kasha 规则

Kasha 规则：一切重要的光化学物理过程都是由最低激发单重态(S_1)或最低激发三重态(T_1)开始的。这是一个普遍原理，仅有少许例外。可见光或紫外光与物质作用引起的所有化学变化过程属于光化学研究的范畴，而直接参与这些化学变化过程的，通常是物质分子的某个电子激发态。原则上，任何一种化合物都可以从电子基态激发到不同的电子激发态上，这些激发态的特性和电子排布可能各不相同，使得激发态与基态的化学性质也不相同，但由于存在一些速率极快的能量弛豫过程，而无法观察到更高激发态的化学反应过程。

当物质分子受光辐照从电子基态被激发到不同电子激发态后，若要观测到激发态的光化学反应，后续反应速率常数必须足够大（如 $10^6 \sim 10^9 \, \mathrm{s}^{-1}$），这样才能与分子激发态的能量快速弛豫过程相竞争。简单说，处于激发态的分子要经历互相竞争的光物理过程（由该分子一个态变为另一个态）和光化学过程（由该分子的一个态变为其他分子的其他态）。受激分子能量耗散的物理途径有辐射跃迁（含荧光、延迟荧光、磷光）、无辐射跃迁（含内转换、系间窜越）、振动弛豫以及传能、猝灭，如图2.18所示。值得注意的是，超快时间分辨光谱出现后，研究对象不再受 Kasha 规则的限制。

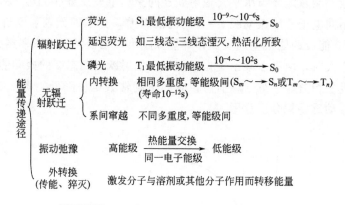

图 2.18　激发态分子能量耗散的物理途径

参 考 文 献

[1] Griffiths，D. J. Introduction to Quantum Mechanics. 2nd ed. 量子力学概论 (英文版) (原书第二版) . 北京：机械工业出版社，**2006**.

[2] 曾谨言 . 量子力学 . 第 4 版 . 北京：科学出版社，**2007**.

[3] Simons，J. P. Photochemistry and Spectroscopy. New York：Wiley-Interscience，**1971**.

[4] Cotton，F. A. Chemical Applications of Group Theory. 3rd ed. New York：Wiley，**1990**.

[5] ［英］J. 巴尔特洛甫；J. D. 科伊尔著 . 光化学原理 . 宋心琦等译 . 清华大学出版社，**1983**.

[6] 徐亦庄 . 分子光谱理论 . 北京：清华大学出版社，**1988**.

[7] 维基百科 (Wikipedia) 名词解释-(万维网) .

第3章

超快激光光谱原理与技术基础

Chapter 3

飞秒激光技术

本章中将介绍超快时间分辨光谱学中常用的飞秒脉冲光源。以掺钛蓝宝石为增益介质的飞秒激光振荡器、啁啾脉冲放大器，以及基于非线性晶体的频率变换装置为例对实验中常用的飞秒激光光源进行介绍。首先通过介绍飞秒激光的出现和发展历史为切入点，通过超短脉冲激光中的关键名词的介绍为出发点，对飞秒激光的装置、工作原理等进行介绍。

3.1 飞秒脉冲激光器的发展

人类第一次使激光脉冲的宽度真正进入飞秒量级，是在 1981 年。当时美国贝尔实验室的 Fork 及其合作者以被动锁模原理在染料激光器中首次获得了飞秒激光脉冲，成功地研制出了碰撞锁模（colliding pulse mode-locking，简称 CPM）染料激光器[1]，使得输出激光脉冲宽度第一次进入了飞秒量级。从此激光技术发展开始步入飞秒激光阶段。到 1985 年，他们在染料激光器中获得了 27fs 的超短脉冲[2]。

20 世纪 80 年代末期晶体生长技术的迅速发展和日趋成熟，一大批荧光带宽宽、热传导性能好的固体增益介质材料得以出现，其中以掺钛蓝宝石（Ti：Sapphire，Ti：S）最具代表性。它具有热传导性能好、硬度大、吸收光谱宽（400～600nm）、荧光光谱宽（660～1100nm）、上能级寿命长（3.2μs）及光学均匀性好等许多优点[3~6]。此后，固体飞秒激光器开始逐渐取代染料激光器，成为飞秒激光技术发展的重要方向。典型的事例是 1991 年英国的 D. E. Spence 等人利用氩离子激光器全线泵浦，将 SF14 棱镜对插入激光腔补偿钛宝石激光器的材料色散，仅依赖钛宝石晶体的克尔效应（即克尔透镜锁模，将在下文给出详细描述），获得了 60fs 的激光脉冲[7]，首次成功地研制出了以掺钛蓝宝石为增益介质的飞秒激光器。它的问世标志着固体飞秒激光器进入了一个新的发展阶段。目前，直接从钛宝石输出的飞秒脉冲最短可以小于两个光学周期[8]。

飞秒激光放大技术是与飞秒激光平行发展的技术。从飞秒激光振荡器输出的功率一般在几十到几百毫瓦，重复频率在几十至百兆赫兹量级，因此从振荡器输出的脉冲能量仅为几十个皮焦到几个纳焦，对应的光强在兆瓦量级。如此低的脉冲能量一般很难满足应用要求，因此必须要对从振荡器输出的飞秒脉冲进行放大。先将飞秒激光脉冲展宽，然后对展宽后的脉冲进行放大，最后对经过放大后的脉冲再进行压缩，使其回复到原来的飞秒量级；这就是所谓的啁啾脉冲放大技术（chirped-pulse amplification，CPA），其思想源于雷达信号的放大。1985 年美国密歇根大学的研究员 D. Strickland 和 G. Mourou 首先将该技术应用于激光放大系统中[9]，为产生高峰值功率的超短脉冲产生带来了革命性的突破。利用啁啾脉冲放大技术，单脉冲能量可放大至毫焦耳乃至焦耳量级，脉宽在几十至百飞秒之间，光强可达太瓦（terawatt，TW）至拍瓦（petawatt，PW）量级。

　　飞秒脉冲激光器的增益介质除钛宝石晶体之外，其他晶体如 Cr：LiSAF（辐射波长 700～920nm）[10]、Cr：Forsterite（辐射波长 1130～1348nm）[11]、Cr：YAG（辐射波长 1350～1600nm）[12]等固体激光介质也相继实现锁模运转，并得到稳定的飞秒激光脉冲。尽管利用不同的增益介质可以获得不同波段的飞秒脉冲光源，但仍不能满足实际应用中光谱调谐要求；因此需要利用非线性光学晶体的频率变换特性实现激光中心波长的调谐。本章将主要介绍以 800nm 中心波长的钛宝石飞秒为基本光源，首先利用光参量放大过程获得可见、近红外波段的飞秒脉冲，再利用倍频或者差频过程使飞秒脉冲延伸至紫外及中红外波段。

3.2　克尔透镜锁模掺钛蓝宝石飞秒激光振荡器[13]

　　本节将以掺钛蓝宝石为增益介质的飞秒激光振荡器为例进行介绍。

3.2.1　掺钛蓝宝石晶体的性质

　　掺钛蓝宝石（可简称为钛宝石）晶体是掺有三价钛离子的氧化铝单轴晶体，其化学表达式为 Ti^{3+}：α-Al_2O_3，属六角晶系[14]。由于 Ti^{3+} 离子的能级具有多重简并，并且 Ti^{3+} 离子电子能级在晶体配位场作用下发生劈裂与周围蓝宝石晶格振动能级发生耦合，使得基态和激发能级展开形成很宽的能带，因此 Ti^{3+} 的吸收跃迁谱带和荧光谱带都很宽，其吸收和发射光谱如图 3.1 所示。钛宝石晶体的主吸收峰在 488nm，属于蓝绿光波段，吸收谱带 400～600nm；而其增益峰值在 795nm 附近，增益波段范围 650～1200nm，半极大宽度为 220nm 左右，理论上可以支持 3fs 的超短脉冲。图 3.1 还同时给出了掺钛蓝宝石晶体两个偏振方向的吸收和发射谱线，从图中可以看出晶体在 π 偏振方向的吸收和发射强度都大于 σ 偏振方向的吸收和发射强度，因此选择晶体 π 偏振方向工作，可使激光器获得最大的泵浦能量吸收和激光发射。

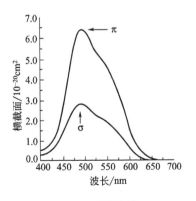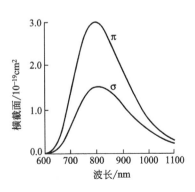

图 3.1　掺钛蓝宝石的吸收和发射光谱

3.2.2　克尔透镜锁模原理

克尔透镜锁模始于 1990 年，当时 Spence 等人在钛宝石激光器腔内未加任何装置便实现锁模。由于当时不知道其内在机理，所以该锁模方式一度被称为"自锁模"。此后研究人员发现钛宝石晶体具有克尔效应，而这种克尔效应引起的自聚焦使钛宝石能够产生类似透镜的效果，因此这种锁模方式又称为克尔透镜锁模。

激光器输出激光波长的范围直接由激光器的增益介质决定；激光器输出激光的重复频率由构成激光器的谐振腔决定。最简单的激光器是由两个平面镜构成的Fabry-Perot 腔和增益介质组成，如图 3.2 所示。

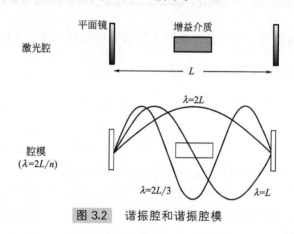

图 3.2　谐振腔和谐振腔模

Fabry-Perot 腔一方面为激光器提供了选模机制，同时又提供了正反馈效应。既然光是电磁波，那么光在腔内经过平面镜往返传输就会形成相长或相消的干涉，从而在两个镜子之间形成驻波；这些驻波所构成的一个个不连续的频率成分便是谐振腔的纵模。

如果构成激光器的两个平面镜之间的距离为 L，折射率为 n，激光的波长为 λ，那么这些纵模之间的频率间隔为：

$$\Delta\nu = \frac{c}{2nL} \tag{3.1}$$

式中，c 为光速。

钛宝石晶体的增益带宽为 100THz 左右，常用的钛宝石激光器两个端镜之间的光程为 1.5m，利用式(3.1)，钛宝石激光器可以支持的纵模数量在 10 万以上。在谐振腔内振荡的纵模一般相互独立，没有固定的位相关系。对于只有有限个纵模振荡形成激光输出的谐振腔来说，其纵模的拍频效应将对激光输出形成随机的强度起伏。而如果谐振腔内同时振荡的纵模达到数以千计，那么这些纵模之间的相干效应会互相抵消，此时激光输出强度将近似为常数，这就是通常所说的连续光（continuous wave，简称 CW）运转，参考图 3.3。如果这些振荡的纵模之间具有固定的位相关系，那么激光器将不再输出具有近似常数的并伴有随机起伏的连续光，而是输出由于周期性的相长干涉所形成的强光脉冲；这样的激光器就处于纵模锁定或者位相锁定状态。将不同纵模之间位相进行锁定的过程就是锁模（mode locking）。因此锁模是一种用来产生脉宽在皮秒或者飞秒量级激光脉冲的技术。如图 3.3 所示。

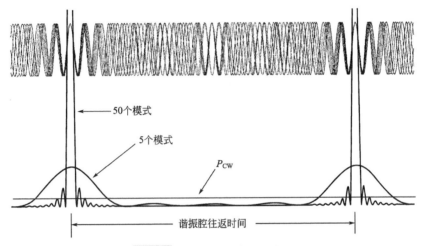

图 3.3　谐振腔内锁模示意图

P_{CW}表示未锁模状态的连续光运转，即在腔内任意位置激光功率均相同。 当纵模锁定后，输出则为以腔长为周期的光脉冲；途中分别锁定 5 个模式、50 个模式所产生的光脉冲时间尺度的区别（在此忽略色散的影响），锁定的模式越多，即锁模光谱谱带越宽，输出的光脉冲宽度越窄[15]

实现锁模的方法很多，主要分为主动锁模和被动锁模两大类。主动锁模是通过外加主动调制信号使谐振腔内激光产生调制从而实现锁模、声光调制锁模、电光调制锁模、同步泵浦锁模等。但主动锁模受到主动调制器件响应时间的限制，因此很难在主动调制情况下产生飞秒脉冲。被动锁模是在谐振腔内放置一个被动元件使腔内激光自身产生调制，从而实现锁模，最常用的调制器件具有可饱和吸收性质的光学元件，即可饱和吸收体（saturable absorber）。而有些被动锁模机制不需要依靠材料的可饱和吸收特性就可以实现与强度有关的吸收，它主要利用谐振腔内元件的光学非线性特性而有选择地透过腔内强光而损耗腔内弱光。克尔透镜锁模（Kerr lens mode locking，KLM）是这一机制的典型代表。飞秒钛宝石激光器就是利用克尔透镜锁模产生短至几飞秒的激光脉冲。下面将详细介绍克尔透镜锁模的基本原理。

克尔透镜锁模利用的是增益介质的三阶非线性光学克尔效应，在时域，频域，空间均有不同的表现。

（1）克尔效应（Kerr effect）

具有克尔效应的介质一般称为克尔介质。在强光照射下，克尔介质的折射率成为光强的函数：

$$n = n_0 + n_2 I(t,r) \tag{3.2}$$

式中，n_0 为介质的线性折射率；n_2 为介质的非线性折射率系数；$I(t,r)$ 为通过介质的光场强度，是时间和空间的函数，可见克尔介质的折射率将随光场分布而发生改变。对于固体材料，非线性折射率系数 n_2 在 $10^{-16}\,\mathrm{cm}^2/\mathrm{W}$ 量级，因此只有在强光照射下介质才会显现其非线性效应。

（2）自相位调制（self-phase modulation，SPM）

如果只考虑脉冲光束在时间上的分布，$I(t,r)$ 可简化为为 $I(t)$。光脉冲经过厚度为 L 的克尔介质后，将产生一个附加位相 $\Delta\varphi$：

$$\Delta\varphi(t) = \frac{2\pi n_2 L}{\lambda} I(t) \tag{3.3}$$

对位相做一阶导数可得到频率，$\omega = -\mathrm{d}\varphi/\mathrm{d}t$，因此这一随时间变化的附加位相将产生随时间变化的频率，即频移（frequency shift），$\Delta\omega(t)$。

$$\Delta\omega(t) = -\frac{\mathrm{d}\Delta\varphi(t)}{\mathrm{d}t} = -\frac{2\pi n_2 L}{\lambda} \times \frac{\mathrm{d}I(t)}{\mathrm{d}t} \tag{3.4}$$

$\Delta\omega(t) \neq 0$ 时表示光束有新的频率成分产生，其结果是使脉冲激光的光谱获得展宽，这就是自相位调制。自相位调制给脉冲带来的位相和频移如图 3.4(a) 所示，可以看出，自相位调制引起的频移在脉冲中部表现为频率随时间增大而增大（即正啁啾，positive chirp），其效果与脉冲经过正色散（normal dispersion）介质的效果相同，因此可以通过色散补偿来校正自相位调制对脉冲造成的影响（关于色散和色散补偿内容将在随后介绍）。图 3.4(b) 给出了脉冲经过自相位调制效应后的光谱，其多峰结构是自相位调制作用的频移过程中相同频率成分相干的结果，是光谱经过自相位调制后的典型特征。

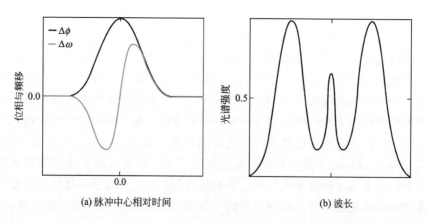

(a) 脉冲中心相对时间   (b) 波长

图 3.4   (a) 脉冲经过自相位调制后的位相和频移变化及 (b) 自相位调制后的典型光谱

自相位调制在飞秒激光的产生过程中起着非常重要的作用：自相位调制引起的脉冲光谱展宽为锁模激光器获得更短的激光脉冲提供了可能。

(3)自聚焦(self focusing)

自相位调制在空域会对脉冲形状造成影响，结果是使脉冲产生自聚焦。假设一个高斯脉冲[强度函数的空间分布表示为：$I(r)$，r 为圆坐标变量]经过克尔介质，由于脉冲中部比脉冲边缘光强要高很多，因此在克尔效应作用下，脉冲的中部将比边缘经历更大的非线性折射率改变，从而使得脉冲中部的相速度比脉冲边缘小，光束将发生会聚，就如同经过一个薄透镜(如图 3.5 所示)。通常将光束经过克尔介质后发生会聚的现象称为自聚焦，而将克尔效应引入的这一薄透镜称为克尔透镜。自聚焦过程和其形成的克尔透镜是钛宝石激光器进行克尔透镜锁模的关键因素。

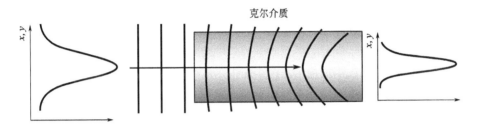

图 3.5　强光在经过克尔效应时形成自聚焦效应的示意图

(4)克尔透镜锁模过程

锁模启动过程：由前所述，钛宝石激光器可以支持许多纵模同时振荡，这些模式之间的拍频将对连续光产生自振幅调制。被调制的连续光中总会产生一个足以启动增益介质克尔效应的原始脉冲；克尔效应一旦被启动，将使原始脉冲同时发生自相位调制和自聚焦效应，使原始脉冲的光谱特性和空间特性发生改变，从而可以与连续光光束区分开。被调制的原始光脉冲的光束尺寸由于发生聚焦将小于连续光的光束尺寸；此时，如果在谐振腔内的适当位置放置一个大小合适的光阑，使其对连续光引入更大的损耗，却允许脉冲光通过[16]，如图 3.6 所示，这样谐振腔将更适合脉冲光运转，从而有利于锁模的实现。

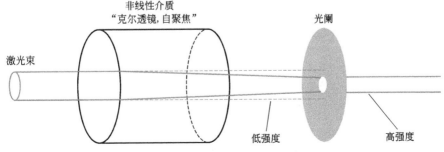

图3.6　连续光和脉冲光经过克尔介质后的变化情况示意图

--- 连续光；—— 脉冲光

锁模启动后：对于谐振腔内的脉冲激光来说，如图 3.7(a)所示，其时域上的高斯函数决定了脉冲的光强在中部总要高于脉冲的前后沿，因此经过克尔介质后，脉冲中部经历很强的自聚焦导致光斑变得很小，而脉冲的前沿和后沿因强度较低而经历较弱的自聚焦导致光斑变化不大；此时若再经过一个尺寸合适的光阑，光阑将对脉冲前后沿带来较大的损耗而对脉冲中部几乎没有损耗，如图 3.7(b)所示。这种对脉冲前后沿的损耗类似于快可饱和吸收体对脉冲前后沿的吸收，其作用是对脉冲在时域上进行压缩，称其为克尔透镜锁模的脉冲压缩机制。

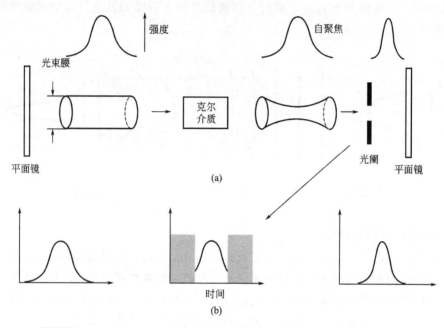

图 3.7　(a)脉冲经过克尔介质变化示意图及(b)脉冲经过克尔介质后，
在经过小孔光阑后的类似快可饱和吸收体示意图

自聚焦效应和光阑相结合类似于快可饱和吸收体的这种脉冲压缩机制直接与增益介质的克尔效应有关，而克尔效应又是瞬时的(1fs 左右)，因此从理论上讲克尔透镜锁模可以支持脉宽仅几个飞秒的激光脉冲的产生。

3.2.3　钛宝石激光器谐振腔

谐振腔设计直接影响激光器的运转性能。本节将简单介绍具体的钛宝石激光器谐振腔的设计，其中包括像散补偿、稳区分析和色散补偿。

最常用的钛宝石激光器谐振腔是由四个介质镜组成，如图 3.8 所示。其中，L 为泵浦聚焦镜；M1、M2 为凹面镜；M3 为平面高反镜；OC 为输出耦合镜，为了避免激光在输出镜第二面的反射光对腔内激光锁模的影响，输出镜两个表面有一定角度，呈楔形；P1、P2 为色散补偿棱镜。

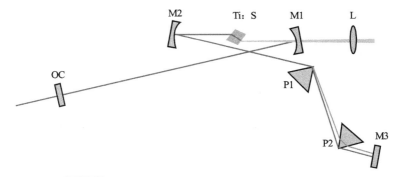

3.2.3.1 像散补偿

如图 3.8 所示,泵浦激光在进入增益介质之前首先经过一个聚焦镜聚焦,晶体置于泵浦激光的束腰处可以提高泵浦效率;而泵浦效率还决定于腔内激光与泵浦激光的空间耦合,因此增益介质需要放在两个凹面镜中间,以在增益介质处产生腔内激光的束腰。实际的激光器还需要其他端镜(如 M_3、OC)以便于调整,因此激光在凹面镜上将以一定的角度,即折叠角(folding angle)入射,如图 3.9(a)所示。该折叠角将产生像散,同样会影响光斑质量和激光器的运转性能,因此必须对其进行补偿。由于钛宝石晶体在 π 偏振方向的吸收和发射强度都相应大于 σ 偏振方向,因此选择晶体工作在 π 偏振方向可以使激光器获得最大的泵浦能量吸收和激光发射。而对于水平偏振方向的光,钛宝石晶体一般都采用布儒斯特角切割使其反射损耗最小,以降低泵浦激光和谐振腔内激光经过晶体时的损耗,如图 3.9(b)所示。这样光束在钛宝石表面为非垂直入射,将产生像散;H. W. Kogelnik 证明,晶体布儒斯特角入射产生的像散和凹面镜折叠角产生的像散符号相反,因此可以利用它们的像散反向这一特性进行相互补偿[17]。

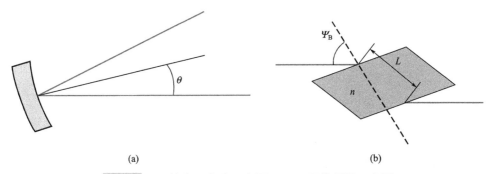

(a)　　　　　　　　　　　(b)

图 3.9 (a) 钛宝石光路示意图及(b) 凹面镜折叠示意图

凹面镜折叠角引入的像散与折叠角和曲率半径有关,增益介质布儒斯特角产生的像散与其折射率和厚度有关。通常是在给定曲率半径和钛宝石晶体厚度的情况下寻求可以实现像散补偿的最佳折叠角 θ,该折叠角称为像散补偿角,其计算公式为:

$$\frac{(n^2-1)\sqrt{n^2+1}}{n^4}L=R\sin\theta\tan\theta \tag{3.5}$$

式中，n 为增益介质的折射率；L 为增益介质的垂直厚度；R 为凹面镜的曲率半径；θ 为折叠角。

3.2.3.2 谐振腔连续光运转稳定区域

激光器谐振腔能够实现稳定激光振荡的区域称为连续光运转稳定区域，简称稳区。稳区是激光器实际操作中的一个重要参考量，通常用 $ABCD$ 传输矩阵法来分析激光器谐振腔的稳区。

(1) $ABCD$ 矩阵[18]

腔内任意傍轴光线在某一给定的横截面内都可以由两个坐标参数来表征：一个是光线离轴线的距离 r，另一个是光线与轴线的夹角 θ。规定光线出射方向在轴线上方时，θ 为正；反之，θ 为负，如图 3.10(a) 所示。设光束在进入光学系统 T 之前由参数 r_1 和 θ_1 表征，经过光学系统 T 后光束参数变为 r_2 和 θ_2，如图 3.10(b) 所示。则 r_1、θ_1、r_2、θ_2 之间存在如下关系：

$$\begin{pmatrix} r_2 \\ \theta_2 \end{pmatrix}=T\begin{pmatrix} r_1 \\ \theta_1 \end{pmatrix}=\begin{pmatrix} A & B \\ C & D \end{pmatrix}\begin{pmatrix} r_1 \\ \theta_1 \end{pmatrix} \tag{3.6}$$

式中，矩阵 $\begin{pmatrix} r \\ \theta \end{pmatrix}$ 描述任一光线的坐标，代表光束特性；矩阵 $\begin{pmatrix} A & B \\ C & D \end{pmatrix}$ 描述光线经过光学系统所引起的坐标变换，代表光学器件特性，例如传输经过介质的长度、折射率、透镜的焦距等，类似于电子设备的响应函数；A、B、C、D 分别表示变换矩阵的四个元素，因此也称为 $ABCD$ 矩阵。当光线经过多个光学系统时，这些光学系统的坐标变换满足矩阵乘法。

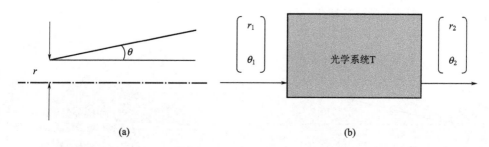

(a)   (b)

图 3.10　(a)光线在谐振腔内的傍轴传输及(b)光束经过光学系统的示意图

(2)谐振腔稳区计算与分析

对于最常用的激光器谐振腔(图 3.8)，在计算稳区时只需考虑两个平面端镜、两个聚焦凹面镜以及它们中间的增益介质，其简图如图 3.11 所示。其中 L_1、L_2 为激光器两臂的长度，l 为凹面镜之间沿光线方向的距离，R 为凹面镜的曲率半径，x 为晶体端面到凹面镜的距离，θ 为折叠角，t 为晶体沿光束方向的垂直厚度，

L 为晶体沿光束在晶体内部传输方向的长度，则根据钛宝石在中心波长处的折射率 n 即可计算出 t 与 L 的关系为[19]：

$$t = \frac{nL}{\sqrt{n^2 + 1}} \tag{3.7}$$

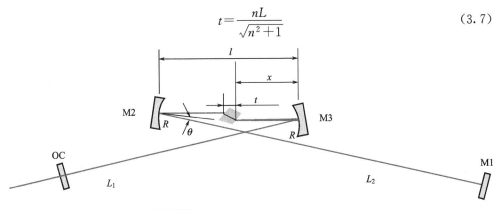

图 3.11 钛宝石激光器谐振腔示意图

通常，光线以布儒斯特角入射至钛宝石晶体，晶体子午面和弧矢面的光程不同，分别为：

$$P_t = L/n^4 \text{ 和 } P_s = L/n \tag{3.8}$$

式中，t 和 s 分别表示光束的子午面和弧矢面。光束在钛宝石晶体内和激光器两臂的空间传输矩阵分别为：

$$T_{\text{Ti:S},t} = \begin{bmatrix} 1 & L/n^4 \\ 0 & 1 \end{bmatrix} 、 T_{\text{Ti:S},s} = \begin{bmatrix} 1 & L/n \\ 0 & 1 \end{bmatrix} 、 T_{L_1} = \begin{bmatrix} 1 & L_1 \\ 0 & 1 \end{bmatrix} 、 T_{L_2} = \begin{bmatrix} 1 & L_2 \\ 0 & 1 \end{bmatrix} \tag{3.9}$$

式中，Ti：S 表示钛宝石晶体。光束在两个凹面镜之间的传输矩阵为：

$$T_i = \begin{bmatrix} 1 & l-t-x \\ 0 & 1 \end{bmatrix} \begin{bmatrix} 1 & P_i \\ 0 & 1 \end{bmatrix} \begin{bmatrix} 1 & x \\ 0 & 1 \end{bmatrix} = \begin{bmatrix} 1 & l-t+P_i \\ 0 & 1 \end{bmatrix} \tag{3.10}$$

式中，$i=t$，s 分别表示光束在子午面和弧矢面。折叠角的存在使光束经过凹面镜反射的传输矩阵也不同，分别为：

$$T_{R,t} = \begin{bmatrix} 1 & 0 \\ -2/R\cos\theta & 0 \end{bmatrix} \text{ 和 } T_{R,s} = \begin{bmatrix} 1 & 0 \\ -2\cos\theta/R & 0 \end{bmatrix} \tag{3.11}$$

式中，R 为凹面镜的曲率半径。因此，光束在激光器内往返一周的传输矩阵可以表示为矩阵的连乘形式：

$$ABCD_i = T_{L_1} T_{R,i} T_i T_{R,i} T_{L_2} T_{L_2} T_{R,i} T_i T_{R,i} T_{L1} = \begin{bmatrix} A_i & B_i \\ C_i & D_i \end{bmatrix} \tag{3.12}$$

式中，i 的含义同上。根据谐振腔的稳定性条件

$$\left| \frac{A_i + D_i}{2} \right| \leqslant 1 \tag{3.13}$$

即可以求出激光器谐振腔工作的稳区。通常情况下凹面镜的曲率半径、钛宝石晶体通光方向的长度为定值，谐振腔两臂长视实际情况而定亦为常数；两个凹面镜之间

的距离 l 和折叠角 θ 为与稳区有关的变量。取 $R=100\text{mm}$，$t=5\text{mm}$，$L_1=600\text{mm}$，$L_2=800\text{mm}$，图 3.12 给出了该参数构成的谐振腔的稳区计算结果，其中纵坐标为像散补偿角，横坐标为两个凹面镜之间的距离。图 3.12 中阴影区域表示谐振腔可以稳定运转；任选阴影区域一点即可获得对应的凹面镜之间的距离 l，以及光束至凹面镜的入射角 θ。通常取稳区最大部分对应的折叠角为像散补偿角，而这恰好与利用公式(3.5)计算所得的结果一致。

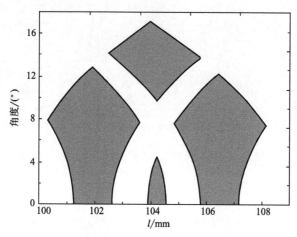

图 3.12　四镜腔稳区示意图

　　理解与计算激光器连续光运转状况下的稳区对于建立与调整激光谐振腔并获得连续激光有一定的指导意义。例如，在满足像散补偿的情况下，图 3.11 中所示的谐振腔的两个凹面镜之间的距离需在一定的范围内方可实现激光运转。这个距离有几毫米到十几毫米的变化量；那具体在什么位置锁模更容易实现并稳定运转，则需要计算锁模状况下多对应的稳区。这是因为在锁模运转的时候，克尔透镜效应的存在使得普通的连续光运转谐振腔内增加一个透镜，从而会改变谐振腔的参数，需重新计算 $ABCD$ 矩阵，并求解稳区位置，这一点将在下一小节进行介绍。

3.2.4　激光器锁模运转特性

　　激光器的锁模运转特性主要包括：可以实现克尔透镜锁模的稳区位置、锁模的启动特性以及锁模的稳定性等。这些特性都与钛宝石晶体的克尔非线性效应有关。

(1)小信号情况下光斑相对变化量 δ——锁模启动特性评价参数[20]

　　如 3.2.2 中描述的，在谐振腔的某个位置，克尔效应引发的空间自聚焦作用使得以脉冲形式存在的光束的光斑尺寸将小于连续光光束的光斑尺寸；而且前者的光斑尺寸也将随着脉冲强度的改变而不同，因此在固定尺寸的空间光阑的作用下，谐振腔的损耗将与腔内功率有关记为 $L(P)$，它的一阶泰勒(Taylor)展开式为：

$$L(P) = L_0 - kP \tag{3.14}$$

式中，L_0 是谐振腔总的线性损耗（对应连续光运转模式）；P 是腔内瞬时功率；k 是非线性损耗系数，定义为 $k = -\dfrac{\mathrm{d}L(P)}{\mathrm{d}P}\big|_{P=0}$。

设谐振腔内半径为 a 的圆形实体光阑处的高斯光束的光斑尺寸为 w_1，则高斯光束经过光阑所引起的衍射损耗可表示为：

$$L_A = \sqrt{2/\pi}\exp\left[-2\,(a/w_1)^2\right] \tag{3.15}$$

在克尔效应的作用下，腔内光阑处的光斑尺寸将是腔内功率的函数，因此，损耗 L_A 也是腔内功率的函数，它对功率的一阶导数为：

$$L_A' = \frac{\mathrm{d}L_A}{\mathrm{d}P} = 2\,\sqrt{2/\pi}\exp\left[-2(a/w_1)^2\right]\left(\frac{a}{w_1}\right)\left(\frac{1}{w_1}\times\frac{\mathrm{d}w_1}{\mathrm{d}P}\right) \tag{3.16}$$

定义 $\delta = [1/w(\mathrm{d}w/\mathrm{d}p)]_{p=0}$ 表示小信号情况下某平面上小信号光斑尺寸的变化量。式中，w 为给定平面上的光斑尺寸，$p = P/P_c$ 为腔内归一化功率，则可得非线性损耗 k 的表达式：

$$k = -2\,\sqrt{2/\pi}\exp\left[-2(a/w_1)^2\right]\frac{a}{w_1 P_c}\delta_1 \tag{3.17}$$

式中，δ_1 为光阑处的小信号光斑变化率；P_c 为自陷临界功率。可见非线性损耗系数 k 是小信号光斑变化率 δ 的线性函数，且符号相反。因此在被动锁模中，可以利用小信号光斑变化量 δ 对克尔透镜锁模启动特性进行评价。当非线性损耗系数 k 为正值且足够大时，才能实现锁模的自启动，因此要想实现克尔透镜锁模的自启动必须使谐振腔的小信号光斑变化率 δ 为负值，且其绝对值足够大。小信号光斑变化率 δ 的具体计算过程可参考文献[20]。计算的小信号光斑变化量 δ 是以连续光运转稳区为基准。如果在 $\delta < 0$ 的位置上放置一个大小合适的实体光阑，就可以使腔内激光的损耗随功率增大而降低，即产生一个非线性损耗，从而有利于激光器以脉冲方式运转。

通过计算分析谐振腔运转稳区内小信号光斑变化率 δ 分部情况，可以给克尔透镜锁模激光器调解过程中启动锁模以及实现稳定的锁模运转提供依据。在计算过程中，需要考虑克尔效应，钛宝石的 $ABCD$ 矩阵 (M) 需修改为：

$$M = \sqrt{1-\gamma}\begin{pmatrix} 1 & d_e \\ -\dfrac{\gamma}{(1-\gamma)d_e} & 1 \end{pmatrix} \tag{3.18}$$

式中，$d_e = L/n_0$ 为腔内功率 $P = 0$ 时介质的有效长度；n_0 为介质的折射率；γ 是与钛宝石克尔效应有关的非线性参数，可以表示成：

$$\gamma = \left[1 + \frac{1}{4}\left(\frac{2\pi w_c^2}{\lambda d_e} - \frac{\lambda d_e}{2\pi w_0^2}\right)^2\right]^{-1}\frac{P}{P_c} \tag{3.19}$$

式中，w_c，w_0 分别是 $P/P_c = 0$（连续光运转）时克尔介质中心处的光斑半径与光束的束腰半径。区别于连续光运转情况下的 $ABCD$ 矩阵，考虑克尔效应的矩阵

称为非线性 $ABCD$ 矩阵。

(2)克尔透镜锁模钛宝石激光器锁模特性的计算分析

为计算方便,采用如图 3.13 所示的简化直腔结构:包括两个平面端镜 M1、M4,焦距为 f(对应凹面镜曲率半径为 $2f$)的聚焦透镜 M2、M3,长为 L 的克尔介质位于透镜 M2 和 M3 之间,L_1、L_2 为激光器两臂的长度,x 是克尔介质到透镜 M2 的距离,l 为透镜 M2 和 M3 之间的距离。

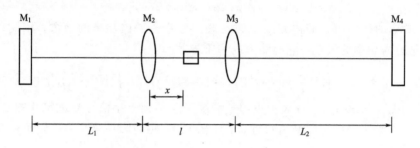

图 3.13　四镜腔激光器简化直腔示意图

假设聚焦透镜焦距 $f=50\text{mm}$,钛宝石长度 $L=5\text{mm}$,谐振腔两臂长 $L_1=600\text{mm}$,$L_2=800\text{mm}$。利用线性传输 $ABCD$ 矩阵计算的激光器束腰直径如图 3.14(a)所示,其中纵坐标表示束腰直径 w_0,横坐标为两个聚焦镜之间的距离 l。由图 3.14(a)可以看出,随着 l 数值的变化,激光束腰的尺寸变化非常明显。不考虑晶体的摆放位置,当两个凹面镜之间的距离 $l=105\text{mm}$ 时,谐振腔内各位置激光光斑尺寸如图 3.14(b)所示。可以看出:①由于晶体断面为布儒斯特角入射,因此子午面内与弧矢面内的光斑尺寸略有不同;②谐振腔内存在三个束腰,分别位于谐振腔平面端镜 M1、M4 处,以及两个聚焦透镜之间;后者的束腰尺寸最小,在几十微米量级。

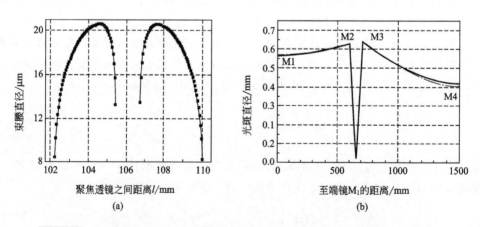

图 3.14　(a)束腰直径 w_0 随两个聚焦镜之间的距离 l 的变化曲线及(b)谐振腔
(图 3.13 所示)内光斑尺寸分布
其中实线和点划线分别表示弧矢面与子午面内的光斑尺寸

　　假设晶体与其中一个聚焦镜之间的距离为 x 如图 3.13 所示，晶体中心处的光斑尺寸 w_c 与晶体位置 x 有关；而且光束在两个聚焦镜之间的束腰 w_0 为最小光斑尺寸，因此恒有 $w_c \geq w_0$。根据公式(3.19)，非线性因子 γ 与 w_c 为反比例关系，所以 w_c 越小非线性越强。为了计算方便，这里取 $w_c = w_0$。有了束腰与稳区的变化关系就可以按非线性 $ABCD$ 传输矩阵计算谐振腔支持脉冲运转的稳定区域。不同腔内峰值功率情况下，激光器支持脉冲运转的稳区计算结果如图 3.15 所示，计算中取中心波长 $\lambda = 800\text{nm}$。

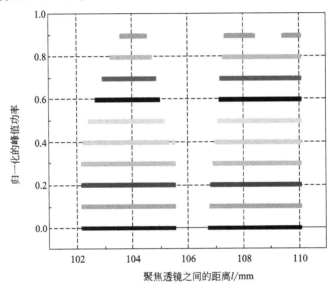

图 3.15　支持脉冲运转的谐振腔稳定区域随腔内归一化峰值功率的关系

　　由图 3.15 可以得出如下结论：①峰值功率越高，支持脉冲运转的稳定区域越小。这是因为峰值功率越高，钛宝石自聚焦形成的克尔透镜焦距越小，从而影响其稳区大小。②腔内峰值功率达到一定程度才可以影响到稳定区域的变化。钛宝石的克尔透镜并不是峰值功率的线性函数，而是其二次函数，峰值功率越高，其影响越大。③两个聚焦镜之间的距离 l 较短时对应的那一部分稳区变化比长距离 l 对应的稳区变化更为突出。这是因为，两个凹面镜之间的距离较小时，激光属于紧聚焦状态，因此，钛宝石克尔透镜的加入对其影响更为明显。虽然峰值功率高时稳区变化很明显，但因为计算钛宝石的非线性传输矩阵采用的连续光的束腰尺寸，因此这种非线性传输矩阵对峰值功率较高的时候存在误差，所以计算过程中腔内归一化峰值功率不能过高，根据稳区变化趋势，一般取 $P/P_c < 0.7$ 比较合适。

　　上述计算只是谐振腔支持脉冲运转的区域，但并不是可以实现锁模的区域。分析谐振腔可以实现锁模的区域需用小信号情况下的光斑变化量 δ 进行评价。同样采用上述谐振腔参数，小信号情况下的光斑变化量 δ 的计算结果如图 3.16 所示。由

图可以看出，并不是任何区域都可以实现锁模，只有对应 δ 为负值时的聚焦镜之间距离 l 及晶体位置 x 才可能实现锁模，即图 3.16 中实线包围的区域。对于非对称臂长的激光器，在分裂的两个稳区的内边缘可以使 $|\delta|$ 达到最大值，但是由于激光器支持锁模运转的区域比连续光运转稳区小，而且计算 δ 依赖的是激光器连续光运转稳区；所以在实际的克尔透镜锁模激光器中，其锁模工作点必须与连续光稳区边缘保持一定的距离（0.5mm 左右，对应图 3.16 中的横坐标）以保证激光器运转的稳定性，因此在这种情况下，激光器锁模工作点的 $|\delta|$ 值则比最大值 $|\delta|_{max}$ 小很多，从而使激光器的非线性效应大大降低，不利于锁模的启动。因此激光器锁模的调整需找到一个可以同时满足启动锁模与锁模稳定运转的工作点。

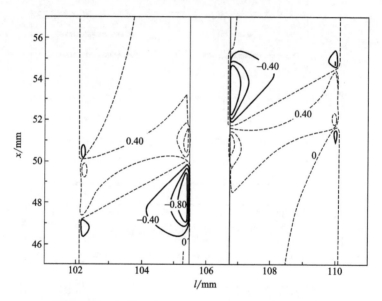

图 3.16 小信号情况下光斑变化量 δ 的等高线图

其中横坐标为两个聚焦镜之间的距离 l，纵坐标为第一个聚焦镜到晶体端面的距离 x。图中虚线表示正值，实线表示负值。图中按 $\delta = \pm 0.4, \pm 0.8 \pm 1.2$ 画出等高线

3.2.5 色散与色散补偿

(1) 色散

色散与色散补偿是飞秒激光技术中一个非常重要的概念和需要面对的问题。当一束电磁波与电介质的束缚电子相互作用时，介质的响应通常与光波频率 ω 有关，这种特性称为色散。色散表明的是折射率 $n(\omega)$ 对频率 ω 的依赖关系。而由傅里叶变换理论可知，超短脉冲的频域光谱一般都很宽，因此，当一束超短脉冲激光通过色散介质（如增益介质、透镜等）后，光谱中各个波长因为传播速度不同将会存在延迟或超前现象，这种延迟或超前将引起脉冲在时域的畸变。因此为了避免或者最大程度上校正脉冲的畸变，必须在了解色散概念的基础上再对超短脉

冲进行表征。

与超短脉冲有关的介质，如 BK7 玻璃，融石英玻璃，BBO 晶体等，均可用塞尔麦耶(Sellmeier)公式表达其折射率与波长的关系：

$$n^2(\lambda) = 1 + \frac{B_1\lambda^2}{\lambda^2 - C_1} + \frac{B_2\lambda^2}{\lambda^2 - C_2} + \frac{B_3\lambda^2}{\lambda^2 - C_3} \qquad (3.20)$$

式中，B_1、B_2、B_3 和 C_1、C_2、C_3 分别是从实验结果推导而来的塞尔麦耶系数。式(3.20)只在一定的波长范围内有效，而根据材料的不同，其适用的波长范围也不同。

假设角频率为 ω 的光脉冲沿 z 方向传播，用标量复平面波表示为：

$$E(z, t) = A(z, t)\exp\{i[\omega_0 t - k(\omega)z]\} \qquad (3.21)$$

式中，$A(z, t)$ 为脉冲的振幅；$k(\omega)$ 是含有介质折射率的波矢。若定义 $\phi(\omega) = -k(\omega)z$ 表示脉冲空间传输的位相项，则电场可以写为

$$E(z, t) = A(z, t)\exp\{i[\omega_0 t + \phi(\omega)]\} \qquad (3.22)$$

将式中的 $\phi(\omega)$ 在中心角频率 ω_0 处展开成 Taylor 级数：

$$\phi(\omega) = \phi(\omega_0) + \phi'(\omega)|_{\omega_0}(\omega - \omega_0) + \frac{1}{2!}\phi''(\omega)|_{\omega_0}(\omega - \omega_0)^2 + \frac{1}{3!}\phi'''(\omega)|_{\omega_0}(\omega - \omega_0)^3 + \cdots$$

$$(3.23)$$

式中，$\phi'(\omega)$、$\phi''(\omega)$ 和 $\phi'''(\omega)$ 分别是 $\phi(\omega)$ 对 ω 的一阶、二阶和三阶导数，并分别被称为群延迟时间(group delay，GD)、群延迟色散(group delay dispersion，GDD)和三阶色散(third order dispersion，TOD)。二阶色散和三阶色散的单位分别为 fs^2 和 fs^3。通常所说的色散指二阶群延迟色散。二阶色散在超短脉冲中起主要作用，但当脉冲宽度小于 10fs 时，必须考虑三阶甚至更高阶色散对脉冲的影响。

假设介质的长度为 L，折射率为 n，那么光经过该介质后其位相的改变量为：

$$\Delta\phi(\omega) = 2\pi\frac{nL}{\lambda} = \frac{n\omega}{c}L \qquad (3.24)$$

将式(3.24)中的 $\Delta\phi(\omega)$ 分别对 ω 求二阶导数和三阶导数，即可得到脉冲经过该介质后所经历的二阶色散 GDD 和三阶色散 TOD，分别如式(3.25)和式(3.26)所示：

$$\text{GDD} = \Delta\phi''(\omega) = \frac{\lambda^3}{2\pi c^2}\frac{\mathrm{d}^2 n}{\mathrm{d}\lambda^2}L \qquad (3.25)$$

$$\text{TOD} = \Delta\phi'''(\omega) = -\frac{\lambda^4}{4\pi^2 c^3}\left(3\frac{\mathrm{d}^2 n}{\mathrm{d}\lambda^2} + \lambda\frac{\mathrm{d}^3 n}{\mathrm{d}\lambda^3}\right)L \qquad (3.26)$$

材料折射率对波长的二阶导数 $\mathrm{d}^2 n/\mathrm{d}\lambda^2 > 0$，表明该材料为正常色散(normal dispersion)介质，即在此介质中长波的传输速度比短波快；材料折射率对波长的二阶导数 $\mathrm{d}^2 n/\mathrm{d}\lambda^2 < 0$，表明该材料为反常色散(abnormal dispersion)介质，即在此介质中长波的传输速度比短波慢。

(2)色散补偿

所谓色散补偿就是通过引入能够产生与原有色散符号相反的色散来达到正负色

散平衡的过程。由于钛宝石晶体属于正色散介质，因此对钛宝石晶体产生的色散进行补偿就需要引入能够产生负色散的光学元件。在钛宝石激光器中典型的负色散光学元件主要包括棱镜对和啁啾镜。

① 棱镜对   棱镜对为最常用的色散补偿元件[21]；它主要是利用棱镜对光的折射原理，使不同波长的光经过不同的空间路径。棱镜对补偿色散的结构如图 3.17 所示，长波长光所经过的路径要比短波长光所经过的路径长，这样就产生负色散，从而可以达到补偿钛宝石正色散的目的。

棱镜对的二阶色散和三阶色散分别可以表示为：

$$\text{GDD} = \Delta\phi''(\omega) = \frac{\lambda^3}{2\pi c^2} \times \frac{\mathrm{d}^2 P(\lambda)}{\mathrm{d}\lambda^2} \tag{3.27}$$

$$\text{TOD} = \Delta\phi'''(\omega) = -\frac{\lambda^4}{4\pi^2 c^3} \left[3\frac{\mathrm{d}^2 P(\lambda)}{\mathrm{d}\lambda^2} + \lambda\frac{\mathrm{d}^3 P(\lambda)}{\mathrm{d}\lambda^3} \right] \tag{3.28}$$

式中 $P(\lambda)$ 为脉冲光从图 3.17 的 A 点至波前 EF 的光程。对图中虚线表示的光谱成分经历的光程可表示为 $P(\lambda) = AC + n(CD + DE)$，其中 n 为棱镜对所用材料的折射率。利用光的折射原理可推导出光程 $nDE = BF$，$nCD = CG$，其中关系式 $nDE = BF$ 中存在与折射率有关的项，因此任意波长都满足此关系式，那么计算光程的时候可略掉 nDE 部分，最后光程可表示为 $P(\lambda) = AC + nCD = AC + CG = AB\cos(\beta) = l\cos(\beta)$。由此可见，两个棱镜顶角之间的距离 l 直接影响棱镜对产生负色散量的大小。由于在谐振腔内振荡的激光为水平偏振，为了减小损耗，入射光在棱镜处的入射角和出射角均为布儒斯特角，因此这种棱镜也称为布儒斯特角棱镜。

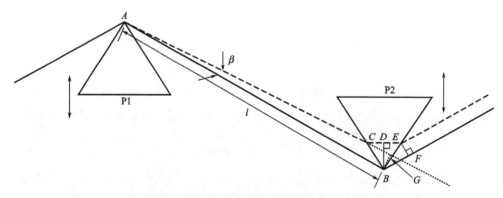

图 3.17   棱镜对补偿色散光程示意图

图中实线与虚线分别表示经过第一个棱镜 P1 后两个不同波长的光谱成分对应的传输路线；
两个棱镜顶角之间的距离为 l，实线与虚线之间的夹角为 β

如图 3.17 所示，当两个棱镜对顶角之间的距离确定以后，可以通过垂直方向移动棱镜 P1 或者 P2 来改变光经过棱镜的位置；越靠近棱镜顶角光在棱镜内部的传输距离越长，因此经历的正色散越多。因此可以通过改变棱镜对的插入量使其提供的色散补偿量连续可调；这也是棱镜对补偿色散的最大优点。最常用的色散补偿材料是熔融石英，这是由于熔融石英的三阶色散比较小，有利于产生更短的脉冲。

② 啁啾镜(chirped mirror) 标准的介质镜由 1/4 中心波长的材料层构成，即布拉格结构(Bragg structure)。该结构可以提供较高的反射率，同时依赖于所构成材料折射率的差异，其反射带宽可以在中心波长左右 25% 范围内变化；但是它并不能提供负色散。

1994 年，匈牙利固体物理研究所的 R. Szipocs 和奥地利维也纳大学的 F. Krausz 等人首次提出了啁啾反射镜的概念[22,23]。其原理是，特定中心波长的波包被相应的 1/4 膜系($\lambda_B/4$，λ_B 为 Bragg 波长)最有效地反射，如果将厚度渐增的多层介质膜沉积在基片上制作成反射镜，长波成分透入介质膜结构更深的深度，再被相应的膜系反射。这样一来，长波成分经历更多的群延迟，由此产生负色散。具有这种膜系结构的介质镜就是啁啾介质膜反射镜，简称啁啾镜。

以上介绍的两种色散补偿元件各有优缺点。棱镜对的特点是，通过改变棱镜对之间的距离可以实现任意大小的色散补偿量，且连续可调。但是其色散补偿的光谱带宽窄，不能在较宽的波长范围内提供较为平坦的色散补偿曲线；这是棱镜对补偿色散的最大缺点。啁啾镜与棱镜对相比具有诸多优点：①损耗小，啁啾镜的反射率可以高达 99.8%；②啁啾镜可以在很宽的光谱范围内得到平坦的色散曲线；③高阶色散的可设计特性，啁啾镜可以随意设计高阶色散，有利于产生小于 10fs 的激光脉冲。但是啁啾镜本身设计原理问题使其只能提供离散的色散补偿。除非根据现有钛宝石晶体有针对性地设计制造与之匹配的啁啾镜，否则很难从只有啁啾镜补偿色散的激光器中得到很好的结果。因此通常将棱镜对与啁啾镜配合使用，实验证明这种方法可以产生小于两个光学周期的光脉冲。

3.3 啁啾脉冲放大器

从飞秒激光振荡器的输出功率一般在几十到几百毫瓦，重复频率在 80～100MHz 左右，对应的单脉冲能量仅为几十皮焦到几纳焦。如此低的脉冲能量往往很难满足许多领域的应用，因此必须要对从振荡器输出的飞秒脉冲进行放大。目前最常用的方法是啁啾脉冲放大技术(chirped pulse amplification，CPA)[24]；先将飞秒激光脉冲展宽至皮秒甚至是纳秒量级，然后对展宽后的脉冲进行放大，最后对放大后的脉冲进行压缩，使其恢复到原来的飞秒量级。

如图 3.18 所示，在激光啁啾脉冲放大系统中，从振荡器输出的锁模脉冲首先经过一个能提供较大色散的脉冲展宽器，将飞秒脉冲展宽 $10^3 \sim 10^5$ 倍，达到皮秒甚至是纳秒量级，形成带有强烈啁啾的长光脉冲。这时，激光脉冲的峰值功率已大大降低，然后进入激光放大器，从激光放大介质抽取足够的能量后，再经过一个能

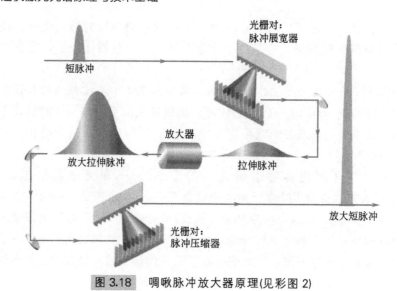

图 3.18　啁啾脉冲放大器原理(见彩图 2)

图片来源：http://www. engin. umich. edu/research/cuos/ResearchGroups/
HFS/Experimentalfacilities/Chirped_Pulse_Amp. html

提供与脉冲展宽器相反色散量的脉冲压缩器，将经过放大后的展宽脉冲压缩回原来的脉冲宽度量级。因此飞秒激光啁啾脉冲放大系统一般由振荡器、展宽器、放大器、压缩器四部分组成。振荡器已在前一部分中介绍，下面将首先介绍展宽器与压缩器，然后对放大器进行介绍。

3.3.1　展宽器与压缩器

在啁啾脉冲放大系统中，提供色散的常用器件为光栅。光栅对能提供负的群延迟色散，可以用作压缩器；在负色散光栅对之间增加一个望远系统，即可以获得产生正群延迟色散的光栅对作为展宽器使用。在啁啾脉冲放大系统中展宽器和压缩器是成对使用的；因此展宽器与压缩器的设计好坏直接影响到整个放大系统色散补偿的效果，而色散补偿的好坏则直接关系到压缩后脉冲的质量。

Treacy 首先提出用光栅对可提供负色散[25]。如图 3.19 所示，两个光栅平行放置，光线在两个光栅之间衍射，均使用一级衍射光。入射光线首先入射至光栅 G_2，然后发生衍射后，第一级衍射光入射至光栅 G_1 再次发生衍射，其出射光为平行光，但其光谱在空间上是分开的，如果在入射点 O 点观察，可以看出，长波长分量 λ_L 落后于短波长分量 λ_S，因此这样的光栅对提供负色散，可以用作飞秒激光系统中的压缩器。

1987 年，贝尔实验室的马丁内兹(O. E. Martinez)提出[26]，把一个望远系统放在两个光栅之间，则这个系统可提供正的群延色散，如图 3.20 所示；因此这种结构可以用于飞秒放大器中的展宽器。在实际的展宽器设计中，常用反射凹面镜代替图中所示的透镜，如马丁内兹型展宽器、欧浮纳型展宽器。

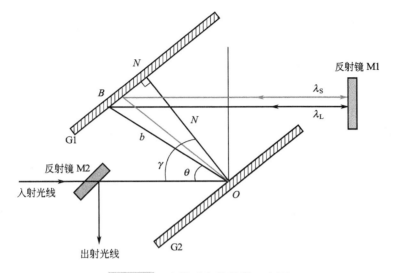

图 3.19　光栅对色散补偿示意图

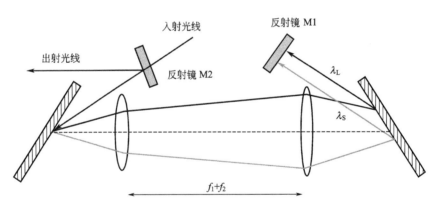

图 3.20　光栅对与透镜组合形成展宽器，提供正色散原理示意图

其中 f_1 与 f_2 分别为图中所示两个透镜的焦距

　　在实际应用中，针对一个特定的放大系统要设计出一个优秀的展宽-压缩器首先就要要求展宽器有较强的展宽能力，以使脉冲更好地抽取放大器的能量和减少非线性效应。然后，要考虑如何使展宽-压缩器与特定放大器相匹配，也就是所谓的色散补偿问题，以便得到质量较好的短脉冲。

3.3.2　啁啾脉冲放大器工作原理与结构

　　啁啾脉冲放大器根据腔结构的不同分为两种，再生放大器与多通放大器。

(1)再生放大器

　　再生放大器是将种子脉冲引入放大器腔内后，待种子脉冲在腔内多次往复被放大后，再将脉冲从腔中倒出。再生放大器本身也是一个调 Q 脉冲激光器。若没有种子脉冲输入，再生放大器只输出一个纳秒级的调 Q 脉冲。谐振腔可以是简单的两镜腔结构，也可由多个光学镜片构成复合腔。再生放大器本身是一个稳定的谐振腔，因此其优点为：对种子光的放大效率高、运行稳定、输出光束质量好、可以得到 TEM$_{00}$ 的基模输出。但是再生放大器的再生腔内一般由普克尔盒和格兰棱镜等构成 Q 开关，激光在再生腔每经历一周都要两次经过这个 Q 开关，因此放大器总的材料色散比较大。

下面通过图 3.21 所示具体的腔结构介绍再生放大器的工作过程。L3 为聚焦透镜，用于将泵浦光聚焦在增益介质表面以获得最大增益。再生腔由 M4、M5、M6 和 M7 构成，其中 M4、M6、M7 为凹面镜；M5 为平面反射镜；另外，M7 对飞秒激光有一定的透射率，用以监测再生腔的工作情况。腔内置放格兰棱镜 G3 以及普克尔盒 PC。实际的再生放大器各有不同的结构参数，例如可以通过改变 M4、M6、M7 的曲率半径以改变腔的特性如光斑尺寸等；另外根据设计，再生腔内的各种光学元件的位置与数量也各有不同。

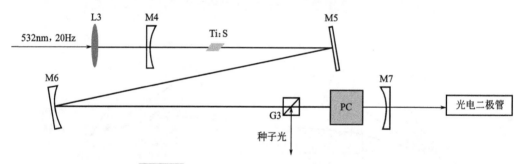

图 3.21 再生放大器腔结构示意图(见彩图 3)

以 3.21 图为例，种子光在再生腔中的导入和放大后的导出过程为：①当普克尔盒上没有加高压时，普克尔盒相当于一个 1/4 波片。种子光为垂直偏振方向，因此种子脉冲可以从格兰棱镜 G3(反射垂直偏振的激光，投射水平偏振的激光)进入腔内，两次经过普克尔盒变成水平偏振，从而可以穿过格兰棱镜 G3，飞向再生腔的另一端。②当种子脉冲第二次通过普克尔盒后，普克尔盒立即被施加相当于 1/4 波长的电压，这时普克尔盒的作用相当于 1/2 波片。而腔内脉冲每循环一周总要通过两次普克尔盒，因此入射至格兰棱镜 G3 时的偏振方向总为水平偏振，因此种子脉冲被捕获于再生腔内，反复经过增益介质而被放大。③当种子脉冲在腔内经过足够次数的放大后，腔内脉冲能量达到最大值，此时需要将脉冲导出再生腔。在脉冲刚刚穿过普克尔盒经过格兰棱镜 G3 飞向增益介质时撤掉施加在普克尔盒上电压，普克尔盒又恢复为一个 1/4 波片；当脉冲经过普克尔盒至凹面镜 M7 然后反射再次经过普克尔盒后(两次经过普克尔盒)，即相当于经历了一个半波片，其偏振方向被转变为垂直方向，从而在经过格兰棱镜 G3 时将被反射至腔外。

(2) 多通放大器

多通放大器是利用多个反射镜使种子光多次经过放大器中的增益介质，达到放大光脉冲的目的，光路结构如图 3.22 所示。多通放大器与再生放大器的本质区别是不存在谐振腔，因此结构简单。多通放大器中不需要腔内开关元件，种子光只一次经过选单元件（普克尔盒和格兰棱镜），因此极大地减小了整个 CPA 系统中材料色散的产生，有利于对系统进行色散补偿和脉冲压缩。多通放大器的致命缺点是，不能保证每次种子光与泵浦光较好地共线耦合，因而导致光束质量畸变。另外对于一定的多通放大器，为了达到较高能量的放大，往往需要增大放大器的泵浦能量，而泵浦能量的变化往往会导致放大介质的热透镜变化，进而影响放大器的稳定性。

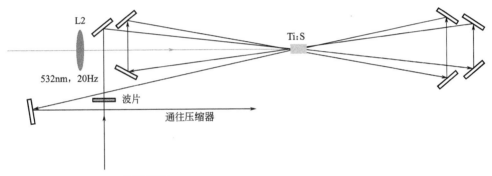

图 3.22　多通放大器腔结构示意图(见彩图 4)

3.3.3　啁啾脉冲放大器实例介绍

以飞秒激光器（美国光谱物理公司，Hurricane）为例，对啁啾脉冲放大器的一般构成进行介绍。如图 3.23 所示，整套飞秒放大器可分为四部分，分别为，种子光源 Maitai，放大器泵浦源 Evolution，展宽器与压缩器，再生放大腔。从 Maitai 出来的种子光需经过法拉第旋光器（**6**）后进入展宽器；法拉第旋光器的作用是隔离后续光路中返回的微弱光脉冲，以防止其反馈进入 Maitai 而影响锁模的稳定性。百飞秒量级的种子光经过展宽器被展宽成皮秒量级的宽脉冲进入放大器的再生腔进行放大，当光脉冲被充分放大后再被倒出再生腔；然后经过压缩器使得皮秒量级的被放大光脉冲经过压缩器的色散补偿将脉冲宽度压缩至百飞秒量级作为最终的光脉冲输出。

种子光在展宽器中的行走路线为：**7→9→10→11**、**→10→9→12**、**→9→10→11**、**→10→9→13**。在展宽过程中，光脉冲分别四次经过光栅（**9**）、凹面镜（**10**）、以及两次经过平面镜（**11**）；这四次行走路线具有不同的光高度，这一点可以通过调整光学调整架的俯仰以及镜片组合 **12** 而有所不同；镜片组合 **12** 的两片 45°角反射的镜子以反射面互相垂直的方式组合在一起，具体的光路与镜片组合 **12** 的组合与摆

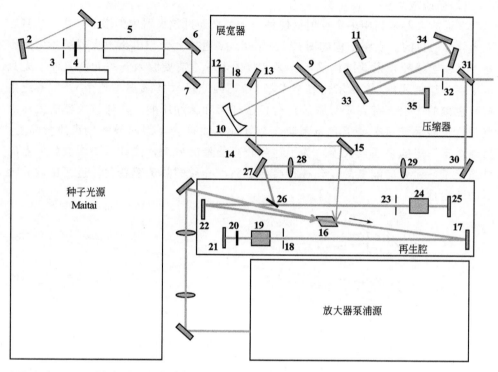

图 3.23 美国光谱物理公司生产的啁啾脉冲放大器 Hurricane 的光学结构示意图(见彩图 5)

由四部分组成，分别为种子光源 Maitai，放大器泵浦源 Evolution，展宽器与压缩器，再生放大腔。放大器中的元器件用阿拉伯数字进行标号。1~7 为进入展宽器前的种子光部分；8~13 部分为展宽器部分；16~25 为再生腔部分；31~35 为压缩器部分。其中 6 为法拉第旋光器，用于隔离放大器部分返回去的微弱光脉冲以防止对种子光源 Maitai 的锁模产生影响；9、33 分别为展宽器和放大器中的光栅；16 为放大器中的增益介质——掺钛蓝宝石晶体；19、24 为普克尔盒，其作用为挑选进入再生腔的种子光脉冲经放大后再倒出再生腔；26 为偏振分光片。其余为常见的光学镜片或定位小孔光阑

放方式可参考图 3.24。展宽器为马丁内兹型展宽器，其展开的光路图可参考图 3.20。

放大后的光脉冲在压缩器中的行走路线与光斑状况因压缩器中仅含光栅与平面镜，结果相对简单。具体行走路线为 **31→33→34→33→35→33→34→33→**。其中镜片组合 **34**（两个镜片的反射面互相垂直）的作用仅为镜像作用形成光栅对，同样四次经过光栅的光高度有所不同，参考图 3.25，其中第 1，2 次具有相同光高，而第 3，4 次具有不同的光高。高度的改变可以通过调整光学调整架的俯仰来实现。

种子光在再生放大腔的运转过程：

① 首先垂直偏振的种子光经由镜片 **15**、钛宝石晶体 **16** 端面反射至镜片 **17** 引入再生放大器，其中光在钛宝石晶体的端面为布儒斯特角入射。

② 随后光脉冲经过普克尔盒 **19**、1/4 波片 **20**，被端镜 **21** 反射再次经过 **20**、

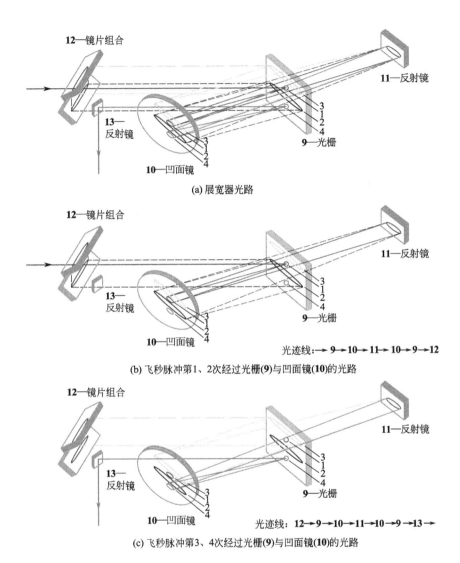

(a) 展宽器光路

光迹线：——**9**——**10**——**11**——**10**——**9**——**12**

(b) 飞秒脉冲第1、2次经过光栅(**9**)与凹面镜(**10**)的光路

光迹线：**12**——**9**——**10**——**11**——**10**——**9**——**13**——

(c) 飞秒脉冲第3、4次经过光栅(**9**)与凹面镜(**10**)的光路

图 3.24　光路与镜片组合12 的组合与摆放方式(见彩图 6)

飞秒脉冲经过光栅(9)与凹面镜(10)的先后次序在图中用阿拉伯数字 1,2,3,4
标出；图中光线的颜色深浅与线型的作用仅为区别光路，并没有特殊意义

19；此时普克尔盒 **17** 未加高压，对光偏振不产生影响，因此两次经过 **20** 后光脉冲
由垂直偏振变为水平偏振，在随后的传输过程中可以透过偏振分光片 **26**（水平偏振
透射，垂直偏振反射）；这样光脉冲再次经过钛宝石晶体时则因为水平偏振以布儒
斯特角入射而具有极低的反射损耗。在入射再生腔内的种子光脉冲转变为水平偏振
的光以后，通过控制器即在普克尔盒施加 1/4 波电压使其与元件 **20** 一起等效为1/2
波片，因此光脉冲在两次经过 **19**、**20** 则不再改变偏振方向，因此种子光可以在再
生腔内往复传输而被放大。

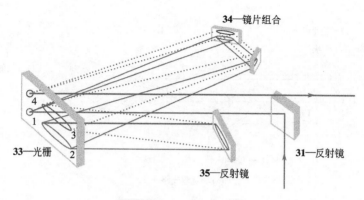

图 3.25 压缩器光路图

图中光线的颜色深浅与线型的作用仅为区别光路，并没有其他特殊意义。

光迹线：31→33→34→33→35→33→34→33→

③ 水平偏振的种子光被束缚在再生腔内时，普克尔盒 **24** 未被施加电压，因此对光的偏振不产生影响；而当光脉冲被充分放大后，可以对普克尔盒 **24** 施加 1/4 波电压，是激光经过传输途径 **26→24→25→24** 两次经过普克尔盒 **24** 变为垂直偏振通过偏振分光片 **26** 而被倒出再生腔。

在飞秒放大器中，种子光源部分非常重要，它的输出是放大器的种子光，而种子光的质量直接影响再生放大器的稳定性与效果。图 3.26 给出了种子光源振荡器 Maitai 的实物图以及根据实物图所画出的光路图。由图 3.26(b)看出，振荡器通过加入反射镜 M6、M7 对光路进行折叠使整个谐振腔结构变得紧凑。振荡器的光路比较简单，首先泵浦光经由凹面双色镜 D3(透射泵浦光，反射腔内激光)聚焦至钛宝石晶体内；凹面双色镜 M2 收集的荧光入射至端镜 M1，然后原路返回，再依次经过 M2、M3 等至端镜 M10，然后再原路返回钛宝石晶体依次一次腔内的往返。在一定的泵浦功率下(保证腔内增益大于损耗)，通过调整端镜 M1、M10，使光路严格地按原路返回行程正反馈即可获得激光输出。通过调整两个凹面镜 M2、M3 之间的距离可以调整激光器运转对应的稳区位置至可以锁模的位置(可参考图 3.16)，并调整棱镜对之间的距离使腔内色散补偿合理，即可通过 AOM 启动克尔透镜锁模。

谐振腔中激光在棱镜对一臂的行走路线有些复杂，其行走路线为

① 第一次通过棱镜对 M4→M5→P1→M6→M7→P2→M8

② 第二次通过棱镜对 M8→M9→P2→M7→M6→P1→M10

③ 第三次通过棱镜对 M10→P1→M6→M7→P2→M9

④ 第四次通过棱镜对 M9→M8→P2→M7→M6→P1→M4

其中 M8 与 M9 为一对 45°反射镜组成的爬高镜(反射面互相垂直)，如图 3.26(c)所示。镜片 M5 的纵向尺寸稍小，使得激光第一次与第四次在 M5 上发生反射，而其余两次则从 M5 上方通过，两种光高度的改变通过爬高镜 M8、M9 实现。可见 Maitai 的光路设计是非常巧妙的。

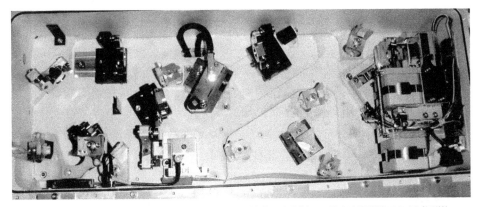

(a) 美国光谱物理公司啁啾脉冲放大器Hurricane内的种子光光源：飞秒脉冲振荡器Maitai实物照片

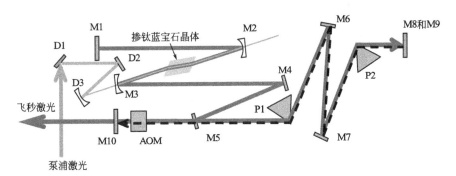

(b) 振荡器 Maitai 对应的光路

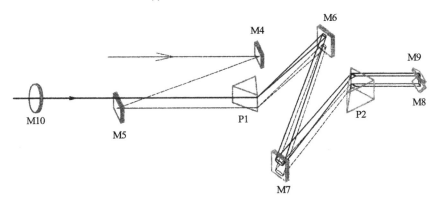

(c) 棱镜对部分光路效果(见彩图7)

图 3.26　光源振荡器 Maitai 的实物照片及光路

D1~ D3 振荡器泵浦光腔外反射镜，其中 D3 为凹面镜，作用为将泵浦光聚焦至钛宝石晶体。 M1~ M10 为
振荡级腔镜，其中 M2 与 M3 为平凹双色镜，其作用为透射与反射泵浦光并对腔内激光具有汇聚
作用。 M10 为输出耦合镜，其反射率一般小于 99.9%，目的是透射一部分激光作为输出，
另外反射大部分激光作为反馈维持腔内激光的稳定运转。 P1 与 P2 为棱镜对。 AOM 为
声光晶体，通过电控制可启动克尔透镜锁模。 其余光学镜片为对腔内飞秒激光具
有极高反射率的平面反射镜(通常反射率大于 99.9%)

3.4 非线性光学频率变换[27]

非线性光学频率变换是超快激光光源进行频率扩展的重要手段。在非线性光学频率变换装置中，通常以三波混频为基础。例如，倍频过程，参量放大过程，差频过程。无论参量放大还是倍频、差频，均属于三波混频过程。设参与相互作用的三束光的圆频率为 ω_1，ω_2 和 ω_3，满足能量守恒，即 $\omega_3 = \omega_1 + \omega_2$；其波矢分别为 k_1，k_2 和 k_3，根据动量守恒原理，完全相位匹配时 $k_1 + k_2 = k_3$，即相位失配 $\Delta k = k_1 + k_2 - k_3 = 0$。由于 $k_i = \omega_i n_i / c$，相位匹配条件可简写为 $\omega_1 n_1 + \omega_2 n_2 = \omega_3 n_3$。从原理上说，非线性晶体中的三波相互作用的相位匹配有两种类型。如果频率为 ω_1 和 ω_2 的光波具有相同的偏振，相位匹配为 I 类相位匹配；反之，光波 ω_1 和 ω_2 具有正交的偏振，相位匹配为 II 类相位匹配。

以钛宝石增益介质的啁啾脉冲放大器为基本光源，常用的非线性光学频率变换装置主要有以下几种：

① 以 800nm 中心波长的基频飞秒脉冲为泵浦光脉冲的共线光参量放大器：输出的信号光波长范围为 $1.1 \sim 1.5 \mu m$，闲频光波长范围为 $1.7 \sim 2.9 \mu m$。

② 以倍频 400nm 中心波长的飞秒脉冲为泵浦光脉冲的非共线光参量放大器：输出的信号光波长范围为 $500 \sim 750 nm$。闲频光波长范围为 $0.85 \sim 2 \mu m$。

③ 以①装置中的信号光和闲频光为基础的差频装置，差频结果为中红外波段的飞秒脉冲，波长范围 $4 \sim 11 \mu m$。

④ 将②装置中的信号光倍频，输出波长范围 $250 \sim 375 nm$ 的紫外飞秒脉冲。

3.4.1 近红外波段共线光参量放大

光参量放大技术是利用非线性晶体作为参量耦合元件，将一个强的高频激光辐射（泵浦光）和一个弱的低频光波（信号光）同时入射到非线性晶体内，信号光被放大，同时产生另一个低频光波（闲频光）。以光参量放大技术为基础的实验装置称为光参量放大器（optical parametric amplifier，OPA）。参量放大过程遵循能量守恒与动量守恒原理：

$$\omega_p = \omega_s + \omega_i \tag{3.29}$$

$$k_p = k_s + k_i \tag{3.30}$$

式中，ω 为光子圆频率；k 为波矢。脚标 p、s、i 分别代表泵浦光、信号光和闲频光。光参量放大的增益直接由相位失配 $\Delta k = k_s + k_i - k_p$ 决定，增益 G 正比于 $\left[\dfrac{\sin(\Delta k l)}{\Delta k l} \right]^2$，$l$ 为有效互作用长度。相位失配 Δk 可以非常有效地抑制增益；对于飞秒光参量放大器，相位失配随信号光波长的变化率决定了光参量放大器的增益带宽的大小。

以 800nm 中心波长的基频飞秒脉冲为泵浦光脉冲的光参量放大器通常采用共

线形式，即泵浦光与信号光共线[28]。非线性光学晶体通常为负单轴晶 BBO(β 相偏硼酸钡，β-BaB$_2$O$_4$)。共线光参量放大器(以后简称 OPA)中，参量过程的相位匹配即可以选择Ⅰ类相位匹配，也可以选择Ⅱ类相位匹配。

Ⅰ类相位匹配指的是，泵浦光为非常光，信号光与闲频光均为寻常光具有相同的偏振。Ⅱ类相位匹配则为，泵浦光为非常光，信号光与闲频光具有正交的偏振。下面通过比较两类相位匹配情况下，非线性晶体切割角 θ(已成为相位匹配角，默认泵浦光垂直入射晶体)的计算、参量增益 $G \propto \left[\dfrac{\sin(\Delta kl)}{\Delta kl}\right]^2$ 的计算等对 OPA 进行介绍。

(1)相位匹配角的计算公式

首先考虑Ⅰ类相位匹配情况。将波矢 $k = \omega n/c$ 带入公式(3.29)，并简化可得

$$\omega_p n_p = \omega_s n_s + \omega_i n_i \tag{3.31}$$

其中仅泵浦光的折射率 n_p 为相位匹配角 θ 的函数。折射率 n_p 可表示为

$$n_p^2 = \frac{n_o^2 n_e^2}{n_o^2 \sin^2\theta + n_e^2 \cos^2\theta} \tag{3.32}$$

其中下角标 o 表示寻常光，e 表示非寻常光。将式(3.32)带入式(3.31)，并简化可得相位匹配角 $\theta_{\rm I}$ 的表达式为

$$\sin^2\theta_{\rm I} = \frac{\left(\dfrac{\omega_p n_o n_e}{\omega_s n_s + \omega_i n_i}\right)^2 - n_e^2}{n_o^2 - n_e^2} \tag{3.33}$$

Ⅱ类相位匹配中信号光与闲频光具有正交的偏振，设泵浦光、信号光为非寻常光，有

$$n_p^2 = \frac{n_{po}^2 n_{pe}^2}{n_{po}^2 \sin^2\theta + n_{pe}^2 \cos^2\theta} \tag{3.34}$$

$$n_s^2 = \frac{n_{so}^2 n_{se}^2}{n_{so}^2 \sin^2\theta + n_{se}^2 \cos^2\theta} \tag{3.35}$$

将式(3.34)、式(3.35)代入式(3.33)可得

$$\omega_p \sqrt{\frac{n_{po}^2 n_{pe}^2}{n_{po}^2 \sin^2\theta + n_{pe}^2 \cos^2\theta}} = \omega_s \sqrt{\frac{n_{so}^2 n_{se}^2}{n_{so}^2 \sin^2\theta + n_{se}^2 \cos^2\theta}} + \omega_i n_i \tag{3.36}$$

式(3.36)非常复杂，无法得出相位匹配角 θ 的解析表达式，因此Ⅱ类相位匹配角只能通过计算机求其数值解获得。泵浦光中心波长为 800nm 的Ⅰ类与Ⅱ类相位匹配角的计算结果如图 3.27 所示。比较两种相位匹配方式，在Ⅰ类相位匹配中，由于信号光与闲频光具有相同的偏振方向，因此信号光与闲频光在计算中可以角色互换，那么在计算相位匹配角时，仅考虑信号光波长 1.1~1.6μm 即可。而Ⅱ类相位匹配中，由于信号光与闲频光的偏振方向互相垂直，因此信号光与闲频光在计算中不能角色互换，所以计算中信号光需考虑的波长则为 1.1~2.9μm(长波长由 BBO 的透射波长限制)。

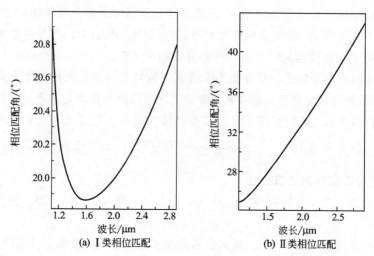

(a) I类相位匹配　　　　(b) II类相位匹配

图 3.27　共线(OPA)非线性(BBO)晶体相位匹配角的计算结果(横坐标为信号光波长)

(2)参量增益 $G \propto \left[\dfrac{\sin(\Delta kl)}{(\Delta kl)}\right]^2$

当泵浦光 $0.8\mu m$，信号光 $1.2\mu m$，对应的 I 类相位匹配角为 $20.3°$，II 类相位匹配角为 $37.3°$；取参量过程 BBO 晶体的厚度为 $1mm$，参量增益 $G \propto \left[\dfrac{\sin(\Delta kl)}{(\Delta kl)}\right]^2$ 的计算结果如图 3.28 所示。由图 3.28 可见，对于相同厚度的非线性晶体，I 类相位匹配的 OPA 增益带宽更宽一些，可以支持更短的激光脉冲；而 II 类相位匹配的增益带宽相对较窄，更适用于需要窄带近红外脉冲光源的场合。

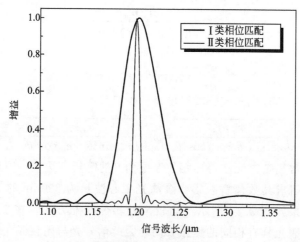

图 3.28　参量增益 G

计算中取 BBO 晶体厚度为 1mm;a. u. 表示任意单位

(3)有效非线性系数 d_{eff}

频率变换装置中，转换效率的大小取决于非线性晶体的有效非线性系数。非线

性晶体 BBO 在Ⅰ类和Ⅱ类相位匹配时的有效非线性系数可由如下公式计算

Ⅰ类

$$d_{eff} = d_{31}\sin\theta + (d_{11}\cos3\phi - d_{22}\sin3\phi)\cos\theta \tag{3.37}$$

Ⅱ类

$$d_{eff} = (d_{11}\sin3\phi + d_{22}\cos3\phi)\cos^2\theta \tag{3.38}$$

式中，θ 为光线与晶轴之间的夹角（晶轴即指 z 轴），对应相位匹配角；ϕ 为与晶体切割有关系的量，Ⅰ类相位匹配时取 30°，Ⅱ类相位匹配时取 0°。与 BBO 晶体对应的参数 $d_{11} = 5.8 \times d_{36}$（pm/V）；$d_{31} = 0.05 \times d_{11}$；$d_{22} < 0.05 \times d_{11}$。非线性系数 d_{ij} 为非线性晶体的二阶极化张量，角标 i，j 对应非线性晶体的晶轴，分别用数值 1，2，3 表示晶体的 x，y，z 轴。

简化后的有效非线性系数的表达式为

Ⅰ类：$d_{eff} = d_{31}\sin\theta + d_{11}\cos\theta$
$$\tag{3.39}$$

Ⅱ类：$d_{eff} = d_{11}\cos^2\theta$　(3.40)

图 3.29 给出了有效非线性系数随光线与光轴夹角 θ、OPA 中信号光波长的变化趋势。在图中所示的光轴夹角 θ 范围内，Ⅰ类相位匹配的有效非线性系数均稍

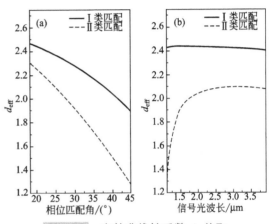

图 3.29　有效非线性系数 d_{eff} 的取值(a)随光线与光轴夹角 **θ** 的变化曲线；(b)随 OPA 信号波长的变化曲线

大于Ⅱ类。而在以 800nm 飞秒脉冲为泵浦光的共线 OPA 中，当信号光波长小于 2.0μm 时，有效非线性系数偏小，且变化剧烈；当信号光波长大于 2.0μm 时，有效非线性系数的取值变化则很小。在二级放大的Ⅱ类匹配 OPA 中，由于第一级 OPA 放大中的信号光取自于 800nm 的光脉冲经由蓝宝石片产生的超连续白光，因此信号光的波段在 1.1～1.6μm，闲频光波段为 1.6～2.9μm；而第二级 OPA 放大的信号光则选择第一级放大产生的 1.6～2.9μm 波段的闲频光，这是因为对于Ⅱ类匹配的 OPA，有效非线性吸收在此波段范围内取值偏大且变化非常小。

3.4.2　可见光波段非共线光参量放大

非共线光参量放大器（Non-collinear Optical Parametric Amplifier，NOPA）中三束光呈非共线结构，即泵浦光与信号光以一定的夹角在 BBO 表面入射[29~31]。

相位匹配为第Ⅰ类相位匹配，泵浦光为非常光，信号光与闲频光为寻常光。图 3.30 给出了非共线光参量放大中泵浦、信号、闲频三束光之间的空间关系。相位匹配需在 x 和 y 方向同时满足，即

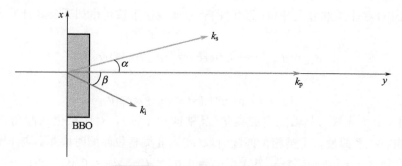

图 3.30　BBO 晶体中波矢矢量图

其中 α、β 分别为 BBO 晶体内部信号光、闲频光与泵浦光之间的夹角

$$\Delta k_x = k_s \sin\alpha - k_i \sin\beta = 0 \tag{3.41}$$

$$\Delta k_y = k_p - k_s \cos\alpha - k_i \cos\beta = 0 \tag{3.42}$$

与共线参量放大不同，除了选择适当的 BBO 的切割角 θ 以满足相位匹配条件，还可以通过改变泵浦光与信号光之间的非共线角 α 来调整增益 G 的谱带宽度。选择合适的 α，不仅满足相位匹配条件，还能满足群速匹配条件，使得光参量放大过程具有最佳的增益和最大的增益带宽（详见第 13 章）。参考共线 OPA 中的I类相位匹配角的计算公式（3.36），可得出非共线 OPA 在I类相位匹配情况下的相位匹配角公式

$$\sin^2\theta_{\mathrm{I}} = \frac{\left(\dfrac{\omega_p n_o n_e}{\omega_s n_s \cos\alpha + \omega_i n_i \cos\beta}\right)^2 - n_e^2}{n_o^2 - n_e^2} \tag{3.43}$$

一般来说，对于给定的非共线角 α，首先通过式（3.42）可得角度 β，再利用公式（3.43）计算得出不同信号波长对应的相位匹配角，计算结果可参考图 3.31。如果仅考虑信号光波长范围在 0.5～0.75μm，由图可知，当非共线角 α=0°时（即对应

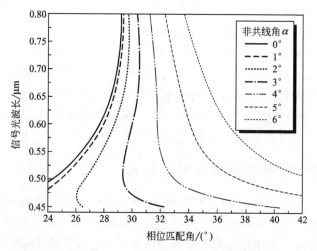

图 3.31　非共线光参量放大（I 类相位匹配）在泵浦光脉冲为中心波长 400nm 的情况下，非共线角 α 取不同值时相位匹配角随信号光波长的变化曲线

共线情况），相位匹配角 θ 随信号光波长的改变有 $4°$ 左右的改变量；而当非共线角 α 在 $3°\sim4°$ 之间变化时，相位匹配角 θ 随信号光波长的改变小于 $1°$，由此可以间接说明此时参量放大的增益 G 具有远比共线参量放大宽得多的谱带宽度。假设泵浦光中心波长 $0.4\mu m$，信号光中心波长 $0.6\mu m$，非共线角 $\alpha=3.79°$，计算所得的共线和非共线两种情况下的参量增益曲线如图 3.32 所示。其中共线参量放大情况下相位匹配角 $\theta=27.7°$，非共线参量放大情况下相位匹配角 $\theta=31.4°$。对比图中的两条曲线，可以明显看出，非共线结构大大拓宽了光参量放大的增益带宽，因此利用非共线结构在变换泵浦光源波长的同时，还可以获得比泵浦光源更窄的飞秒脉冲。

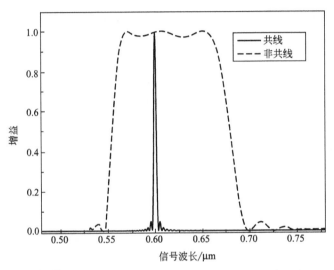

图 3.32　可见光波段非共线光参量放大增益曲线示意图

同时给出了共线参量放大的增益曲线以作比较

3.4.3　如何获得紫外、中红外波段的飞秒脉冲

(1)倍频产生紫外波段的飞秒脉冲

通常紫外波段的飞秒脉冲通过倍频方法产生。最简单的倍频过程是，将需要倍频的飞秒脉冲聚焦至非线性晶体 BBO 上即可获得倍频输出。在实际实验中，倍频过程通常应用于三种情况：①将钛宝石飞秒放大器输出的 $0.8\mu m$ 的飞秒脉冲倍频至 $0.4\mu m$；②将非共线光参量放大输出的可见光波段 $0.5\sim0.75\mu m$ 的飞秒脉冲倍频至紫外 $0.25\sim0.375\mu m$；③利用自相关法测量脉冲宽度时的和频过程，虽然称为和频，但是当和频的两束光来源于同一光源，且两束光之间的夹角很小的情况下，也可近似为倍频过程。倍频过程一般为 I 类相位匹配。基频光 ω_f，倍频光 ω_s 之间的相位匹配关系为

$$\omega_s n_s = 2\omega_f n_f \tag{3.44}$$

下角标 s 表示倍频二次谐波，f 表示基频。通过简化公式(3.33)，可以得到倍频过

程的相位匹配角 θ_{SHG} 表达式

$$\sin^2 \theta_{SHG} = \frac{\left(\dfrac{n_o n_e}{n_f}\right)^2 - n_e^2}{n_o^2 - n_e^2} \qquad (3.45)$$

相位失配的表达式为

$$\Delta k = \frac{2\omega_f}{c}(n_s - n_f) \qquad (3.46)$$

通过 $G \propto \left[\dfrac{\sin(\Delta kl)}{(\Delta kl)}\right]^2$ 可获得倍频的增益曲线。不同于参量过程，倍频过程对于非线性晶体的厚度这一参数非常敏感，这是因为对于基频光脉冲来说，过长的非线性晶体厚度会引起光谱滤波，晶体过短则导致倍频效率不够。

飞秒激光含有多种频谱成分，在飞秒激光倍频时通常只有中心频率成分满足相位匹配条件 $\Delta k = 0$，而脉冲中其他频率成分的光的 $\Delta k \neq 0$，即存在相位失配，不同频率的光谱成分失配量不同，因此倍频的转换效率也不同，所以使用倍频晶体对飞秒脉冲倍频时，得到的倍频光会受 $\left[\dfrac{\sin(\Delta kl)}{(\Delta kl)}\right]^2$ 的调制，即光谱滤波。由此可见，通过调整非线性晶体厚度 l，使 $\left[\dfrac{\sin(\Delta kl)}{(\Delta kl)}\right]^2$ 函数的谱带宽度大于基频光的光谱宽度，才能忽略光谱滤波现象。在这种情况下，对于用于波长转换的倍频过程来说，能够保证倍频后的光谱不受调制，脉宽不受影响；而对于利用倍频测量脉宽来说，能够保证自相关过程测得的脉冲宽度能如实反映真实的脉宽。

图 3.33(a)给出了以 BBO 为非线性晶体，倍频过程相位匹配角与基频光波长的关系曲线；(b)~(d)图给出了不同倍频晶体厚度对应的增益曲线，已给出晶体厚度对谱带宽度的影响。对钛宝石飞秒放大器输出的 $0.8\mu m$ 飞秒脉冲做倍频或者测量脉冲宽度时，BBO 晶体的厚度选择可参考图(c)、(d)，由图可发现，对于大于 $200\mu m$ 厚度的 BBO 晶体来说，倍频滤波函数 $\left[\dfrac{\sin(\Delta kl)}{(\Delta kl)}\right]^2$ 的谱带宽度变化不大，而小于 $200\mu m$ 则变化明显，尤其是厚度小于 $50\mu m$ 的时候。当希望通过对可见光非共线参量放大器的输出做倍频获得紫外波段的超短超宽脉冲或者测量可见光脉冲的脉宽时，BBO 晶体的厚度选择可参考图(b)。

总体来说，在测量脉冲的时候需要选择尽量薄的晶体，因为和频信号的强度只要能够达到探测器的要求即可；而通过倍频获得紫外波段的光脉冲时，则需要在光的倍频效率与倍频滤波函数之间做一个平衡。但是对于小于 10fs 的飞秒脉冲来说，只能用 $50\mu m$ 以下的晶体厚度。而如果利用倍频过程进行波长变换的情况下，几十微米厚的非线性晶体的倍频效率显然太低了。如果利用色散元件(例如棱镜对或者光栅)引入合适的空间色散，使飞秒脉冲中不同的光谱成分均达到相位匹配条件，即 $\Delta k(\omega) = 0$，即在感兴趣的基频光波长范围内不再存在滤波函数(理想情况)，那

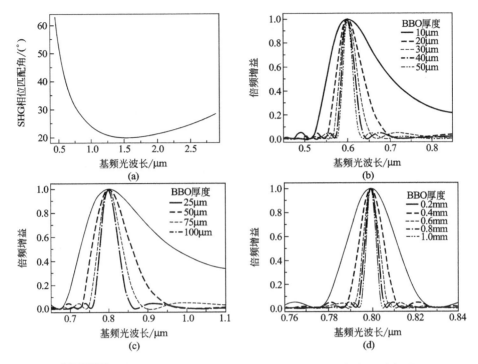

图 3.33　BBO 为非线性晶体时二倍频相位匹配角与基频光波长的
关系曲线及不同倍频晶体厚度对应的增益曲线

(a)BBO 为非线性晶体，二倍频相位匹配角与基频光波长的关系曲线；(b)基频光中心波长 0.6μm，不同
倍频晶体厚度对应的增益曲线；(c)、(d)基频光中心波长 0.8μm，不同倍频晶体厚度对应的增益曲线

么既可以使整个光谱内成分均参与倍频，又可以获得足够高的倍频效率。实验研究表明这是一个切实可行的办法，不过在这里对具体的实验设计，参数选择等不再进行详细描述，有兴趣的可以参考已经发表的研究结果[32～34]。

（2）中红外波段飞秒脉冲的产生[35]

中红外波段指光波长 $3～20\mu m$ 的光谱范围。一般来说，可以通过光参量放大、光参量产生、差频三种方法获得中红外波段的飞秒脉冲；这三种方法均属于三波混频过程。参量过程产生的中红外光的输出波长以及转换效率依赖于非线性晶体的选择；要求非线性光学晶体对泵浦光或者差频的两束激光与中红外波段的信号光有足够高的透过率，以及足够高的有效非线性系数。常用的一些非线性光学晶体在表 3.1 中列出。

在飞秒光谱学实验中，共线光参量放大器是常用的近红外波段光源，因此利用共线光参量放大器输出的信号光与闲频光进行差频获得中红外飞秒脉冲是一种简单可行的方法。需要做的仅是，将信号光与闲频光分开并控制两束激光之间的时间延迟，然后选择合适的差频晶体即可获得中红外波段的飞秒脉冲。由于近红外至中红外波段材料的色散系数非常小，因此并不需要像利用 BBO 进行倍频或者参量放大的实验装置那样根据实际情况严格选择晶体的厚度；一般来说只需要确定非线性晶体的切割方式与相位匹配角参数，然后选择常用的晶体厚度即可。当然，在实际应用中，还需要注意非线性晶体的破坏阈值、硬度及走离角等。

表 3.1　中红外波段适用非线性晶体列表

非线性晶体	透光范围/μm	最大有效非线性系数	非线性系数/(pm/V)
KTiOPO$_4$	0.35~4.5	$d_{oeo} = d_{24}\sin\theta$	$d_{24} = 3.7$
KTiOAsO$_4$	0.35~5.3	$d_{oeo} = d_{24}\sin\theta$	$d_{24} = 3.53$
AgGaS$_2$	0.47~13	$d_{ooe} = d_{36}\sin\theta\sin2\varphi$	$d_{36} = 12.7$
HgGa$_2$S$_4$	0.55~13	$d_{ooe} = (d_{36}\sin2\varphi + d_{31}\cos2\varphi)\sin\theta$	$d_{36} = 22.9$
AgGaSe$_2$	0.71~19	$d_{ooe} = d_{36}\sin2\theta\cos2\varphi$	$d_{36} = 35$
GaSe	0.62~20	$d_{ooe} = d_{22}\cos\theta\sin3\varphi$	$d_{22} = 57.7$

　　注：其中前两种晶体的非线性系数参考 $1.064\mu m \rightarrow 0.532\mu m$ 倍频过程，后几种晶体的非线性系数参考 $5.3\mu m \rightarrow 2.65\mu m$ 倍频过程。

3.4.4　频率变换装置实例介绍

(1)近红外波段 OPA 与差频产生中红外装置

以共线光参量放大器（Ⅱ类匹配）的实验方案为例进行介绍，如图 3.34 所示。激光光源是光谱物理公司的 Hurricane 产生的中心波长 800nm 脉宽 150fs 的飞秒激光，重复频率 1kHz，脉冲能量 700μJ。分出 330μJ 作为泵浦光脉冲，其中 10μJ 经过 $1/2\lambda$ 玻片和偏振片组合（WP+P）衰减到~1μJ，再由焦距 75mm 的透镜 FL1 聚

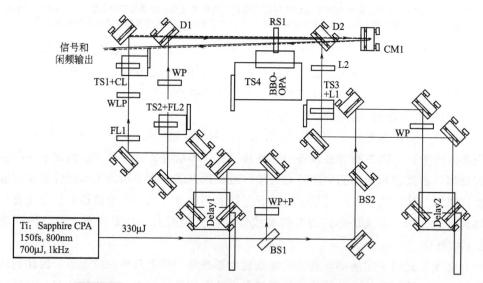

图 3.34　1.2~2.4μm 可调谐共线参量放大器简图(见彩图 8)

两级放大：BS1 反射 10μJ 的能量用来产生白光，提供一级放大的种子光；BS2 反射 50μJ 的光作为一级放大的泵浦，其余 270μJ 光泵浦二级放大。CPA，啁啾脉冲放大；其他的简写在文中有详细介绍。其中红色(实线)线条表示中心波长 800 nm 的激光、绿色(虚线)线条表示近红外种子光放大后的信号光与闲频光(示具体情况而定)

焦在 1mm 厚的白光镜片(WLP)上用以产生参量放大过程所需的种子光。这里采用的是 c 轴切割的蓝宝石晶体。用 50mm 的透镜(CL)和平移台 TS1 把发散的白光聚焦到 BBO 晶体上，并调整焦点至 BBO 晶体后约 10mm 的位置。分束镜 BS2 分出 $50\mu J$ 的光作为一级放大的泵浦光，用焦距 300mm 的透镜 FL2 和平移台 TS2 调整泵浦光的焦点到 BBO 晶体后约 10mm 的位置，再调节时间延迟 Delay1，使得在时间与空间上，白光与泵浦光在 BBO 晶体内重合，再通过旋转平移台 RS1 绕水平转动轴调节 BBO 到特定相位匹配角(约 27°)就可以产生总能量约为 $1\mu J$ 的一级放大信号光和闲频光。图中 D1 为二色片，作用为消除白光中残余 800nm 光的影响(反射 800nm 的激光，透射 $1.1\sim2.9\mu m$ 的近红外光)；而且对 800nm 的反射作用正好用来反射 800nm 中心波长的泵浦光而入射致 BBO 晶体。

　　第二级放大的泵浦光为透过分束镜 BS2 的飞秒脉冲，单脉冲能量 $270\mu J$，经过望远系统 TS3+L1+L2 缩束到原来的 1/3；同时用曲率半径 400mm 的镀铝膜凹面镜 CM1 准直一级放大的信号光与闲频光作为种子光，调节 Delay2 使两束光重合，可产生总能量约为 $100\mu J$ 的二级放大信号光和闲频光。需要指出的是，第一放大的信号光和闲频光在作为第二级放大的种子光之前，需经过二色片 D2(参数同 D1)滤掉 800nm 中心波长的泵浦光。

　　第二级放大输出的光含有三部分：信号光，闲频光以及剩余的泵浦光。因参量过程为二类匹配，所以信号光和闲频光的偏振方向垂直，在此把水平偏振的光称为信号光。调节 BBO 的相位匹配角可以实现信号光和闲频光在 $1.2\sim2.4\mu m$ 范围内调谐。

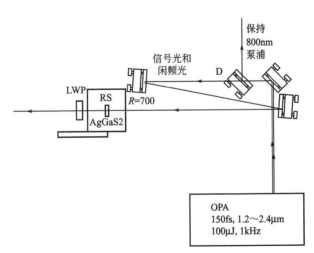

图 3.35　差频过程产生中红外飞秒脉冲光路示意图(见彩图 9)

　　利用 OPA 输出的信号光和闲频光在 $AgGaS_2$ 晶体内的差频过程，可产生中红外波段的飞秒脉冲，具体光路图可参考图 3.35；$AgGaS_2$ 相位匹配角在 35°左右。如图所示，之所以选择直接通过聚焦实现差频有两个主要的原因：①在 BBO 晶体内，信号光是普通光，闲频光是非常光，而在 AgGaS$_2$ 晶体内因为匹配条件的需要，两束光的偏振正好交换，所以在 AgGaS$_2$ 晶体内时间的走离效应恰好可以弥补 BBO 内的时间走离，这样就可以同时实现时间空间的重合，中红外差频信号的产生更加简单有效；②如果将信号光和闲频光先分离后重合会不可避免地损失许多能量，在光路的调整上也会麻烦许多。

（2）可见光波段 NOPA

以 20fs 非共线光参量放大器的实验方案为例。

光源：150fs，800nm，300mW 的飞秒激光（水平偏振，Hurricane，Spectra Physics）。**NOPA 中泵浦光**：400nm 飞秒激光脉冲（由 800nm 经非线性晶体倍频获得）；功率 100mW（垂直偏振）。**NOPA 中信号光**：超连续白光（水平偏振，由 800nm 飞秒激光脉冲聚焦至蓝宝石产生）。其中泵浦光与信号光之间夹角通过计算最优的相位匹配和群速度匹配获得。光参量放大晶体用 2mm 厚 BBO。脉冲压缩部分采用色散元件熔石英棱镜对。具体实验装置如图 3.36 所示。

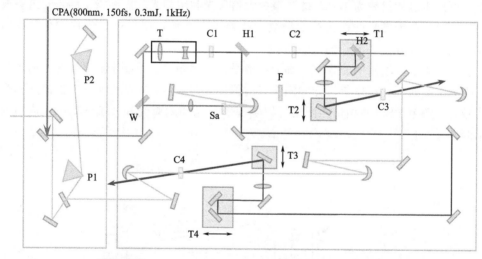

图 3.36 可见光波段非共线光参量放大器（见彩图 10）

图中 T 为望远系统；C1，C2 为倍频 BBO；C3，C4 为参量放大 BBO；H1，H2 为双色反射镜（反射 400nm，透射 800nm）；W 为石英光楔；Sa 为蓝宝石片；F 为滤光片；P1，P2 为石英棱镜；T1,T2,T3,T4 为手动平移台；未标出的镜片分别为反射镜、凹面反射镜、透镜等

首先，800nm 的基频光利用石英光楔 W 分束，约 96％的透射光经望远系统缩束至原光斑的 1/3，然后入射至倍频晶体 C1 上，倍频与基频利用双色反射镜 H1 分束，反射的倍频光作为第二级参量放大的倍频光，功率约为 100mW，透射的倍频光再次经过倍频晶体 C2 产生约 25mW 的 400nm 激光作为第一级参量放大的泵浦光。由石英光楔 W 反射的约 4％基频光聚焦至蓝宝石 Sa 上产生超连续白光做信号光的种子光，然后通过滤光片 F（滤掉 800nm 附近的基频光）入射至参量放大晶体 C3。第一级放大获得的信号光准直后入射至晶体 C4 后被二次放大。第一级参量

放大中，泵浦光与信号光的时间延迟通过 T1 调节，第二级的时间延迟通过 T4 调节。图 3.36 中 T2 与 T3 的作用为通过调节 400nm 反射镜的位移对非共线角的大小进行控制。通常情况下，信号种子光的脉冲宽度大于泵浦光的脉冲宽度，因此波长的调节通过改变泵浦光与信号光之间的时间延迟即可，即通过 T1 的调整可实现波长调谐输出；而第二级 T2 则不具备调谐功能，仅需要调节最佳的延迟位置对第一级放大的信号光进行二次放大。二次放大后的信号光为水平偏振，因此可直接通过棱镜对进行色散补偿。棱镜对之间距离直接影响棱镜对引入的负色散量，因此棱镜对距离这一参数需要通过测量种子白光的啁啾量来推算。

如要将 NOPA 中的可见光飞秒脉冲倍频至紫外波段，有两种方法，一种是直接聚焦至倍频晶体，另一种是先将可见光脉冲通过色散元件引入空间色散，然后在聚焦至倍频晶体倍频，再利用色散元件消去二次谐波的空间色散。前一种方法简单，缺点是需要选择薄的倍频晶体以避免倍频滤波效应，倍频转换效率低。后一种方法装置复杂，优点是可以通过空间色散已达到宽光谱范围内都可以满足相位匹配（理想情况）以降低对晶体厚度的要求，因此可以获得较高的倍频效率。这两种倍频形式原理相同，比较简单，因此不再详细介绍。

参 考 文 献

[1] Fork, R. L.；Greene, B. I.；Shank, C. V. *Appl. Phys. Lett.* **1981**, 38, 671.

[2] Valdmanis, J. A.；Fork, R. L.；Gordon, J. P. *Opt. Lett.* **1985**, 10, 131.

[3] Moulton, P. F. *J. Opt. Soc. Am. B.* **1986**, 3, 125.

[4] Sanchez, A.；Strauss, A. J.；Aggarwal, R. L.；Fahey, R. E. *IEEE J. Quantum. Electron.* **1988**, 24, 995.

[5] Eggleston, J. M.；Deshazer, L. G.；Kangas, K. W. *IEEE J. Quantum Electron.* **1988**, 24, 1009.

[6] Sanchez, A.；Stuppi, M. M.；Fahey, R. E.；Strauss, A. J.；Rapoport, W. R.；Khattak, C. P. *IEEE J. Quantum. Electron.* **1988**, 24, 1003.

[7] Spence, D. E.；Kean, P. N.；Sibbett, W. *Opt. Lett.* **1991**, 16, 42.

[8] Ell,R.；Morgner, U.；Kartner, X.；Fujimoto, J. G.；Ippen, E. P.；Scheuer, V.；Angelow, G.；Tschudi, T.；Lederer, M. J.；Boiko, A.；Luther-Davies B. *Opt. Lett.* **2001**, 26, 373.

[9] Strickland, D.；Mourou, G. *Opt. Commun.* **1985**, 56, 219.

[10] 戴建明, 沈宇震, 张伟力, 章若冰, 王清月, 方珍意, 黄朝恩. 光学学报. **1997**, 7, 879.

[11] Torizuka, K.；Itatani, T.；Kobayashi, K.；Sugaya, T.；Nakagawa, T. *IEEE. J. Quantum Electron.* **1997**, 33, 1975.

[12] Naumov, S.；Sorokin, E.；Kalashnikov, V. L.；Tempea G.；Sorokina I. T. *Appl. Phys. B* **2003**, 76, 1.

[13] 王专. 克尔透镜锁模飞秒钛宝石激光器前沿技术的研究［学位论文］. 上海：中国科学院上海冶金研究所，**2000**.

[14] Moulton, P. *Opt. News.* **1982**, 8, 9.

[15] Rulliere, C. Femtosecond Laser Pulses Principles and Experiment. 2nd Ed. Springer Science，**2005**.

[16] Haus, H. A. *IEEE J. Sel. Top. Quantum Electron.* **2000**, 6, 1173-1185.

[17] Kogelnik, H. W.；Ippen, E. P.；et al. *IEEE J. Quantum Electron.* **1972**, 8, 373-379.

[18] 周炳琨, 高以智, 陈倜嵘, 陈家骅. 激光原理. 北京：国防工业出版社，**2004**.

[19] 卢亚雄, 杨亚培, 陈淑芬. 激光束传输与变换技术. 成都: 电子科技大学出版社, **1999**.

[20] Magni, V.; Cerullo, G.; Silvestri, S. D. *Opt. Comm*. **1993**, *96*, 348.

[21] Fork, R. L.; Martinez, O. E. *Opt. Lett*. **1984**, *9*, 150.

[22] Szipocs, R.; Kohazi-Kis, A. *Appl. Phys. B* **1997**, *65*, 115.

[23] Szipocs, R.; Ferencz, K.; Spielmann, Ch.; Krausz, F. *Opt. Lett*. **1994**, *19*, 201.

[24] 曹士英. 低重复频率啁啾脉冲放大系统的研究 [学位论文]. 天津: 天津大学, **2006**.

[25] Treacy, E. B. *IEEE J. Quantum Electron*. **1986**, *9*, 454.

[26] Martinez, O. E. *IEEE J. Quantum Electron*. **1987**, *QE-23*, 59-64.

[27] 姚建全. 非线性光学频率变换及激光调谐技术. 北京: 科学出版社, **1995**.

[28] Dunn, M. H.; Ebrahimzadeh M. *Science*. **1999**, *286*, 1513.

[29] Gale, G. M.; Carallari, M.; Driscoll T. J.; Hache, F. *Opt. Lett*. **1995**, *20*, 1562.

[30] Wang, J.; Dunn M. H.; Rae, C. F. *Opt. Lett*. **1997**, *22*, 763.

[31] Shirakawa, A.; Sakane, I.; Takasaka; Kobayashi, T. *Appl. Phys. Lett*. **1999**, *74*, 2268.

[32] Baum, P.; Lochbrunner, S.; Riedle, E. *Opt. Lett*. **2004**, *29*, 1686.

[33] Kanai, T.; Zhou, X.; Liu, T.; Kosuge, A.; Sekikawa, T.; Watanabe, S. *Opt. Lett*. **2004**, *29*, 2929.

[34] Zhao, B.; Jiang, Y.; Sueda, K.; Miyanaga, N.; Kobayashi, T. *Opt. Exp*. **2009**, *17*, 17711.

[35] Kaindl, R. A.; Wurm, M.; Reimann, K.; Hamm, P.; Weiner, A. M.; Woerner, M. *J. Opt. Soc. Am. B* **2000**, *17*, 2086.

第4章

超快激光光谱原理与技术基础

Chapter 4

非线性光谱学基础

4.1 密度算符

4.1.1 纯态的密度算符

对于一个纯的量子态 $|\psi\rangle$，可以定义它的密度算符（density operator）为：

$$\rho = |\psi\rangle\langle\psi| \tag{4.1}$$

将 $|\psi\rangle$ 在一组基矢 $|n\rangle$ 中展开，有：

$$|\psi\rangle = \sum_n c_n |n\rangle \tag{4.2}$$

对上式两端取厄米共轭，即可得到相应的左矢表示：

$$\langle\psi| = \sum_n c_n^* \langle n| \tag{4.3}$$

$$\Rightarrow \rho = \sum_{n,m} c_n c_m^* |n\rangle\langle m| \tag{4.4}$$

因此，密度算符的矩阵元可以表示为：

$$\rho_{nm} \equiv \langle n|\rho|m\rangle = c_n c_m^* \tag{4.5}$$

对于一个算符 A，它的期待值（expectation value）定义为：

$$\langle A\rangle \equiv \langle\psi|A|\psi\rangle \tag{4.6}$$

将其同样对基矢 $|n\rangle$ 展开，可以得到：

$$\langle A\rangle \equiv \sum_{nm} c_n c_m^* A_{mn} \tag{4.7}$$

$$\Rightarrow \langle A\rangle = \sum_{nm} \rho_{nm} A_{mn} \tag{4.8}$$

$$\langle A\rangle = \mathrm{Tr}(A\rho) \tag{4.9}$$

定义一个矩阵 B 的迹（trace）为：

$$\mathrm{Tr}(B) \equiv \sum_n B_{nn} \tag{4.10}$$

迹的性质：

① 迹在循环置换中保持不变：

$$\mathrm{Tr}(ABC) = \mathrm{Tr}(CAB) = \mathrm{Tr}(BCA)$$

② 对易式（commutator）的迹为零：

$$\mathrm{Tr}([A,B]) = \mathrm{Tr}(AB - BA) = \mathrm{Tr}(AB) - \mathrm{Tr}(BA) = 0$$

③ 迹在幺正变换中保持不变（即，与基矢的选取无关）：

$$\mathrm{Tr}(Q^{-1}AQ) = \mathrm{Tr}(QQ^{-1}A) = \mathrm{Tr}(A)$$

4.1.2 密度算符的时间演化

密度算符随时间的演化为：

注：本章经瑞士苏黎世大学 Peter Hamm 教授允许译自他尚未出版的手稿，另可参阅文献 [1~3]。

$$\frac{\mathrm{d}}{\mathrm{d}t}\rho = \frac{\mathrm{d}}{\mathrm{d}t}(|\psi\rangle\langle\psi|) = \left(\frac{\mathrm{d}}{\mathrm{d}t}|\psi\rangle\right)\langle\psi| + |\psi\rangle\left(\frac{\mathrm{d}}{\mathrm{d}t}\langle\psi|\right) \tag{4.11}$$

根据 Schrödinger 方程，有：

$$\frac{\mathrm{d}}{\mathrm{d}t}|\psi\rangle = -\frac{i}{\hbar}H|\psi\rangle \tag{4.12}$$

$$\frac{\mathrm{d}}{\mathrm{d}t}\langle\psi| = +\frac{i}{\hbar}\langle\psi|H \tag{4.13}$$

$$\Rightarrow \frac{\mathrm{d}}{\mathrm{d}t}\rho = -\frac{i}{\hbar}|\psi\rangle\langle\psi| + \frac{i}{\hbar}|\psi\rangle\langle\psi|H \tag{4.14}$$

$$\frac{\mathrm{d}}{\mathrm{d}t}\rho = -\frac{i}{\hbar}H\rho + \frac{i}{\hbar}\rho H \tag{4.15}$$

$$\frac{\mathrm{d}}{\mathrm{d}t}\rho = -\frac{i}{\hbar}[H,\rho] \tag{4.16}$$

式(4.16)即为 Liouville-von Neumann 方程。

4.1.3　统计平均的密度算符

前面讨论了一个纯态对应的密度算符 $\rho = |\psi\rangle\langle\psi|$。但到目前为止，只不过是将 Schrödinger 方程进行了重新改写，并未加入任何新的物理内容。也就是说，完全可以直接用波函数的形式来表示。例如，两个方程式：

$$\frac{\mathrm{d}}{\mathrm{d}t}|\psi\rangle = -\frac{i}{\hbar}H|\psi\rangle \Leftrightarrow \frac{\mathrm{d}}{\mathrm{d}t}\rho = -\frac{i}{\hbar}[H,\rho] \tag{4.17}$$

所表示的意义是一样的，但这只限于 ρ 是一个纯态的密度算符！

在一些凝聚态的系统里，经常面对的是一些统计系综，而不是纯态。对于这种统计平均，无法将它写成一个波函数的形式，但是可以用一个密度算符来表示。如果令 P_k 表示系统处于纯态 $|\psi_k\rangle$ 的概率，就可以将这样的一个密度算符定义为：

$$\rho = \sum_k P_k \cdot |\psi_k\rangle\langle\psi_k| \tag{4.18}$$

其中 $P_k \geqslant 0$，以及 $\sum_k P_k = 1$（归一化）。

注意，这并不意味着波函数可等价表示成下式：

$$\theta \overset{?}{=} \sum_k P_k \cdot |\psi_k\rangle \tag{4.19}$$

因为这种形式表示的仍然是一个纯态的波函数（而且违背归一化条件）。

密度矩阵的性质：

① 厄米共轭性：　　　　　　　　　$\rho_{nm} = \rho_{mn}^*$

② 对角元非负：　　　　　　　　　$\rho_{nn} \geqslant 0$

　　　　　　　　$\Rightarrow \rho_{nn}$ 可以视为探测到系统处在 $|n\rangle$ 态上的概率

③ $\mathrm{Tr}(\rho) = 1$（归一化）

④ $\mathrm{Tr}(\rho^2) \leqslant 1$（一般情况）

⑤ $\mathrm{Tr}(\rho^2) = 1$（仅对纯态）

由于方程式(4.19)及式(4.16)对于 ρ 是线性的，因此可以得到算符 A 的期待值：

$$\langle A \rangle = \mathrm{Tr}(A\rho) \tag{4.20}$$

以及密度算符随时间的演化：

$$\frac{\mathrm{d}}{\mathrm{d}t}\rho = -\frac{i}{\hbar}[H,\rho] \tag{4.21}$$

实例：

令 $|\psi\rangle$ 表示一个二能级系统中的一个基

$$|\psi\rangle = |1\rangle \rightarrow \rho = \begin{pmatrix} 1 & 0 \\ 0 & 0 \end{pmatrix} \tag{4.22}$$

或是：

$$|\psi\rangle = |2\rangle \rightarrow \rho = \begin{pmatrix} 0 & 0 \\ 0 & 1 \end{pmatrix} \tag{4.23}$$

这两个态的相干叠加仍然是一个纯态：

$$|\psi\rangle = \frac{1}{\sqrt{2}}(|1\rangle + |2\rangle) \Rightarrow \rho_{nm} = c_n c_m^* = \begin{pmatrix} 1/2 & 1/2 \\ 1/2 & 1/2 \end{pmatrix} \tag{4.24}$$

而如果取两个态的统计平均，并且有 $P_1 = P_2 = 0.5$，可以得到：

$$\rho = \begin{pmatrix} 1/2 & 0 \\ 0 & 1/2 \end{pmatrix} \tag{4.25}$$

上面两个矩阵的对角元完全相同，表示对这两种系统来说，探测到它们处在态 $|1\rangle$ 或者态 $|2\rangle$ 上的概率都是一样的(即，都为 0.5)，无论它表示的是两个态的相干叠加还是统计平均，而它们的区别则体现在与两个态的相干性有关的非对角元上。

注意，无法找到一个可以满足如下形式的波函数 $|\psi\rangle$：

$$\rho \overset{?}{=} |\psi\rangle\langle\psi| = \begin{pmatrix} 1/2 & 0 \\ 0 & 1/2 \end{pmatrix} \tag{4.26}$$

这是因为，如果令 $|\psi\rangle = c_1|1\rangle + c_2|2\rangle$，那么 c_1、c_2 就应该满足条件：$c_1 c_1^* = c_2 c_2^* = 1/2$，$c_1 c_2^* = c_2 c_1^* = 0$，而显然，这是无解的。

4.1.4 二能级系统密度矩阵的时间演化：无微扰情形

密度算符的时间演化为：

$$\frac{\mathrm{d}}{\mathrm{d}t}\rho = -\frac{i}{\hbar}[H,\rho] \tag{4.27}$$

以 H 的本征态作为基矢，有：

$$H = \begin{pmatrix} \varepsilon_1 & 0 \\ 0 & \varepsilon_2 \end{pmatrix} \tag{4.28}$$

代入式(4.27)：

$$\frac{\mathrm{d}}{\mathrm{d}t}\begin{pmatrix}\rho_{11} & \rho_{12}\\ \rho_{21} & \rho_{22}\end{pmatrix}=-\frac{i}{\hbar}\left[\begin{pmatrix}\varepsilon_1 & 0\\ 0 & \varepsilon_2\end{pmatrix}\begin{pmatrix}\rho_{11} & \rho_{12}\\ \rho_{21} & \rho_{22}\end{pmatrix}-\begin{pmatrix}\rho_{11} & \rho_{12}\\ \rho_{21} & \rho_{22}\end{pmatrix}\begin{pmatrix}\varepsilon_1 & 0\\ 0 & \varepsilon_2\end{pmatrix}\right]$$

$$=-\frac{i}{\hbar}\begin{pmatrix}0 & (\varepsilon_1-\varepsilon_2)\rho_{12}\\ (\varepsilon_2-\varepsilon_1)\rho_{21} & 0\end{pmatrix} \tag{4.29}$$

将上式中各个矩阵元所对应的等式分别进行积分，得到：

$$\dot{\rho}_{11}=0 \Rightarrow \rho_{11}(t)=\rho_{11}(0)$$
$$\dot{\rho}_{22}=0 \Rightarrow \rho_{22}(t)=\rho_{22}(0) \tag{4.30}$$

以及：

$$\dot{\rho}_{12}=-\frac{i}{\hbar}(\varepsilon_1-\varepsilon_2)\rho_{12}\Rightarrow\rho_{12}(t)=\mathrm{e}^{-i\frac{(\varepsilon_1-\varepsilon_2)}{\hbar}t}\rho_{12}(0)$$

$$\dot{\rho}_{21}=-\frac{i}{\hbar}(\varepsilon_2-\varepsilon_1)\rho_{21}\Rightarrow\rho_{21}(t)=\mathrm{e}^{+i\frac{(\varepsilon_1-\varepsilon_2)}{\hbar}t}\rho_{21}(0) \tag{4.31}$$

从中可以看到，密度矩阵的对角元项是不随时间变化的，而非对角元项在时间上以能级间隔$(\varepsilon_1-\varepsilon_2)/\hbar$作为频率而不断振荡。

4.1.5 Liouville 表示下的密度算符

可以将方程式(4.29)改写成如下形式：

$$\frac{\mathrm{d}}{\mathrm{d}t}\begin{pmatrix}\rho_{12}\\ \rho_{21}\\ \rho_{11}\\ \rho_{22}\end{pmatrix}=-\frac{i}{\hbar}\begin{bmatrix}\varepsilon_1-\varepsilon_2 & & &\\ & \varepsilon_2-\varepsilon_1 & &\\ & & 0 &\\ & & & 0\end{bmatrix}\cdot\begin{pmatrix}\rho_{12}\\ \rho_{21}\\ \rho_{11}\\ \rho_{22}\end{pmatrix} \tag{4.32}$$

上式即为 Liouville 表示。在 Liouville 空间中，用密度矩阵算符 ρ 来表示，而$[H，\cdots]$用一个超算符 L(superoperator)来表示：

$$\frac{\mathrm{d}}{\mathrm{d}t}\rho=-\frac{i}{\hbar}L\rho \tag{4.33}$$

或者，将其在一组基下展开：

$$\frac{\mathrm{d}}{\mathrm{d}t}\rho_{mn}=-\frac{i}{\hbar}\sum_{kl}L_{mn,kl}\rho_{kl} \tag{4.34}$$

上式即为 Liouville 方程。其中 L 是一个有 4 个下标的矩阵，它将密度矩阵的每个元素(有两个下标)与其他各个元素联系起来。但到目前，方程式(4.33)只是将 Liouville-von Neumann 方程改写成另外一种形式，还未加入任何新的物理内容。将会在下一节中看到，如果引入退相位(dephasing)的概念，这种表示形式便被赋予了新的物理思想。另外可以注意到，Liouville 方程式(4.33)在形式上是与 Schrödinger 方程完全等价的：

$$\frac{\mathrm{d}}{\mathrm{d}t}|\psi\rangle=-\frac{i}{\hbar}H|\psi\rangle \tag{4.35}$$

4.1.6 退位相

对退相位最简单的描述方法就是唯象地引入相位弛豫过程：

$$\dot{\rho}_{12} = -\frac{i}{\hbar}(\varepsilon_1 - \varepsilon_2)\rho_{12} - \Gamma\rho_{12}$$

$$\dot{\rho}_{21} = -\frac{i}{\hbar}(\varepsilon_2 - \varepsilon_1)\rho_{21} - \Gamma\rho_{21} \tag{4.36}$$

将其积分后得到：

$$\rho_{12}(t) = e^{-i\frac{(\varepsilon_1 - \varepsilon_2)}{\hbar}t} e^{-\Gamma t}\rho_{12}(0) \tag{4.37}$$

$$\rho_{21}(t) = e^{+i\frac{(\varepsilon_1 - \varepsilon_2)}{\hbar}t} e^{-\Gamma t}\rho_{21}(0) \tag{4.38}$$

需要注意的是，退相位过程是无法在一个波函数表示中描述的，方程式(4.36)也不等价于：

$$\frac{\mathrm{d}}{\mathrm{d}t}|\psi\rangle \overset{?}{=} -\frac{i}{\hbar}H|\psi\rangle - \Gamma|\psi\rangle \tag{4.39}$$

这种形式也没有多大的物理意义（例如，$|\psi\rangle$ 将不再保持归一化的条件）。

尽管退位相过程可以用密度矩阵的形式来描述，但用 Liouville 表示来实现则更为简洁、优雅：

$$\frac{\mathrm{d}}{\mathrm{d}t}\rho = -\frac{i}{\hbar}L\rho - \Gamma\rho \tag{4.40}$$

或者，将其在一组基中展开：

$$\frac{\mathrm{d}}{\mathrm{d}t}\rho_{nm} = -\frac{i}{\hbar}\sum_{kl}L_{mn,kl}\rho_{kl} - \sum_{kl}\Gamma_{nn,kl}\rho_{kl} \tag{4.41}$$

这里，L 及 Γ 都是具有四个下标的矩阵，分别将 ρ 的每个元素与其他各个元素联系起来。而在密度矩阵表示中，无法找到这样一个简洁的表达形式。只有如式(4.36)中的那样，将密度矩阵的各个元素 ρ_{ij} 分开处理才可以实现。

4.1.7 各种表示的层级结构

总结一下前面几节的内容，先后引入了三种表示方法，它们组成了如下的层级结构(hierarchy)：

① 基于波函数表示的 Schrödinger 方程

$$\frac{\mathrm{d}}{\mathrm{d}t}|\psi\rangle = -\frac{i}{\hbar}H|\psi\rangle \tag{4.42}$$

② 基于密度矩阵表示的 Liouville von Neumann 方程

$$\frac{\mathrm{d}}{\mathrm{d}t}\rho = -\frac{i}{\hbar}[H,\rho] \tag{4.43}$$

③ 基于密度矩阵及超算符表示的 Liouville 方程

$$\frac{\mathrm{d}}{\mathrm{d}t}\rho = -\frac{i}{\hbar}L\rho \tag{4.44}$$

从上述层级结构中的每一级到下面一级,一开始都仅仅是将前面一个做了简单的改写,而并没加入任何新的物理内容。但是,对于每一个新的层级,都会在其中加入一些新的物理内容(尽管这并不是必需的)。例如对于一个纯态,它的密度算符表示与波函数表述在物理上是完全相同的。但引入密度算符的概念使得可以描述统计平均的情况,而后者却无法实现。同样,进入到下一个层级,即 Liouville 表示,可以用一种更加简洁的方式来表达退相位过程。

4.1.8 二能级系统密度矩阵的时间演化:光学 Bloch 方程

将总的 Hamilton 量写为系统的 Hamilton 量 H_0 加上系统与光场的相互作用:

$$H = H_0 + E(t)\mu \tag{4.45}$$

其中

$$E(t) \equiv 2E_0\cos(\omega t) = E_0(e^{i\omega t} + e^{-i\omega t}) \tag{4.46}$$

以 H_0 的本征态为基, H 可以表示为:

$$H = \varepsilon_1|1\rangle\langle1| + \varepsilon_2|2\rangle\langle2| + \mu E(t)(|1\rangle\langle2| + |2\rangle\langle1|) \tag{4.47}$$

或者:

$$H = \begin{pmatrix} \varepsilon_1 & \mu E(t) \\ \mu E(t) & \varepsilon_2 \end{pmatrix} \tag{4.48}$$

式中, μ 为所谓的跃迁偶极矩(transition dipole)算符。在外加电场 $E(t)$ 的作用下, μ 将两个态 $|1\rangle$ 及 $|2\rangle$ 联系起来。Liouville-von Neumann 方程:

$$\frac{\mathrm{d}}{\mathrm{d}t}\rho = -\frac{i}{\hbar}[H, \rho] \tag{4.49}$$

在 Liouville 空间中的表示:

$$\frac{\mathrm{d}}{\mathrm{d}t}\begin{bmatrix} \rho_{12} \\ \rho_{21} \\ \rho_{11} \\ \rho_{22} \end{bmatrix} = -\frac{i}{\hbar}\begin{bmatrix} \varepsilon_1-\varepsilon_2 & 0 & -\mu E(t) & \mu E(t) \\ 0 & \varepsilon_2-\varepsilon_1 & \mu E(t) & -\mu E(t) \\ -\mu E(t) & \mu E(t) & 0 & 0 \\ \mu E(t) & -\mu E(t) & 0 & 0 \end{bmatrix} \cdot \begin{bmatrix} \rho_{12} \\ \rho_{21} \\ \rho_{11} \\ \rho_{22} \end{bmatrix} \tag{4.50}$$

上式即为光学 Bloch 方程。在无外加电场的情况下,曾在前面得到:

$$\rho_{12}(t) = e^{-i\frac{(\varepsilon_1-\varepsilon_2)}{\hbar}t}\rho_{12}(0) \tag{4.51}$$

$$\rho_{21}(t) = e^{+i\frac{(\varepsilon_1-\varepsilon_2)}{\hbar}t}\rho_{21}(0) \tag{4.52}$$

因此对于式(4.50),可以考虑将其变换到一个旋转坐标系中:

$$\widetilde{\rho}_{12}(t) = e^{-i\omega t}\rho_{12}(t) \tag{4.53}$$

$$\widetilde{\rho}_{21}(t) = e^{+i\omega t}\rho_{21}(t) \tag{4.54}$$

其中对角元保持不变:

$$\widetilde{\rho}_{11}(t) = \rho_{11}(t) \tag{4.55}$$

$$\widetilde{\rho}_{22}(t) = \rho_{22}(t) \tag{4.56}$$

ω 是电场的载波频率，接近共振频率 $\omega \approx \varepsilon_1 - \varepsilon_2$。这样就可以分离出快速振荡的部分 $\exp(-i\omega t)$，而只需考虑慢变振幅部分 $\tilde{\rho}(t)$。当将方程式（4.50）变换到旋转坐标系中，可以得到：

$$\frac{\mathrm{d}}{\mathrm{d}t}\begin{bmatrix}\tilde{\rho}_{12}\\\tilde{\rho}_{21}\\\tilde{\rho}_{11}\\\tilde{\rho}_{22}\end{bmatrix}=-i\begin{bmatrix}\Delta & 0 & -\tilde{\Omega}^*(t) & \tilde{\Omega}^*(t)\\ 0 & -\Delta & \tilde{\Omega}(t) & -\tilde{\Omega}(t)\\ -\tilde{\Omega}^*(t) & \tilde{\Omega}(t) & 0 & 0\\ \tilde{\Omega}^*(t) & -\tilde{\Omega}(t) & 0 & 0\end{bmatrix}\begin{bmatrix}\tilde{\rho}_{12}\\\tilde{\rho}_{21}\\\tilde{\rho}_{11}\\\tilde{\rho}_{22}\end{bmatrix} \tag{4.57}$$

其中，$\Delta = (\varepsilon_1 - \varepsilon_2)/\hbar + \omega$

$$\tilde{\Omega}(t)=\Omega(1+e^{i2\omega t})=\Omega \cdot (e^{-i\omega t}+e^{i\omega t})e^{i\omega t} \tag{4.58}$$

以及 Rabi 频率：

$$\Omega=\frac{\mu E_0}{\hbar} \tag{4.59}$$

当变换到旋转坐标系后，所有的频率都偏移了 $+\omega$。因此在式（4.58）中，既存在不随时间变化的常数项 Ω，又有两倍于原频率的振荡项 $\Omega e^{i2\omega t}$。也就是说，如果将实电场 $2E_0\cos(\omega t)$ 分解为正频分量和负频分量 $E_0(e^{i\omega t}+e^{-i\omega t})$，其中的一项将会与坐标的旋转方向相同，而另一项则与之相反。当对方程式（4.57）进行积分时，上述的快速振荡项 $\Omega e^{i2\omega t}$ 实际上将不会起作用，因为积分 $\int \mathrm{d}t \cdot e^{i2\omega t}f(t)$ 是一个可以忽略的小量，其中 $f(t)$ 表示一个相对 $e^{i2\omega t}$ 来说随时间缓慢变化的函数。

因此，有 $\tilde{\Omega}(t)=\Omega$。这样一来，方程式（4.57）中的 Hamilton 量将与时间变化无关。这种近似即称为旋转波近似（rotating wave approximation），适用于当外加电场足够弱以至 Rabi 频率慢于电场载波频率 ω 的情形。在旋转波近似下，式（4.57）简化为一个常系数的耦合方程：

$$\frac{\mathrm{d}}{\mathrm{d}t}\tilde{\rho}=-\frac{i}{\hbar}[H_{\text{eff}},\tilde{\rho}] \tag{4.60}$$

其中 $H_{\text{eff}}=\begin{pmatrix}\hbar\Delta & \hbar\Omega\\ \hbar\Omega & 0\end{pmatrix}$。

在图 4.1 几组图中，将讨论几种最重要的情形。图 4.1(a)表示在共振泵浦的条件下($\Delta=0$)，密度矩阵的对角元 ρ_{11} 及 ρ_{22} 将会以频率 Ω 做 Rabi 振荡［初值条件 $\rho_{11}(0)=1$ 及 $\rho_{22}(0)=0$］；图 4.1(b)表示当泵浦电场是非共振时($\Delta\neq 0$)，振荡则没有那么明显；图 4.1(c)表示如果加入退位相的影响($\Gamma\ll\Omega_p$)，系统逐渐失去相干性，非对角元 $\tilde{\rho}_{12}(t)$ 及 $\tilde{\rho}_{21}(t)$ 逐渐趋于零，而对角元 $\rho_{11}(t)$ 及 $\rho_{22}(t)$ 逐渐趋于1/2；图 4.1(d)所示为影响大时($\Gamma\gg\Omega_p$)，Bloch 振荡消失了，这正是在凝聚相中最常见的情形。

在激光课本中经常会遇到这样的一句话："不可能仅通过光学泵浦来实现一个

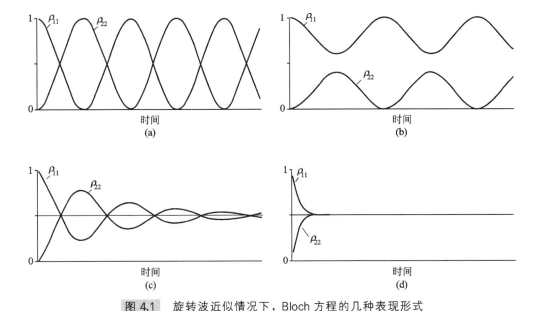

图 4.1 旋转波近似情况下，Bloch 方程的几种表现形式

二能级系统的粒子数翻转"，在强退相位的情形下，这点是无须置疑的。但如果泵浦光足够强以至 Rabi 振荡快于退位相过程，还是有可能在二能级系统中实现粒子数翻转的。在核磁共振（NMR）中，这一点通常由一个 π 脉冲来实现。

注释：Bloch 方程最初是为描述经典自旋矢量而提出的：

$$\frac{\mathrm{d}}{\mathrm{d}t}\boldsymbol{M} = -\gamma\boldsymbol{B}\times\boldsymbol{M} \tag{4.61}$$

当采取下列变换后，可以证明上述方程等价于光学 Bloch 方程：

$$\begin{aligned}
M_z &= \rho_{11} - \rho_{22}\\
M_x &= \rho_{21} + \rho_{12}\\
M_y &= \rho_{21} - \rho_{12}
\end{aligned} \tag{4.62}$$

其中第一个式子代表密度差，后两个式子表示相干性。这种关联非常有用，因为在空间中运动的自旋矢量给人以非常直观的图像（就如旋转陀螺一般）。

4.2 微扰展开

4.2.1 动机：非微扰展开的局限

对 Schrödinger 方程进行形式上的积分：

$$\frac{\mathrm{d}}{\mathrm{d}t}|\psi(t)\rangle = -\frac{\mathrm{i}}{\hbar}H(t)|\psi(t)\rangle \tag{4.63}$$

其中哈密顿量 $H(t)$ 表示系统的哈密顿量 H_0 以及光脉冲电场与系统的相互作

用之和：

$$H(t) = H_0 - E(t)\mu \tag{4.64}$$

将 Schrödinger 方程积分后得到：

$$|\psi(t)\rangle = |\psi(t_0)\rangle - \frac{i}{\hbar}\int_{t_0}^{t}\mathrm{d}\tau H(\tau)|\psi(\tau)\rangle \tag{4.65}$$

可以采用迭代的方法对它直接进行展开。首先，将等号右边的表达式代入到积分中的 $H(\tau)$ 部分，于是有：

$$|\psi(t)\rangle = |\psi(t_0)\rangle - \frac{i}{\hbar}\int_{t_0}^{t}\mathrm{d}\tau H(\tau)|\psi(t_0)\rangle + \left(-\frac{i}{\hbar}\right)^2\int_{t_0}^{t}\mathrm{d}\tau_2\int_{t_0}^{\tau_2}\mathrm{d}\tau_1 H(\tau_2)H(\tau_1)|\psi(\tau_1)\rangle \tag{4.66}$$

继续代入下去，最终可以得到：

$$|\psi(t)\rangle = |\psi(t_0)\rangle + \sum_{n=1}^{\infty}\left(-\frac{i}{\hbar}\right)^n\int_{t_0}^{t}\mathrm{d}\tau_n\int_{t_0}^{\tau_n}\mathrm{d}\tau_{n-1}\cdots\int_{t_0}^{\tau_2}\mathrm{d}\tau_1 H(\tau_n)H(\tau_{n-1})\cdots H(\tau_1)|\psi(t_0)\rangle \tag{4.67}$$

也可以将密度矩阵进行同样的展开。密度矩阵随时间的演化为：

$$\frac{\mathrm{d}}{\mathrm{d}t}\rho = -\frac{i}{\hbar}[H,\rho] \tag{4.68}$$

得到：

$$\rho(t) = \rho(t_0) + \sum_{n=1}^{\infty}\left(-\frac{i}{\hbar}\right)^n\int_{t_0}^{t}\mathrm{d}\tau_n\int_{t_0}^{\tau_n}\mathrm{d}\tau_{n-1}\cdots\int_{t_0}^{\tau_2}\mathrm{d}\tau_1$$
$$[H(\tau_n),[H(\tau_{n-1}),\cdots,[H(\tau_1),\rho(t_0)]\cdots]] \tag{4.69}$$

这种表示看起来非常接近最后要得到的结果，见后面的方程式(4.99)。但事实上，由于它并不收敛(或收敛速度非常慢)，这种展开并没有什么实际的用处。原因是没有利用到任何与系统有关的信息，这是一种非微扰的展开。一般来说，系统与外电场的作用 $E(t)\mu$ 与分子内部的电场相比是非常小的。因此，假设预先知道分子本身的各个定态结构信息，则可以将这种外加作用看作是一种微扰(尽管分子自身的量子机制通常是非常复杂的，但假设可以将它用一组本征态 $|i\rangle$ 及相应的本征值 ε_i 来描述)。为了得到微扰展开的结果，必须先引入如下概念：①时间演化算符及②相互作用表象。

4.2.2 时间演化算符

先考虑哈密顿量 H 与时间无关时的情况。时间演化算符 $U(t,t_0)$ 可定义为：

$$|\psi(t)\rangle \equiv U(t,t_0)|\psi(t_0)\rangle \tag{4.70}$$

波包的传播可由本征态基矢 $|n\rangle$ 表示为：

$$|\psi(t)\rangle = \sum_n \mathrm{e}^{-\frac{i}{\hbar}\varepsilon_n \cdot (t-t_0)}|n\rangle\langle n|\psi(t_0)\rangle \tag{4.71}$$

$$\Rightarrow U(t,t_0) = \sum_n e^{-\frac{i}{\hbar}\varepsilon_n \cdot (t-t_0)} \mid n \rangle \langle n \mid \tag{4.72}$$

或者，不受基矢选取的限制，可以采用算符表达式的形式：

$$U_0(t,t_0) = e^{-\frac{i}{\hbar}H \cdot (t-t_0)} \tag{4.73}$$

一个算符 A 的指数函数可以用它的泰勒（Taylor）展开形式来定义：

$$e^A \equiv 1 + A + \frac{A^2}{2} + \frac{A^3}{6} + \cdots = 1 + \sum_{n=1}^{\infty} \frac{A^n}{n!} \tag{4.74}$$

注意式（4.73）只对不含时的哈密顿量 H 有效。

当把时间演化算符的定义代入到 Schrödinger 方程之中，可以得到它对时间的微分形式：

$$\frac{\mathrm{d}}{\mathrm{d}t} \mid \psi(t) \rangle = -\frac{i}{\hbar} H \mid \psi(t) \rangle$$
$$\frac{\mathrm{d}}{\mathrm{d}t} U(t,t_0) \mid \psi(t_0) \rangle = -\frac{i}{\hbar} H \cdot U(t,t_0) \mid \psi(t_0) \rangle \tag{4.75}$$

由于上面等式对任何波函数 $\mid \psi(t_0) \rangle$ 都应该成立，便可以得到：

$$\frac{\mathrm{d}}{\mathrm{d}t} U(t,t_0) = -\frac{i}{\hbar} H \cdot U(t,t_0) \tag{4.76}$$

时间演化算符的性质：

① $U(t_0,t_0) = 1$

② $U(t_2,t_0) = U(t_2,t_1)U(t_1,t_0)$

③ U 是幺正的：$U^\dagger(t,t_0)U(t,t_0) = 1$，因为 $U^\dagger(t,t_0) = U(t_0,t)$

④ $U(t,t_0)$ 仅与时间间隔 $t-t_0$ 有关，经常被格林函数 $G(t-t_0)$ 所取代。

4.2.3 相互作用表象

如果哈密顿量与时间有关，但假设其中随时间变化的部分较弱，这部分便可当作微扰来处理：

$$H(t) = H_0 + H'(t) \tag{4.77}$$

与系统哈密顿量 H_0 相关的时间演化算符为：

$$U_0(t_0,t) = e^{-\frac{i}{\hbar}H_0(t-t_0)} \tag{4.78}$$

在相互作用表象（interaction picture）中定义波函数：

$$\mid \psi(t) \rangle \equiv U_0(t,t_0) \mid \psi_\mathrm{I}(t) \rangle \tag{4.79}$$

在本书接下的部分里，下标 I 表示相互作用表象。$\mid \psi(t) \rangle$ 是在总哈密顿量 $H(t)$ 作用下的波函数，而 $U_0(t,t_0)$ 只代表与系统哈密顿量 H_0 相关的时间演化算符。因此，含时波函数 $\mid \psi_\mathrm{I}(t) \rangle$ 描述了在 $H(t)$ 和 H_0 的差值部分［即弱的微扰 $H'(t)$］作用下波函数随时间的演化。如果差值部分为零，$\mid \psi_\mathrm{I}(t) \rangle$ 将不随时间变化：

$$\mid \psi_\mathrm{I}(t) \rangle = \mid \psi(t_0) \rangle \tag{4.80}$$

将方程式(4.79)代入到 Schrödinger 方程中:

$$-\frac{i}{\hbar}H|\psi(t)\rangle=\frac{\mathrm{d}}{\mathrm{d}t}|\psi(t)\rangle-\frac{i}{\hbar}H\cdot U_0(t,t_0)|\psi_I(t)\rangle=\frac{\mathrm{d}}{\mathrm{d}t}(U_0(t,t_0)|\psi_I(t)\rangle)$$

$$=\left(\frac{\mathrm{d}}{\mathrm{d}t}U_0(t,t_0)\right)\cdot|\psi_I(t)\rangle+U_0(t,t_0)\left(\frac{\mathrm{d}}{\mathrm{d}t}|\psi_I(t)\rangle\right)$$

$$=-\frac{i}{\hbar}H_0\cdot U_0(t,t_0)\cdot|\psi_I(t)\rangle+U_0(t,t_0)\cdot\left(\frac{\mathrm{d}}{\mathrm{d}t}|\psi_I(t)\rangle\right) \quad (4.81)$$

由于 $H'(t)=H(t)-H_0$,上式可以整理为:

$$-\frac{i}{\hbar}H'(t)\cdot U_0(t,t_0)|\psi_I(t)\rangle=U_0(t,t_0)\cdot\left(\frac{\mathrm{d}}{\mathrm{d}t}|\psi_I(t)\rangle\right) \quad (4.82)$$

或者写成:

$$-\frac{i}{\hbar}U^\dagger(t,t_0)H'(t)\cdot U_0(t,t_0)|\psi_I(t)\rangle=\frac{\mathrm{d}}{\mathrm{d}t}|\psi_I(t)\rangle \quad (4.83)$$

$$\Rightarrow\frac{\mathrm{d}}{\mathrm{d}t}|\psi_I(t)\rangle=-\frac{i}{\hbar}H'_I(t)|\psi_I(t)\rangle \quad (4.84)$$

其中在相互作用表象中,弱微扰 H'_I 定义为

$$H'_I(t)=U_0^\dagger(t,t_0)H'(t)U_0(t,t_0) \quad (4.85)$$

或写成具体形式:

$$H'_I(t)=\mathrm{e}^{\frac{i}{\hbar}H_0(t-t_0)}H'(t)\mathrm{e}^{-\frac{i}{\hbar}H_0(t-t_0)} \quad (4.86)$$

4.2.4 备注: Heisenberg 表象

相互作用表象实际上是介于 Schrödinger 表象和 Heisenberg 表象之间的一种表示方法。具体来说,在相互作用表象中,小的微扰部分 H' 采用了 Schrödinger 表象,而相对来说较大的系统 Hamilton 量 H_0 则采用了 Heisenberg 表象。

在 Schrödinger 表象中,波函数是依赖时间变化的,满足 Schrödinger 方程:

$$\frac{\mathrm{d}}{\mathrm{d}t}\psi(t)=-\frac{i}{\hbar}H\psi(t)\Rightarrow\Psi(t)=\mathrm{e}^{-\frac{i}{\hbar}H\cdot(t-t_0)}\Psi(t_0) \quad (4.87)$$

而对用来描述实验观测量的算符,则是不随时间变化的。这样,一个随时间变化的实验观测结果可以用相关(不依赖时间的)算符 A 的期待值来表示:

$$\langle A\rangle(t)=\langle\Psi(t)|A|\Psi(t)\rangle \quad (4.88)$$

观测结果对于时间的依赖性将体现在随时间变化的波函数上。

在 Heisenberg 表象中,则与之相反。算符是随时间变化的,满足方程:

$$\frac{\mathrm{d}}{\mathrm{d}t}A_H(t)=-\frac{i}{\hbar}[H,A_H(t)] \quad (4.89)$$

其中

$$A_H(t)=\mathrm{e}^{\frac{i}{\hbar}H\cdot(t-t_0)}A\mathrm{e}^{-\frac{i}{\hbar}H\cdot(t-t_0)} \quad (4.90)$$

可以看出,Heisenberg 波函数正是在初始 t_0 时的波函数 $\Psi_H=\Psi(t_0)$,是不随

时间变化的。当然，这两种表象是等价的，只是出发点不同而已，尤其是对实验测量结果而言，两者并无差异：

$$\langle \Psi(t) | A | \Psi(t) \rangle = \langle \Psi_H | A_H(t) | \Psi_H \rangle \tag{4.91}$$

4.2.5　波函数的微扰展开

方程式(4.84)在形式上与 Schrödinger 方程式(4.63)等价，因此同样也可以利用 4.2.1 节中的迭代方法求解：

$$| \psi_I(t) \rangle = | \psi_I(t_0) \rangle + \sum_{n=1}^{\infty} \left(-\frac{i}{\hbar} \right)^n \int_{t_0}^{t} \mathrm{d}\tau_n \int_{t_0}^{\tau_n} \mathrm{d}\tau_{n-1} \cdots$$

$$\int_{t_0}^{\tau_2} \mathrm{d}\tau_1 H'_I(\tau_n) H'_I(\tau_{n-1}) \cdots H'_I(\tau_1) | \psi_I(t_0) \rangle \tag{4.92}$$

但两者间的差别是，后者对一个弱微扰 $H'(t)$ 进行级数展开，而不是对整个哈密顿量 $H(t)$。回到 Schrödinger 表象中，首先将式(4.92)左乘 $U_0(t,t_0)$，再根据等式 $| \psi(t) \rangle \equiv U_0(t,t_0) | \psi_I(t) \rangle$ 及 $| \psi(t_0) \rangle = | \psi_I(t_0) \rangle$，可以得到

$$| \psi(t) \rangle = | \psi^{(0)}(t) \rangle + \sum_{n=1}^{\infty} \left(-\frac{i}{\hbar} \right)^n \int_{t_0}^{t} \mathrm{d}\tau_n \int_{t_0}^{\tau_n} \mathrm{d}\tau_{n-1} \cdots \int_{t_0}^{\tau_2} \mathrm{d}\tau_1$$

$$U_0(t,t_0) H'_I(\tau_n) H'_I(\tau_{n-1}) \cdots H'_I(\tau_1) | \psi(t_0) \rangle \tag{4.93}$$

其中 $| \psi^0(t) \rangle \equiv U_0(t,t_0) | \psi(t_0) \rangle$ 是零阶波函数，即没有任何微扰 $H'(t)$ 下的波函数。利用 $H'_I(t) = U_0^\dagger(t,t_0) H'(t) U_0(t,t_0)$，将相互作用的哈密顿量代回到 Schrödinger 表象中，有：

$$| \psi(t) \rangle = | \psi(t_0) \rangle + \sum_{n=1}^{\infty} \left(-\frac{i}{\hbar} \right)^n \int_{t_0}^{t} \mathrm{d}\tau_n \int_{t_0}^{\tau_n} \mathrm{d}\tau_{n-1} \cdots \int_{t_0}^{\tau_2} \mathrm{d}\tau_1 U_0(t,\tau_n) H'(\tau_n)$$

$$U_0(\tau_n, \tau_{n-1}) H'(\tau_{n-1}) \cdots U_0(\tau_2, \tau_1) H'(\tau_1) U_0(\tau_1, t_0) | \psi(t_0) \rangle \tag{4.94}$$

此处，用到了关系式 $U(\tau_n, \tau_{n-1}) = U(\tau_n, t_0) U(t_0, \tau_{n-1}) = U(\tau_n, t_0) U^\dagger(\tau_{n-1}, t_0)$。

这个表示具有非常直观的物理解释：系统先是在自身的哈密顿量 H_0 作用下自由演化，直到 τ_1 时刻，这段过程以时间演化算符 $U(\tau_1, t_0)$ 来表示；在 τ_1 时刻，系统受到微扰 $H'(\tau_1)$ 的作用；紧接着，它又继续自由演化到 τ_2 时刻，……。总的过程可直接用图 4.2 中的 Feynman 图表示。

其中，竖直的箭头代表时间轴，点线箭头代表在各个时刻系统与微扰 H' 的作用。可以看到，对于这样一个波函数的微扰展开可以用一个单边 Feynman 图来描述。

4.2.6　密度矩阵的微扰展开

利用同样的方法，可以将密度矩阵进行级数展开。为此，需要先定义相互作用表象中的密度矩阵：

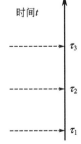

时间 t

τ_3

τ_2

τ_1

图 4.2　系统微扰作用的演化算符时序图，可用 Feynman 图替代

$$|\psi(t)\rangle\langle\psi(t)| = U_0(t,t_0)|\psi_I(t)\rangle\langle\psi_I(t)|U_0^\dagger(t,t_0) \tag{4.95}$$

或者写为：

$$\rho(t) = U_0(t,t_0)\rho_I(t)U_0^\dagger(t,t_0) \tag{4.96}$$

由于这种表示对 ρ 是线性的，因此上述关系对于统计平均意义上的密度矩阵 $\rho = \sum_k P_k|\psi\rangle\langle\psi|$ 也同样适用。如前所述，相互作用表象中的波函数 $|\psi_I(t)\rangle$ 随时间的演化，在形式上与 Schrödinger 方程相同。同样的结果也适用于密度矩阵，即可以得到一个在形式上与 Liouville von Neumann 方程一样的结果：

$$\frac{\mathrm{d}}{\mathrm{d}t}\rho_I(t) = -\frac{i}{\hbar}[H_I'(t),\rho_I(t)] \tag{4.97}$$

参照方程式 (4.69)，将它进行级数展开：

$$\rho_I(t) = \rho_I(t_0) + \sum_{n=1}^{\infty}\left(-\frac{i}{\hbar}\right)^n \int_{t_0}^t \mathrm{d}\tau_n \int_{t_0}^{\tau_n} \mathrm{d}\tau_{n-1} \cdots \int_{t_0}^{\tau_2} \mathrm{d}\tau_1$$
$$[H_I'(\tau_n),[H_I'(\tau_{n-1}),\cdots,[H_I'(\tau_1),\rho_I(t_0)]\cdots]] \tag{4.98}$$

再回到 Schrödinger 表象中，有：

$$\rho(t) = \rho^{(0)}(t) + \sum_{n=1}^{\infty}\left(-\frac{i}{\hbar}\right)^n \int_{t_0}^t \mathrm{d}\tau_n \int_{t_0}^{\tau_n} \mathrm{d}\tau_{n-1} \cdots \int_{t_0}^{\tau_2} \mathrm{d}\tau_1$$
$$U_0(t,t_0)[H_I'(\tau_n),[H_I'(\tau_{n-1}),\cdots,[H_I'(\tau_1),\rho(t_0)]\cdots]]U_0^\dagger(t,t_0) \tag{4.99}$$

相互作用的哈密顿量仍然在相互作用表象中，同时包含有微扰项 $H'(t)$ 及时间演化算符，与方程式 (4.94) 类似。但由于密度矩阵包含一个左矢和一个右矢，因此外加电场既可能作用在密度矩阵的左边，也可能作用在右边。关于这一点，将会在 4.3.1 节中详细讨论。

当假设 $\rho(t_0)$ 是在系统哈密顿量 H_0 作用下不随时间变化的平衡密度矩阵，并令 $t_0 \to -\infty$。再进一步，指定具体的微扰形式为：

$$H'(t) = E(t) \cdot \mu \tag{4.100}$$

将 $\rho(t)$ 在 $\rho(0)$ 处进行 n 阶微扰展开：

$$\rho(t) = \rho^{(0)}(-\infty) + \sum_{n=1}^{\infty}\rho^{(n)}(t) \tag{4.101}$$

其中 n 阶密度矩阵可以表示为：

$$\rho^{(n)}(t) = \left(-\frac{i}{\hbar}\right)^n \int_{-\infty}^t \mathrm{d}\tau_n \int_{-\infty}^{\tau_n} \mathrm{d}\tau_{n-1} \cdots \int_{-\infty}^{\tau_2} \mathrm{d}\tau_1 E(\tau_n)E(\tau_{n-1})\cdots E(\tau_1)$$
$$U_0(t,t_0)[\mu_I(\tau_n),[\mu_I(\tau_{n-1}),\cdots,[\mu_I(\tau_1),\rho(-\infty)]\cdots]]U_0^\dagger(t,t_0) \tag{4.102}$$

此处，定义在相互作用表象中的偶极算符为：

$$\mu_I(t) = U_0^\dagger(t,t_0)\mu U_0(t,t_0) \tag{4.103}$$

在 Schrödinger 表象中，偶极算符 μ 是不依赖于时间变化的。但在相互作用表象里，由于系统在 Hamilton 量 H_0 作用下不断演化，因此 μ 也将会随着时间变化。

下标 I(表示在相互作用表象里)通常可以去掉，Schrödinger 表象及相互作用表象可以通过将偶极算符分别写成 μ 或者 $\mu(t)$ 的形式来区分。

4.2.7　非线性光学简介

电位移矢量(electric displacement)表示为：

$$\boldsymbol{D} = \varepsilon_0 \boldsymbol{E} + \boldsymbol{P} \tag{4.104}$$

式中，$\boldsymbol{E}$ 是入射电场；$\boldsymbol{P}$ 是随之响应的宏观极化强度(macroscopic polarization)。在线性光学里，极化强度与电场 $\boldsymbol{E}$ 成线性关系：

$$\boldsymbol{P} = \varepsilon_0 \chi^{(1)} \cdot \boldsymbol{E} \tag{4.105}$$

式中，$\chi^{(1)}$ 是线性极化率(linear susceptibility)。然而，当外加电场足够强时，上述关系将不再成立。因此需将极化强度展开成关于电场的级数形式：

$$\boldsymbol{P} = \varepsilon_0 (\chi^{(1)} \cdot \boldsymbol{E} + \chi^{(2)} \cdot \boldsymbol{E} \cdot \boldsymbol{E} + \chi^{(3)} \cdot \boldsymbol{E} \cdot \boldsymbol{E} \cdot \boldsymbol{E} + \cdots) \tag{4.106}$$

式中，$\chi^{(n)}$ 是非线性极化率(nonlinear susceptibility)。考虑到电场实际上是一个矢量，因此线性及非线性极化率都应该为张量的形式。在具有空间反演对称性的介质里(如各向同性介质)，偶数阶的极化率都应该为零。这是由于当光电场方向反向时，极化强度也必须随之改变正负号。因此，在大多数介质中，最低的非线性响应是三阶非线性。

宏观的极化强度可以用偶极算符 μ 的期望值来表示：

$$P(t) = \text{Tr}[\mu\rho(t)] \equiv \langle \mu\rho(t) \rangle \tag{4.107}$$

其中 $\langle\cdots\rangle$ 表示期望值。举例来说，对于一个二能级系统，可以得到：

$$\mu = \begin{pmatrix} 0 & \mu_{12} \\ \mu_{21} & 0 \end{pmatrix} \tag{4.108}$$

以及期望值：

$$\langle \mu\rho(t) \rangle = \left\langle \begin{pmatrix} 0 & \mu_{12} \\ \mu_{21} & 0 \end{pmatrix} \begin{pmatrix} \rho_{11} & \rho_{12} \\ \rho_{21} & \rho_{22} \end{pmatrix} \right\rangle = \rho_{12}\mu_{21} + \rho_{21}\mu_{12} \tag{4.109}$$

因此，密度矩阵的非对角元会导致宏观极化并发射出光场。

将方程式(4.102)与式(4.106)进行对比，根据电场的不同级数项，可以得到 n 阶极化强度：

$$P^{(n)}(t) = \langle \mu\rho^{(n)}(t) \rangle \tag{4.110}$$

4.2.8　非线性极化强度

当将方程式(4.102)代入至式(4.110)中，可以得到 n 阶极化强度的表达式：

$$P^{(n)}(t) = \left(-\frac{i}{\hbar}\right)^n \int_{-\infty}^{t} d\tau_n \int_{-\infty}^{\tau_n} d\tau_{n-1} \cdots \int_{-\infty}^{\tau_2} d\tau_1 E(\tau_n) E(\tau_{n-1}) \cdots E(\tau_1)$$

$$\langle \mu(t)[\mu(\tau_n), [\mu(\tau_{n-1}), \cdots, [\mu(\tau_1), \rho(-\infty)] \cdots]] \rangle \tag{4.111}$$

此外，用到了在相互作用表象中偶极算符的定义（去掉了下标 I）$\mu(t) = U_0^\dagger(t,t_0)\mu U_0(t,t_0)$，以及迹 $\langle\cdots\rangle$ 的循环置换不变性。一种更常用的表示方法是将时间变量替换成如下形式：

$$
\begin{aligned}
\tau_1 &= 0 \\
t_1 &= \tau_2 - \tau_1 \\
t_2 &= \tau_3 - \tau_2 \\
&\vdots \\
t_n &= t - \tau_n
\end{aligned} \tag{4.112}
$$

由于时间的零点为任意值，不妨令 $\tau_1 = 0$。时间变量 τ_n 表示的是绝对的时间点，而 t_1 表示的是时间间隔：

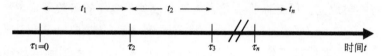

用新的时间变量来改写方程式(4.111)：

$$
P^{(n)}(t) = \left(-\frac{i}{\hbar}\right)^n \int_0^\infty \mathrm{d}t_n \int_0^\infty \mathrm{d}t_{n-1} \cdots \int_0^\infty \mathrm{d}t_1
$$
$$
E(t-t_n)E(t-t_n-t_{n-1})\cdots E(t-t_n-t_{n-1}-\cdots-t_1)
$$
$$
\langle \mu(t_n+t_{n-1}+\cdots t_1)[\mu(t_{n-1}+\cdots+t_1),\cdots,[\mu(0),\rho(-\infty)]\cdots]\rangle \tag{4.113}
$$

因此，一个 n 阶非线性响应可以写为 n 个电场的卷积：

$$
P^{(n)}(t) = \int_0^\infty \mathrm{d}t_n \int_0^\infty \mathrm{d}t_{n-1} \cdots \int_0^\infty \mathrm{d}t_1 E(t-t_n)E(t-t_n-t_{n-1})\cdots
$$
$$
E(t-t_n-t_{n-1}-\cdots-t_1)S(t_n,t_{n-1},\cdots,t_1) \tag{4.114}
$$

其中，n 阶非线性响应函数（nonlinear response function）为：

$$
S^{(n)}(t_n,t_{n-1},\cdots,t_1) = \left(-\frac{i}{\hbar}\right)^n \langle \mu(t_n+t_{n-1}+\cdots+t_1)
$$
$$
[\mu(t_{n-1}+\cdots+t_1),\cdots,[\mu(0),\rho(-\infty)]\cdots]\rangle \tag{4.115}
$$

响应函数的定义只对正的时间间隔 t_n 有效。注意，上式中最后一次的作用 $\mu(t_n+t_{n-1}+\cdots+t_1)$ 与前几次作用的物理意义不同：前者是从 $\langle\mu(t)\rho(t)\rangle$ 中得来的，相当于可观测量；后者表示在时间 $0,t_1,\cdots\cdots$ 和 $t_{n-1}+\cdots+t_1$ 时的作用生成了一个非平衡密度矩阵 $\rho^{(n)}$，它的非对角元在时间 $t_n+t_{n-1}+\cdots+t_1$ 发射出光场。只有前 n 次作用是对易式的一部分，而最后一次作用不是。

4.3 双边 Feynman 图

4.3.1 Liouville 路径

将方程式(4.115)中的对易式解析地表达出来：

$$\langle \mu(t_n+t_{n-1}+\cdots+t_1)[\mu(t_{n-1}+\cdots+t_1),\cdots,[\mu(0),\rho(-\infty)]\cdots]\rangle \quad (4.116)$$

将会得到 2^n 项，其中每项都对应着以不同次数分别从左边或右边对密度矩阵右矢或左矢的作用。它们之中的每一项都对应有另一项与之相互共轭，因此只需关心其中的 2^{n-1} 项。下面考虑两种非常重要的情形，即线性及三阶非线性响应。其中，线性响应函数为：

$$
\begin{aligned}
S^{(1)}(t_1) &= -\frac{i}{\hbar}\langle\mu(t_1)[\mu(0),\rho(-\infty)]\rangle \\
&= -\frac{i}{\hbar}(\langle\mu(t_1)\mu(0)\rho(-\infty)\rangle - \langle\mu(t_1)\rho(-\infty)\mu(0)\rangle) \\
&= -\frac{i}{\hbar}(\langle\mu(t_1)\mu(0)\rho(-\infty)\rangle - \langle\rho(-\infty)\mu(0)\mu(t_1)\rangle) \\
&= -\frac{i}{\hbar}(\langle\mu(t_1)\mu(0)\rho(-\infty)\rangle - \langle\mu(t_1)\mu(0)\rho(-\infty)\rangle^*) \quad (4.117)
\end{aligned}
$$

在最后一步里用到了迹的循环置换不变性，并认为所有的算符是厄米的（即算符对应真实可观测物理量）：

$$
\begin{aligned}
\langle(\mu(t_1)\mu(0)\rho(-\infty))^\dagger\rangle &= \langle\rho(-\infty)^\dagger\mu(0)^\dagger\mu(t_1)^\dagger\rangle \\
&= \langle\rho(-\infty)\mu(0)\mu(t_1)\rangle \quad (4.118)
\end{aligned}
$$

上述展开后的两项对应图 4.3 中的 Feynman 图。

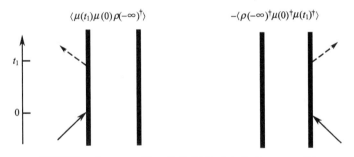

图 4.3　式(4.118)展开后的两项对应的 Feynman 图

在 Feynman 图中，左垂直线表示密度矩阵的右矢随时间的变化，而右面则对应左矢的时间演化。偶极算符的作用以指向右矢或左矢的箭头来表示（分别对应从左面或右面的作用）。右图是左图的复共轭，因此通常不必明确地表示出来。按照惯例，只表示出最后一次作用并从右矢辐射出光场的图。注意，第一次作用与最后一次作用的意义不同：前者表示对密度矩阵的微扰，后者则来源于下式：

$$P^{(n)}(t)=\langle\mu\rho^{(n)}(t)\rangle \quad (4.119)$$

表示从非平衡密度矩阵中发射出光场。在 Feynman 图中，以不同的箭头来区分它们。

再考虑三阶非线性响应，有：

$$\langle \mu(t_3+t_2+t_1)[\mu(t_2+t_1),[\mu(t_1),[\mu(0),\rho(-\infty)]]]\rangle = \quad (4.120)$$

$$\langle \mu(t_3+t_2+t_1)\mu(t_2+t_1)\mu(t_1)\mu(0)\rho(-\infty)\rangle \qquad \Rightarrow R_4$$

$$-\langle \mu(t_3+t_2+t_1)\mu(t_2+t_1)\mu(t_1)\rho(-\infty)\mu(0)\rangle \qquad \Rightarrow R_1^*$$

$$-\langle \mu(t_3+t_2+t_1)\mu(t_2+t_1)\mu(0)\rho(-\infty)\mu(t_1)\rangle \qquad \Rightarrow R_2^*$$

$$+\langle \mu(t_3+t_2+t_1)\mu(t_2+t_1)\rho(-\infty)\mu(0)\mu(t_1)\rangle \qquad \Rightarrow R_3$$

$$-\langle \mu(t_3+t_2+t_1)\mu(t_1)\mu(0)\rho(-\infty)\mu(t_2+t_1)\rangle \qquad \Rightarrow R_3^*$$

$$+\langle \mu(t_3+t_2+t_1)\mu(t_1)\rho(-\infty)\mu(0)\mu(t_2+t_1)\rangle \qquad \Rightarrow R_2$$

$$+\langle \mu(t_3+t_2+t_1)\mu(0)\rho(-\infty)\mu(t_1)\mu(t_2+t_1)\rangle \qquad \Rightarrow R_1$$

$$-\langle \mu(t_3+t_2+t_1)\rho(-\infty)\mu(0)\mu(t_1)\mu(t_2+t_1)\rangle \qquad \Rightarrow R_4^*$$

与方程式(4.117)类似,可以看到 R_1^*,R_2^*,R_3^* 和 R_4^* 分别是 R_1,R_2,R_3 和 R_4 的复共轭。它们的 Feynman 图在图 4.4 中分别表示为:

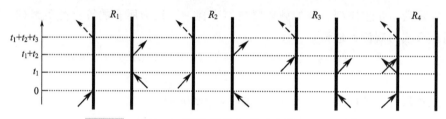

图 4.4　式(4.120)展开后的各项对应的 Feynman 图

Feynman 图规则:

① 垂直线表示密度算符的左矢及右矢随时间的演化,时间轴自下往上。

② 箭头表示光场的作用,由于最后一次作用来源于求迹运算 $P^n(t)=\langle \mu \rho^{(n)}(t)\rangle$,与前几次的物理意义不同,因此经常用虚线箭头来表示。

③ 每个图的符号为 $(-1)^n$,其中 n 是从右边作用的次数。这是因为,每一次从右边的作用都伴随着一个对易展开式中的负号。由于最后一次作用并不是对易式中的一部分,因此它与这种符号计算规则无关。

④ 右向的箭头表示电场分量 $e^{-i\omega t+ikr}$,左向的箭头表示电场分量 $e^{+i\omega t-ikr}$。它表述了这样的一个事实,即实电场 $E(t)=2E_0(t)\cos(\omega t-kr)$ 可以分解为正频分量和负频分量:$E(t)=E_0(t)(e^{-i\omega t+ikr}+e^{+i\omega t-ikr})$。而最后一次作用所发射出的光场,其频率和波矢分别为所有入射光的频率和波矢之和(注意考虑正确的正负号)。

⑤ 指向系统方向的箭头,对应密度矩阵相应一边的激发过程;背离系统方向的箭头,对应于去激发过程。这条规则是采用旋转波近似的一个结果(见后文)。由于最后一次作用表示光的发射,因此它的箭头方向总是背离系统的。

⑥ 最后一次作用后,密度矩阵一定要处于一个布居态上。

除了前面提到的非线性响应函数展开后的 2^{n-1} 项,电场也同样会展开为许多

项之和。下面以三阶响应为例来说明这点:

$$P^{(3)}(t) = \int_0^\infty dt_3 \int_0^\infty dt_2 \int_0^\infty dt_1 E(t-t_3)E(t-t_3-t_2)$$
$$E(t-t_3-t_2-t_1)S(t_3,t_2,t_1) \tag{4.121}$$

如图 4.5 所示,假设电场来源于三个激光脉冲,其中第一个脉冲中心位于时间零点 $t=0$,其他两个在时间上依次延迟 t_1 及 t_2。

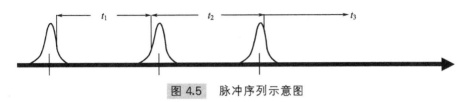

图 4.5　脉冲序列示意图

方程式(4.121)中的每一个电场都应该为三个激光脉冲电场的叠加,展开后共包含有六项:

$$E(t) = 2E_1(t)\cos(\omega t) + 2E_2(t)\cos(\omega t) + 2E_3(t)\cos(\omega t)$$
$$= E_1(t)(e^{-i\omega t} + e^{+i\omega t}) + E_2(t)(e^{-i\omega t} + e^{+i\omega t}) + E_3(t)(e^{-i\omega t} + e^{+i\omega t}) \tag{4.122}$$

因此方程式(4.121)中的被积函数:

$$E(t-t_3)E(t-t_3-t_2)E(t-t_3-t_2-t_1)S(t_3,t_2,t_1) \tag{4.123}$$

展开后将总共包含有 $6 \times 6 \times 6 \times 2^{3-1} = 864$ 项! 不过幸运的是,可以利用一些实验上的技巧来将项数大大缩减,这些方法包括:

① 时序(time ordering);

② 旋转波近似;

③ 相位匹配(phase matching)。

如果上述方法都用上的话,可以将项数缩减到 2。

4.3.2　时序和准冲击极限

当激光脉冲 $E_1(t)$,$E_2(t)$ 和 $E_3(t)$ 的脉宽与它们之间的时间间隔相比很短时,它们在时间上并没有任何重合,便可以构成一个严格的时序。在这种情况下,可以确知:第一次作用 $\mu(0)$ 来源于脉冲 $E_1(t)$,$\mu(t_1)$ 来源于 $E_2(t)$,等等。这将使待考虑的项数从 $6 \times 6 \times 6 \times 4$ 缩减至 $2 \times 2 \times 2 \times 4 = 32$。

在非线性时间分辨光谱学中,经常会用到准冲击极限(semi-impulsive limit)。在该极限下,激光的脉宽被假设为比系统中的任何时间尺度都要短,但要长于光场的振荡周期。此时,脉冲的包络近似为一个 δ 函数。

$$E_1(t) = E_1\delta(t)e^{\pm i\omega t \mp ikr}$$
$$E_2(t) = E_2\delta(t-\tau)e^{\pm i\omega t \mp ikr} \tag{4.124}$$
$$E_3(t) = E_3\delta(t-\tau-T)e^{\pm i\omega t \mp ikr}$$

但每个脉冲仍然要加上它的频率和波矢表示,这在计算出射光的频率和波矢时

会用到(规则 4 中的匹配条件)。在该极限下,得到三阶响应为:

$$P^{(3)}(t) = S(t, T, \tau) \tag{4.125}$$

由此,极大地简化了非线性极化的计算。

4.3.3 旋转波近似

当应用旋转波近似时,$e^{-i\omega t}$ 及 $e^{i\omega t}$ 中将只有一项有效,而不是全部。这样可以进一步地将项数缩减为 $1 \times 1 \times 1 \times 4$。下面将以线性响应为例来阐述旋转波近似是如何起作用的:

$$\langle \mu(t_1)\mu(0)\rho(-\infty) \rangle$$

① 在时间 $t=0$ 之前,没有任何作用发生。

② 在 $t=0$ 时,外加电场的作用产生了密度矩阵的一个非对角元 ρ_{10},其发生的概率正比于跃迁偶极矩 μ_{10}

$$\rho_{10}(0) \propto \mu_{10} \tag{4.126}$$

③ 在方程式(4.36)中,已经计算过这种密度矩阵的非对角元随时间演化的规律:

$$\Rightarrow \rho_{10}(t) \propto \mu_{10} e^{-i\frac{(\varepsilon_1 - \varepsilon_0)}{\hbar}t_1} e^{-\Gamma_1} \tag{4.127}$$

④ 在时间 t_1,矩阵的非对角元发射出光场,其概率依然正比于 μ_{10},见方程式(4.107):

$$S^{(1)}(t_1) \propto \mu_{10}^2 e^{-i\frac{(\varepsilon_1 - \varepsilon_0)}{\hbar}t_1} e^{-\Gamma_1} \tag{4.128}$$

⑤ 对于一阶极化,需要去计算:

$$P^{(1)}(t) = -\frac{i}{\hbar} \int_0^\infty dt_1 E(t-t_1) S^{(1)}(t_1) \tag{4.129}$$

假设电场为:

$$E(t) = 2E_0(t)\cos(\omega t)$$
$$= E_0(t)(e^{-i\omega t} + e^{+i\omega t}) \tag{4.130}$$

当与系统发生共振时:

$$\omega = \frac{\varepsilon_1 - \varepsilon_0}{\hbar} \tag{4.131}$$

这样,可以得到一阶极化:

$$P^{(1)}(t) = -\frac{i}{\hbar}\mu_{10}^2 e^{-i\omega t} \int_0^\infty dt_1 E_0(t-t_1) e^{-\Gamma_1} - \frac{i}{\hbar}\mu_{10}^2 e^{+i\omega t}$$

$$\int_0^\infty dt_1 E_0(t-t_1) e^{-\Gamma_1} e^{-i2\omega t_1} \tag{4.132}$$

式(4.132)第一项中的被积函数是随时间 t_1 缓慢变化的函数,而第二项中的则是一个快速振荡的函数。这样，第二项积分实质上将会趋于零，从而可以忽略。这便是旋转波近似，适用于近共振情形，即 $\omega \approx (\varepsilon_1 - \varepsilon_0)/\hbar$，且电场包络 $E_0(t)$ 随时间缓慢变化(慢于载波频率 ω)的情况。换句话说，原则上在每个 Feynman 图中电场有两种可能的方式作用到系统，即分别通过 $e^{-i\omega t}$ 或 $e^{i\omega t}$ 的作用。在图中以不同的箭头方向来表示它们。方程式(4.132)中的两项分别对应于图 4.6 所示的两个 Feynman 图(规则④)。

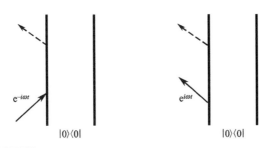

图 4.6　方程式(4.132)中的两项对应的 Feynman 图

在前面得到，在旋转波近似下第二幅图将并不存在。这一点有着非常直观的物理解释：在第一幅图中，电场从左边激发基态的密度矩阵 $|0\rangle\langle0|$，从而产生 $|1\rangle\langle0|$；第二幅图则对应于基态的去激发过程，这显然是不可能发生的。

4.3.4　相位匹配

考虑到电场的波矢后，总的电场应该写为：

$$E(t) = E_1(t)(e^{-i\omega t + ikr} + e^{+i\omega t - ikr}) + E_2(t)(e^{-i\omega t + ikr} + e^{+i\omega t - ikr})$$
$$+ E_3(t)(e^{-i\omega t + ikr} + e^{+i\omega t - ikr}) \tag{4.133}$$

对于电场的乘积项：

$$E(t - t_3)E(t - t_3 - t_2)E(t - t_3 - t_2 - t_1) \tag{4.134}$$

将会包含有几种波矢的组合：

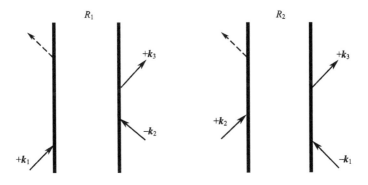

图 4.7　两个不同方向发射光场所对应的费曼图

R_1 沿 $k = +k_1 - k_2 + k_3$ 方向；R_2 沿 $k = -k_1 + k_2 - k_3$ 方向

$$k = \pm k_1 \pm k_2 \pm k_3 \tag{4.135}$$

但是，当旋转波近似成立时，其中只有一组符号将会起到作用，由此可以进一步约化项的个数。例如，图 4.7 分别对应着在不同的方向发射光场：R_1 从 $k = +k_1 - k_2 + k_3$ 的方向；R_2 从 $k = -k_1 + k_2 - k_3$ 的方向。因此通过合理地设计实验装置的几何构成，便可以将这两种情形区分开。在下一章里，会详细阐述这一问题。

参 考 文 献

[1] Mukamel, S. Principles of nonlinear optical spectroscopy//Oxford series on optical & imaging science 6. New York: Oxford University Press Inc, 1999.

[2] Hamm, P. ; Zanni, M. T. Concepts and methods of 2D Infrared spectroscopy. New York: Cambridge University Press, 2011.

[3] Cho, M. Two dimensional optical spectroscopy. New York: CRC Press, 2009.

第 5 章

超快激光光光谱原理与技术基础

非线性光谱学原理及其应用

5.1 非线性光谱学

5.1.1 线性光谱学

在这一章里，将会讨论各种类型的非线性光谱。作为开始，本节首先介绍一下线性光谱学[1~3]。实际上，所能做的线性光谱实验只有一种，即测量样品的（线性）吸收谱。其相应的 Feynman 图如图 5.1 所示。

第 4 章已经计算过一阶极化，见方程式（4.133）。

$$P^{(1)}(t) = -\frac{i}{\hbar}\mu_{10}^2 e^{-i\omega_0 t}\int_0^\infty dt_1 E_0(t-t_1) e^{-\Gamma t_1} \tag{5.1}$$

如果进一步假设 $E_0(t)$ 是一个短脉冲，便可以应用准冲击极限的条件：

$$E_0(t) \approx E_0 e^{i\omega t}\delta(t) \tag{5.2}$$

得到：

$$P^{(1)}(t) = -\frac{i}{\hbar}E_0\mu_{10}^2 e^{-i\omega_0 t} e^{-\Gamma t} \tag{5.3}$$

一阶极化将会发射出一个相位滞后 90°的电场（注，系数 -1 表示相位落后 π，-i 为落后 90°）：

$$E^{(1)}(t) \propto -iP^{(1)}(t) \tag{5.4}$$

这即是自由感应衰减（free induction decay），其随时间的变化趋势如图 5.2 所示。

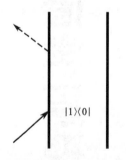
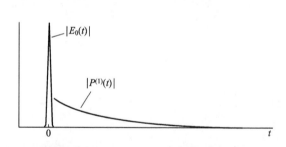

图 5.1 线性吸收谱的 Feynman 图表示　　图 5.2 自由感应衰减随时间的变化曲线

对实验结果起重要作用的并不仅仅是该电场本身，而且还取决于为探测该电场所采取的方法。可以通过改变某些实验装置（即探测器的位置）来控制这个电场的探测方式。图 5.3 给出了对于吸收测量的实验来说最简单的探测方式。

在光谱学中，平方律探测器（square-law detector）是最具有代表性的一种测量方式。它测量的是光强，而不是探测器上光的电场。另外，这些探测器一般响应较慢（与飞秒的时间尺度相比），因此实际上测量到的是信号强度在时间上的积分。因此，

注：本章经瑞士苏黎世大学 Peter Hamm 教授允许译自他尚未出版的手稿。

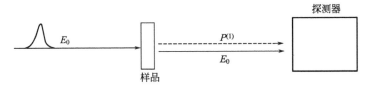

图 5.3 　吸收测量实验最简单的探测方式示意图

在实验中所得到的将是如下结果：

$$\int_0^\infty |E_0(t) + E^{(1)}(t)|^2 \mathrm{d}t = \int_0^\infty \{|E_0(t)|^2 + |E^{(1)}(t)|^2 + 2\Re[E_0^*(t)E^{(1)}(t)]\}\mathrm{d}t$$

$$(5.5)$$

在实际应用中，更常用到的方法是将一个光谱仪置于探测器的前面，如图 5.4 所示。

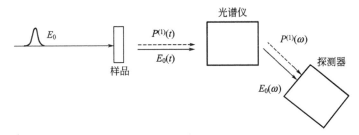

图 5.4 　探测信号时，光谱仪置于探测器前的情况

光谱仪所起到的作用实际上就是对电场进行傅里叶变换：

$$|E_0(\omega) + E^{(1)}(\omega)|^2 = |E_0(\omega)|^2 + |E^{(1)}(\omega)|^2 + 2\Re[E_0^*(\omega)E^{(1)}(\omega)] \quad (5.6)$$

由于所讨论的是微扰近似下的情形，因此可以合理地假设上式中第二项与其他项相比是个小量，可以忽略不计。换而言之，通常的一阶极化探测是一种外差（heterodyne）探测，利用入射的激光脉冲本身来作为本机振荡器（local oscillator）。

当测量吸收谱的时候，通常会将透过后光强用透过前的光强作归一化处理：

$$\frac{I}{I_0} \equiv \frac{|E_0(\omega) + E^{(1)}(\omega)|^2}{|E_0(\omega)|^2} = 1 + \frac{2\Re[E_0^*(\omega)E^{(1)}(\omega)]}{|E_0(\omega)|^2} \quad (5.7)$$

在小信号情形下，吸收谱（即对上式取对数）可以表示为：

$$A(\omega) \propto -\frac{|E_0(\omega) + E^{(1)}(\omega)|^2}{|E_0(\omega)|^2} + 1 = -\frac{2\Re[E_0^*(\omega)E^{(1)}(\omega)]}{|E_0(\omega)|^2} \propto -2\Re[E^{(1)}(\omega)]$$

$$(5.8)$$

在最后一步里，用到了激光脉冲为 δ 脉冲的假设。因此，它的光谱在频域上的分布是一个常数。最终得到：

$$A(\omega) \propto = 2\Re[P^{(1)}(\omega)] = 2\Re \int_0^\infty \mathrm{d}t e^{i(\omega-\omega_0)t} e^{-\Gamma t}$$

$$= 2\Re \frac{1}{i(\omega-\omega_0) - \Gamma} = \frac{2\Gamma}{(\omega-\omega_0)^2 + \Gamma^2} \quad (5.9)$$

与期望中结果相同：吸收谱是一个洛伦兹函数，其线宽由跃迁的退相位速率决定。

对于通常的情况，可以得到吸收光谱的形式为：

$$A(\omega) \propto 2\Re \int_0^\infty \mathrm{d}t\, e^{i\omega t} \langle \mu(t)\mu(0)\rho(-\infty)\rangle \tag{5.10}$$

5.1.2 三能级系统的泵浦-探测光谱学

假设一个分子有如图 5.5 所示三个能级。

其中 0→1 跃迁和 1→2 跃迁都与探测光脉冲接近共振（并不需要有完全相同的频率）。在泵浦-探测（pump-probe）实验中，采用图 5.6 中所示的几何配置。

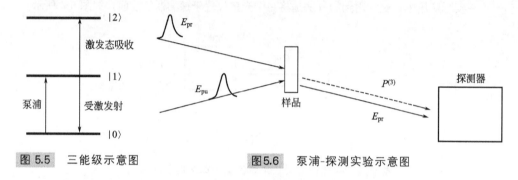

图 5.5　三能级示意图　　　图 5.6　泵浦-探测实验示意图

泵浦-探测过程所产生三阶极化的探测方向恰好与探测光的方向相同。因此，与线性光谱学中一样，对三阶极化信号仍然采用的是外差探测的方法，并以探测光作为本机振荡器。为满足相位匹配条件，采用这种几何配置的一个重要结果是：产生的三阶极化信号的波矢是所有参与生成作用的光场波矢之和。这样，鉴于泵浦-探测装置所选定的光路几何配置，强制三阶极化的波矢与探测光 k_{pr} 的波矢相同。实现这一点的唯一办法就是令泵浦光分别以波矢 $+k_{pu}$ 和 $-k_{pu}$ 与样品作用两次。其结果是，在满足旋转波近似以及相位匹配的条件下，只有 6 个 Feynman 图符合要求，如图 5.7 所示。

注意泵浦脉冲的两次作用都来源于同一个电场 E_{pu}。因此，就无法选择前两次作用的时间顺序。然而已经假定了泵浦光和探测光之间的时序，即在上面所有图中探测光是最后一个与样品发生作用的。当泵浦光和探测光在时间上重合时，就需要考虑其他 Feynman 图。这种情况就会导致所谓的相干尖峰（coherence spike）或伪相干（coherent artifact）现象。

图 5.7(a)表示分子先被泵浦脉冲泵浦到激发态，然后在探测脉冲作用下，经受激回到基态，它们表示受激发射过程。图 5.7(b)描述的是分子在泵浦脉冲的作用后仍处于基态，因此对应的是基态漂白（bleach）的贡献。图 5.7(c)表示分子先被泵浦脉冲泵浦到激发态，之后再由探测脉冲激发到第二激发态，对应着激发态吸收

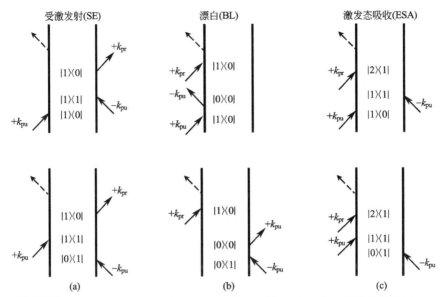

图 5.7　图5.5所示的三能级系统在泵浦-探测实验中，满足旋转波近似以及位相匹配的条件下，符合要求的 6 个过程对应的 Feynman 图

过程。下面首先来构建表示受激发射两幅 Feynman 图 [图 5.7(a)] 中的上图所对应的响应函数。

① 在 $t=0$ 前没有任何作用发生。

② 在 $t=0$ 时，由于泵浦光的作用产生了密度矩阵的一个非对角元 ρ_{10}，其发生的概率正比于跃迁偶极矩 μ_{10}：

$$\rho_{10}(0) \propto \mu_{10} \tag{5.11}$$

③ 这个非对角矩阵元紧接着会开始振荡并因退相位而弛豫。不过，由于假设泵浦光的脉冲足够短（短于退相位时间），这样从右面作用的第二个脉冲与第一个脉冲实际上作用在同一时刻（$t_1 \approx 0$），因此可以忽略密度矩阵在第一个时间周期 t_1 内的演化。

④ 经由泵浦光的第二次作用，产生了密度矩阵的对角元 ρ_{11}，发生的概率正比于跃迁偶极的平方：$\rho_{11}(0) \propto \mu_{10}^2$

⑤ 曾经在方程式（4.29）中得到：密度矩阵的对角元（当忽略布居弛豫 T_1 时）不随时间变化。

$$\Rightarrow \rho_{11}(t_2) \propto \mu_{10}^2 \tag{5.12}$$

⑥ 经过探测光的第三次作用，矩阵元 ρ_{10} 仍会以概率 μ_{10} 产生，并紧接着作为 t_3 的函数随时间演化：

$$\rho_{10}(t_3) \propto \mu_{10}^3 \, e^{-i\frac{(\epsilon_1 - \epsilon_0)}{\hbar} t_3} \, e^{-\Gamma t_3} \tag{5.13}$$

⑦ 这个非平衡的密度矩阵最后再以因子 μ_{01} 发射出三阶极化信号，这样就可以

得到三阶响应函数：

$$S_{\mathrm{SE}}^{(3)}(t_3,t_2,t_1) \propto \frac{i}{\hbar^3}\mu_{10}^4\,\mathrm{e}^{-i\frac{(\epsilon_1-\epsilon_0)}{\hbar}t_3}\,\mathrm{e}^{-\Gamma t_3} \tag{5.14}$$

对应基态漂白过程的 Feynman 图与上述受激发射的情况相比，在第一个和第三个时间周期内有着同样的相干矩阵元 ρ_{10}。因此它们之间的区别只体现在第二个周期 t_2 内，即此时的基态漂白过程处在基态 ρ_{00} 而不是激发态 ρ_{11}。但由于前面已经假设在这个周期内没有任何变化发生，因此对于这两种情况可以得到相同的响应函数（这并非必然情况）。

$$S_{\mathrm{BI}}^{(3)}(t_3,t_2,t_1) = S_{\mathrm{SE}}^{(3)}(t_3,t_2,t_1) \tag{5.15}$$

对于激发态吸收的 Feynman 图来说，它在第三次作用前与受激发射的情形相同，之后以概率 μ_{21} 产生相干激发 ρ_{21}：

$$\rho^{(3)}(t_3) \propto -\mu_{10}^2\mu_{21}\,\mathrm{e}^{-i\frac{(\epsilon_2-\epsilon_1)}{\hbar}t_3}\,\mathrm{e}^{-\Gamma t_3} \tag{5.16}$$

可以得到相应的三阶响应函数为：

$$S_{\mathrm{ESA}}^{(3)}(t_3,t_2,t_1) \propto -\frac{i}{\hbar^3}\mu_{10}^2\mu_{21}^2\,\mathrm{e}^{-i\frac{(\epsilon_2-\epsilon_1)}{\hbar}t_3}\,\mathrm{e}^{-\Gamma t_3} \tag{5.17}$$

注意上式前面的负号，这是因为在此图中来自于右面的作用只有一次，而不是两次（规则③）。另外，在上述推导中已经假设 $|0\rangle\langle1|$ 和 $|1\rangle\langle2|$ 的退相位速率相同。

最后，图 5.7 上方三种情况对应的 Feynman 图与下方三种 Feynman 图的区别在于前两次脉冲光作用的时间顺序不同。由于已经假设泵浦脉冲比系统的任何时间尺度都要短（因此响应函数与 t_1 无关），这样图下方三种情形将会与图上方的三种情形具有相同的非线性响应函数。因此，可以得到总的响应函数为：

$$S^{(3)}(t_3,t_2,t_1) = \sum_{i=1}^{6} S_i^{(3)}(t_1,t_2,t_3) \propto \frac{i}{\hbar^3}\left(4\mu_{10}^4\,\mathrm{e}^{-i\frac{(\epsilon_1-\epsilon_0)}{\hbar}t_3}\,\mathrm{e}^{-\Gamma t_3} - 2\mu_{10}^2\mu_{21}^2\,\mathrm{e}^{-i\frac{(\epsilon_2-\epsilon_1)}{\hbar}t_3}\,\mathrm{e}^{-\Gamma t_3}\right)$$

$$\tag{5.18}$$

在准冲击极限下，得到三阶极化为：

$$P^{(3)}(t,T,\tau) = S^{(3)}(t,T,\tau) \tag{5.19}$$

探测到的三阶极化信号是与原始探测脉冲外差后得到的，是时间 t 的函数［与线性响应类似，见方程式(5.9)］：

$$-\lg\left(\frac{|E_{\mathrm{pr}}(t)+iP^{(3)}(t)|^2}{|E_{\mathrm{pr}}(t)|^2}\right) \approx -\frac{2\mathfrak{I}[E_{\mathrm{pr}}^*(t)P^{(3)}(t)]}{|E_{\mathrm{pr}}(t)|^2} \tag{5.20}$$

有两种测量信号的方法：直接测量，或是将信号通过光谱仪后再进行测量。对于第一种情况，探测到的是信号光强在时间上的积分：

$$\Delta A = 2\mathfrak{I}\int_0^{\infty}\mathrm{d}t E_{\mathrm{pr}}^*(t)P^{(3)}(t) \tag{5.21}$$

在上述简单例子中，测得的泵浦探测信号与两个脉冲之间的时间间隔 T 无关

（因为假设在时间间隔 t_2 内没有任何变化发生）。

在第二种情况下，光谱仪的作用实际上就是将电场对时间 t 进行了一次傅里叶变换，进而可以得到泵浦探测的光谱信号：

$$\Delta A \varpropto -2\Im[P^{(3)}(\omega)] = -\frac{8\mu_{10}^4\Gamma}{[(\varepsilon_1-\varepsilon_0)/\hbar-\omega]^2+\Gamma^2} + \frac{4\mu_{10}^2\mu_{21}^2\Gamma}{[(\varepsilon_2-\varepsilon_1)/\hbar-\omega]^2+\Gamma^2}$$

$$(5.22)$$

这里，已经假定探测脉冲是一 δ 脉冲，它的光谱在频域上是个常数。因此最终可以观测到：在对应于 $0{\rightarrow}1$ 跃迁的原初频率处有一个负的 Lorentz 线型（基态漂白和受激发射的贡献），而在对应于 $1{\rightarrow}2$ 跃迁的频率处有一个正的 Lorentz 线型（激发态吸收的贡献）。

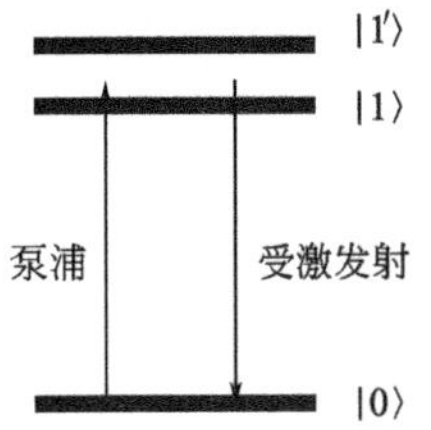

5.1.3　量子拍光谱学

假设有一个如图 5.8 所示的三能级系统。

图 5.8　三能级系统示意图

其中两个激发态的能级靠得很近，以至于 $0{\rightarrow}1$ 跃迁与 $0{\rightarrow}1'$ 跃迁都能与泵浦光发生共振。选择与泵浦探测实验相同的几何配置，在考虑旋转波近似和相位匹配条件后，如图 5.9 所示 Feynman 图被保留下来：

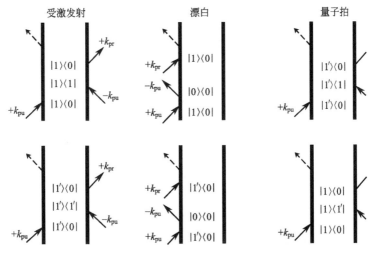

图 5.9　在图 5.8 所示的三能级系统在泵浦探测实验中，满足旋转波近似以及位相匹配条件下，符合要求的 6 个过程对应的 Feynman 图

将上面各图中前两次泵浦脉冲的作用时序颠倒，还会得到额外的一组 Feynman 图。依然假设泵浦脉冲短于系统所有的时间尺度，上述两种情况将会得到相同的响应函数。受激发射与基态漂白过程与上节介绍的情况相同，只是此处存在两种共振的情况 $0{\rightarrow}1$ 与 $0{\rightarrow}1'$。于是，得到相应的响应函数为：

$$\sum_{i=1}^{4} S_i^{(3)}(t_3, t_2, t_1) \propto -\frac{i}{\hbar^3} 4 \left(\mu_{10}^4 \, e^{-i\frac{(\epsilon_1 - \epsilon_0)}{\hbar} t_3} e^{-\Gamma t_3} + \mu_{1'0}^4 \, e^{-i\frac{(\epsilon_{1'} - \epsilon_0)}{\hbar} t_3} e^{-\Gamma t_3} \right) \quad (5.23)$$

而新出现的 Feynman 图即对应着量子拍(quantum beat)图，产生的信号以两个激发态的频率差作为量子拍频率随时间 t_2 振荡：

$$\sum_{i=5}^{6} S_i^{(3)}(t_3, t_2, t_1) \propto -\frac{i}{\hbar^3} 2 \mu_{10}^2 \mu_{1'0}^2 \left(e^{-i\frac{(\epsilon_{1'} - \epsilon_1)}{\hbar} t_2} e^{-i\frac{(\epsilon_{1'} - \epsilon_0)}{\hbar} t_3} + e^{-i\frac{(\epsilon_1 - \epsilon_{1'})}{\hbar} t_2} e^{-i\frac{(\epsilon_1 - \epsilon_0)}{\hbar} t_3} \right) e^{-\Gamma t_3}$$

$$(5.24)$$

在准冲击极限下，可以得到：

$$P^{(3)}(t, T, \tau) = \sum_{i=1}^{6} S_i^{(3)}(t, T, \tau) \quad (5.25)$$

探测到的结果是信号在时间 t 上的积分：

$$\Delta A(T) = 2\Im \int_0^\infty dt E_{pr}^*(t) P^{(3)}(t, T) \quad (5.26)$$

这时，泵浦探测信号将与泵浦脉冲和探测脉冲的时间间隔 T 有关。当扫描延迟线进行测量时，将会看到量子拍的现象，其频率等于两个激发态的频率之差。

5.1.4 双脉冲光子回波光谱学

用如图 5.10 所示光路的几何配置来进行双脉冲光子回波(photon echo)实验。

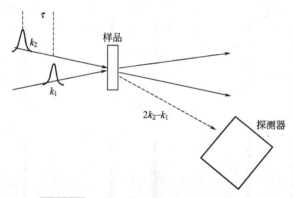

图 5.10 双脉冲光子回波实验几何配置

两个脉冲分别以波矢 k_1 和 k_2 与样品作用，之后在 $2k_2 - k_1$ 的方向上产生三阶极化信号并进行测量。选择这种几何配置有两个结果：①有两次作用都来自于第二个脉冲；②三阶极化信号的方向与入射脉冲的方向不同。因此，测量到的是零差信号(homodyned signal) $|P^{(3)}|^2$ 而不是外差信号(heterodyned signal) $2\Im[E_0^* P^{(3)}]$。考虑到旋转波近似和相位匹配条件后，只有两个 Feynman 图符合上述情况(这里只考虑二能级系统)，如图 5.11 所示。

图 5.11 中的两幅图有一个共同点：在第一个时间周期 t_1 内它们都以 ρ_{01} 相干演

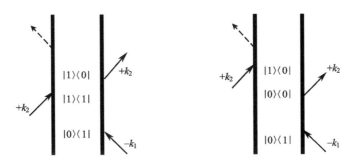

图 5.11　双脉冲光子回波实验符合要求的光信号对应的 Feynman 图

化，而在最后一个时间周期 t_3 内它们都翻转为 ρ_{10} 相干。前者对应着 $e^{i\omega t}$ 振荡，而后者以相反的方向 $e^{-i\omega t}$ 振荡。振荡频率的翻转将会导致位相重聚（rephasing）现象，与我们所熟知的自旋矢量类似。

如图 5.12 所示，第一个脉冲产生了一个旋转的自旋矢量。但由于非均匀展宽的存在，每一个独立的自旋都会以差异微小的频率进行振荡。这样所有独立的自旋将会扩散开，过一段时间后宏观极化将会消失。第二个脉冲将所有的矢量翻转到另外一侧，实际上就是改变了所有旋转的方向。这样将会导致所有的自旋矢量的重新集合，产生所谓的位相重聚现象。它们再集合的时间与两个脉冲的时间间隔完全相同，因此这种现象也被称为回波（echo）。

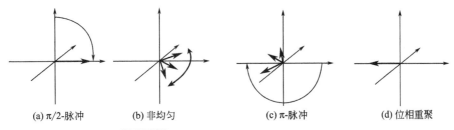

(a) π/2-脉冲　　(b) 非均匀　　(c) π-脉冲　　(d) 位相重聚

图 5.12　自旋矢量回波信号产生示意图

再来看一下这种现象如何与光谱对应。仍然假设脉冲在准冲击极限的条件下，因此第二次与第三次作用发生在同一个时刻，因此可以忽略第二个时间周期 t_2。这样，图 5.12(a)、(b)对应的响应函数相同：

$$S_1^{(3)}(t_3,t_2,t_1) \propto \frac{i}{\hbar^3}\mu_{10}^4 e^{+i\frac{(\varepsilon_1-\varepsilon_0)}{\hbar}t_1} e^{-\Gamma t_1} e^{-i\frac{(\varepsilon_1-\varepsilon_0)}{\hbar}t_3} e^{-\Gamma t_3} = \frac{i}{\hbar^3}\mu_{10}^4 e^{-i\frac{(\varepsilon_1-\varepsilon_0)}{\hbar}(t_3-t_1)} e^{-\Gamma(t_3+t_1)}$$

$$(5.27)$$

在准冲击极限下有：

$$P^{(3)}(t,\tau) = S^{(3)}(t,0,\tau) \tag{5.28}$$

对于慢响应的探测器，测量到的是发射信号强度在最后一个时间间隔内的积分，因此测量的信号为：

$$\int_0^\infty dt \mid P^{(3)}(t;T,\tau) \mid^2 \propto \frac{\mu_{10}^8}{\hbar^6} e^{-2\Gamma\tau} \int_0^\infty dt \mid e^{-i\frac{(\varepsilon_1-\varepsilon_0)}{\hbar}t} e^{-\Gamma t} \mid^2 = \frac{\mu_{10}^8}{\hbar^6} e^{-2\Gamma\tau} \cdot \text{const}$$

$$(5.29)$$

由此可以看出，最终得到的信号将会随时间 τ 以两倍于退相位的速率 Γ 而衰减。而对衰减时间 τ，可以在实验中通过调节两个脉冲之间的时间间隔来进行控制。方程式(5.29)对应于纯均匀谱线展宽的结果。而对于非均匀展宽的情况，需要将响应函数与能级分裂(energy splitting)的高斯分布函数进行卷积：

$$S_1^{(3)}(t_3,t_2,t_1) \rightarrow \int d\varepsilon_{10} G(\varepsilon_{10}-\varepsilon_{10}^{(0)}) S_1^{(3)}(t_3,t_2,t_1) \qquad (5.30)$$

其中 $\varepsilon_{10} \equiv \varepsilon_1-\varepsilon_0$，而 $\varepsilon_{10}^{(0)}$ 表示这种分布的中心频率。借助于分布函数的傅里叶变换，可以得到：

$$P^{(3)}(t;T,\tau) \propto \frac{i}{\hbar^3}\mu_{10}^4 \int_{-\infty}^{+\infty} e^{-i\frac{\varepsilon_{10}^{(0)}}{\hbar}(t-\tau)} e^{-\Gamma(t+\tau)} e^{-\frac{(\varepsilon_{10}-\varepsilon_{10}^{(0)})^2}{2\sigma^2\hbar^2}} d\varepsilon_{10}$$

$$\propto \frac{i}{\hbar^3}\mu_{10}^4 e^{-i\frac{\varepsilon_{10}^{(0)}}{\hbar}(t-\tau)} e^{-\Gamma(t+\tau)} e^{-\sigma^2\frac{(\tau-t)^2}{2}} \qquad (5.31)$$

其中 σ 表示非均匀分布的宽度。对于一个特定的延迟时间 τ，发射的光场是时间 t 的函数，它可以表示为两项的乘积：$e^{-\Gamma(\tau+t)}$ 和 $e^{-\sigma^2\frac{(\tau-t)^2}{2}}$。

非均匀分布起着一个类似于门的作用：产生的光场主要集中在作用后的某一特定时刻发射，而这一时间恰好与两个脉冲的时间间隔 τ 相同。各个脉冲的时间序列由图 5.13 给出。

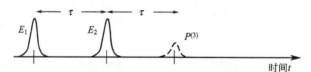

图 5.13 非均匀分布情况下的脉冲序列

在无限宽的非均匀展宽极限下，高斯分布会收敛为一 δ 分布：

$$e^{-\sigma^2\frac{(\tau-t)^2}{2}} \rightarrow \delta(\tau-t) \qquad (5.32)$$

可以得到这种情况下的信号：

$$\int_0^\infty dt \mid P^{(3)}(t;T,\tau) \mid^2 \propto \frac{\mu_{10}^8}{\hbar^6} e^{-2\Gamma\tau} \int_0^\infty dt \mid e^{-i\frac{(\varepsilon_1-\varepsilon_0)}{\hbar}t} e^{-\Gamma t}\delta(\tau-t) \mid^2 = \frac{\mu_{10}^8}{\hbar^6} e^{-4\Gamma\tau}$$

$$(5.33)$$

由此可以看到，在大的非均匀展宽极限下，产生的信号将以四倍于退相位的速率衰减。

对介于中间的情形(有限非均匀展宽)，当扫描两个脉冲之间的时间间隔 τ 时，可以观测到有一个峰值位移(peak shift)的现象，这可以由图 5.14 中的一组图片加以解释。

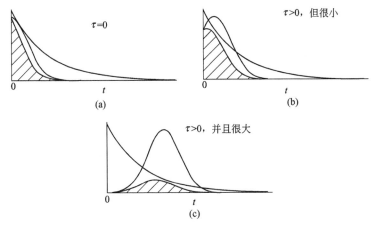

图 5.14　有限非均匀展宽情况下，实验观测到的峰值位移现象示意图

探测器测量到的是发射光场对时间的积分(阴影面积)，最开始的时候会随 τ 上升，经过足够的延时后，它将又会以四倍于退相位的速率衰减。因此，在某一特定延迟时刻 $\tau > 0$ 处会出现一个最大值，这即是峰值位移现象，经常会被用来测量非均匀展宽的强度。

5.2　退相位的微观理论：光谱线型的 Kubo 随机理论

5.2.1　线性响应

描述线性响应的 Feynman 图如图 5.15 所示。

相应的响应函数是：

$$S^{(1)}(t) = -\frac{i}{\hbar} \langle \mu(t)\mu(0)\rho(-\infty) \rangle \tag{5.34}$$

其中，$\mu(t)$ 是相互作用表象中的偶极算符：

$$\mu(t) = e^{+\frac{i}{\hbar}Ht} \mu e^{-\frac{i}{\hbar}Ht} \tag{5.35}$$

将 $\mu(t)$ 以 H 的本征态为基展开，根据 $H = \begin{pmatrix} \varepsilon_0 & 0 \\ 0 & \varepsilon_1 \end{pmatrix}$，可以得到矩阵元 $\mu_{01}(t)$：

$$\mu_{01}(t) = e^{+\frac{i}{\hbar}\varepsilon_0 t} \mu_{01} e^{-\frac{i}{\hbar}\varepsilon_1 t} = e^{-\frac{i}{\hbar}(\varepsilon_1 - \varepsilon_0)t} \mu_{01} \tag{5.36}$$

同样，也可以得到矩阵元 $\mu_{10}(t)$：

$$\mu_{10}(t) = e^{+\frac{i}{\hbar}(\varepsilon_1 - \varepsilon_0)t} \mu_{10} \tag{5.37}$$

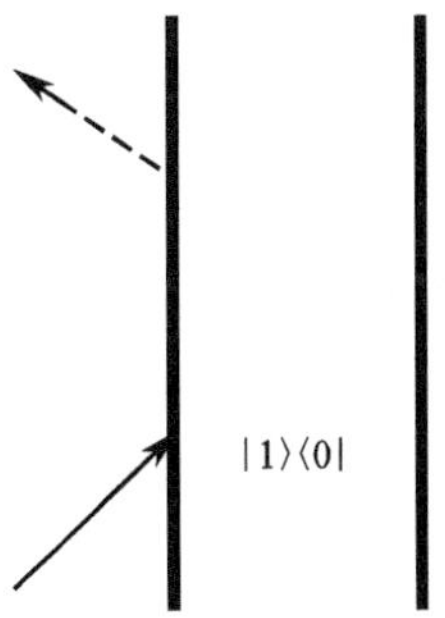

$|1\rangle\langle0|$

图 5.15　线性响应对应的 Feynman 图

上述结果也与 4.3.1 节中的规则④相符合。举例来说，图 5.15 中指向右方的箭头包含有频率项 $e^{-i\omega t}$，这样在共振情况下就会与 μ_{10} 中的 $e^{+i(\varepsilon_1-\varepsilon_0)t/\hbar}$ 项相互抵消。因此我们可以将方程式(5.34)重新写为：

$$S^{(1)}(t)=-\frac{i}{\hbar}\langle\mu_{01}(t)\mu_{10}(0)\rho_{00}\rangle \qquad (5.38)$$

这种表示方法将密度矩阵的左矢在时间零点时的激发 $\mu_{10}(0)$ 与时间 t 时的去激发 $\mu_{01}(t)$ 区分开来。当选择适当的下标使得在方程式(5.37)中相同的能级彼此相邻时，符号法则将会被自动考虑进来。

从这个角度来说，作了一个粗糙的近似：将量子机制的算符 $\mu_{01}(t)$ 当作经典观察量来诠释。这样，有：

$$\mu_{01}(t)=e^{-i\omega t}\mu_{01}(0) \qquad (5.39)$$

其中 ω 为能隙频率，并有：

$$\omega\equiv\frac{(\varepsilon_1-\varepsilon_0)}{\hbar} \qquad (5.40)$$

举例来说，方程式(5.39)描述了一个在真空中的双原子分子。当撞击它时，将会以特定的频率 ω 振动。如果没有外界的微扰(即在真空环境下)，它将会以这个频率持续振荡下去。但是，当有外界热浴(bath)存在时，环境将会持续推拉分子，使得在分子上有一个随机力的作用。这将会导致一个随时间变化的振动频率 $\omega(t)$。为了得到一个类似于方程式(5.39)的关于含时频率的表达式，可以先将方程改写为：

$$\frac{d}{dt}\mu_{01}(t)=-i\omega\mu_{01}(t) \qquad (5.41)$$

替换其中的频率项：

$$\frac{d}{dt}\mu_{01}(t)=-i\omega(t)\mu_{01}(t) \qquad (5.42)$$

积分后可以得到：

$$\mu_{01}(t)=e^{-i\int_0^t d\tau\omega(\tau)}\mu_{01}(0) \qquad (5.43)$$

进一步将频率项分为在时间上的平均以及涨落两个部分：

$$\omega(t)=\omega+\delta\omega(t) \qquad (5.44)$$

其中 $\omega\equiv\langle\omega(t)\rangle$ 并有 $\langle\delta\omega(t)\rangle\equiv0$，$\langle\cdots\rangle$ 表示在时间上或系综平均(两者意义相同)。图 5.16 所示为一个跃迁频率涨落图。

因此，线性响应函数可以由下式给出：

$$\langle\mu_{01}(t)\mu_{10}(0)\rho_{00}\rangle=\mu_{01}^2 e^{-i\omega t}\left\langle\exp\left(-i\int_0^t d\tau\delta\omega(\tau)\right)\right\rangle \qquad (5.45)$$

这种表达式通常用累积分展开(cummulant expansion)来计算。为此，将指数函数按 $\delta\omega$(通常可认为是小量)的级数来展开。

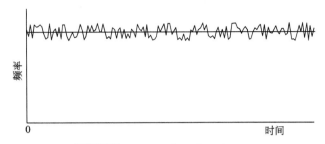

图 5.16　跃迁频率涨落示意图(1)

$$\left\langle \exp\left(-i\int_0^t d\tau\delta\omega(\tau)\right)\right\rangle = 1 - i\int_0^t d\tau\langle\delta\omega(\tau)\rangle - \frac{1}{2}\int_0^t\int_0^t d\tau'd\tau''\langle\delta\omega(\tau')\delta\omega(\tau'')\rangle + \cdots \tag{5.46}$$

根据前面的定义，上式中的线性项应当为零，因此有：

$$\left\langle \exp\left(-i\int_0^t d\tau\delta\omega(\tau)\right)\right\rangle = 1 - \frac{1}{2}\int_0^t\int_0^t d\tau'd\tau''\langle\delta\omega(\tau')\delta\omega(\tau'')\rangle + \cdots \tag{5.47}$$

假定可以将它写成如下的形式：

$$\left\langle \exp\left(-i\int_0^t d\tau\delta\omega(\tau)\right)\right\rangle \equiv e^{-g(t)} = 1 - g(t) + \frac{1}{2}g^2(t) + \cdots \tag{5.48}$$

然后将 $g(t)$ 按 $\delta\omega$ 的级数来进行展开：

$$g(t) = g_1(t) + g_2(t) + \cdots \tag{5.49}$$

式中，$g_1(t)$ 为 $O(\delta\omega)$ 的量级；$g_2(t)$ 为 $O(\delta\omega^2)$ 的量级。将方程式(5.49)代入到式(5.48)中，并按 $\delta\omega$ 的级数进行排序：

$$e^{-g(t)} = 1 - [g_1(t) + g_2(t) + \cdots] + \frac{1}{2}[g_1(t) + g_2(t) + \cdots]^2 \tag{5.50}$$

由于线性项为零，使得 $g_1(t) = 0$，这样上式中起主导作用的项为 $\delta\omega$ 的二次方项。由此可以得到所谓的线型函数(lineshape function)$g(t)$：

$$g(t) \equiv g_2(t) = \frac{1}{2}\int_0^t\int_0^t d\tau'd\tau''\langle\delta\omega(\tau')\delta\omega(\tau'')\rangle + O(\delta\omega^3) \tag{5.51}$$

在平衡状态下，由于相关函数(correlation function)$\langle\delta\omega(\tau')\delta\omega(\tau'')\rangle$ 只与时间间隔 $\tau'-\tau''$ 有关，因此可以将相关函数改写为 $\langle\delta\omega(\tau'-\tau'')\delta\omega(0)\rangle$。

注：

① 累积分展开只是用来记录不同 $\delta\omega$ 级数项的一种巧妙方法，一般来说，当然不是完全按照 $\delta\omega$ 的所有级数来展开的。但是当 $\delta\omega$ 满足 Gauss 分布时，二阶累积分可以被认为是精确的。根据中心极限定理(central limit theorem)，这是一种非常好的近似，亦即 $\delta\omega$ 的随机性为许多不同的随机影响之和的情况(如在热浴中被周围其他分子影响着的一个分子)。

② 累积分展开有效地将计算平均值 $\langle e^{-i\int\cdots}\rangle$ 变为近似计算 $e^{-\int\langle\cdots\rangle}$，即有：$\langle e^{-i\int\cdots}\rangle \approx e^{-\int\langle\cdots\rangle}$，极大地简化了计算过程。

综上所述 [参见式(5.10)]，有：

$$A(\omega) = 2\Re\int_0^\infty \mathrm{d}t \mathrm{e}^{i\omega t}\langle\mu_{01}(t)\mu_{10}(0)\rangle = 2\mu_{01}^2\Re\int_0^\infty \mathrm{d}t \mathrm{e}^{i\omega t}\,\mathrm{e}^{-g(t)} \tag{5.52}$$

其中

$$g(t) = \frac{1}{2}\int_0^t\int_0^t \mathrm{d}\tau'\mathrm{d}\tau''\langle\delta\omega(\tau'-\tau'')\delta\omega(0)\rangle = \int_0^t\int_0^{\tau'}\mathrm{d}\tau'\mathrm{d}\tau''\langle\delta\omega(\tau'')\delta\omega(0)\rangle \tag{5.53}$$

在最后一步中用到了时间对称性：$\langle\delta\omega(\tau)\delta\omega(0)\rangle = \langle\delta\omega(-\tau)\delta\omega(0)\rangle$。由此可见，双点相关函数 $\langle\delta\omega(t)\delta\omega(0)\rangle$ 可以用来描述所有的线性光谱（在累积分展开近似条件下）。

当跃迁频率涨落很快时，在时间零点处的频移 $\delta\omega(0)$ 与一小段时间后的频移将不会有任何关联。在这种情况下，相关函数 $\langle\delta\omega(t)\delta\omega(0)\rangle$ 将会随时间很快衰减，并可以近似为一个 δ 函数：$\langle\delta\omega(t)\delta\omega(0)\rangle\rightarrow\delta(t)$。然而经常遇到下列情形：若频率在时间零点时处在某个值，它将会在一段时间内保持在这个频率附近，直到一定时间之后才会失去关于这个频率的记忆。图 5.17 所示就是这样的一个例子。

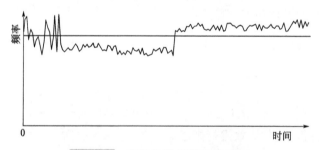

图 5.17 跃迁频率涨落示意图(2)

在这种情况下，相关函数 $\langle\delta\omega(t)\delta\omega(0)\rangle$ 将会随时间缓慢衰减。通常会用一指数函数进行模拟：

$$\langle\delta\omega(\tau)\delta\omega(0)\rangle = \Delta^2\mathrm{e}^{-\frac{|t|}{\tau_c}} \tag{5.54}$$

它与两个参数有关，即涨落幅度（fluctuation amplitude）Δ 及相关时间（correlation time）τ_c。将相关函数对时间进行双重积分可得 Kubo 线型函数（lineshape function）：

$$g(t) = \Delta^2\tau_c^2\left[\mathrm{e}^{-\frac{t}{\tau_c}} + \frac{t}{\tau_c} - 1\right] \tag{5.55}$$

这个模型很适于用来讨论各种极限下的情形。

① $\Delta\cdot\tau_c\ll1$，快速调制（fast modulation）、运动压窄（motional narrowing）或均匀（homogeneous）极限。

在这种极限下，可以得到线型函数：

$$g(t) = t/T_2 \tag{5.56}$$

其中 $T_2 = (\Delta^2\tau_c)^{-1}$。在推导过程中，用到了 $\mathrm{e}^{-\frac{t}{\tau_c}}\rightarrow0$ 及 $t/\tau_c\gg1$。进一步，线

性吸收光谱可以表示为：

$$A(\omega) = \Re \int_0^\infty e^{i\omega t} e^{-g(t)} \, dt = \Re \int_0^\infty e^{i\omega t} e^{-t/T_2} \, dt \tag{5.57}$$

由此得到了一个均匀展开宽度为 T_2^{-1} 的 Lorentz 线型。上述极限适用于 $\Delta \cdot \tau_c \ll 1$ 或 $\tau_c \ll T_2$ 的情况。

② $\Delta \cdot \tau_c \gg 1$，慢速调制(slow modulation)或非均匀(inhomogeneous)极限。

在这种情况下，可以得到线型函数：

$$g(t) = \frac{\Delta^2}{2} t^2 \tag{5.58}$$

上式可以通过将方程式(5.54)中的指数函数进行展开得到。此时的线型函数与相关时间 τ_c 无关，吸收光谱为：

$$A(\omega) = \Re \int_0^\infty e^{i\omega t} e^{-g(t)} \, dt = \Re \int_0^\infty e^{i\omega t} e^{-\frac{\Delta^2}{2} t^2} \, dt \tag{5.59}$$

对应一个宽度为 Δ 的高斯线型。上述极限适用于 $\Delta \cdot \tau_c \gg 1$ 的情况。

由此可以看到：只要涨落足够慢，吸收谱线的宽度就由 $\delta\omega$ 分布的宽度决定。但当涨落的速率变快时，就会达到快速调制极限，得到的是一个 Lorentz 线型。此时线宽变窄(因为 $T_2^{-1} = \Delta^2 \cdot \tau_c \ll \Delta$)，并且随相关时间 τ_c 线性减小，这种现象便被称为运动压窄。图 5.18 给出了通过固定涨落幅度 Δ 的值并且选取不同的参量 $\Delta \cdot \tau_c$ 来模拟上述的结果。

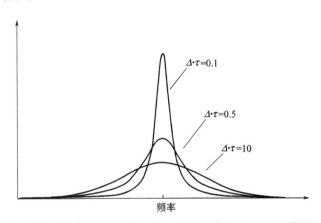

图 5.18 固定涨落幅度 Δ 的值并且选取不同的参量 $\Delta \cdot \tau_c$ 所模拟的吸收谱线

5.2.2 非线性响应

可以利用同样的方法来推导非线性响应函数。对一个二能级系统，在旋转波近似下，如图 5.19 所示，有四幅 Feynman 图是满足要求的。

采用与前面相同的方法来引入响应函数 R_1：

$$R_1(\tau_3, \tau_2, \tau_1) = -\left(\frac{i}{\hbar}\right)^3 \langle \mu_{01}(\tau_3)\mu_{10}(0)\rho_{00}\mu_{01}(\tau_1)\mu_{10}(\tau_2) \rangle \tag{5.60}$$

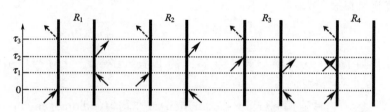

图 5.19　二能级系统在旋转波近似下，满足要求的 Feynman 图

在这里，将时间间隔的表示方法重新改回到绝对时间点如图 5.20 所示。

$$\tau_1 = t_1$$
$$\tau_2 = t_2 + t_1 \qquad\qquad (5.61)$$
$$\tau_3 = t_3 + t_2 + t_1$$

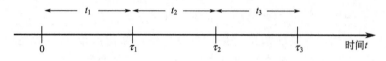

图 5.20　绝对时间点的脉冲序列图

根据上一节中符号法则 [即 $\mu_{01}(t) = e^{-i\omega t}\mu_{01}$ 及 $\mu_{10}(t) = e^{+i\omega t}\mu_{10}$]，可以得到：

$$R_1(\tau_3,\tau_2,\tau_1) = -\left(\frac{i}{\hbar}\right)^3 \mu^4 e^{-i\omega(\tau_3-\tau_2+\tau_1)}\left[\exp\left[-i\int_0^{\tau_3}\delta\omega(\tau)d\tau + i\int_0^{\tau_2}\delta\omega(\tau)d\tau - i\int_0^{\tau_1}\delta\omega(\tau)d\tau\right]\right]$$

$$(5.62)$$

需要再一次利用累积分展开来计算这个表达式。为此，将指数函数展开到 $\delta\omega$ 的二次方项：

$$\langle\cdots\rangle = 1 - \frac{1}{2}\int_0^{\tau_3}\int_0^{\tau_3}\langle\delta\omega(\tau'')\delta\omega(\tau')\rangle d\tau''d\tau' - \frac{1}{2}\int_0^{\tau_2}\int_0^{\tau_2}\langle\delta\omega(\tau'')\delta\omega(\tau')\rangle d\tau''d\tau'$$

$$- \frac{1}{2}\int_0^{\tau_1}\int_0^{\tau_1}\langle\delta\omega(\tau'')\delta\omega(\tau')\rangle d\tau''d\tau' - \int_0^{\tau_3}\int_0^{\tau_1}\langle\delta\omega(\tau'')\delta\omega(\tau')\rangle d\tau''d\tau' \qquad (5.63)$$

$$+ \int_0^{\tau_3}\int_0^{\tau_2}\langle\delta\omega(\tau'')\delta\omega(\tau')\rangle d\tau''d\tau' + \int_0^{\tau_2}\int_0^{\tau_1}\langle\delta\omega(\tau'')\delta\omega(\tau')\rangle d\tau''d\tau' + O(\delta\omega^3)$$

同样，$\delta\omega$ 的线性项为零。剩下的前三项是对应于 τ_3、τ_2 和 τ_1 时刻的线型函数 $g(\tau)$。将方程式(5.63)写成如下形式：

$$\langle\cdots\rangle = 1 - g(\tau_3) - g(\tau_2) - g(\tau_1) - h(\tau_3,\tau_1) + h(\tau_3,\tau_2) + h(\tau_2,\tau_1) + O(\delta\omega^3)$$

$$(5.64)$$

注意，$h(\tau',\tau)$ 与 $g(\tau)$ 的表达式中包含的被积函数相同，只是积分范围有所差别。可以得到它们间的关系式为：

$$h(\tau_2,\tau_1) = g(\tau_2) + g(\tau_1) - g(\tau_2-\tau_1) \qquad (5.65)$$

上面的结果也可以从图 5.21 中各个区域的积分面积看出。

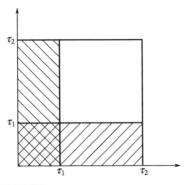

图 5.21　式(5.65)积分结果示意图

图 5.21 中两个阴影矩形对应着 $2h(\tau_2,\tau_1)$，左下方的正方形对应着 $2g(\tau_1)$，整个正方形对应 $2g(\tau_2)$，右上方的正方形对应 $2g(\tau_2-\tau_1)$。因此可以得到：

$$\langle\cdots\rangle=1-g(\tau_3)+g(\tau_2)-g(\tau_1)+g(\tau_3-\tau_1)-g(\tau_3-\tau_2)-g(\tau_2-\tau_1)+O(\delta\omega^3)$$

$$(5.66)$$

也可以将其改回到时间间隔 t_1、t_2 和 t_3 的表达方式：

$$\langle\cdots\rangle=1-g(t_1)-g(t_2)-g(t_3)+g(t_1+t_2)+g(t_2+t_3)-g(t_1+t_2+t_3)+O(\delta\omega^3)$$

$$(5.67)$$

进一步假定：

$$\langle\cdots\rangle=e^{-f} \tag{5.68}$$

将 f 按 $\delta\omega$ 的级数展开并收集关于 $\delta\omega$ 的不同级数项，得到非线性响应函数为：

$$R_1(t_3,t_2,t_1)=-\left(\frac{i}{\hbar}\right)^3\mu^4 e^{-i\omega(t_1+t_3)} e^{-g(t_1)-g(t_2)-g(t_3)+g(t_1+t_2)+g(t_2+t_3)-g(t_1+t_2+t_3)}$$

$$(5.69)$$

同样，也可以得到 R_2 的表达式：

$$R_2(\tau_3,\tau_2,\tau_1)=-\left(\frac{i}{\hbar}\right)^3\langle\mu_{01}(\tau_3)\mu_{10}(\tau_1)\rho_{00}\mu_{01}(0)\mu_{10}(\tau_2)\rangle=-\left(\frac{i}{\hbar}\right)^3\mu^4 e^{-i\omega(\tau_3-\tau_2-\tau_1)}$$

$$\left\{\exp\left[-i\int_0^{\tau_3}\delta\omega(\tau)\mathrm{d}\tau+i\int_0^{\tau_2}\delta\omega(\tau)\mathrm{d}\tau+i\int_0^{\tau_1}\delta\omega(\tau)\mathrm{d}\tau\right]\right\} \tag{5.70}$$

除了振荡部分的符号差别外，这种表达式与 R_1 有着相同的构型。因此参照计算 R_1 方法，可以得到：

$$R_2(t_3,t_2,t_1)=-\left(\frac{i}{\hbar}\right)^3\mu^4 e^{-i\omega(t_3-t_1)} e^{-g(t_1)+g(t_2)-g(t_3)-g(t_1+t_2)-g(t_2+t_3)+g(t_3+t_2+t_1)}$$

$$(5.71)$$

同样也可以得到关于 R_3 的表达式：

$$R_3(\tau_3,\tau_2,\tau_1)=-\left(\frac{i}{\hbar}\right)^3\langle\mu_{01}(\tau_3)\mu_{10}(\tau_2)\rho_{00}\mu_{01}(0)\mu_{10}(\tau_1)\rangle$$

$$= -\left(\frac{i}{\hbar}\right)^3 \mu^4 e^{-i\omega(\tau_3 - \tau_2 - \tau_1)} \left\{ \exp\left[-i\int_0^{\tau_3}\delta\omega(\tau)\mathrm{d}\tau + i\int_0^{\tau_2}\delta\omega(\tau)\mathrm{d}\tau + i\int_0^{\tau_1}\delta\omega(\tau)\mathrm{d}\tau\right]\right\}$$

$$= R_2(\tau_3, \tau_2, \tau_1) \tag{5.72}$$

与 R_2 有着相同的响应函数。而 R_4 为：

$$R_4(\tau_3, \tau_2, \tau_1) = -\left(\frac{i}{\hbar}\right)^3 \langle \mu_{01}(\tau_3)\mu_{10}(\tau_2)\mu_{01}(\tau_1)\mu_{10}(0)\rho_{00}\rangle$$

$$= -\left(\frac{i}{\hbar}\right)^3 \mu^4 e^{-i\omega(\tau_3 - \tau_2 + \tau_1)} \left\{ \exp\left[-i\int_0^{\tau_3}\delta\omega(\tau)\mathrm{d}\tau + i\int_0^{\tau_2}\delta\omega(\tau)\mathrm{d}\tau - i\int_0^{\tau_1}\delta\omega(\tau)\mathrm{d}\tau\right]\right\}$$

$$= R_1(\tau_3, \tau_2, \tau_1) \tag{5.73}$$

与 R_1 的响应函数相同。

最终结果如下：

$$R_1(t_3, t_2, t_1) = -\left(\frac{i}{\hbar}\right)^3 \mu^4 e^{-i\omega(t_1 + t_3)} e^{-g(t_1) - g(t_2) - g(t_3) + g(t_1 + t_2) + g(t_2 + t_3) - g(t_1 + t_2 + t_3)}$$

$$R_2(t_3, t_2, t_1) = -\left(\frac{i}{\hbar}\right)^3 \mu^4 e^{-i\omega(t_3 - t_1)} e^{-g(t_1) + g(t_2) - g(t_3) - g(t_1 + t_2) - g(t_2 + t_3) + g(t_1 + t_2 + t_3)}$$

$$R_3(t_3, t_2, t_1) = -\left(\frac{i}{\hbar}\right)^3 \mu^4 e^{-i\omega(t_3 - t_1)} e^{-g(t_1) + g(t_2) - g(t_3) - g(t_1 + t_2) - g(t_2 + t_3) + g(t_1 + t_2 + t_3)}$$

$$R_4(t_3, t_2, t_1) = -\left(\frac{i}{\hbar}\right)^3 \mu^4 e^{-i\omega(t_1 + t_3)} e^{-g(t_1) - g(t_2) - g(t_3) + g(t_1 + t_2) + g(t_2 + t_3) - g(t_1 + t_2 + t_3)}$$

$$\tag{5.74}$$

注意相等关系 $R_1 = R_4$ 和 $R_2 = R_3$ 只有在 Kubo 线型理论的随机拟设框架内才成立，而在 Brown 振子模型中将不再满足（见 5.3.2 节）。以双点频率涨落相关函数 $\langle \delta\omega(\tau)\delta\omega(0)\rangle$ 的方式，响应函数 $R_1 \sim R_4$ 描述了所有二能级系统的非线性光谱。而这一频率涨落相关函数描述了热浴对系统的影响。

5.2.3　三脉冲光子回波光谱学

光谱的均匀和非均匀展宽可以在频率涨落相关函数 $\langle \delta\omega(\tau)\delta\omega(0)\rangle$ 取极限的情况下求得。均匀和非均匀展宽意味着在时间尺度上有一个明确的界限：前者为无限快，后者为无限慢。因此，均匀展宽线型的非均匀分布所对应的频率涨落相关函数为：

$$\langle \delta\omega(t)\delta\omega(0)\rangle = \Gamma\delta(t) + \Delta_0^2/2 \tag{5.75}$$

而谱线轮廓为：

$$g(t) = \Gamma t + \Delta_0^2 t^2 \tag{5.76}$$

这就是所谓的 Voigt 线廓，换言之，是一个 Lorentz 线型与高斯分布的卷积。以 R_2 为例，将该线型代入：

$$R_2(t_3, t_2, t_1) = -\left(\frac{i}{\hbar}\right)^3 \mu^4 e^{-i\omega(t_3 - t_1)} e^{-\Gamma(t_3 + t_1)} e^{-\Delta_0^2(t_3 - t_1)^2} \tag{5.77}$$

式(5.77)与方程式(5.31)有着相似的表示，不过后者是从唯象的角度来描述退相位过程的。另外，注意在这里响应函数与 t_2 无关。换句话说，只要均匀展宽和非均匀展宽在时间尺度上有一个严格的界限，在实验上就无需控制延迟时间 t_2。在双脉冲光子回波实验里，由于第二次和第三次作用源于同一个超短脉冲，暗含的条件是时间间隔 t_2 被设定为零。

通常均匀展宽和非均匀展宽的时间尺度并没有严格的界限，对于液相系统尤其如此，其涨落在一个很宽的时间尺度内。对于频率涨落相关函数而言，Kubo 线型是一个更为贴切实际的模型：

$$\langle \delta\omega(t)\delta\omega(0)\rangle = \Delta^2 e^{-\frac{|t|}{\tau_c}} \tag{5.78}$$

在这种情况下，响应函数 $R_1 \sim R_4$ 实际上是与 t_2 有关的。如果想要测量到这些现象，就需要一个实验装置能够控制延迟时间 t_2。所选择的用来控制所有时间延迟的装置就是三脉冲光子回波实验装置，其几何配置如图 5.22 所示。探测器放置在方向 $-k_1 + k_2 + k_3$ 上，这样所选择的非线性响应信号将只有 R_2 和 R_3（它们两个有着相同的响应函数）。

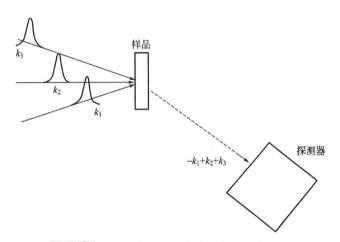

图 5.22 三脉冲光子回波实验装置几何配置

图 5.23 为三脉冲光子回波实验实例的测量结果。图中表示的是水溶液中 N_3^- 的非对称拉伸频率作为 t_1 和 t_2 函数的光子回波响应。对于早期的 t_2，可以看到信号作为 t_1 的函数有一个峰移的现象，这一点在 5.1.4 节里已经讨论过。峰移是关于样品非均匀性的一种测量，然而非均匀性并不是静止的（溶剂在持续地重新排列），因此代表非均匀性的峰移随时间 t_2 的变化也将始终存在。非均匀性作为时间的函数而衰减，这可以从峰移量随时间的衰减来看出。将峰移量对时间 t_2 作图如5.24 所示。

可以得到于类似频率涨落相关函数 $\langle \delta\omega(\tau)\delta\omega(0)\rangle$ 的一个物理量（见图 5.24 插图中的实线）。这就是从光子回波峰移实验中推导出的本质属性。

在推导过程中，截掉了累积分展开中二阶项后面所有的项。这样导致的结果

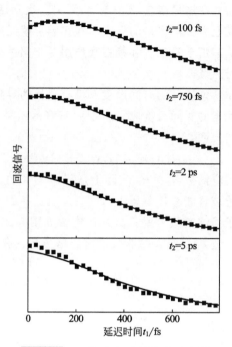

t_2=100 fs

t_2=750 fs

t_2=2 ps

t_2=5 ps

回波信号

延迟时间t_1/fs

图5.23 三脉冲光子回波实验实例

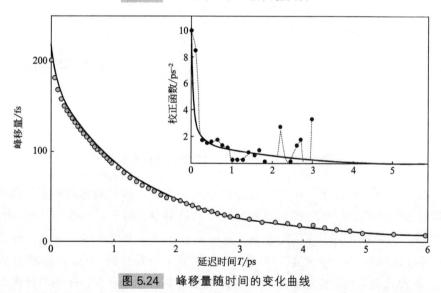

峰移量/fs

校正函数/ps^{-2}

延迟时间T/ps

图 5.24 峰移量随时间的变化曲线

是：非线性响应函数 $R_1 \sim R_4$ 完全地由线型函数 $g(t)$ 来描述，即由双点频率涨落相关函数 $\langle \delta\omega(\tau)\delta\omega(0) \rangle$ 来实现。换句话说，一个线性实验和任意三阶非线性实验所包含的信息量似乎是一样的。原则上可以仅仅通过测量线性吸收光谱并反推方程式(5.52)就能够测量出频率涨落相关函数 $\langle \delta\omega(\tau)\delta\omega(0) \rangle$，这样看起来就没有应用非线性光谱技术的必要。但在实际中这种方法是很难实现的，并会得到很糟的结果。图 5.24 中插图部分的虚线就是利用这种方法所得到的频率涨落相关函数 $\langle \delta\omega(\tau)\delta\omega(0)\rangle$。尽管实际上它的确类似于从光子回波实验中所得到的结果，但显然有着大得多的噪声。

5.3 退位相的微观理论：Brown 振子模型

5.3.1 含时哈密顿量的时间演化算符

与 Kubo 线型理论的经典描述相比，Brown 振子模型运用的是全量子机制。为引入 Brown 振子模型，需要再次用到时间演化算符的概念，不过这次面对的是含时的哈密顿量。在 4.2.2 节里，定义了时间演化算符为：

$$|\psi(t)\rangle \equiv U(t,t_0)|\psi(t_0)\rangle \tag{5.79}$$

并且得到：

$$U_0(t,t_0) = e^{-\frac{i}{\hbar}H(t-t_0)} \tag{5.80}$$

但上式只有在哈密顿量与时间无关时才成立！对于含时的哈密顿量，可以将方程式(5.79)代入到 Schrödinger 方程中：

$$\frac{\mathrm{d}}{\mathrm{d}t}[U(t,t_0)|\psi(t_0)\rangle] = -\frac{i}{\hbar}H(t)U(t,t_0)|\psi(t_0)\rangle \tag{5.81}$$

这里的哈密顿量是与时间有关的。由于上式对任意的初始波函数 $|\psi(t_0)\rangle$ 都应该成立，因此有：

$$\frac{\mathrm{d}}{\mathrm{d}t}U(t,t_0) = -\frac{i}{\hbar}H(t)U(t,t_0) \tag{5.82}$$

对此方程进行积分，可得：

$$U(t,t_0) = 1 - \frac{i}{\hbar}\int_{t_0}^t \mathrm{d}\tau H(\tau)U(\tau,t_0) \tag{5.83}$$

可以利用同样的反复代入自身的方法来求解：

$$U(t,t_0) = 1 + \sum_{n=1}^{\infty}\left(-\frac{i}{\hbar}\right)^n\int_{t_0}^t \mathrm{d}\tau_n\int_{t_0}^{\tau_n}\mathrm{d}\tau_{n-1}\cdots\int_{t_0}^{\tau_2}\mathrm{d}\tau_1 H(\tau_n)H(\tau_{n-1})\cdots H(\tau_1) \tag{5.84}$$

注意这是一个时序积分(time-ordered integral)，其中：

$$\tau_1 \leqslant \tau_2 \leqslant \cdots \leqslant \tau_n \tag{5.85}$$

如果忽略 $H(t)$ 是一个算符的事实，而只将它看作一个函数，那么就应该可以将方程式(5.82)求解为：

$$U(t,t_0) \stackrel{?}{=} \exp\left[-\frac{i}{\hbar}\int_{t_0}^t \mathrm{d}\tau H(\tau)\right] \tag{5.86}$$

将指数函数展开就会得到：

$$U(t,t_0) \stackrel{?}{=} 1 + \sum_{n=1}^{\infty} \frac{1}{n!} \left(-\frac{i}{\hbar}\right)^n \int_{t_0}^{t} d\tau_n \int_{t_0}^{t} d\tau_{n-1} \cdots \int_{t_0}^{t} d\tau_1 H(\tau_n) H(\tau_{n-1}) \cdots H(\tau_1)$$

$$(5.87)$$

上式看起来与方程式(5.84)非常类似，但这种算法是错误的。两者的根本区别就是方程式(5.87)中的时间变量并没有顺序。它们间的差异可以由图 5.25 中的积分面积来表示（即，阴影部分的面积）。

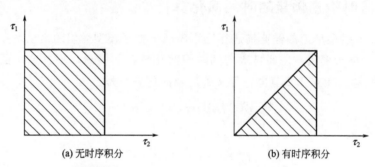

(a) 无时序积分 (b) 有时序积分

图 5.25　方程式(5.84)与式(5.87)积分对比

对于下式：

$$H(\tau_1)H(\tau_2) \stackrel{?}{=} H(\tau_2)H(\tau_1) \qquad (5.88)$$

如果 $H(t)$ 是一个普通函数，等式是自然成立的。这时对左上三角部分和右下三角部分的无时序积分来说，得到的结果都是一样的。在这种情况下，方程式(5.84)和方程式(5.87)实际上是等价的〔方程式(5.87)中的因子 $1/n!$ 已经考虑到相同项被多次使用的情形〕。但 $H(t)$ 是一个算符，$H(\tau_1)$ 和 $H(\tau_2)$ 通常并不对易（除非 H 是不含时的），因此：

$$[H(\tau_1)H(\tau_2)] \neq 0 \qquad (5.89)$$

这也正是方程式(5.84)和方程式(5.87)不同的原因。即便如此，为了强调方程式(5.84)与一个指数函数的相似性，定义一个正时序指数为：

$$\exp_+ \left[-\frac{i}{\hbar} \int_{t_0}^{t} d\tau H(\tau)\right] \equiv 1 + \sum_{n=1}^{\infty} \left(-\frac{i}{\hbar}\right)^n \int_{t_0}^{t} d\tau_n \cdots \int_{t_0}^{\tau_2} d\tau_1 H(\tau_n) \cdots H(\tau_1)$$

$$(5.90)$$

继而得到一个含时 Hamilton 量的时间演化算符：

$$U(t,t_0) = \exp_+ \left[-\frac{i}{\hbar} \int_{t_0}^{t} d\tau H(\tau)\right] \qquad (5.91)$$

同样，也可以定义一个负时序指数：

$$\exp_- \left[+\frac{i}{\hbar} \int_{t_0}^{t} d\tau H(\tau)\right] \equiv 1 + \sum_{n=1}^{\infty} \left(+\frac{i}{\hbar}\right)^n \int_{t_0}^{t} d\tau_n \cdots \int_{t_0}^{\tau_2} d\tau_1 H(\tau_1) \cdots H(\tau_n)$$

$$(5.92)$$

继而得到时间演化算符的共轭形式：

$$U^{\dagger}(t,t_0) = \exp_- \left[+\frac{i}{\hbar} \int_{t_0}^{t} \mathrm{d}\tau H(\tau) \right] \tag{5.93}$$

通常可以将哈密顿量分解为：

$$H = H^{(0)} + H' \tag{5.94}$$

其中 $H^{(0)}$ 表示系统算符，而 H'（期待为一小量）代表微扰。应用到时序指数的定义，可以得到下面的规则：

$$\mathrm{e}^{-\frac{i}{\hbar}(H^{(0)}+H')t} = \mathrm{e}^{-\frac{i}{\hbar}H^{(0)}t} \exp_+ \left[-\frac{i}{\hbar} \int_{t_0}^{t} \mathrm{d}\tau H(\tau) \right] \tag{5.95}$$

$H'(\tau)$ 是 Hamilton 量 H' 在关于 $H^{(0)}$ 的相互作用表象中的表示：

$$H'(\tau) = \mathrm{e}^{\frac{i}{\hbar}H^{(0)}t} H' \mathrm{e}^{-\frac{i}{\hbar}H^{(0)}t} \tag{5.96}$$

5.3.2 Brown 振子模型

Kubo 模型假定了一个由于溶剂作用而不断涨落的跃迁频率，但是没有明确地指出溶剂是如何与跃迁相互耦合的。而 Brown 振子模型则具体指定了这种耦合，它假定存在一组电子态，它们的能量由一组原子核坐标 q 作为参量来决定（Born Oppenheimer 近似）。

典型情形是假定势能面是简谐的（harmonic）：当基态和激发态的简谐势能面发生位移时，它们之间的能隙将会随原子核坐标 q 而线性变化（图 5.26）。因原子核构型的热激发而引起的坐标涨落将会导致跃迁频率的涨落。从这种角度来说，Brown 振子模型是一个更为微观的模型，它明确地给出了跃迁频率涨落的原因。

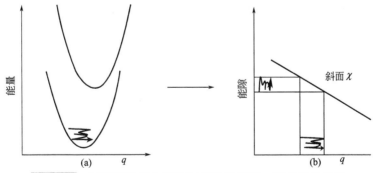

图 5.26 (a)简谐势能曲线及(b)能隙和坐标 q 间的线性关系

在 Born-Oppenheimer 近似下，可以将总的波函数（Ψ）写成电子波函数（Ψ_{el}）和原子核波函数（Ψ_{nuc}）的乘积（即将电子波函数与原子核波函数分开）：

$$\Psi = \Psi_{\mathrm{el}} \Psi_{\mathrm{nuc}} \tag{5.97}$$

总的哈密顿量为：

$$H = H_{\mathrm{s}} + E(t)\mu \tag{5.98}$$

其中系统的哈密顿量是电子和原子核哈密顿量之和。将哈密顿量对电子的本征

态进行展开(假定它为一个电子态二能级系统):

$$H_s = |0\rangle H_0 \langle 0| + |1\rangle H_1 \langle 1| \tag{5.99}$$

注意,H_0 和 H_1 是关于电子态的本征值(数),但它们仍然是原子核波函数的算符。对于线性响应,需要计算出偶极-偶极相关函数:

$$\langle \mu(t)\mu(0)\rho(-\infty)\rangle \tag{5.100}$$

当将它对电子态进行展开时 [见方程式(5.38)],有:

$$\langle \mu_{01}(t)\mu_{10}(0)\rho(-\infty)\rangle \tag{5.101}$$

注意对于原子核波函数而言,$\mu_{01}(t)$ 仍然是一个算符。表示为:

$$\mu_{01}(t) = e^{\frac{i}{\hbar}H_0 t}\mu_{01}e^{-\frac{i}{\hbar}H_1 t} \tag{5.102}$$

从上式可以看出,偶极算符 μ 在左侧关于 H_0 演化,而在右侧关于 H_1 演化。为了方便,希望将方程式(5.102)表示为只与一个哈密顿量有关的形式,故选择 H_0 作为参照哈密顿量。为此,引入能隙算符 $\Omega \equiv H_1 - H_0 - (\varepsilon_1 - \varepsilon_2)$(即,能隙与平均值的偏离),因此有:

$$H_1 \equiv H_0 + \Omega + (\varepsilon_1 - \varepsilon_0) \tag{5.103}$$

加入了平均能隙 $(\varepsilon_1 - \varepsilon_2)$(只是数,而非算符)来将快速振荡的部分从能隙算符 Ω 中分离出去。由此,得到:

$$\mu_{01}(t) = e^{\frac{i}{\hbar}H_0 t}\mu e^{-\frac{i}{\hbar}H_1 t} = e^{-\frac{i}{\hbar}(\varepsilon_1 - \varepsilon_0)t}e^{\frac{i}{\hbar}H_0 t}\mu e^{-\frac{i}{\hbar}(H_0 + \Omega)t}$$

$$= e^{-\frac{i}{\hbar}(\varepsilon_1 - \varepsilon_0)t}e^{\frac{i}{\hbar}H_0 t}\mu e^{-\frac{i}{\hbar}H_0 t}\exp_+\left(-\frac{i}{\hbar}\int_{t_0}^{t}\Omega(\tau)d\tau\right) \tag{5.104}$$

其中

$$\Omega(\tau) = e^{\frac{i}{\hbar}H_0 \tau}\Omega e^{-\frac{i}{\hbar}H_0 \tau} \tag{5.105}$$

上式为能隙算符在关于基态哈密顿量 H_0 的相互作用表象中的表示。在最后一步里,用到了方程式(5.95)。方程式(5.104)中包含了关于基态哈密顿量 H_0 的相互作用表象中的偶极算符:

$$\mu(t) = e^{\frac{i}{\hbar}H_0 t}\mu e^{-\frac{i}{\hbar}H_0 t} \tag{5.106}$$

这里,采用了 Franck-Condon 近似,即假定分子的偶极矩 $\mu(t)$ 与原子核坐标 q 无关,可视为一个常数 μ。换言之,尽管 q 有着涨落的特性,但偶极算符 $\mu(t)$ 在时间上是一个常数,可以由一个数值来取代。因此有:

$$\mu_{01}(t) = \mu e^{-\frac{i}{\hbar}(\varepsilon_1 - \varepsilon_0)t}\exp_+\left(-\frac{i}{\hbar}\int_{t_0}^{t}\Omega(\tau)d\tau\right) \tag{5.107}$$

运用同样的方法:

$$\mu_{10}(t) = \mu e^{+\frac{i}{\hbar}(\varepsilon_1 - \varepsilon_0)t}\exp_-\left(+\frac{i}{\hbar}\int_{t_0}^{t}\Omega(\tau)d\tau\right) \tag{5.108}$$

因此,线性响应函数为:

$$\langle \mu_{01}(t)\mu_{10}(0)\rho(-\infty)\rangle = \mu^2 e^{-\frac{i}{\hbar}(\varepsilon_1 - \varepsilon_0)t}\left[\exp_+\left(-\frac{i}{\hbar}\int_{t_0}^{t}\Omega(\tau)d\tau\right)\right] \tag{5.109}$$

上式与由 Kubo 线型理论得出的结果式(5.45)等价:

$$\langle \mu_{01}(t)\mu_{10}(0)\rangle = \mu^2 \mathrm{e}^{-i\omega t}\left[\exp\left(-i\int_0^t \mathrm{d}\tau \delta\omega(\tau)\right)\right] \tag{5.110}$$

二者本质上的差异就是方程式(5.109)中被积函数是在 Brown 振子模型中的量子算符，而不是 Kubo 线型理论中的普通函数。因此，此处的指数函数为一个时序指数(由算符的不对易性导致)。尽管如此，仍然可以用与前一章中完全相同的方法对其进行累积分展开。但需要注意，算符间不可交换以及指数函数是一个时序指数。由此可以得到线性吸收光谱：

$$A(\omega) = 2\mathrm{Re}\int_0^\infty \mathrm{d}t \mathrm{e}^{i\omega t}\langle \mu_{01}(t)\mu_{10}(0)\rho(-\infty)\rangle = 2\mu^2 \mathrm{Re}\int_0^\infty \mathrm{d}t \mathrm{e}^{i\omega t}\mathrm{e}^{-g(t)} \tag{5.111}$$

其中

$$g(t) = \frac{1}{\hbar^2}\int_0^t \mathrm{d}\tau''\int_0^{\tau''}\mathrm{d}\tau'\langle \Omega(\tau')\Omega(0)\rho(-\infty)\rangle \tag{5.112}$$

注意与方程式(5.53)相比，此时的线型函数 $g(t)$ 是一个时序积分 $\tau'\leqslant\tau''\leqslant t$。同样也可以得到非线性响应函数：

$$R_1(t_3,t_2,t_1) = -\left(\frac{i}{\hbar}\right)^3\mu^4 \mathrm{e}^{-i\omega(t_1+t_3)}\mathrm{e}^{-g(t_1)-g*(t_2)-g*(t_3)+g(t_1+t_2)+g*(t_2+t_3)-g(t_1+t_2+t_3)}$$

$$R_2(t_3,t_2,t_1) = -\left(\frac{i}{\hbar}\right)^3\mu^4 \mathrm{e}^{-i\omega(t_3-t_1)}\mathrm{e}^{-g*(t_1)+g(t_2)-g*(t_3)-g*(t_1+t_2)-g(t_2+t_3)+g*(t_1+t_2+t_3)}$$

$$R_3(t_3,t_2,t_1) = -\left(\frac{i}{\hbar}\right)^3\mu^4 \mathrm{e}^{-i\omega(t_3-t_1)}\mathrm{e}^{-g*(t_1)+g*(t_2)-g(t_3)-g*(t_1+t_2)-g*(t_2+t_3)+g*(t_1+t_2+t_3)}$$

$$R_4(t_3,t_2,t_1) = -\left(\frac{i}{\hbar}\right)^3\mu^4 \mathrm{e}^{-i\omega(t_1+t_3)}\mathrm{e}^{-g(t_1)-g(t_2)-g(t_3)+g(t_1+t_2)+g(t_2+t_3)-g(t_1+t_2+t_3)}$$

$$\tag{5.113}$$

此时，线型函数 $g(t)$ 是一个复数函数，因此 R_1，R_4 和 R_2，R_3 将不再相等。这是由于，举例来说，R_2 在周期 t_2 内处在电子激发态演化，而 R_3 处在电子基态演化，而激发态 H_1 和基态 H_0 的哈密顿量是不同的。

可以得到相关函数为：

$$C(t) = \frac{1}{\hbar^2}\langle \Omega(t)\Omega(0)\rho(-\infty)\rangle \tag{5.114}$$

它有两种非常重要的对称性质。其一是：

$$C(-t) = C^*(t) \tag{5.115}$$

该性质可以由下式看出：

$$C(-t) = \langle \Omega(-t)\Omega(0)\rho(-\infty)\rangle = \langle \Omega(0)\Omega(t)\rho(-\infty)\rangle$$
$$= \langle \rho(-\infty)\Omega(0)\Omega(t)\rangle = \langle \Omega(t)\Omega(0)\rho(-\infty)\rangle^* \tag{5.116}$$

对于上式，在第一步中用到了以下事实，即相关函数只与能隙算符对密度矩阵的第一次和第二次作用的时间间隔有关。第二步中，用到了迹的循环置换不变性。第三步中，用到了所有的算符的厄米共轭性。

将相关函数分为实部和虚部：

$$C(t) \equiv C'(t) + iC''(t)$$

$$C'(t) = \frac{1}{2}[C(t) + C^*(t)]$$

$$C''(t) = \frac{1}{2}[C(t) - C^*(t)] \tag{5.117}$$

$C'(t)$ 和 $C''(t)$ 都是实函数，其中 $C'(t)$ 是偶函数而 $C''(t)$ 是奇函数。在频域中，引入谱密度(spectral densities)：

$$\widetilde{C}(\omega) = \int_{-\infty}^{\infty} \mathrm{d}t \mathrm{e}^{i\omega t} C(t) = 2\mathrm{Re}\int_{0}^{\infty} \mathrm{d}t \mathrm{e}^{i\omega t} C(t)$$

$$\widetilde{C}'(\omega) = \int_{-\infty}^{\infty} \mathrm{d}t \mathrm{e}^{i\omega t} C'(t) = 2\int_{0}^{\infty} \mathrm{d}t \cos(\omega t) C'(t) \tag{5.118}$$

$$\widetilde{C}''(\omega) = -i\int_{-\infty}^{\infty} \mathrm{d}t \mathrm{e}^{i\omega t} C''(t) = 2\int_{0}^{\infty} \mathrm{d}t \sin(\omega t) C''(t)$$

$\widetilde{C}(\omega)$、$\widetilde{C}'(\omega)$ 和 $\widetilde{C}''(\omega)$ 都是实函数，其中 $\widetilde{C}'(\omega)$ 是偶函数，$\widetilde{C}''(\omega)$ 是奇函数。相关函数的第二个对称性性质是关于 $\widetilde{C}(\omega)$ 的，它满足细致平衡条件(detailed balance condition)：

$$\widetilde{C}(-\omega) = \mathrm{e}^{-\frac{\hbar\omega}{k_B T}} \widetilde{C}(\omega) \tag{5.119}$$

当将方程式(5.114)按原子核坐标的本征矢展开时，有：

$$C(t) = \frac{1}{\hbar^2} \sum_i \sum_{a,b} \mathrm{e}^{-\frac{\epsilon_a^{(i)}}{k_B T}} |\Omega_{ab}|^2 \mathrm{e}^{-i\omega_{ba}^{(i)}t} / Z^{(i)} \tag{5.120}$$

其中第一个求和穷遍所有与电子跃迁耦合的模式，第二个求和穷遍模式 i 对应的所有振动态 a、b，而 $Z^{(i)} = \sum_a \mathrm{e}^{-\frac{\epsilon_a^{(i)}}{k_B T}}$ 是配分函数(partition function)。玻耳兹曼因子描述了在初始态 a 的热布居。由此可以得到谱密度：

$$\widetilde{C}(\omega) = \frac{1}{\hbar^2} \sum_i \sum_{a,b} \mathrm{e}^{-\frac{\epsilon_a^{(i)}}{k_B T}} |\Omega_{ab}|^2 \delta(\omega - \omega_{ba}^{(i)}) / Z^{(i)} \tag{5.121}$$

如果用 $-\omega$ 来取代 ω，能级 a 和 b 将互换位置，便可以得到式(5.119)。将方程式(5.118)与式(5.119)结合起来，便可以得到关系式：

$$\widetilde{C}'(\omega) = \frac{1 + \mathrm{e}^{-\frac{\hbar\omega}{k_B T}}}{2} \widetilde{C}(\omega) \tag{5.122}$$

以及

$$\widetilde{C}''(\omega) = \frac{1 - \mathrm{e}^{-\frac{\hbar\omega}{k_B T}}}{2} \widetilde{C}(\omega) \tag{5.123}$$

因此，根据方程式(5.115)和式(5.119)中描述的对称性性质，可以将谱密度 $\widetilde{C}(\omega)$，$\widetilde{C}'(\omega)$ 和 $\widetilde{C}''(\omega)$ 联系在一起。如果知道了谱密度的虚部，也就同样知道它的实部，反之亦然。换句话说，尽管在 Brown 振子模型中线型函数是一个更为复杂的函数(复函数形式)，然而和 Kubo 线型理论相比，无需对系统作更深入的了解。

例如，如果从一个经典的分子动力学模拟中得到频率涨落相关函数的实部，那么根据方程(5.122)和式(5.123)，同样也可以知道它的虚部。频率涨落相关函数中虚部的存在，是系统具有量子性质的结果。即便如此，仍然可以利用在全经典模拟中所得到的结果来预言相应量子系统的一些性质。

最后，用下面一个简单的例子来进一步了解谱密度：

$$\widetilde{C}''(\omega)=2\lambda\,\frac{\omega/\tau_{\mathrm c}}{\omega^2+1/\tau_{\mathrm c}^2} \tag{5.124}$$

上式是在高温极限 $k_{\mathrm B}T/\hbar\gg1/\tau_{\mathrm c}$ 下得到的，进一步有：

$$g(t)=\frac{2\lambda k_{\mathrm B}T\tau_{\mathrm c}^2}{\hbar}\Big(\mathrm e^{-\frac{t}{\tau_{\mathrm c}}}+\frac{t}{\tau_{\mathrm c}}-1\Big)-i\lambda\tau_{\mathrm c}\Big(\mathrm e^{-\frac{t}{\tau_{\mathrm c}}}+\frac{t}{\tau_{\mathrm c}}-1\Big) \tag{5.125}$$

这个线型函数的实部与 Kubo 线型函数相同［见方程(5.55)］，其中涨落幅度线性依赖于温度：

$$\Delta^2=2\lambda k_{\mathrm B}T/\hbar \tag{5.126}$$

这一点可以从图 5.27 中很容易看出。系统处于基态时，将在能隙为 $E_{\mathrm{th}}=k_{\mathrm B}T$ 的区域内涨落，原子核坐标的热偏移量为：

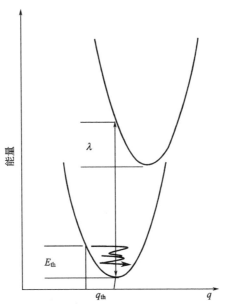

图 5.27　含核坐标偏移的振子系统势能曲线示意图

$$q_{\mathrm{th}}^2=k_{\mathrm B}T/\hbar\omega \tag{5.127}$$

对一个偏移的振子系统,能隙将随原子核坐标线性变化，其斜率为 χ。因此原子核坐标的热涨落将会引起能隙的涨落，其幅度为：

$$\Delta^2=\chi^2 q_{\mathrm{th}}^2=\chi^2 k_{\mathrm B}T/\hbar\omega \tag{5.128}$$

比较式(5.128)与式(5.126)，发现参量 λ 与重排能类似(或是 Stokes 位移，见下面)：

$$\lambda = \chi^2 \omega \tag{5.129}$$

因此在 Kubo 模型中涨落幅度 Δ 只是一个唯象学的参量，但此处可以用两个可测量来描述，即温度 T 和激发态势能的偏移 λ。注意线型函数的虚部与温度无关。将线型函数分为实部和虚部：

$$g(t) = g'(t) + ig''(t) \tag{5.130}$$

然后将它代入到吸收光谱的定义中：

$$A(\omega) = 2\mu^2 \Re \int_0^\infty dt e^{i(\omega-\omega_0)t} e^{-g(t)} = 2\mu^2 \Re \int_0^\infty dt e^{i[\omega t - \omega_0 t - g''(t)]} e^{-g'(t)} \tag{5.131}$$

可见虚部对应着频率偏移。如果用上式计算相应的荧光光谱，就会发现此时偏移会沿着相反的方向。这便导致了 Stokes 位移，如图 5.28 所示，并且是不随时间变化的。

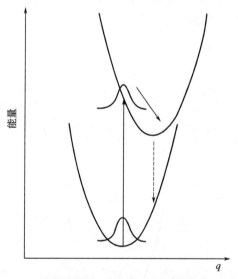

图 5.28　Stokes 位移示意图

在动态斯托克斯位移实验中，泵浦脉冲将基态的热分布映射到激发态的势能面。此时系统将处在一个非平衡状态，并开始朝激发态势能面的底部弛豫。可以通过观察随时间变化的荧光光谱来了解这个弛豫过程，即可以观测到一个由线型函数虚部 $g''(t)$ 来描述的瞬态光谱红移现象。

测量到的斯托克斯位移量 λ 与吸收光谱的宽度 Δ 之比为(即在慢调制极限下的频率涨落宽度)为：

$$\frac{\lambda}{\Delta} = \frac{\hbar\Delta}{2k_B T} \tag{5.132}$$

由此看到，当吸收线型的宽度与 $k_B T$ 可比拟甚至更大时，就必须要考虑斯托克斯位移的影响，以及必须要用到复数线型函数式(5.112)。对电子态跃迁来说，这是一个非常普遍的情形。但是当 $\Delta \ll k_B T$ 时，斯托克斯位移所起的意义将会消失，随机模型式(5.53)足够用于描述该情形。这就是在振动跃迁特别是自旋跃迁里常见的情形，Kubo 线型理论起初就是为后者而提出的。

5.4　二维光谱仪：三阶响应函数的直接测量

5.4.1　单跃迁的二维光谱

通常测量三阶极化最为常见的装置是三脉冲光子回波实验，它利用三阶极化信号与第四个激光脉冲(即所谓的本机振荡)进行外差测量，而不是直接零差探测(如5.2.3 节的做法)。几何配置如图 5.29 所示。

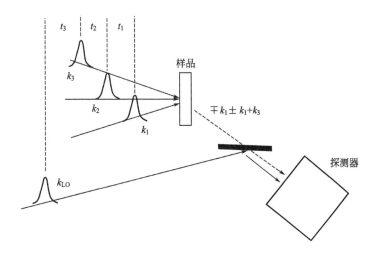

图 5.29　外差法测量的三脉冲光子回波实验光路几何配置

相位回复信号在 $-k_1+k_2+k_3$ 方向上收集，而非相位回复信号在 $+k_1-k_2+k_3$ 方向上收集。以二能级系统为例，图 5.30 给出了相应的 Feynman 图。

相位回复信号对应 Feynman 图的响应函数为(考虑最简单的纯唯象退位相)：

$$R_2 = R_3 \propto e^{+i\omega t_1} e^{-\Gamma_1} e^{-i\omega t_3} e^{-\Gamma_3} \tag{5.133}$$

非相位回复：

$$R_1 = R_4 \propto e^{-i\omega t_1} e^{-\Gamma_1} e^{-i\omega t_3} e^{-\Gamma_3} \tag{5.134}$$

其中

$$\omega = (\varepsilon_1 - \varepsilon_0)/\hbar \tag{5.135}$$

作为发射光场与本机振荡干涉的结果，测到的是电场信号：

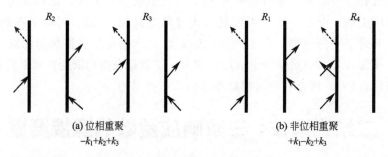

图 5.30　外差法测量的三脉冲光子回波实验位相重聚、非位相重
聚两种情况对应的 Feynman 图

$$\int_0^\infty |E_0(t)+iP^{(3)}(t)|^2 dt \approx \int_0^\infty |E_0(t)|^2 + 2\Im[E_0^*(t)P^{(3)}(t)]dt \quad (5.136)$$

而不是强度信号：

$$\int_0^\infty |P^{(3)}(t)|^2 dt \quad (5.137)$$

对比前面讲到过的光子回波实验，此时的外差信号不再是无背景的信号，而是叠加在偏移量 $\int_0^\infty |E_0(t)|^2 dt$ 上（通常最后会被扣掉）。

在理想情况下，采用 δ 脉冲来作为三个入射脉冲以及本机振荡信号。在该情况下，所测量到的信号正是响应函数本身：

$$\int_0^\infty \Im[E_0^*(t)P^{(3)}(t)]dt \propto S^{(3)}(t_3,t_2,t_1) \quad (5.138)$$

因而也不用考虑因卷积等问题所带来的复杂性。时间 t_1，t_2 和 t_3 都是由实验直接控制的延迟时间。从这种意义上来说，二维光谱是终极的非线性实验，它搜集了最大量的信息（在三阶光谱学的框架内）。从二维光谱中所无法得到的信息，同样也无法通过其他的三阶光谱学的方法来得到。然而，得到这样一个完整信息需要付出一定的代价：$S^{(3)}(t_3,t_2,t_1)$ 是一个非常复杂的三维振荡函数，几乎无法将它形象化。这正是为什么 Wiersma 在 20 世纪 90 年代中期就开创了外差探测光子回波的方法，但却在很长一段时间被认为没有任何用处的原因。

将上述函数形象化的一个简单技巧是借助二维傅里叶变换将它转变到频率空间去（意识到这一点着实花费了很长一段时间）。

$$S^{(3)}(\omega_3,t_2,\omega_1) \propto \int_0^\infty \int_0^\infty S^{(3)}(t_3,t_2,t_1)e^{+i\omega_3 t_3}e^{\mp i\omega_1 t_1} dt_1 dt_3 \quad (5.139)$$

其中"干"分别对应相位回复和非相位回复的情形（见后文）。Fourier 变换是对相干时间 t_1 和 t_3 进行的；而对于时间 t_2，由于此时系统正处于布居态上（也被称为等待时间），无需进行变换。这就使得二维光谱比在时域上的信号 $S^{(3)}(t_3,t_2,t_1)$ 在直观上更容易理解。在不同等待时间 t_2 上收集的一系列二维光谱就构成了三阶响应函数 $S^{(3)}(\omega_3, t_2, \omega_1)$ 的完整信息。方程式(5.133)和式(5.134)傅里叶变换的结果都是复数值：

$$R_{2,3}(\omega_1, \omega_3) \propto \frac{1}{-i(\omega_1-\omega)-\Gamma} \times \frac{1}{+i(\omega_3-\omega)-\Gamma}$$

$$R_{1,4}(\omega_1, \omega_3) \propto \frac{1}{+i(\omega_1-\omega)-\Gamma} \times \frac{1}{+i(\omega_3-\omega)-\Gamma} \tag{5.140}$$

可以绘制出它的实部、虚部或是取它的绝对值如图 5.31 所示。但是，每种画法都不是很直观。它们同时包含吸收和色散的贡献，其结果是：使光谱带变宽，并且(或是)在一定区域内混淆谱带的正负性。

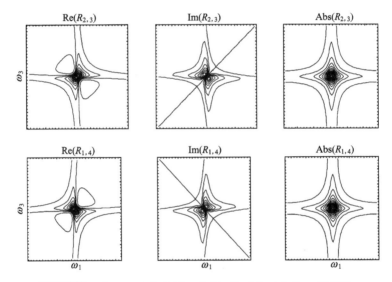

图 5.31　式(5.140)的实部、虚部、绝对值对应的二维光谱

目前已经清楚，最好是绘制上述两组光谱的实部之和：

$$R_{\text{abs}}(\omega_1, \omega_3) = \Re[R_{2,3}(\omega_1, \omega_3) + R_{1,4}(\omega_1, \omega_3)] \tag{5.141}$$

如此得到的结果被称为纯吸收光谱(purely absorptive spectra)，如图 5.32 所示。

纯吸收谱可形成最尖锐的谱线，并同时保留有响应函数的正负号(相对于前面所示的绝对值光谱)。其中正负号在处理多于一个跃迁问题时显得尤为重要。为此付出的代价是：我们必须要在几乎完全相同的条件下收集两组数据，并且需要知道这两组信号的绝对相位(相对于最容易测量的绝对值光谱)。

5.4.2　一组耦合振子的二维红外光谱

考虑下面两个耦合振子的能级示意图如图 5.33 所示。其中 $|ij\rangle$ 对应于在第一

个振子 #1 上量子数为 i 而在第二个振子 #2 上量子数为 j 的态。当处在基态时，即可以将它激发到 $|10\rangle$ 态，也可以激发到 $|01\rangle$ 态。但无论激发到哪一个态，接下来都会有三种可能性。以由 $|10\rangle$ 态开始为例，有 $|10\rangle \rightarrow |00\rangle$（受激发射），$|10\rangle \rightarrow |20\rangle$（振子 #1 的上爬）或是 $|10\rangle \rightarrow |11\rangle$ 三种可能的过程。而跃迁 $|10\rangle \rightarrow |02\rangle$ 是禁止的（在谐波近似下），因为它需要一个三量子跃迁。

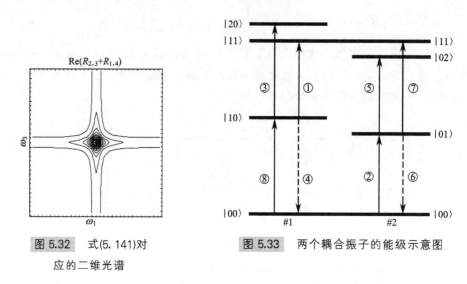

图 5.32 式(5.141)对应的二维光谱

图 5.33 两个耦合振子的能级示意图

考虑方向 $k_1 - k_2 + k_3$ 上产生的信号，相应的一组 Feynman 图如图 5.34 所示。

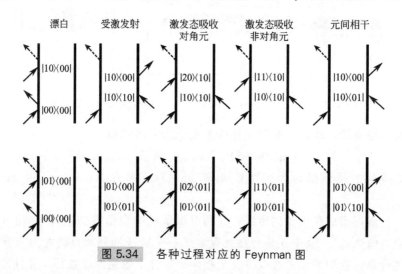

图 5.34 各种过程对应的 Feynman 图

同样，也存在着另外一组 Feynman 图对应于在方向 $-k_1 + k_2 + k_3$ 上产生的信号。其中"态间相干"（interstate-coherence）图有着特别的作用，因为它是一个随着布居时间 t_2 振荡的函数。在大多数情况里在 $t_2 = 0$ 处进行测量，这样"态间相干"将会与漂白和受激发射得到的信号结果相同。

图 5.35 表示的是样品二羰基乙酰丙酮铑(I)(RDC)中两个 C═O 振动的纯吸收型二维红外光谱[4] ［由 Andrei Tokmakoff 提供，见 Phys. Rev. Lett. 90，047401 (2003)］。光谱图中的每一个峰值都对应着一个可能的跃迁(已用数字标识)，而每一个峰的二维线型已在 5.4.1 节里描述。在二维光谱图中可以观察到所谓的对角贡献 ［峰 5，(2+6)，3 和(4+8)］ 以及非对角贡献(峰 1,2,7 和 8)。每一组对角元或非对角元的峰都由一对分别具有正负值的峰组成(分别由红色或蓝色表示)。例如，标号为 6 的蓝色对角元峰对应于 $|01\rangle \rightarrow |00\rangle$ 态的受激发射。而标号为 5 的红色对角元峰对应于 $|01\rangle \rightarrow |02\rangle$ 态的激发态吸收。每个对角元上的峰都只对应一个振子。由于振动有一点非简谐性，使得 $|01\rangle \rightarrow |02\rangle$ 态的激发态吸收相对 $|01\rangle \rightarrow |00\rangle$ 态的受激发射来说有一些红移。如果振动是简谐的，这一组信号将会重叠在一起，并且相互间完全抵消。

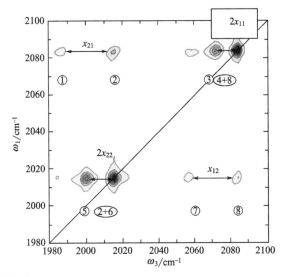

图 5.35　样品二羰基乙酰丙酮铑的二维红外光谱实验结果

作为非对角元峰的一个例子,标号为 2 的峰对应于 $|01\rangle$ 的漂白，而标号为 1 的峰对应于 $|10\rangle \rightarrow |11\rangle$ 态的吸收。对这两种情况来说，观察到都是第二个振子的激发频率，但也有一点差别：在标号为 1 的情况里第一个振子也被激发，但在标号为 2 情况里却没有。如果两个振子彼此间没有关联，那么对于第二个振子来说，它不会关心第一个振子的激发与否。此时，上述两种信号将又会重合在一起，非对角成分将会消失。在这种意义上来说，交叉峰的存在，可以提供两个振动模间相互耦合的信息。

5.4.3　弱耦合振动态的激子模型

为了计算二维红外光谱的对角元和非对角元的贡献，需要算出所谓对角元

(x_{ii})和非对角元$(x_{ij}, i \neq j)$的非简谐性，它们是 Dunham 展开中的常数：

$$E = \sum_i \varepsilon_i \left(n_i + \frac{1}{2}\right) - \sum_{i \leqslant j} x_{ij} \left(n_i + \frac{1}{2}\right)\left(n_j + \frac{1}{2}\right) + \cdots \quad (5.142)$$

在二维红外谱中，对角元峰和非对角元峰的分离直接和这些常数相关联。但是，为了计算这些常数，还需要计算分子势能面的三次和四次力学常数，这是一件困难的工作。作为一种替代方法，还有一种称作激子模型(exciton model)的简化模型，它可以很好地描述弱耦合振动态的二维红外光谱。

耦合简谐振子：一个耦合简谐振子系统的哈密顿算符可以表示为：

$$H = \sum_i \varepsilon_i b_i^\dagger b_i + \sum_{i<j} \beta_{ij} (b_i^\dagger b_j + b_j^\dagger b_i) \quad (5.143)$$

式中，$b_i^\dagger$ 和 b_i 分别表示每一个振子的产生和湮灭算符；ε_i 表示每个位点的本征激发能量；β_{ij} 表示位点间的耦合。哈密顿算符保留了激发态的总数，进而可以被分解为基态、单激子哈密顿量 $H_1^{(0)}$、双激子哈密顿量 $H_2^{(0)}$ 等版块。将哈密顿算符对如下这一组基进行展开：

$$\{|0,0\rangle, |1,0\rangle, |0,1\rangle, |2,0\rangle, |0,2\rangle, |1,1\rangle\} \quad (5.144)$$

(按照如上习惯)简谐哈密顿量可以表示为：

$$H^{(0)} = \begin{pmatrix} 0 & & & & & \\ & \varepsilon_1 & \beta_{12} & & & \\ & \beta_{12} & \varepsilon_2 & & & \\ & & & 2\varepsilon_1 & 0 & \sqrt{2}\beta_{12} \\ & & & 0 & 2\varepsilon_2 & \sqrt{2}\beta_{12} \\ & & & \sqrt{2}\beta_{12} & \sqrt{2}\beta_{12} & \varepsilon_1+\varepsilon_2 \end{pmatrix} \quad (5.145)$$

在这里，零、单及双激子部分都用线来隔开。在简谐振动情况下，如果简谐双激子哈密顿算符没有明确的对角化，那么它的本征态(即双激子态)就是单激子态的乘积态(谐振子退耦)。在这种意义上来说，单激子哈密顿算符：

$$H_1^{(0)} = \begin{pmatrix} \varepsilon_1 & \beta_{12} \\ \beta_{12} & \varepsilon_2 \end{pmatrix} \quad (5.146)$$

已经包含有简谐系统的全部物理信息。

耦合非简谐振子：但是，作为非常普遍的一种情况，可以认定一个简谐系统没有任何非线性响应，在所有的非线性实验中测得的都是零信号。对所有的非简谐常数，哈密顿算符的对角化都将会得到 $x_{ij} = 0$，二维光谱对角上和非对角上的每一对信号峰都会重叠在一起并且相互抵消。因此，为了理解耦合振子系统的非线性光谱响应，需要加入非简谐性。通常，非简谐性由一种专门的方式来引入，即将双重激子态的位能降低 Δ。

$$H^{(0)}=\begin{pmatrix} 0 & & & & & \\ & \varepsilon_1 & \beta_{12} & & & \\ & \beta_{12} & \varepsilon_2 & & & \\ & & & 2\varepsilon_1-\Delta & 0 & \sqrt{2}\beta_{12} \\ & & & 0 & 2\varepsilon_2-\Delta & \sqrt{2}\beta_{12} \\ & & & \sqrt{2}\beta_{12} & \sqrt{2}\beta_{12} & \varepsilon_1+\varepsilon_2 \end{pmatrix} \tag{5.147}$$

点位非简谐性量 Δ 可以由对单个未耦合振子进行泵浦探测实验来测定。在弱耦合极限下 $\beta_{12}\ll|\varepsilon_2-\varepsilon_1|$，双激子态仍然等同于单激子态的乘积态，只是能量因对角和非对角的非简谐性而降低。后者可由微扰方法进行计算：

$$x_{12}=4\Delta\frac{\beta_{12}^2}{(\varepsilon_2-\varepsilon_1)^2} \tag{5.148}$$

因此非对角的非简谐性直接反映出耦合的非简谐性。

激子模型已经广泛地用于阐述短肽链酰胺 I 带的二维红外光谱。肽链骨架的 C＝O 基被认作是主要通过静电作用进行相互耦合的，可以由最简单的近似即偶极-偶极耦合来描述：

$$\beta_{ij}=\frac{1}{4\pi\varepsilon_0}\left[\frac{\boldsymbol{\mu}_i\cdot\boldsymbol{\mu}_j}{r_{ij}^3}-3\frac{(\boldsymbol{r}_{ij}\cdot\boldsymbol{\mu}_i)(\boldsymbol{r}_{ij}\cdot\boldsymbol{\mu}_j)}{r_{ij}^5}\right] \tag{5.149}$$

其耦合强度由 C＝O 基间的距离和相对取向来决定，因此也就直接与分子的几何构型有关。有关该方面的评述可以参照文献[5]。

备注：有很多类型的实验可以用来实现二维光谱的测量。最重要的一种就是在探测器前加入一个光谱仪，如图 5.36 所示。这个光谱仪的作用实际上就是对时间 t_3 作傅里叶变换，因而也就无需再对 t_3 进行扫描。用一个能覆盖到整个所关心的 ω_3 频率范围的阵列探测器来一次性收集信号，可以极大地节约测量时间，因为只需要扫描时间轴 t_1 即可。

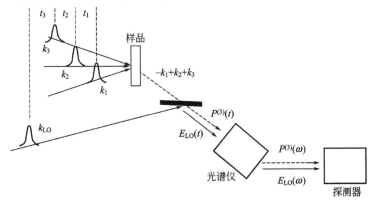

图 5.36　外差法测量的三光子回波实验装置(在探测器前引入光谱仪)

测量二维光谱的第二种方法就是所谓的双共振实验，但是在这里不再详加讨论。关于双共振实验与外差探测光子回波实验的关系，可以在文献中找到详尽的分析[6]。

参 考 文 献

[1] Mukamel, S. Principles of nonlinear optical spectroscopy//Oxford series on optical & imaging science 6. New York: Oxford University Press Inc, **1999**.

[2] Hamm, P.; Zanni, M. T. Concepts and methods of 2D Infrared spectroscopy. New York: Cambridge University Press, **2011**.

[3] Cho, M. Two dimensional optical spectroscopy. New York: CRC Press, **2009**.

[4] Khalil, M.; Demirdöven, N.; Tokmakoff, A. Phys. Rev. Lett. **2003**, 90, 047401

[5] Woutersen, S.; Hamm, P. J. Phys., Condens. Matter. **2002**, 14, R1035

[6] Cervetto, V.; Helbing, J.; Bredenbeck, J.; Hamm, P. J. Chem. Phys. **2004**, 5934-5942.

超快激光光谱原理与技术基础

Chapter 6

二维红外光谱

二维红外光谱是目前超快时间分辨光谱中的一个重要前沿领域。二维红外光谱的特点是，在概念上深受二维核磁共振谱的启发，由于二维核磁技术在解析复杂分子结构所取得的极大成功，激起人们对二维红外光谱在解析结构方面的期望。在原理和技术上，二维红外光谱是不折不扣的超快时间分辨非线性光学，将频域测量变为时域扫描的相干测量，最后通过二维傅里叶变换获取二维红外频域光谱信息。二维红外光谱不仅能够给出分子的振动光谱，更重要的是能够给出各种振动模间的耦合及布居数的弛豫。对振动耦合常数的测量，可望解析出分子的空间结构。核磁共振信号的耦合是空间局域的，由此可通过对分子局域结构的解析而获得大分子的空间结构信息。然而分子振动模间的耦合是离域的，分子越大耦合程度越复杂，导致二维红外光谱相对于二维核磁共振谱在解析分子结构方面的先天不足。二维核磁共振与二维红外光谱原理的差异由图 6.1 给出，该示意图阐释了核磁共振技术通过核自旋耦合解析分子结构及二维红外光谱通过振动激发态偶极子的耦合解析分子结构。

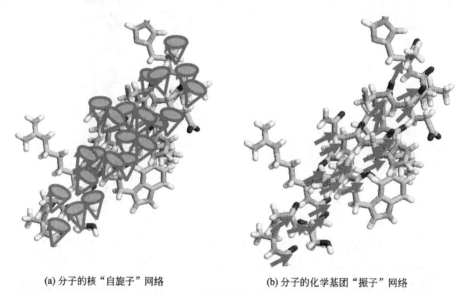

(a) 分子的核"自旋子"网络　　　　　　　　(b) 分子的化学基团"振子"网络

图 6.1　核磁共振及二维红外光谱确定分子结构原理差异示意图(王建平惠允)

尽管如此，前者的时间分辨率达飞秒量级，后者仅为纳秒量级。本章对二维红外光谱的历史、实验设备、方法原理、具体应用进行简要的介绍，并对其前景进行展望。二维红外光谱是一种通过多束超快(飞秒至皮秒)中红外($400\sim4000cm^{-1}$)激光对分子化学键的振动模进行顺序激发，从而获得关于分子动态及静态结构信息的方法。它的原理与二维核磁共振非常类似，但时间分辨率要高约六个数量级。该方法目前已开始被应用于研究平衡态下快速的分子变化，如常温液相中分子间相互作用(氢键、偶极-偶极相互作用等)的动态变化，水氢键网络的演变过程，小分子、多肽和蛋白的静态或瞬间结构变化。

6.1　简介

6.1.1　二维红外光谱定义

目前在大多数化学实验室里，核磁共振和红外光谱大概是最常用的分子结构分析手段。核磁共振是通过检测原子核自旋的频率来获得分子结构信息，而红外光谱是通过化学键的振动频率来确定分子结构。两者一维谱图的 X 轴一般是频率，Y 轴是信号强度。核磁共振还有二维的谱图，即是，X 轴和 Y 轴都是频率，Z 轴是强度[1]。二维 (x,y) 频率间的相关性直接提供了关于原子核间的相互作用关系，并提供了很多一维方法所无法得到的分子结构及其动态变化的信息，从而为解析复杂分子结构（如蛋白质）提供了坚实的技术支撑。同理，红外光谱也应该存在类似的二维谱学方法，用于揭示振动模之间的关系。该种方法便是下文所述的飞秒时间分辨二维红外相关光谱。

一维红外光谱比一维核磁共振技术要早发展几十年，但是二维红外却比二维核磁共振晚了二三十年。主要原因是二维红外所需要的超快光源比二维核磁共振的射频源发展的晚。二维红外的前身即双色红外泵浦-探测实验在 20 世纪 90 年代就已经发展起来了[2~5]。然而真正意义上的二维红外实验是在 2000 年首次发表[6]。最早出现的二维红外光谱给出的是频率分辨率很差的绝对值谱图。而能提供真正吸收谱图的二维红外技术是在三年后出现的[7]。此后，二维红外技术开始广泛用于化学问题的研究[8~11]。下面给出的简单例子有助于对二维红外光谱有一定性的理解。

对于多原子分子而言，有多于两个的振动模式，即简振模式数等于 $3n-6$（或 5，线性分子）；n 为原子数。事实上，红外谱图给出的峰位通常比上述关系给出的还要多，因为分子振动不但能在基态与第一激发态之间跃迁，还能在第一到第二激发态之间跃迁。还有费米共振（偶然简并）也会产生更多的峰[12,13]。如果把每一个振动模式看成一根弹簧，那么，一个分子就是一串联在一起的不同大小的弹簧。如果想知道一个分子的结构，也就是说，原则上只需知道这些弹簧（或振动模式）的振动频率就足够了。

$$\nu=\frac{1}{2\pi}\sqrt{\frac{k}{m}} \tag{6.1}$$

式中，ν 为振动频率；k 为力常数；m 为约化质量，而力常数和约化质量与化学键强弱和相对位置紧密相关。这便是一维红外光谱检测分子结构的原理。然而，振动频率跟结构（特别是化学键间的相对位置）之间的关系并不很直截了当。这就造成了事实上很难单凭一张一维红外谱图就能推断出整个分子的结构。因此，发展新的技术，尤其是那些能直接提供关于化学键间（或振动模间）相互作用信息的方法，显得很有必要。二维红外光谱就是这样的一种新方法。

6.1.2 二维红外光谱的用途

(1)基于分子振动模间的耦合和能量传递解析分子结构

还是以弹簧模型说明分子振动模间的耦合与分子结构的关系。如果拉伸一串弹簧中的其中一根弹簧,然后松手,这根弹簧就将开始以一定的频率振动。此刻其他一些弹簧也以它们的固有频率开始振动,这是因为被拉伸的那根弹簧将其部分振动能量传给了其他弹簧。在整个过程中会观测到两类振动频率:一类是被拉伸弹簧的初始振动频率(ω_τ),另外一类是能量传递后的其他弹簧振动的频率($\omega_m,m>1$)。如果把实验观测结果画成频率相关图,即以初始振动频率(ω_τ)为 X 轴,最后测得的振动频率(ω_m)为 Y 轴,每个振动的振幅为 Z 轴,那么就会得到一张典型的二维红外光谱图(当把一根弹簧看作是一个分子振动模式的时候)。如果把每一根弹簧都拉伸一下,然后分别测拉伸后的振动频率分布,那么就会得到一张完全的二维谱图。其中 X 轴上的频率分布和一维红外测得的频率是一模一样的,因为一维红外只测初始振动频率。如果再测一下随着能量传递时间而变化的频率分布,那么就能得知振动能量是如何在这一串弹簧间传递的。以上所描述的过程在分子的世界里也同样发生,只不过对于分子,我们不是用手,而是用红外光去"拉伸"化学键,使它振动起来。如上所述,二维红外光谱除了能提供一般一维红外能提供的分子振动频率的信息以外,还能提供关于分子振动能量是如何在分子其他化学键间传递的信息。与一维红外光谱相比,二维红外有更多的信息用于解析分子结构。众所周知,核磁共振能解析的分子结构精细度要比红外光谱高得多。尽管如此,和核磁共振相比,二维红外光谱有自身的特点。根据不确定性原理,能量分辨率越高,时间分辨率就越小。红外光谱所用的能量是在红外范围,而核磁共振用的是射频。射频的能量比红外小了大约六个数量级。也就是说,核磁共振能确定的能量精度要比红外光谱高出六个数量级。因此,就时间分辨率而言,红外光谱应该比核磁共振高出六个数量级。目前核磁共振所用的脉冲宽度大约是数微秒,而红外激光的脉冲宽度能达到几十飞秒。对于相当多的分子而言,不只有一个构象,而是分子结构在众多构象体中间不停地变换,很多变换时间要远快于一微秒,如乙烷碳碳单键的旋转。对于这些快速变换的构象,核磁共振所测得的结构是各互变构象体的平均构型(由其时间分辨率所限制)。而红外光谱,尤其是二维技术,却具备了能够直接把这些构象区分开来的能力。当然,如果用线型分析方法加上一些假设,核磁共振也能在一定误差范围内间接地解出快速交换的构象[14]。

(2)基于振动频率的变化测量快速分子动态变化

二维红外光谱除了具有测定分子结构的功能外,至少还有其他两个方面的应用。一个是用于测定快速变化的分子动态结构,另一个是用于测定分子间的相互作用。其原理分别简单介绍如下:还是以弹簧模型为例。如果把一根弹簧浸泡在油介质中,然后通过拉伸令其振动,并现时观测记录振动频率。当弹簧仍在振动时,迅速把油吹干,这时振动频率将发生改变(可能是变快了)。在这个过程中,如果想知道是什么时候油被吹干的,只需知道什么时候振动频率发生了改变。同样该原理也适用于分子体系。当分子的环境(如溶剂分子的运动)或者结构发生变化,它的某些振动频率也将随之改变。观测这些振动频率的改变就能得到分子动态变化的信息。二维红外光谱直接测得初始频率及随反应时间而变化的最终频率。上述推论隐含下列假设,即环境变化所诱导的频率变化过程要远快于环境变化本身。该假设事实上是成立的,一般情况下,分子的化学反应变化要慢于 $1ps(10^{-12}s)$,而振动频率的变化过程要快于 $100fs(10^{-15}s)$[15,16]。

(3)基于分子间振动能量传递探测分子间相互作用

当两根弹簧连在一起时,振动能量能在这两者间传递。当它们不连在一起但靠得很近时,振动能量也能在两者间互相流动。分子振动也一样,分子间能量的传递与分子间的距离、相对取向和作用力有直接关系。二维红外光谱能够直接测得分子间振动能量传递从而得到有关分子间相互作用的信息。

6.2　二维红外光谱原理

像一维红外光谱一样,二维红外光谱也是测量探测光强度随频率的变化。一维红外光谱测量的是一维频率上的光强 $I(\omega_\tau)$。它对光源没有时间分辨的要求,因此,可以用黑体辐射产生的连续光做光源。二维红外测的是在二维频率上随时间而变化的信号强度 $I(\omega_\tau,\omega_m,T_w)$,要求时间分辨率要快于分子动态变化时间。另外,如上所述二维红外光谱所提供的信息全部来自于振动激发。如果振动激发衰减到零,信号也就随之消失。这就决定了二维红外光谱所能测得的动态变化过程(如反应、能量传递)的时间域必须与振动的寿命相当。对于处于室温下的凝聚态分子,绝大多数化学键的振动寿命只有几皮秒,最长的也很少超过 1ns。因此,实验中所用的光源必须是脉冲的,而且其脉宽必须短于振动激发态寿命。另外,需要知道二维频率谱(激发/吸收 ω_τ,和检测/发射 ω_m)的信息。这是无法通过一般线性光学(如吸收谱)的技术来获知。通常三阶非线性光学技术,如光子回波(photon echo)和泵浦-探测(pump/probe),可以提供二维频率谱的信息[17,18]。根微扰理论,三阶的非线型光学信号可以简单写成以下方程式[19~21]:

$$S(\tau,T_w,t)\propto A\times B(\tau,T_w,t)\times e^{\pm i\omega_\tau\tau}\times e^{\pm i\omega_m t} \tag{6.2}$$

式中,A 和 B 是与频率无关的参数;ω_τ 是激发频率;τ 是激发后的相干时间;ω_m 是发射频率;t 是发射相干时间;T_w 是布居(反应)时间。相位的正负号($\pm$)由相位匹配(入射光束的矢量和)决定。对时间域上的数据 $S(\tau,T_w,t)$ 进行傅里叶变换:

$$S(\omega_\tau,\omega_m,T_w)=\int_0^\infty d\tau\int_0^\infty dt\exp(\mp i\omega_m t\mp i\omega_\tau\tau)\times S(\tau,T_w,t) \tag{6.3}$$

便得到二维频率的信息。

6.3 二维红外光谱实验

6.3.1 飞秒红外激光光源

现阶段国际上大部分实验室所用的亚皮秒红外激光光源都是由掺钛蓝宝石(Ti：Sapphire)激光为主光源的。基本装置如图 6.2 所示。它包括三个主要部分：①振荡器(Ti：Sapphire oscillator)及其泵浦光源（连续光，532nm）；②再生放大器(Ti：Sapphire regenerative amplifier)及其泵浦光源（脉冲约 150ns，532nm）；③光参量放大器（optical parametric amplifier，OPA）。一般振荡器每 12ns(重复频率约 76MHz)产生一束以 800nm 为中心，频宽为 10～100nm(可调)的光束(傅里叶变换极限为数飞秒到一百多飞秒)。单脉冲能量为 6.6nJ(以 0.5W 输出功率算)。再由再生放大器把重复频率降下来(通常降到 1000Hz，可调)，并提高单脉冲的输出能量(通常能到 1mJ)。现在商业化的再生放大器可以常规地输

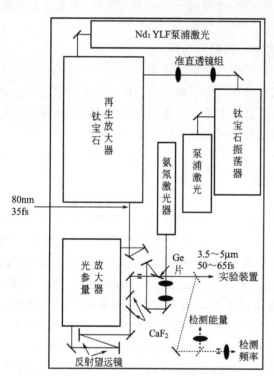

图 6.2 二维红外所需的超快红外光源装置图

出重复频率为 1000Hz、输出功率大于 3.5W ，脉宽小于 40fs 的 800nm 基频激光。800nm 激光经下列非线性光学变换，将频率扩展至中红外区：①OPA 中的 BBO 晶体将 800nm 基频光变成两束近红外光(约 1.2 μm 和约 2.0μm)；②AgGaS$_2$ 晶体把这两束近红外光差频(difference frequency generation，DFG)得到中红外激光。这样的装置能产生几微焦到上百微焦（μJ）脉宽为 40～200fs 的中红外激光(约 3～13μm)。

6.3.2 二维红外光谱仪

现在所有的二维红外技术都基于三阶非线性光学方法。各种技术之间的不同点在于如何实现傅里叶变换。一般而言，有两种办法可以将时域信号傅里叶变换到频域信号：一种是通过仪器实现傅里叶变换，如通过光栅或标准具(etalon)进行分光而得到频率信号；另一种是数学傅里叶变换，即是扫描时间得到相干图样，然后用

数学方法对相干图样进行变换得到频率信号。这两种方法都在二维红外光谱中得到应用。因为二维红外需要进行两次傅里叶变换才能得到二维频率，所以，从理论上讲应该有四种变换组合可得到一张二维红外图谱。由于仪器变换要比数学变换快得多，目前只流行两种组合的变换方法：① ω_τ 和 ω_m 都由仪器变换得到；②数学变换得到 ω_τ，仪器变换得到 ω_m。可以估算一下两者的快慢（只考虑一次变换）。激光的重复频率为 1000Hz，一般一个数据点需要大概一百个光脉冲（具体数目由信噪比决定），即需要 0.1s。数学傅里叶变换要求点与点之间要小于半个光周期（对于波长为 4μm 的红外光，相当于 6.7fs）。一般实验室采取 3fs 的时间间隔来采集相干图样。一般振动模的退相干时间（dephasing time）约为 1ps。因此，一般相干图样扫描时间长度大约为 3ps。一张完整的相干图样就需要 100s 的时间。假设仪器变换的分辨率是 $2cm^{-1}$，一张谱图的频率范围是 $200cm^{-1}$，那么，得到一张谱图的时间就是 10s。它比数学变换快了十倍。需要指出的是，在二维红外光谱中，一般光源的频宽只有 $200\sim300cm^{-1}$，这就决定了一张相干图样只能包括这么宽的频率范围。如果超快光源能够像一维红外那样覆盖 $4000cm^{-1}$，那么数学变换将更有优势。既然在目前情况下，仪器变换要比数学变换快 10 倍以上，为什么大多数研究组还是用数学变换的方法来得到 ω_τ 呢？这是因为仪器变换要受到不确定性原理的限制：如果想得到高的频率分辨率，那么时间分辨率将会变差。具体来说，如果 ω_τ 的分辨率是 $10cm^{-1}$，那么激发的时间分辨就只有 2ps 左右。数学变换就没有这个问题，因为它是直接用宽频的超快光直接激发样品。此处有个小佯谬。光源的频宽与脉冲时间确实由不确定性原理决定，但二维红外的频率与时间的分辨率并不一定是来自同一出处。仪器变换是直接把光源频率变窄，这自然让光源的脉冲变宽，而数学变换没有改变光源的任何性质。因此它有光源本身的时间分辨率。数学变换的频率分辨率来自于数学上的后处理。这是它可以同时拥有好的频率与时间分辨率的原因。另一维频率 ω_m 是光与样品作用后信号的频率。检测它已经不涉及时间分辨的问题，所以收集数据快速的仪器变换方法（光栅分光）被普遍采用。下面分别介绍目前最主要的两种二维红外的实验设置。

(1) ω_τ 和 ω_m 都由仪器变换得到：窄带泵浦-宽带探测（narrow-pump/broad-probe）

这种方法是在双色红外泵浦-探测实验基础上发展起来的[2,5,8,22~25]。实验设置比较简单，操作起来也很方便。它所用的光源基本上跟上面介绍的一样。实验上，从 OPA 出来的光被分为两束（能量比约为 20∶1）。能量小的一束作为探测光（probe）。能量大的一束进入标准具（etalon）。标准具的作用是在大的频率范围里任意挑出一小部分频率。它是由两片半透光平镜和压电片组成，并通过控制压电片的厚度（随电压而变）来控制通过光的波长并微调光的频宽。透过光的频宽一般预先设计好，红外激光通过标准具后，宽频的超快光（约 $150cm^{-1}$，100fs）变成了窄频的皮秒光（约 $15cm^{-1}$，1.5ps）。该皮秒窄频光和另一束宽频探测光先后与样品作用。

两束光之间的时间延迟(也就是反应时间 T_w)由光学延时线控制光程差来实现。高精度的光学延时线精度能达到10ns，即是0.03fs。如果用光密物质做延迟，精度能更高。皮秒光作为泵浦光对样品进行激发。宽频的探测光随后探测分子振动被激发后的情况。经过样品后，探测光通过光栅分光，然后由红外检测器检测光强度。比较有泵浦光和没有泵浦光通过样品时探测光的差谱，便能得知分子振动激发是如何演化的，从而得知有关分子结构和动态变化的信息。在这类二维红外光谱实验中，ω_τ 是通过扫描皮秒光的频率(改变加在压电片上的电压)得到的，而 ω_m 是由光栅分光宽频探测光得到的。如果有条件的话，可以用一个皮秒的 OPA 代替标准具。这样泵浦光的频率范围就不会受到宽频探测光频率的限制，因而二维频率可以独立分开。

(2)数学变换得到 ω_τ，仪器变换得到 ω_m：相干方法

这个方法能同时得到小于 $2\mathrm{cm}^{-1}$ 的频率分辨率和高于 50fs 的时间分辨率。这是上面介绍的泵浦-探测技术所无法达到的。当然，代价也是很昂贵的：费时，设置繁复，操作困难，数据处理复杂。具体的设置[21,26]如图 6.3 所示：从 OPA 出来的红外光被分为五束。其中三束作为激发光与样品先后作用，一束作为指示光为确定信号的方向提供帮助，最后一束作为本机振荡器(Local Oscillator，LO)与信号

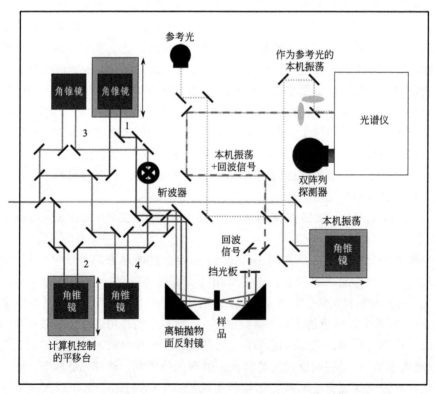

图 6.3　相干方法二维红外光谱仪(见彩图 11)

相干进行超外差测量(起到放大和确定光子回声信号位相的作用)。LO 和信号光一起被送进光栅分光,分光后由碲镉汞(MCT)点阵红外检测器测量光信号。

实验示意图如图 6.4 所示。三束激发光从不同方向与样品先后作用。经过这三次作用,一束被称为"光子回波"的信号光就从特定的方向(三束激发光的矢量和:$k_{\text{echo}}=k_2+k_3-k_1$)产生出来。信号光接着跟 LO 干涉并进入光栅分光,最后被点阵检测器检测到。在该实验中,一共有三个时间延迟:第一与第二束激发光之间的时间差 τ;第二与第三束激发光之间的时间差 T_w;信号与 LO 之间的时间差 t。扫描 τ 并做数学傅里叶变换便会得到 ω_τ,扫描 T_w(反应时间)就会提供动态信息。在原理上讲,如果扫描信号与 LO 之间的时间差并做数学傅里叶变换便会得到 ω_m。但是,在实验上,并不是这样做的。固定信号与 LO 之间的时间差(通常设为零),然后让光栅来对信号与 LO 同时进行傅里叶变换。也就是说,等式(6.3)中的 t 实际上是两束光在光谱仪中光栅上的相干时间。

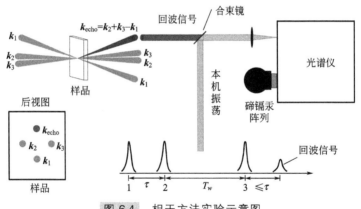

图 6.4　相干方法实验示意图

有几个问题必须指出,第一,为什么需要 LO? 有两个主要原因。一是放大作用。红外检测器的背景噪声比较大,而三阶的光学信号很小。直接把信号送进检测器有可能使信号淹没在噪声中。用比信号大 100 倍以上的 LO 来与信号相干叠加能有效地减小噪声的影响。另一个原因是 LO 能帮助检测信号的相位从而使数学傅里叶变换得到 ω_τ 成为可能。MCT 红外检测器只测光强,不测相位。如果直接把信号输入检测器,扫描第一束与第二束激发光之间的时间差 τ 只会得到一条衰减曲线,而不是一个相干图样。如果把信号与 LO 叠加起来再送到检测器里,那么将测得两者叠加后的光强(I_s):

$$I_s = |E_{\text{LO}}+S_{\text{echo}}|^2 = |E_{\text{LO}}|^2+2\text{Re}[E_{\text{LO}}^* S_{\text{echo}}]+|S_{\text{echo}}|^2$$

$$= |E_{\text{LO}}|^2+2|E_{\text{LO}}|\times|S_{\text{echo}}|\times\cos(\omega_\tau\tau)\times\cos(\omega_m t)+|S_{\text{echo}}|^2 \tag{6.4}$$

式中,$|E_{\text{LO}}|^2$ 是 LO 的光强,是个常数;$|S_{\text{echo}}|^2$ 是信号的强度。它比其他两项小很多。因此,实际上只有中间那一项是真正测得的有用的信息,它包括了所有想要知道的东西:两个频率 ω_τ,ω_m 和随反应时间(T_w)而变的信号 $|S_{\text{echo}}|$。接下

来的工作就是傅里叶变换。

第二，一次傅里叶变换产生一个实部（吸收谱，图 6.5 中灰线所示）和一个虚部（色散谱，图 6.5 中黑线所示）。实部是所需要的。二维红外需要两次傅里叶变换。对于从一个相位匹配方向（如光子回声，$\boldsymbol{k}_{\text{echo}} = \boldsymbol{k}_2 + \boldsymbol{k}_3 - \boldsymbol{k}_1$）出来的信号进行两次变换，是永远不可能得到纯吸收谱的，如下面方程所示，光子回波信号可表示为

$$S_{\text{echo}}(\tau, T_w, t_3) \propto A \times B(\tau, T_w, t_3) e^{i\omega_\tau \tau} e^{-i\omega_m t} \tag{6.5}$$

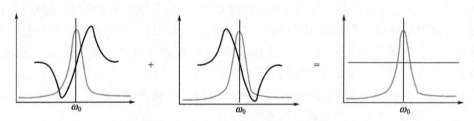

图 6.5 双信号叠加去除色散谱示意图

对方程（6.5）做两次傅里叶变换，得到：

$$\begin{aligned}
S_{\text{echo}}(\omega_\tau, \omega_m, T_w) &= \int_0^\infty d\tau \int_0^\infty dt \exp(i\omega_m t - i\omega_\tau \tau) \times S_{\text{echo}}(\tau, T_w, t) \\
&= [R(\omega_\tau) - I(\omega_\tau)i] \times [R(\omega_m) + I(\omega_m)i] \\
&= [R(\omega_\tau)R(\omega_m) + I(\omega_\tau)I(\omega_m)] - i[I(\omega_\tau)R(\omega_m) - R(\omega_\tau)I(\omega_m)]
\end{aligned} \tag{6.6}$$

式中，R 和 I 分别为实部和虚部。由方程式（6.6）可以看出，两次傅里叶变换的结果是：无论是虚部或者实部，都是一次变换的虚部和实部的叠加。这样叠加的图谱频率分辨率低，线型通常被扭曲。早期的图谱通常都是这样的[6]。如果对另外一个相位匹配方向（如反光子回波，$\boldsymbol{k}_n = -\boldsymbol{k}_2 + \boldsymbol{k}_3 + \boldsymbol{k}_1$）出来的信号 $S_n(\tau, T_w, t_3)$ 进行两次变换，那么将得到方程式（6.8）。

$$S_n(\tau, T_w, t) \propto A \times B(\tau, T_w, t) e^{-i\omega_\tau \tau} e^{-i\omega_m t} \tag{6.7}$$

$$\begin{aligned}
S_n(\omega_\tau, \omega_m, T_w) &= \int_0^\infty d\tau \int_0^\infty dt \exp(i\omega_m t + i\omega_\tau \tau) \times S_{\text{echo}}(\tau, T_w, t) \\
&= [R(\omega_\tau) + I(\omega_\tau)i] \times [R(\omega_m) + I(\omega_m)i] \\
&= [R(\omega_\tau)R(\omega_m) - I(\omega_\tau)I(\omega_m)] + i[I(\omega_\tau)R(\omega_m) + R(\omega_\tau)I(\omega_m)]
\end{aligned} \tag{6.8}$$

比较方程式（6.6）和式（6.8）的实部可知，两者仅差一个符号。如果把这两个实部进行加和后可得：

$$\text{Re}[S_n(\omega_\tau, \omega_m, T_w)] + \text{Re}[S_{\text{echo}}(\omega_\tau, \omega_m, T_w)] = 2R(\omega_\tau)R(\omega_m) \tag{6.9}$$

由等式（6.9）可知，纯二维红外吸收光谱可以通过叠加两种不同空间匹配方向的回波信号而获得。这里有一个假设：光子回波与反光子回波的信号幅值相等。实际上，这两种信号的幅值并不一致。回波信号的幅值总是要比反回波信号的幅值大

一点。因此，数据处理时必须人为地加进一个幅值修正参数。以上双信号叠加去除色散谱的方法可以用图 6.5 形象地表示。这种去除色散谱的方法是从二维核磁共振、二维可见光谱到二维红外光谱逐渐发展起来的[1,7,27]。

第三，在实验上，由于多种不确定因素，无法 100% 精确地确定 τ 和 t。根据时间转移原理（time shift theorem）[1]，在傅里叶变换中，时间的不确定必然会导致相位的不确定：

$$FT\{S(\tau-\Delta_\tau, t_3-\Delta_{t_3})\} = e^{-i\omega_\tau\Delta_\tau-i\omega_m\Delta_{t_3}} S(\omega_\tau, T_w, \omega_m) \tag{6.10}$$

相位的不确定会把图谱完全扭曲。因此，必须人为地对傅里叶变换后的数据进行如下处理：

$$S_{2DIR}(\omega_\tau, T_w, \omega_m) = \text{Re}[C\times S_n(\omega_\tau, T_w, \omega_m)\times e^{i\omega_\tau\Delta_{n\tau}+i\omega_m\Delta_{nt}+i\omega_\tau\omega_m\Delta_{2n}+\cdots}]$$
$$+\text{Re}[S_{echo}(\omega_\tau, T_w, \omega_m)\times e^{i\omega_\tau\Delta_{e\tau}+i\omega_m\Delta_{et}+i\omega_\tau\omega_m\Delta_{2e}+\cdots}] \tag{6.11}$$

式中，C，$\Delta_{n\tau}$，Δ_{nt}，Δ_{2n}，$\Delta_{e\tau}$，Δ_{et}，Δ_{2e}，$\cdots$ 是人为加进去的可调参数。在实验上，C 可以用两种信号绝对值的比来确定，并且可以让 $\Delta_{n\tau}=-\Delta_{e\tau}$，$\Delta_{nt}=\Delta_{et}$，$\Delta_{2n}=\Delta_{2e}$。这样，实际上只需要三个可调参数就可以把二维红外的吸收谱比较准确地处理出来。有两个标准可以帮助找到这三个参数：一个是正确的二维吸收峰的对称性应该跟相应的一维的峰的对称性相似，通常不正确的参数会让线型变得不对称；另一个是投影原理[27]，即

$$\int S_{2DIR}(\omega_\tau, T_w, \omega_m)d\omega_\tau = S_{pp}(T_w, \omega_m) \tag{6.12}$$

式中，$S_{pp}(T_w, \omega_m)$ 是在相同实验条件下宽频的泵浦数据。这个原理的根据是泵浦-探测实验实际上是两种相位匹配（$-k_1+k_2+k_3$，$k_1-k_2+k_3$）信号的叠加，下面会有详细解释。

窄频泵浦-宽频探测的二维红外光谱技术也是要进行两次傅里叶变换的，提供的也是吸收谱，但它没有上述相干二维红外技术这些相位差，双扫描的问题。在窄频泵浦-宽频探测实验中，泵浦光可以被看作是相干方法中第一与第二束光的叠加，两束光之间没有严格时间差。因为这两束光的方向相同，所以无论是 $-k_1+k_2+k_3$ 或 $k_1-k_2+k_3$ 都得到相同的结果：信号跟 k_3（探测光）同方向。探测光可以被看作是同时包含了相干方法中的第三束光与 LO。信号的产生和第三束光与样品作用是同时发生的。因此信号与 LO 之间也严格没有时间差。也就是说，在窄频泵浦-宽频探测实验中，信号已经自动包含了两个相位匹配方向（$-k_1+k_2+k_3$，$k_1-k_2+k_3$）出来的信息。又因为第一束光与第二束光（泵浦光），LO 与信号之间都没有时间差，所以最后的二维图谱里没有由时间引起的相位差。这是为什么泵浦-探测方法也被称作位相锁定的外差探测方法（phase-locked heterodyne detection）。这也是为什么可以用宽泵浦-宽探测的方法来作相干二维红外光谱方法相位差校正标准的原因。

从以上分析可以知，窄带泵浦-宽带探测和相干二维红外光谱这两种二维红外技术各有优缺点。窄带泵浦-宽带探测，信号明确，但频率和时间分辨率不太高。

它合适于比较慢的动态变化的研究(慢于 1ps)和信号较弱的体系。相干方法频率和时间分辨率高，但操作困难，信号有相位不确定性的先天缺陷，合适于分析分子结构，快速动态变化(快于 1ps，如光谱色散，见下文)。因为有相位差，该方法不太合适于需要多次扫描平均的弱信号体系(相位的不确定性能让平均的结果趋于零)。

有没有可能用一种新方法既能够集中以上两种技术的优点又能够摒弃各自的缺点呢？有两种新的尝试在不同程度上已经获得成功[28~32]。这两种尝试都采取泵浦-探测的实验设计，是用相干的方法而不是简单的分光方法来得到 ω_τ。因而从理论上讲，这两种新方法的频率和时间分辨率跟传统的相干方法一样好，而且避免了双扫描并降低了由此带来的相位不确定性问题。一种是采用红外光光声脉冲整形器(optical-acoustic pulse shaper)[30~32]对泵浦光进行整形：把光在时间上变成两束，这两束光之间的延迟直接用计算机控制。具体做法是：把泵浦光送进一个光栅分光，分光后的光被送进一个 MCT 做成的光声调制器。不同频率段的红外光照射在不同的调制器的点阵点上。通过调制声波的波形和振幅便可调制不同点阵点的性质从而调制输出红外光在不同频率处的强度。调制后的红外光被送到另外一个光栅进行光合成。合成后的光在时域上便被分为两个副本，它们之间的延迟可以直接通过控制声波进行调节。该方法的关键点是在频率域内人为地把泵浦光调制成两束光相干后的图样，然后用光栅把频率域内的光变回时域内的光。这种方法几乎没有相位差，相对于传统的相干方法，数据比较容易处理。缺点是光声整形器比较难制作，且效率比较低，只有 30% 左右。另外一种方法是用半透光镜把相干方法中的第一束和第二束光在空间上合成为一束光。两者的时间延迟通过控制不同的光程差(通过不同的光密物质的厚度)来控制并由相干图样来校准。这种方法也能比较好地控制相位差。缺点是必须损失 50% 以上的激发能量(因为 50% 分光镜)，而且光的脉冲可能被光密物质展宽，特别是在需要长的时间延迟时的情形。这个缺点可以用另外一种物质来补偿脉冲展宽，但需要复杂的器件。

6.3.3　二维红外光谱图

与一维红外图谱相比，二维红外多了一维频率。因此，它的图谱是三维的：X 和 Y 轴都是频率，Z 轴是强度。

图 6.6(a)所示为氘代苯酚在四氯化碳稀溶液里的一维红外光谱。2666cm^{-1} 处的峰是由氘代羟基拉伸振动产生的。如果我们对这个样品用相干的方法做二维红外的测量，那么扫描 τ 将在每一个检测器的点阵点(对应于每个 ω_m 频率)产生一个像图 6.6(b)一样的相干图样(负 τ 部分的数据是从 $k_1 - k_2 + k_3$ 得到的，而正 τ 部分的数据是从 $-k_1 + k_2 + k_3$ 得到的)。对所有的相干图样做傅里叶变换和以上介绍的数学处理，并按照点阵点所代表的频率排列处理好的数据，就会得到像图 6.6(c)一样的二维红外光谱。

与一维红外谱不同，对于一个振动模式，二维红外谱通常给出两个等强度的

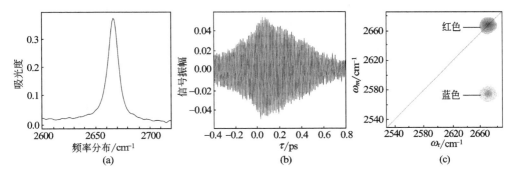

图 6.6 氘代苯酚羟基拉伸振动的(a)红外吸收峰、(b)二维
红外原始数据——相干图样和(c)二维红外光谱
图(c)中峰的强度以轮廓线表示，每一个轮廓线代表 10% 增加。信号的正
负号由颜色来代表。红色区域为正，蓝色区域为负

峰：一个正峰(红色)和一个负峰(蓝色)。正峰的两个频率 ω_τ 和 ω_m 跟一维红外峰的频率是一样的，而负峰的 ω_τ 与一维红外测得的频率一样，但 ω_m 却比 ω_τ 要小，如图 6.6(a)和(c)所示。在一维红外光谱中，吸收峰频率代表的是振动从基态到第一激发态之间(0-1)的跃迁频率 $\omega_{0-1} = 2666\text{cm}^{-1}$。在二维红外光谱中，正峰代表的也是从基态到第一激发态之间的跃迁，而负峰代表的是从第一激发态到第二激发态之间(1-2)的跃迁(频率 $\omega_{1-2} = 2570\text{cm}^{-1}$)。下面用泵浦二维红外的方法来解释这些峰是怎么来的(相干方法的解释和泵浦-探测类似，但比较复杂)。在室温下，绝大多数分子羟基的振动模处于基态(遵循玻耳兹曼分布)。如果用一束红外光去激发它，部分液相分子的羟基振动模将吸收与 0-1 跃迁频率相同的光，并跃迁到第一激发态。这样，不论以后的命运如何，这些处于第一激发态振动模式的受激频率 ω_τ 总是从基态到第一激发态之间的跃迁频率 ω_{0-1}，即为一维红外光谱测得的频率。对于在第一激发态的这些振动模式，它们有两个可能的演化前途：一是被探测光激励经受激辐射回到基态(stimulated emission)，这时它的信号频率 ω_m 也还是 0-1 跃迁频率 ω_{0-1}；二是吸收探测光而跃迁到第二激发态(excited state adsorption)，这时它的信号频率 ω_m 就是 1-2 跃迁频率 ω_{1-2}。因此，就有两对频率对(2666cm^{-1}，2666cm^{-1})和(2666cm^{-1}，2570cm^{-1})，分别对应于图 6.6(c)中的两个峰。一般而言，ω_{1-2} 要比 ω_{0-1} 小，因为分子振动的非谐振性，高阶的跃迁频率要比低阶的小。因此，在二维红外谱中沿着 ω_m 轴，一般的 1-2 跃迁峰要比 0-1 峰低。它们之间的频率差直接给出这两个跃迁间非谐振性的大小。对于苯酚的氘代羟基拉伸振动，其值为 96cm^{-1}。

根据量子力学原理，1-2 的跃迁偶极矩是 0-1 的 $\sqrt{2}$ 倍，信号强度正比于跃迁偶极矩的平方。1-2 峰应该比 0-1 峰强一倍而不是图 6.6(c)所示的等强度。导致上述不一致的原因是，泵浦光光激发的结果产生了部分激发态分子，基态上的分子数目相应地减少(基态漂白)。实验测量的是有泵浦光和没有泵浦光的吸收差谱。因此，由泵浦光所造成的基态上分子数目的减少必然使更多的探测光通过样品，即能够吸收探测光中 ω_{0-1} 频率的分子数目变少了。这一部分多透过的光和受激辐射信号的频率一样，都是 ω_{0-1}。因为被激发到第一激发态的分子的数目和基态分子减少的数目一样多，所以多透过的光和受激辐射所产生的光一样强。即基态漂白和受激辐射产生同样强度的信号。这两个信号加在一起形成了 0-1 的正峰。因为每个信号只有激发态吸收的 50%，两个信号加起来就恰好和激发态吸收的 1-2 峰一样大。

如上所述，相对于没有泵浦光作用的情形而言，0-1 跃迁的基态漂白和受激辐射都会令更多的探测光透过样品。而 1-2 跃迁的激发态吸收让更少的光透过。为了表示这两种信号的不同，用正号(红色)来表示探测光透射增强的情形，而用负号(蓝色)表示透射光减弱的情形。严格地说，基态漂白和受激辐射产生的信号与激发态吸收产生的信号相位差为 180°。当它们和 LO 叠加时，一种信号和 LO 同相位，另一种必然反相。当 LO 和信号没有时间差时，基态漂白和受激辐射产生的信号和 LO 同相位，因而叠加的净效果是加强；而激发态吸收产生的信号与 LO 异相，因而叠加净效果是相消。

由于历史原因，在画二维红外图谱时，可以把 $\omega_\tau(\omega_1)$ 作为 X 轴，也可以把 ω_m (ω_2) 当 X 轴。把 $\omega_m(\omega_2)$ 当 X 轴是沿用二维核磁共振的做法，而把 $\omega_\tau(\omega_1)$ 作为 X 轴是遵循先后顺序：人们总是先说 X 再说 Y，实验里总是先激发 ω_τ 后有信号 ω_m。

6.4 二维红外光谱的应用

6.4.1 快速动态变化

6.4.1.1 化学交换

(1)氢键的形成和解离

如何跟踪测量快速化学反应，一直是物理化学研究者追求的基本目标之一。绝大多数反应都符合活化能理论[33~35]，并可用以下公式来粗略估计各种反应速率：

$$k = A\exp(-\Delta E_a/RT) \tag{6.13}$$

式中，k 为反应常数；A 为常数；ΔE_a 为活化能；R 为气体常数；T 为反应温度。如果 $A=2\times10^{12}(\text{s}^{-1})$[11,36]，$T$ 为室温(298K)，可以给在室温条件下液体反应所需时间的数量级做一个比较粗略的估算。反应时间被定义成 50% 反应物完成反应所需要的时间(反应物数目在统计上足够大)。一个碳碳单键的解离焓大约是 80kcal/mol(以它为活化能来估算)。在室温下惰性溶液中，碳碳单键的解离大概需要 10^{40} 年。乙烷分子碳碳单键的旋转活化能大约是 2.9kcal/mol[37~39]。它旋转一周的时间估计是几十皮秒。一般来说，对于慢于 1ns 的反应(活化能大于 5kcal/mol，1cal=4.2J)，可以用那些传统的方法来测量，如核磁共振、变温弛豫等。对于快于 1ns 的变化，通常用"飞秒化学"的方法来测量[40,41]；用紫外或可见光来激发成键电子到反键轨道上，然后观测化学键是如何变化的。这种方法测定的是远离平衡态的电子激发态弛豫到基态的变化过程。但在自然界里，有相当多的快速变化是自发地在热平衡电子基态下进行的。一个简单的例子就是水分子在溶液中的运动。在溶液中，一些水分子包围在溶质分子或离子周边，而一些水分子却和溶质没有直接接触。在微观上，由于热运动，这两类水分子在不停地快速交换位置。宏观上，由于这两种水分子处于平衡状态，它们的快速交换并没有造成任何浓度上的变化，因而非常难于测量。这一类没有造成宏观上浓度变化的动态交换现象（包括以上介绍的碳碳单键的旋转）统称为化学交换。化学交换现象在一切液体溶液里普遍存在，二维红外光谱是研究快速交换反应的有效手段。该方法通过跟踪分子某个振动模式的振动频率变化来示踪反应变化。下面用一个实例来具体介绍[9]。

　　如果把氘代苯酚溶在四氯化碳溶液中，羟基的拉伸振动频率在 $2666\mathrm{cm}^{-1}$ [图 6.7(a)]。如果把氘代苯酚溶在苯溶液中，苯酚将与苯分子形成弱氢键。该氢键的生成焓为 $-1.7\mathrm{kcal/mol}$（以苯酚与四氯化碳的作用能为零点）。由于形成氢键，羟基的振动频率红移至 $2634\mathrm{cm}^{-1}$ [图 6.7(a)]。如果把苯酚溶在苯和四氯化碳的混合溶液里，那么一部分苯酚将跟四氯化碳在一起，而另一部分则和苯分子在一起。如果两种溶剂分子的比例合适（由平衡常数决定），那么溶液中将存在两种苯酚分子（自由的，和四氯化碳在一起；复合的，和苯分子在一起），调节混合溶剂中两种苯酚分子的比例，使两者的浓度相近，从而两个羟基峰将同时以相近的强度出现 [图 6.7(a)]。在室温下，由于分子热运动效应，溶液中所有分子都在不停地运动着。对于任意一个苯酚分子而言，它在某一时间段内可能和四氯化碳分子在一起，在另一个时间段内又可能和苯分子在一起。所有的苯酚分子都在这样永无止境地运动着。而这样的运动是不会造成溶液里两种苯酚分子的浓度变化。一维红外可以清楚地揭示在混合溶液里有两种不同形式的苯酚分子的存在，但它说明不了两种苯酚之间的交换速度。二维红外不仅能告诉我们这两种分子的存在，而且能够现时地使人观测到它们之间的交换活动。当反应时间很短时，例如 200fs，苯酚分子几乎没来得及进行交换活动，因而在二维红外光谱图上只显示两个正峰和两个负峰，分别对应于自由的或复合的苯酚分子 [图 6.7(b)]。当反应时间足够长时，如 14ps，相当大的一部分苯酚分子已经完成了至少一次交换。交换的结果是在谱图上多出了两个正峰和两个负峰 [图 6.7(b)]。

　　下面从泵浦-探测的角度来解释新峰是如何由交换反应产生的（同样解释应用于相干方法，但较复杂）。如果对混合溶液里的自由苯酚进行激发（$\omega_{\tau}=2666\mathrm{cm}^{-1}$），然后等很短的一段时间（200fs），对这些被激发的分子进行探测。200fs 实在太短，被激发的自由苯酚分子基本上没有来得及跳过四氯化碳去跟苯分子形成氢键。因此，探测到的振动频率（ω_m）仍然是自由苯酚的频率（$\omega_m=2666\mathrm{cm}^{-1}$，0-1；$\omega_m=2570\mathrm{cm}^{-1}$，1-2）。同样的道理，如果对复合的苯酚分子进行同样的实验，也会得

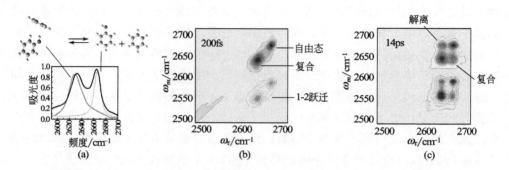

图 6.7 氘代苯酚在四氯化碳/苯混合溶液中的一维和二维红外光谱(见彩图 12)

(a)一维红外光谱显示氘代羟基在苯和四氯化碳里拉伸振动频率的不同；(b)短反应时间
(200fs)的二维红外光谱，红蓝各只有两峰，说明苯酚尚未在两种溶剂分子间交换；
(c)长反应时间(14ps)的二维红外光谱，红蓝各有四个峰，
说明苯酚已经在两种溶剂分子间进行了交换

到一个 0-1 跃迁($2634cm^{-1}$，$2634cm^{-1}$)和一个 1-2 跃迁($2634cm^{-1}$，$2534cm^{-1}$)的二维红外峰。如果再做一次实验，激发自由苯酚分子，但这时要等待足够长的一段时间(如 14ps)再来探测。可以想象一下，当被激发的自由苯酚分子有足够的时间进行热运动时，随着时间的增长，肯定会有越来越多的分子跳去与苯分子结合。由于整个体系是一个动态平衡，跳去跟苯结合的苯酚有可能又跳回去与四氯化碳结合在一起。如果时间足够长，被激发的自由苯酚分子最终将有一部分变成与苯分子结合的复合分子，而这两种苯酚分子之间的比例由平衡常数决定。14ps 的时间没有长到足以让所有被激发的分子按平衡常数要求那样在结合态上呈平衡分布，但已足以让相当一部分的激发态自由分子变成复合分子。这时将同时探测到这两种结构的存在($\omega_m=2666cm^{-1}$，$\omega_m=2634cm^{-1}$，0-1)。激发频率都是自由分子的频率($\omega_\tau=2666cm^{-1}$)。因此，二维红外光谱上就会呈现两个正峰($2666cm^{-1}$，$2666cm^{-1}$)(在对角线上)和($2666cm^{-1}$，$2634cm^{-1}$)(非对角线上)和相应的两个负峰。正峰($2666cm^{-1}$，$2666cm^{-1}$)来自于没有进行变动的自由苯酚分子或者变动了偶数次的自由苯酚分子，而正峰($2666cm^{-1}$，$2634cm^{-1}$)来自于从被激发的自由分子变来的复合苯酚分子(自由分子变动了奇数次)。基于同样的原因，被激发的复合苯酚分子的解离也会多产生一个正峰和负峰。图 6.8 显示了交换反应(苯酚解离和复合)所造成的正峰是如何随反应时间而变化的(三维显示，每个反应时间的数据都以强度最大的峰为基准归一)。可以清楚地看到，随着反应时间的增长，两个非对角线上的峰一步步地变大。这两个峰的增长显示着交换反应在不断地进行着。

从图 6.8 大致可以估算出，交换的半周期大约是十多皮秒。实验测到的是二维红外信号，它不但与分子的浓度有关，而且还与羟基振动激发衰减、分子的转动弛豫(分子从被激发光定向的方向转到别的方向)有关。交换反应使产生对角线上的峰的分子浓度降低，而令产生非对角线峰的分子浓度增大。羟基振动激发衰减和分子的转动弛豫都使信号变弱。由此可提出一个简单的模型描述上述三个耦合在一起的

| 200fs | 2ps | 5ps | 10ps | 14ps |

图 6.8 氘代苯酚在四氯化碳/苯混合溶液里随着反应时间而
变的二维红外光谱(羟基拉伸振动，只显示正峰)(见彩图 13)
两个峰的增长显示着交换反应在不断地进行着

动态过程，并以此来分析交换反应的速率：

$$\underset{\text{衰减}}{\overset{\tau_r^F,\ T_1^F}{\longleftarrow}} F \underset{k_d}{\overset{k_f}{\rightleftharpoons}} C \underset{\text{衰减}}{\overset{\tau_r^C,\ T_1^C}{\longrightarrow}}$$

式中，C 和 F 分别是复合及解离态苯酚分子的浓度；T_1^i 是振动激发寿命；τ_r^i 是转动弛豫时间常数($i=C$ 或 F)；k_d 是解离速率常数；k_f 是复合速率常数。$k_f/k_d=K$ 是平衡常数。实验中，振动激发寿命和转动弛豫时间常数用泵浦-探测实验测定。随反应时间而变、并产生红外信号的苯酚分子浓度用二维红外测得，平衡常数用一维红外测得。因此，在整个数据处理过程中，只需要一个可变参数 k_d 去拟合实验数据即可。拟合的结果如图 6.9 所示，图(a)为四个正峰，图(b)为四个负峰。正峰和负峰得出的结论都相同，即苯和苯酚形成复合分子的解离时间 $1/k_d$ 为(9 ± 2)ps。

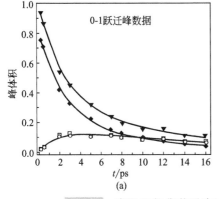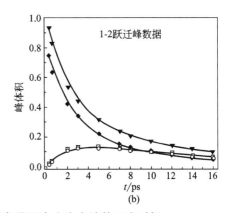

图 6.9 室温下氘代苯酚在四氯化碳/苯混合溶液中随着反应时间
而变化的二维红外实验数据分析和拟合结果

从上面的介绍可知，二维红外光谱测量动态变化依赖于振动激发。这至少引起三个疑问：第一，振动的激发会不会影响反应速率？第二，振动的激发会不会影响化学平衡？第三，振动激发衰减而生产的热量会不会改变反应速率？这些关系到二维红外测量动态变化是否可靠的问题，必须有一个清楚的答案。第一，振动的激发不会影响反应的速率(在已测体系里)，这点可以用实验直接证明。正峰的信号 50% 来自于振动第一激发态的受激辐射。这一部分的信号测得的是第一激发态的信息。另外 50% 来自于基态漂白。这一部分信号测得的是振动基态的信息。负峰的信号全部来自于第一激发态的吸收，给出的全是第一激发态的信息。也就是说，正峰测得的动态变化的数值同时来自于振动的基态和第一激发态，而负峰测得的数值则完全是来自于第一激发态。如果反应速率受到振动激发的影响，那么负峰给出的数据跟正峰给的应该不一样。而事实上实验给出了相同的数值（图 6.9）。因此，可以至少下这么一个结论：在苯酚/四氯化碳和苯的体系里，羟基振动的激发没有对苯酚/苯复合分子的解离速率造成影响（在约 20% 实验误差内）。也有报道宣称观测到振动激发影响反应速率[42]，这种不同的实验组得出不同的结论的情况时有发生，特别在一个新生的领域里。第二，振动的激发不会影响化学平衡（在已测体系中）。由上文介绍可知，交换反应所产生的两个正峰，一个是来自于复合分子的解离，另一个是来自于分子的复合。如果平衡被打破，这两个峰的增长速率肯定不一样快。但事实上，它们一直是以同样的速率增长的（图 6.8），这说明羟基振动的激发没有影响到苯酚/苯解离复合的化学平衡。第三，振动激发衰减而生产的热基本不会改变反应速率。这要分两方面来回答。微观上，当一个振动激发衰减完后，它便不再产生红外信号。所有探测到的信号是没有衰减完的振动激发产生的。另外，由于溶质分子之间距离比较远（稀溶液），一个溶质振动激发衰减变成的热不能在短时间（皮秒，所测时间范围）内传到另外一个溶质分子。因此，不存在热影响反应的问题。宏观上，振动激发衰减而生产的热让整体温度升高，并令反应速率变快。关键在于温度能升多高。可作以下估算，实验中，每毫秒用大约 $2\mu J$ 能量的激光去激发分子，大约有 3% 的能量被面积为 $\pi \times 0.01^2 \, cm^2$ 的溶液吸收而产生热。如果传热系数为 $500 W/(m^2 \cdot K)$ 的话，那么温度将升高 5K。这时，测得的反应是在室温加 5K 的温度下进行的。如果反应活化能在 3kcal/mol 以下（可能适应于大部分二维红外可测的反应），那么室温下，温度升高 5K 将使反应速率增量小于 9%，在实验误差范围内。

在解决了方法的可靠性问题之后，便可以对氢键的热力学和动力学之间的关系进行深入的研究[11,36]。一般而言，越强的氢键解离得越慢。这可以很直观地从图 6.10 中看出来。在相同的时间内（7ps），越弱的氢键解离得越多，从而产生更强的非对角线峰（峰的强度可以很直观地从轮廓线数得知。一个轮廓线代表 10% 强度的增加）。最强的氢键（苯酚/三甲苯，生成焓－2.5kcal/mol）只产生了一个轮廓的非

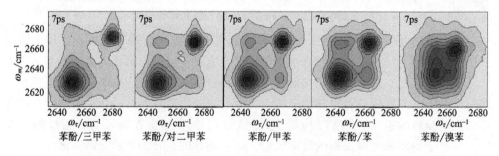

图 6.10 在相同反应时间内不同强弱的氢键的二维红外光谱

对角线峰，而最弱的氢键(苯酚/溴苯，生成焓－1.2kcal/mol)产生了 6 个轮廓的非对角线峰。通过对 14 个氢键(生成焓从－0.6kcal/mol 到－3.3kcal/mol，$\frac{1}{k_d}=3\sim140ps$)的定量研究发现它们的生成焓 ΔH^0 与解离时间 $\frac{1}{k_d}$ 有如下关系：

$$1/k_d = B + A^{-1}\exp(-\Delta H^0/RT) \tag{6.14}$$

式中，$B=2.3ps$，$A^{-1}=0.5ps$，如图 6.11 所示。这个结果跟阿伦尼乌斯公式相比多了个截距。对于这个多出的截距有两个可能的解释：①即使两个分子间的排斥力无穷大，在液体里这两个分子的分离仍然需要一定的时间；②测量系统误差造成的。在实验中，是基于在测量温度范围内($\Delta T<50K$)，生成焓和熵不变的假设得到生成焓的，而这两个值实际上是随温度而变化的。

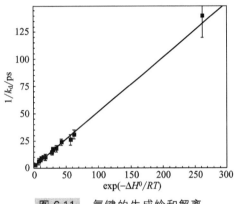

图 6.11　氢键的生成焓和解离时间常数的关系

(2)异构化反应

另一类快速的化学交换反应是分子构象的异构化现象。最经典的例子就是乙烷分子的交叉式和重叠式构象的相互转换。几乎所有含有碳碳单键的分子都存在着构象转换的现象。理论上讲，只要构象转换能造成分子至少一个振动频率的改变，那么它就能被二维红外光谱所测量。下面举三个二维红外应用于这方面的例子[10,43,44]。第一是乙烷衍生物的反式和顺式的构象转换。通常 1,2-取代的乙烷分子都有反式和顺式两种能互相转换的稳定构象，如图 6.12(a)中的 1-氟-2-异氰酸基-乙烷。这个分子有两个浓度接近的构象(在室温四氯化碳溶液中)[10]。这两个构象的异氰酸振动频率大约有 $20cm^{-1}$ 的差异，如图 6.12(b)所示。就像上面的苯酚/苯体系一样，这两个构象的振动频率的不同可以用来研究它们之间转换的快慢，因为在二维红外光谱测量中，构象转换必然会产生非对角线峰，如图 6.12(c)所示。分析表明，这两个构象在四氯化碳室温溶液中的转换时间常数是 43ps。如果用大得多的溴原子去取代氟原子，那么构象间的转换时间常数要慢于 100ps。利用计算的活化能($FCH_2CH_2N=C=O$ 的 $E_{a1}=3.3kcal/mol$；乙烷 $E_{a2}=2.5kcal/mol$；两者用相同的方法得出)和阿伦尼乌斯公式(假设指前因子相同)来估算乙烷在相同条件下异构化的速度，得到时间常数 $\frac{1}{k_i}=12ps$。这跟直接从气相公式

$$k = \frac{k_b T}{h}\exp\left(-\frac{E_a}{RT}\right) \tag{6.15}$$

得出的 22ps 很接近，其中 $E_a=2.9kcal/mol$；$T=25℃$。

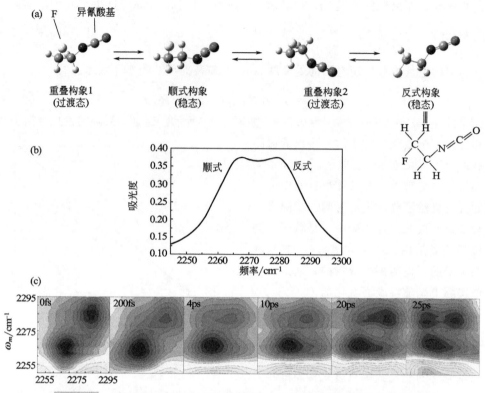

图 6.12　FCH₂CH₂N ═ C ═ O 的(a)构象、(b)异氰酸基反对称拉伸振动
的频率和(c)异氰酸基反对称拉伸振动随异构化时间而变化的二维红外光谱

　　类似的异构化现象在蛋白质分子中也存在。例如在变异的肌红蛋白（myoglobin）中，CO 与中心铁原子配合后[43,45]，由于与铁原子配位的氨基酸残基 His[64] 的转动而存在两种构象 A_1 和 A_3，如图 6.13 所示。这两种构象的 CO 拉伸转动频率不一样，因而可以用来测量这两个态的转换速度，结果是 A_1 和 A_3 之间的转换时间常数大约是 47ps。变异的肌红蛋白的 CO 拉伸振动二维红外光谱如图 6.14 所示。

　　另一个例子是 $Fe(CO)_5$ 的 "Fluxionality"（假翻转），即纵向和横向的 CO 配体互相交换[44]。该分子有两个耦合的振动模式，因而有两个 CO 振动频率，如图 6.15 所示。这两个耦合的振动模式相互之间能发生振动能量的传递。能量的传递会产生类似交换反应一样的非对角线峰（图 6.16），可研究其随温度而变化的能量传递速度。

(3)小结

　　由上述介绍可知，应用二维红外光谱测量快速动态变化存在几个必要条件。第一，动态变化必须诱导至少一个振动模式频率的改变，而且该频率变化量必须是大到实验能够测量到。第二，动态变化的时间尺度必须与振动寿命相匹配。在室温液体中，一般振动寿命从几百飞秒到几纳秒不等，因此，从理论上讲，二维红外光谱

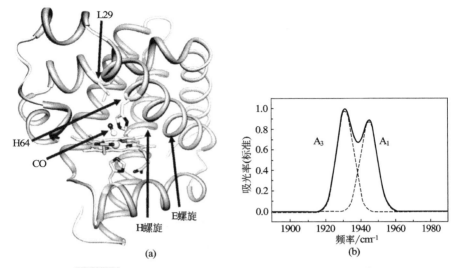

图 6.13　变异的肌红蛋白的结构(a)和 CO 拉伸振动频率(b)

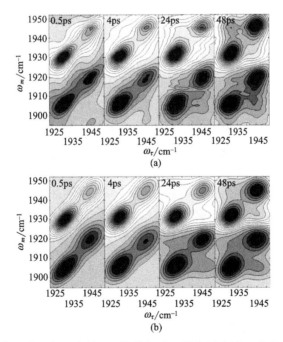

图 6.14　变异的肌红蛋白的 CO 拉伸振动二维红外光谱(a)实验和(b)模拟图

可以测量从几十飞秒到几纳秒的动态变化。第三，实验所用的振动模必须能提供足够强的被测信号。这一点是相对的，随着检测技术的发展，实验能够分辨的信号将会越来越小。该方法的应用目前存在最大的问题是，室温液体中绝大多数有机分子的振动模的寿命都小于 100ps，决定了二维红外光谱只能测量比较快的变化(快于几百皮秒)。

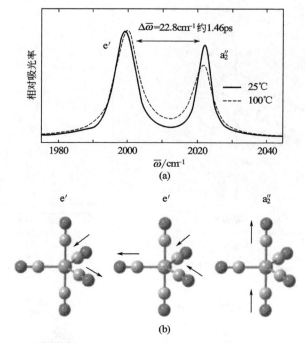

图 6.15　Fe(CO)₅的 CO 振动频率和振动模式

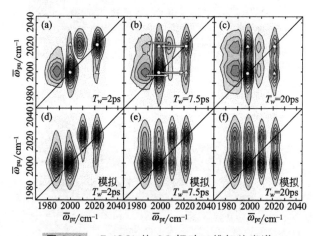

图 6.16　Fe(CO)₅的 CO 振动二维红外光谱

6.4.1.2　光谱扩散(spectral diffusion)

溶液体中每一个分子周围的环境都是不一样的，不同的周围环境导致了每个分子的同一个光谱跃迁如振动的频率都存在一定的差异，从而导致溶液中每个跃迁频率都有一个比自然频率分布还宽的频宽(inhomogeneous broadening，非均匀加宽)。因为一般有机溶剂分子间的室温相互作用能绝对值小于 0.6kcal/mol，所以每一个分子的周围环境都在不停地快速变化并进行溶剂分子快速交换。这种交换在实验上表现为每一个分子的光谱频率都在频宽允许的范围内不停地变化着，这就是所谓的光谱扩散。事实上，可以把光谱扩散看做是很多频率连续分布的分子间的化学交换。当只有两个峰在交换时，刚开始只有两个对角线的峰。随着时间的变长，两个非对角线峰慢慢地长起来（图 6.7）。当两个对角线峰很靠近时，非对角线峰的增长使谱图变成了一个方形［图 6.12（c）］。想象一下，如果有很多峰，它们的频率是连续高斯分布的，那么，刚开始，在对角线上应该看到一长条，随着时间不断增长，交换效应日益显著，交换的结果使对角线峰和非对角线上组成的峰不再是一个方形，而变成一个圆形，因为交换频率必须满足最可几分布。这样形状的变化在图 6.7 和图 6.8 中的每一个对角线峰的峰形变化可以明显地看出来。因为溶剂分子间作用力（四氯化碳、苯）绝对值小于 0.6kcal/mol，根据图 6.11，猜测每一个对角线峰的光谱扩散将在 2～3ps 内完成。这一点在图 6.8 里显得很清楚：在 2ps 时，两个对角线峰就基本上是圆的了。

利用二维红外光谱研究光谱扩散可以提供帮助理解分子（实际上是振动模式）周围环境的信息，如蛋白活性中心的电场强弱，溶剂化作用的大小，从而帮助理解化学或生物过程是怎么进行的。一般做法是在二维红外数据里提取一个频率-频率相关方程（或与它有关的实验参数），同时也用计算模拟实验体系得到一些频率-频率相关方程。比较实验和模拟所得，便可得知哪个计算模型更符合实验结果[46～51]。下面举例说明[46]。

图6.17 所示为氘代羟基在水中随反应时间变化的二维红外光谱。在水溶液中，水分子间存在很多种氢键的构型，这导致了水的羟基红外吸收峰比一般羟基要宽得多。在很短的反应时间里（100fs），每个水分子还没有来得及改变构型，因而峰形沿对角线呈拉长形。随着时间的增长，每个水分子逐渐地改变它与周边分子作用的构型（其实质是所有水分子在相互交换可能的构型），于是二维红外峰就慢慢地变圆了。到 1.6ps 的时候，峰就基本上变圆了。这意味着水溶液中的每一个分子在1.6ps 内就基本上已经经历了所有可能的氢键构型。这种光谱扩散的现象看起来非常直观，像上面介绍的化学交换产生的非对角线峰一样，光谱扩散所导致的沿 ω_τ的峰宽变宽（事实上是很多交换的非对角线峰的总和），是分子进行动态变化的必然结果。因此，随反应时间而变的沿 ω_τ 的峰宽能用来代表分子的动态变化。此外，

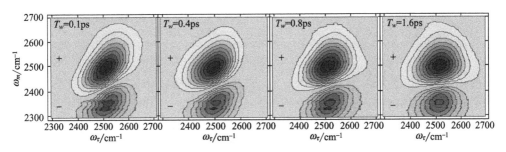

图 6.17 氘代羟基在水中的二维红外光谱

因为光谱扩散是很多溶剂分子交换的总和，所以它不能像单个交换过程那样能用一个清晰的动力学模型来直接解出时间常数。一方面，可以从实验中得到一组随时间而变的沿 ω_τ 的峰宽，另一方面，可采用不同的水结构计算模型，从分子动力学 (molecular dynamics) 模拟中得到不同的频率-频率相关方程，把这些方程用微扰理论加以处理，便可得到模拟的二维红外光谱，从而得到随时间变化、沿 ω_τ 的峰宽计算结果。比较计算和实验数据，便可以知道哪种水的结构模型能更符合实验，从而能比较定量地理解水分子是如何相互作用的。

实验数据结合计算机模拟加微扰理论处理的方法在二维红外光谱研究中有着广泛的应用[52~56]。由于篇幅的关系，本章节不涉及这方面的内容，有兴趣的读者可以查阅相关文献。

6.4.2 分子结构

采用二维红外去分析分子结构的基本原理是振动间的耦合产生的非对角线峰跟振动模间的相互作用有紧密联系。下面用四个例子来说明[21,57~59]。

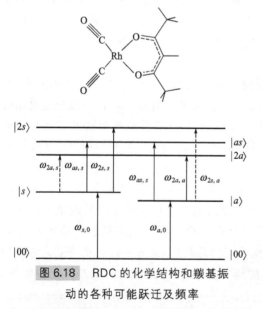

图6.18 RDC 的化学结构和羰基振动的各种可能跃迁及频率

(1) Rh(CO)₂C₅H₇O₂ (RDC)

RDC 的分子结构如图 6.18 所示[57]，是一个经典的非线性红外实验的模型化合物[60]。它有两个耦合强度很大、寿命比较长（几十皮秒）的羰基振动峰（非对称约 2015cm⁻¹ 和对称拉伸振动约 2085cm⁻¹）。它的羰基振动的各种可能跃迁的频率已经被透彻地研究过，具体如图 6.18 所示。

该分子中，两个羰基振动模是耦合的，又因为在相干二维红外方法中，激光的频宽覆盖了图 6.18 所示的所有跃迁，这些跃迁在二维红外光谱图里都有特征峰，如图 19(c) 所示。峰 1 [$\omega_3(\omega_m)$ 频率] 为 $\omega_{s,0}$（对应于图

6.18），峰 1′ 为 $\omega_{a,0}$，峰 2 为 $\omega_{a,0}$，峰 2′ 为 $\omega_{s,0}$，峰 3 为 $\omega_{2s,s}$，峰 3′ 为 $\omega_{2a,a}$，峰 4 为 $\omega_{as,s}$，峰 4′ 为 $\omega_{as,a}$，峰 5 为 $\omega_{as,a}$，峰 5′ 为 $\omega_{as,s}$。每个峰的来源都可以通过微扰理论，用费曼图直观地表示出来[19,20]。对角线上的峰（1 和 1′）及其 1-2 跃迁峰（3 和 3′）的来源跟实验部分苯酚的介绍一样。非对角线上的峰的来源跟化学交换类似，但不尽相同。以峰 4 为例来说明这些峰是怎么来的。根据上面实验部分的介绍，可知二维红外光谱的信号是由三束光跟样品相互作用而得到的。峰 4 的一个来源（相位匹配方向 $k_e = -k_1 + k_2 + k_3$）如下所述。第一束光使对称拉伸振动产生基

态 $|00\rangle$ 和第一激发态 $|s\rangle$ 之间相干(coherence)，因而峰 4 的 $\omega_1(\omega_\tau)=\omega_{s,0}$。第二束光让基态和第一激发态之间发生相干(密度矩阵里的非对角元值)，变成对称拉伸振动在第一激发态的密度布居(population，密度矩阵里的对角元)，即让对称拉伸振动直接跃迁到它的第一激发态。第三束光让前两束光所产生的对称拉伸振动的第一激发态 $|s\rangle$ 与对称非对称复合激发态 $|as\rangle$ 相干。相干的结果是沿着相位匹配方向辐射频率为相干跃迁频率($|as\rangle-|s\rangle=\omega_{as,s}$)的信号，因而 $\omega_3(\omega_m)=\omega_{as,s}$。对角线上的峰只跟一个振动模有关，而非对角线上的峰(1-2 跃迁除外)跟两个振动模都有关系。因此，对角线与非对角线峰强度之比跟两个振动模的矢量夹角有关，并可直接用数学公式表达出来。通过改变激发光的偏振方向，能够在实验上确定两个振动模式的矢量夹角，进而确定化学键之间的夹角。具体到 RDC 这个化合物，羰基的对称和非对称振动之间的夹角被确定为 90°，这说明两个羰基的夹角也应该是 90°(假设这两个模式跟其他模式耦合很弱)。该二维红外实验得出的结果与其他实验方法所得结果如 X 衍射是一致的。另外，羰基的各种跃迁频率在二维红外光谱图上一目了然。这些频率数据为了解分子的其他结构性质提供了非常有用的信息。

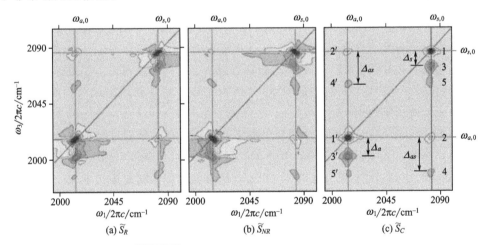

图 6.19　RDC 在己烷中的二维红外光谱

(a)信号从相位匹配方向 $k_e=-k_1+k_2+k_3$ 得到位相重聚谱 $\tilde{S}_R$；(b)信号从相位
匹配方向 $k_{ne}=k_1-k_2+k_3$ 得到非位相重聚谱 $\tilde{S}_{NR}$；(c)由(a)+(b)得到组合
谱 $\tilde{S}_C$，大部分色散谱线被剔出去(具体的分析见实验部分)

　　RDC 的羰基的对称与非对称拉伸振动之间的振动能量传递也能用二维红外光谱直接测得[61]。像化学交换一样，振动能量传递也产生非对角线峰，而且非对角线峰的增长就直接代表能量的传递，如图 6.20 所示。这里有一点要指出的是，振动能量传递的正峰跟峰 2 和 2′ 重叠。而峰 2 和 2′ 能随着反应时间的变化而出现量子拍的现象：即峰 2 和 2′ 的强度随 T_w 而振荡，振荡的频率是对称与非对称两个振动模式频率之间的差值。这是因为在实验中，这两个峰的一个来源是前两束光作用在这两个振动模间产生了相干。数据分析必须把量子拍和能量传递分开。如果用窄带泵浦-宽带测量的方法就不会有这个问题(图 6.17)。尽管如此,振动能量传递为了解分子结构提供了有用的信息。

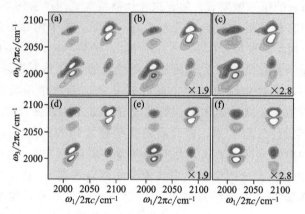

图 6.20   RDC 在氯仿里的实验 [(a)~(c)] 和模拟 [(d)~(f)] 二维红外光谱

(2)多肽

通常多肽或蛋白的结构由 XRD 或 NMR 测定。但由于时间分辨率的限制,这两种技术对很多快速交换结构(快于 1ns)的测量结果仅表现为一个平均结构。二维红外光谱具有超高的时间分辨率,因而具有解决上述问题的潜力。二维红外测定多肽或蛋白结构的原理与上面测定 RDC 的结构一样,都是利用振动模式间的耦合。下面举一个例子来说明[58]。

一个 de novo 环五肽有四个明显的羰基红外吸收峰,分别对应于四个不同的酰胺基团,如图 6.21 所示。二维红外光谱图显示出 Abu2 峰和 Mamb1 峰有很强的耦合从而出现非对角线峰。这非对角线峰的强度和光的偏振方向有直接关系[图 6.21(b)和(c)]。该多肽的结构比 RDC 要复杂很多,直接用数学解析方程来处理数据有很大困难。因而须用量子计算加 MD 模拟加二维红外光谱图模拟来处理实验数据。通过大量的计算,可以半定量地得知该多肽的结构,振动模的矢量夹角和耦合情况。有一些研究组一直在致力于这方面的研究[55,56,62,63]。

(3)全氘代甲酰胺

这是一个非常典型的双频二维红外实验。全氘代甲酰胺($DC=OND_2$)的 C—D 键跟 C=O 键直接连在一起,如图 6.22 所示[59]。测量两个不同化学键耦合所产生的非对角线峰能提供有关分子结构的信息。该分子结构简单,各种结构数据齐全,且容易计算,是一个非常好的模型分子。图 6.23 显示的是激发 C—D 键后探测 C=O 键的振动所产生的非对角线峰(正峰,$\omega_\tau = 2160 cm^{-1}$;$\omega_m = 1690 cm^{-1}$)。

该分子的 C—D 键和 C=O 键的跃迁频率、耦合强度、跃迁强度、跃迁矢量夹角、非谐振性的大小都可以用密度泛函理论(DFT)计算出来。而这些参数都可以

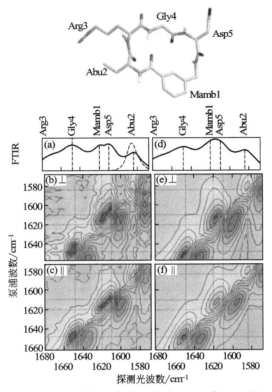

图 6.21 de novo 环五肽的结构和它的一维 [(a)、(d)] 和二维红外光谱实验图
[(b)泵浦光偏振垂直、(c)泵浦光偏振平行] 及相应的模拟谱图 [(d)、(e)、(f)]

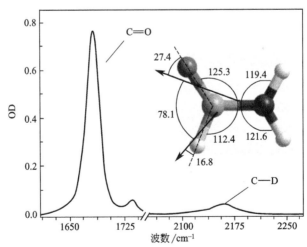

图 6.22 全氘代甲酰胺-d_3 的分子结构和一维红外光谱

从二维红外光谱测量如图 6.23 获得,并进行相互比较,密度泛函理论对二维红外的实验结果提供微观解释,而二维红外光谱为密度泛函理论计算提供数据,进一步提高计算精确度。

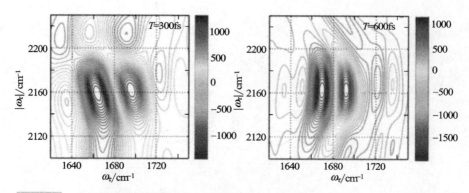

图 6.23　全氘代甲酰胺激发 C—D 键后探测 C =O 键的振动所产生的非对角线峰

(X,Y 轴与交换反应的图相反)

(4)乙基异氰酸（C_2H_5NCO）

在上面举的三个例子中，相互耦合的振动模都有确定的归属，与化学键的关系十分明晰，因而二维红外光谱的测量提供的数据能直接用于结构分析。但是，红外光谱不同于核磁共振，并不是每一个峰都能够做到有确定归属的。在红外光谱中，相当多的峰是来自于费米共振，即跃迁强度很弱的一些多阶跃迁或复合振动跃迁因为与某些高强度的跃迁(通常的简正模式的一阶跃迁)耦合而使得跃迁强度得到大幅提高。费米共振峰的归属往往是很难推测出来的。在二维红外光谱中，费米共振也会产生像上面所介绍的非对角线峰，乙基异氰酸（C_2H_5NCO）就是其中一个例子，如图 6.24 所示[21]。在约 2280cm^{-1} 处的峰是 NCO 的拉伸振动峰，而在约 2220cm^{-1}处的峰是一个典型的费米共振峰，它的来源可能是一个多振动模的复合振动跃迁。由二维红外光谱图谱可以看到，这个小小的峰由于与 NCO 的拉伸振动峰耦合而产生多少非对角线峰！由此可见，用二维红外来解析分子结构还是有相当长的路要走。

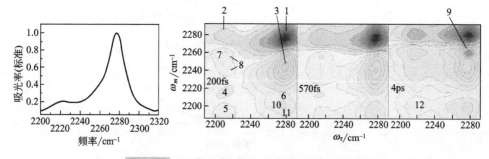

图 6.24　乙基异氰酸的一维和二维红外光谱

总之，在原理上，二维红外光谱具备了以超短时间分辨率分析分子结构的能力，在实验上也展示了这种可能性。但由于振动光谱的复杂性、振动模与化学键之间的复杂关系，用二维红外来检测分子结构目前只停留在展示原理的阶段。真正实用还需要技术、计算方法等的长足进步。

6.4.3　分子间相互作用

来自不同分子的振动模也能够耦合在一起，并且产生类似于分子内耦合的非对角线峰。跟分子内耦合一样，分子间的耦合所产生的非对角线峰能用于分析分子间的相互作用。下面用两个例子说明。

(1) N,N-二甲基乙酰胺［$CH_3CON(CH_3)_2$］/吡咯的 C ═O ⋯⋯ H—N

N,N-二甲基乙酰胺的 C ═O 能跟吡咯的 H—N 形成氢键[64]，氢键使 C ═O的拉伸振动跟 N—H 的拉伸振动耦合起来。这种耦合使得振动激发能在两者间传递。

N,N-二甲基乙酰胺［$CH_3CON(CH_3)_2$］/吡咯的 C ═O ⋯⋯ H—N 氢键基本上是一条直线。密度泛函理论计算同时还表明 N—H 的拉伸振动的矢量方向基本与键的方向相同，而 C ═O 的拉伸振动的矢量跟它的键有大约 20°的差别（因为红外测定的是离域后的简正模式）。这两个振动的夹角可以通过改变激发和探测光的偏振去探测，如图 6.25 所示那样的非对角线峰的强度来确定。实验测得两者间的夹角大约是 30°。

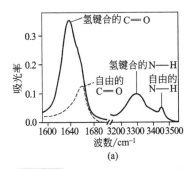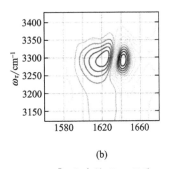

图 6.25　N,N-二甲基乙酰胺［$CH_3CON(CH_3)_2$］/吡咯的 C ═O 和
H—N 键的一维和二维红外光谱

(b) N—H 键被激发后的振动激发转移到 C ═O 而得到的非对角线峰

(2) 苯腈/乙腈间氰基振动能量的传递

振动的激发能在分子内传递，同时也能在分子间传递，例如在苯腈/乙腈的混合溶液中，两种氰基间的振动能够相互传递，传递的结果是产生非对角线峰，如图 6.26所示。

图 6.26 中的非对角线峰的增长体现了振动能量在两种分子间的传递。这种传递跟分子间的距离、相互作用力、偶极矩的夹角、溶液中的声子的频率分布和密度都有关系。跟 Föster 共振能量传递（FRET）最大的区别是，分子内和分子间的振动能量传递通常耦合在一起。这给用振动能量传递来测量分子间距离带来很大的不便。但是，从另一方面看，如果能把振动能量传递的机理搞清楚，那么它将是一个

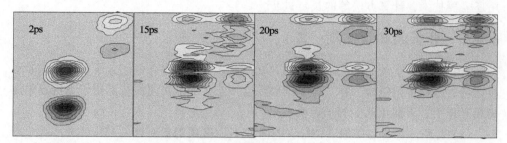

图 6.26　苯腈(低频峰)和乙腈(高频峰)间氰基振动能量的传递产生了非对角线峰

非常有用的工具，因为不像 FRET 那样需要一个可见光生色标记基团，它的红外生色基团是分子所固有的。

运用上面介绍的几个基本应用原理，加上一些其他技术手段，如紫外-可见激发、快速变温、二维红外光谱目前已开始被用于研究一些实际的体系，如反应机理[8,53,65,66]、蛋白折叠[67~69]、单分子层[70,71]等领域。

6.5　展望

经过将近十年的研究，二维红外光谱手段已经展示出了一些重要的应用可能性。然而，要达到它的终极目标——成为常规的分析快速变化的分子结构与分子相互作用的工具，还有赖于激光技术和理论的革新。这里简略介绍一下技术和理论上存在的一些主要问题。在技术上，第一，二维红外所用的点阵检测器的信噪比比较低(至少大约需要 1 万～10 万个光子)，上频变换到可见光用 CCD 检测是一个选择，但上频变换是非线性过程，会浪费掉大量光子；第二，通常的中红外超快激光频宽只有 $200\sim300\text{cm}^{-1}$，这与中红外区域频宽约 3600cm^{-1} 还有相当的距离。要得到全频的二维红外光谱，必须进行扫频，而这要花大量的时间。理论上，第一，如何准确地把振动矢量和化学键的关系找出来；第二，如何把分子间和分子内的振动能量传递区分开；第三，如何把分子的结构跟分子的振动能量传递联系起来；第四，如何在数据处理时正确而有效地进行二维红外光谱图相位校正。随着研究的深入，相信这些问题会被逐渐解决。

参 考 文 献

[1]　Ernst, R. R.；Bodenhausen, G.；Wokaun, A. Nuclear Magnetic Resonance in One and Two Dimensions. Oxford: Oxford University Press. **1987**.

[2]　Dougherty, T. P.；Heilweil, E. J. J. Chem. Phys. **1994**, 100, 4006.

[3]　Dougherty, T. P.；Grubbs, W. T.；Heilweil, E. J. J. Phys. Chem. **1994**, 98, 9396.

[4]　Beckerle, J. D.；Casassa, M. P.；Cavanagh, R. R.；Heilweil, E. J.；Stephenson, J. C. Chem. Phys. **1992**, 160, 487.

[5]　Dougherty, T. P.；Heilweil, E. J. Chem. Phys. Lett. **1994**, 227, 19.

[6]　Asplund, M. C.；Zanni, M. T.；Hochstrasser, R. M. Proc. Natl. Acad. Sci., USA. **2000**, 97, 8219.

［7］ Khalil, M. ; Demirdoven, N. ; Tokmakoff, A. Phys. Rev. Lett. **2003**, 90, 047401(4) .

［8］ Bredenbeck, J. ; Helbing, J. ; Hamm, P. J. Am. Chem. Soc. **2004**, 126, 990.

［9］ Zheng, J. ; Kwak, K. ; Asbury, J. B. ; Chen, X. ; Piletic, I. ; Fayer, M. D. Science **2005**, 309, 1338.

［10］ Zheng, J. ; Kwac, K. ; Xie, J. ; Fayer, M. D. Science **2006**, 313, 1951.

［11］ Zheng, J. R. ; Fayer, M. D. J. Am. Chem. Soc. **2007**, 129, 4328.

［12］ Guillory, W. A. Introduction to Molecular Structure and Spectroscopy. Boston: Allyn and Bacon, Inc. , **1977**.

［13］ Zheng, J. ; Kwak, K. ; Steinel, T. ; Asbury, J. B. ; Chen, X. ; Xie, J. ; Fayer, M. D. J. Chem. Phy. **2005**, 123, 164301.

［14］ Bouvignies, G. ; Markwick, P. ; Brüschweiler, R. ; Blackledge, M. J. Am. Chem. Soc. **2006**, 128, 15100.

［15］ Nibbering, E. T. J. ; Fidder, H. ; Pines, E. Annu. Rev. Phys. Chem. **2005**, 56, 337.

［16］ Nibbering, E. T. J. ; Elsaesser, T. Chem. Rev. **2004**, 104, 1887.

［17］ Jonas, D. M. Annu. Rev. Phys. Chem. **2003**, 54, 425.

［18］ Cervetto, V. ; Helbing, J. ; Bredenbeck, J. ; Hamm, P. J. Chem. Phys. **2004**, 121, 5935.

［19］ Shen, Y. R. The Principles of Nonlinear Optics. New York: John Wiley & Sons, **1984**.

［20］ Mukamel, S. Principles of Nonlinear Optical Spectroscopy. New York: Oxford University Press, **1995**.

［21］ Zheng, J. Ultrafast Chemical Exchange Spectroscopy. Saarbrücken: VDM Publishing, **2008**.

［22］ Heilweil, E. J. ; Cavanagh, R. R. ; Stephenson, J. C. Chem. Phys. Lett. **1987**, 134, 181.

［23］ Berkerle, J. D. ; Casassa, M. P. ; Cavanagh, R. R. ; Heilweil, E. J. ; Stephenson, J. C. Chem. Phys. **1992**, 160, 487.

［24］ Hamm, P. ; Lim, M. ; Degrado, W. F. ; Hochstrasser, R. M. J. Chem. Phys. **2000**, 112, 1907.

［25］ Hamm, P. ; Helbing, J. ; Bredenbeck, J. Ann. Rev. Phys. Chem. **2008**, 59, 291.

［26］ Asbury, J. B. ; Steinel, T. ; Fayer, M. D. J. Luminescence **2004**, 107, 271.

［27］ Hybl, J. D. ; Ferro, A. A. ; Jonas, D. M. J. Chem. Phys. **2001**, 115, 6606.

［28］ DeFlores, L. P. ; Nicodemus, R. A. ; Tokmakoff, A. Opt. Lett. **2007**, 32, 2966.

［29］ Xiong, W. ; Zanni, M. T. Opt. Lett. **2008**, 33, 1371.

［30］ Shim, S. H. ; Strasfeld, D. B. ; Ling, Y. L. ; Zanni, M. T. Proc. Natl. Acad. Sci, USA. **2007**, 104, 14197.

［31］ Shim, S. H. ; Strasfeld, D. B. ; Zanni, M. T. Optics Express. **2006**, 14, 13120.

［32］ Shim, S. H. ; Strasfeld, D. B. ; Fulmer, E. C. ; Zanni, M. T. Opt. Lett. **2006**, 31, 838.

［33］ Levine, I. N. Physical Chemistry. New York: McGraw-Hill Book Company, **1978**.

［34］ Atkins, P. W. Physical Chemistry. 5th ed. New York: W. H. Freeman, **1994**.

［35］ Brooks, C. L. ; Karplus, M. ; Pettitt, B. M. Advances in Physical Chemistry. New York: Wiley & Sons, **1988**, Vol. LXXI.

［36］ Zheng, J. ; Fayer, M. D. J. Phys. Chem, B **2008**, 112, 10221.

［37］ Pitzer, R. M. Acc. Chem. Res. **1983**, 16, 207.

［38］ Kistiakowsky, G. B. ; Lacher, J. R. ; Stitt, F. J. Chem. Phys. **1938**, 6, 407.

［39］ Pophristic, V. ; Goodman, L. Nature **2001**, 411, 565.

［40］ Knee, J. L. ; Khundkar, L. R. ; Zewail, A. H. J. Chem. Phys. **1987**, 87, 115.

［41］ Lienau, C. ; Williamson, J. C. ; Zewail, A. H. Chem. Phys. Lett. **1993**, 213, 289.

［42］ Kim, Y. S. ; Hochstrasser, R. M. Proc. Natl. Acad. Sci. **2005**, 102, 11185.

［43］ Ishikawa, H. ; Kwak, K. ; Chung, J. K. ; Kim, S. ; Fayer, M. D. Proc. Natl. Acad. Sci. , USA. **2008**, 105, 8619.

［44］ Cahoon, J. F. ; Sawyer, K. R. ; Schlegel, J. P. ; Harris, C. B. Science **2008**, 319, 1820.

［45］ Li, T. S. ; Quillin, M. L. ; Phillips, G. N. ; Olson, J. S. Biochemistry **1994**, 33, 1433.

［46］ Asbury, J. B. ; Steinel , T. ; Stromberg, C. ; Corcelli, S. A. ; Lawrence, C. P. ; Skinner, J. L. ; Fayer, M. D. J. Phys.

Chem. A **2004**, *108*, 1107.

[47] Corcelli, S.；Lawrence, C. P.；Asbury, J. B.；Steinel, T.；Fayer, M. D.；Skinner, J. L. *J. Chem. Phys.* **2004**, *121*, 8897.

[48] Loparo, J. J.；Roberts, S. T.；Tokmakoff, A. *J. Chem. Phys.* **2006**, *125*, 13.

[49] Loparo, J. J.；Roberts, S. T.；Tokmakoff, A. *J. Chem. Phys.* **2006**, *125*, 12.

[50] Roberts, S. T.；Loparo, J. J.；Tokmakoff, A. *J. Chem. Phys.* **2006**, *125*, 8.

[51] Finkelstein, I. J.；Ishikawa, H.；Kim, S.；Massari, A. M.；Fayer, M. D. *Proc. Natl. Acad. Sci.*, USA. **2007**, *104*, 2637.

[52] Wang, J. P.；Chen, J. X.；Hochstrasser, R. M. *J. Phys. Chem.*, B **2006**, *110*, 7545.

[53] Kolano, C.；Helbing, J.；Kozinski, M.；Sander, W.；Hamm, P. *Nature* **2006**, *444*, 469.

[54] Woutersen, S.；Mu, Y.；Stock, G.；Hamm, P. *Chem. Phys.* **2001**, *266*, 137.

[55] Mukherjee, P.；Kass, I.；Arkin, I. T.；Zanni, M. T. *J. Phys. Chem.*, B **2006**, *110*, 24740.

[56] Maekawa, H.；Formaggio, F.；Toniolo, C.；Ge, N. H. *J. Am. Chem. Soc.* **2008**, *130*, 6556.

[57] Khalil, M.；Demirdoven, N.；Tokmakoff, A. *J. Phys. Chem.*, A **2003**, *107*, 5258.

[58] Zanni, M. T.；Hochstrasser, R. M. *Current Opinion in Structural Biology.* **2001**, *11*, 516.

[59] Kumar, K.；Sinks, L. E.；Wang, J. P.；Kim, Y. S.；Hochstrasser, R. M. *Chem. Phys. Lett.* **2006**, *432*, 122.

[60] Beckerle, J. D.；Casassa, M. P.；Cavanagh, R. R.；Heilweil, E. J.；Stephenson, J. C. *Chem. Phys.* **1992**, *160*, 487.

[61] Khalil, M.；Demirdoven, N.；Tokmakoff, A. *J. Chem. Phys.* **2004**, *121*, 362.

[62] Bodis, P.；Timmer, R.；Yeremenko, S.；Buma, W. J.；Hannam, J. S.；Leigh, D. A.；Woutersen, S. *J. Phys. Chem.* C **2007**, *111*, 6798.

[63] Fang, C.；Bauman, J. D.；Das, K.；Remorino, A.；Arnold, E.；Hochstrasser, R. M. *Proc. Natl. Acad. Sci.* USA. **2008**, *105*, 1472.

[64] Rubtsov, I. V.；Kumar, K.；Hochstrasser, R. M. *Chem. Phys. Lett.* **2005**, *402*, 439.

[65] Cervetto, V.；Hamm, P.；Helbing, J. *J. Phys. Chem.*, B **2008**, *112*, 8398.

[66] Baiz, C. R.；Nee, M. J.；McCanne, R.；Kubarych, K. J. *Opt. Lett.* **2008**, *33*, 2533.

[67] Chung, H. S.；Ganim, Z.；Jones, K. C.；Tokmakoff, A. *Proc. Natl. Acad. Sci.*, USA. **2007**, *104*, 14237.

[68] Chung, H. S.；Khalil, M.；Smith, A. W.；Tokmakoff, A. *Rev. Sci. Instru.* **2007**, *78*, 10.

[69] Chung, H. S.；Ganim, Z.；Smith, A. W.；Jones, K. C.；Tokmakoff, A. *Transient 2D IR spectroscopy of ubiq-uitin unfolding dynamics.* APS March Meeting. American Physical Society, **2007**.

[70] Bredenbeck, J.；Ghosh, A.；Smits, M.；Bonn, M. *J. Am. Chem. Soc.* **2008**, *130*, 2152.

[71] Ghosh, A.；Smits, M.；Bredenbeck, J.；Dijkhuizen, N.；Bonn, M. *Rev. Sci. Instru.* **2008**, *79*, 9.

第 7 章

Chapter 7

二维电子态相干光谱原理、
实验及理论模拟

超快光谱被日益广泛地用于凝聚相复杂体系，后者已经不能够用一个简单的两能级电子系统或者振动系统和热库(thermal bath)耦合来表示。目前已发展了一些更加复杂的方法来探索其中的微观动力学，并用于解析复杂体系如光合系统中多个色素分子间的相互作用关系。尤其是多维飞秒时间分辨光谱，适用于对电子态与振动态相互耦合体系的研究。Mukamel 和 Cho 等对该方法的理论已进行了系统的讨论[2,3]。对于振动跃迁的先期实验及理论模拟由 Hamm 等通过动态光学烧孔（hole burning）的方法给出[4]，而 Hochstrasser[5] 和 Tokmakoff[6] 研究组则是通过光子回波的外差测量实现的。Joffre[7,8] 和 Wiersma[9] 对非线性光学信号的外差测量进行了更为深入的讨论。电子态跃迁的二维光谱是由 Jonas 及合作者首先实现并进行详细描述的[10,11]。在这些实验中，外差探测方法被用于对相位匹配四波混频信号的分析，以便获取三阶极化信号振幅和位相的信息，对时域信号的傅里叶变换给出了二维光谱。二维光谱的直观解释是具有频率分辨的泵浦-探测实验，增加的变量描述了瞬态光谱对激发频率的依赖关系。由于该变量的引入，必须增加额外的时间扫描，使得时域外差测量方法远比频率分辨技术更难以实现。

为了观察整个可见区范围内宽谱域电子跃迁过程，实验中需采用宽带泵浦源如光参量放大激光（OPA）作为二维光谱的激发源。因而在可见区范围内，所要求的激光脉冲相位的稳定性以及脉冲间时间延时精度的控制远比近红外或红外区要难得多。因为对于波长更短的可见光，光程及坡印廷(Poynting)涨落将引起更大的位相误差。尽管如此，在相应的应用中，可通过衍射光学实现位相被动稳定。Flemming 小组发展了基于衍射光学频率可调的三脉冲光子回波四波混频信号的外差测量方法，用于实现二维可见光谱的实验记录，简言之，他们实现了可见光频域内的二维傅里叶变换光谱仪。实验中通过可移动玻璃光楔实现了很高的延时精度。

7.1　二维光谱原理

二维飞秒光谱的目标是确定量子系统如分子或聚集体中完备的三阶光学响应函数。为此实验中引入一个由三个超短激光脉冲组成的脉冲序列对样品进行激发，并确定产生的辐射光电场的振幅和位相分别为激光频率和激发光延时的函数。经过对数据进行如傅里叶变换等方法的适当处理，就能获得一幅表示系统行为的二维频率"地图"。

根据微扰理论，在 t 时刻系统空间某处由 t 时刻之前分别处于 $t-\tau_a-\tau_b-\tau_c$，$t-\tau_b-\tau_c$，$t-\tau_c$ 时刻的三个电场相互作用诱导的三阶极化函数表示：

$$P^{(3)}(t) = \int_0^\infty \int_0^\infty \int_0^\infty S^{(3)}(\tau_a, \tau_b, \tau_c) E(t-\tau_a-\tau_b-\tau_c)$$

注：本章经授权编译自 Graham. R. Fleming 研究组的"具有相位稳定功能的二维电子光谱"(Phase-stabilized two-dimensional electronic spectroscopy.

$$E(t-\tau_b-\tau_c)E(t-\tau_c)\mathrm{d}\tau_a\mathrm{d}\tau_b\mathrm{d}\tau_c \tag{7.1}$$

具有实数值的时域三阶响应函数 $S^{(3)}(\tau_a,\tau_b,\tau_c)$ 定义为由三个具有 δ-函数线型的激光脉冲激发的极化。该响应函数只有当 τ_a、τ_b 和 $\tau_c > 0$ 时有非零值，以保证因果律的成立，见图 7.1。

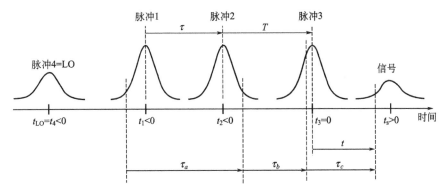

图 7.1 光子回波实验激光脉冲时序示意图及相应时间变量的定义

时间零点定义在第三个脉冲激光的中心；前两个激发脉冲到达的时间分别为 $t_1 < 0$ 和 $t_2 < 0$，间隔为相干时间长度 τ，τ 对于如图所示的脉冲时序取正值，如果第一个激光脉冲和第二个激光脉冲时序颠倒，则 τ 取负值。当 $t_3 = 0$，布居时间 T 为第二、第三个激光脉冲激光间的时间间隔，且 $T > 0$。在 t 时刻诱导的三阶非线性极化是分别由 $\tau_a + \tau_b + \tau_c$、$\tau_b + \tau_c$ 及早于 τ_c 时刻电场相互作用诱导引起的，该极化效应也可能产生于激发脉冲的包络线内，对于非均匀展宽系统，这种情形对应于自由诱导衰减（free induction decay，参见第 8 章），可观察到一个额外的光子回波信号，其平均到达时间 t_s 和相干时间相当。用于超外差（heterodyne detection）探测的本机振荡信号（LO）总是在 t_4 时刻最先到达

对时域三阶响应函数 $S^{(3)}(\tau_a,\tau_b,\tau_c)$ 作相对于作用时间而言的逆傅里叶变换就能得到复数形式的三阶频域极化率 $\chi^{(3)}(\omega_a,\omega_b,\omega_c)$。因此若由实验确定 S 或 χ，必须通过某种方式，系统性地改变相互作用时间。然而必须考虑到时域内的电场是实数，而频域内的电场是复数，并使 χ 具有正频和负频分量。在非共线几何光路中，可以通过位相匹配的方法选择观察信号中出现正频分量还是负频分量，因为不同符号频率分量的组合可以实现辐射信号出现在空间不同的方向。通过应用不同的非共线框式几何光路(noncollinear box geometry)来实现，如图 7.2 所示。

被测信号在波矢 $k_s = -k_1 + k_2 + k_3$ 方向上(文献中通常用 k_1，k_2，k_3 分别表示 k_a，k_b 和 k_c，该标记同样适用于 ω)，其中 k_1，k_2，k_3 是三个激发光的波矢，对应的频率分别为 ω_1，ω_2，ω_3，因此极化的贡献来自于 $-\omega_1$ 和 $+\omega_2$，$+\omega_3$。由于激发脉冲具有确定的脉宽，因此三脉冲间的相互作用可以采用任意次序及在激光脉冲包络线内的任意时刻。因此实验中无法直接改变 τ_a、τ_b 和 τ_c 的值，而只能改变激光脉冲的中心位置 t_1，t_2 及 t_3。和样品作用的实数时域电场可表示为

$$E(t) = \tilde{A}(t-t_1)e^{-i\omega_0(t-t_1)+ik_1\cdot r} + \tilde{A}(t-t_2)e^{-i\omega_0(t-t_2)+ik_2\cdot r} + \tilde{A}(t-t_3)$$
$$e^{-i\omega_0(t-t_3)+ik_3\cdot r} + \text{c. c.} \tag{7.2}$$

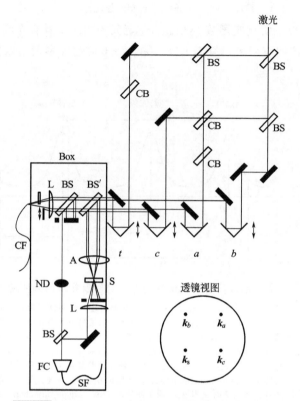

图 7.2 测量二维空间相干光谱的实验光路示意图

由腔倒空(cavity dumped)掺钛蓝宝激光器输出三路激发脉冲和一路示踪脉冲（本机振荡脉冲）构成的四光路干涉仪。BS—50∶50分束片；CB—融石英补偿块；BS′—94∶6分束片；A—f= 10cm 消色差透镜；S—0.2mm 厚镀增透膜样品池；L—f= 10cm 的平凸单透镜；ND—中性滤光片；FC—单模光纤耦合器；SF—单模光纤；CF—单模脉冲延时定标光纤。 激发光脉冲在透镜上呈正方形几何排列，产生的回波信号在k_s方向。 该信号-参考光干涉仪置于一个箱内以增加稳定性[11]

其中载波的频率为ω_0（激光中心频率），复数包络线为$\widetilde{A}(t')= A(t')\exp[- i\varphi(t')]$，c. c. 表示所有前面出现各项的复共轭部分。复数包络线包含了脉冲的波形［如对于高斯线型 $A(t')= \exp[- 2\ln2\,(t'/\tau_p)^2$，脉宽为 τ_p］及任何相位调制信息$\varphi(t')$。时间零点设在第三个脉冲波形的中心，即 $t_3= 0$。习惯上定义相干时间为第一个脉冲和第二个脉冲中心的时间差，即 $\tau= t_2- t_1$，以及布居时间 T 为第二个脉冲和第三个脉冲的时间差，即 $T= t_3- t_2= - t_2$ 对应于图 7.1 中所采取的脉冲次序。

用等式(7.2)中电场的表达式代入等式(7.1)中的多重乘积 $E(t- \tau_a- \tau_b- \tau_c)E(t- \tau_b- \tau_c)E(t- \tau_c)$ 中，将得到 $6\times6\times6= 216$ 项含 $A(t')$、$A(t')^*$ 及相应位相乘积之和，决定了该项乘积对应辐射的频率和空间方向。同时每一项乘积也对应于特定的作用时序的贡献。如

$$\widetilde{A}(t- t_2- \tau_a- \tau_b- \tau_c)\widetilde{A}^*(t- t_1- \tau_b- \tau_c)\widetilde{A}(t- t_3- \tau_c)\times$$
$$e^{- i\omega_0(t- t_2- \tau_a- \tau_b- \tau_c)}e^{i\omega_0(t- t_1- \tau_b- \tau_c)}e^{- i\omega_0(t- t_3- \tau_c)}e^{i(k_2- k_1+ k_3)\cdot r} \qquad (7.3)$$

表示系统在时刻 $t- \tau_a- \tau_b- \tau_c$ 与沿 k_2 方向传播的脉冲先作用，然后在 $t- \tau_b- \tau_c$ 时刻与 $- k_1$ 方向的脉冲作用，最后再与 $t- \tau_c$ 时刻 k_3 方向的脉冲作用。如此在被探测 $k_2- k_1+ k_3$ 方向上，216 项中只剩下 6 项能够产生辐射信号。6 项均含有共同的位相因子 $e^{- i\omega_0 t+ i\omega_0 \tau}$，除此之外还包含下列位相因子中的一项：$e^{- i\omega_0(\tau_a+ \tau_c)}$、$e^{- i\omega_0(\tau_c- \tau_a)}$ 或 $e^{- i\omega_0(\tau_a+ 2\tau_b+ \tau_c)}$。

取决于所研究的系统，三阶非线性极化响应函数 $S^{(3)}(\tau_a,\tau_b,\tau_c)$ 包含了具有相似位相因子项的贡献之和。如果激光频率 ω_0 近似地等于系统电子跃迁的频率，有些由响应函数产生的位相项可能与激光场的位相项相互抵消。因此等式（7.1）积分后，将形成非常慢变化项（快振动因子已相互抵消）及快振动项（位相项相加）。经积分后，快振动项的贡献远小于慢变化项，因而可以忽略。上述处理通常被称为旋转波近似（rotating-wave approximation, RWA）。因此在旋转波近似条件下，只考虑相位匹配方向上的贡献后可得下列关系：

$$
\begin{aligned}
P^{(3)}_{rw} =& (\tau,T,t)= \exp(- i\omega_0 t+ i\omega_0 \tau) \int_0^\infty \int_0^\infty \int_0^\infty d\tau_a d\tau_b d\tau_c \\
& \times \{ S^{(3)}_{R,rw}(\tau_a,\tau_b,\tau_c) e^{- i\omega_0(\tau_c- \tau_a)} [\tilde{A}^*(t- t_1- \tau_a- \tau_b- \tau_c) \tilde{A}(t- t_2- \tau_b- \tau_c) \tilde{A}(t- t_3- \tau_c) \\
& + \tilde{A}^*(t- t_1- \tau_a- \tau_b- \tau_c) \tilde{A}(t- t_3- \tau_b- \tau_c) \tilde{A}(t- t_2- \tau_c)] \\
& + S^{(3)}_{NR,rw}(\tau_a,\tau_b,\tau_c) e^{i\omega_0(\tau_a+ \tau_c)} [\tilde{A}(t- t_2- \tau_a- \tau_b- \tau_c) \tilde{A}^*(t- t_1- \tau_b- \tau_c) \tilde{A}(t- t_3- \tau_c) \\
& + \tilde{A}(t- t_3- \tau_a- \tau_b- \tau_c) \tilde{A}^*(t- t_1- \tau_b- \tau_c) \tilde{A}(t- t_2- \tau_c)] \\
& + S^{(3)}_{DC,rw}(\tau_a,\tau_b,\tau_c) e^{i\omega_0(\tau_a+ 2\tau_b+ \tau_c)} [\tilde{A}(t- t_2- \tau_a- \tau_b- \tau_c) \tilde{A}(t- t_3- \tau_b- \tau_c) \tilde{A}^*(t- t_1- \tau_c) \\
& + \tilde{A}(t- t_3- \tau_a- \tau_b- \tau_c) \tilde{A}(t- t_2- \tau_b- \tau_c) \tilde{A}^*(t- t_1- \tau_c)] \}
\end{aligned} \tag{7.4}
$$

式中，$S^{(3)}_{R,rw}$，$S^{(3)}_{NR,rw}$ 和 $S^{(3)}_{DC,rw}$ 为采用旋转波近似条件下保留下来的刘维路径之和，即那些相互作用项的位相大致和电场位相因子相互抵消。等式（7.4）中由 t_1，t_2 和 t_3 替代原先的 $- \tau- T$，$- T$ 及 0，表示每一电场振幅因子 $\tilde{A}$ 分别代表第一、第二和第三个电场包络。积分号前面的指数因子表示诱导极化的变量 t 的振荡频率在 $+ \omega_0$ 附近，而变量 τ 的振荡频率在 $- \omega_0$ 附近（这也说明了为什么二维光谱用正频率和负频率坐标表示的原因，见第 4 章）。等式（7.4）中的积分核只包含来自于复脉冲包络线的慢振荡因子。响应函数 S 的具体形式还依赖于所研究的分子体系，将在后文讨论。对函数 $P^{(3)}_{rw}(\tau,T,t)$ 中的变量 τ 和 t 进行二维傅里叶积分变换，对于给定的布居延时 T 就能得到一幅坐标分辨为 ω_τ 和 ω_t 的二维光谱图。

然而，实验中并不直接去测量等式（7.4）中的极化，而是测量位相匹配信号光的电场，也并不观测该信号光电场随时间 t 的函数形式，而是用光谱仪测量电场随共轭频率 ω_t 的函数形式。利用 Maxwell 方程，在理想的条件下该频域电场 E_s 与极化的关系为

$$
E_s(\tau,T,\omega_t) \propto \frac{i\omega_t}{n(\omega_t)} P^{(3)}(\tau,T,\omega_t) \tag{7.5}
$$

式中，$n(\omega_t)$ 为线性折射率。因为光谱频域测量方法已经暗含了对其中一个时间

变量 t 的傅里叶积分，因此只须对其中的相干时间 $\tau = t_2 - t_1$ 进行傅里叶积分便可（对于每一确定的布居数延时时刻），并最终获得由正频率 ω_t 和负频率 ω_τ 构成的二维相关光谱：

$$S_{2D}(\omega_\tau, T, \omega_t) = \int_{-\infty}^{\infty} iP^{(3)}(\omega_\tau, T, \omega_t)\exp(i\omega_\tau\tau)d\tau \tag{7.6}$$

而 $iP^{(3)}(\omega_\tau, T, \omega_t)$ 因子可方便地由实验测得的电场经数学变换 $E_s(\omega_\tau, T, \omega_t)n(\omega_t)/\omega_\tau$ 后获得，并消除了由 ω_t 因素引入的辐射线型失真。实验中可以忽略折射率 $n(\omega_t)$ 随频率的变化，因为该效应是一非常小量。如果要进行非常精确的实验结果与理论的对比，可引入多维频率滤波函数对脉冲传播效应进行校正[12]。

值得注意的是二维光谱自身是复变函数，因此要求分别画出其实部（光吸收部分）和虚部（光折射部分），或者其振幅的绝对值及位相。由等式(7.5)和式(7.6)可知，电场信号必须确定其振幅及位相，以确保在实验数据分析中实施傅里叶变换。由于激光频谱宽度的限制，对于频域非线性相应函数的测量只能提供有限的谱宽度，因此在二维光谱的实验中，选择宽带可调谐激光光谱更为有利，可使激光的中心频率与所研究系统的电子跃迁频率相匹配。

二维电子态光谱实验难以开展的一个主要困难在于等式(7.6)所包含的傅里叶积分核中的位相因子，必须要以极高的精度进行相干时间 τ 的延时控制。不然的话，经傅里叶变换后得到的二维迹线将包含伪信号。与红外频域相比，这一情形对于二维可见光谱显得更为突出，因为对于更短的波长，光程的涨落将相应地导致更大的位相误差，而所需的高精度也就更难以实现。实验中可通过内禀位相稳定装置避开上述困难。

7.2 二维可见光谱实验装置

实现二维电子光谱典型的实验装置为：一台掺钛蓝宝石再生放大激光器泵浦一台 OPA 产生单脉冲能量为 $30\mu J$，重复频率为 3kHz 的激光脉冲（实验中能量还须衰减）。输出波长的频谱范围在 400～700nm（谱线宽度约 15nm）。激光光脉冲经棱镜对进行脉宽压缩后被分成相等的两束，在该两束强度相等的平行光进入测量装置之前，其中任意一束光可相对于另一束进行延时。一焦距为 20cm 的透镜将两束光汇聚于刻痕为 30 线/mm 的衍射光栅上，且焦点重合。光栅被设计成具有极高的一阶衍射效率。形成的四个激光束（正、负一级衍射光斑，其他级次的衍射点被障板挡掉）由距离在两倍焦距处（$2f=50cm$）一球面镜成像，并经一平面镜将光路折叠，最后将像成于样品池的同一空间点。焦点的大小为 $100\mu m$（光强为 $1/e^2$ 时直径，由刀口法测量），既照顾到了紧聚焦条件（产生更大的信号）又满足了衍射光栅上足够多的刻痕被照射的要求以获取衍射光束的空间分离质量，以及在光路上能够容纳光学延时元件。激发脉冲 1 和 2 间的延时由可移动玻璃光楔（厚度 1.5mm，交角为 1°，融石英)实现,到达光学干涉级精度,并由步进电机控制。每个光楔和另一相同的光楔进行反平行方向紧靠配对,横向移动发生在光楔靠里的表面,而两个外表面分别垂直于激光束。这样就确保了在移动任何一个光楔的过程中光束不会发生位移,每对光楔等效于"变厚度"的玻璃板。由此引入的光色散可以忽略不计,但需要的话也可以进行数值补偿。步进电机的复位精度为100nm,1mm的位移对应的时间延时为27fs,光学延时线的总延时量为400fs及标称延时精度为 2.7as(阿秒,10^{-18}s)。值得注意的是,在脉冲激光束正入射的条件下,采用光楔对作为光学延时线,可以消除由固定光楔的光具座振动引起的延时涨落,因为在一级近似条件下,玻璃中的光程不受入射角涨落的影响。这一点与用旋转玻璃片在更大入射角条件下调节玻璃介质厚度的方法有所不同。

　　第三个脉冲激光光束同样通过延时光楔对,用于补偿激光脉冲 1 和 2 通过光楔对时引入的色散效应,并用于手动精细调节光脉冲 3 和本机振荡脉冲 4 之间的相对延时。光束 3 中的计算机控制电控快门有自动扣除与实验信号不相关的散射贡献的功能。本机振荡信号光束是利用光谱干涉仪进行信号电场的外差测量所必须的参考光束,在入射到样品之前光强已经被衰减了 3~4 个数量级,以保证该参考光束不影响系统的响应。并且脉冲时序的安排中本机振荡光束总是第一个到达探测器。这就保证了本机振荡信号不会掺杂进泵浦探测信号(因果律)。然而即使把本机振荡光束进行足够的衰减还是不能做到完全不影响系统的响应,实验中可以对衰减片作微小的倾斜导致光束的偏移,将本机振荡信号偏离样品的激发光脉冲重叠区域,因而就避开了激发光或信号光与本机振荡信号光之间的相互干扰,同时信号光与本机振荡光在出射样品后还能够保持足够好的共线性,满足外差测量的要求。

　　三阶极化信号场是将极化辐射光与本机振荡信号经光谱干涉仪进行干涉来测定的,后者的时序先于脉冲 3 约 700fs,即 $t_{LO}= t_4 \approx - 700fs$。依据图 7.3 中所给定的框式相位匹配条件,在经样品池后,极化场信号和本机振荡信号合并,并聚焦于一多道光谱仪(其他三束激发光被一狭缝挡住)。由此导致的光谱干涉可表示为

$$I_{SI}(\omega_t)= | E_s(\omega_t)+ E_4(\omega_t)exp(i\omega_t t_4)|^2 \tag{7.7}$$

式中,$E_s(\omega_t)$由式(7.5)给出;$E_4(\omega_t)$是延时时间 $t_4= 0$ 处的本机振荡电场。光谱干涉由 0.3m 成像光谱仪并配备有 16 位、256×1024 电制冷 CCD 探测器测量。对于任何给定的相干时间 τ 和布居时间 T,都能得到一幅不同的干涉光谱[为简洁起见,参量 τ 和 T 在等式(7.7)中被略去了]。对 τ 经过傅里叶变换便能获得光谱的强度和位相。

　　基于衍射光学设计的光路的主要优点是其内禀位相稳定性。设想对于每一路激光脉冲 1~4 都存在光程的涨落,导致到达样品时间的漂移 Δt_i。将等式(7.2)中的变量 t_i 用 $t_i+ \Delta t_i$ 替代,等式(7.4)中的极化和等式(7.5)中的信号场将多出一个因子 $exp[i\omega_0(- \Delta t_1+ \Delta t_2+ \Delta t_3)]$。当考虑积分号前的位相因子 $exp[i\omega_0 t]$,并利用 $t_3= 0$,可进一步忽略慢变振幅 $\widetilde{A}$ 中的位相小位移量,这一点是显而易见的。光束 4 中类似

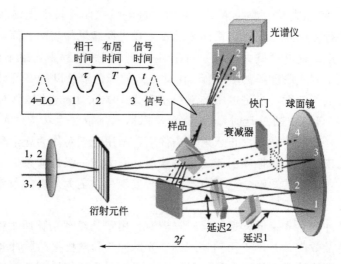

图 7.3　光子回波二维光谱实验光路示意图(美国物理学会惠允)

两束平行的可见波段飞秒脉冲激光通过一透镜聚焦于光栅上。产生的一级衍射光具有极高的衍射效率，为外差探测三脉冲光子回波电子光谱提供激发脉冲 1~3 和本机振荡脉冲 4。通过一球面镜(2f= 50cm)产生的激光脉冲的像经一平面镜反射后在样品上重合。脉冲间的时间延时通过电机控制可移动玻璃光楔来实现，延时线的控制精度能够达到亚波长量级。非线性相位匹配信号电场的完全表征是通过与强度衰减后的本机振荡电场进行光谱干涉测量实现的。图中的自动快门用于扣除散射信号的贡献。上述基于衍射光学设计的光路具有稳定位相的内禀性质

的时间漂移量 Δt_4 也能够影响本机振荡，因此等式(7.7)将改写为

$$I_{SI}(\omega_t)= \big| E_s(\omega_t)\exp[i\omega_0(- \Delta t_1+ \Delta t_2+ \Delta t_3)]+ E_4(\omega_t)\exp(i\omega_t t_4+ i\omega_0\Delta t_4)\big|^2 \quad (7.8)$$

如果

$$- \Delta t_1+ \Delta t_2+ \Delta t_3- \Delta t_4= 0 \quad\quad (7.9)$$

被测信号就不被时间漂移调制，即光路是位相稳定的。

　　现在考虑球面镜或折光平面镜是导致光程涨落的来源。例如平面镜或球面镜绕其水平轴倾斜，Δt_1 和 Δt_2 将改变相同的数量，并在等式(7.9)中相互抵消。对 Δt_3 和 Δt_4 具有相同的情形。如果平面镜或球面镜绕其垂直轴倾斜，同样 Δt_1 和 Δt_3(或 Δt_2 和 Δt_4)将改变相同的数量，其净结果是再次抵消。由于任何一种震动可由上述两种典型震动模式的线性组合，因此整个光路具有内禀位相稳定的性质。余下的那些导致位相不稳定的因素具有能够独立导致四臂光路光程涨落的特点，如空气流。气流引起的位相不稳定效应又可以通过光路的紧致设计以保证几乎是完全一致的周边环境以及共用一块导向镜而进一步被降低。另外，该衍射光学装置路被置于一封闭盒内以保证位相测量的稳定性。

　　光学延时定标

　　即使有了能够稳定激光脉冲位相的装置，光学延时线的精度仍然需要控制在亚波长的范围，并保证光学延时线对光程-延时转换的线性，以保证傅里叶变换过程中不掺入伪信号。传统的光学延时线并不能实现这一点，原因是：第一，传统的延

时线无法纳入到基于衍射光学元件的光路中(至少相干时间延时必须对光束进行分光以后才能进行);第二,很难实现延时精度的要求。然而玻璃光楔对工作起来就像一个"变速箱",把中等精度的机械延时变为很高精度的延时。

在延时定标过程中,样品池被与第一个衍射光栅完全相同的另一个光栅所取代(或者就简单地放一个小孔光阑)。这样通过光栅衍射把光束 1 和 2 变换为具有相同传播方向的两束光。光谱干涉类似于等式(7.7)描述的那样,不同的是等式(7.7)中两束不同的光脉冲替换为相同的光脉冲。产生的光谱干涉条纹按 $10\mu m$ 的步长进行记录。结果在图 7.4 中给出。

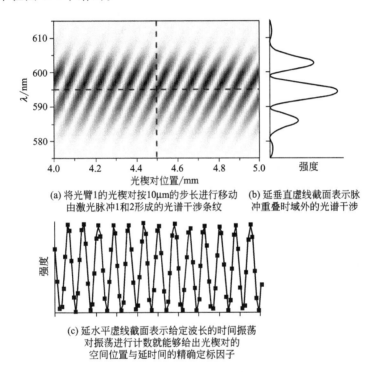

(a) 将光臂1的光楔对按10μm的步长进行移动　(b) 延垂直虚线截面表示脉
　　由激光脉冲1和2形成的光谱干涉条纹　　　冲重叠时域外的光谱干涉

(c) 延水平虚线截面表示给定波长的时间振荡
对振荡进行计数就能够给出光楔对的
空间位置与延时间的精确定标因子

图 7.4　用光谱干涉仪对光学延时线定标(美国物理学会惠允)

相邻干涉条纹极大值间的时间间隔(沿光楔对水平位置坐标轴方向)与波长相关(垂直坐标轴)。波长越长,干涉条纹的时间间隔就越大,因此两个激光脉冲间的时间延时越长,干涉图上显示的椭圆形斑图倾斜得越厉害。当两脉冲在时域完全重合时,其中的一个椭圆形条纹就呈完全垂直状态。这一效应被用于确定具有干涉精度的时间零点。对于某超出脉冲重叠区的特定延时时刻,观测到的光谱干涉如图 7.4(b)中沿虚线的横截面所示。对于某特定波长如中心波长为 595nm 的截面如图 7.4(c)所示,给出的强度随时间的振荡,由于光谱分辨率的限制,振荡时间尺度涵盖了两脉冲重叠和非重叠时间区域。由于被测波长是已知的,对时间振荡周期进行计数就能将光楔对的空间位置转换为时间延时。采用滑移窗口快速傅里叶变换(sliding-window fast

Fourier transformation)确定上述标定因子，后者为光楔位置的函数。因而玻璃厚度的系统误差可以获得补偿。标定因子的相对标准偏差为 10^{-4}，实验中只采用一个标定因子（但必须对每一个光楔对进行单独测定）。

此处还须考虑由于在光路中插入更多玻璃光程所引入的额外色散。经过光程长度为 l 的光学元件所导入的谱色散位相为：

$$\Phi_d(\omega) = n(\omega)\omega l/c \tag{7.10}$$

再将上式在激光中心频率 ω_0 处进行 Taylor 级数展开，泰勒级数的一级系数为光线相对于在真空中传播的延时

$$\tau = \frac{d\Phi}{d\omega}\bigg|_{\omega_0} = l\left[\frac{n-1}{c} + \frac{\omega}{c} \times \frac{dn}{d\omega}\right]_{\omega_0} \tag{7.11}$$

而二级系数为色散量

$$b_2 = \frac{d^2\Phi}{d\omega^2}\bigg|_{\omega_0} = l\left[\frac{2}{c} \times \frac{dn}{d\omega} + \frac{\omega}{c} \times \frac{d^2n}{d\omega^2}\right]_{\omega_0} \tag{7.12}$$

将等式（7.11）中 l 表达式代入等式（7.12）中，可得

$$b_2 = \tau \frac{2n' + \omega n''}{n - 1 + \omega n'}\bigg|_{\omega_0} \tag{7.13}$$

将融石英的 n' 和 n'' 值代入式（7.13）可得 $b_2 = 0.034\tau$ fs。

对于相干延时 τ，最大的扫描时间是 300fs，因此色散系数的最大值为 $b_2 = 10\text{fs}^2$。对于起始脉宽 $\tau_p = 40\text{fs}$ 的脉冲，石英光楔引起的脉冲展宽因子为 1.6×10^{-4}，因此延时石英光楔对脉冲振幅包络线的展宽效应可以忽略。因而等式（7.4）中响应函数在时域内的卷积积分将不受影响。原则上，额外的色散位相 $\Phi_d(\omega)$ 可以直接转换成为信号的位相 $\Phi_s(\omega)$。对于每一个相干延时 τ，$\Phi_s(\omega)$ 可以通过数值计算进行色散补偿：

$$\Phi_{s,corr}(\omega) = \Phi_{s,meas}(\omega) + \frac{b_2/\tau}{2}\tau(\omega - \omega_0)^2 \tag{7.14}$$

其中 $b_2/\tau = 0.034$ 由式（7.13）给出，正号通过对图 7.1 中脉冲时序的细致分析后得到，并假定 $\tau = 0$ 时不同波长的光具有相同的位相。经色散相位补偿计算后得到二维光谱图与直接采用实验参数获得的谱图（参见图 7.7 和图 7.8）并无差别。然而对于更短的脉冲（更宽的光谱），通过式（7.14）的计算可能会有用。

大于零的布居时间通过同时等量减少光臂 1 和 2 玻璃的插入量来实现。该过程同时也减小了两束光的色散。尽管两者的互相抵消效应是由于它们在等式（7.4）中符号相反所导致的，然而等式（7.14）的准确性依然得到保证。另外当布居时间超出玻璃光楔的光程移动范围时，便可通过置于衍射光栅前端的传统光学延时线来实现，即一次性地改变光脉冲 1 和 2 间的相对延时。该延时无须达到亚波长精度，因为根据等式（7.4），布居时间 T 仅出现在慢变振幅内，而不是积分号前变化灵敏的位相因子内（所有的相位因子在旋转波近似条件下互相抵消，完全不依赖于脉冲的中心时刻及其抖动）。因此，"常规"光路中的光程涨落也就显得不怎么重要了。

7.3 数据采集及计算

对于任意给定的布居时间 T，扫描相干时间 τ 时将脉冲 1 由时刻 $-(\tau+T)$扫至 $-T$，步长通常为 2fs。在每一个 τ 时刻，就由光谱干涉仪记录电场和位相。有关这部分的数据分析过程已经在其他文献中有详细的介绍[10,13,14]，此处只做简要说明。将式(7.7)的光谱干涉条纹进行傅里叶变换，并取适当的变换时间窗口，使得其仅保留 t_s- t_4 时刻附近的超外差信号(本机振荡信号的到达时间 $t_4\approx700$fs 及信号平均时间 $t_s\geqslant0$)。重新变换回频率域后，有

$$I_f(\omega_t)=\sqrt{I_s(\omega_t)I_4(\omega_t)}\exp\{i[\Phi_s(\omega_t)-\Phi_4(\omega_t)-\omega_t t_4]\} \tag{7.15}$$

从式(7.15)中就能够恢复信号的强度 $I_s(\omega_t)$ 和位相 $\Phi_s(\omega_t)$。本机振荡信号的强度 $I_4(\omega_t)$在实验开始的时候就先测定好，用于将其从式(7.15)中除去。在实验光路中，本机振荡信号也透过样品池，其相位可能会受到散射的影响。为此色散效应可在单独的实验中由光谱干涉仪测定，并可应用 $\Phi_4(\omega_t)$对位相进行校正。

所有激光脉冲 1～4 的波形由二次谐波光学门频率分辨方法确定(SHG-FROG)[15]，实验中将 $30\mu m$ 厚的二倍频 BBO 晶体置于样品处，结果表明 595nm 处的傅里叶变换极限脉宽为 $\tau_p=$ 41fs [带宽乘积因子(bandwidth product)为 0.57]。即使在高精度的近似条件下，激光脉冲的初始位相不会影响所测定的二维光谱(只要脉冲波形变化不大)，因为所有参与光谱干涉的位相因符号相反而相互抵消，正如讨论位相稳定性的因素一样。因此在数据分析过程中，没有包括脉冲的初始位相。等式(7.15)同样需要知道本机振荡信号延时 τ_4，τ_4 的测定将在式(7.18)之后介绍。原则上，当挡住激光脉冲 4 后，信号光的强度 $I_s(\omega_t)$ 可以通过零差检波 (homodyne detection) 法直接测量。然而应用外差检波和等式(7.15)带来的好处是将那些在一般探测条件下低于噪声水平的弱信号给放大(boosting)了。事实上，在傅里叶变换中已获得的信噪比达 10^5，并且对于最大能量低于 100aJ 的微弱信号，成功地实现了二维光谱的测量。实验之所以能够成功，是因为位相稳定技术保证了在 CCD 长时间积分过程中没有引起光谱干涉条纹的位移。

应用等式(7.5)和式(7.6)，即对恢复的电场和位相就相干时间 τ 进行傅里叶变换，最终获得所要的二维光谱。然而样品池引起光的散射，尤其是沿相位匹配方向传播的散射光将降低二维光谱的质量。下文将讨论如何恰当地通过扣除测量"噪声"来解决上述问题。

通常地，置于光束 4 中的光谱仪将探测到本机振荡电场 E_4 和三阶极化电场 E_s 的叠加信号，但同样会探测到来自三个激发脉冲 E_1、E_2 和 E_3 的散射光信号，并且上述信号有可能进一步受到泵浦探测的污染。

在下列表示中，$E_a\equiv[I_a(\omega)]^{1/2}\exp[i\Phi_a(\omega)+i\omega t_a]$包含了每一分量的强度和位相信息以及平均到达时间 t_a。当四束光同时存在时，测到的光谱强度 I_{1234}不再由式(7.7)

描述，而应当由式(7. 17)表示

$$I_{1234} = |E_1 + E_2 + E_3 + E_4 + E_s|^2 \tag{7.16}$$

$$= (E_1 + E_2)^* E_3 + (E_1 + E_2)E_3^* + |E_1 + E_2|^2 + |E_s|^2 + (E_1 + E_2)^* E_s + (E_1 + E_2)E_s^*$$

$$+ E_3^* E_s + E_3 E_s^* + (E_1 + E_2)^* E_4 + (E_1 + E_2)E_4^* + |E_3 + E_4|^2 + E_4^* E_s + E_4 E_s^* \tag{7.17}$$

理想的情况下，只需要式(7. 17)中最后的一行中的两项，因为它们包含了和本机振荡进行外差后信号的信息［和式(7. 15)相比，其中外差测量的第二项在光谱干涉分析中由于不在傅里叶变换窗口内而被移去］。尽管所有其他项对原始数据都有贡献，然而只有延时在 t_s- t_4 附近为"真实"的信号才能留在傅里叶窗口内，最后被保留下来。因为本机振荡总是第一个到达，并从不与其他激发脉冲时间重叠，唯一能够保留下来的散射项是等式(7. 17)中的倒数第二行，即那些能够和非线性信号时间上重叠的激发脉冲，因而相对于本机振荡而言，它们与非线性信号具有相同的延时时间。

实验开始时，先测量只有脉冲 3 和 4 存在时的光散射贡献

$$I_{34} = |E_3 + E_4|^2 \tag{7.18}$$

式(7. 18)涉及需要消除项中的一项。由于脉冲 3 和 4 间的延时在二维光谱扫描过程中保持不变，相应的干涉条纹不发生变化，因而只须测量一次。对该项的傅里叶变换进一步给出本机振荡延时 t_4，用于对等式(7. 15)的光谱干涉分析。其他需要消除的散射项由打开光路 1、2 和 4 来确定，有

$$I_{124} = |E_1 + E_2 + E_4|^2 \tag{7.19}$$

$$= (E_1 + E_2)^* E_4 + (E_1 + E_2)E_4^* + |E_1 + E_2|^2 + |E_4|^2 \tag{7.20}$$

由于脉冲 1 和 2 间的延时一直在变化，因此必须对每一步时间间隔处的干涉光谱进行记录，而图 7.3 光路 3 中的电控快门可以帮助实现光谱的采集。

在数据分析过程中，散射校正后的光谱 I_{1234}- I_{34}- I_{124} 用于傅里叶变换，在延时约等于 t_s- t_4 处，光谱仅包含所需的外差项 $E_4^* E_s$。在实验中用很强的散射样品检验了上述过程(如用样品池上的"坏点"增强光散射)，如果没有预先进行散射校

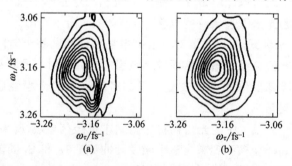

图 7.5　散射干扰的扣除(散射严重的耐尔蓝乙腈溶液样
品在 T= 0 时刻处测定的二维绝对幅值谱)(美国物理学会惠允)

(a)没有进行散射补偿，伪信号导致等高线的畸变；(b)经过散射修正，干扰信号消失

正，得到的二维光谱迹线会有严重的畸变，即使是对绝对幅值作图［图 7.5(a)］。然而对数据进行散射校正后，伪信号消失了［见图 7.5(b)］。该方法对于溶解性不好的分子聚集体或生物样品体系的研究尤其有效。值得注意的是，上述散射效应扣除过程利用了非线性相应信号外差项和散射项之间的位相关系，该关系对于内禀相位稳定光路系统严格成立，而对于其他传统的外差测量装置就未必成立了。

位相调整(phasing)

数据分析的最后一步是二维光谱中绝对位的确定。为了实现该目的，采用了投影层析定理(projection slice theorem)，该定理将二维光谱沿 ω_t 坐标轴的投影的实部与单独可测的光谱分辨泵浦-探测数据关联起来。上述独立测量在同一实验装置上完成。因而实验中必须测定可见区内非常小的泵浦探测效应(而实验中所用到的 OPA 可能会导致额外的不稳定性)。由于 CCD 测量需要长的积分时间而不能采用传统的锁相测量方法，故在 CCD 中辟出一单独的线阵同时记录相对于探测激光 $I^{pr}(\omega)$ 光谱的参考光束光谱 $[I^{ref}(\omega)]$，以消除激光强度的涨落，并分别在挡住和没挡住泵浦光 I^{pu} 的条件下记录两种光谱 $I^{pr}(\omega)$ 和 $I^{ref}(\omega)$。实现上述光谱的测量需借助于泵浦光路中的电控快门。

为了比较二维光谱和泵-浦探测的实验结果，首先计算下式在泵浦-探测延时时间 T 处的值

$$A_{pp}(T,\omega) = \left(\frac{I^{pr}_{pu}(\omega)}{I^{ref}_{pu}(\omega)} - \frac{I^{pr}_0(\omega)}{I^{ref}_0(\omega)} \right) \frac{I^{ref}_{pu}(\omega) + I^{ref}_0(\omega)}{2\sqrt{I^{pr}_0(\omega)}} \tag{7.21}$$

该式给出了非线性相应光谱幅值与探测光场外差作用下的瞬态变化。前两项除以相对应的参考光谱强度(同一时间记录)保证了灵敏的差谱信号不受激光噪声的影响。由于上述除法将改变光谱的形状，因此差谱的信号再乘以参考光的平均谱强度(此处涨落并不重要因为没有取差值)。由于最终感兴趣的是信号电场，因而最后将所得结果再除以探测光场的幅值 $\sqrt{I^{pr}_0(\omega)}$。瞬态信号也可表示成为二维光谱的投影：

$$A_{2D}(T,\omega_t) = \text{Re}\left\{ \frac{\omega_t}{n(\omega_t)} \int_{-\infty}^{\infty} S_{2D}(\omega_\tau, T, \omega_t) \times \exp[i\Phi_c + i(\omega_t - \omega_0)t_c] d\omega_\tau \right\} \tag{7.22}$$

式(7.22) 将给出相同的光谱形状(注意探测光的电场也没有包括进来)。二维光谱被乘以一个总常量位相修正量 Φ_c 及时间修正量 t_c，改变 Φ_c 和 t_c 的值，使由等式(7.21)和等式(7.22)给出的图重叠。该过程被称为"位相调整(phasing)"，由此可剔除本机振荡干涉位相关系 Φ_4 相对于脉冲 3 及自身达到时间 t_4 的不确定性。

以耐尔蓝为样品的实验结果由图 7.6 给出。空心圆圈表示由泵浦-探测得到的实验数据 $A_{pp}(T=0,\omega)$，实线表示由图 7.7 中的数据经适当的位相调整得到的二维光谱投影 $A_{2D}(T=0,\omega_t)$。可见，两组数据重合得很好。数据处理过程中发现，当采用由式(7.18)中得到的本机振荡时间 t_4 时总是能够马上给出最好的拟合结果，也就是说 $t_c = 0$。由于实验装置具有内禀相位稳定的性质，同一个位相修正值可以用到所有不同的布居时刻。

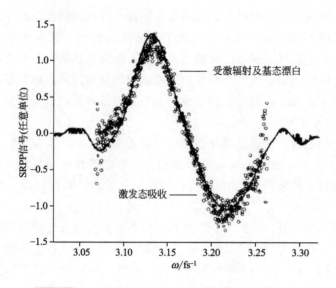

图 7.6 二维光谱的位相调整(美国物理学会惠允)

实线表示二维光谱迹线投影 $A_{2D}(T=0,\omega_t)$,空心圆圈表示由泵浦–探测实验得到的谱分辨测量
结果 $A_{pp}(T=0,\omega)$。 正号对应于光强的增加（如,受激辐射或基态漂白）,而负信号则主要来自
于激发态的吸收。 两者间很好的一致性表明二维光谱绝对位相的正确性,保证了二维光谱可
分解为实部和虚部,如图 7.7 和图 7.8 所示

图 7.6 中,低频率处为正信号,高频处出现的几乎是一个等幅的负信号,可分别解释为受激辐射和激发态的吸收。激发态的吸收显示样品分子的第三个电子态,需要将两能级响应函数的表达式进行扩展,将在下文讨论。这一扩展可用于其他分子体系,因为最终令人感兴趣的是宽带二维电子光谱,后者通常要考虑的是涉及多于二能级的系统。

7.4 理论

为了模拟实验结果,计算了两能级和三能级电子态的三阶极化非线性光学响应函数。处理第二个激发态(三能级系统)在二维红外光谱中十分普遍,而更高激发态能级系统在响应函数标准算式中通常被忽略。假定电子的基态为 $|g\rangle$,第一激发态为 $|e\rangle$,第二激发态为 $|f\rangle$,相应的能量为 ε_g、ε_e 和 ε_f,这些电子态的核自由度由哈密顿量 $W_g(Q)$、$W_e(Q)$ 和 $W_f(Q)$ 描述。Q 为核自由度的集体坐标,包括了分子内振动和溶剂分子的影响。对于作用于系统的激光频率和带宽,只涉及 $|g\rangle \rightarrow |e\rangle$ 和 $|e\rangle \rightarrow |f\rangle$ 电子态跃迁。跃迁频率为 $\hbar\omega_{\alpha\beta}=\varepsilon_\alpha-\varepsilon_\beta$。假定康登近似有效,可以应用与振动坐标无关的偶极算符。因而分子系统在激光场作用下的完备哈密顿量为

$$H = H_S - VE(t) \tag{7.23}$$

其中分子的哈密顿量为

$$H_S = \sum_{\alpha=g,e,f} \{\varepsilon_\alpha + W_\alpha(Q)\} |\alpha\rangle\langle\alpha| \tag{7.24}$$

及

$$V = d_{eg}|e\rangle\langle g| + d_{fe}|f\rangle\langle e| + \text{c. c.} \tag{7.25}$$

其中两电子态间的偶极跃迁矩阵元为 d_{eg} 和 d_{fe}。

为了计算与光子回波信号相关的系统的三阶非线性响应函数，采用了标准的微扰理论和旋转波近似[2]。实验中耐尔蓝分子吸收光谱的线宽小于电子跃迁的中心频率，并预期对旋转波近似的偏离量也较小。对于三能级系统，等式(7.4)的响应函数将作下列解读：位相重聚("rephasing")项 $S_{R,rw}^{(3)}$ 只包括带一近似振荡因子 $e^{i\omega_0(\tau_c-\tau_a)}$ 的刘维路径，即对产生回波信号有贡献的量（参见第5章、第8章费曼图）。如本章"附"所示，该项可以写成以下三项之和：

$$S_{R,rw}^{(3)}(\tau_a,\tau_b,\tau_c) = R_{2g}(\tau_a,\tau_b,\tau_c) + R_{3g}(\tau_a,\tau_b,\tau_c) - R_{1f}^*(\tau_a,\tau_b,\tau_c) \tag{7.26}$$

类似地，非位相重聚(nonrephasing)部分可写为

$$S_{NR,rw}^{(3)}(\tau_a,\tau_b,\tau_c) = R_{1g}(\tau_a,\tau_b,\tau_c) + R_{4g}(\tau_a,\tau_b,\tau_c) - R_{2f}^*(\tau_a,\tau_b,\tau_c) \tag{7.27}$$

包括那些只含振荡因子 $\approx e^{-i\omega_0(\tau_a+\tau_c)}$ 的刘维路径，即那些只对自由-诱导衰减(free-induction decay)信号有贡献的项。最后"双相干"(double coherence)项按 $e^{-i\omega_0(\tau_a+2\tau_b+\tau_c)}$ 振荡，并写为

$$S_{DC,rw}^{(3)}(\tau_a,\tau_b,\tau_c) = R_{4f}(\tau_a,\tau_b,\tau_c) - R_{3f}^*(\tau_a,\tau_b,\tau_c) \tag{7.28}$$

利用附录的结果，可将不同刘维路径用四个线型函数表示（参见第5章）

$$g_{\alpha\beta}(t) = \int_0^t d\tau_1 \int_0^{\tau_1} d\tau_2 \langle\delta\omega_{\alpha g}(\tau_2)\delta\omega_{\beta g}(0)\rangle, \alpha,\beta = e,f \tag{7.29}$$

及

$$\delta\omega_{ag} = \frac{1}{\hbar} U_g^+(t)[W_a(Q) - W_g(Q)]U_g(t) \tag{7.30}$$

基态演化算符 $U_g(t)$ 定义为

$$U_g(t) = \exp\left[-\frac{i}{\hbar}W_g(Q)t\right] \tag{7.31}$$

对于只含基态和第一激发态的刘维路径，得到参考文献［1］中的标准表达式，并通过下列替换转化成现在的情形：$g(t)\equiv g_{ee}(t)$ 及 $R_n\equiv R_{ng}$，其中 $n=1,\cdots,4$。然而涉及第二个激发态刘维路径为

$$R_{1f}(\tau_a,\tau_b,\tau_c) = |d_{eg}|^2|d_{fe}|^2 e^{-i\omega_{eg}\tau_c + i\omega_{fe}\tau_a} \times \exp[-g_{ee}^*(\tau_b) - g_f^*(\tau_a)$$
$$- g_{ee}(\tau_a+\tau_b+\tau_c) - g_{ef}^*(\tau_b) - g_{ef}^*(\tau_a+\tau_b) + g_{ef}^*(\tau_a) - g_{ee}(\tau_a+\tau_b+\tau_c) + g_{ee}(\tau_a)$$
$$- g_{ee}(\tau_c) + g_{ee}(\tau_b+\tau_c) + g_{fe}^*(\tau_a) - g_{fe}(\tau_b+\tau_c) - g_{fe}(\tau_b+\tau_c+\tau_c)] \tag{7.32}$$

$$R_{2f}(\tau_a,\tau_b,\tau_c) = |d_{eg}|^2|d_{fe}|^2 e^{i\omega_{eg}\tau_c + i\omega_{fe}\tau_a} \times \exp[-g_{ee}^*(\tau_b+\tau_c) - g_f^*(\tau_a)$$
$$- g_{ee}(\tau_a+\tau_b) + g_{ef}^*(\tau_b+\tau_c) - g_{ef}^*(\tau_a+\tau_b+\tau_c) + g_{ef}^*(\tau_a) - g_{ee}(\tau_a+\tau_b+\tau_c)$$
$$+ g_{ee}^*(\tau_a) - g_{ee}^*(\tau_c) + g_{ee}(\tau_b) + g_{fe}^*(\tau_a) - g_{fe}(\tau_b) - g_{fe}(\tau_a+\tau_b)] \tag{7.33}$$

$$R_{3f}(\tau_a,\tau_b,\tau_c) = |d_{eg}|^2|d_{fe}|^2 e^{i\omega_{eg}(\tau_b+\tau_c) + i\omega_{fe}(\tau_a+\tau_b)} \times \exp[-g_{ee}^*(\tau_c) - g_f^*(\tau_a+\tau_b) - g_{ee}(\tau_a)$$

$$+ g_{ef}^*(\tau_c) + g_{ef}^*(\tau_a + \tau_b + \tau_c) + g_{ef}^*(\tau_a + \tau_b) + g_{ee}^*(\tau_a + \tau_b + \tau_c) + g_{ee}^*(\tau_a + \tau_b)$$
$$- g_{ee}^*(\tau_b + \tau_c) + g_{ee}^*(\tau_b) + g_{ff}^*(\tau_a + \tau_b) + g_{ff}^*(\tau_b) + g_{ff}(\tau_a)] \tag{7.34}$$

$$R_{4f}(\tau_a, \tau_b, \tau_c) = |d_{eg}|^2 |d_{ef}|^2 e^{i\omega_{eg}(\tau_b + \tau_c + \tau_c)} i\omega_{ff}\tau_b \times \exp[- g_{ee}(\tau_a) + g_{ff}(\tau_b) + g_{ee}(\tau_c)$$
$$+ g_{ef}(\tau_a) + g_{ef}(\tau_a + \tau_b) + g_{ef}(\tau_b) + g_{ee}(\tau_a + \tau_b) + g_{ee}(\tau_b)$$
$$- g_{ee}(\tau_a + \tau_b + \tau_c) + g_{ee}(\tau_b + \tau_c) + g_{ff}(\tau_b) + g_{ff}(\tau_b + \tau_c) + g_{ff}(\tau_c)] \tag{7.35}$$

与等式(7.4)产生的信号相关的三阶非线性光学响应函数被四个线型函数 $g_{ee}(t)$、$g_{ef}(t)$、$g_{ff}(t)$ 和 $g_{ff}(t)$，系统的跃迁频率 ω_{eg} 及 ω_{ff}，偶极跃迁矩 d_{eg} 和 d_{ef} 所完全确定。事实上，对于传统的回波峰漂移测量，只是跃迁矩之比 d_{ef}/d_{eg} 是主要的，因为这是测定回波及积分信号极大值的位置。

正如等式(7.29)所示，光谱线型函数 $g_{\alpha\beta}(t)$ 的形式依赖于相应的能隙相关函数

$$C_{\alpha\beta}(t) = \hbar^2 \langle \delta\omega_{ag}(t)\delta\omega_{\beta g}(0) \rangle \tag{7.36}$$

$C_{ee}(t)$ 和 $C_{ff}(t)$ 通过能隙相关函数与自身相关联，并通过傅里叶变换和光谱密度相对应(参考文献[1])。引入光谱密度 $\rho(\omega)$，式(7.29)可改写成更方便的形式。因此定义

$$\omega^2 \rho(\omega) = C''(\omega) \tag{7.37}$$

式中，$C''(\omega)$ 为能隙相关函数 $C(t)$ 经傅里叶变换后的虚部(为简洁起见，删去了角标)。利用谱密度，定义重排能为

$$\lambda = \frac{1}{\pi} \int_0^\infty \omega\rho(\omega)\mathrm{d}\omega \tag{7.38}$$

以及两个归一化 $[M'(t=0) = M''(t=0) = 1]$ 的实函数

$$M'(t) = \frac{1}{\pi\Delta^2} \int_0^\infty \omega^2 \rho(\omega) \coth(\beta\hbar\omega/2)\cos(\omega t)\mathrm{d}\omega \tag{7.39}$$

$$M''(t) = \frac{1}{\pi\lambda} \int_0^\infty \omega\rho(\omega)\cos(\omega t)\mathrm{d}\omega \tag{7.40}$$

式中，β 为通常的玻耳兹曼温度因子的倒数，并将等式(7.29)改写成

$$g(t) = \Delta^2 \int_0^t \mathrm{d}\tau_1 \int_0^{\tau_1} \mathrm{d}\tau_2 M'(\tau_2) - i\lambda \int_0^t \mathrm{d}\tau[1 - M''(\tau)] \tag{7.41}$$

其中 $\Delta^2 = (1/\pi)\int_0^\infty \omega^2 \rho(\omega)\coth(\beta\hbar\omega/2)\mathrm{d}\omega$，而等式(7.40)中的 $M''(t)$ 和 $\rho(\omega)$ 经由余弦傅里叶变换(CFT)相关联，即可写为 $\omega\rho(\omega) = \lambda \mathrm{CFT}^{-1}[M''(t)](\omega)$，$\mathrm{CFT}^{-1}$ 表示余弦傅里叶的逆变换。因而，$g(t)$ 可从给定的只涉及一个参数 λ 和温度的光谱线型函数 $M''(t)$ 计算出来。通常假定 $g(t)$ 为包含不同来源组成的真实系统，如溶剂的惯性运动、分子内振动等。每一组分由其特征的线型函数 $M''(t)$ 及重排能 λ 表示。因而对于总的态密度，有

$$\omega\rho(\omega) = \sum_c \lambda_c \mathrm{CFT}^{-1}[M_c''(t)](\omega) \tag{7.42}$$

对于非对角元的相关函数 $C_{ef}(t)$ 和 $C_{ff}(t)$，可以进行类似于上述的分析，大致上给出其实部和虚部傅里叶变换稍有不同的关系。相对于对角元相关函数的傅里叶变

换中常用的经验数学关系式（ansatz），目前还不清楚用于非对角元相关函数傅里叶变换的真正关系式。然而可以假设 $C_{ef}(t)=C_{fi}(t)$，在频率域内出现的对称性和对角元的情形相同，因而在整个分析过程中无论是对角元还是非对角元相关函数，都可在线型函数中采用相同的函数形式，通过不同的参数表示它们之间的差异。理论模拟与实验结果之间的比较能够揭示上述措施是否足够有效。

以往耐尔蓝的实验中，曾用由两个简单溶剂模和包含由 Mathies 等用共振拉曼光谱实验测定的 40 个分子内振动模贡献构成的函数 $g(t)$，成功地解释了谱峰漂移的实验测量结果，此处在总 $g(t)$ 中所援引的分子振动部分 $g_{vib}(t)$ 与文献报道[16]具有相同的定义和参数。溶剂部分的线型函数用一个高斯函数和一个指数函数模拟，相应的 $M'(t)$ 定义为

$$M_g''(t)=\exp\left[-\left(\frac{t}{\tau_g}\right)^2\right] \qquad (7.43)$$

$$M_e''(t)=\exp\left[-\frac{t}{\tau_e}\right] \qquad (7.44)$$

以及各自的重排能分别为 λ_g 和 λ_e。快衰减高斯函数通常归属于溶剂分子的惯性运动，而慢衰减指数函数模拟的是溶剂的扩散及结构弛豫过程。相同的总线型函数 $g(t)$ 包含来自溶剂和分子振动的贡献

$$g(t)=g_{solv}(t)+g_{vib}(t) \qquad (7.45)$$

7.5　实验结果与讨论

7.5.1　实验

为了揭示可见光谱区可调谐二维光谱的可行性，以中心吸收波长在 595nm 的耐尔蓝乙腈溶液为样品进行二维光谱实验。该典型系统早已被传统的三脉冲光子回波峰位漂移光谱实验所研究过（three-pulse photon-echo peak-shift, 3PEPS），并讨论了主要来自于分子内振动的影响。在二维光谱实验中，依照 7.3 节给出的数据采集及分析步骤对于布居时间在 $T=0$ 和 $T=100fs$ 的延时范围内测定一系列不同布居延时的电子态相关谱。

实验结果由图 7.7(a)和(b)给出。值得指出的是，尽管在不同布居时间要测定大量的二维光谱迹线，然而应用相位稳定装置可轻松地完成该实验，因为在 10h 左右的测量时间里，光谱干涉仪的稳定性很容易维持。二维迹线中的实部可大致理解为经过一段等待时间 T 后，某一给定激发频率 ω_τ 处，测得的特定探测频率 ω_t 处瞬态电场振幅。从这一视角来看，上述迹线为激发和探测皆为频率分辨的瞬态吸收谱。必须要牢记的是，对于测得的信号有贡献的刘维路径不只限于激发态布居数的演化。二维迹线的虚部相应地可解释为由激发频率 ω_τ 诱导的探测频率 ω_t 折射率的变化。对于早期布居时间，实部存在的对角倾斜显示无序化现象，与三脉冲光子回波

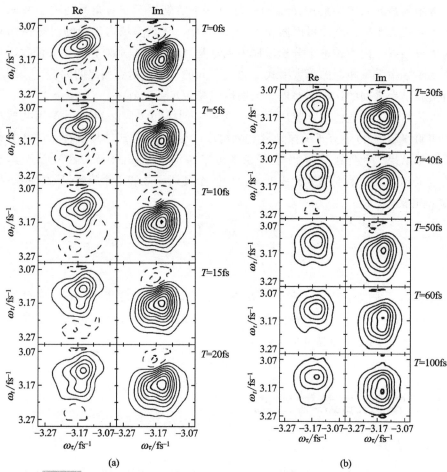

图 7.7 实验测定的耐尔蓝乙腈溶液的二维光谱(美国物理学会惠允)

(b)图为(a)图在更大布居延时处的延续

每一个谱图为每一给定布居时间处三次独立扫描的平均结果。由于装置的稳定性，背景噪声振幅已低于取值范围，低于峰值的2%。对于 $S_{2D}(\omega_\tau,T,\omega_t)$ 中吸收光谱的实部(左栏)及折射率的虚部(右栏)，等高线的间隔为10%，从-95%，-85%，···，-5%,5%,···,95%。100%幅度为一系列光谱中的最大值，此处对应于T=0处的虚部。实轮廓线为正幅值，虚轮廓线为负幅值。在该数据中，没有对本机振荡信号进行色散补偿，因此

得出的信号光位相应该对应于样品池的入射处而不是出射处(美国物理学会惠允)

峰位漂移光谱实验观测一致。对角线上的迹线形状主要意味着辐射光的频率 ω_t 和激发光的频率 ω_τ 是相关的，即分子"记住"了初始激发。

然而随着布居时间 T 的推移，二维光谱在垂直坐标方向变得越来越对称，因而也就失去了与起始激发光之间的相关性(即记忆)。而二维迹线实部的负信号也进一步消失。类似的现象即随着布居时间的推移，迹线的对称性增加而相关性消失，信号的绝对幅度皆变小(实部和虚部)同样出现于二维迹线的虚部。至100fs后，二维光谱没有观察到新的变化，这一特征和三脉冲光子回波峰位漂移光谱实验在同一

时间尺度内对弛豫过程的测量结果相符合。

7.5.2　理论模拟

　　这一节介绍采用两能级和三能级电子态对二维光谱的实验结果进行理论模拟。特别要指明二维光谱迹线主要特征的来源。中心问题是二维光谱实部和虚部出现的负信号特征。如图 7.7(a) 和 (b) 所示，二维光谱的实验迹线中的实部对于大多数长布居时间 T 为正信号，但对于短布居时间 T 具有明显的负信号特征。先前应用两能级模型研究指出，负信号特征可来自于同时在基态与激发态之间形成了相干波包[17]。因此，作为参考，利用两能级模型对二维光谱进行了计算。图 7.8 所示为布居时间 $T=0$ 和 $T=100fs$ 时，不同线型函数 $g_{ee}(t)$ 及不同激光脉宽条件下的二维光谱迹线计算结果。图 7.8(a)和 (b)中，假定了一种简单的线型函数，包括 $\tau_g=60fs$ 的高斯函数及重排能 $\lambda_g=140cm^{-1}$。由于实验测定的二维光谱迹线负信号部分在激光脉冲半宽时间尺度内(FWHM)就已经消失，因而首先要研究激光脉冲的宽度对二维光谱的影响。图 7.8(a)中采用的是一个 δ 激光脉冲，由于其谱宽为无限大，二维光谱具有宽带的光谱特性，很显然已出现了负信号的特征。同样光谱在长布居时间 T 处的对称化趋势也非常明显。然而，即使在长布居时间虚部仍然显示一大的负幅值特征，以及斜率和正负幅值的相对强度都与实验结果不一致。图 7.8(b)采用激光脉宽的实验值即半宽为 41fs(FWHM)也没有显著改变上述图像。由于激光脉冲带宽的限制，随着光谱频域的扩展，光谱特征也逐渐变得不明显。

　　尽管能够给出二维光谱迹线的主要特征，该线型函数 $g_{ee}(t)$ 的简单形式不能作为定性解释耐尔蓝分子二维光谱的候选对象，原因是该函数不能正确刻画线性吸收光谱以及 3PEPS 实验结果。还有在实部与虚部的幅值比例方面更倾向于实部，而实验结果却相反。

　　文献 [16, 18] 对耐尔蓝分子的线性光谱和 3PEPS 实验结果的解释已十分成功。线型函数 $g_{ee}(t)$除了含有高斯函数和指数函数的溶剂模外，还包括了由共振拉曼光谱实验确定的 40 个分子振动模。图 7.8(c)采用了上述文献中的 $g_{ee}(t)$以及正确的激光频率与实验中线性光谱最大吸收峰的失谐量。结果表明，分子振动模的存在降低了二维光谱实部和虚部的负幅值特性。最重要的是，长布居时间处的负值现象消失了，和实验结果一致。另一方面，该模型没有正确反映二维光谱中虚部的强度大于实部的事实，尤其是当 $T=0$ 时，与实验相比，实部的负幅值太小了。

　　泵浦-探测实验(图 7.6)揭示耐尔蓝分子还存在一个更高的激发态，因此该激发态对二维光谱的影响必须要加以讨论。耐尔蓝分子的线性吸收光谱在频率 $\omega_{\bar{f}}=\omega_{\bar{f}}+\omega_{eg}$，$\omega_{\bar{f}}\approx\omega_{eg}$ 附近有数个激发态。在以后的讨论中假定，从第一激发态| e⟩跃迁到其中更高的激发态或者在线型光谱中不可见的激发态都是允许的。由于存在额外的线型函数 $g_{ef}(t)$和 $g_f(t)$，应用三能级系统光学响应函数模拟二维光谱远比应用两能级系统复杂得多。既然线型函数 $g_{ee}(t)$ 能够正确刻画线性光谱，如果参与跃迁的高

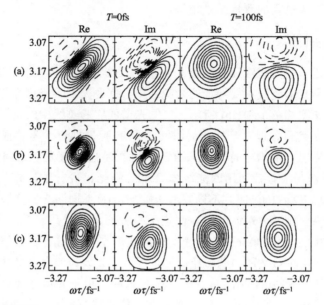

图 7.8　二能级系统对应的理论二维光谱(美国物理学会惠允)

(a)系统在 δ 脉冲激发下，由一线型函数 $g_{ee}(t)$ 表示，该线型函数由关联函数 $M(t)$ 导出，后者包含 τ_g= 60fs 的高斯函数及重排能 λ_g = 140cm^{-1}。给出布居时间 T= 0fs 和 T= 100fs 的二维模拟光谱,激光频率与分子的最大吸收峰值频率匹配；(b)与(a)中所有的分子参数相同,不同的是激光脉宽为 41fs；(c) 系统由一能够正确描述线性吸收光谱的线型函数 $g_{ee}(t)$ 表示,激光的频率失谐量与实验中最大吸收峰及脉冲宽度相同

激发态是已知的，就有理由相信 $g_f(t)$ 能够刻画激发态的线性光谱，而对 $g_{ef}(t)$ 则没有上述限制。$g_{ef}(t)$ 来自于相应的关联函数 $C_{ef}(t)$，用于描述能隙间跃迁 $|g\rangle \to |e\rangle$ 和 $|g\rangle \to |f\rangle$ 的相关性。有关它的函数形式几乎没有先验的知识。然而，正如以下要揭示的那样，二维光谱迹线对 $g_{ef}(t)$ 十分敏感，因此可以用二维光谱作为揭示激发态关联的一个工具，即关于液相光过程(photoprocess)的电子态相干。

就当前的目的，将假定 $g_f(t)= g_{ee}(t)$ 并研究 $g_{ef}(t)= 0$ 和 $g_{ef}(t)= g_{ee}(t)$ 两种极限情况，以深入了解不同参数带来的影响。图 7.9 研究了第二激发态 $|f\rangle$ 对二维光谱的影响。先从只含一个溶剂模式和第二激发态的简单线型函数 $g_{ee}(t)$ 开始。图 7.9(a)研究了三能级系统，其中第二激发态的跃迁频率为 $\omega_f= \omega_{eg}+ 100$cm^{-1}，偶极矩的比例 d_f/d_{eg} = 1。线型函数 $g_{ef}(t)= 0$。与图 7.8(b)中相应的二能级模型模拟结果和图 7.7(a)中的实验结果相比较，显而易见，对实验结果特征的重现方面取得了显著的改善。对 T= 0 处，原先实部的"低"负幅值现在得到了增强，并有一个新的负幅值出现在虚部的低频区。随着 T 的推移，二维光谱实部的负幅值从"对角"位置移向"垂直"位置，与实验观察到的趋势一样。随布居时间 T 更详细的演化（此处没给出）显示该特性直至 T= 30fs 才变弱，随后其强度又重新恢复。在实验谱线中，该特性完全消失。比较图 7.8(b)和 7.9(a)同样显示，三能级模型中实部与虚部的强度比，比二能

级系统更贴近实验值。另外，该相对强度依赖于两种电子态偶极跃迁矩的相对强度，并在下文中给出。

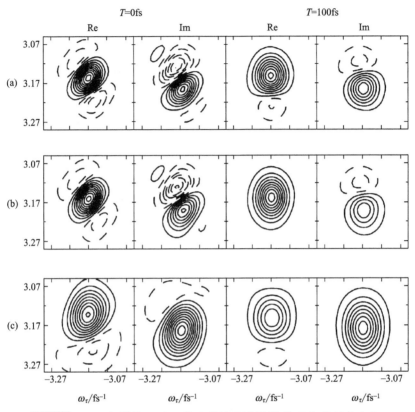

图 7.9　三能级模拟系统二维光谱的理论结果(美国物理学会惠允)

(a) 线型函数 $g_{ee}(t)= g_{ff}(t)$ 表示，该线型函数由关联函数 M(t) 导出，后者包含 $\tau_g = 60fs$ 的高斯函数及重排能 $\lambda_g = 140cm^{-1}$, $g_{ef}(t) = 0$。第二个激发态的跃迁频率为 $\omega_{fe} = \omega_{eg} +$ $100cm^{-1}$。激光频率等于线性吸收光谱中的最大峰位，激光脉宽为 41fs。(b) 采用了与 (a) 中相同的参数，不同之处为 $g_{ef}(t)= g_{ee}(t)= g_{ff}(t)$。(c) 所用的线型函数 $g_{ee}(t)= g_{ff}(t)$ 能够正确刻画线型吸收光谱，采用与实验中一致的激光频率与最大吸收峰位的失谐量，及与实验中相同的激光脉宽，并设 $g_{ef}(t)=0$。所有的图中皆令 $d_{fe}/d_{eg} = 1$

对于第二种极限情形 $g_{ef}(t)= g_{ee}(t)$，模拟结果表明，二维光谱中实部长寿命负幅值特性的消失是由线型函数 $g_{ef}(t)$ 控制的。两激发态能隙间的相关性使得长布居时间 T 时刻的激发态吸收不起作用，如图 7.9(b)所示。事实上，对于 $T= 100fs$, 当 $g_{ef}(t)=$ $g_{ee}(t)$ 时，二能级系统［图 7.8(b)］和三能级系统［图 7.9(b)］的结果几乎趋于一致。

图 7.9(c)给出的二维光谱迹线所用的参数与图 7.9(a)［即 $g_{ef}(t)= 0$］，不同的是 $g_{ee}(t)= g_{ff}(t)$ 包含了文献［15］中所有的分子振动模。这时二维光谱的实验迹线被很好地定性再现出来，尤其是在更短的布居时间。实部和虚部正确的谱形和强度以及负幅值特性都得以实现，还有实验观察到的随布居时间的推移峰幅衰减的现象也有所反映。甚至二维光谱虚部比相应的实部信号更强，这一点也和实验相同。然而，由

于模拟过程中令 $g_{ef}(t)= 0$，实部中的负幅值能够持续相当长的时间，这一点与实验事实不符。

如果在引入所有振动模的条件下并令 $g_{ee}(t)= g_{ff}(t)$，能够得到和图 7.9(b)相同的结论，即对于长布居时间，虚部的负幅值特性消失，所得的结果和已知的二能级系统十分相似［图 7.8(c)］。

仔细研究二维光谱的实验迹线，不难发现，确实存在第二个激发态的印迹。有趣的是，二维光谱对两个激发态能级间的关联很敏感，实验迹线表明 $g_{ef}(t)\neq 0$(不然的话，在很长的布居时间 T 内，实部的负幅值特性将依然存在)。这就表明有了一个能够确定两个电子激发态间相干性的现成方法。在所研究的耐尔蓝分子中，两个激发态之间的相关性应当介于两种极限情形之间，即 $g_{ef}(t)= 0$ 和 $g_{ee}(t)= g_{ff}(t)$。对 $g_{ef}(t)$具体形式的确定还有待进一步深入研究。

图 7.10 采用文献［15］中的完备的振动模线型函数 g(t)进一步研究了偶极振子强度比 d_{fe}/d_{eg} 对二维光谱的影响。图 7.10(a)给出了三能级系统的模拟结果，且 $d_{fe}/d_{eg}= 1$，$g_{ef}(t)= 0$ 及 $\omega_{fe}= \omega_{eg}$。两个电子态跃迁具有相同的频率，因而实部的负幅值特

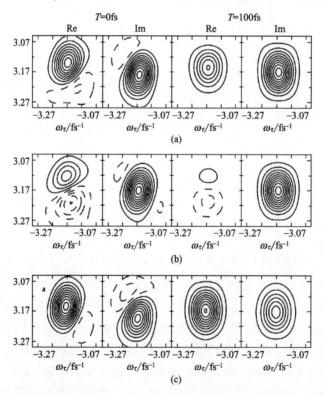

图 7.10 偶极振子强度及 $g_{ef}(t)$参数对三能级系统的影响

（a）采用与图 7.10(a) 相同的线型函数，但令 $\omega_{fe}= \omega_{eg}$，激光频率失谐量与实验值相同，$g_{ef}(t)= 0$，$d_{fe}/d_{eg}= 1$。(b) 其他参数与 (a) 同，但 $d_{fe}/d_{eg}= 1.5$。(c) 其他参数与 (b) 同，但 $g_{ef}(t)= g_{ee}(t)$ (美国物理学会惠允)

性被另一大的正幅值所取代，不然的话该负幅值特性将一直存在。如果将偶极跃迁强度比增大至 $d_{fe}/d_{eg}=1.5$［图 7.10(b)］，负幅值超过了正幅值。比较图 7.10(a)和(b)可知，增大偶极跃迁强度比几乎不会改变二维光谱的虚部，然而实部却非常敏感。因而对于非关联的激发态，偶极跃迁强度比可通过二维光谱实验测定。图 7.10(c)（$d_{fe}/d_{eg}=1.5$）表明，相干态的存在［$g_{ef}(t)=g_{ee}(t)$］对二维光谱有很大的影响。

7.6　二维电子光谱应用举例

2010 年 2 月 4 日出版的《自然》杂志上刊登了加拿大多伦多大学 Scholes 教授研究组关于在常温条件下(21℃)成功观测到海藻光合天线蛋白量子相干态传能的研究工作[19]。该团队研究了常温条件下两种由隐芽海藻(marine cryptophyte algae)中提取的捕光天线蛋白［图 7.11(a)］激发态的二维光子回波光谱(two-dimensional photon echo spectroscopy)，获得到了指证存在量子相干叠加态的二维光谱特性，确定了持续时间至少有 300fs 的常温量子相干态传能过程。结果表明，即使在生理条件下，分布于蛋白骨架不同空间位置的 8 个捕光色素分子(bilin，后胆色素)可以在 50Å 宽的空间区域内共享激发态，相干传能距离达 25Å。

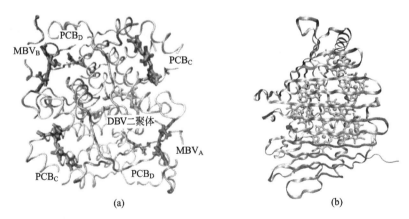

(a)　　　　　　　　　　　　(b)

图 7.11　隐芽海藻捕光天线蛋白(a)[19] 和光合细菌捕光

天线蛋白(FMO)(b)[24] 结构对照(见彩图 14)

这是继美国加州 Berkeley 大学 Fleming 研究组应用二维光子回波光谱在 77K 条件下，首次观测到光合细菌捕光天线蛋白细菌叶绿素复合体［Fenna-Matthew-Olson (FMO) bacteriochlorophyll complex, 图 7.11(b)］存在 660fs 的量子相干态传能途径[20]后的又一重大突破，将对光合作用研究领域乃至量子计算、量子体调控等领域产生重大影响。

该研究工作的亮点至少可归结于两个方面：(1)证明复杂程度如光合天线色素蛋白复合体这样的生物大分子存在量子相干传能通道，而且量子相干态能够在常温条件下发挥作用，揭示自然界早已应用量子相干传能通道提高传能效率这一客观存在；(2)揭示制备能够在常温下工作的人工量子相干系统的可能性，为量子计算技术及人工高效光能传递系统的实现提供了启发性的实例。

通俗地说，相干态是两个或多个本征量子态的叠加，其叠加结果对振幅而言可以是相长的(constructive, 算术相加)，也可以是相消的(destructive, 算术相减)，取决于各个态的位相。如果位相不能保持同步，则相干效应也随之消失。超短脉冲激光出现后，制备相干态已不是一件难事，只要激光谱宽足以覆盖两能级间的能隙，原则上就能制备相干态。然而受激系统大多是非孤立的，和环境的热库作用导致位相关系的消失，即发生退相干或失谐过程，而系统温度的升高又会加剧该退相干过程。对于电子激发态，退相干过程的时间尺度也就几飞秒到数十飞秒，短于相干态量子拍的周期。因此，即使对于相对简单的凝聚相分子，常温下量子相干现象的观测几乎是难以实现的事，更何况是生物大分子！可以说，该发现颠覆了人们长期形成的关于量子相干态只能出现在低温下的固有观念。

Scholes 研究组的实验尽管有些出乎意料，但还是在情理之中。Fleming 教授研究组尽管没能在常温下观测到量子相干态传能，他们的后续工作在理论上预测了常温条件下实现该过程的可能性[21]，当然理论预测和实验证实往往会存在较大的差距。

为什么量子相干态传能会引起那么大的重视呢？答案是：第一，传能效率高；第二，传能方式独特。目前认识到光合作用传能模式为 Förster 传能，不妨称之为"击鼓传花"模式：能量只能有效地传给最近邻的受体分子，对于多分子的长程能量传输，必须通过多次点对点的迁移才能够将能量传给目标分子。考虑到能量在传递过程中的耗散，该传能模式效率较低。而对于相干态传能，Fleming 教授认为相干叠加态具有量子计算的特征，即对许多状态进行同时测量，通过单次量子计算给出最优化的路径，也就是说，能量通过一次传能步骤就能高效、精准地传给目标分子。与"击鼓传花"相比，前者就如篮球比赛中的三分球，把若干离自己较近的队友全都给过了！

其次，为什么常温量子相干态竟然会在如此复杂的光合蛋白生物大分子中率先被观测到，而不是其他更为简单的凝聚相小分子系统？答案是该领域的科学家对光合传能机制长期不懈、孜孜以求的结果。早在反应中心及光合天线的空间结构确定之前，人们就已经认识到，大概每个反应中心的叶绿素分子要配备几百个天线叶绿素分子，在小小的空间内势必要导致叶绿素分子的堆积[22]。依据 Förster 传能机制，天线分子之间距离越近，传能效率越高；但当色素分子间距离接近叶绿素二聚体的水平时，将导致分子间的轨道重叠，产生激发态的浓度猝灭效应，传能机制失效。诺贝尔奖得主 Porter 爵士等在 1976 年就意识到[23]，光合系统中色素分子聚集体之所以能够保持高效传能的特性(体外相同浓度的色素分子发生显著的浓度猝灭效应)，很可能是蛋白质分子对色素分子的间距进行了有效的调节，即介于 Förster 高效传能和浓度猝灭间的一种调和。他们的计算表明，为避免浓度猝灭效应的最小间距为 10Å。如果自然界完全按照 Förster 传能机制设计进行演化，上述海藻光合天线蛋白中，对于 25Å 的色素分子间距，最有效的途径是中间应当再添加一个色素分子，分两步传能效率最高。显然自然界演化遵循了其他更高效的传能法则。

各种光合反应中心及捕光天线蛋白晶体结构的解析及超快技术的发展，为揭示光合高效传能机制提供了一个绝佳的机会。值得注意的是，Fleming 团队选择的光合细菌天线色素蛋白复合体在结构上很有特点：蛋白质骨架围成一个桶状体，而色素分子就组装在桶内［见图 7.11(b)］。可以设想，该结构至少能够部分屏蔽溶剂分子的干扰，降低色素分子和环境的耦合，成就了低温量子相干态传能的实验测量。而 Scholes 团队对样品的选择一定也费了不少心思，他们所采用的光合天线色素蛋白复合体中 8 个色素分子是共价连接在蛋白质骨架上的，宛如蛋白质和色素分子形成了一个大分子，可以设想，这样的结构应该能够更好地降低色素分子与环境的耦合，提高量子相干态的耐受温度，也许这正是 Scholes 团队的成功之处。

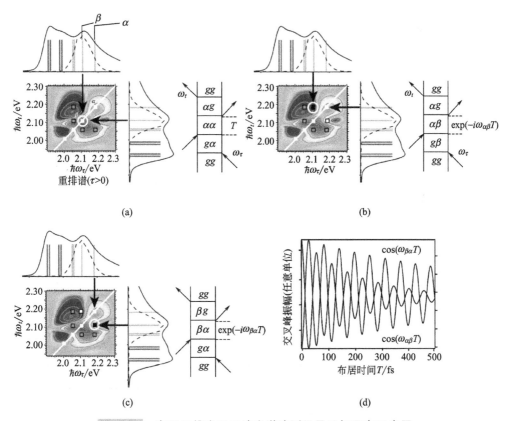

图 7.12　应用二维光子回波光谱法测量量子相干态示意图

Fleming 和 Scholes 的实验都是应用可见光谱区飞秒时间分辨二维光子回波光谱技术实现的。实验中三个按一定延时次序及空间相位匹配设计的激光脉冲（参见图 7.12中的双边费曼图）和一个强度被大大衰减，作为本机振荡子的激光脉冲（均来自同一飞秒脉冲激光器）照射在样品上。在最简单的时域表象内，第一个脉冲产生一个相干态，并经演化时间 τ 后，第二个脉冲到达样品产生激发态布居，经演化时间 T 后，第三个脉冲入射到样品产生一个相干态，其位演化方向和第一个相干态位演化方向相反，演化到时间 t 时刻发生位相重聚，并在唯一的相位匹配的方向上辐射出回波信号。将该回波光脉冲信号与本机振荡子的激光脉冲经光谱干涉后进行外差测量，可以获得回波光脉冲信号的整个电场信息。在频域表象中，二维光子回波光谱是通过映射激发态布居时间 T 前的光激发如何影响激发态布居后的光辐射来测量分子间电子态耦合及能量传递的。相干频率表示初始激发频率(ω_τ)，回波光子频率表示随后的辐射光频率(ω_t)。在由实验数据构建二维光子回波光谱的过程中，往往将回波光子信号强度以反双曲正弦(arcsinh) 的函数形式对 ω_τ 和 ω_t 作图，以突出强度较弱的互关联峰的性质。如果没有电子态间的耦合，来自于激发态的吸收和辐射相互抵消，在反映相互耦合的二维光子回波光谱非对角元区则没有任何反应。如果存在电子态间的耦合，则两者的相互抵消效应不完全，出现了所谓的非对角区互关联峰（和对角线上的自关联峰相对应）。在 Scholes 研究组的实验中，激发光的脉宽为 25fs，激发了一个天线蛋白分子电子-振动本征态的相干叠加态，并由二维光子回波光谱法测量。对于每一特定的激发态布居等待时间 T，皆可由实验数据构建一幅二维光子回波谱，如图 7.12(a)～(c)所示。图中线性吸收光谱及二维光子回波光谱均来自于隐芽海藻捕光天线蛋白。

图 7.12(a)～(c)中，线性吸收光谱分别标于和二维光子回波谱中 ω_τ 和 ω_t 相对应的两侧，便于相互参照。线性吸收谱中所有的吸收峰皆和二维谱对角线上的自关联峰相对应。以线性吸收光谱中的两个相干态 α，β 对相应的二维光谱进行解读。图 7.12(a)、(b)、(c)代表激发光与分子相互作用的三种不同过程，并由二维光谱右侧的双边费曼图表示，g 为分子的基态。图 7.12(a)中第三个脉冲光作用于由第一和第二个脉冲产生的激发态布居$|\alpha\rangle\langle\alpha|$，其净结果相当于一般时间分辨瞬态吸收光谱中的泵浦 - 探测测量，给出的是基态漂白信号，且只给出对角线上的自关联峰。图 7.12(b)、(c)中，第三个脉冲光分别作用于由第一和第二个脉冲产生的相干态 $|\alpha\rangle\langle\beta|$ 和$|\beta\rangle\langle\alpha|$，当对布居等待时间 T 进行扫描时，光子回波信号强度会出现频率为 $\omega_{\alpha\beta} = \omega_\alpha - \omega_\beta (\omega_{\alpha\beta} = \omega_{\beta\alpha})$ 的量子拍频信号。其中(b)和(c)中的量子拍随布居等待时间 T 的振动周期相等，位相相反，如 7.12(d)所示。图 7.12(d)显示分别和(b)、(c)相对应的量子拍振幅呈阻尼振荡的趋势，表明相干态的退相干过程。因此，二维光子回波光谱中一对互关联峰出现的倒相关系为量子相干态的实验确认提供了有力的判据，这也正是二维光子回波谱独到的地方。读者也许不难明白，为什么一般的泵浦-探测方法即使测量到振荡拍频信号也难以确定是否来自于电子态相干的原因了。因为

在泵浦-探测实验中，其他过程如受激冲击拉曼散射(stimulated impulsive Raman scattering)可以导致电子激发态及基态振动相干态产生的拍频信号[25]。

附：三能级系统的三阶响应函数

对于一个与激光电场相互作用的 N-能级系统，三阶响应函数 $S^{(3)}(\tau_a,\tau_b,\tau_c)$ 可用刘维路径表示

$$S^{(3)}(\tau_a,\tau_b,\tau_c) = \left(\frac{i}{\hbar}\right)^3 \Theta(\tau_a)\Theta(\tau_b)\Theta(\tau_c) \times \sum_{\alpha=1}^{4}\left[R_\alpha(\tau_a,\tau_b,\tau_c) - R_\alpha^*(\tau_a,\tau_b,\tau_c)\right] \quad (A1)$$

其中

$$R_1(\tau_a,\tau_b,\tau_c) = \text{Tr}\left[V(\tau_a)V(\tau_a+\tau_b)V(\tau_a+\tau_b+\tau_c)V(0)\rho(-\infty)\right] \quad (A2)$$

$$R_2(\tau_a,\tau_b,\tau_c) = \text{Tr}\left[V(0)V(\tau_a+\tau_b)V(\tau_a+\tau_b+\tau_c)V(\tau_a)\rho(-\infty)\right] \quad (A3)$$

$$R_3(\tau_a,\tau_b,\tau_c) = \text{Tr}\left[V(0)V(\tau_a)V(\tau_a+\tau_b+\tau_c)V(\tau_a+\tau_b)\rho(-\infty)\right] \quad (A4)$$

$$R_4(\tau_a,\tau_b,\tau_c) = \text{Tr}\left[V(\tau_a+\tau_b+\tau_c)V(\tau_a+\tau_b)V(\tau_a)V(0)\rho(-\infty)\right] \quad (A5)$$

其中

$$V(t) = e^{\frac{i}{\hbar}H_s t}Ve^{-\frac{i}{\hbar}H_s t} \quad (A6)$$

式中，$V(t)$ 为相互作用表象中的偶极矩算符；H_s 为系统的哈密顿算符。式(A2)~式(A5)的具体形式取决于偶极算符 V 的性质。对于三能级系统，电偶极算符可用 3×3 的矩阵表示

$$V = \begin{pmatrix} 0 & d_{eg} & 0 \\ d_{eg}^* & 0 & d_{fe} \\ 0 & d_{fe}^* & 0 \end{pmatrix} \quad (A7)$$

对于这种情形，所有的刘维路径分成两类，一类恢复了二能级系统的刘维路径表示，另一类则涉及第二个激发态。因此可写为

$$S^{(3)}(\tau_a,\tau_b,\tau_c) = \left(\frac{i}{\hbar}\right)^3 \Theta(\tau_a)\Theta(\tau_b)\Theta(\tau_c) \times \sum_{a=1}^{4}\sum_{\beta=g,f}$$

$$[R_{a\beta}(\tau_a,\tau_b,\tau_c) - R_{a\beta}^*(\tau_a,\tau_b,\tau_c)] \tag{A8}$$

其中增加的角标 β 对二能级系统为 $\beta=g$（只与 $|g\rangle$ 和 $|e\rangle$ 态相关），$\beta=f$ 表示含有来自第三个能级贡献的项（标记第二个激发态 $|f\rangle$）。刘维路径可用两个函数 F_β，$\beta=g$，f 表示：

$$R_{1\beta}(\tau_a,\tau_b,\tau_c) = F_\beta(\tau_a,\tau_a+\tau_b,\tau_a+\tau_b+\tau_c,0) \tag{A9}$$

$$R_{2\beta}(\tau_a,\tau_b,\tau_c) = F_\beta(0,\tau_a+\tau_b,\tau_a+\tau_b+\tau_c,\tau_a) \tag{A10}$$

$$R_{3\beta}(\tau_a,\tau_b,\tau_c) = F_\beta(0,\tau_a,\tau_a+\tau_b+\tau_c,\tau_a+\tau_b) \tag{A11}$$

$$R_{4\beta}(\tau_a,\tau_b,\tau_c) = F_\beta(\tau_a+\tau_b+\tau_c,\tau_a+\tau_b,\tau_a,0) \tag{A12}$$

其中

$$F_\beta(\tau_1,\tau_2,\tau_3,\tau_4) = |d_{eg}|^2\,|d_{\beta e}|^2 \mathrm{Tr}[\mathcal{G}_{ge}(\tau_1)\mathcal{G}_{e\beta}(\tau_2)\mathcal{G}_{\beta e}(\tau_3)\mathcal{G}_{eg}(\tau_4)\rho(-\infty)] \tag{A13}$$

$\mathcal{G}$ 由时序（time-ordered）指数定义为：

$$\mathcal{G}_{ab} = \exp_{-}\left[\frac{i}{\hbar}\int_0^t \delta\omega_{ag}(\tau)\mathrm{d}\tau\right] \times \exp_{+}\left[\frac{i}{\hbar}\int_0^t \delta\omega_{bg}(\tau)\mathrm{d}\tau\right] \tag{A14}$$

式中，a，$b=e$，f；$\delta\omega_{ag}(t)$ 已在 7.4 中定义过。$\mathcal{G}_{ab}(t)$ 中，当任何一个 a 或 b 等于 g 时，由于 $\delta\omega_{gg}=0$，相应的时间排序积分变为酉算符（unitary operator）。

引入累积展开方法，式（A13）中的 F 函数可由式（7.29）定义的线型函数来表示：

$$F_\beta(\tau_1,\tau_2,\tau_3,\tau_4) = |d_{eg}|^2\,|d_{\beta e}|^2 e^{i\omega_{eg}(\tau_1-\tau_4)+i\omega_{eg}(\tau_2-\tau_3)} \times \exp[-h_\beta(\tau_1,\tau_2,\tau_3,\tau_4)] \tag{A15}$$

其中

$$
\begin{aligned}
h_f(\tau_1,\tau_2,\tau_3,\tau_4) =\ & g_{ee}(\tau_1-\tau_2)+g_{ff}(\tau_2-\tau_3)+g_{ee}(\tau_3-\tau_4) \\
& -g_{ef}(\tau_1-\tau_2)+g_{ef}(\tau_1-\tau_3)-g_{ef}(\tau_2-\tau_3)+g_{ee}(\tau_1-\tau_3) \\
& -g_{ee}(\tau_2-\tau_3)+g_{ee}(\tau_1-\tau_4)-g_{ee}(\tau_2-\tau_4)-g_{fe}(\tau_2-\tau_3) \\
& +g_{fe}(\tau_2-\tau_4)+g_{fe}(\tau_3-\tau_4)
\end{aligned} \tag{A16}
$$

$$
\begin{aligned}
h_g(\tau_1,\tau_2,\tau_3,\tau_4) =\ & g_{ee}(\tau_1-\tau_2)+g_{ee}(\tau_3-\tau_4)+g_{ee}(\tau_1-\tau_3) \\
& -g_{ee}(\tau_2-\tau_3)+g_{ee}(\tau_1-\tau_4)-g_{ee}(\tau_2-\tau_4)
\end{aligned} \tag{A17}
$$

式（A16）和式（A17）的最终表达式是采取旋转波近似以及假定信号的出射方向为 $-\boldsymbol{k}_1+\boldsymbol{k}_2+\boldsymbol{k}_3$ 后获得的。

参 考 文 献

［1］ Brixner，T.；et al.，J. Chem. Phys. **2004**，*121*，4221-4236.

［2］ Mukamel，S. Principles of nonlinear optical spectroscopy. New York：Oxford University Press，**1999**.

［3］ Cho，M. Phys. Chem. Commun. **2002**，*5* (7)，40-58.

［4］ Hamm，P.；Lim，M.；Hochstrasser，R. M. J. Phys. Chem.，B **1998**，*102* (31)，6123-6138.

［5］ Asplund，M.；Zanni，M. T.；Hochstrasser，R. Proc. Natl. Acad. Sci. **2000**，*97* (15)，8219.

［6］ Golonzka，O.；Khalil，M.；Demirdöven，N.；Tokmakoff，A. Phys. Rev. Lett. **2001**，*86* (10)，2154.

［7］ Belabas，N.；Joffre，M. Opt. Lett. **2002**，*27* (22)，2043-2045.

［8］ Likforman，J. P.；Joffre，M.；Thierry-Mieg，V. Opt. Lett. **1997**，*22* (14)，1104-1106.

［9］ Emde，M. F.；de Boeij，W. P.；Pshenichnikov，M. S.；Wiersma，D. A. Opt. Lett. **1997**，*22* (17)，1338-1340.

［10］ Gallagher，S. M.；Albrecht，A. W.；Hybl，J. D.；Landin，B. L.；Rajaram，B.；Jonas，D. M. JOSA，B **1998**，*15* (8)，2338-2345.

［11］ Hybl，J. D.；Ferro，A. A.；Jonas，D. M. J. Chem. Phys. **2001**，*115*，6606.

［12］ Jonas，D. M. Ann. Rev. Phys. Chem. **2003**，*54* (1)，425-463.

［13］ Lepetit，L.；Cheriaux，G.；Joffre，M. JOSA，B **1995**，*12* (12)，2467-2474.

［14］ Dorrer，C.；Belabas，N.；Likforman，J. P.；Joffre，M. JOSA，B **2000**，*17* (10)，1795-1802.

［15］ Trebino，R.；DeLong，K. W.；Fittinghoff，D. N.；Sweetser，J. N.；Krumbügel，M. A.；Richman，B. A.；Kane，D. J. Rev. Sci. Instru. **1997**，*68*，3277.

［16］ Ohta，K.；Larsen，D. S.；Yang，M.；Fleming，G. R. J. Chem. Phys. **2001**，*114*，8020.

［17］ Faeder，S. M. G.；Jonas，D. M. J. Phys. Chem.，A **1999**，*103* (49)，10489-10505.

［18］ Larsen，D. S.；Ohta，K.；Xu，Q. H.；Cyrier，M.；Fleming，G. R. J. Chem. Phys. **2001**，*114*，8008.

［19］ Collini，E.；Wong，C. Y.；Wilk，K. E.；Curmi，P. M. G.；Brumer，P.；Scholes，G. D. Nature **2010**，*463* (7281)，644-647.

［20］ Engel，G. S.；Calhoun，T. R.；Read，E. L.；Ahn，T. -K.；Mančal，T.；Cheng，Y. -C.；Blankenship，R. E.；Fleming，G. R. Nature **2007**，*446* (7137)，782-786.

［21］ Ishizaki，A.；Fleming，G. R. Proc. Natl. Acad. Sci. **2009**，*106* (41)，17255-17260.

［22］ 翁羽翔. 光合作用原初过程能量和电荷超快传递过程原理浅析. *物理*，**2007**，*36*（11），816-828.

［23］ Beddard，G.；Porter，G. Nature **1976**，*260*，366-367.

［24］ Lloyd，S. A. Nature Phys. **2009**，*5* (3)，164-166.

［25］ 翁羽翔. *物理*，**2010**，*39* (5)，331-334.

超快激光光谱原理与技术基础

Chapter 8

概论
二维飞秒时间分辨光谱

前面几章中介绍了非线性光谱的理论和一些基本概念，并对二维飞秒时间分辨红外和可见光谱的实验、理论及相关应用进行了较详细的介绍，在上述基础上本章将系统地阐述二维飞秒时间分辨光谱的概念和理论，并力图给出明晰的物理图像。

8.1 背景介绍

线性傅里叶光谱和自由感应衰减测量构成了二维光谱的实验基础。本章通过剖析线性傅里叶光谱和自由感应衰减实验，分别在时域和频域内给出互补的图像。在时域和频域分析过程中，面临的一个共同关键量就是脉冲电场 $E(r,t)$。在时域中，电场是直接可测量的(至少在原理上如此)，因而是实数。在不存在色散的条件下，时域电场可表示为

$$E(r,t) = e(t - \boldsymbol{k} \cdot \boldsymbol{r}/\omega) \cos[\phi(t) - \boldsymbol{k} \cdot \boldsymbol{r}/\omega] \tag{8.1}$$

式中，$e(t)$ 是脉冲电场的包络线；$\phi(t)$ 是时间相位；$\boldsymbol{r}$ 为空间位置；$\boldsymbol{k}$ 是波矢。一个简单的脉冲可用高斯型包络线 $e(t) = E_0 \exp(-t^2/2\tau^2)$ 及线性时间位相 $\phi(t) = \omega_0 t + \phi_0$ 表示，其中载波频率为 ω_0，绝对位相为 ϕ_0，波矢为 $\boldsymbol{k} = (n\omega/c)\boldsymbol{u}$，$n$ 为折射率，ω 为频率，c 为真空中光速，$\boldsymbol{u}$ 为光传播方向的单位矢量。因而 $\boldsymbol{k} \cdot \boldsymbol{r}/\omega$ 表示电场在介质中以光速传播时的迟滞量(在真空中，$\boldsymbol{k} \cdot \boldsymbol{r}/\omega = z/c$)。在不存在色散的情况下，脉冲在空间传播过程中不改变波形，因而 $t - \boldsymbol{k} \cdot \boldsymbol{r}/\omega$ 同时出现在包络项和位相项中。移动干涉仪的一臂相当于改变了相应波矢的原点，从而产生了两光臂间的光程差，相当于在等式(8.1)的右侧空间中每一点所对应的时刻 t 用 $(t - t_d)$ 进行替代(t_d 表示延迟时间)。

频域内的电场可以定义为时域电场 $E(r,t)$ 的逆傅里叶变换，是一个跨越正频和负频的内禀复变函数：

$$\hat{E}(r,\omega) = \int_{-\infty}^{+\infty} E(r,t) \exp(i\omega t) \mathrm{d}t = e(\omega) \exp[i\phi(\omega) + i\boldsymbol{k} \cdot \boldsymbol{r}] \tag{8.2}$$

不同于实数型的时域电场，频域内的复变电场不可能被直接测量。上述定义的带正频率和负频率的频域复变电场使用起来很方便，有以下三方面的理由：(1)频率的对称性可用于对光学测量中的吸收和折射贡献进行分析；(2)正和负的波尔频率很自然地来自于量子力学；(3)在二维光谱实验中，可以选择不同脉冲时间间隔内被测波尔频率的相对正负号。在波矢原点 $r=0$ 处，频域电场可以写成实数光谱包络 $e(\omega)$ 和实数光谱相位。对于上文提到的 $\phi=0$ 的高斯型脉冲，光谱包络 $e(\omega) = \sqrt{2\pi}\tau E_0 \{\exp[-(\omega+\omega_0)^2\tau^2/2] + \exp[-(\omega-\omega_0)^2\tau^2/2]\}$，其中 $\phi(\omega) = 0$。一个被延时了 t_d 的脉冲在时域内具有一个额外的光谱位相，该位相正比于频率：$\phi_d(\omega) = \phi(\omega) + \omega t_d$(该结果是傅里叶位移定律[2]的一个特例)。由于波矢 $\boldsymbol{k}$ 正比于 ω，因而等

注：本章经授权编译自 David M. Jonas 已发表的文章[1]。

式(8.2)中 $\boldsymbol{k} \cdot \boldsymbol{r}$ 项表示空间上变化的时间延时。由于 $E(t)$ 是实数，$\hat{E}(\boldsymbol{r}, -\omega) = \hat{E}^*(\boldsymbol{r}, \omega)$，因而 $e(\omega) = e(-\omega)$，即使当 $\phi(\omega) = -\phi(-\omega) + m2\pi$（其中 m 为整数）是奇函数。等式(8.2)的普适性远高于等式(8.1)，因为可以通过与复折射率相关联的复波矢 $\hat{\boldsymbol{k}}(\omega) = [\hat{n}(\omega)\omega/c]\boldsymbol{u}$ 将吸收和色散效应两者皆包括进去。依据对称性，实部 $\boldsymbol{k}(\omega) \cdot \boldsymbol{u}$ 为奇函数，虚部为偶函数。

电场的频率功率谱为

$$I(\omega) \propto |\hat{E}(\omega)|^2 = [e(\omega)]^2 \tag{8.3}$$

可见上式为实数，并且为直接可测，完全不依赖于频率位相。如果频率位相是已知的话，那么电场 $E(t)$ 被谱相位 $\phi(\omega)$ 所唯一地确定。一对脉冲对的频率功率谱依赖于两脉冲间的谱位相的差 $\Delta\phi_{sr}(\omega) = \phi_s(\omega) - \phi_r(\omega)$。脉冲对的功率频谱由下式给出：

$$I(\omega) \propto |\hat{E}_s(\omega) + \hat{E}_r(\omega)|^2 \propto e_s^2(\omega) + e_r^2(\omega) + 2e_s(\omega)e_r(\omega)\cos[\Delta\phi_{sr}(\omega)] \tag{8.4}$$

可见只要知道单个脉冲光谱，等式(8.4)可以由脉冲对的光谱唯一地确定脉冲对间的谱位相差（确定至位相差的符号）。如果脉冲对间的延时符号是已知的，则光谱相位差的符号能够被唯一确定。考虑两个高斯型脉冲的副本，脉冲对的功率频谱为 $I(\omega, t_d) \propto 2\pi\tau^2 E_0^2 \{\exp[-(\omega+\omega_0)^2\tau^2] + \exp[-(\omega-\omega_0)^2\tau^2][1+\cos(\omega t_d)]\}$ 频谱受两脉冲间干涉的周期性调制，尽管这一干涉现象早就被认识到了，但直到 Joffre 及其合作者提出用于分析脉冲对光谱十分有效的傅里叶算法之前，还很少有定量的用处。通过随后的改进[3~5]，相移（phase shift）和时间延时可以从一幅谱图中独立地测量出来，并具有很高的精度（$\pm 0.020\mathrm{fs}$ 和 $\pm 0.05\mathrm{rad}$）。如果脉冲间的延时量远大于脉冲的宽度，该算法还可以利用一个已知的参考光光谱，从脉冲对光谱中确定一个未知脉冲光谱。

运用熟知的傅里叶算法，时域干涉仪也可用于确定脉冲对间的谱位相差[6]。频域和时域两种类型的线性干涉方法均已建立起来，所用的光皆为非相干白光。这两种方法只对谱位相差 $\Delta\phi(\omega)$ 敏感，而不是绝对相位 $\phi(\omega)$。如果参考电场是已知的，交叉项引起的放大及快速振荡使得线性干涉仪成为二维光谱实验中表征弱信号场的一种强有力的方法。在过去的十年中，发展了非线性光学技术[7~9]用于揭示不同频率间的干涉来测定 $\phi(\omega+\delta) - \phi(\omega)$ 或位相的微分 $d\phi(\omega)/d\omega$。这些非线性光学技术对表征二维飞秒光谱实验中的激发和参考脉冲将十分有效，但还是在谱位相中留下一个待定常数项。如果频域场不能够扩展至零频率，绝对时域相位与谱相位的常数项的关系是 $\phi(\omega) = -\phi_0 \mathrm{sign}(\omega)$[3,4]。测定绝对位相的困难在于，在微扰非线性光学理论中如果旋转波近似成立，则上述关系就消失了。因此在表征非线性响应时，绝对位相很少会用到。然而线性干涉对绝对相移的灵敏性对飞秒二维傅里叶光谱是十分重要的。

8.2　一维傅里叶变换谱

脉冲对的线性光谱自然而然地由频域的视角引出傅里叶变换吸收光谱。在傅里叶变换吸收光谱中，待测样品要插入到产生脉冲对的干涉仪之前或之后。参考图 8.1。

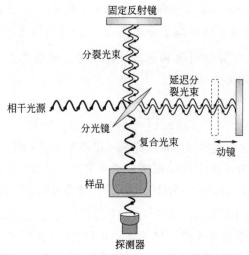

固定反射镜

分裂光束

延迟分
裂光束

相干光源

分光镜   复合光束

动镜

样品

探测器

图 8.1   FTIR 光谱仪中使用的迈克尔逊干涉仪示意图

（属于样品置于干涉仪之后的方案）

如果样品的复折射率为 $\hat{n}(\omega)=n(\omega)+i\kappa(\omega)$，脉冲的强度衰减表示为 $\exp[-2\kappa(\omega)$ $\omega l/c]$，l 为样品的厚度。脉冲对的总透射光能量作为两干涉脉冲延时函数而被测定。在每一延时时刻，脉冲对的能量损耗取决于脉冲对的光谱重叠及样品的吸收光谱：

$$U(t_\mathrm{d}) = \frac{1}{2\pi}\int_{-\infty}^{+\infty} I(\omega, t_\mathrm{d})\exp[-2\kappa(\omega)\omega l/c]\mathrm{d}\omega$$

$$= \frac{1}{2\pi}\int_{-\infty}^{+\infty} [e(\omega)]^2[1+\cos(\omega t_\mathrm{d})]\exp[-2\kappa(\omega)\omega l/c]\mathrm{d}\omega \tag{8.5}$$

如果减去和两脉冲间延时无关的背景 $U(\infty) = (1/2\pi)\int_{-\infty}^{+\infty}[e(\omega)]^2\exp[-2\kappa(\omega)\omega l/c]\mathrm{d}\omega$，

将测得的透射脉冲能量对时间延时 t_d（下标"d"表示延迟）进行傅里叶变换后得到：

$$\int_{-\infty}^{+\infty} [U(t_\mathrm{d})-U(\infty)]\exp(i\omega t_\mathrm{d})\mathrm{d}t_\mathrm{d}$$

$$= \int_{-\infty}^{+\infty}\left[\frac{1}{2\pi}\int_{-\infty}^{+\infty}[e(\omega')]^2\cos(\omega' t_\mathrm{d})\exp[-2\kappa(\omega')\omega' l/c]\mathrm{d}\omega'\right]\exp(i\omega t_\mathrm{d})\mathrm{d}t_\mathrm{d}$$

$$= [e(\omega)]^2\exp[-2\kappa(\omega)\omega l/c] \tag{8.6}$$

本质上，透射光谱的测定是通过改变两个相同脉冲间的延时，相当于系统地将光谱中的待测频率进行扫描。如果被测样品被插入到干涉仪两束光臂的其中一臂后（属于样品置于干涉仪之前的方案），就能够测定样品的吸收系数和折射率。从单个分子的角度来看，每个分子的激发被周期性地扫描，周期由分子的吸收频率确定（如二维傅里叶谱介绍中所描述的那样），直到延时是如此之长，以致脉冲对的干涉光谱在分子线宽内具有许多振荡（$1/t_\mathrm{d}$），超过了分子光谱本身的分辨率。这一系统性的频率扫描奠定了非线性二维实验及相干控制的基础。

傅里叶变换红外光谱的分辨率由两束光的相对延时来确定。图 8.2 所示的干涉图属于长度空间，傅里叶变换将空间倒易，因而傅里叶变换将长度空间的干涉图变换为相应长度的倒数空间。以厘米倒数为单位的光谱分辨率等价于以厘米为单位的最大延时。如 4cm^{-1} 的分辨率为对应于 0.25cm 的光程差[10]。

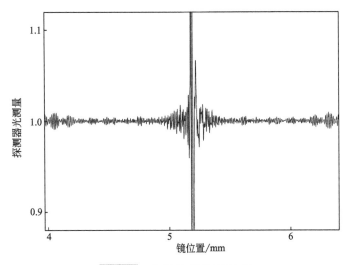

图 8.2　典型的 FTIR 干涉图

中心峰对应零光程差的位置。该处由干涉仪到达探测器的光强达到最大

8.3　自由感应衰减

在核磁共振测量中，被测系统用一个宽带脉冲进行激发，然后在时域内记录激发脉冲诱导的磁化衰减（自由感应衰减[11]），将测得的磁化衰减动力学曲线进行一维傅里叶变换后就得到了核磁共振谱。在分子水平上描述自由感应衰减现象的出发点是含时微扰理论[12]。含时波函数 $|\Psi(t)\rangle$ 可以展开成一组系数为时间函数 $c_j(t)$、基为无外电场作用下能量本征态 $|\psi_j\rangle$ 的线性组合：

$$|\Psi(t)\rangle = \sum_j c_j(t)\exp(-iE_jt/\hbar | \psi_j\rangle \tag{8.7}$$

外电场将驱动分子内的电荷，改变各能量本征态波函数前的系数。描述系数变化的运动方程为：

$$c'_k(t) = \frac{i}{\hbar}\sum_j c_j(t)\,\boldsymbol{\mu}_{kj}\cdot\boldsymbol{E}(\boldsymbol{r},t)\exp(i\omega_{kj}t) \tag{8.8}$$

式中，$c'_k(t)$ 为系数随时间变化的一阶微分；$\boldsymbol{\mu}_{kj}=\langle\psi_k|\hat{\boldsymbol{\mu}}|\psi_j\rangle$ 为跃迁偶极矢量，$\omega_{kj}=(E_k-E_j)/\hbar$ 为跃迁 $j\rightarrow k$ 的波尔频率。当能级 k 高于 j 时对应光吸收，波尔频率为正，反之当能级 k 低于 j 时对应光辐射，波尔频率为负。假定所有的 c_j 改变量皆为小量，可在等式(8.8)右侧取一级近似条件，即 $c_j(t)=c_j(0)$ 下对该等式积

分。如果脉冲电场在时间区间 $(0, t_1)$ 外有 $\boldsymbol{E}(\boldsymbol{r}, t) = 0$，则积分可扩展成逆傅里叶变换。因而在激发脉冲结束后的任意时间 t_1 处，系数被变换为

$$c_k(t_1) = c_k(0) + \frac{i}{\hbar} \sum_i c_j(0) \boldsymbol{\mu}_{kj} \cdot \hat{\boldsymbol{E}}(\boldsymbol{r}, \omega_{kj}) \tag{8.9}$$

式中，$\hat{\boldsymbol{E}}(\boldsymbol{r}, \omega)$ 为频域中的脉冲电场。$j \to k$ 激发跃迁要求 j 能态在激发脉冲到来之前具有非零的概率幅值，并且频域脉冲电场 $\hat{\boldsymbol{E}}(\boldsymbol{r}, \omega)$ 中含有一个与偶极跃迁矢量 $\boldsymbol{\mu}_{kj}$ 平行、且频率为波尔频率的分量。将等式 (8.7) 和式 (8.9) 代入偶极矩的期望值的计算公式，

$$\langle \boldsymbol{\varPsi}(t) \mid \hat{\boldsymbol{\mu}} \mid \boldsymbol{\varPsi}(t) \rangle = \sum_{j,k} c_j^*(t) c_k(t) \exp(i\omega_{jk} t) \boldsymbol{\mu}_{jk}$$

保留电场的线性项，并假定所有的分子在初始状态 j 上，偶极矩简化为：

$$\langle \boldsymbol{\varPsi}(t) \mid \hat{\boldsymbol{\mu}} \mid \boldsymbol{\varPsi}(t) \rangle = \sum_k \frac{i}{\hbar} \boldsymbol{\mu}_{kj} \cdot \hat{\boldsymbol{E}}(\boldsymbol{r}, \omega_{kj}) \exp(i\omega_{kj} t) \boldsymbol{\mu}_{kj} + \mathrm{c.c.} \tag{8.10}$$

式中，c. c. 表示相对应的复共轭项。等式 (8.10) 中 i 表示偶极振荡的位相对于吸收过程 $(\omega_{kj} > 0)$ 落后于激发场 $\pi/2$，对于辐射过程 $(\omega_{kj} < 0)$，落后于激发场 $3\pi/2$。将 $\hat{\boldsymbol{E}}(\boldsymbol{r}, \omega_{kj})$ 用等式 (8.2) 代换后可见，偶极振荡与空间坐标的关系表明偶极辐射波沿激发电磁波相同的方向传播

$$\langle \boldsymbol{\varPsi}(t) \mid \hat{\boldsymbol{\mu}} \mid \boldsymbol{\varPsi}(t) \rangle = \sum_k \frac{i}{\hbar} \boldsymbol{\mu}_{kj} \cdot e(\omega_{kj}) \exp[i\phi(\omega_{kj}) + \hat{\boldsymbol{k}}(\omega_{kj}) \cdot \boldsymbol{r} - \omega_{kj} t] \boldsymbol{\mu}_{jk} + \mathrm{c.c.}$$

$$\tag{8.11}$$

分子偶极振荡的宏观集结就形成了沿 $\boldsymbol{k}$ 方向的辐射波（光学自由感应衰减），因为辐射波沿该方向传播时，每一个偶极辐射都和辐射波相长叠加。对于稀疏的生色基团，宏观极化（偶极/体积）表示为 $P(t) = N\langle \mu(t) \rangle$，$N$ 为数值密度。在无限平面波近似下，长度为 l 的样品辐射出的电磁波由麦克斯韦方程组给出：

$$\boldsymbol{E}_{\mathrm{rad}}(t) = -[Nl/2\varepsilon_0 cn(\omega_{kj})\hbar] \sum_k \omega_{kj} \boldsymbol{\mu}_{kj} \cdot \boldsymbol{E}(\omega_{kj})$$

$$\times \exp[i\phi(\omega_{kj}) + \hat{\boldsymbol{k}}(\omega_{kj}) \cdot \boldsymbol{r} - \omega_{kj} t] \boldsymbol{\mu}_{jk} + \mathrm{c.c.} \tag{8.12}$$

式中，ε_0 为真空介电常数 (vacuum permittivity)；c 为真空中的光速；n 为介质的折射率；c. c. 表示复共轭项。和等式 (8.2) 的激发波相比，偶极辐射波带负号，表明该辐射在吸收频率 $\omega_{kj} > 0$ 处会部分抵消激发波，而在辐射频率 $\omega_{kj} < 0$ 处会放大激发波。激发波被自由感应衰减辐射部分抵消的现象恰恰是样品对激发波的吸收。该观点可以以电磁波而不是光子的角度推广到非线性光学过程中。

上述观点的推广是基于系统对 δ 脉冲激发的线性冲击响应。将平带谱 (flat spectrum) 代入等式 (8.11) 可得

$$\langle \mu(t) \rangle = \theta(t) \sum_k \frac{2}{\hbar} (\boldsymbol{\mu}_{kj} \cdot \boldsymbol{\varepsilon}) \sin(\omega_{kj} t) \boldsymbol{\mu}_{jk} \tag{8.13}$$

式中，$\boldsymbol{\varepsilon}$ 为单位场极化矢量，并且偶极已经被假定为实数（可选择本征波函数

的位相使之成为实数)。Heaviside 阶跃函数 $\theta(t)$ 表明响应函数在 $t=0$ 时刻为零。谐波响应为正弦函数形式,因为电荷的移动只在外力作用后才发生。由于偶极在电场中是线性的,脉冲电场所施加的效应可以按照叠加一个 δ 函数来进行计算。这就把极化与先前所有时刻的电场 $E(t-\tau)$ 联系起来:

$$P(t) = \varepsilon_0 \int_0^\infty \chi(\tau) E(t-\tau) \mathrm{d}\tau \tag{8.14}$$

对等式(8.14)的傅里叶变换给出

$$\hat{P}(\omega) = \varepsilon_0 \hat{\chi}(\omega) \hat{E}(\omega) \tag{8.15}$$

式中,$\hat{\chi}(\omega) = \int_{-\infty}^{+\infty} \chi(t) \exp(i\omega t) \mathrm{d}t$ 称为极化率(susceptibility)。由于冲击响应是实数且符合因果律 [当 $t<0$ 时 $\chi(t)=0$],极化率的实部和虚部由色散关系相关联[13,14]。当把稀疏的生色基团加入到折射率为 $n_s(\omega)$ 的透明溶剂中,复折射率的变化量与极化率的关系为 $\Delta\hat{n}(\omega) = \hat{\chi}(\omega)/2n_s(\omega)$[15]。

8.4　非线性响应

二维光谱采用序列脉冲激发。分子被时间轴上序列脉冲激发后相应的波函数可通过分步应用等式(8.9)进行计算。注意系数变化 $j \to k \to j$ 的二阶效应因 i^2 而带负号。物理意义是,该负号是因为在光吸收过程中把负的波函数幅值加到基态波函数中,因而降低了基态的布居数。光吸收过程可以想象成在基态波函数中引入一个暗波(dark wave)(自由感应衰减)。对于双脉冲激发而言,可以选择第二个脉冲的相位或延时来降低或增强第一个脉冲对波函数系数改变的影响。对两脉冲激发若采用一阶微扰处理,通常并不形成一个新的偶极矩,原因是新的偶极矩将和两个脉冲电场相关(对于中心对称系统,依据电偶极跃迁的奇-偶选择定则,跃迁矩的三重循环乘积 $\boldsymbol{\mu}_{jl}\boldsymbol{\mu}_{lk}\boldsymbol{\mu}_{kj}$ 是禁阻的)。然而,当一个三脉冲序列作用后,偶极的期望值中所包含的数学项对每一电场来说是线性的。对于时间上隔开的脉冲序列,这些作用项取决于下列乘积:

$$\boldsymbol{\mu}_{jm} [\boldsymbol{\mu}_{ml} \cdot \hat{E}_c(r, \omega_{ml})] [\boldsymbol{\mu}_{lk} \cdot \hat{E}_b(r, \omega_{lk})] [\boldsymbol{\mu}_{kj} \cdot \hat{E}_a(r, \omega_{kj})] \tag{8.16}$$

电偶极跃迁矩的乘积总是可以重排成一组带循环下标的形式(如 $\boldsymbol{\mu}_{jm}\boldsymbol{\mu}_{ml}\boldsymbol{\mu}_{lk}\boldsymbol{\mu}_{kl}$),因而上式和波函数所选择的任意相位无关,并含带新的分子位相信息。当涉及三个能级时(例如,在双共振中,光子将布居按途径 $j \to k \to l$ 实现转移),偶极跃迁矩的乘积 $(\boldsymbol{\mu}_{lk}^* \boldsymbol{\mu}_{lk})(\boldsymbol{\mu}_{kj}^* \boldsymbol{\mu}_{kj})$ 为正的实数。对于宽带激发脉冲,建立场和波函数的观念十分重要:第一个激发电场可以将某些波函数的幅值由 j 转移至 k,第二个激发场将某些波函数的幅值由 k 转移至 l,使得第三个电场能够将某些波函数的幅值由 l 转移至 m,因而使得 j 和 m 的相干叠加态辐射一个电磁波。在非线性光学中,由三束激发波产生的信号波被称作四波混频信号。所涉及的四波并不需要特别的性质，因此四波混频包括饱和吸收、双共振、飞秒泵浦-探测瞬态光谱、受激光子回波及光学三次谐波产生等效应。它们的共同性质是三阶非线性极化，后者可由三阶微扰理论计算出来。在偶极的三阶微扰理论计算过程中，因子 $\pm i^3$ 来源于每一乘积项中左矢和右矢出现的次数，该因子由跃迁的类型（如基态漂白等）确定，并给出由线性光谱中吸收或辐射所确定的电场的正负号。因而，非线性极化的初始相位取决于跃迁类型、偶极乘积和激发脉冲的极化矢量及谱位相［见等式(8.16)］以及脉冲间隔内波尔频率的演变。理想的情况下，四波混频信号场落后与三阶非线性极化 $\pi/2$ 相位。

作为线性响应情形的推广，可将具有非线性冲击响应的三阶极化的微扰理论结果总结如下，其中非线性冲击响应依赖于先前三电场-物质相互作用时间[16]：

$$P^{(3)}(\boldsymbol{r},t)=\int_0^\infty\int_0^\infty\int_0^\infty\chi^{(3)}(\tau_a,\tau_b,\tau_c)E_a(\boldsymbol{r},t-\tau_a)E_b(\boldsymbol{r},t-\tau_b)E_c(\boldsymbol{r},t-\tau_c)\mathrm{d}\tau_a\mathrm{d}\tau_b\mathrm{d}\tau_c$$

$$(8.17)$$

作用时刻 $t-\tau_a$、$t-\tau_b$ 及 $t-\tau_c$ 可以按任何次序发生。实数非线性冲击响应 $\chi^{(3)}(\tau_a,\tau_b,\tau_c)$ 可通过三阶微扰理论计算三阶非线性极化 $P^{(3)}(\boldsymbol{r},t)$ 在 t 时刻之前被 δ 脉冲在 t_α 时刻激发带来的影响（$\alpha=a,b,c$）。对 τ_a 的三重逆傅里叶变换给出复数形式的三阶非线性极化率。此处仅有一个要求，即 $\chi^{(3)}$ 是实数 $\hat{\chi}^{(3)}(\tau_a,\tau_b,\tau_c)^*=\hat{\chi}^{(3)}(-\tau_a,-\tau_b,-\tau_c)$，因而三阶极化率比线性极化率受到的对称性关系限制要少一些。

非线性极化率的三维频率依赖性可通过分别对激发脉冲进行延时测量，并对它们进行傅里叶变换而实现拆分。将脉冲延时项 t_α 引入等式(8.17)的电场项中，相对于 t_a，t_b，t_c 和 t 进行四重逆傅里叶变换可得

$$P^{(3)}(\boldsymbol{r},\omega_t,\omega_a,\omega_b,\omega_c)=\hat{\chi}^{(3)}(\omega_a,\omega_b,\omega_c)\hat{E}_a(\omega_a)\hat{E}_b(\omega_b)\hat{E}_c(\omega_c)$$
$$\exp\{i[\boldsymbol{k}_a(\omega_a)+\boldsymbol{k}_b(\omega_b)+\boldsymbol{k}_c(\omega_c)]\cdot\boldsymbol{r}\}\delta[\omega_t-(\omega_a+\omega_b+\omega_c)]$$

$$(8.18)$$

等式(8.18)中频域中的电场为零脉冲延时，且 $\boldsymbol{r}=0$。每一频率可正可负。每一脉冲频率的正负号表示非线性极化矢量中该脉冲波矢的正负号。对于光束直径远大于其波长的情形，正 ω_c、正 ω_b 和负 ω_a 的组合导致的极化将沿 $\boldsymbol{u}_s=\boldsymbol{u}_c+\boldsymbol{u}_b-\boldsymbol{u}_a$ 方向产生辐射。对于非共线激发脉冲，信号光辐射可在数个典型的方向上，这些典型的方向通过空间共相位偶极层（phased sheet of dipoles）形成的宏观辐射与激发脉冲频率的正负相关联。上述实验中，在分子层面上无法控制频率的相对符号。

非共线相位匹配通过采用局部空间极化率 $\hat{S}^{(3)}(\boldsymbol{u}_s,\omega_a,\omega_b,\omega_c)=\hat{\chi}^{(3)}(\omega_a,\omega_b,\omega_c)[\theta(-\omega_a)\theta(\omega_b)\theta(\omega_c)+\theta(\omega_a)\theta(-\omega_b)\theta(-\omega_c)]$ 替代 $\hat{\chi}^{(3)}$，提供了一种选择性观测分子动力学的方法，其中局部空间极化率 $\hat{S}^{(3)}$ 适合辐射信号的探测方向 $\boldsymbol{u}_d\propto\boldsymbol{u}_c+\boldsymbol{u}_b-\boldsymbol{u}_a$[17]。

在多维频率谱中，每一个频域场起的作用只是在多维极化率开了一扇位相匹配

方向的窗口。这扇窗口当然是越宽越好，可以通过引入宽谱带激发脉冲来实现。对于二阶非线性，可通过电场获得二维光谱，并在该窗口内恢复二维极化率。对于三阶非线性，二维光谱不能够恢复所有的响应，因而二维光谱实验应当设计成尽可能多地获取相关信息。

8.5　信号辐射和传播

在时间分辨光谱中，激发脉冲在光吸收样品中传播时自身也发生了畸变，快辐射动力学过程(fast radiation dynamics)使得信号发生畸变，使之不同于非线性极化源，而辐射信号在出射样品过程中发生进一步的畸变。慢演化波近似(slowly evolving wave approximation)[18]不失为在多维频率域消除脉冲传播和信号辐射畸变的一种方法。慢演化波近似仅仅要求复频域中的信号在一个波长内的非线性演化为小量，在频域内的结果可表示为

$$\hat{E}_s(\omega_t, \omega_a, \omega_b, \omega_c, \boldsymbol{u}_d, l) = \frac{i\omega_t}{2\varepsilon_0 \boldsymbol{n}(\omega_t)c} \hat{S}^{(3)}(\boldsymbol{u}_d, \omega_a, \omega_b, \omega_c) \hat{E}_a(\omega_a) \hat{E}_b(\omega_b) \hat{E}_c(\omega_c)$$

$$\times \hat{\boldsymbol{\Theta}}^{(3)}(\omega_t, \omega_a, \omega_b, \omega_c, \boldsymbol{u}_d, l) \tag{8.19}$$

上式为带方向的多维极化率及在样品入射处的电场与一个多维传播函数 $\hat{\boldsymbol{\Theta}}^{(3)}$ 的乘积，其中传播函数为

$$\hat{\boldsymbol{\Theta}}^{(3)}(\omega_t, \omega_a, \omega_b, \omega_c, \boldsymbol{u}_d, l) = \frac{\exp[i\Delta\hat{\boldsymbol{k}}(\omega_t, \omega_a, \omega_b, \omega_c) \cdot \boldsymbol{u}_d l] - 1}{i\Delta\hat{\boldsymbol{k}}(\omega_t, \omega_a, \omega_b, \omega_c) \cdot \boldsymbol{u}_d} \times \exp[i\hat{\boldsymbol{k}}_s(\omega_t) \cdot \boldsymbol{u}_d l]$$

$$\tag{8.20}$$

该传播函数取决于非线性极化与探测波矢 $\hat{\boldsymbol{k}}(\omega_t) = [\hat{n}(\omega_t)\omega_t/c]\boldsymbol{u}_d$ 间的多维位相失谐量 $\Delta\hat{\boldsymbol{k}} = \hat{\boldsymbol{k}}(\omega_t) - [\hat{\boldsymbol{k}}(\omega_a) + \hat{\boldsymbol{k}}(\omega_b) + \hat{\boldsymbol{k}}(\omega_c)]$。等式(8.20)中的每一频率可正可负，其中 $\mathrm{Re}[\hat{\boldsymbol{k}}_a \cdot \boldsymbol{u}_a]$ 及 ω_a 的相对符号由传播方向进行关联。在散射介质中，即使是完全共线的几何光路也难以保证在一个飞秒脉冲光谱范围内对所有可能出现的频率组合实现完美的相位匹配。所有对二维光谱进行不包含可调参数的理论模拟皆包括了传播函数。多维传播函数也包括了激发脉冲通过样品时的吸收和散射效应。在共振二维光谱实验中，频率依赖的吸收也是如此重要，即使对于具有宽频谱相位匹配激发光的几何配置也是如此。

8.6　密度矩阵方法及双边费曼图

计算非线性信号的过程是将多维分子极化率乘以一个和相位匹配及探测几何相适应的方向过滤因子和传播因子，明确地表示出分子及宏观效应对非线性信号所起

的作用。然而该计算过程十分烦琐，因为对某一给定的信号方向，方向过滤因子在多数的多维频率空间几乎取零值。图解密度矩阵微扰理论应用旋转波近似一开始就通过一个理想的方向过滤建立起"0"和"1"的差异。密度矩阵为描述弛豫过程提供了理论架构。不幸的是，该方法失去了从物理本质解释每一数学项的能力。例如，线性的一步光吸收过程需要两幅步骤图来描述，一幅是基态退布居过程，另一幅为激发态布居过程。

应用一阶微扰理论处理密度矩阵 $\rho_{jk} = \langle c_j^* c_k \rangle$[19]，并将积分扩展至逆傅里叶变换可得

$$d_{jk}(t) = d_{jk}(0) + \sum_l \left[\left(\frac{i}{\hbar} \right) \boldsymbol{\mu}_{jl} \cdot \hat{\boldsymbol{E}}(\boldsymbol{r}, \omega_{jl}) d_{lk}(0) \right. $$
$$\left. - \left(\frac{i}{\hbar} \right) d_{jl}(0) \boldsymbol{\mu}_{lk} \cdot \hat{\boldsymbol{E}}(\boldsymbol{r}, \omega_{lk}) \right] \right] \quad (8.21)$$

其中 $d_{jk}(t) = \rho_{jk}(t) \exp(i\omega_{jk}t)$ 为去调制密度矩阵元。对于一级微扰，一个脉冲将密度矩阵元两个下标中包含一个相同下标的矩阵元关联起来。每一个密度矩阵元对应一个特定的空间变化。图形对于示踪密度矩阵元在时序激发脉冲作用下引起的变化十分有效。在非线性光学中，双边费曼图[17,20]用于示踪单个矩阵元在信号波矢方向的变化。一套共振四波混频的双边费曼图由图8.3给出。由于式(8.21)可以重复应用，每一费曼图的贡献就很容易被推算出来。即将第一次作用后的密度矩阵作为下一次电场作用的起始密度矩阵，由此进行迭代运算。式(8.21)中包含密度矩阵元的左乘 [作用于 $d_{lk}(0)$] 和右乘 [作用于 $d_{jl}(0)$] 运算。如果左乘密度矩阵元左下标由 l 改成 j，则先前的密度矩阵元应乘以因子 $(i/\hbar)\boldsymbol{\mu}_{jl} \cdot \hat{\boldsymbol{E}}(\boldsymbol{r}, \omega_{jl})$。电场 $\hat{\boldsymbol{E}}(\boldsymbol{r}, \omega_{jl})$ 实部 $\text{Re}[\hat{\boldsymbol{k}}(\omega_{jl}) \cdot \boldsymbol{u}]$ 的正负号由 ω_{jl} 的正负号所确定（对于 j 大于 l 取正号，j 小于 l 取负号）。相应地，如果右乘密度矩阵元右下标由 l 改成 k，则先前的密度矩阵元因子为 $(-i/\hbar)\boldsymbol{\mu}_{lk} \cdot \hat{\boldsymbol{E}}(\boldsymbol{r}, \omega_{lk})$。由于频率的正负号已经反向，$\text{Re}[\hat{\boldsymbol{k}}(\omega_{lk}) \cdot \boldsymbol{u}]$ 的正负号对于 k 大于 l 取负号，k 小于 l 取正号。

在一系列微扰作用下，在波矢 $\boldsymbol{k}_c + \boldsymbol{k}_b - \boldsymbol{k}_a$ 方向上保留下来的作用项由图8.3中16个双边费曼图 $D_1 \sim D_{16}$ 中的一个来表示。基态亚能级用 0 和 0′ 表示，单激发态的亚能级用 1 和 1′ 表示，双激发态用 2 表示。与系统作用的激发脉冲由费曼图中两边与垂线相交的箭头表示。探测的是密度矩阵元 ρ_{jk} 在两个作用脉冲时间间隔内的变化，在计算响应函数时，脉冲电场用 δ 函数表示。用符号 $jk(j,k=0,0′,1,1′,2)$。标注费曼图的中间栏为矩阵元。费曼图顶端的矩阵元表示该费曼图产生辐射的相干叠加态，矩阵元标号表示组成相干叠加态的本征态。每一费曼图对响应函数的贡献可容易地表达成每一密度矩阵元与相应的格林函数的乘积。例如，费曼图 D_2 的响应函数 R_2 可表示为

$$R_2(\tau_a - \tau_b, \tau_b - \tau_c, \tau_c) = \sum_{0,0′,1,1′} \langle\langle (\boldsymbol{\mu}_{0′1′} \cdot \boldsymbol{\varepsilon}_d) \mathcal{G}_{1′0′}(\tau_c)(-i/\hbar)(\boldsymbol{\mu}_{10′} \cdot \boldsymbol{\varepsilon}_c)$$

$$\times \mathcal{G}_{1,1}(\tau_b - \tau_c)(i/\hbar)(\boldsymbol{\mu}_{1'0'} \cdot \boldsymbol{\varepsilon}_b)$$

$$\times \mathcal{G}_{01}(\tau_a - \tau_b)(-i/\hbar)(\boldsymbol{\mu}_{01} \cdot \boldsymbol{\varepsilon}_a)\rho_{00}\rangle\rangle$$

$$= (i/\hbar)^3 \sum_{0,0',1,1'} \langle (\boldsymbol{\mu}_{0'1'} \cdot \boldsymbol{\varepsilon}_d)(\boldsymbol{\mu}_{10'} \cdot \boldsymbol{\varepsilon}_c)(\boldsymbol{\mu}_{1'0'} \cdot \boldsymbol{\varepsilon}_b)(\boldsymbol{\mu}_{01} \cdot \boldsymbol{\varepsilon}_a)\rangle$$

$$\times \langle \mathcal{G}_{1'0'}(\tau_c)\mathcal{G}_{1'1}(\tau_b - \tau_c)\mathcal{G}_{01}(\tau_a - \tau_b)\rho_{00}\rangle \qquad (8.22)$$

式中，ρ_{00} 为密度矩阵的对角元 $\langle 0|\hat{\rho}|0\rangle$；$\boldsymbol{\varepsilon}_a$ 为脉冲 α (或者是探测器 $\boldsymbol{\varepsilon}_d$)的单位极化矢量；$\mathcal{G}_{jk}$ 为密度矩阵元 ρ_{jk} 所对应的格林函数。单个分子在三个关联演化时段之后的系综平均和转动平均由两个角括号 $\langle\ \rangle$ 反映出来。上述两种平均被拆分成转动因子和内部响应。

当把信号辐射对应的因子 i 包括进去时，等式(8.22)表明，信号辐射场与激发场是同相位的，并起放大激发场的作用，正如对激发态受激辐射效应所预期的那样。这些符号因子也与对基态漂白和激发态吸收能级布居的计算相吻合，但后者并不像图 8.3 中双量子(double quantum)图那样简捷地给出符号。

式(8.22)中的格林函数简单地描述了每一个矩阵元在一个短脉冲激发之后的含时演化。在光学 Bloch 极限条件下，$\mathcal{G}_{jk}(t) = \theta(t)\exp(-\Gamma_{jk}t)\exp(-i\omega_{jk}t)$，其中 $\theta(t)$ 为 Heaviside 阶梯函数；ω_{jk} 为波尔频率；Γ_{jk} 为弛豫速率。更复杂的格林函数可以描述波包运动、振动弛豫及能量传递过程。

每一种脉冲电场作用次序所对应的实数方向性冲击响应函数(directional impulse response)$S^{(3)}(\boldsymbol{u}_s, \tau_a, \tau_b, \tau_c)$，可通过对图 8.3 中所有的费曼图所对应的项求和而得(包括其共轭项)。与传播矢量为 $\boldsymbol{u}_s$ 对应的时域内的实数极化表达式和等式(8.18)相似，不同的是将式(8.18)中的三阶极化率 $\chi^{(3)}$ 以 $S^{(3)}$ 代替。旋转波近似的主要思想是将快速振荡的极化响应及场拆分成复数分量，并在将脉冲近似为 δ 函数之前就将快变化积分核剔除。

图 8.3 中的费曼图将复数旋转波近似值 $\hat{S}_{rw}^{(3)}$ 赋予用复电场表示的相位匹配的极化响应，复电场为 $\hat{E}(t_a) = (1/2)\hat{e}(t-t_a)\exp[-\omega_0(t-t_a)]$，其中复包络为 $\hat{e}(t-t_a) = e(t-t_a)\exp\{-i[\phi(t-t_a)-\omega_0(t-t_a)]\}$ 的，载波频率为 ω_0。因而旋转波近似给出时域内相位匹配的极化表达式：

$$P^{(3)}(\boldsymbol{u}_s, t, t_a, t_b) = N \int_0^\infty \int_0^\infty \int_0^\infty \hat{S}_{rw}^{(3)}(\boldsymbol{u}_s, \tau_a, \tau_b, \tau_c)\hat{e}_a^*(t-t_a-\tau_a)\hat{e}_b(t-t_b-\tau_a)\hat{e}_c(t-\tau_a)$$

$$\times \exp[i\omega_a(t-t_a-\tau_a)]\exp[-i\omega_b(t-t_b-\tau_b)]$$

$$\exp[-i\omega_c(t-\tau_c)]\mathrm{d}\tau_a \mathrm{d}\tau_b \mathrm{d}\tau_c + \text{c.c.} \quad (\text{所有共轭项}) \qquad (8.23)$$

式中，t_a 和 t_b 为由实验控制、相对于脉冲 c 中心时刻($t=0$)的相对延量；N 为分子的数值密度(number density)。

对于 δ 函数型脉冲，极化直接由冲击响应表示。对于脉宽有限的光脉冲，光场随时间 t 振荡，因而 $\tau = t_b - t_a$ 有可能超出积分范围。$\hat{S}_{rw}^{(3)}$ 中 τ_c 及 $\tau_b - \tau_c$ 处的光学频率振荡与电场的振荡近似抵消，只留下积分号内频率为两者之差的慢振动。慢振

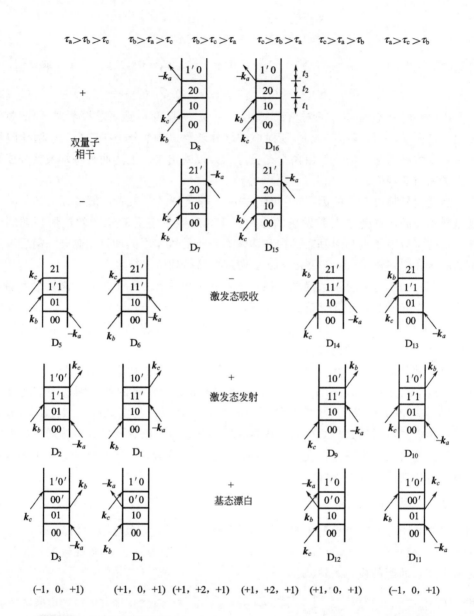

$\tau_a>\tau_b>\tau_c$　　$\tau_b>\tau_a>\tau_c$　　$\tau_b>\tau_c>\tau_a$　　$\tau_c>\tau_b>\tau_a$　　$\tau_c>\tau_a>\tau_b$　　$\tau_a>\tau_c>\tau_b$

(−1, 0, +1)　　(+1, 0, +1)　(+1, +2, +1)　(+1, +2, +1)　(+1, 0, +1)　(−1, 0, +1)

图 8.3　和四波混频相位匹配方向−$\boldsymbol{k}_a$+$\boldsymbol{k}_b$+$\boldsymbol{k}_c$相对应的16个双边费曼图

箭头表示微扰理论处理中电场-物质相互作用的三个扰动电场。三个不同的作用电场用其波矢 $\boldsymbol{k}_a$, $\boldsymbol{k}_b$和$\boldsymbol{k}_c$表示。时间轴的正方向垂直向上。t_1 为第一次和第二次作用的时间间隔，t_2 为第二次和第三次作用的时间间隔，t_3 为第三次作用和相干辐射间的时间间隔。费曼图中心栏中的两位数字表示每一时间间隔内探测到的密度矩阵元。基态亚能级用0和0′表示，单激发态的亚能级用1和1′表示，双激发态用2表示。交换电场b和c的作用时序结果是对称的，因此费曼图 D_i 和 D_{i+8}具有相同的微观响应函数但和不同的宏观电场相关联。信号的正负号（假定偶极跃迁矩的乘积和取向因子为正）标记在其属性的上方。对于每一列费曼图（共6列），脉冲作用的时序在顶部横行中给出，而相应的相干途径由底部横行给出。在因果律范围内有 $\tau_a\geq0$, $\tau_b\geq0$, $\tau_c\geq0$。当 $\tau_b\geq\tau_c$ 时响应函数在 $\tau_a=\tau_c$ 处不连续，及当 $\tau_c\geq\tau_b$ 时，响应函数在 $\tau_a=\tau_b$ 处不连续动只在激发脉冲的带宽内的积分被保留下来，并与超出积分范围的信号汇合，因而非线性极化以分子的频率振动，后者包含在响应函数 $\hat{S}_{rw}^{(3)}$ 内。

极化的绝对位相由激发脉冲的绝对位相所确定 $\phi_s = \phi_c + \phi_b - \phi_a$。这就意味着所有激发脉冲和干涉测量脉冲含有共同的绝对相位是无法测定的。一般地，第一个 j 脉冲的相移常量 ϕ 将在信号光中产生一个相移常量 $p_j\phi = \sum_{i=1}^{j} s_i\phi$，其中 $s_i = \pm 1$ 为激发脉冲在信号波矢 $\boldsymbol{k}_s = \sum_{i=1}^{n} s_i \boldsymbol{k}_i$ 中的正负号。因而可通过选择哪一个脉冲先到达样品来确定在时间 t 和 τ 内光学频率的相对符号 ［比较费曼图中 D_3（a 先到）和 D_4（b 先到）］。

8.7　二维傅里叶变换谱

假定在理想的位相匹配条件下，由非线性极化辐射出的频域电场可表示为

$$\hat{E}_s(\omega_t, t_a, t_b) = \frac{l}{2\varepsilon_0 n(\omega_t)c} i\omega_t \hat{P}^{(3)}(\omega_t, t_a, t_b) \tag{8.24}$$

式中，$\hat{P}(\omega_t, t_a, t_b)$ 为频域中的非线性极化。$i\mathrm{sign}(\omega_t)\hat{P}(\omega_t, t_a, t_b)$ 的乘积 ［其中对于 $x > 0$，$\mathrm{sign}(x) = 1$；$x < 0$，$\mathrm{sign}(x) = -1$］可以 $\hat{E}_s(\omega_t)n(\omega_t)/|\omega_t|$ 的形式从实验中恢复，并从二维光谱中扣除辐射的线型（lineshape）失真。二维相关（correlation）及弛豫（relaxation）谱被定义成为上述乘积在固定等待时间 $T = \min(|t_a|, |t_b|)$ 时刻，相对于第一及第二束激发脉冲间的延时 $\tau = t_b - t_a$ 的一个第二次逆傅里叶变换

$$\hat{S}_{2\mathrm{D}}(\omega_t, \omega_\tau, T) \equiv \int_{-\infty}^{+\infty} i\mathrm{sign}(\omega_t)\hat{P}^{(3)}(\omega_t, \tau, T)\exp(i\omega_\tau\tau)\mathrm{d}\tau \tag{8.25}$$

$T = 0$ 时刻处的光谱为二维相关谱，而 T 取一有限值时为二维弛豫谱。要获得和光吸收及光折射变化相对应的二维光谱的实部和虚部，双傅里叶变化必须包括 t 及 τ 取正值和负值的区域[4,21]。这一要求是必要的，因为无论是振幅或位相中引入的不连续性（或间断点，discontinuity）经逆傅里叶变换后会产生一个虚部呈色散型的光谱线型。跨越第二个间断点的傅里叶变换将该失真的光谱线型和真实的二维光谱相混合。这一效应也就是所谓的位相扭曲（phase twist），该效应不易察觉，因为它模拟了二维光谱非均匀展宽的特征。详细的讨论可在文献 ［4,22,23］ 中找到。二维光谱时域扫描及傅里叶变换甚至可以影响到光谱的绝对值，因此在报道二维光谱时应当仔细指认。

等式(8.25)表明二维光谱具有线性加和的性质，因而非均匀展宽简单地叠加在二维光谱中。因此，吸收频率的非线性分布将二维光谱沿对角线方向拉长[3]。对于真实的非均匀展宽，这一光谱的加和性使得二维光谱不仅可以测量均匀光谱的线型，而且还可以测量均匀光谱线型是否对激发频率存在依赖性。由于复数二维光谱是由实时域电场产生的，因而具有下列对称性 $\hat{S}_{2\mathrm{D}}(\omega_t, \omega_\tau, T) = \hat{S}_{2\mathrm{D}}(-\omega_t, -\omega_\tau, T)^*$。二维光谱

可理解为将起始两脉冲(a 和 b)间的时间间隔 τ 内的偶极振荡和经历一固定的"混合"时间 T、最后一个脉冲 c 之后的振荡频率 ω_t 进行傅里叶分离的结果。通过改变"混合"时间 T，可测量溶剂的运动、振动、布居转移、弛豫或化学反应。

二维光谱中的激发和测量频率 ω_τ 及 ω_t 可从 t_1 和 t_3 时刻内的双边费曼图中直接读出。例如，费曼图 D_2 对二维光谱信号的贡献在频率 $\omega_\tau = \omega_{01} = -\omega_{10}$ 及 $\omega_t = \omega_{1'0}$ 处，其强度依赖于密度矩阵元 $\rho_{11'}$ 在时间 T 内的演化和弛豫。二维傅里叶光谱重叠了所有来自于对信号有贡献的费曼图所对应的信号。特别是，四能级费曼图中，具有负跃迁偶极的乘积可以抵消正双共振的贡献。这一抵消效应可理解为对分子运动的飞秒"冻结"。通过改变脉冲的时序及不同的傅里叶变换时间变量，还可以实现其他类型的二维傅里叶变换光谱。

参 考 文 献

[1] David M. Jonas. Annu. Rev. Phys. Chem. **2003**, *54*, 425-463.

[2] Press, W. H.; Teukolsky, S. A.; Vetterling, W. T.; Brian, P., Flannery. Numerical Recipes in C: the Art of Scientific Computing. Cambridge: Cambridge University Press, **2002**.

[3] Albrecht, A. W.; Hybl, J. D.; Faeder, S. M. G.; Jonas, D. M. J. Chem. Phys. **1999**, *111*, 10934.

[4] Hybl, J. D.; Ferro, A. A.; Jonas, D. M. J. Chem Phys. **2001**, *115*, 6606.

[5] Dorrer, C.; Belabas, N.; Likforman, J. P.; Joffre, M. JOSA, B **2000**, *17* (10), 1795-1802.

[6] Bell, R. Introductory Fourier Transform Spectroscopy. New York: Academic Press. **1972**, Chap 2, 22.

[7] Trebino, R.; DeLong, K. W.; Fittinghoff, D. N.; Sweetser, J. N.; Krumbügel, M. A.; Richman, B. A.; Kane, D. J. Rev. Sci. Instru. **1997**, *68*, 3277.

[8] Baltuska, A.; Pshenichnikov, M. S.; Wiersma, D. A. *IEEE Journal of Quantum Electronics*. **1999**, *35* (4), 459-478.

[9] Iaconis, C.; Walmsley, I. A. *IEEE Journal of Quantum Electronics*. **1999**, *35* (4), 501-509.

[10] 翁诗甫. 傅里叶变换红外光谱仪. 北京：化学工业出版社，**2005**.

[11] Slichter, C. P. Principles of magnetic resonance. Berlin: Springer Verlag, **1990**, Vol. 1.

[12] Cohen-Tannoudji, D.; Diu, B., Laloe, F. Quantum Mechanics. New York: Wiley-Interscience, **1977**.

[13] Nussenzveig, H. M. Causality and dispersion relations. New York: Academic Press, **1972**, Vol. 95.

[14] Jackson, J. D.; Fox, R. F. Classical electrodynamics. Am. J. Phys. **1999**, *67*, 841.

[15] Ferro, A. A.; Hybl, J. D.; Jonas, D. M. J. Chem. Phys. **2001**, *114*, 4649.

[16] Butcher, P. N.; Cotter, D. The elements of nonlinear optics. Cambridge: Cambridge University Press, **1991**, Vol. 9.

[17] Mukamel, S., Principles of nonlinear optical spectroscopy. New York: Oxford University Press, **1999**.

[18] Brabec, T.; Krausz, F. Rev. Mod. Phys. **2000**, *72*, 545-591.

[19] Yariv, A. Quantum Electronics. New York: John Wiley & Sons, **1975**.

[20] Shen, Y. R. The principles of nonlinear optics. New York: Wiley-Interscience, **1984**.

[21] Hybl, J. D.; Albrecht, A. W.; Gallagher Faeder, S. M.; Jonas, D. M. Chem. Phys. Lett. **1998**, *297* (3), 307-313.

[22] Khalil, M.; Demirdöven, N.; Tokmakoff, A. Phys. Rev. Lett. **2003**, *90* (4), 47401.

[23] Faeder, S. M. G.; Jonas, D. M. J. Phys. Chem. A **1999**, *103* (49), 10489-10505.

第 9 章

超快激光光谱原理与技术基础

Chapter 9

常规光路调节技术

飞秒瞬态吸收光谱及

9.1 简介

飞秒瞬态吸收光谱技术是一种常用的飞秒时间分辨泵浦-探测(pump-probe)技术。该方法利用一束泵浦脉冲激光激发被测样品，使其化学或物理性状发生改变，该变化往往伴随着新的吸光组分即瞬态组分(transient species)的产生；然后应用另一束脉冲光探测样品被激发后所产生的吸光度变化，即瞬态吸收。通过改变泵浦和探测光之间的延时，可以得到样品在光激发后不同延迟时刻的瞬态吸收光谱，再经过解析就能获得和瞬态组分产生及衰减相对应的光谱和动力学信息。飞秒时间分辨光谱能够探测到电子激发态的大部分动力学信息，因而被广泛应用于如能量传递、电荷转移、电子态与核振动态耦合、构型弛豫和异构化过程等的研究[1~3]。

本章先从系统的搭建出发，阐述如何建立一套典型的飞秒瞬态吸收光谱测量系统并采集光谱及动力学数据，尔后对部分实验细节进行详细阐述并介绍几种常用的光路调节技术，最后给出了飞秒瞬态吸收光谱采集的其他几种常用方法。对于实验中用到的仪器，文中也列出了常用的型号，以便查找。

9.2 实验光路

图 9.1 所示为一套典型的飞秒时间分辨瞬态吸收光谱测量系统。

图9.1中的激光光源为一套包含再生放大器的全固态掺钛蓝宝石飞秒激光系统，输出基频光的中心波为800nm、脉冲宽度为150fs、重复频率为1kHz。基频光被引入瞬态吸收光谱测量系统时首先经过一分光光楔(optical wedge)，其中一个表面反射的光用来产生探测光，透过光楔的光用来产生泵浦光(关于光楔的作用见 9.4.5)。

泵浦光路：基频光通过延迟线延时后，进入频率转换系统。频率转换指通过 SHG、OPA、NOPA 等手段改变激光的频率，得到满足实验需求的泵浦光(关于频率转换器件及其原理参见第 3 章)。频率转换后的泵浦光经滤光片滤除杂光并经适当的衰减后被聚焦到样品上用来激发样品。透过样品后的激发光要用挡板或光阑遮掉，以避免进入探测器干扰探测光的测量。

探测光路：800nm 的基频光经过一段延时光路后(延时光路的作用见 9.4.2)被聚焦在一蓝宝石片(sapphire)上以产生宽谱的超连续白光(本文中简称白光，关于超连续白光产生及其调节的详细内容，见 9.5)，即实验中的探测光。探测光路中，半波片用于改变探测光的偏振，可变光阑(iris)和一透镜用于调整基频光的聚焦状况以获得稳定的白光，另一消色差透镜用于收集白光，滤光片用于滤除白光中残余的 800 nm 基频光。收集的白光再通过一光楔前后表面的反射，形成近乎拷贝的两束光，即信号光与参考光，并聚焦于样品中，其中信号光与泵浦光在样品中重合。最后，透过样品的两束白光分别由两根光纤收集并引入光谱仪分光后由 CCD

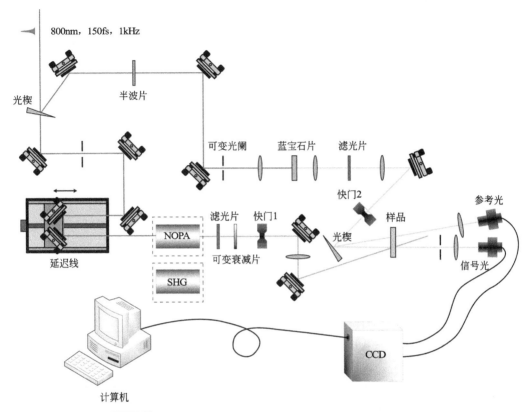

800nm，150fs，1kHz

光楔

半波片

可变光阑　蓝宝石片　滤光片

快门2

参考光

延迟线

NOPA

滤光片　快门1

可变衰减片

光楔

样品

信号光

SHG

CCD

计算机

图 9.1　典型的飞秒时间分辨瞬态吸收光谱测量采集系统

（charge coupled device）进行探测。

　　光路中的快门 1 和 2 分别用于控制泵浦光和探测光是否通过，实现数据采集的分步循环（参见 9.3.2）。

9.3　数据采集与计算

9.3.1　瞬态光谱动力学

　　样品对光的吸收可以用透过率（transmission，简称 T）或吸光度（optical density，简称 OD）来描述：

$$T = \frac{I}{I_0} \times 100\% \tag{9.1}$$

$$OD = \lg \frac{I_0}{I} = \varepsilon l c \tag{9.2}$$

　　式中，I_0 和 I 为光透过样品前和后的光强；ε，l，c 分别为摩尔吸收系数、样品的厚度和样品的浓度。瞬态吸收实验中观测的是样品被泵浦光激发和未被激发时

吸光度的差值 ΔOD：

$$\Delta OD = OD_{pump\text{-}on} - OD_{pump\text{-}off} \tag{9.3}$$

为了便于理解 ΔOD 的含义，考虑一种激发后只包含一种瞬态组分的假想样品，如图 9.2 所示。

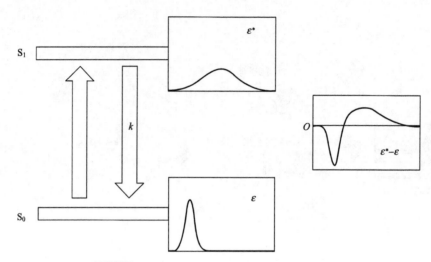

图 9.2 假想样品的能级结构与摩尔吸收系数

该样品在未被激发时处于基态 S_0，吸光度为

$$OD_{pump\text{-}off} = \varepsilon l c \tag{9.4}$$

被激发后，一部分样品从基态跃迁到了激发态：$S_0 \to S_1$，假设这部分样品的浓度为 c^*，样品的吸光度变为

$$OD_{pump\text{-}on} = \varepsilon l (c - c^*) + \varepsilon^* l c^* \tag{9.5}$$

将式(9.4)和式(9.5)代入式(9.3)得

$$\Delta OD = (\varepsilon^* - \varepsilon) l c^* \tag{9.6}$$

可见 ΔOD 正比于瞬态组分的浓度 c^*，因此，通过观察瞬态光谱的变化就可以得出瞬态组分的变化，这也是为什么瞬态吸收实验观测 ΔOD 的原因。式中，摩尔消光系数 ε 是波长的函数，浓度 c 是时间的函数，将上式的变量都写出来就是

$$\Delta OD(\lambda, t) = [\varepsilon^*(\lambda) - \varepsilon(\lambda)] l c^*(t) \tag{9.7}$$

可见，$\Delta OD(\lambda, t)$ 是一个关于波长和时间变化的函数，即数据是一个二维矩阵。从光谱上看，瞬态组分的光谱体现两个部分：$\varepsilon^*(\lambda)$ 和 $-\varepsilon(\lambda)$。$\varepsilon^*(\lambda)$ 是样品处于激发态时的摩尔消光系数，称为激发态吸收；$\varepsilon(\lambda)$ 是样品在基态时摩尔消光系数，负号代表它以倒像的形式出现，称为基态漂白（ground state bleaching，GSB）。因此，测到的瞬态组分的光谱是激发态吸收与基态漂白的一个叠加（superposition），如图 9.2、图 9.3 所示。

同理，对于多个瞬态组分的情况，就有

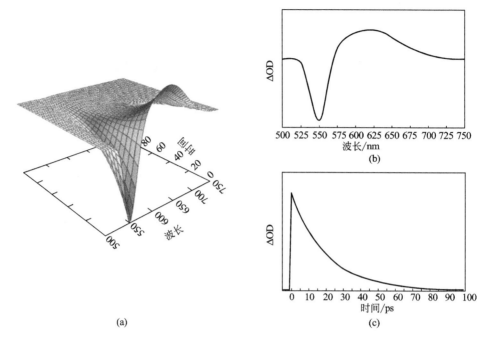

(a)

图 9.3　(a) △OD 随时间与波长变化的三维图；(b) 某时刻的光谱体现
$[\varepsilon^*(\lambda)- \varepsilon(\lambda)]$；　(c) 某个波长的动力学曲线体现 $c^*(t)$

$$\Delta OD(\lambda,t) = \sum_i [\varepsilon_i^*(\lambda) - \varepsilon(\lambda)]lc_i^*(t) \tag{9.8}$$

除了吸收外，处于高能级的分子在探测光的作用下还会发生受激发射，它等效于一个负的吸收 $-\varepsilon_{se}lc^*$，其中 ε_{se} 为反映受激辐射强度的等效系数。因此，需要对式 (9.5)~式(9.8)进行修正，其中式(9.5)修正为

$$OD_{pump\text{-}on} = \varepsilon l(c-c^*) + \varepsilon^* lc^* - \varepsilon_{se}lc^* \tag{9.9}$$

式(9.8)修正为(图 9.4 所示为数据的矩阵形式)

$$\Delta OD(\lambda,t) = \sum_i [\varepsilon_i^*(\lambda) - \varepsilon(\lambda) - \varepsilon_{se,i}^*(\lambda)]lc_i^*(t) \tag{9.10}$$

真实的样品被激发后往往会产生多个瞬态组分，组分的增加会加重光谱重叠

图 9.4　瞬态光谱动力学数据的矩阵形式

光谱和动力学体现为向量，二者的乘积形成二维的数据矩阵

度，使得瞬态吸收光谱数据变得更加复杂，此时可以借助一些数学手段进行数据的处理与分析(参见第 10 章)，但正确的解析依然依赖于对所研究的样品有深入的了解。

正如式(9.7)和图 9.4 所示，ΔOD 是一个关于波长和时间变化的函数，探测光(白光)是一个宽谱光，通过光谱仪分光和线阵或面阵探测可以直接得到不同波长的 $\Delta OD(\lambda)$。下面来考察实验中是如何测得 $\Delta OD(\lambda)$ 随时间变化的。

由于飞秒激光基频光具有较高的重复频率(1kHz)，在未加调制的情况下泵浦光和探测光的重复频率自然也是 1kHz(见图 9.5)。因此泵浦探测实验事实上是单个事件的高频重复。其中的单个事件以一个泵浦脉冲到达样品开始，以下个泵浦脉冲即将到达样品时结束，历时 1ms。

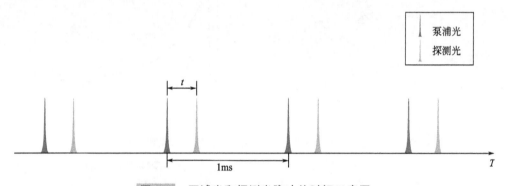

图 9.5　泵浦光和探测光脉冲的时间示意图

横轴 T 指的是脉冲到达样品的绝对时间

$\Delta OD(\lambda, t)$ 中的时间 t 描述了瞬态组分 $c^*(t)$ 的变化 [见式(9.7)]，瞬态组分由泵浦光激发样品而产生，因此 $c^*(t)$ 的变化也是一个高频重复事件，一个泵浦脉冲到达样品开始这次事件，下个泵浦脉冲到达样品开始下次事件。这种情况下，无法用绝对时间衡量事件。然而泵浦光和探测光具有相同的重复频率，因此实验中可以通过调节泵浦光和探测光的相对延迟以确定以泵浦光到达时刻为时间零点的相对时间(见 9.4.3)。因此探测的时间 t 指的就是该时间间隔，不同探测时间 $\Delta OD(\lambda, t)$ 的测定可通过改变延迟线来实现。

9.3.2　数据采集

上节简单介绍了 $\Delta OD(\lambda, t)$ 的含义，下面介绍如何通过实验测定 $\Delta OD(\lambda, t)$。

在图 9.1 中信号光和参考光分别被一根光纤收集并在单色仪狭缝前以上下排列的方式耦合入单色仪，分光后照射在同一块面阵 CCD 探测器上，通过对 CCD 面阵进行上下分块采集实现信号光与参考光的同时测量。在泵浦和探测光路中分别放置了一个快门，用来控制泵浦光与探测光的通过与不通过(简化为图 9.6)，用于单独测量探测器的暗背景噪声、泵浦光及探测光激发的样品辐射、探测光在有泵浦和没有泵浦光条件下的透过光强及参考光的透过光强，最后通过运算以扣除相关干扰，获得某延时时刻 $\Delta OD(\lambda)$ 的信息。因此一个延时时刻的数据点需要通过两个快门的开、关组合，收集上述信息。为此设计了一个由快门状态控制的四步循环采样步骤，一个循环提供某延时时刻 $\Delta OD(\lambda)$ 的一次测量结果。四步循环采样步骤见表9.1。

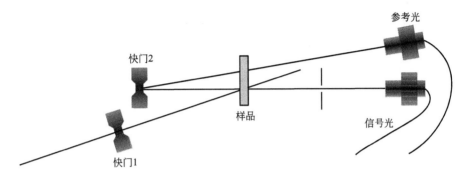

图 9.6　简化的信号采集示意图

快门1和2分别控制泵浦光和探测光是否通过

表 9.1　快门状态控制的四步循环采样步骤

步骤 ＼ 仪器	泵浦快门	探测快门	信号光探测器	参考光探测器
步骤 1	×	×	B	B^r
步骤 2	○	×	P	P^r
步骤 3	×	○	$I_{pump-off}$	$I^r_{pump-off}$
步骤 4	○	○	$I_{pump-on}$	$I^r_{pump-on}$

相应的数据采集过程如下。

　　步骤1：快门1关（×）快门2关（×），即不允许泵浦光和探测光通过，此时两个探测器测到的信号为暗背景 B 和 B^r。

　　步骤2：快门1开（○）快门2关（×），即只允许泵浦光通过，此时两个探测器测到的信号为样品的光致发光（如荧光）及散射的泵浦光 P 和 P^r。

　　步骤3：快门1关（×）快门2开（○），即只允许探测光通过，此时两个探测器测到的信号主要是样品没有受到激发时透过样品的探测光 $I_{pump-off}$ 和 $I^r_{pump-off}$。

　　步骤4：快门1开（○）快门2开（○），即同时允许泵浦光和探测光通过，此时两个探测器测到的信号主要是样品受激发时透过样品的信号光 $I_{pump-on}$ 和参考光 $I^r_{pump-on}$ 的光强。

根据式（9.2）和式（9.3）

$$\Delta OD = \left(\lg \frac{I_0}{I}\right)_{pump-on} - \left(\lg \frac{I_0}{I}\right)_{pump-off} \tag{9.11}$$

若假设 $(I_0)_{pump-on} = (I_0)_{pump-off}$，则式（9.11）可以简化为

$$\Delta \text{OD} = \lg \frac{I_{\text{pump-off}}}{I_{\text{pump-on}}} \tag{9.12}$$

由于白光自身的性质，其随时间不可避免地存在一定的抖动。而从采集的过程中看到 $I_{\text{pump-off}}$ 和 $I_{\text{pump-on}}$ 不是同一时刻采集的，因此其对应的白光 $(I_0)_{\text{pump-on}}$ 和 $(I_0)_{\text{pump-off}}$ 也不相等，如果直接使用式(9.12)，其中必然会含有白光抖动的伪信号，此时，参考光就有了作用：由于参考光不与泵浦光重合，因此它不受泵浦光的影响，它随时间的变化即反映白光随时间的变化：

$$\frac{I^{\text{r}}_{\text{pump-off}}}{I^{\text{r}}_{\text{pump-on}}} = \frac{(I_0)_{\text{pump-off}}}{(I_0)_{\text{pump-on}}} \tag{9.13}$$

代入式(9.11)，得

$$\Delta \text{OD} = \lg \left(\frac{I_{\text{pump-off}}}{I_{\text{pump-on}}} \times \frac{I^{\text{r}}_{\text{pump-on}}}{I^{\text{r}}_{\text{pump-off}}} \right) \tag{9.14}$$

最后再扣除每种测量条件下的背景，得到瞬态吸收的基本数据采集与计算公式：

$$\Delta \text{OD} = \lg \left(\frac{I_{\text{pump-off}} - B}{I_{\text{pump-on}} - P} \times \frac{I^{\text{r}}_{\text{pump-on}} - P^{\text{r}}}{I^{\text{r}}_{\text{pump-off}} - B^{\text{r}}} \right) \tag{9.15}$$

该式是波长的函数，为了得到 ΔOD 随时间的变化，延迟线每移动一步都要进行上述的一整套采集与运算。控制延迟线循环往返运行可以实现多次采集求平均。

数据采集完毕后还需要对原始数据进行啁啾矫正（啁啾矫正详见9.5.3）。

9.3.3 采集程序

在确定需要采集的数据后，就需要编写合适的程序让仪器自动地采集需要的信号（表9.1）并做相应的处理 [式(9.15)]。

对于图9.1的瞬态吸收测试系统，用到了快门、电动延迟线和CCD探测器，在程序中需要对它们进行控制并考虑它们运行的时序，为了便于程序的移植、维护与更改，最好将这些仪器控制的部分都分别编写成子程序。

关于程序的编写请参考本书第16章。我们推荐使用LabVIEW编写采集程序，因为LabVIEW基于数据流的编程模式，非常适于编写数据采集与处理程序，而且其特殊的图形化程序框图缩短了开发原型的速度并方便日后的维护。

9.4 超快实验光路调节技巧

9.4.1 双镜法调节光路

双镜法是调节光路的最基本方法。它使用两个反射镜和两个可变光阑，通过调节两个反射镜可以使光束走任意一条预定的直线，如图9.7(a)所示。具体调节方法为：

将两个可变光阑 I1、I2 放置在预设光束所走的路径上→调节 M1 使光束过 I1 的中心→调节 M2 使光束过 I2 的中心→调节 M1 使光束过 I1 的中心→调节 M2 使光束过 I2 的中心，……，如此循环往复。上述步骤可总结为"近调近，远调远"，指的是通过 M1(近)调光路通过 I1(近)中心，通过 M2(远)调光路通过 I2(远)中心。

通过上述循环调节，可以使光束走的路线无限地趋近两可变光阑中心所连成的直线（http://laser. physics. sunysb. edu/～simone/mini-project）。将两个反射镜尽量摆放得近一点，一方面节省空间，一方面可以避免调节过程中光束走离 M2 反射面的情形。双镜法在英文里被称为"walking the beam"，或称为"dog-leg"［光线这种弯折前进的方式正如狗腿弯折的样子，见图 9.7(b)］。

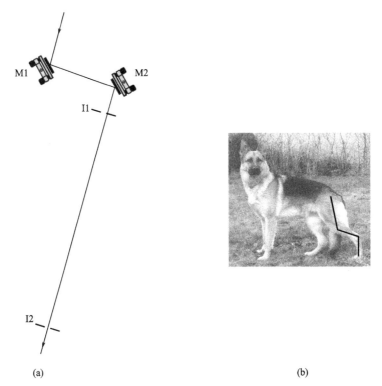

(a)　　　　　　　　　　　　　　　　(b)

图 9.7　(a)调节光路所用的双镜法及(b)"dog-leg"折线形的狗腿示意图

9.4.2　光程设定

光程的概念在超快激光实验中非常重要，对光路的每一次改变都会引起光程的改变从而影响后面实验，对光程的疏忽是初学者常犯的错误。要掌握超快光学实验中光程的设定，首先要理解超快光学中"重合"的概念。在超快光学中，经常会遇到要使两束光重合的情况，如光参量放大(见第 3 章)、光开关等。超快激光一般为重复频率很高的脉冲光(重复频率一般超出人眼对刷新频率的分辨率),所以这里所说的重合首先是空间某处两束光斑在空间上的重合,另外还包含两束脉冲到达该处时间上的重合,见图9.8(在图中将激光形象地画成一个个脉冲的形式以便于理解)。

(a) 空间不重合   (b) 空间重合但时间不重合   (c) 空间和时间上重合

图 9.8   "重合" 概念

下面再来考察一下脉冲间的间隔:假设激光的重复频率是 1kHz,则两个脉冲之间的时间间隔是1ms,乘上光速 $c=3\times10^5$ km/s,两个脉冲之间的空间间隔 D 竟为 300km!而单个脉冲所跨越的长度却只有 $d=150\mathrm{fs}\times3\times10^5\,\mathrm{km/s}=45\mu m$。也就是说,实验室里的一束超快激光,任意时刻都不能找到它的两个脉冲,而对于两束相互独立超快激光,它们最相近的脉冲之间极有可能相距上千米以上。因此,要准确地让两束激光重合,最好的办法就是使用同一束激光分成的两束,然后让它们经过相同的光程。比如上面的瞬态吸收实验,就是将一束基频光分成两束,然后分别让它们去产生泵浦和探测光,并且通过相同的光程,最后才能够在样品处重合。由于泵浦光的产生往往需要通过较长的光路(如通过 OPA、NOPA),因此探测光路设置了一段较长的延时光路以匹配泵浦光路的光程(图9.9)。在设置光路时,可以先使用细线作为量距工具,使泵浦光路和探测光路的光程大致相等,原则是当延迟线处于零点时泵浦光路长于探测光路,当延迟线处于终点时探测光路长于泵浦光路。

9.4.3   延迟线

由于"重合"的需要,要使两束激光的脉冲同时到达发生作用的位置。上节中通过光路的设置对光程进行了粗略的控制,下面介绍如何用延迟线对光程进行精细的调节。

固定其中一束光的光程,而在另一束光的光路中加入如图 9.10(a)所示的装置,即延迟线(delay line)。延迟线的基本组成部分包括一对反射面相互垂直的反射镜和一个平移台,通过旋转平移台的测微丝杆使反射镜对向前/后移动,从而缩短/增加光束的光程达到改变脉冲延时的目的。延迟线理想工作的情况是,光平行导轨入射,经过平移台后平行出射,此时旋转测微丝杆使平移台平移时出射光方向不变。

图 9.10 中所示的延迟线主要用于调节两束激光的重合,如和频、差频、光参量放大等,图 9.11 所示为一个应用在非共线参量放大中的例子。

图 9.11 中的延迟系统在飞秒超快技术中非常实用,利用它可以简单快捷地将基频光转换为可见到近红外,可在瞬态吸收实验中用作可调谐的泵浦光。它只包含四个简单的组成部分:倍频(SHG)、延迟线、白光产生、非共线参量放大(NOPA)。

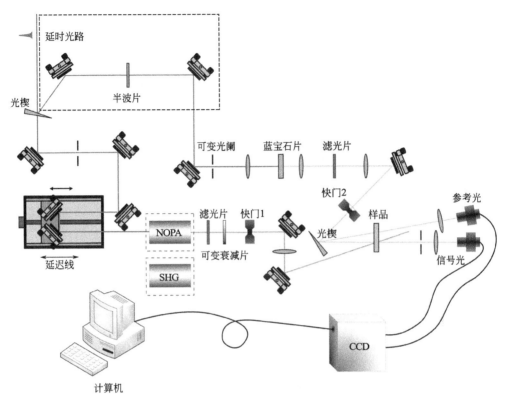

图 9.9   瞬态吸收实验中探测光路的延时光路(见彩图 15)

延迟长度视泵浦光路而定

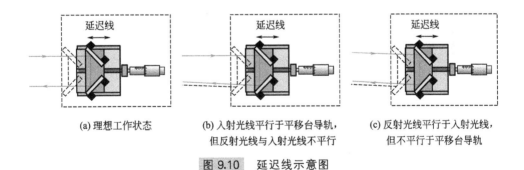

图 9.10   延迟线示意图

这种用于重合调节的短光程手动调节系统，一般行程较短(大多在 20mm 以内)，出射光斑的偏移量控制要求低，因此对调节的精细度要求也不高。但是在瞬态吸收实验(或其他动力学测量实验)中，需要测量泵浦光和探测光在不同延时的吸收以获得瞬态吸收动力学 $\Delta OD(t)$，测量的瞬态过程有可能持续较长的时间，如 1ns(对应于平移台 150mm 的行程)，而要求的时间分辨率却很高，如 100fs(对应于 15μm 的平移台精度)，这时就需要较长的延迟线，并且需要使用

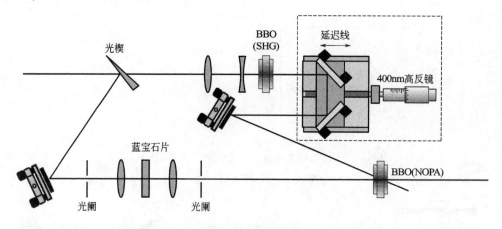

图 9.11 一套简单的 NOPA 系统(见彩图 16)

BBO 切割角：BBO(SHG)为 θ = 29.18°，φ = 0°；BBO(NOPA)为 θ = 32°，
φ = 0°；400nm HR；400nm 高反镜

电动平移台以实现程序对延时的精确自动控制。下面介绍这种延迟线的调节方法。如图 9.12 所示，M1、M2、M3、M4 是反射镜，I1 和 I2 是可变光阑，目的是使光束平行导轨入射且使 M3 和 M4 相互垂直，参照双镜法调构造光路(9.4.1节)的原理，调节步骤为：

① 通过控制器将平移台移至导轨 A 端，调节 M1 使光束经过 I1 的中心；
② 通过控制器将平移台移至导轨 B 端，调节 M2 使光束经过 I1 的中心；
③ 循环步骤1、2直至光束在 A、B 端都准确地过 I1 的中心；
④ 安装 M3、M4 并使它们大致垂直；
⑤ 通过控制器将平移台移至导轨 A 端，调节 M3 使光束经过 I2 的中心；
⑥ 通过控制器将平移台移至导轨 B 端，调节 M4 使光束经过 I2 的中心；
⑦ 循环步骤⑤、⑥直至光束在 A、B 端都准确地经过 I2 的中心。

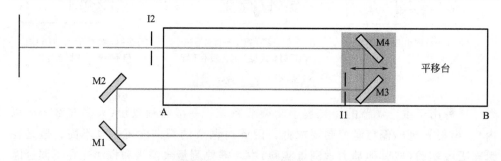

图 9.12 长延迟光路的调节

事实上对于长延迟线通常使用中空角镜(hollow retroreflector) [图 9.13(a)]，代替 M3 和 M4。中空角镜是一个由三个互相垂直的反射镜组成的反射系统，它可

以有效抵消平移台的左右抖动和上下抖动对光路的影响，从而有效提高整个测量系统的信噪比。使用中空角镜在调节上的优势是，由于它的三个反射面严格垂直，入射到其上的光束经两次反射后都平行出射(NASA 利用该原理用激光精确测量月地距离)，因此可以省去调节步骤中的 5～7 步，只需要将入射光调节至与导轨平行，另外可以很方便地利用它将平移台上的光程加倍，从而获得更长的延时，大致示意如图 9.13(b)所示。

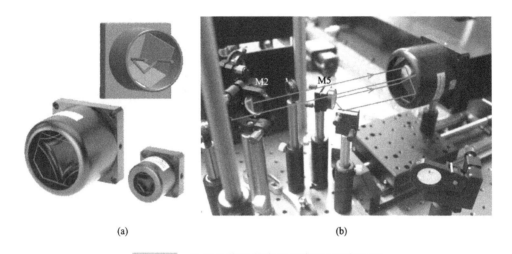

(a)　　　　　　　　　　　　　　　　　　(b)

图 9.13　中空角镜及其应用示意图(见彩图 17)

(a)中空角镜：由三面互相垂直的反射面组成，入射到其上的光束经两次反射后
都平行出射；(b)利用中空角镜形成双倍光程示意图

双光程延迟线的搭建与单光程的类似，只需要在两次入射时都将光束调平行。最后可以通过以下办法验证延迟线是否正确工作：

将从延迟线出射的光引到尽量远处，并放置一屏(也可用光斑分析仪等成像设备代替)，观察在前后移动平移台时落在屏上的光斑是否偏移。如果没有偏移则表明平移台正确工作；如果偏移，则根据偏移量及偏移方向微调此时最后一面入射镜的水平或竖直调节旋钮。

从上节和本节可以看出，在超快技术中，就是通过改变光程来改变脉冲序列间的相对时间的。

9.4.4　重合的调节

前面提到，在超快实验中，经常会遇到要使两束光重合的情况，下面专门来考虑在光程满足条件的情况下，瞬态吸收光路中泵浦光(pump)与信号光(signal)在样品中空间重合的调节。

在瞬态吸收光谱测量中，样品中泵浦光与信号光的重合情况是影响测量信号的

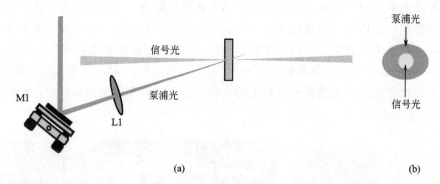

图 9.14 瞬态吸收光路中泵浦光与信号光在样品中空间重合的调节(见彩图 18)

(a) 泵浦光与信号光聚焦于样品上并在样品上重合,信号光正入射并聚焦于样品上,泵浦光斜入
射聚焦于样品靠后;(b) 样品中的泵浦光与信号光光斑的相对大小和位置,泵浦光包裹着信号光

强度与质量的关键因素。重合的调节可以按以下步骤进行(可用荧光样品或白纸置于样品池架中代替所测样品以便于观察和调节)。首先将探测光中的信号光正聚焦到样品上,然后利用银反射镜 M1 调节泵浦光斜照射在样品的同一位置,与信号光的夹角尽量小。然后在泵浦光路中插入一透镜聚焦泵浦光,焦点最好落在样品稍后方,这样一方面便于泵浦光将探测光整个包住 [图 9.14(b)],一方面可防止功率密度过高导致样品损坏,还可以防止在样品中产生白光及其他非线性过程干扰瞬态吸收的测量。但也不要太远离样品,瞬态吸收信号会随着泵浦光焦点的远离而迅速减小,为了便于焦点的调节,可以将聚焦透镜 L_1 固定在一平移台上,也可以将样品架固定在一平移台上,调节样品的位置使样品从泵浦焦点处移开,同时将收集探测光的汇聚镜也固定于一平移台上,作相应的位置调整(由于样品池可能经常需要做一些微小的调节,所以最好将样品架固定在一个多维调整架上)。调节 M1 使泵浦光和探测光在样品位置重叠。但是光依靠肉眼判断的重合是不准确的,为了进一步对两光束的重合进行确认,可以用微摄像头对重合处的图像进行拍摄并实时显示以辅助调节。在完成以上步骤后,就可以接上探测设备,并换上之前测过的某种标准样品进行试测量,并对照测量信号对重合进行最后的优化。

9.4.5 光楔的使用

光楔是前后表面成一定小角度的楔形透光元件。巧妙地使用光楔可以实现很多功能。

当光垂直入射时,可以对光线进行小角度偏折 [图 9.15(a)],如果两个光楔配对使用,分别旋转每个光楔,可以使出射光线位于一个以入射光为轴线的角锥体内的任意方向上。

当光倾斜入射时,可以用于分光 [图 9.15(b)]。使用光楔分光有两个特点:①分光比大;②前后表面反射角不同,反射光在空间上分离。在图 9.1 所示的光路

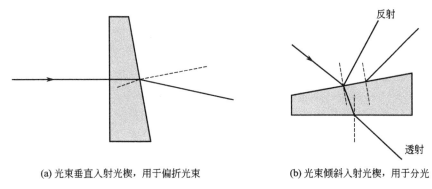

(a) 光束垂直入射光楔，用于偏折光束　　　　　(b) 光束倾斜入射光楔，用于分光

图 9.15　光楔使用示意图

中，两次使用到光楔，利用的正是这两个特点。

第一次用于将基频光分为泵浦光路和探测光路，因为产生探测光（白光）需要的能量非常小，大的分光比可以使大部分光透过，不至于造成激光能量的浪费；前后表面的反射光在空间分离可以避免产生的探测光是时间上一前一后两个脉冲信号光的叠加。

第二次用于将探测光分为信号光和参考光，利用的是前后表面反射的光，这两束反射光空间上相互分开，在强度上相差不大，光谱上非常一致，好于大部分宽带分束片；由于 CCD 非常灵敏，如果用 50∶50 分束片，产生的信号和参考光会直接使 CCD 饱和，而使用光楔的反射光则起到了很好的预衰减作用。

9.4.6　偏振调节

由激光器输出的基频光是线偏振且固定的（一般为水平或竖直），但为了满足超快实验，有时需要改变光的偏振，如 NOPA 中的泵浦光和种子光偏振要互相垂直，瞬态吸收中泵浦光和探测光之间的偏振要调成 54.7°（被称为魔角，该角度下测量得到的动力学与偶极矩取向弛豫无关，参见第 11 章）。下面介绍一些超快实验中偏振调节的方法。

改变光偏振方向最常用的元件是半波片，它是一片具有特定厚度的双折射晶体，线偏振光入射后被分解为相互垂直的两个分量，这两个分量在波片中通过会产生半个波长的光程差（即 π 的相位差），出射时重新组合为新的线偏振特性，旋转半波片可以得到任意偏振方向的光线。使用半波片时需注意，通常的半波片只对应于特定的波长。

另一种可以改变光偏振的元件是偏振片。偏振片有很多种，它们的作用是只透过特定偏振方向的光，与半波片的区别是透过偏振片的光会因偏振角度而有不同程度的衰减，但一般可用于较宽的光谱波段。

格兰-泰勒棱镜（或其他偏振分光棱镜）是一种较理想的偏振分光元件，它类似于偏振片，可以很方便地利用它同时获得偏振方向相互垂直的两个分量（透过光和反射光）。

通常调节光束偏振的方法为（图 9.16）：

> 根据已知的信息（如基频光的偏振方向）校定偏振片或格兰-泰勒棱镜的起始位置；在需要改变光束偏振的位置放置相应波长的半波片，在其后方放置校对后的偏振片/格兰-泰勒棱镜，并根据已知信息调节至所需的出射光的偏振角度（或垂直角度）；在后方放置白屏/功率计，调节半波片使屏上的光斑最强（弱）/功率计示数最大（小）；移去偏振片/格兰-泰勒棱镜和白屏/功率计。
>
> 在瞬态吸收中调节泵浦光和探测光偏振夹角的方法与上述类似，只需要将泵浦光/探测光的偏振方向作为已知的信息。

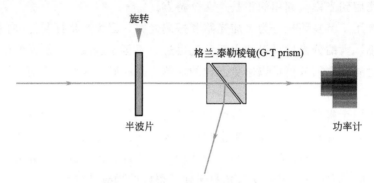

图 9.16　调节光束偏振的方法示意图

从上面还可以看出，用波片＋偏振片/格兰-泰勒棱镜的组合也可以实现衰减光束的功能，理想情况下旋转波片可以得到任意的衰减比例，在没有合适衰减片的情况下可以替代衰减片。

在超快激光的实验光路中，通常都将光束限制在同一水平高度内。一般地同一高度内的反射、透射、聚焦、衰减基本不改变光的偏振方向［但注意一些不保偏的镀膜、PET（聚酯）膜及双折射晶体等会改变光的偏振］。但有时会用到潜望镜，用于连接光路高度不同的两个光路系统（如激光器到 NOPA），在使用时需要注意其对偏振的改变。潜望镜对偏振的影响如图 9.17 所示。

事实上，对于任意改变光路高度的两次反射，如果入射光与出射光平行，则偏振不变，因为光束的两次反射面是共平面，任意偏振方向在平行与垂直该反射平面分解再重组后不变；如果出射光与入射光不平行，则偏振发生旋转。

9.4.7　翻转镜的使用

飞秒光学测量系统光路上光学元件较多，入射方向的微小变动都会影响系统的正常功能。如果需要经常在两套光路系统间切换而又不必担心因入射光方向改变而

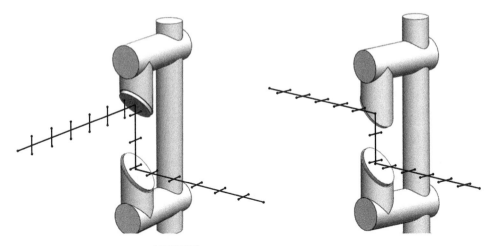

图 9.17　潜望镜对光束偏振的影响

引入的麻烦，可以采用一面翻转镜来实现这一功能（图 9.18）。比如在瞬态吸收光谱动力学采集方式与单波长动力学采集方式之间的切换。

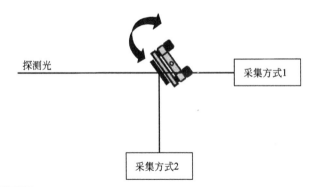

图 9.18　使用翻转镜切换在采集方式 1 与采集方式 2 间快速切换

　　使用中应当选择质量可靠的翻转镜架（flipper mount）以减小来回翻转的机械形变误差，或者也可以用精密平移台将反射镜推入推出光路来模仿翻转镜的作用，平移台的刻度作为恢复原位的依据。

9.5　超连续白光

　　由于超连续白光（supercontinuum or white light continuum，本文中简称白光）具有稳定、光谱范围宽、产生简单等优点，大量的飞秒瞬态吸收实验都使用超连续白光作为探测光，在这些瞬态吸收实验中，白光的质量直接决定了测量数据的质量。除了飞秒瞬态吸收技术外，超连续白光还被用于诸多超快技术中（如图 9.11 中的 NOPA 的种子光）。由于白光的重要性，下文详细地介绍白光的产生、性质与调节。

9.5.1 白光产生简介

当超快激光聚焦到透明介质中且功率密度达到一定阈值时,在介质中会发生非常显著的光谱展宽现象。这一现象通常称为超连续白光产生。白光的产生通常被认为是由强激光在介质中产生自聚焦通道,并在通道中产生自相位调制、电离增强自相位调制,四波混频、受激散射以及交叉相位调制等复杂的强非线性光学过程而形成的综合结果[4~6]。白光首先由 Alfano R. R. 等人于 1970 年报道在玻璃中产生[7],而后在诸多介质(包括气体)中实现了白光的产生。

飞秒超快实验对白光的稳定性要求较高,常用的白光通常由 800nm 基频光在固体或液体介质中产生,其光谱可覆盖可见到近红外的 400~1400nm 区域,瞬态吸收实验的宽谱探测正是利用了白光宽频谱范围的特点。图 9.19 所示为典型的白光产生光路,图 9.20 所示为以蓝宝石为介质的典型白光的照片及相应的光谱。

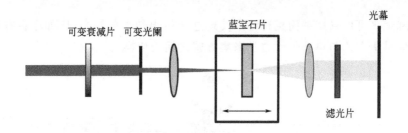

图 9.19 白光产生光路示意图

利用调节衰减片、可变光阑、平移台和更改透镜焦距获得稳定的白光

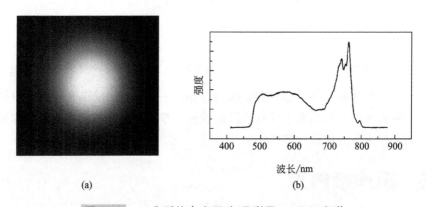

(a)　　　　　　　　(b)

图 9.20 (a)典型的白光照片(见彩图 19)及(b)光谱

黑线和灰线为不同基频光能量及光阑孔径下的光谱,730nm 处的截止为滤光片所致

不同介质产生的白光的特点和光谱范围有所不同,相同介质在不同条件下产生的白光也不尽相同。实验中最常用的白光产生介质主要是蓝宝石(sapphire, Al_2O_3)、氟化钙(CaF_2)和 H_2O(或氘代水,D_2O)及体积比为 1:1 的 H_2O/D_2O 混

合物。蓝宝石产生的白光稳定且光谱平滑,短波从 450nm 左右开始;氟化钙产生的白光短波可到 300nm,但氟化钙容易被长时间的聚焦激光损伤,使用时可以将其置于缓慢平移或转动的平台上;水产生的白光光谱比蓝宝石稍宽,短波从 380nm 开始,但不及蓝宝石产生的白光稳定及平滑,且使用时基频光和白光必须通过样品池壁而引入额外的啁啾(啁啾详见 9.5.3 节)。

基于以上情况,实验室中使用最广泛的白光产生介质是蓝宝石,下文中对白光的描述均以蓝宝石产生的白光为例。

9.5.2　白光产生条件

本节从以下几个方面探索稳定白光产生的条件。

(1)蓝宝石片的厚度　使用厚 0.1mm、0.5mm、1mm、2mm 的蓝宝石作为白光产生介质的实验表明,厚 0.1mm 和 0.5mm 的蓝宝石都无法产生白光,原因是太薄的晶体中无法形成自聚焦通道;厚 1mm 的蓝宝石中可以产生白光但无法得到均匀的光斑;使用厚 2mm 的蓝宝石时,产生白光比较容易,且能得到均匀稳定的光斑。使用较厚的晶体能得到较高的白光产生效率以及较稳定的光斑,但由于白光的光谱非常宽,晶体的普通色散及高阶色散会对输出的白光引入额外的啁啾,因此,在瞬态吸收实验中使用的蓝宝石片以 2~3mm 为宜。

(2)蓝宝石晶体的切割方向　超快实验中用于产生白光的蓝宝石是 Al_2O_3 单晶,为斜方六面体,无色透明。蓝宝石片的切割方向工业上区分为 C、R、A、M 四个方向。实验表明,使用 C 切割(C-Cut)的蓝宝石晶体产生白光,转动晶体时,产生的白光不发生变化;而使用其他三个方向切割的蓝宝石晶体产生白光,白光会随晶体的转动而发生周期性变化。原因是蓝宝石是双折射晶体,非 C 切割方向的蓝宝石片在旋转时会发生双折射,因此应该选择 C 切割方向的蓝宝石片作为白光产生介质。

(3)基频光能量、基频光光斑大小、聚焦情况　这三项作用可通过分别调节可变衰减片(可变中性密度滤光片,variable neutral density filter)、可变光阑、透镜焦距和平移台的位置来实现,见图 9.19。基频光能量过低无法在蓝宝石晶体中形成完整的自聚焦通道(成丝,filamentation)[8],基频光能量过强或光束直径过大则会产生多个自聚焦通道(多丝,multi-filament),并在多丝间发生能量竞争[9]。同时,多个丝产生多束独立的白光,这些白光具有相同的位相,会发生复杂的干涉,导致输出的白光光斑分布不均匀且不稳定。一般形成稳定白光的基频光脉冲能量在 1μJ 左右,光阑的开孔直径约 2mm 左右。当使用更长的透镜聚焦基频光时,产生的白光会有所红移,但光谱分布会更加均匀,由于焦点上光束直径增加,需要的基频光能量也会有所提高。白光的性质对以上的调节都比较敏感,在产生时需要精细调节。

(4)滤光片。800nm 基频光产生的白光中 800nm 附近谱段占绝大部分,但这部分光分布非常不均匀，从 800nm 中心处往两边迅速减少，且非常不稳，无法在瞬态吸收实验中利用，另外，产生的白光中还会有大量剩余的基频光，需要一并用滤光片滤除（可以使用有色玻璃滤光片，一方面在 800nm 截止滤除基频光，一方面其较缓的截止坡度可以对靠近 800nm 的波段起到一定的整形作用）。如果瞬态吸收实验所需观测的信号正好在 800nm 附近，一种办法是试图调整激光器的出光频率使基频光更加远离观测区域，文献中（见孟康学位论文）有报道利用 OPA 产生的 1600nm 近红外光来产生白光，在 800nm 附近能获得较平坦的光谱。

9.5.3 白光的色散与色差

超连续白光光谱非常宽，在介质中会发生明显的色散。由于群速色散（group velocity dispersion，GVD 见第 13 章）效应，脉冲中不同频率分量在介质中以不同的速度传输，对于正常色散介质，红光（低频/长波）较蓝光（高频/短波）传输得快，导致色散后的脉冲为红光在前蓝光在后，脉冲的这种结构称为啁啾（chirp）。白光在通过蓝宝石、透镜、滤光片、样品池等介质后，会具有显著的啁啾结构，到达样品时脉宽能达到几皮秒。如图 9.21 所示为应用光克尔门技术测得的在不同延时时刻（克尔门泵浦光和探测光之间的时间间隔）通过克尔门的白光光谱分量。可见，在延时早期，蓝光先出现（意味着其在脉冲的最后沿），红光随后才出现（意味着其在脉冲的前沿）。

白光的这种啁啾结构对瞬态吸收测量是不利的。由于白光存在数皮秒的啁啾结构，在早期，动力学过程无法实现全谱段测量，相应的单波长动力学的零时刻也不

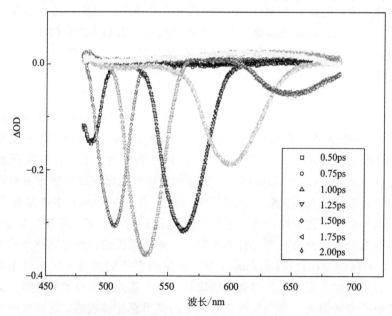

图 9.21 不同延时下通过克尔门的白光光谱分量

从中可以看出白光具有显著的啁啾结构

相同，如图 9.22 所示，改变延迟线对应的是改变图 9.22(a)中泵浦光在横轴上的位置，当缩短延迟线使泵浦光从右向左扫过探测光时，短波的信号先出现，长波的信号后出现，每个波长的动力学对应的时间都不一致，如图 9.22(b)所示。因此在进行时间分辨光谱分析时，应当先对原始数据进行时间零点矫正。

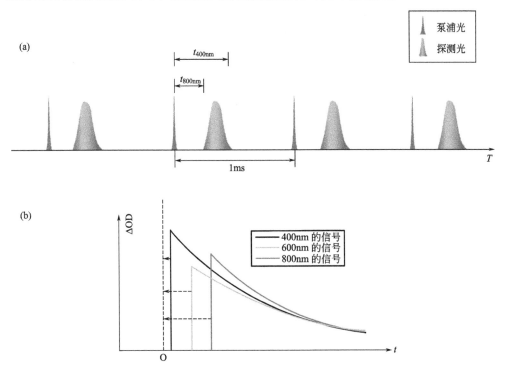

图 9.22　白光作探测光时泵浦与探测光相对延时示意图及不同波长动力学示意图

(a)白光作探测光时泵浦与探测光相对延时示意图，横轴 T 指的是脉冲到达样品的绝对时间，每个固定延迟下测得的光谱都包含啁啾结构(见彩图 20)；(b)不同波长动力学示意图，横轴 t 指的是泵浦光与探测光的时间间隔，虚线箭头表示啁啾矫正时对各个波长动力学在时间上进行平移

可以利用白光本身的啁啾结构，即利用图 9.21，对测到的 $\Delta \mathrm{OD}(\lambda, t)$ 进行矫正，该方法最先由 S. Yamaguchi 等人所提出[10]。光克尔门的基本原理(参见第 12 章)所采用的光路与图 9.1 几乎完全一样，只需将原来的样品替换为正己烷或其他克尔介质，最好也采用相同的样品池以保持测到的啁啾量与瞬态吸收实验一致，固体样品用石英等固体克尔介质替代。

白光啁啾结构的测量过程如下。

① 在接收白光的探测器前放置偏振片/格兰-泰勒棱镜，一边旋转偏振片/格兰-泰勒棱镜，一边实时观察白光的光谱使白光最弱从而获得白光的垂直偏振。

② 以上步得到的白光的偏振信息作为已知信息，按照 9.4.6 节的方法，调节半波片使泵浦光与白光的偏振方向成 45°角。

③ 将偏振片/格兰-泰勒棱镜放回接收白光的探测器前并再次使白光消光。

④ 利用瞬态吸收测量程序测得白光在不同延时时刻的光谱，如图 9.21 所示。

对光谱进行高斯拟合，可以直接从图 9.21 中得到不同波长的光到达样品的延时时间。但是白光在长波位置的光谱形状比较宽，且经常会有比较杂乱的结构，这一点在近红外光谱中尤为明显，对光谱峰值位置的确定带来很大的不便，因此在实际应用中往往是利用不同波长的白光所对应的动力学曲线［图 9.23(a)］来提取啁啾结构。

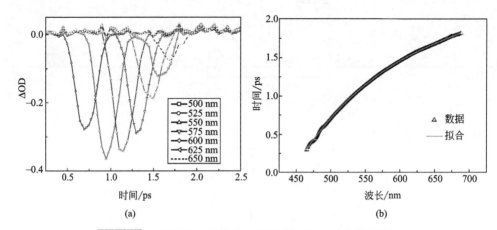

图 9.23　(a)不同波长的白光所对应的动力学曲线及(b)对
动力学曲线进行高斯拟合得到的中心延时时间对波长
的啁啾曲线及相应的多项式拟合

啁啾的提取与矫正过程如下。

① 对每个波长的动力学曲线进行高斯拟合获得中心时间，以其相对波长作图得到啁啾曲线，如图 9.23(b) 所示。

② 利用三阶或四阶多项式对啁啾曲线进行拟合，就可以得到任意波长的白光所对应的延时时间。

③ 将所测瞬态吸收数据中的每一个波长的动力学的时间坐标对照相应的延时进行矫正，如图 9.22(b) 所示，其物理意义就是人为地令不同波长的探测光在同一时刻到达样品。

④ 把调整后的所有动力学重新组合成为新的光谱数据。

通过以上矫正过程，就得到了具有真正物理意义的瞬态吸收光谱。

白光的宽光谱导致的另一个问题是色差。如图 9.24 所示，当用透镜将白光聚焦到样品上时，不同波长的光聚焦的焦点在纵向弥散开，如果白光光斑调节得不对称，焦点还会在横向弥散开，当泵浦光与其中的红光重叠得最好时［见 图 9.14 (b)］，与蓝光部分却可能重叠得不好，此时瞬态吸收光谱的形状就会被扭曲。使

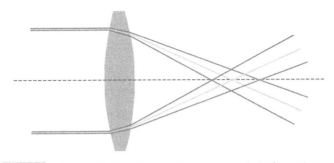

图 9.24　不同颜色的光被透镜聚焦在不同的焦点处(见彩图 21)

用双胶合透镜可以有效地消除这种色差，但却会引入更大的啁啾。因此建议，尤其是对时间分辨率要求较严格的实验，在光路中使用反射元件代替透射元件，如使用凹面镜代替透镜，一方面消除色差，另一方面不会引入更多的啁啾。

9.6　实验检错

　　虽然有的样品由于样品条件问题不适于做飞秒瞬态吸收实验，但当发现所测样品没有信号时不能急着下结论，将之前标定过的标准样品换上进行测量，如果也没有信号的话就说明实验搭建上有问题，此时就要对实验寻错。下面列举了一些在仪器都正常工作情况下，飞秒瞬态吸收实验中常见的错误现象与对应的原因。

　　① 扫延迟线找不到信号：光程设置错误，延迟线处于零点时，探测光超过泵浦光太多或反之；延迟线没调平，在延迟线移动时，出射光束发生漂移使之在样品处重合不好；重合调节得不好，泵浦光与探测光空间重合不佳或激发光的聚焦与光强欠妥，导致信号太小而淹没在噪声中观察不到。

　　② 有信号但扫延迟线观察不到信号上升沿：光程设置错误，延迟线处于零点时，探测光超过泵浦光太多。

　　③ 瞬态光谱抖动剧烈：白光产生条件不佳，导致白光抖动过于厉害；信号与参考光纤探头对光的接收不对称，测到的信号光与参考光之一的光谱严重失真，在计算时对白光的抖动消除不利。

　　④ 延迟线不动，调节重合时瞬态光谱不仅大小在变，形状也在变：如果延迟线处于非常靠近时间重合的位置，则这可能是正常现象。如果在延迟线其他位置该现象依然存在，则白光调节不佳，白光未聚焦于样品处，由于色差的原因，白光的各色成分在样品处分布开，泵浦光只与其中部分重合。

　　⑤ 光谱成倒像：信号与参考光纤探头交换，导致所有的 I 与 I^r 量对调，计算得到 $-\Delta OD$；如果是 shot-to-shot 测量系统(见 9.7.3 节)，也可能是判别位的问题，移动斩波器或调整斩波器相位或更改程序以更正。

9.7 其他测量方法

利用 CCD 测量瞬态吸收可以方便地获得整个光谱信息，并可以从中得到各个波长的动力学信息。但是 9.3 节介绍的方法需要多次开关电子快门，利用这种方法采集数据测量时间较长。这不但极大地降低了仪器的使用效率，而且长时间的测量对于一些不稳定的样品如蛋白体系等会造成样品损伤而变质。在本节中，将简要介绍几种其他测量方法。这几种方法在光路构成上基本上与图 9.1 一致，因此只关注其数据采集部分的区别。

9.7.1 锁相放大器

如图 9.25 所示，斩波器以固定的频率（如 193Hz）斩泵浦光并将该频率输给锁相放大器（lock-in amplifier）的参考输入，同时用单色仪将探测光中的某个波长成分入射到二极管探测器，信号经电压放大后输给锁相放大器输入端。锁相放大器的特点是能够在所有信号中解调出与参考信号同频同相变化的微小信号（参见第 15 章），因此锁相放大器输出的值正比于有无泵浦光情况下探测光强度之差 $|I_{\text{pump-on}} - I_{\text{pump-off}}|$，通过扫描时间延时就可以得到单个波长的动力学。

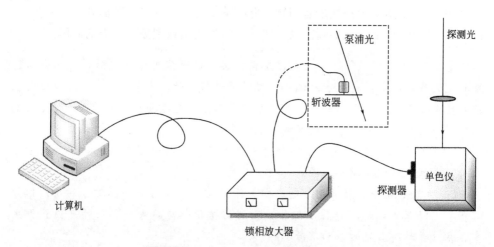

图 9.25 锁相放大器测量系统示意图

但是要注意的是，锁相放大器直接给出的只是一个强度值，既没有正负号，也不是 ΔOD。实验中，可以用斩波器直接斩探测光，然后记录挡住和放开泵浦光时的锁相放大器的示数 $I_{\text{pump-off}}$ 和 $I_{\text{pump-on}}$，通过计算确定 ΔOD：

$$\Delta\text{OD}(t) = \lg \frac{I_{\text{pump-off}}}{I_{\text{pump-on}}(t)} = \lg \frac{I_{\text{pump-off}}}{I_{\text{pump-off}} \pm |I_{\text{pump-on}}(t) - I_{\text{pump-off}}(t)|} \quad (9.16)$$

其中正负号取决于 $I_{\text{pump-off}}$ 和 $I_{\text{pump-on}}$ 的大小。

9.7.2　门积分平均器

门积分平均器(Boxcar)是一种利用相关原理,对被测信号在所选时间门内进行多次平均的微弱信号检测装置。它可对被测微弱信号进行取样和积分,从而再现深埋在噪声中的周期重复微弱信号的快速时间变化及测量重复脉冲振幅。因而可以利用 Boxcar 实现瞬态吸收系统的单脉冲(single-shot)探测,如图 9.26 所示。将激光器放大级 1kHz 的同步信号(synchronization signal)输给 Boxcar 作为触发(trigger),同时输给斩波器。斩波器以其 1/2 分频即 500Hz 斩泵浦光,斩波器实际工作频率TTL 信号输给双通道(double channel)Boxcar 的其中一个通道作为信号 2。探测光经单色仪后由二极管或光电倍增管探测,电压输给 Boxcar 的另一个通道作为信号 1。

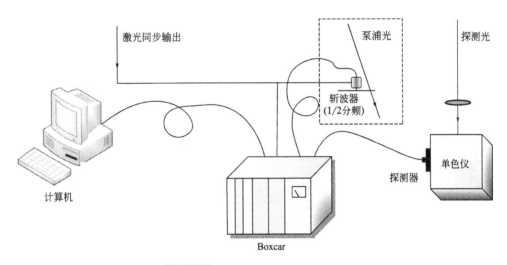

图 9.26　Boxcar 测量系统示意图

Boxcar 测量系统各设备间的工作时序如图 9.27 所示。以斩波器信号判别探测光处于有泵浦光还是无泵浦光状态,每相邻两个探测脉冲包含一对 $I_{pump-on}$ 和 $I_{pump-off}$ 信号,由此即可计算得到一个 ΔOD 的数据(通常认为相邻脉冲的探测光抖动很小,可以不需要参考光),如果连续采集 200 个脉冲,就可得到 100 个 ΔOD 值作平均,这种测量与计算方式被称为相邻脉冲模式(shot-to-shot),它可以很大程度上消除脉冲强度随时间慢变化及光路抖动带来的误差。在此基础上,扫描延迟线可以得到单波长动力学 $\Delta OD(t)$,扫描单色仪便可构建时间分辨瞬态光谱 $\Delta OD(\lambda, t)$。

除了单脉冲高速采集的特点外,Boxcar 的门积分器(gated integrator)还能产生短至纳秒的采样门,如图 9.28 所示,将采样门设置在只涵盖探测信号的时间区域,可以极大地提高采集数据的信噪比。

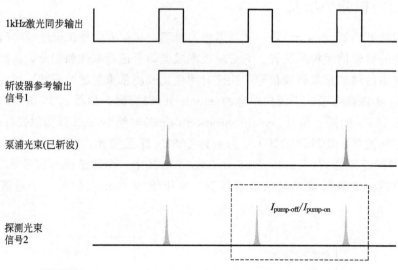

图9.27　Boxcar 双通道测量瞬态吸收信号工作时序示意图

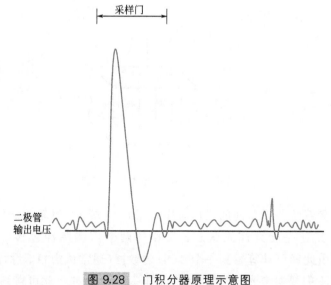

图 9.28　门积分器原理示意图

门积分器能产生较窄的采样门，只对门内时间区域的信号积分，可极大地提高信噪比

9.7.3　电荷耦合器件

参照 Boxcar 的工作原理，原则上用电荷耦合器件（CCD）也可以实现 shot-to-shot 的测量方式，但目前很多 CCD 帧频依然达不到每秒千帧的速度（1kfps，kiloframes per second），若要实现单脉冲测量方式，就要对激光器进行降频。德国 Entwicklungsbuero Stresing 公司专为 I/I_0 光谱测量设计的双路探测系统（Double

Line System)［包含 CCD 或二极管阵列（PDA）探测器的双路探测系统］及 Prince ton Instrument 等公司的面阵（需做像素并元，binning）或线阵 EMCCD（electron multiplying CCD）或 ICCD（intensified CCD）等都可以实现大于 1kfps 采集速度，以下以双路探测系统为例简单介绍基于 CCD 的 shot-to-shot 测量方法。

如图 9.29 所示，飞秒激光器工作在 1kHz，斩波器工作在其 1/2 分频，将激光器的同步 TTL 信号输出给 PCI 卡的触发输入端"触发输入"作为 CCD 采集的外触发，将斩波器实际工作的 TTL 信号输入到 PCI 卡的"光耦合器输入"

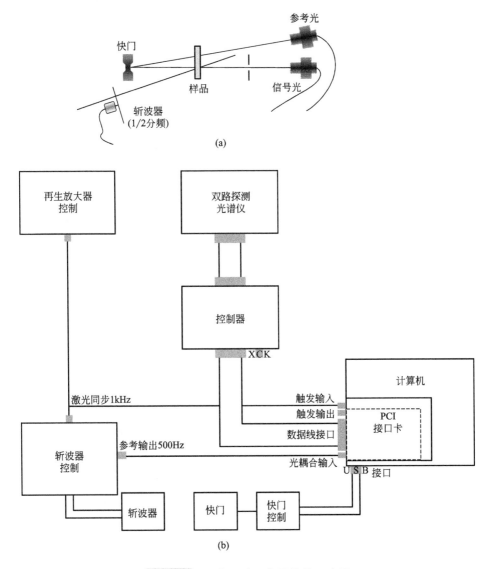

图 9.29 采集系统及仪器接线示意图

(a)采集系统示意图，用斩波器调制泵浦光并在探测路中置入一快门；(b)仪器接线示意图作为有无泵浦的判别位(该 TTL 电平的高/低在采集到的光谱数据的第一位上以 0/1 标识)。利用图 9.29 设置能以 single-shot 的方式采集类似于表 9.1 中的数据(见表 9.2)。

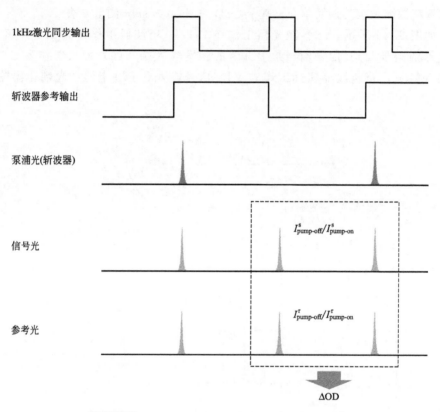

图 9.30　CCD 单脉冲测量方式工作时序示意图

斩波器(chopper)输出作为判别位,经每两个连续采集周期可计算得到一个 ΔOD 数据

CCD 单脉冲测量方式工作时序如图 9.30 所示。

表 9.2　适用于 CCD 单脉冲测量的快门状态控制循环采样步骤

步骤 \ 仪器	泵浦斩波器	探测快门	信号光探测器	参考光探测器
步骤 1	×	×	B	B^r
步骤 2	○	×	P	P^r
步骤 3	×	○	$I_{pump\text{-}off}$	$I^r_{pump\text{-}off}$
步骤 4	○	○	$I_{pump\text{-}on}$	$I^r_{pump\text{-}on}$
步骤 5	重复步骤 3 和步骤 4			
步骤 6				

······

表 9.2 中，×代表快门关或斩波器输出低电平，○代表快门开或斩波器输出高电平。

为了使斩波器处于正确的工作模式（见图 9.31），获得其输出的 TTL 信号电平的高低与泵浦光的状态即完全透过与完全挡住间的一一对应关系，需要事先对斩波器进行一些调节。步骤是，将斩波器的实际工作频率输给示波器，用二极管接收一小部分被斩波器调制的泵浦光，将该信号输给示波器。观察其是否只出现在斩波器 TTL 高/低电平下，如果不是，移动斩波器的位置（如果斩波器有相位控制，也可以调节其相位），使二极管探测到的泵浦光透过信号出现在斩波器 TTL 高电平下。一种更直接有效的观察办法是，用 CCD 接收一部分泵浦光，直接从程序上利用判别位将高电平和低电平时测到的光谱区分开，观察泵浦光出现在哪部分采集到的光谱数据中。测量过程中先关闭快门采集一定脉冲做为背景，然后打开快门采集数据并按式（9.15）运算。

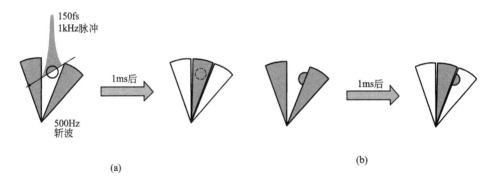

图 9.31　斩波器的工作状态正误对比

(a)斩波器正确的工作状态，激光脉冲依次通过和不通过；(b) 斩波器不正确的
工作状态，激光脉冲每次只有部分通过

参 考 文 献

［1］　Reid，G. D.；Wynne，K. *Ultrafast Laser Technology and Spectroscopy*；R. A. Meyer．；Chichester：John Wiley & Sons Ltd，**2000**；pp. 13644-13670 in Encyclopedia of Analytical Chemistry.

［2］　Foggi，P.；Bussotti，L.；Neuwahl，F. V. R. *Int. J. Photoenergy* **2001**，3，103-109.

［3］　Wang，Y.；Chen，H.；Wu，H.；Li，X.；Weng，Y. *J. Am. Chem. Soc.* **2009**，131，30-31.

［4］　Yang，G.；Shen，Y. R. *Opt. Lett.* **1984**，9，510-512.

［5］　Corkum，P.；Rolland，C.；Srinivasan-Rao，T. *Phys. Rev. Lett.* **1986**，57，2268-2271.

［6］　Fork，R.；Shank，C.；Hirlimann，C.；Yen，R；Tbmlinson，W. J. *Opt. Lett.* **1983**，8，1-3.

［7］　Alfano，R.；Shapiro，S. *Phys. Rev. Lett.* **1970**，24，584-587.

［8］　Couairon，A；Mysyrowicz，A. *Phys. Rep.* **2007**，441，47-189.

［9］　Hosseini，S.；Luo，Q.；Ferland，B.；Liu，W.；Chin，S.；Kosareva，O.；Panov，N.；Aközbek，N.；Kandidov，V. *Phys. Rev. A* **2004**，70，1-12.

［10］　Yamaguchi，S.；Hamaguchi，H. *Appl. Spectroscopy* **1995**，49；1513-1515.

附：本章多处引用了以下学位论文的内容，文中未详细标出，请读者自行参考：

张蕾，光合系统人工模拟系统的超快光谱研究［学位论文］. 北京：中国科学院研究生院，2004.

陈兴海，飞秒超快光谱系统及其应用研究［学位论文］. 北京：中国科学院研究生院，2006.

于志浩，超快光谱学中的非线性及相位相关研究［学位论文］. 北京：中国科学院研究生院，2010.

陈海龙，光合模拟体系及海藻捕光蛋白的超快光谱研究［学位论文］. 北京：中国科学院研究生院，2011.

蒙康，聚合物光伏材料的超快光谱研究［学位论文］. 北京：北京大学，2011.

高炳荣，有机小分子和共轭聚合物光电特性的超快光谱研究［学位论文］. 长春：吉林大学，2011.

第10章

Chapter 10

数据处理方法
奇异值分解及全局拟合

实验是获得信息的一个重要手段，在以上各章里，通过各种实验手段获得了所需要的数据，与样品有关的一些重要信息也正包含在其中，但研究工作到此还尚未结束。达·芬奇曾说过："实验是不会骗人的。被骗的是人的判断，因为判断总是渴求实验所没有给予的结果"。因此对实验数据进行系统、详尽、客观的处理和分析是非常必要的。在这一章里，主要介绍奇异值分解（singular value decomposition，SVD）和全局拟合方法，并通过实例分析，演示如何通过该方法从复杂的数据中分解出包含在其中的所有瞬态组分的信息，给出分析数据的基本思路和求解方法。

10.1　方法简介

采用时间分辨光谱学的方法测量一些比较复杂的物理、化学或生物系统时，得到的数据往往是一个复杂的二维矩阵。其中包含着多个组分，每个组分具有不同的特征光谱以及相应的动力学过程，它们交叠在一起，当组分较多或光谱比较接近时便难于直接从数据中分析出各个过程。以基于三激发态串行反应模型为例。其过程可以用示意图表示如下：

$$S_0 \xrightarrow{h\nu} S_1 \xrightarrow{k_1} S_2 \xrightarrow{k_2} S_3 \xrightarrow{k_3} S_0$$

即样品被泵浦光从 S_0 基态激发到 S_1 态后，紧接着以速率常数 k_1 到达 S_2 态，然后以速率常数 k_3 到达 S_3 态，最终再回到基态 S_0。图 10.1 所示为根据三个激发态对应的吸收光谱随时间演化的叠加构造而成的瞬态吸收光谱。图 10.2 所示为从中提取的不同波长的动力学过程及不同时刻的瞬态光谱曲线。但无论从哪幅图中，都很难从中直接分析出三个过程的时间常数及各自的吸收光谱曲线。更为重要的是，若事先不知道样品激发后所发生的动力学过程，甚至都无法确定其中所

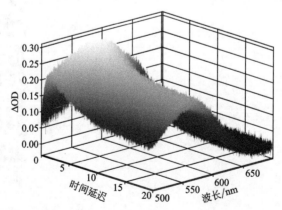

图 10.1　基于三激发态串行反应模型构造的瞬态吸收光谱

数据忽略了仪器响应函数的影响，并在数据的各点
加入了标准差为 0.02 的高斯分布的随机白噪声

包含组分的个数。因此，有必要借助一些数学分析方法，从获得的数据中提取所需要的信息。

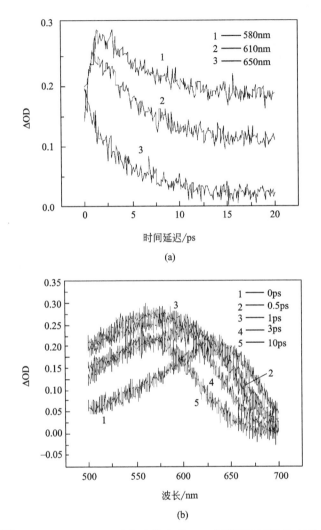

图 **10.2**　对图10.1所示的瞬态吸收光谱，(a)分别提取不同波长的动力学曲线；(b)不同时刻的光谱曲线

奇异值分解（SVD）[1~3]和全局拟合（global fitting）相结合是分析时间分辨光谱的一个常用手段，其数学方法严谨，物理思想清楚，被广泛应用于气象分析、图像修理、基因选择等各个领域。其原理是首先经过数学处理，从原始数据中得到几个主要成分；除掉次要成分后，再通过分析几个主成分得到吸光组分（species）的光谱及相应的时间动力学曲线。这样一方面不但可以大大减少工作量，而且还可以滤除实验噪声。

实际上，对于这种方法来说，数据矩阵的 SVD 分解计算只是数据处理过程中若干步骤中的一步。一般来说,我们可以将整个分析过程分为四个步骤[4],即数据矩阵的准备,矩阵的 SVD 计算,选择适当的组分以及建立物理模型。本节将以图 10.1 所示数据为例,来逐步介绍 SVD 方法在时间分辨光谱中的运用。

10.2　数据矩阵的准备

对实验数据运用 SVD 方法进行分析之前,需要先将它表示成一个二维矩阵 A 的形式。以瞬态吸收实验为例,矩阵 A 的每一列代表一固定延迟时刻的差异吸收光谱,是一个关于波长 λ 的函数,不同的列向量就代表不同时刻的吸收光谱。而矩阵的每一行对应于某一固定波长的吸收随时间的变化,是关于时间 t 的函数。即对于矩阵 A 中的每一个元素,有 $A_{ij} = A(\lambda_i, t_j)$。

对有些数据矩阵,在进行分析前还有必要对其进行一些预处理。这通常包含三个方面的内容,即矩阵的截断(truncation)、平滑(smoothing)和加权(weighting)处理。截断即通过选取矩阵的一部分子集而舍弃其他部分的方式将其尺寸进行一定的缩减。通常舍去的是那些吸收度很小或噪声抖动很大的地方,以方便数据的进一步处理。有时数据的某些部分可能存在伪像,例如某些非信号光漏入光谱仪中,使某些波长范围内的数据产生一些失真,在进行数据分析前有必要将这一部分舍去。

平滑处理可以通过将邻近的数据点进行平均或是采用其他算法来降低数据的噪声。原则上这一过程即可以对数据矩阵的列向量进行,也可以对其行向量进行,但无论运用哪种平滑程序,都难免会在数据中引入一些伪像。实际上,可以从数学上推导出 SVD 方法本身就具有噪声平均性[4],即 SVD 算法对数据中最主要的几个成分起着噪声过滤的作用。这样通过 SVD 方法重构的数据,其大多数主成分所包含的随机测量噪声都可以得到有效的抑制,并且不会产生上述伪像问题。因此,如果采用 SVD 方法来处理数据,一般说来,无需对矩阵预先进行任何平滑处理。此外,在推导 SVD 噪声平均性的过程中还会得到这样一个结论:在任一维度上增大数据矩阵的容量,都可以增加处理后重构数据的信噪比。但这样做的前提是增加的数据点一定要带有有用的信息,并且不是以增大数据的噪声为代价。例如,若是想通过增加光谱分辨率的方式来增加波长数据的数目,其代价是与每个波长相对应的探测元件所接收到的光子数会相对减少,从而会增加因探测到的光子数统计上的涨落而带来的噪声(起伏噪声),最终处理后结果的信噪比不会得到明显改进。

在利用 SVD 方法解析数据矩阵时,由于有随机噪声的存在,不但会为参数的正确拟合带来麻烦,有时甚至连数据中包含组分的个数都无法判断。通过统计的方法研究随机噪声对 SVD 结果带来的影响表明,将矩阵在分解前进行加权处理可以对结果有一定的帮助。这种加权的操作是基于测量到的数据矩阵中每一个元素对应的数据值随机涨落的方差而得到的。具体原理及运算过程已超出本书范围，详细内容可参考相关文献[4,5]。

10.3 奇异值分解的计算

由前面所述，可以将瞬态吸收测量的实验数据写成矩阵元素 $A_{ij} = A(\lambda_i, t_j)$ 的形式，其中令波长变量的数目为 m，时间点的数目为 n。由矩阵论的相关知识，对任一个 $m \times n$ 的矩阵 $\boldsymbol{A}$ 都可以进行如下的 SVD 分解[6]（很多软件，如 Matlab、LABVIEW 等都可以实现这一分解运算）：

$$\boldsymbol{A} = \boldsymbol{USV}^{\mathrm{T}} \tag{10.1}$$

式中，$\boldsymbol{S}$ 是一个 $n \times n$ 的对角矩阵，其对角元 $s_i (i = 0, 1, \cdots n)$ 是第 i 个 SVD 组分的奇异值，它随着 i 值的增大单调递减，而且全部为正；$\boldsymbol{U}$ 是一个 $m \times n$ 矩阵，它的每一列称作基本光谱（basis spectra），或称作矩阵的左奇异矢量；$\boldsymbol{V}$ 是一个 $n \times n$ 矩阵，每个列向量对应着相应每个基本光谱的动力学变化，也可称作矩阵的右奇异矢量，如图 10.3 所示。

$$\boldsymbol{A} = \boldsymbol{USV}^{\mathrm{T}}$$

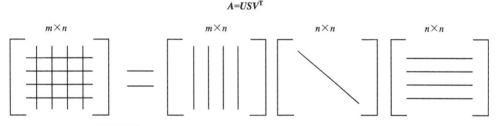

图 10.3 SVD 分解将数据矩阵 $\boldsymbol{A}$ 分解为三个矩阵的乘积

其中 $\boldsymbol{U}$ 和 $\boldsymbol{V}$ 都是正交归一的矩阵，满足

$$\boldsymbol{U}^{\mathrm{T}}\boldsymbol{U} = \boldsymbol{I}_n, \qquad \boldsymbol{V}^{\mathrm{T}}\boldsymbol{V} = \boldsymbol{I}_n \tag{10.2}$$

式中，$\boldsymbol{I}_n$ 代表 $n \times n$ 的单位矩阵。如果将矩阵 $\boldsymbol{U}$ 写成向量的形式，$[U_1(\lambda) \cdots U_n(\lambda)]$，其中 $U_i(\lambda)$ 代表的第 i 个列向量，即基本光谱。结合等式(10.2)，可以认为这 n 个基本光谱组成了一组归一化的正交完备的基。对于实际样品系统里包含的每一组分对应的光谱，都可以表示为这组基的一个线性组合。而数据矩阵 $\boldsymbol{A}$ 可以认为是以这组正交归一的基本光谱为基，以相应的动力学矢量 $V_i(t)$ 为系数线性组合而成，奇异值的大小可以视为组合的权重，即：

$$\boldsymbol{A}(\lambda, t) = \sum_{i=1}^{n} s_i U_i(\lambda) V_i(t) \tag{10.3}$$

且有 $s_1 \geqslant s_2 \geqslant \cdots \geqslant s_n \geqslant 0$。其中对符合条件 $s_r > 0$ 最大的 r，即为矩阵 $\boldsymbol{A}$ 的秩。对于一个理想的无噪声存在的数据，r 即代表数据中所包含组元的个数，也就意味只需以 $\boldsymbol{U}$ 的前 r 个列向量为基即可表示整个数据，即可将式(10.3)中的 n 改为 r。

但实际中由于有噪声的存在，使得每个奇异值 s_i 都会偏离其真实的值，影响对数据真实组分个数的判断。以图 10.1 中所示的瞬态吸收光谱为例，对其进行 SVD 分解。所得的奇异值、基本光谱及相应的动力学矢量，如图 10.4 及图 10.5 所示。尽管根据模型，数据中只有三个真实组分的存在，但从第四个开始以后的每个奇异值都不为零，如何对待这一问题将会在下一节里详细讨论。

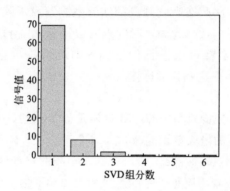

图 10.4　采用 SVD 方法对数据进行分解后，选取前 6 个奇异值进行对比

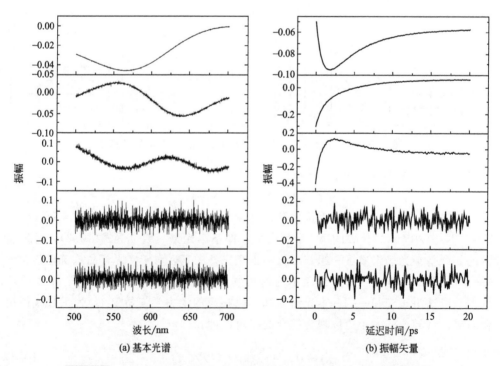

(a) 基本光谱　　　　　　　　　　　　(b) 振幅矢量

图 10.5　利用 SVD 方法得到 **U** 的前五个列向量对应的基本光谱以及 **V** 的前五个列向量对应的振幅矢量

另外,SVD 有一个重要的性质值得注意。对任何的一个整数 $k \leqslant r$，由 **U** 和 **V**

的前 k 列向量，及前 k 的奇异值重新构造的新的矩阵$\boldsymbol{A}_k$是矩阵 $\boldsymbol{A}$ 最好的秩 k 的最小二乘近似。即对所有秩为 k 的 $m \times n$ 矩阵 $\boldsymbol{B}$，只有满足 $\boldsymbol{B}=\boldsymbol{A}_k$ 时，才可以使得 $\|\boldsymbol{A}-\boldsymbol{B}\|$ 的值最小，其中

$$\boldsymbol{A}_k(\lambda, t) = \sum_{i=1}^{k} s_i U_i(\lambda) V_i(t); \quad \|\boldsymbol{A}-\boldsymbol{B}\| = \Big[\sum_i \sum_j (A_{ij} - B_{ij})^2\Big]^{1/2}$$

$$(10.4)$$

也可以理解为，若认为 $\boldsymbol{A}$ 中只包含 k 个主要成分，那么可以用$\boldsymbol{A}_k$作为 $\boldsymbol{A}$ 的最好近似。而它们间的差异为 $\|\boldsymbol{A}-\boldsymbol{A}_k\| = (s_{k+1}^2 + \cdots + s_n^2)^{1/2[1\sim3]}$。

10.4 组分的选择方法

上一节描述了如何对数据矩阵 $\boldsymbol{A}$ 进行 SVD 分解。这样做最重要的目的就是为了进一步估计组元的个数，并将数据矩阵进行化简。将 $\boldsymbol{A}$ 写成了三个矩阵 $\boldsymbol{U}$、$\boldsymbol{S}$ 和 $\boldsymbol{V}$ 的乘积后，所面对的元素有 $m \times n + n + n \times n = (m+n+1) \times n$ 个。但实际上只需分析前 r 个具有较大奇异值的 SVD 组分，那些奇异值小的组分可以视作随机噪声。即类似于式(10.4)，可以用新的矩阵$\boldsymbol{A}_r(\lambda, t)$来代替 $\boldsymbol{A}$ 进行分析，这是在考虑有噪声存在的一个很好的近似。这样的结果是用 r(通常情况会远小于 n)代替 n 并重新表示数据矩阵，使得接下来的运算得到极大的简化。

对于信噪比较好的数据，可以直接从奇异值的大小对比中来给出 r 值大小。如图 10.4 所示，可以看出其前三个奇异值明显要高出后面的几项，所以可以初步认为，本数据中包含有三个主要组分，其他可视作噪声。另外，也可以从前面几个基本光谱及相应的动力学曲线的信噪比情况来判断 r 值。如图 10.5 所示，前三项有着较明显的光谱和动力学特征，且信噪比很大。而从第四项开始无论是基本光谱还是动力学矢量，都接近为随机噪声。由此也可以推断本数据中包含着三个主要成分，因此对于 $\boldsymbol{U}$ 及 $\boldsymbol{V}$ 可以只取其前三列，对于 $\boldsymbol{S}$ 只取其前三个奇异值，作为对原始数据一个可靠的近似。这样，一个大的数据矩阵分解为三个小矩阵的乘积，而整个与时间相关部分是一个 $r \times n$ 的$\boldsymbol{V}_r$ 矩阵，极大简化了后面要进行的拟合过程。用前面的数学语言来描述，就是 r 代表数据矩阵在考虑到信噪比后的最小的秩，它给出了表达真实数据的线性独立正交基的最少个数，因此可以用前 r 个基本光谱作为新的一组基来重新表示数据矩阵。

当选择好合适的 r 值后，读者可以直接进入建模拟合过程。但如果数据的信噪比较差，r 值的大小往往难以选择，下面将会介绍一些更为定量的选择方法。

首先从奇异值的选取角度出发，如果假设数据矩阵所有元素所含噪声的统计方差 σ^2 都相等，可以认为，当式(10.5)满足时，上述 SVD 分解中的第 $k+1$ 个成分可以忽略。

$$\| \boldsymbol{A} - \boldsymbol{U}_k \, \boldsymbol{S}_k \, \boldsymbol{V}_k^{\mathrm{T}} \| = \sum_{i=k+1}^{n} s_i^2 \leqslant \mu \nu \sigma^2 \qquad (10.5)$$

式中，$\boldsymbol{U}_k$ 及 $\boldsymbol{V}_k$ 分别代表 $\boldsymbol{U}$ 及 $\boldsymbol{V}$ 前 k 列组成的新矩阵；$\boldsymbol{S}_k$ 代表由 $\boldsymbol{S}$ 前 k 行的前 k 列值组成的新矩阵。μ 及 ν 是与矩阵的尺度有关的参量，具体的选择方法并不唯一。Shrager 建议选取 $\mu=m$，$\nu=n$[7~9]。而 Sylvestre 的计算结果表明选取 $\mu=m-k$，$\nu=n-k$ 会更合适一些[10]。这样，根据式(10.5)，不满足上述条件的最小的奇异值所对应的系数即为所要求的 r 值。

另外，也可以从考虑左右奇异矢量信噪比的角度来判定组分的选取。根据 Shrager 等人的提法，对一个给定的基本光谱 U_i 或相应的动力学矢量 V_i，它们的信噪比可以用一种自相关的方法表示为[7~9]：

$$C(U_i) = \sum_{j=1}^{m-1} U_{j,i} U_{j+1,i} \qquad (10.6)$$

$$C(V_i) = \sum_{j=1}^{n-1} V_{j,i} V_{j+1,i} \qquad (10.7)$$

式中，$U_{j,i}$ 及 $V_{j,i}$ 分别表示 $\boldsymbol{U}$ 及 $\boldsymbol{V}$ 的第 i 列的第 j 个元素。根据 SVD 的定义，U_i 或 V_i 矢量都应该是归一化的。以 U_i 矢量为例，包含有 m 个元素，其平方和为 1。如果相邻元素间的变化较为平缓，即代表平滑的信号，那么由式(10.6)可以看出，U_i 的自相关值会接近并小于 1。反之，若变化较快，即代表随机的噪声，其自相关值以远小于 1，甚至可能是负值(最小能达到 -1)。这样对一个包含有大量元素(>100)的基本光谱或相应的动力学矢量，如果它的自相关值超过 0.99，便可以认为它信号足够平滑。而如果自相关值小于 0.8，就可以认为它的信噪比接近于 1。因此可以根据各自具体的实验条件给出一个作为判定的阈值，对于经 SVD 分解后其自相关值都大于这个阈值的基本光谱及相关动力学矢量予以保留，其他的都将会被舍弃，以方便进一步的分析。

另外，有时测量数据中的信号和噪声的幅度会比较接近。当进行 SVD 分解时，某一个成分对应的信号会扩散到两个甚至多个奇异值及奇异矢量之中。这就使得按正常的奇异值递减顺序所排列的奇异矢量 U_i 或 V_i 的信噪比并不是单调递减的，也就是说一个主要包含噪声的成分可能会按顺序排在一个主要包含信号的成分前面，或是说按式(10.5)的判定方法选好一组成分时，所对应的奇异矢量按自相关方法得到的信噪比值却很低。

旋转法(rotation procedure)即是这样一种将小的信号从一组噪声成分中提取出来的优化算法。它的主要思想是将包含有信号的一组奇异矢量进行新的线性组合，通过选择合适的组合系数使得重新得到的奇异矢量的信噪比值最大。具体的算法这里不再多说，读者若有兴趣可以参考相应文献[4]。

另外前面提到过的将矩阵进行加权处理，也将会方便于选取合适的信号组分，读者可以参考相关文章[5,11]。

总之，在信噪比较差的情况下选取适当的组分是一件非常复杂的工作。实际中，往往不能通过一两个简单的判定依据就能确定结果。可能会需要根据具体样品的某些已知信息来进行初步的判定，或是通过改变选取组分的个数来经过多次尝试，以此对比结果的差异，最终得到最满意的结果。

10.5　物理模型的建立

在前面几节里，所面对的基本是纯数学问题。在这一节将结合一定的物理模型，给出数据矩阵 A 中所包含的光谱组分和相应的动力学变化。通常这一步主要包括描述系统的正确物理模型的建立，以及对模型中所涉及的各种未知参数（如速率常数等）的拟合。仍然以瞬态吸收的结果为例，如果所观测的系统包含着 r 个在光谱上可区分的吸光组分（species），根据比尔定律（Beer's law），只要各组分间不存在着相互作用，则在 t_j 时刻测得的某一波长 λ_i 下介质的总吸光度应该为各组分在该波长下吸光度的加和，对于数据矩阵 A 有：

$$A_{ij} = A(\lambda_i, t_j) = \sum_{n=1}^{r} f_n(\lambda_i) c_n(t_j) \tag{10.8}$$

式中，A_{ij} 对应 t_j 时刻测得的瞬态光谱在波长为 λ_i 点上的值；$f_n(\lambda_i)$ 对应第 n 个吸光组分在波长 λ_i 处的摩尔吸光度乘上样品的光程长度；$c_n(t_j)$ 对应光脉冲激发后 t_j 时刻，第 n 个吸光组分的布居数（concentration），它随时间的变化也即通常所说的动力学变化。也可以将上式写成矩阵的形式：

$$A(\lambda, t) = F(\lambda) C^{T}(t) \tag{10.9}$$

式中，$m \times r$ 矩阵 $F(\lambda)$ 中的每一列表示每一个独立的吸光组分的光谱，而与之对应的 $n \times r$ 矩阵 $C(t)$ 中的每一个列表示相应的吸光组分的布居数随时间的变化，也即动力学变化。进行数据分析的目的是要建立正确的物理模型，从数据矩阵 A 中给出所观察的系统里所包含的各种吸光组分对应的吸收光谱及相应的动力学行为。

继续以图 10.1 所示的数据作为例子，由于所包含的物理模型已经建立，即三激发态串行反应模型。忽略仪器响应函数的影响，假设在脉冲激发时刻 $t=0$ 时，第一个激发态 S_1 所对应的布居数为 1，则对于三个激发态的布居数变化分别为：

$$S_1(t) = \exp(-k_1 t)$$

$$S_2(t) = \frac{k_1}{k_2 - k_1} [\exp(-k_1 t) - \exp(-k_2 t)]$$

$$S_3(t) = k_1 k_2 \left[\frac{\exp(-k_1 t)}{(k_2 - k_1)(k_3 - k_1)} + \frac{\exp(-k_2 t)}{(k_1 - k_2)(k_3 - k_2)} + \frac{\exp(-k_3 t)}{(k_1 - k_3)(k_2 - k_3)} \right]$$

$$\tag{10.10}$$

将数据测量过程中离散的时间点$(t_1, t_2, \cdots, t_n)$代入上式中，即可分别得到$C(t)$的三个列向量。下一步需要找到最优化的光谱值$F(\lambda)$及速率常数k_1、k_2和k_3，使得重新构建的矩阵FC^T与原数据矩阵A最为接近，如果从最小二乘的角度出发，即使$\|A(\lambda, t) - F(\lambda)C^T(t)\|$的值达到最小。

这里需要注意，矩阵$F(\lambda)$中，假设采集的波长数量为1000个，则待拟合的参数有$m \times r = 1000 \times 3 = 3000$个，矩阵$C(t)$中待拟合的速率常数有3个。因此如果直接利用通常的全局拟合法[12~15]去拟合式（10.9），其计算量是很大的。同时由于参数过多，以及噪声的存在，结果的不确定性也会很大。而SVD方法则提供了与原数据对应的一个约化表示以方便进行最小二乘拟合。

将前面所述的物理模型与SVD分解结合起来，有：

$$A(\lambda, t) = US \cdot V^T = F(\lambda)C^T(t) \tag{10.11}$$

即矩阵A既可以表示为F的所有列向量的一个线性组合，也可以表示为US的所有列向量的线性组合。再由前面的分析，选取U的列向量即基本光谱作为一组正交基来表示A，则US也可以作为数据空间的一组基。因此F的每个列向量，都可以表示为组基US的一个线性组合，即有$F = USP$，其中P是由每组线性系数组成的矩阵。于是，上式可以重新写为：

$$A(\lambda, t) = US\ V^T = USPC \tag{10.12}$$

上式两端依次乘上U^{-1}及S^{-1}，所要面对的复杂的指数拟合对象最终简化为：

$$V^T(t) = PC^T(t) \tag{10.13}$$

注意，经过前一节的组分选择过程后，这里的U、S及V可以近似地用它们前几个重要成分来表示。因此这时V对应的是一个$n \times r$矩阵，是由原始$m \times n$数据矩阵经过一定的约化运算后得到的已知的量；P是一个$r \times r$矩阵，在本例中含有$3 \times 3 = 9$个线性的未知参数；C是一个$r \times n$的矩阵，在本例中含有3个未知的指数参数，且矩阵具体的形式已在建立物理模型中确定，如式（10.10）所示。这样需拟合的参数从3003个减为12个，大大简化了计算过程，这也即是运用SVD方法处理数据的一个优点。

接下来可以采用全局拟合的方法，即同时以这几个未知量为参数，采用合适的非线性曲线拟合算法如Levenberg-Marquardt算法去直接拟合式（10.13），使$\|V^T - PC^T\|$值达到最小（利用Matlab或Labview等软件可以很方便地进行非线性曲线拟合运算）。

当系数矩阵P与速率常数确定后，F就可以直接得到：

$$F(\lambda) = USP \tag{10.14}$$

其实将式（10.13）稍作变换，即得$C(t) = V\ (P^T)^{-1}$，联系式（10.14）可以发现光谱和动力学与U和V之间是一个简单的变换关系。

至此，问题基本得到解决。

10.6　全局拟合

全局拟合指用相同的 n 个未知参数对所有的数据进行拟合。前面通过 SVD 处理，最终将拟合参数从 3003 个减少为 12 个，即为对式(10.13) 的拟合。关于拟合过程，这里还可以采用将线性参数 P 及非线性参数 k_1，k_2 及 k_3 分开拟合的办法。即对线性参数采用广义逆矩阵的方法进行最小二乘拟合，而只对非线性的指数参数进行非线性曲线拟合。这种方法可以进一步减少拟合参数，降低拟合的不确定性。

在本例中，采用了以下模型

$$S_1(t) = \exp(-k_1 t)$$

$$S_2(t) = \frac{k_1}{k_2 - k_1}\left[\exp(-k_1 t) - \exp(-k_2 t)\right]$$

$$S_3(t) = k_1 k_2 \left[\frac{\exp(-k_1 t)}{(k_2 - k_1)(k_3 - k_1)} + \frac{\exp(-k_2 t)}{(k_1 - k_2)(k_3 - k_2)} + \frac{\exp(-k_3 t)}{(k_1 - k_3)(k_2 - k_3)}\right]$$

$$(10.15)$$

将数据测量过程中离散的时间点 $(t_1, t_2, \cdots, t_n)$ 代入到上式中，即可分别得到 $C(t)$ 的三个列向量。用矩阵形式，可将 $C(t)$ 写成：

$$C(t) = EQ \tag{10.16}$$

其中

$$E = \left[e^{-k_1 t}, e^{-k_2 t}, e^{-k_3 t}\right], \quad Q = \begin{bmatrix} 1 & \dfrac{k_1}{k_2 - k_1} & \dfrac{k_1 k_2}{(k_2 - k_1)(k_3 - k_1)} \\[3mm] 0 & -\dfrac{k_1}{k_2 - k_1} & \dfrac{k_1 k_2}{(k_1 - k_2)(k_3 - k_2)} \\[3mm] 0 & 0 & \dfrac{k_1 k_2}{(k_1 - k_3)(k_2 - k_3)} \end{bmatrix} \tag{10.17}$$

式中，E 为由单指数列向量组成的矩阵；$e^{-k_i t}$ 代表由该 e 指数在时间点 $(t_1, t_2, \cdots, t_n)$ 的值所组成的列向量；Q 为系数矩阵。将式(10.16)代入式(10.13)，有

$$V = EQ' \tag{10.18}$$

其中

$$Q' = QP^{\mathrm{T}} \tag{10.19}$$

把 Q' 当成系数矩阵(线性参数)，则 V 也是由的单指数列向量线性组合而成。这样处理的好处是简化了拟合过程，同时也方便了仪器响应函数的引入(见本节后文)。

考虑噪声的影响

$$\underline{V} = EQ' + \underline{v} \tag{10.20}$$

式中，$\underline{V}$ 代表噪声，下划线指该量为随机数。对于上式，假设 E 已知的情况下，线性参数可以根据线性最小二乘法则(linear least squares)直接求出[3]：

$$\hat{Q}' = E^{\dagger} \underline{V} \tag{10.21}$$

其中，$E^\dagger = (E^T E)^{-1} E^T$，为 E 的 Moore-Penrose 广义逆（Moore-Penrose generalized inverse）。上标 $\wedge$ 代表该量为拟合量。于是拟合后的矩阵为

$$\hat{V} = E\hat{Q}' = EE^\dagger \underline{V} \tag{10.22}$$

而拟合的余量为

$$\delta = \underline{V} - \hat{V} = (I - EE^\dagger)\underline{V} \tag{10.23}$$

对于 V 的每一列均有 $\delta_i = \underline{V}_i - \hat{V}_i = (I - EE^\dagger)V_i$。其中，$\underline{V}_i$ 已知，$EE^\dagger$ 中包含参数 k_1，k_2，k_3。总拟合误差的平方和（the sum of squares of errors）可以由该式给出：

$$SSE = \sum_i \delta_i^T \delta_i \tag{10.24}$$

SSE 为一个以 k_1，k_2，k_3 为参数的量。即在线性最小二乘法则下，拟合的误差平方和取决于 k_1，k_2，k_3，目的是寻找最合适的参数使 SSE 最小。一些标准的非线性回归算法如 Gauss-Newton 或 Levenbergh-Marquardt[16,17] 都可以用来实现这种最小化从而得到最优的 k_1，k_2，k_3（利用 Matlab 或 Labview 等软件可以实现上述的广义逆的求取与最优化运算）。

本例中，对式（10.24）进行最优化计算后便得到了三个速率常数分别为 0.81ps、4.48ps 及 4ns，其中对最后一个速率常数，因为它的时间尺度已经超出测量的时间范围（20ps），因此可以在计算过程中将其设为一常数项，或是根据对样品已有的一些了解将其设为某个固定值。得到 k_1，k_2，k_3 后，E 和 Q 可以直接计算得到，利用式（10.19）和式（10.21）可以求得 P。再根据式（10.14）与式（10.16），三个吸光组元所对应的光谱以及相应的动力学变化过程已经全部解出，如图 10.6 所示。

图 10.6 中动力学由 k_1，k_2，k_3 直接根据式（10.16）画出，为了显示其与数据点符合的好坏，有必要将相应的数据点也一并画在图中，可以通过将 $\underline{V}$ 向量重组后得到：$\underline{C}^T = P^{-1} \underline{V}^T$。

在分析实际数据时还要考虑仪器响应函数 IRF（instrument response function）带来的影响，对于仪器响应函数的处理，一种思路是将 E、式（10.17）直接写为与仪器响应函数卷积后的形式来进行接下来的拟合。一般仪器响应函数可以用高斯函数描述，首先用高斯函数

$$\text{IRF}(t) = \frac{1}{\sigma\sqrt{2\pi}} \exp[(t-u)^2/(2\sigma^2)]$$

拟合仪器响应函数，其中 u 为中心，σ 为标准差。高斯函数与指数的卷积为

$$\exp(-k_i t) \otimes \text{IRF}(t) = \frac{1}{2}\exp(-k_i t)\exp\left(k_i(u + \frac{k_i\sigma^2}{2})\right)\left\{1 + \text{erf}\left[\frac{t-(u+k_i\sigma^2)}{\sqrt{2}\sigma}\right]\right\} \tag{10.25}$$

用其替换式（10.17）E 里的每一个指数项，则仪器响应函数自然包含在之后的运算

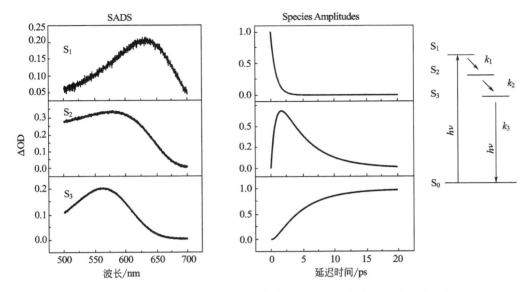

图 10.6　三激发态串行反应模型中三个激发态对应的吸收光谱及相应的动力学过程

SADS—组分关联吸收差谱，species associated difference spectra

中。或者，也可以一并将 u 和 σ 作为未知参数代入到拟合的过程中。对于非高斯仪器响应函数的处理，可以参考文献 [18]。

在分析数据的实际过程中，还会遇到很多问题，比如在前一节中提到过的组元个数 r 的确定。此外，最重要的问题是真正的物理模型往往是不易于确定的，本例中所涉及的模型是较为简单但也极为普遍的一种。当样品内的系统较为复杂时，需要借助多方面的知识和手段来得到正确的物理模型，并从而解析出动力学矩阵 $C(t)$ 的具体形式，等等。

参 考 文 献

[1]　Golub，G. H. ；Van Loan，C. F. Matrix computations. Baltimore：Johns Hopkins University Press，**1996**.

[2]　Horn，R. A. ；Johnson，C. R. Matrix analysis. Cambridge：Cambridge University Press，**1990**.

[3]　翁羽翔，张蕾，潘洁，汪力，杨国桢. 光合主要人工模拟系统超快光谱研究 // 匡廷云主编. 光合作用原初光能转化过程的原理与调控：第十九章. 南京：江苏科技出版社，**2003**，395.

[4]　Henry，E. R. ；Hofrichter，J. Methods in enzymology **1992**，210，129-192.

[5]　Cochran，R. N. ；Horne，F. H. Anal. Chem. **1977**，49，846-853.

[6]　Golub，G. H. ；Reinsch，C. Numerische Mathematik **1970**，14，403-420.

[7]　Shrager，R. I. Chemometrics and Intelligent Laboratory Systems **1986**，1，59-70.

[8]　Shrager，R. I. ；Hendler，R. W. Anal. Chem. **1982**，54，1147-1152.

[9]　Shrager，R. I. Siam Journal on Algebraic and Discrete Methods **1984**，5，351-358.

[10]　Sylvestr，Ea；Lawton，W. H. ；Maggio，M. S. Technometrics **1974**，16，353-368.

[11]　Cochran，R. N. ；Horne，F. H. J. Phys. Chem. **1980**，84，2561-2567.

［12］ Golub，G. H. ； Pereyra，V. *Siam J. on Numerical Analysis* **1973**，*10*，413-432.

［13］ Johnson，M. L. ； Correia，J. J. ； Yphantis，D. A. ； Halvorson，H. R. *Biophys. J.* **1981**，*36*，575-588.

［14］ Knutson，J. R. ； Beechem，J. M. ； Brand，L. *Chem. Phys. Lett.* **1983**，*102*，501-507.

［15］ Nagle，J. F. ； Parodi，L. A. ； Lozier，R. H. *Biophys. J.* **1982**，*38*，161-174.

［16］ Bates，D. M. ； Watts，D. G. *Nonlinear regression and its applications.* New York：Wiley，**1988**.

［17］ Seber，G. A. F. ； Wild，C. J. *Nonlinear regression.* New York：Wiley，**1989**.

［18］ van Stokkum，I. H. M. ，Larsen，D. S. & van Grondelle，R. *Biochim. Biophys. Acta* **2004**，*1657*，82-104.

超快激光光谱原理与技术基础

Chapter 11

荧光的各向异性

荧光的偏振性与荧光发射

光是一种电磁波，包含相互垂直的电场矢量 E 和磁场矢量 B，且与传播方向垂直。电场和磁场的相位在不断地振荡。对于自然光而言，电场和磁场没有特定的空间取向。但线偏振光则不同，电场沿某一特定的方向振荡。部分偏振的情况介于自然光和线偏振光之间（见图 11.1）。

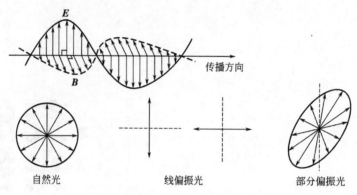

图 11.1　自然光和线偏振光

由于电子跃迁矩的方向性，大多数生色团（chromophores）选择吸收特定偏振方向的光（部分分子的吸收跃迁矩是非单一方向的，如 D_{6h} 对称性的苯、D_{3h} 对称性的三

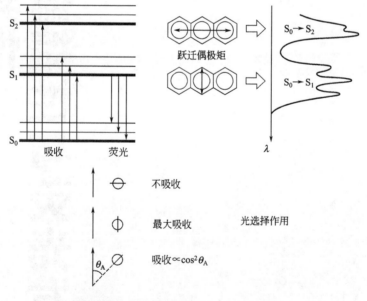

图 11.2　跃迁矩（如蒽）以及光激发选择性

注：本章经授权译自 Molecular Fluorescence：Principles and Applications（Bernard Valcur，**2001**，Wiley-VCH Verlag GmbH）中第 5 章 "Fluorescencc polarization emission anisotropy"，并对个别公式做了补充——编者注。

亚苯和 I_h 对称性的 C_{60}）。相比之下，无论分子被激发到哪个电子激发态，荧光发射跃迁矩都是相同的，因为高激发态总是通过内转换作用（internal conversion）弛豫到第一单重激发态，详见图 11.2。

当入射光为线性偏振光，生色团的激发概率正比于标积 $M_A \cdot E$ 的平方，即 $\cos^2\theta_A$，其中 θ_A 为入射光的电场矢量 E 和吸收跃迁矩 M_A 间的夹角。当电场矢量 E 和吸收跃迁矩 M_A 相互平行时，激发跃迁概率最大；当电场矢量 M_A 相互垂直时，激发概率为零。

当线性偏振光照射一定数量的荧光基团时，吸收跃迁矩的方向与入射光电场矢量方向接近的荧光基团会被优先激发，这种现象称为光选择性。由于激发态荧光基团的分布是各向异性的，荧光发射也呈现各向异性。在荧光寿命时间范围内，激发态跃迁矩方向的任何改变都会使荧光的各向异性降低，从而造成荧光的部分（或完全）退偏。引起荧光退偏的原因包括：（1）非平行的吸收和发射跃迁矩；（2）扭曲振动；（3）布朗运动；（4）激发能转移到跃迁矩取向不同的分子。荧光偏振测量可以提供关于分子迁移率、尺寸、形状、弹性和介质流动性以及有序度参量（如酯双层膜）的信息。

11.1　荧光偏振状态的表征（偏振比和发射各向异性）

不同分子发射的荧光没有位相关系，因此荧光可以看作三个独立的光源发出的光，光源的偏振方向分别沿相互垂直的 Ox、Oy、Oz 轴，且没有任何位相关系。I_x、I_y、I_y 分别是三个独立光源的强度，总的光强 $I = I_x + I_y + I_z$。光源各分量强度值由入射光的偏振性以及退偏过程决定。应用居里对称性原理（结果不可能比起因更不对称）可以得到不同激发情形下各强度分量的关系，如图 11.3 所示。需要注意对称性原理在点光源的条件下才严格成立，而实际的光源并不是理想的点光源。另外，本章只考虑均匀稀释的溶液，因此也就避开了一些实验假象如自吸收效应（inner filter effect）。

11.1.1　线性偏振光激发

11.1.1.1　垂直偏振激发

当入射光为垂直偏振光，根据居里对称原理，垂直轴 Oz 是荧光发射的对称轴，即 $I_x = I_y$。沿 Oz 方向观察的荧光是非偏振的。与入射光电场矢量垂直和平行的荧光强度分量分别表示为 $I_\perp$ 和 $I_\parallel$。当入射光为垂直偏振时，$I_z = I_\parallel$，$I_x = I_y = I_\perp$。

荧光强度分量 I_z 对应的电场沿 Oz 轴振荡，因此该分量不能被沿此轴方向观察的眼睛或探测器探测到。沿 Oz 轴方向观察的荧光强度为 $I_x + I_y = 2I_\perp$。而 Ox 轴和 Oy 轴不是荧光发射的对称轴。当用置于 Ox 轴或 Oy 轴上的偏振片观测荧光

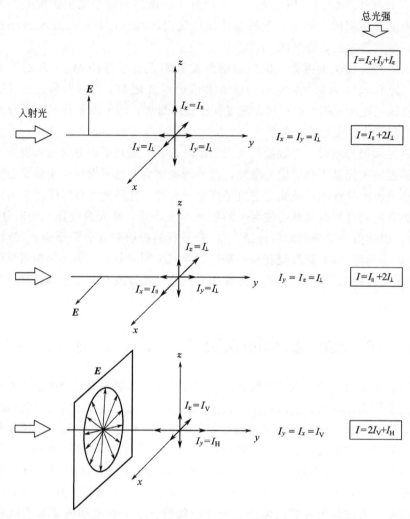

图 11.3 根据居里对称性原理确定的荧光强度分量间关系(样品置于坐标系原点)

时，偏振垂直方向观测到荧光强度为 $I_z = I_\parallel$，偏振水平方向观测到荧光强度为 $I_x = I_\perp$ 或 $I_y = I_\perp$。没有偏振片时，Ox 轴方向观测的荧光强度为 $I_z + I_y = I_\parallel + I_\perp$，$Oy$ 轴方向观测的荧光强度为 $I_z + I_x = I_\parallel + I_\perp$。

大多数情况下荧光观测选择在与入射光传播方向成90°的水平面内，如图 11.4 中的 Ox 轴方向。荧光强度分量 $I_\parallel$ 和 $I_\perp$ 通过旋转置于光电倍增管前面的偏振片来测定。总的荧光强度可以表示为 $I = I_x + I_y + I_z = I_\parallel + 2I_\perp$。但在没有偏振片时沿 Ox 轴方向观察到的荧光强度为 $I_\parallel + I_\perp$，该荧光强度并不能正确反应总的荧光强度信息。尤其是在荧光动力学测量方面，当所测荧光强度正确反映总的荧光强度信息时，所得荧光动力学过程才是真实的。另外真实的总荧光强度也不能通过利用偏振片分别测量 $I_\parallel$ 以及 $I_\perp$ 再相加的方法得到。一方面这种测量方法比较繁琐，另一

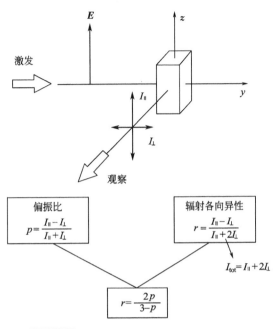

图 11.4　荧光偏振测量实验的一般布局

方面，因为单色仪对不同偏振态的入射光透射效率有差异，采用上述方法得到的信号强度正比于 $I_\parallel$ 和 $I_\perp$ 组合，而非正比于 $I_\parallel + 2I_\perp$。在实际测量中一般采用两个偏振片，其中激发偏振片置于激发光光路中且透光方向为竖直方向，发射偏振片置于荧光光路中，且其透光方向相对激发偏振片的透光方向呈 θ。在这种偏振片配置下，得到的信号强度为

$$I = I_\parallel \cos^2\theta + I_\perp \sin^2\theta \tag{11.1}$$

当 θ 等于 54.7°(魔角)时，

$$I = 0.333 I_\parallel + 0.667 I_\perp \tag{11.2}$$

此时所得信号强度正比于 $I_\parallel + 2I_\perp$。

荧光的偏振态可以通过偏振比 p

$$p = \frac{I_\parallel - I_\perp}{I_\parallel + I_\perp} \tag{11.3}$$

或发射各向异性 r 表征。

$$r = \frac{I_\parallel - I_\perp}{I_\parallel + 2I_\perp} \tag{11.4}$$

在偏振比的表达式中，分母代表观察方向的荧光强度，而发射各向异性表达式中分母代表总的荧光强度。只在少数情况下(如研究辐射能量传递)会选择偏振比，而多数情况下使用发射各向异性能得到更简单的关系式(见下文)。

根据公式(11.3)和式(11.4)，r 和 p 的关系为

$$r = \frac{2p}{3-p} \tag{11.5}$$

11.1.1.2 水平偏振激发

当入射光为水平偏振时，水平的 Ox 轴为荧光强度的对称轴，$I_y = I_z$。沿此对称轴观察(如水平面内与光传播方向成 90°)荧光为非偏振的(见图 11.3)。这种光路设置的实际应用在于可以检查由于光学调整不完善引起的剩余偏振。当使用单色仪进行观察时，观测到的偏振性是因为单色仪对不同偏振光具有不同透光率。因此入射光为水平偏振时测得的偏振性可用于偏振校正，从而获得真实的荧光发射各向异性。

11.1.2 自然光激发

当采用自然光(非偏振光)激发样品时，自然光可被分解为两个相互垂直的分量。两分量对一定数量的荧光基团的激发作用为加和性的。在水平面内与入射光传播方向呈 90° 方向观测，入射的垂直分量和前文讨论的作用效果相同，而入射的水平分量在 Ox 轴方向引发的荧光为非偏振的，以 Ox 轴为对称轴有 $I_y = I_z$。

垂直偏振和水平偏振的荧光强度分别为 I_V 和 I_H，有 $I_z = I_V = I_x$，$I_V = I_H$，见图 11.3。总的荧光强度为 $2I_V + I_H$。偏振比和荧光发射的各向异性表示为

$$p_n = \frac{I_V - I_H}{I_V + I_H} \qquad r_n = \frac{I_V - I_H}{2I_V + I_H} \tag{11.6}$$

式中，角标 n 表示自然光。P_n 和 r_n 两量通过下式相互关联

$$r = \frac{2p_n}{3 - p_n} \tag{11.7}$$

显然 $r_n = \dfrac{r}{2}$。因此自然光激发条件下测得的荧光发射的各向异性为垂直偏振光激发条件下的一半。考虑到理想的自然光不易获得，实际测量时经常采用垂直偏振的光。本章以下内容只涉及线偏振光激发。

11.2 瞬时和稳态各向异性

11.2.1 瞬时各向异性

经一无限短脉冲激发后，t 时刻总荧光强度为 $I(t) = I_\parallel(t) + I_\perp(t)$，因此 t 时刻瞬时荧光发射各向异性为

$$r(t) = \frac{I_\parallel(t) - I_\perp(t)}{I_\parallel(t) + 2I_\perp(t)} = \frac{I_\parallel(t) - I_\perp(t)}{I(t)} \tag{11.8}$$

各偏振分量随时间变化为

$$I_\parallel(t) = \frac{I(t)}{3}[1 + 2r(t)] \tag{11.9}$$

$$I_\perp(t) = \frac{I(t)}{3}[1 - r(t)] \tag{11.10}$$

假定光脉冲宽度与荧光衰减时间相比很短，测得 $I_\parallel(t)$ 和 $I_\perp(t)$ 后，可以计算得到 t 时刻的荧光发射的各向异性。否则应该考虑测量得到的荧光强度分量为式(11.9)、式(11.10)的 δ 脉冲响应与仪器响应函数的卷积。

11.2.2　稳态各向异性

连续光照射(入射光强度为一常数)条件下，测得的各向异性称为稳态各向异性 $\bar{r}$，利用平均量的一般定义，将归一化的荧光强度作为分布概率可得

$$\bar{r} = \frac{\int_0^\infty r(t)I(t)\mathrm{d}t}{\int_0^\infty I(t)\mathrm{d}t} \tag{11.11}$$

当荧光强度为以时间常数 τ(激发态寿命)单指数衰减时，稳态各向异性表示为

$$\bar{r} = \frac{1}{\tau}\int_0^\infty r(t)\exp(-t/\tau)\mathrm{d}t \tag{11.12}$$

11.3　各向异性的加和法则

当样品为多种荧光基团的混合体时，每种荧光基团荧光发射有各自的各向异性 r_i。

$$r_i = \frac{I_\parallel^i - I_\perp^i}{I_\parallel^i + 2I_\perp^i} = \frac{I_\parallel^i - I_\perp^i}{I_i} \tag{11.13}$$

且每种荧光基团对总的荧光强度的贡献可表示为一分数 $f_i = I_i/I(\sum f_i = 1)$。

实际测量中，测得的 $I_\parallel(t)$ 和 $I_\perp(t)$ 为所有独立分量之和

$$I_\parallel = \sum_i I_\parallel^i \quad \text{及} \quad I_\perp = \sum_i I_\perp^i \tag{11.14}$$

通常情况下总发射各向异性的定义仍然成立，因为实际测量的是 $I_\parallel(t)$ 和 $I_\perp(t)$

$$r = \frac{I_\parallel - I_\perp}{I_\parallel + 2I_\perp} = \frac{\sum\limits_i I_\parallel^i - \sum\limits_i I_\perp^i}{I} = \sum_i \frac{I_\parallel^i - I_\perp^i}{I_i} \times \frac{I_i}{I} = \sum_i f_i r_i \tag{11.15}$$

上式的重要结论是总荧光发射各向异性为各单独荧光基团的发射各向异性的权重和：

$$r = \sum_i f_i r_i \tag{11.16}$$

式(11.16)适用于稳态和时间分辨实验。该式也可以写成偏振比的形式。

$$\left(\frac{1}{p}-\frac{1}{3}\right)^{-1}=\sum_i f_i\left(\frac{1}{p_i}-\frac{1}{3}\right)^{-1} \tag{11.17}$$

在时间分辨实验中，如果每一物种 i 以时间常数 τ_i 作单指数衰减，则该物种 t 时刻的强度分数为

$$f_i(t)=\frac{a_i\exp(-t/\tau_i)}{I(t)} \tag{11.18}$$

式中 $I(t)$ 为

$$I(t)=\sum_i a_i\exp(-t/\tau_i) \tag{11.19}$$

因此

$$r(t)=\sum_i\frac{a_i\exp(-t/\tau_i)}{I(t)}r_i(t) \tag{11.20}$$

式(11.20)表明，t 时刻每个各向异性项的权重因子为该时刻相应荧光基团发射荧光强度占该时刻全部荧光强度的比值。需要注意的是，多种荧光基团混合体的各向异性可能不是单调递减的，取决于各物种的 τ_i 和 r_i。因此 $r(t)$ 应当看作"表观"上的各向异性，因为它不能反映光选择性激发后的全部取向弛豫，不像只有单一荧光基团布居的情况那样。

公式(11.16)至公式(11.20)也适用于单一荧光基团布居在不同的微环境中，对应激发态的寿命分别为 τ_i。

对于存在多种荧光基团的情况，式(11.9)和式(11.10)不再适用。在多种荧光基团的条件下，总的荧光强度为 $\sum I_i(t)$，总的 $r(t)$ 为 $\sum r_i(t)$，而两个荧光强度分量为(例如在两种荧光基团的情况)。

$$I_\parallel(t)=I_1(t)[1+2r_i(t)]+I_2(t)[1+2r_2(t)] \tag{11.21}$$

$$I_\perp(t)=I_1(t)[1-r_i(t)]+I_2(t)[1-r_2(t)] \tag{11.22}$$

11.4 发射各向异性与发射跃迁矩角分布之间的关系

考虑 N 个空间取向随机分布的分子，在 0 时刻受到偏振沿 Oz 轴的无限短光脉冲激发。在 t 时刻，受激分子的辐射跃迁矩 M_E 具有一定的角分布。这些跃迁矩的空间取向可用与 Oz 轴的夹角 θ_E，及相对于 Ox 轴的方位角 ϕ 来表示，如图 11.5 所示。

因为 Oz 是对称轴，所以发射各向异性的最终表达式应与 ϕ 无关。

对于某一给定分子 i，辐射跃迁矩沿 Ox，Oy，Oz 轴的分量分别为 $M_E\alpha_i(t)$，$M_E\beta_i(t)$，$M_E\gamma_i(t)$，其中 $\alpha_i(t)$，$\beta_i(t)$，$\gamma_i(t)$ 是发射跃迁矩与坐标系 x、y、z 夹角的余弦值，$\alpha_i^2+\beta_i^2+\gamma_i^2=1$，$M_E$ 为跃迁矩矢量的模。

t 时刻总的荧光强度可以通过对所有的分子发射荧光强度求和得到。由于各个分子间的辐射没有位相关系，所以每个分子对沿 Ox，Oy，Oz 轴荧光强度分量贡

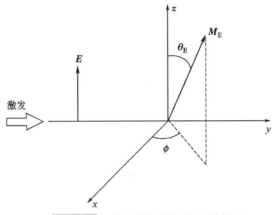

图 11.5　描述辐射跃迁矩的坐标系

献正比于其跃迁矩平方沿每个轴的分量。对全部分子求和,得到荧光强度在各坐标轴的分量为:

$$I_x(t) = KM_E^2 \sum_{i=1}^{N} \alpha_i^2(t) = KM_E^2 N \overline{\alpha^2(t)}$$

$$I_y(t) = KM_E^2 \sum_{i=1}^{N} \beta_i^2(t) = KM_E^2 N \overline{\beta^2(t)} \qquad (11.23)$$

$$I_x(t) = KM_E^2 \sum_{i=1}^{N} \gamma_i^2(t) = KM_E^2 N \overline{\gamma^2(t)}$$

其中,K 为比例因子,短横表示对 t 时刻 N 个辐射分子的系综平均。

由于 Oz 轴为对称轴,$\overline{\alpha^2(t)} = \overline{\beta^2(t)}$ 且 $\overline{\alpha^2(t)} + \overline{\beta^2(t)} + \overline{\gamma^2(t)} = 1$,因此 $\overline{\gamma^2(t)} = 1 - 2\overline{\alpha^2(t)}$。发射各向异性可以表示为

$$r(t) = \frac{I_{\parallel}(t) - I_{\perp}(t)}{I(t)} = \frac{I_z(t) - I_y(t)}{I_x(t) + I_y(t) + I_z(t)} = \overline{\gamma^2(t)} - \overline{\alpha^2(t)} = \frac{3\overline{\gamma^2(t)} - 1}{2}$$

$$(11.24)$$

又 $\gamma = \cos\theta_E$,因此发射各向异性与跃迁矩角分布的关系为

$$r(t) = \frac{3\overline{\cos^2\theta_E(t)} - 1}{2} \qquad (11.25)$$

11.5　分子固定不动取向随机分布的情形

11.5.1　吸收跃迁矩和发射跃迁矩相互平行的情形

当吸收与发射跃迁矩互相平行时,$\theta_A = \theta_E$,以 θ 表示,因此 $\overline{\cos^2\theta_A} = \overline{\cos^2\theta_E} = \overline{\cos^2\theta}$。在光激发之前,跃迁矩取向分布在 θ 与 $\theta + \mathrm{d}\theta$,且 ϕ 与 $\phi + \mathrm{d}\phi$ 之间的分子数正比于空间球壳基元的表面积,$\sin\theta\mathrm{d}\theta\mathrm{d}\phi$,如图 11.6 所示。

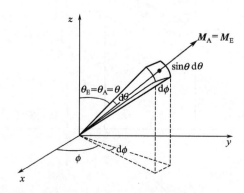

图 11.6 在基元空间角内发射跃迁矩沿某一方向的分子占总分子的比例，其中分子的
吸收跃迁矩和辐射跃迁矩平行，确定方向由 θ 和 ϕ 定义

考虑到激发概率 $\cos^2\theta$，辐射跃迁矩分布在 θ 与 $\theta+d\theta$，且 ϕ 与 $\phi+d\phi$ 之间的分子被激发的数目正比于 $\cos^2\theta\sin\theta d\theta d\phi$。激发具有上述跃迁矩取向的分子的数目占全部被激发分子数目的比值为

$$W(\theta,\phi)d\theta d\phi = \frac{\cos^2\theta\sin\theta d\theta d\phi}{\int_0^{2\pi}d\phi\int_0^{\pi}\cos^2\theta\sin\theta d\theta} \tag{11.26}$$

分母代表被激发的全部分子数目，通过积分变量代换，$x=\cos\theta$，$dx=-\sin\theta d\theta$，积分值为 $4\pi/3$。因此公式(11.26)可表示为

$$W(\theta,\phi)d\theta d\phi = \frac{3}{4\pi}\cos^2\theta\sin\theta d\theta d\phi \tag{11.27}$$

根据式(11.27)对 $\cos^2\theta$ 计算全部分子平均可得

$$\overline{\cos^2\theta} = \int_0^{2\pi}d\phi\int_0^{\pi}\cos^2\theta W(\theta,\phi)d\theta = \frac{3}{4\pi}\int_0^{2\pi}d\phi\int_0^{\pi}\cos^4\theta\sin\theta d\theta = 3/5 \tag{11.28}$$

利用式(11.25)，发射各向异性可以写为

$$r_0 = \frac{3\overline{\cos^2\theta}-1}{2} = \frac{2}{5} = 0.4 \tag{11.29}$$

r_0 称为基本各向异性(fundamental anisotropy)，即不存在任何运动情况下的各向异性的理论值。实际测量时，刚性介质中的分子可以忽略转动运动，其实验值，也称为极限各向异性，一般比理论值略小。当分子吸收矩和辐射跃迁矩相互平行时，例如分子被激发到第一单重态，发射各向异性的理论值 r_0 为 0.4(对应荧光辐射偏振比为 0.5)，但实验值一般介于 0.32~0.39。

发射各向异性的理论值(基本各向异性)和实验值(极限各向异性)存在差别的原因包含多种情况。极限各向异性可以通过对刚体媒介中荧光的稳态测量(消除布朗运引起的效应)，或者取时间分辨各向异性测量在零时刻的值，因为瞬时各向异性可以写成如下形式：

$$r(t) = r_0 f(t) \tag{11.30}$$

式中，$f(t)$ 为表征转动动力学的特征函数，在零时刻时取值为 1。

首先需要指出的是准确测量发射各向异性并非易事。仪器引起的假象，如入射光或收集光束的锥角较大，质量不好或调整不到位的偏振片，荧光的再吸收，旋光，双折射现象等都会对发射各向异性的理论值和实验值的差异起部分作用。

如果不存在明显的由实验仪器引起的假象，则观测到的两者的差异主要来自荧光基团本身，其中包括以下几个原因。第一，一个不太明显的效应为低频吸收带的重叠，导致反常激发偏振光谱。第二，与吸收相对应的振子不是严格线性的，而是部分二维或三维的。然而一般认为基本各向异性与极限各向异性的差异主要来自于荧光基团相对于平衡取向的扭曲振动（tortional vibration），这一点由 Jablonski[1] 首先提出。因此极限各向异性值是温度的函数，如文献报道，低温条件下（如样品被冻结时）r_0 可以当作常量，而在高温条件下，r_0 表现出随温度升高而线性减小[2,3]。

荧光基团在溶剂壳内的快速摆动（liberational motion）同样值得考虑[4]。芘（perylene，二萘嵌苯）在烷烃中的特征时间估算值为 1ps，时间分辨各向异性衰减测量无法探测到其快速摆动。而实验得到的是发射各向异性的表观值，该表观值小于不存在快速摆动时得到各向异性值。上针对上述问题，Johansson[5] 曾经报道，对于同类荧光基团，在实验误差内 r_0 的值是相等的。如芘和芘类化合物（0.369±0.002），或氧杂蒽衍生物如罗丹明 B、罗丹明 6G、罗丹明 101 及荧光素（0.373±0.002）。因而 r_0 似乎表征了荧光基团的本征性质，与分子结构以及吸收和荧光谱的形状有关。极限各向异性值要小于基本各向异性值的另一个可能原因是分子基态和激发态的几何构象不同。研究表明基态芘在芳香环平面存在一微小扭曲，其在呫吨染料（xanthene dye）分子中呈蝴蝶状分子内折叠的证据已经有报道。

11.5.2　吸收跃迁矩和发射跃迁矩非平行的情形

当荧光基团被激发至比第一单重激发态更高激发态，而第一单重激发态为荧光发射态时，吸收跃迁矩将不和发射跃迁矩平行。令 α 为吸收跃迁矩和发射跃迁矩间的夹角。目的是计算 $\cos\theta_E$，进而利用式（11.25）导出 r。

根据球面三角几何经典公式，$\cos\theta_E$ 可以写成以下形式：

$$\cos\theta_E = \cos\theta_A\cos\alpha + \cos\psi\sin\theta_A\sin\alpha \tag{11.31}$$

其中 ψ 代表平面（Oz，M_A）和（Oz，M_E）间夹角，如图 11.7 所示。

将式（11.31）两边进行平方，并考虑到所有 ψ 值等概率分布（$\overline{\cos\psi}=0$；$\overline{\cos^2\psi}=1/2$）后可得

$$\overline{\cos^2\theta_E} = \cos^2\alpha\,\overline{\cos^2\theta_A} + \frac{1}{2}\sin^2\alpha\,\overline{\sin^2\theta_A}$$

$$= \cos^2\alpha\,\overline{\cos^2\theta_A} + \frac{1}{2}(1-\cos^2\alpha)(1-\overline{\cos^2\theta_A})$$

$$= \frac{3}{2}\cos^2\alpha\,\overline{\cos^2\theta_A} - \frac{1}{2}\overline{\cos^2\theta_A} - \frac{1}{2}\cos^2\alpha + \frac{1}{2} \tag{11.32}$$

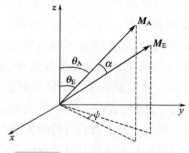

图 11.7   α 角和 ψ 角的定义

因此

$$r_0 = \frac{3\,\overline{\cos^2\theta_E} - 1}{2} = \frac{3\,\overline{\cos^2\theta_A} - 1}{2} \times \frac{3\,\overline{\cos^2\alpha} - 1}{2} \tag{11.33}$$

由于 $\overline{\cos^2\theta_A} = 3/5$，辐射各向异性为

$$r_0 = \frac{2}{5} \times \frac{3\,\overline{\cos^2\alpha} - 1}{2} \tag{11.34}$$

因此 r_0 的理论值介于 0.4（$\alpha = 0°$，跃迁矩平行）和 -0.2（$\alpha = 90°$，跃迁矩垂直）之间。

$$-0.2 \leqslant r_0 \leqslant 0.4 \tag{11.35}$$

对应的偏振比为 $-1/3 \leqslant p_0 \leqslant 1/2$。荧光发射各向异性值接近 -0.2 的情况确实在部分芳香烃分子中被观测到。这类分子被激发到第二单重激发态，该态的跃迁矩与第一单重激发态的跃迁矩相互垂直，而荧光由第一激发态发出，如芘。对于给定的观测波长，r_0 随激发波长的变化而变化，因而也就得到了激发偏振谱。激发偏振谱有助于区别不同的电子态跃迁。一般而言，负值对应 $S_0 \rightarrow S_2$ 跃迁。图 11.8 为芘的激发偏振谱。

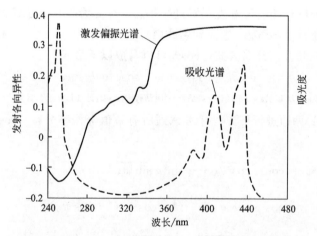

图 11.8   芘在 $-60\,℃$ 1,2-丙二醇中的激发偏振谱

需要注意的几个特例：

(1)对拥有三阶或更高对称轴的平面芳香烃分子(例如苯并菲，D_{3h} 群)，r_0 不超过 0.1。

(2)由于富勒烯碳分子 (C_{60}) 几乎是球对称的(I_h 群)，其发射的荧光是本征退偏的。

11.6　转动布朗运动效应

如果受激分子在激发态寿命的时间内能够转动，则发射的荧光是部分或完全退偏的，见图 11.9。零时刻光激发产生的受激分子的优先取向逐渐受转动布朗运动的影响而不断地随时间变化。从荧光退偏程度可以得到分子运动的信息，后者依赖于分子的尺寸、形状以及微环境的流动性。

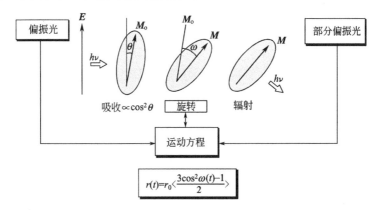

图 11.9　转动运动引起的荧光退偏(假定吸收跃迁矩和辐射跃迁矩平行)

只有当分子转动的时间尺度和分子激发态寿命 τ 在同一数量级时，才能获得分子运动的定量信息。实际上，如果分子运动相对激发态寿命很慢($r \approx r_0$)或者很快($r \approx 0$)，发射各向异性测量不能提供任何关于分子运动的信息，这是由于分子运动超出了实验测量的时间窗口。

首先区分两个概念，自由转动和受阻转动。自由转动，指分子在受一个 δ 脉冲激发后，发射各向异性值由 r_0 衰减到 0。这是因为在经过较长的一段时间后，分子的转动运动导致发射跃迁矩取向趋于随机分布。对于受阻转动，即使经过较长的一段时间，分子取向也不会变成随机分布，因此发射各向异性不会衰减到 0，而是接近于一稳定值 r，如图 11.10 所示。自由转动和受阻转动两种情况将在下文中讨论。

11.6.1　自由转动

发射跃迁矩的布朗转动可以由零时刻到 t 时刻辐射跃迁矩转过角度 $\omega(t)$ 表示，见图 11.11。

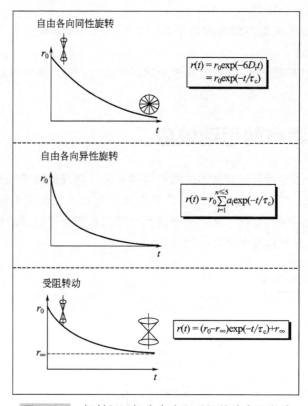

图 11.10   辐射跃迁矩在自由和受阻转动中的衰减

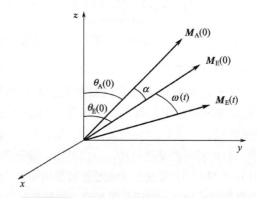

图 11.11   由取向角 $\omega(t)$ 描述的布朗运动

利用与推导式(11.33)相同的方法，很容易建立退偏因子相乘的法则：当引起发射跃迁矩连续转动的过程是相互独立且随机的(每个过程可以刻画为 $\cos^2 \zeta_i$)，则辐射各向异性是退偏因子 $(3\overline{\cos^2 \zeta_i}-1)/2$ 的乘积。

$$r(t) = \frac{3\overline{\cos^2 \theta_E(t)}-1}{2} = \prod_i \frac{3\overline{\cos^2 \zeta_i}-1}{2} \tag{11.36}$$

布朗转动的影响可以简单地用 $(3\overline{\cos^2\omega(t)}-1)/2$ 乘以式(11.33)的第二项表示。

$$r(t)=\frac{3\overline{\cos^2\theta_E(t)}-1}{2}=\frac{3\overline{\cos^2\theta_A(0)}-1}{2}\times\frac{3\overline{\cos^2\alpha}-1}{2}\times\frac{3\overline{\cos^2\omega(t)}-1}{2}$$

$$\text{(11.37)}$$

$$r(t)=r_0\,\frac{3\overline{\cos^2\omega(t)}-1}{2}\tag{11.38}$$

$(3\overline{\cos^2\omega(t)}-1)/2$ 项为分子取向的自相关函数，代表在零时刻具有一定取向的分子，在 t 时刻相对于初始方向具有取向角 ω 的概率。$(3x-1)/2$ 为二阶勒让德多项式 $P_2(x)$，因此式(11.38)也可以写成下列形式

$$r(t)=r_0\langle P_2[\cos\omega(t)]\rangle\tag{11.39}$$

其中角括号表示对所有激发态分子求平均。

11.6.1.1　各向同性转动

首先考虑球形分子情况。这些分子的转动是各向同性的，$\cos^2\omega(t)$ 的平均值可以通过积分计算得到：

$$\overline{\cos^2\omega(t)}=\int_0^\pi\cos^2\omega W(\omega,t)\sin\omega\mathrm{d}\omega\tag{11.40}$$

式中，$W(\omega,t)$ 为取向分布函数，表示一个分子在零时刻 $\omega=0$，t 时刻取向角为 ω 的概率。此函数满足以下条件和方程：

(1)初始条件　$W(0,0)=1$

(2)归一化条件　$\quad2\int_0^\pi W(\omega,t)\sin\omega\mathrm{d}\omega=1$ $\qquad$ (11.41)

(3)球形颗粒的布朗扩散方程

$$\frac{\partial W(\omega,t)}{\partial t}=D_r\,\nabla^2W(\omega,t)\tag{11.42}$$

式中，D_r 为转动扩散系数。在球坐标系中，式(11.42)可以写成

$$\frac{\partial W}{\partial t}=D_r\,\frac{1}{\sin\omega}\frac{\partial}{\partial\omega}\Big(\sin\omega\,\frac{\partial W}{\partial\omega}\Big)\tag{11.43}$$

设 $\overline{\cos^2\omega(t)}=u$，将式(11.40) 改写为

$$\frac{1}{D_r}\frac{\mathrm{d}u}{\mathrm{d}t}=\frac{1}{D_r}\frac{\mathrm{d}}{\mathrm{d}t}\overline{\cos^2\omega(t)}=\frac{1}{D_r}\int_0^\pi\cos^2\omega\,\frac{\partial}{\partial t}W(\omega,t)\sin\omega\mathrm{d}\omega\tag{11.44}$$

将等式(11.43)代入式(11.44)右边，则

$$\frac{1}{D_r}\frac{\mathrm{d}u}{\mathrm{d}t}=\int_0^\pi\cos^2\omega\,\frac{1}{\sin\omega}\frac{\partial}{\partial\omega}\Big(\sin\omega\,\frac{\partial W}{\partial\omega}\Big)\sin\omega\mathrm{d}\omega\tag{11.45}$$

$$\frac{1}{D_r}\frac{\mathrm{d}u}{\mathrm{d}t}=\int_0^\pi\frac{\partial}{\partial\omega}\Big(\cos^2\omega\sin\omega\,\frac{\partial W}{\partial\omega}\Big)\mathrm{d}\omega-\int_0^\pi\sin\omega\,\frac{\partial W}{\partial\omega}\Big(\frac{\partial}{\partial\omega}\cos^2\omega\Big)\mathrm{d}\omega\tag{11.46}$$

$$\frac{1}{D_r}\frac{\mathrm{d}u}{\mathrm{d}t}=-\int_0^\pi\sin\omega\,\frac{\partial W}{\partial\omega}\Big(\frac{\partial}{\partial\omega}\cos^2\omega\Big)\mathrm{d}\omega\tag{11.47}$$

$$\frac{1}{D_r}\frac{du}{dt} = 2\int_0^\pi \sin\omega \frac{\partial W}{\partial \omega}\cos\omega\sin\omega d\omega \tag{11.48}$$

$$\frac{1}{D_r}\frac{du}{dt} = 2\int_0^\pi \sin^2\omega\cos\omega \frac{\partial W}{\partial \omega}d\omega \tag{11.49}$$

$$\frac{1}{D_r}\frac{du}{dt} = 2(\sin^2\cos\omega W)\mid_0^\pi - 2\int_0^\pi W\frac{\partial}{\partial \omega}(\sin^2\omega\cos\omega)d\omega \tag{11.50}$$

$$\frac{1}{D_r}\frac{du}{dt} = -2\int_0^\pi W[2\sin\omega\cos^2\omega - \sin^2\omega\sin\omega]d\omega \tag{11.51}$$

$$\frac{1}{D_r}\frac{du}{dt} = -2\int_0^\pi W\sin\omega(3\cos^2\omega - 1)d\omega \tag{11.52}$$

根据式(11.40)，上式可以化为

$$\frac{1}{D_r}\frac{du}{dt} = -6\overline{\cos^2\omega} + 2\int_0^\pi W\sin\omega d\omega \tag{11.53}$$

整理得到

$$\frac{du}{dt} = 2D_r - 6D_r u \tag{11.54}$$

考虑到初始条件$\overline{\cos^2\omega(0)} = 1$，式(11.54)的解为

$$u = \frac{1}{3}[1 + 2\exp(-6D_r t)] \tag{11.55}$$

自相关函数$(3u-1)/2$为单 e 指数衰减

$$\langle P_2[\cos\omega(t)]\rangle = \exp(-6D_r t) \tag{11.56}$$

因此

$$r(t) = r_0\exp(-6D_r t) \tag{11.57}$$

D_r可以通过时间分辨荧光偏振测量得到，既可通过脉冲荧光光度计记录荧光偏振分量 $I_\parallel$ 和 $I_\perp$ 的衰减，也可利用位相荧光光度计测量 $I_\parallel$ 和 $I_\perp$ 间的位相移动随调制频率的变化。如果激发态寿命为唯一的，且能被单独确定，则可利用稳态各向异性测量，并通过下式确定 D_r，该式由式(11.12)和式(11.57)导出：

$$\frac{1}{r} = \frac{1}{r_0}(1 + 6D_r\tau) \tag{11.58}$$

上式首先由法国物理学家佩兰（Perrin）提出，称为佩兰公式。该式的偏振比表达式为

$$\left(\frac{1}{p} - \frac{1}{3}\right) = \left(\frac{1}{p_0} - \frac{1}{3}\right)(1 + 6D_r\tau)$$

D_r一旦由荧光偏振测量确定后，可以利用 Stokes-Einstein 关系

$$D_r = \frac{RT}{6V\eta} \tag{11.59}$$

式中，V 为荧光基团的流体力学分子体积；η 为介质的黏度；T 为热力学温度；R 为气体常数。但需要特别强调 Stokes-Einstein 关系在分子尺度内的适用性

尚存争议，特别是利用荧光偏振测量结合 Stokes-Einstein 关系确定微环境的黏度是无效的。

式(11.57)和式(11.58)通常表达成转动相关时间的形式 $\tau_c = 1/(6D_r)$

$$r(t) = r_0 \exp(-t/\tau_c) \tag{11.60}$$

$$\frac{1}{\bar{r}} = \frac{1}{r_0}\left(1 + \frac{\tau}{\tau_c}\right) \tag{11.61}$$

到目前为止尽管只考虑了球形分子，但对于圆柱形分子，当吸收跃迁矩和发射跃迁矩相互平行且沿着对称轴方向时，其转动运动也可以看作是各向同性的。因为任何围绕该对称轴的转动运动均不影响荧光偏振性，只有沿垂直该轴的转动才对荧光偏振性有影响。一个典型的例子为二苯己三烯，其跃迁矩方向非常接近分子轴方向。

11.6.1.2　各向异性转动

一般荧光分子是非对称的，相应的转动运动也是各向异性的。一个完全非对称的转子有三个转动扩散系数。当吸收跃迁矩和辐射跃迁矩均不沿任何主扩散轴时，$r(t)$ 衰减动力学为五个 e 指数和的形式(自由各向异性转动条件下发射各向异性可参阅文献 [6])。

当瞬时发射各向异性 $r(t)$ 为 e 指数和的形式

$$r(t) = r_0 \sum_i a_i \exp(-t/\tau_{ci}) \tag{11.62}$$

稳态各向异性为

$$\bar{r} = r_0 \sum_i \frac{a_i}{1 + \tau/\tau_{ci}} \tag{11.63}$$

在该情况下稳态各向异性测量不能充分描述分子转动运动，需要通过时间分辨实验获得上述信息。

11.6.2　受阻转动

脂质双层(lipid bilayers)、液晶等各向异性介质的分子运动需要特别注意。本节首先考虑锥内摆动模型(wobble-in-cone)[7]。根据此模型，棒状分子(其吸收跃迁矩和发射跃迁矩与分子长轴重合)的转动限制在一个锥角内。转动运动用绕垂直于分子长轴的对称轴的转动扩散系数 D_w(绕分子长轴的转动不影响辐射各向异性)和序参量(锥角的半角 θ_c，反映周围烷烃链对分子角分布限制程度)(图 11.12)两个参数来描述。θ_c 可以通过比值 r_∞/r_0 确定。

$$\frac{r_\infty}{r_0} = \left[\frac{1}{2}\cos\theta_c(1 + \cos\theta_c)\right]^2 \tag{11.64}$$

各向异性衰减可以近似表示为

$$r(t) = (r_0 - r_\infty)\exp(-t/\tau_c) + r_\infty \tag{11.65}$$

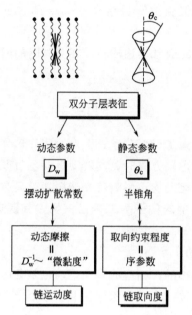

图 11.12 用于描述脂质双层的锥内摆动模型假定分子的
吸收和辐射跃迁矩与分子长轴重合

式中，τ_c 为 $r(t)$ 的有效弛豫时间，即经过 τ_c 后，由初始光激发选择形成的取向达到稳态分布。

τ_c 通过下式与 D_w 和 θ_c 联系在一起：

$$\tau_c D_w \left(1 - \frac{r_\infty}{r_0}\right) = -x_0^2(1+x_0)^2 \{\ln[(1+x_0)/2)] + (1+x_0)/2\}/[2(1+x_0)]$$

$$+ \frac{(1+x_0)(6+8x_0-x_0^2-12x_0^3-7x_0^4)}{24}(x_0 = \cos\theta_c) \quad (11.66)$$

在实际测量中，参数 r_0，r_∞，τ_c 依据式(11.9)和式(11.10)拟合 $I_\parallel(t)$ 和 $I_\perp$ (t) 得到，其中 $r(t)$ 具有式(11.65)的形式。然后由 r_∞/r_0 确定 θ_c，再利用式(11.66)计算摆动扩散常数 D_w。

如果单指数分析不能满足，可以尝试双指数。但双指数衰减只能当做纯数学模型。

有趣的是 $\tau_c(1-r_\infty/r_0)$ 恰好为曲线 $[r(t)-r_\infty]/r_0$ 覆盖的面积 A。因此即使各向异性衰减不是单指数衰减，D_w 仍可以利用式(11.66)计算得到，即将式(11.66)中 $\tau_c(1-r_\infty/r_0)$ 用 A 代替。关于受阻转动各向异性的详细理论知识参见文献 [6]。

11.7 应用

表 11.1 列举了应用荧光偏振性的相关领域。

表 11.1　荧光偏振的应用领域

研 究 领 域	获 取 信 息
光谱学	激发偏振光谱、区分不同激发态
多聚物	链动力学
	多聚物环境中的局部黏性
	固体多聚物中的分子取向
	沿多聚物链的激发能迁移
胶束系统	胶束内微黏度
	流动性和有序度测量如双层囊泡
生物细胞膜	流动性和有序度测量
	确定相转变温度
	添加物的影响,如胆固醇
分子生物学	蛋白的尺寸、变性、蛋白之间相互作用
	DNA 与蛋白相互作用
	核酸(柔韧性)
免疫学	抗原与抗体反应 免疫测定
人工和自然光合天线	激发能的迁移

　　荧光偏振技术是研究流动性和有序组装体取向有序性的有力工具,包括水溶性胶束、反胶团、微滴乳状液、脂质双层、合成非离子囊泡和液晶。该技术对多聚物和抗体分子的链段流动性也非常有用。固态相高分子链的取向分布信息也能通过该技术得到。

　　当处于平衡系统中的自由和束缚态物种具有不同转动速率的时候,荧光偏振也非常适合对平衡态结合问题的研究(图 11.13)。该技术可用于分析大多数分子间的相互作。与利用示踪物的其他方法相比,荧光偏振能够直接提供自由态和束缚态示踪物的浓度比而无需事先将两者进行分离。更重要的是,荧光偏振测量采用实时测量,能够提供结合与解离反应的动力学信息。相对放射免疫测定而言,基于荧光偏振技术的免疫测定因为不需进行自由态和束缚态示踪物的分离操作,而更受欢迎。

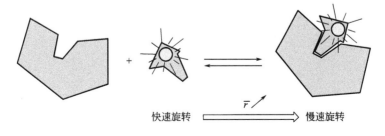

快速旋转　　　　$\bar{r}$　　　　慢速旋转

图 11.13　荧光偏振方法用于生物免疫测定原理示意图

在荧光免疫测定中，加入的非标记的抗原能够取代抗体上结合的荧光标记抗原，同时发射各向异性将相应地降低。

荧光偏振方法还可用于聚合物、人工光合天线系统、光合系统中能量传递（激发能的跳跃传递）过程的研究。

参 考 文 献

[1] Jablonski, A. Acta Phys. Pol. **1950**, 10, 193.

[2] Kawski, A.; Kubicki A.; Weyna I. Z. Naturforsch. **1985**, 40a, 559.

[3] Veissier, V.; Viovy, J. L.; Monnerie, L. J. Phys. Chem. **1989**, 93, 1709.

[4] Zinsli, P. E. Chem. Phys. **1977**, 93, 1989.

[5] Johansso, L. B. J. Chem. Soc. Faraday Trans. **1990**, 86, 2103.

[6] Bernard, Valeur. Molecular fluorescence principle and application. New York: Wiley, **2001**, ISBs: 3-527-29919-X.

[7] Kinosita, K; Jr, Kawato, S; Ikegami, A. Biophys J. **1977**, 20, 289-305.

超快激光光谱原理与技术基础

Chapter 12

超快荧光测量技术

12.1 超快荧光测量技术简介

超快荧光测量就是用脉冲光束研究分子从激发态到基态跃迁发射荧光的动力学过程。从前两章可以看出，瞬态吸收光谱是研究超快过程的一个重要测量手段，但其信号产生的根源极其复杂，往往同时包括激发态吸收（excited state absorption，ESA）、基态漂白（ground state bleaching，GSB）以及受激辐射（stimulated emission，SE）等多个过程。这些过程在实际测量中往往难以区别，因此给实验数据的分析和处理带来了很大的难度。依据 Kasha 规则，瞬态荧光光谱则基本上反映的是最低激发态的动力学变化，其包含的成分简单，数据易于分析处理且物理意义明确。时间分辨荧光测量技术已经成为光物理及光化学研究的重要手段，在研究化学及生物系统内的能量及电子转移，以及半导体中的载流子弛豫等过程中发挥着重要的作用。值得注意的是，在超快时间分辨荧光谱测量中，高激发态的荧光辐射也能够被测出，也就是说 Kasha 规则不再完全适用。

目前对瞬态荧光的测量有多种方法可以实现，但是它们的基本原理都大致相同，如图 12.1 所示（相位调制荧光测定法除外，这里不再详述，可以参考相关文献[1]）。

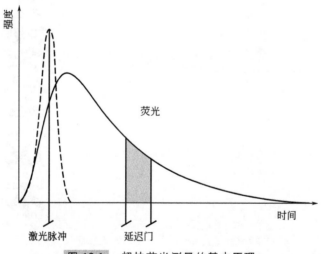

图 12.1 超快荧光测量的基本原理

首先由一束脉冲激光激发样品，产生荧光。在通常情况下，荧光的寿命都会远长于激发光的脉冲宽度，如图 12.1 所示，进而用另一路门信号（gate pulse）对所产生的荧光动力学变化进行测量。在一定的实验条件下，可以保证只有落入"门"内的荧光信号才可以被探测到。这样，通过调节激发光信号与门信号之间的相对时间延迟，就可以得到一定时间范围内荧光信号的变化，进而得到样品激发态的动力学变化行为。

时间相关单光子计数[2]以及条纹相机[3]等方法，就是利用电子学手段来产生门信号，并实现对时间延迟的控制。不过这些方法的时间分辨率受电子学中电子渡越时间的限制，通常只能达到皮秒的量级，但利用光学的方法可以将时间分辨精度提高到激光脉宽的大小。由于所采用的门信号正是激光脉冲本身，并且时间延迟是通过改变激发光和门脉冲在光路中的光程差来实现的（1fs 的时间延迟对应于 $0.3\mu m$ 的光程差），因此，相应的瞬态荧光的测量可以达到飞秒量级时间分辨率。在这些光学门测量方法中，基于和频原理的上转换技术（up-conversion）以及基于克尔效应的光克尔门技术（Kerr-gating）等，已经被广泛应用到时间分辨荧光光谱的探测中。另外，最近几年基于非共线光参量放大（noncollinear optical parametric amplifier，NOPA）技术发展了荧光光参量放大这一飞秒时间分辨荧光光谱技术。由于其具有高增益，宽增益带宽以及低探测极限等诸多优点，已经开始逐步应用到光化学以及光物理中的时间分辨荧光的研究[4]。

这一章首先对荧光上转换以及光克尔门技术作一些简单的介绍。之后，将着重介绍光参量荧光放大的方法，从原理出发再到实验光路的设计、搭建，数据采集等，最后是有关系统特性的研究，以及关于光谱的失真和矫正等问题的讨论。

12.2 荧光上转换技术

1975 年 Mahr 和 Hirsch 首先利用混频方法实现了亚纳秒光脉冲的超快荧光测量[5]。混频技术的基本原理就是将待测信号与激光脉冲在非线性晶体中混合（如 BBO 晶体），从而产生和频或者差频信号。由于混频过程只有在激光脉冲存在的情况下才会发生，因此脉冲本身便起着门信号的作用，可使系统的时间分辨本领达到脉冲宽度的大小。在实际测量中，和频的方法，即上转换技术应用更广泛并逐渐成为实现瞬态荧光测量的一种重要手段[6]。

12.2.1 相位匹配

对于和频过程，门脉冲、待测信号以及和频信号光的频率及波矢应当分别满足能量守恒及动量守恒的关系，即有：

$$\omega_g + \omega_f = \omega_s \tag{12.1}$$

$$\boldsymbol{k}_g + \boldsymbol{k}_f = \boldsymbol{k}_s \tag{12.2}$$

式中，下标 g、f 和 s 分别代表门脉冲、待测信号以及和频信号。其中，方程式（12.2）也是相位匹配（phase matching）的条件。为简单起见，考虑共线相位匹配的情形，方程式（12.2）可以写为：

$$\frac{n_g}{\lambda_g} + \frac{n_f}{\lambda_f} = \frac{n_s}{\lambda_s} \tag{12.3}$$

n 表示在相应波长下的折射率，并且在各向异性晶体中，n 还与光脉冲在晶体中的传播方向有关。令 x，y，z 为晶体的三个主介电轴，n_x，n_y，n_z 为光波沿主轴方向传播时的折射率，即主折射率。对于单轴晶体来说，它的光轴沿着 z 轴的方向，并满足 $n_x = n_y = n_o$（寻常折射率）及 $n_z = n_e$（非寻常折射光）。

对于正单轴晶体来说 $n_e > n_o$，而对于负单轴晶体，则有 $n_e < n_o$。单轴晶体的 x，y 主轴的方向可以任意选取，因此可以选择主轴方向使得光波传播方向 $\boldsymbol{k}$ 在 yz 平面内，则有如下关系

$$k_x = 0$$
$$k_y = \sin\theta \tag{12.4}$$
$$k_z = \cos\theta$$

式中，θ 是光轴 z 轴和 $\boldsymbol{k}$ 方向间夹角。利用式(12.4)，根据波法线的菲涅尔方程，可得

$$(n - n_o^2)[n^2(n_e^2\cos^2\theta + n_o^2\sin^2\theta - n_e^2 n_o^2)] = 1 \tag{12.5}$$

由此可见，对于满足上式第一个因子等于零，即 $n = n_o$ 的光波，其折射率与光波的传播方向无关，称为寻常光（o 光），折射率为 n_o。对于由上式第二个因子等于零确定的光波，其折射率满足如下关系：

$$\frac{1}{n^2} = \frac{\cos^2\theta}{n_o^2} + \frac{\sin^2\theta}{n_e^2} \tag{12.6}$$

该式表明，这个光波的折射率与光波的传播方向有关，称为非寻常光（e 光），折射率为 $n_e(\theta)$。

折射率随波长的变化在形式上满足 Sellmeier 方程：

$$n_o^2 = A_o + \frac{B_o}{C_o - \lambda^2} + D_o\lambda^2 \tag{12.7}$$

以及

$$n_e^2 = A_e + \frac{B_e}{C_e - \lambda^2} + D_e\lambda^2 \tag{12.8}$$

一般来说，如果三束光在晶体都以 o 光（寻常光）进行传播的话是无法满足相位匹配条件的。但如果将其中至少一束光改为 e 光（非寻常光），相位匹配条件便可以通过改变波法线和光轴之间的夹角来实现。如果取门脉冲和待测信号的偏振平行（同为 o 光或 e 光），则称为 I 类相位匹配。而如果二者的偏振垂直，则称为 II 类相位匹配。

先只考虑基于负单轴晶体 I 类相位匹配：$o + o \rightarrow e$，则可以求出相位匹配角 θ_m 为：

$$\sin^2\theta_m = \frac{[1/n_s^2(\theta_m)] - (1/n_{o,s}^2)}{(1/n_{e,s}^2) - (1/n_{o,s}^2)} \tag{12.9}$$

式中，$n_s(\theta_m)$ 表示光场在与光轴夹角为 θ_m 传播时的折射率，从式(12.3)中得到：

$$n_s(\theta_m) = n_{o,f}\frac{\lambda_s}{\lambda_f} + n_{o,g}\frac{\lambda_s}{\lambda_g} \tag{12.10}$$

$n_{o,q}$ 及 $n_{e,q}$($q=g$, f 或 s)分别为在波长 λ_q 处的 o 光和 e 光折射率。

通过以上两式,便可以选取合适的光场传播方向与晶轴间的夹角来实现相位匹配。另外,通过求解适当边界条件下的三波混频的耦合波方程[7],还可以计算出在满足相位匹配条件下的上转换效率。

在门脉冲的强度变化较小的情况下(小信号近似),待测信号的转换效率近似为[6a]:

$$\eta_q(0) = \frac{2\pi^2 d_{\text{eff}}^2 L^2 (P_g/A)}{c\varepsilon_0^3 \lambda_f \lambda_s n_{o,f} n_{o,g} n_s(\theta_m)} \tag{12.11}$$

式中,P_g 为门脉冲的功率;A 为门脉冲在非线性晶体中的面积(假定待测信号在晶体中的面积不大于 A);d_{eff} 为晶体的有效非线性系数;c 和 ε_0 分别为真空中的光速和介电常数;L 为非线性晶体的厚度。

12.2.2　光谱带宽与群速失配

如果相位匹配条件并没有得到满足,即 $\Delta k = k_s - k_g - k_f \neq 0$。那么转换效率会随着 Δk 的增加而降低:

$$\eta_q(\Delta k) = \eta_q(0)\frac{\sin^2(L\Delta k)}{(L\Delta k)^2} \tag{12.12}$$

由于当 $x = \pm 1.39$ 时,$\sin^2(x)/x^2 = 0.5$,因此光谱的宽度(半高全宽,Full Width at Half Measure,FWHM)可以写为:

$$\Delta h\nu_f = \frac{2.78}{L}\left[\frac{\partial(\Delta k)}{\partial(h\nu_f)}\right]^{-1} \tag{12.13}$$

对于 I 类相位匹配:$o+o\rightarrow e$,上式可以改写为:

$$\Delta h\nu_f(\text{meV}) = \frac{1.83\times 10^{-12}}{L(\text{cm})[\gamma_s(\text{s/cm}) - \gamma_f(\text{s/cm})]\times 2\pi} \tag{12.14}$$

其中

$$\gamma_f = \frac{1}{c}\left(n_{o,f} - \lambda_f \frac{\partial n_{o,f}}{\partial\lambda}\bigg|_{\lambda=\lambda_f}\right) \tag{12.15}$$

以及

$$\gamma_s = \frac{1}{c}\left[n_s(\theta_m) - \lambda_s \frac{\partial n_s(\theta_m)}{\partial\lambda}\bigg|_{\lambda=\lambda_s}\right] \tag{12.16}$$

根据式(12.14)可知,当晶体光轴和光波矢量 $\boldsymbol{k}$ 间夹角确定时,待测信号只有在某个特定的光谱范围内才会上转换到信号光。因此,如果要测量整个荧光光谱的动力学变化,通常需要改变晶体的角度来分别测量不同波长处的荧光信号。

另外,由于晶体是色散介质,待测信号与门脉冲的波长往往不同,因此两者在晶体中的群速度也会有一定差别,即群速失配(group velocity mismatch)。群速失配现象的存在，一方面会降低转换效率，另外也会限制整个上转换系统的时间分辨本领。并在有些情况下，群速失配甚至会比相位失配带来的限制更严重。以 $o+o\rightarrow e$ 情况为例，由于群速失配会导致系统的响应展宽：

$$\Delta t(\mathrm{s})=L(\mathrm{cm})\left[\gamma_g(\mathrm{s/cm})-\gamma_f(\mathrm{s/cm})\right] \tag{12.17}$$

其中

$$\gamma_g=\frac{1}{c}\left(n_{o,g}-\lambda_g\frac{\partial n_{o,g}}{\partial\lambda}\bigg|_{\lambda=\lambda_g}\right) \tag{12.18}$$

12.2.3 荧光上转换实验

荧光上转换的实验原理与图 12.1 所示基本类似，简单地说，将一束飞秒激光脉冲分为两个部分，分别用来激发荧光以及作为门信号。产生的荧光信号与门信号在非线性晶体中混合，进而会产生和频信号，即上转换信号，如前面所述。通过求解耦合波方程，可以得到上转换信号强度正比于门信号的强度以及荧光信号在时间上与门信号重合部分的强度。因此通过改变两路信号到达晶体时的光程差，即改变二者在时间上的延迟，便可以实现对荧光动力学的时间分辨测量。

由于和频过程要满足相位匹配关系，因此荧光上转换技术往往也只能实现单波长的动力学测量。M. Chergui 等人经过一些改进，成功地利用这种方法实现对宽带可见光谱的测量[8]，并且后来又依次将其扩展至近红外[9]和紫外[10]的荧光测量。图 12.2 即为 M. Chergui 所用到的时间分辨紫外荧光上转换实验装置。为了实现对宽带光谱的测量，和频晶体放置在可旋转的台子上。对于每一个固定的时间延迟，在 CCD 的积分时间内，通过以均匀的角速度旋转晶体就可以使多个波长满足相位匹配条件，进而实现荧光光谱的宽带测量。

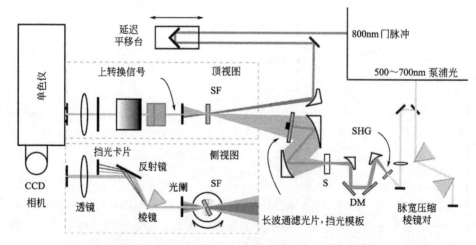

图 12.2 时间分辨紫外荧光上转换方法光路示意图

CCD 相机—电荷耦合器件相机；SF—和频晶体；SHG—二倍频产生晶体；
DM—250～300nm 介质膜反射镜；S—样品

利用荧光上转换技术，不需要转变晶体角度，真正实现多通道测量的工作首先由 Ernsting[11] 小组完成。和频过程的接受带宽 $\Delta\nu \propto \dfrac{1}{d} \times \dfrac{1}{\dfrac{c}{v_{gU}} - \dfrac{c}{v_{gF}}}$，其中 d 为晶体厚度，c 为光速，v_{gU}，v_{gF} 分别为和频光、荧光的群速度。Ernsting 利用低色散 KDP 晶体，晶体厚度 $d = 0.1\text{mm}$，门脉冲光采用近红外光 1300nm，进行荧光上转换实验，能够实现光谱宽度约 100nm 范围的同时测量。

另外荧光下转换技术，即差频过程，将荧光信号变换到更长波段测量，是荧光上转换技术的一个有效补充测量方法。特别是对于近紫外光谱范围，CCD 对这一光谱区间的灵敏度较低。通过荧光下转换的方法能将近紫外区间的光谱转换至可见光范围测量。Haacke 小组[12] 利用这种荧光下转换的方法，对生物类 2,5-二苯基噁唑样品进行了时间分辨荧光测量。

12.3　光克尔门技术

光克尔门技术不同于荧光上转换，它可以同时得到瞬态荧光的光谱[13]。这种做法最早由 Duguay 和 Hansen 在 1969 年提出[14]，它是基于光克尔效应实现的，即外加电场 E_0 可以使非线性介质产生瞬态双折射现象，偏振方向与 E_0 平行和垂直的光波通过介质时，便会产生一定的相位差，其结果可以使入射线偏振光的偏振方向转过 90°，或使其变为椭圆偏振光。

虽然在 20 世纪 70 年代光克尔门技术已经开始应用于时间分辨荧光光谱测量，但在随后的 20 年时间里，应用光克尔门技术开展时间分辨荧光光谱的研究工作并不多。但 Trebino[15] 及其合作者将光克尔技术引入频率分辨光开关技术（frequency-resolved optical gating，FROG）后，光克尔门技术在时间分辨荧光光谱中测量的优势（相位匹配调件自动满足，同时宽带光谱测量）逐渐被认可。目前光克尔门技术已经发展成为超快光谱领域常规的测量手段，并且具有同荧光上转换技术、荧光非共线光参量放大技术可比的时间分辨率。

12.3.1　光克尔荧光技术原理

光克尔效应是指光脉冲作用使介质产生折射率各向异性或双折射效应。对于各向同性介质，脉冲光诱导的折射率变化为

$$\Delta n = \gamma I \tag{12.19}$$

式中，γ 为介质非线性折射率系数；I 为光脉冲强度。

为了使光克尔效应产生开关作用，克尔介质要置于一对通光方向正交的偏振片之间。强泵浦脉冲作用在克尔介质后使介质产生双折射现象，使另外一束同时通过该克尔介质的荧光发生瞬态偏振方向旋转。因此光克尔效应等效于一块波晶片（位

相延迟片）。荧光通过波晶片后，沿该晶片快轴和慢轴的光电场分量产生相位移动

$$\phi = \phi_s - \phi_f = \frac{2\pi L \Delta n}{\lambda} \tag{12.20}$$

式中，$\Delta n = n_s - n_f$，为波长 λ 处所对应的双折射幅值（birefringence magnitude）；L 为波晶片的厚度。当波晶片置于通光方向正交的偏振片之间时，光透射率为

$$T = \sin^2(2\theta) \sin^2\left(\frac{\phi}{2}\right) \tag{12.21}$$

式中，θ 代表波晶片慢轴和出射偏振片透光方向间夹角。上式中 ϕ 是晶片厚度 L、双折射幅值 Δn、波长 λ 的函数。恰当选择这三个参数，使 $\phi = 180°$，同时调整晶片取向，使 $\theta = 45°$，则能使光透射率最高。

当把适用于波晶片的式（12.21）用于光克尔开关时，波晶片中的静态双折射被光强度分布为 $I_g(t)$ 的克尔门脉冲光在克尔介质中诱导的双折射所替代。由克尔门选出的被测荧光所产生的相移量为

$$\phi_{\mathrm{em}}(t) = \frac{2\pi L \gamma I_g(t)}{\lambda_{\mathrm{em}}} \tag{12.22}$$

下标"em"表示被测荧光。在这种情况下，式（12.21）中的 θ 代表泵浦光偏振方向与第一个偏振片通光方向间夹角（$\theta = 45°$ 时，光透射率最大）。根据式（12.21）荧光透过第二个偏振片的比例率

$$T(t) = \sin^2\left[\frac{\phi_{\mathrm{em}}(t)}{2}\right] = \sin^2\left[\frac{\pi \gamma L}{\lambda_{\mathrm{em}}} I_g(t)\right] \tag{12.23}$$

对于一个强度为 $I_{\mathrm{em}}(t)$ 的荧光信号，利用光克尔门开关测得的时间分辨信号强度为

$$I_{\mathrm{gated}}(t) = \int_{-\infty}^{t} T(t-t') I_{\mathrm{em}}(t') \mathrm{d}t' \tag{12.24}$$

式中，t 为荧光激发脉冲与克尔门脉冲间的延时。由式（12.23）和式（12.24）两式可以看出测得的信号强度取决于 $T(t)$，克尔门脉冲光强 I_g、非线性折射系数 γ、介质厚度 L 以及被测荧光波长 λ_{em}。

根据 Maroncelli[13b] 对光克尔荧光技术信噪比分析，信噪比的倒数

$$\left(\frac{\delta S}{S}\right)^2 \cong [1 + 2r(t)] \frac{1}{S(t)} + \left(\frac{\delta E_g}{E_g}\right)^2 + [1 + r(t)]^2 \left(\frac{\delta N_0}{N_0}\right)^2 \tag{12.25}$$

式中，$E_g = \sin^2\left(\frac{\pi \gamma L}{\lambda} I_g\right)$ 为光克尔门效率；N_0 为理想克尔门（$E_g = 1$）在零脉冲延时时刻测得的荧光光子数；$S(t)$ 为延时 t 处克尔门开启和关闭时透过荧光光子数之差，因此式（12.25）表示克尔荧光噪声来源于三个部分，即 $\frac{1}{S(t)}$、$\left(\frac{\delta E_g}{E_g}\right)^2$ 和 $\left(\frac{\delta N_0}{N_0}\right)^2$，它们分别代表信号 $S(t)$ 的 $\sqrt{N}$ 噪声、光克尔门效率变化引起的相对噪声、

到达克尔介质处的荧光强度抖动产生的相对噪声。上述三种噪声在总信噪比中的权重由因子 $r(t)$ 决定。

当荧光自发辐射寿命为 τ，泵浦门脉冲宽度为 δt 时，正交偏振片的消光系数为 ε 时

$$r(t)=\frac{1}{E_g}\times\frac{1}{\varepsilon}\times\frac{\tau}{\delta t}e^{t/\tau} \tag{12.26}$$

根据式(12.26)可知利用光克尔荧光技术获得良好信噪比的时间分辨光谱的关键在于提高光克尔门效率 E_g，正交偏振片的消光系数 ε 以及泵浦门脉冲对样品辐射寿命的取样比例即 $e^{-\frac{1}{\div}\frac{\delta t}{\tau}}$。特别需要注意光克尔门效率 E_g 和正交偏振片的消光系数 ε 对波长有很大的依赖关系。

12.3.2　光克尔荧光技术实验

在实际操作中，飞秒激光脉冲用分束片分为两束，分别作为激发光和门脉冲。其中激发光经过频率变换后用来激发荧光，而门脉冲则用来在克尔介质中产生克尔效应。克尔介质放置在两个正交的偏振片之间，由样品激发产生的荧光经收集后先经过起偏器变为线偏振光，再与门脉冲一同聚焦到克尔介质上。门脉冲作用在克尔介质引发光克尔效应，使荧光偏振发生改变。荧光偏振发生改变后，部分荧光可以通过第二个偏振片而进入到探测器中而被记录，而处于门外的荧光则无法通过第二个偏振片。通过改变门脉冲与激发光间的延迟，就可以得到荧光的动力学信息。

图 12.3 所示为典型的克尔荧光光谱仪装置[13b]，其中参考通道的作用是校正激光器的能量波动。下面将对光克尔荧光实验中关键的元件的选取做进一步讨论。

(1) 克尔介质

克尔介质是光克尔荧光技术最关键的部分。选择克尔介质时需要考虑以下六方面因素。①介质以电子响应为主；②介质具有大的非线性折射率系数；③介质在泵浦门脉冲作用下背景辐射(线性或非线性激发)量可以忽略；④介质具有高的高阶非线性过程阈值，避免介质在克尔门脉冲作用下产生高阶非线性过程对荧光时间分辨测量产生干扰；⑤介质具有高损坏阈值，能适应长期实验使用；⑥介质具有宽的光谱透明范围，以保证待探测荧光光谱范围落在介质的光谱透明区。下面对前三点作具体介绍。

介质以电子响应为主，原子核响应所占比例尽量小。一般介质的克尔响应可以分为电子响应和原子核响应(起源于分子的定向运动和基于拉曼诱导克尔效应的介电常数核调制)。电子响应是即时的，时间非常短，而原子核响应时间却较长。例如液态 CS_2 的克尔响应主要来自于核响应，其响应时间约为 0.8 ps。固态材料本身能够限制分子的定向运动及其对介电常数的调制，因此光学玻璃材料以及其他固态材料表现出更短的响应时间。例如 Schmidt[16] 等利用 1mm 融石英片作为克尔介质，结合 40fs 泵浦门脉冲，获得了 135fs 光克尔响应时间。目前关于光学玻璃以及晶体材料的克尔响应时间已经有比较丰富的文献可供参考[17~19]。

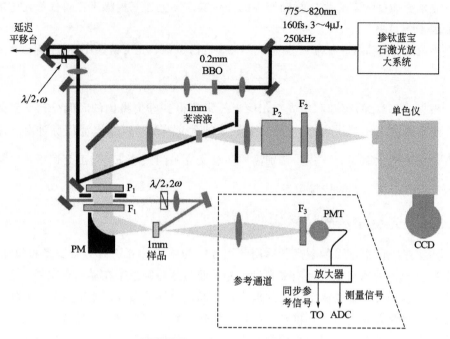

图 12.3 克尔荧光光谱仪装置

PM—离轴抛物面镜；PMT—光电倍增管；P_1、P_2—偏振片；$F_1 \sim F_3$—滤光片；$\lambda/2$—半波片；
BBO—β 相偏硼酸钠晶体；CCD—电荷耦合器件；TO ADC—送至模数转换卡

由光克尔门效率 E_g 的表达式可以看出，介质的非线性折射率系数直接决定了光克尔荧光技术的性能，即时间分辨光谱的信噪比，及能够探测的最长荧光寿命。因此在选择克尔介质时不仅考虑其响应时间，还需要考虑其非线性折射率系数。为了提高光克尔荧光技术的综合性能，介质的克尔响应时间和非线性折射率系数往往需要折中处理。S. Arzhantsev[13b] 在比较了 CS_2、SFL6 玻璃、熔石英和苯溶液四种介质的响应时间和非线性折射率系数后，选择了苯溶液作为克尔介质。另外需要注意不仅荧光信号产生在克尔介质中传播会产生色散，泵浦门脉冲与荧光之间在克尔介质中也存在群速度差异，克尔介质过厚则引起泵浦门脉冲与采样荧光信号间的时间延迟，进而降低时间分辨率[20]。因此在保证光克尔门效率的前提下，克尔介质自身尺寸不能过厚，一般不超过 1mm。

介质在泵浦门脉冲作用下产生的辐射（源于线性激发或非线性激发，如双光子或多光子吸收）会在光克尔荧光技术中形成背景噪声。由于克尔介质位于正交偏振片之间，克尔介质产生的辐射不能被正交偏振片有效消除，因此较强的辐射能够淹没荧光时间分辨信号。根据泵浦门脉冲的光子能量，克尔介质的能带高度至少要大于 2 倍的泵浦门脉冲的光子能量。熔石英的能隙在深紫外区域，由多光子吸收引起的背景辐射很弱，并且具有更快的时间分辨率（相对于 $SrTiO_3$、BK7 玻璃、SF5 玻璃），因此常作为理想的克尔介质。另外调节泵浦门脉冲的波长至长波波段，如

1100nm[16]也是减少背景辐射的有效方法，同时还能避免泵浦门脉冲对 800nm 附近（Ti：Sapphire 激光系统的基频）荧光信号测量的干扰。

（2）正交偏振片

正交偏振片也是光克尔荧光技术中非常重要的元件，它们组合对荧光的消光系数 ε 决定了光克尔荧光技术的信噪比。例如利用脉冲宽度 100fs 的泵浦门脉冲对纳秒量级的信号进行取样，消光系数 ε 达到 10^4，才能将背景噪声降低至与荧光信号相同的水平。一般正交偏振片 ε 要达到 10^5 时，光克尔荧光系统测量纳秒量级的荧光信号才能获得良好的信噪比。正交偏振片中第一个偏振片可以采用金属线栅偏振片，其具有较高消光系数。金属线栅偏振片很薄（Moxtec PFUO4C 约 0.7mm），这能够大大降低荧光的色散。第二个偏振片一般采用格兰-泰勒棱镜，其具有高的消光系数（大于 10^5）并具有 200~2000nm 的光谱适用范围。

（3）激光光源重复频率

目前克尔荧光技术采用的激光光源都在千赫兹（kHz）量级[17b,18a]。激光光源高重复频率的优势在于可以通过增加信号平均次数而获得信噪比良好的时间分辨光谱，而不需要过多依赖提高样品激发光能量的方法来增加荧光光强，因此避免测试样品的损坏。反之，采用低重复频率激光光源，光克尔荧光系统良好的信噪比取决于增加样品激发光光强和泵浦门脉冲光强，进而容易引起测试样品和克尔介质的损坏。

光克尔技术除在时间分辨荧光光谱中有广泛的应用外，在其他的一些领域也

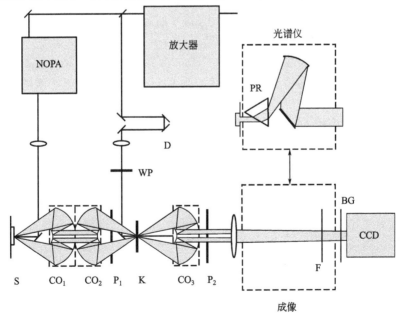

图 12.4　克尔门荧光显微镜示意图[22]

S—样品；$CO_{1\sim3}$—卡塞格林物镜；$P_{1\sim2}$—偏振片；K—克尔介质；
D—延时线；F,BG—滤光片；WP—波片；PR—棱镜

发挥着独特的作用。例如在共振拉曼光谱仪中，荧光和拉曼散射光到达克尔介质的时间不同，利用光克尔技术可以摒除荧光对拉曼光谱测量的干扰[21]。另外光克尔技术因具有相位匹配条件自动满足，同时宽谱测量的优势，使其在时间分辨成像领域也有重要的应用。特别是近些年来 Lars. Gundlach 等人利用光克尔门的方法实现了对荧光的二维成像时间分辨测量[22]，其装置如图 12.4 所示。这套装置的核心就是将非线性光克尔门结合在宽场显微镜的输出光路中，由此便可以测量到时间分辨的二维荧光图像 $I(x,y,t)$。

虽然采用光克尔门技术可以直接得到瞬态荧光光谱，但对正交偏振片的消光系数的要求非常高，其大小与测量所得信号的信噪比直接相关。另一方面克尔介质的响应速度有限，直接限制了光克尔门技术的时间分辨率。特别是利用光克尔门方法测量宽谱荧光时间分辨动力学时，除了会引入群速色散以外，还会引入三阶色散[23]，且这部分色散无法准确扣除。上述两方面因素限制了光克尔门技术在高时间分辨宽带光谱测量中的应用。

12.4 荧光非共线光参量放大技术

荧光非共线光参量放大技术(fluorescence noncolinear optical parametric amplification，FNOPA)是基于 NOPA 原理而发展起来的瞬态荧光测量技术，这种技术可以实现对微弱荧光信号的飞秒时间分辨测量。2003 年，张景园等人采用非共线光参量放大的方法将能量仅有约 100aJ 的相干超连续白光(white light continuum generation，WLCG)作为种子光实现了光参量放大，并提出将非共线光参量放大的方法用于非相干的弱荧光探测的可能性[24]。2005 年，P. Fita 等人在 BBO 晶体中利用非共线光参量放大的方法对香豆素-6 染料分子的瞬态荧光光谱进行了测量，其时间分辨率可以达到飞秒量级[25]。

此后翁羽翔研究组与美国南乔治亚大学张景园教授合作通过将闲频光上转换至信号光的方法，实现了对近红外瞬态荧光的测量[26]。通过实验证明，这种测量方法的测量极限可以达到 15 个荧光光子(在 580nm 处)，增益为 1.2×10^6，并且验证了它的线性放大特性[27]。后来又利用荧光背向收集的装置排除了因激发光所产生的超连续白光而带来的影响，进一步确定它的探测极限在每个脉冲 20 个光子以内[28]。而对于相干光的放大，如 800nm 的基频光，探测极限甚至可以达到单光子的量级[29]。随后又将该方法用于半导体材料、光合模拟体系及光合系统超快传能过程的研究中[4]。所有这些结果表明，基于 NOPA 方法的瞬态荧光放大技术是研究时间分辨光化学及光物理等过程的一个重要测量手段，其具有高增益、宽带宽以及低探测极限等优点。

12.4.1 光参量放大基本原理

光在介质中传播时，由于电场的作用，介质内将会产生一定的极化强度，其中包含有线性项和非线性项，光学参量放大（optical parametric amplifier，OPA）便属于二阶的非线性效应。其基本过程就是在适当的非线性晶体内，一束高频高能量的泵浦光（pump），将一束低频低能量的信号光（signal）进行放大，同时产生第三束更低频率的闲频光（idler）。OPA 过程中信号光所获得的增益是由非线性介质中三个光波之间的相互耦合而产生的，并且在整个过程中要遵守能量守恒以及动量守恒关系：

$$\hbar\omega_p = \hbar\omega_s + \hbar\omega_i \tag{12.27}$$

$$\hbar \boldsymbol{k}_p = \hbar \boldsymbol{k}_s + \hbar \boldsymbol{k}_i \tag{12.28}$$

式中，ω_s，ω_i 和 ω_p 分别代表信号光、闲频光和泵浦光的频率；$\boldsymbol{k}_s$、$\boldsymbol{k}_i$ 和 $\boldsymbol{k}_p$ 分别为信号光、闲频光和泵浦光的波矢。另外，式（12.28）同时也表示满足相位匹配的条件。

对于超短脉冲激光，在时域内，其复电场的正频分量通常可以表示为：

$$\widetilde{E}^+(t,z) = \frac{1}{2}\varepsilon(t,z)\mathrm{e}^{i\varphi_0}\mathrm{e}^{i\varphi(t,z)}\mathrm{e}^{i(\omega t - kz)} = \frac{1}{2}\widetilde{\varepsilon}(t,z)\mathrm{e}^{i(\omega t - kz)} \tag{12.29}$$

其中 $\widetilde{\varepsilon}(t,z) = \varepsilon(t,z)\exp[i\varphi_0 + i\varphi(t,z)]$ 表示复电场的慢变包络，根据光与物质的相互作用以及麦克斯韦方程可以推导出如下的耦合波方程[30]：

$$\begin{cases} \left(\dfrac{\partial}{\partial z} + \dfrac{1}{v_s}\dfrac{\partial}{\partial t}\right)\widetilde{\varepsilon}_s - \dfrac{i}{2}k_s''\dfrac{\partial^2}{\partial t^2}\widetilde{\varepsilon}_s + D_s = -i\chi^{(2)}\dfrac{\omega_s^2}{4c^2 k_s}\widetilde{\varepsilon}_i^*\widetilde{\varepsilon}_p\mathrm{e}^{i\Delta kz} \\[2mm] \left(\dfrac{\partial}{\partial z} + \dfrac{1}{v_i}\dfrac{\partial}{\partial t}\right)\widetilde{\varepsilon}_i - \dfrac{i}{2}k_i''\dfrac{\partial^2}{\partial t^2}\widetilde{\varepsilon}_i + D_i = -i\chi^{(2)}\dfrac{\omega_i^2}{4c^2 k_i}\widetilde{\varepsilon}_s^*\widetilde{\varepsilon}_p\mathrm{e}^{i\Delta kz} \\[2mm] \left(\dfrac{\partial}{\partial z} + \dfrac{1}{v_p}\dfrac{\partial}{\partial t}\right)\widetilde{\varepsilon}_p - \dfrac{i}{2}k_p''\dfrac{\partial^2}{\partial t^2}\widetilde{\varepsilon}_p + D_p = -i\chi^{(2)}\dfrac{\omega_p^2}{4c^2 k_p}\widetilde{\varepsilon}_s\widetilde{\varepsilon}_i\mathrm{e}^{-i\Delta kz} \end{cases} \tag{12.30}$$

式中，v_q 和 D_q（$q=s$，i 或 p）分别代表群速度以及高阶色散项。$\Delta k = k_p - k_s - k_i$ 代表相位失配的影响。当选取合适的初始条件时，如放大前的信号光即种子光的能量等，根据方程组（12.30）就可以计算出经过光参量放大后的结果。

假设在光参量放大过程中，转换效率很小，即可以认为泵浦光的强度是一个常数。在群速匹配（$v_s = v_i = v_p = v$）和相位匹配（$\Delta \boldsymbol{k} = 0$）的条件下，在以群速度运动为参考的坐标系中可以求得上式的解析解：

$$\widetilde{\varepsilon}_s(\eta,L) = \widetilde{\varepsilon}_s(\eta,0)\cosh[\zeta|\widetilde{\varepsilon}_p(\eta,0)|L] \tag{12.31}$$

式中，$\eta = t - z/v$；L 表示三束光在晶体中耦合的长度；$\chi^{(2)}$ 表示晶体的二阶极化率；$\cosh[\zeta|\widetilde{\varepsilon}_p(\eta,0)|L]$ 即代表了光参量放大过程中信号光所获得的增益。

从式（12.31）中可以看出，放大后信号光的强度正比于种子光的强度与放大增益的乘积，且信号光的位相在放大过程中保持不变。另外还可以证明，当 $\Delta \boldsymbol{k} = 0$，即满足相位匹配条件时，增益会达到最大。但对于共线 OPA 的情形，即信号光、闲频光和泵浦光的波矢方向相同时，相位匹配条件只能在特别的波长条件下才能满足，与前面介绍过的上转换的情形类似。这样，经过参量放大后的信号光的光谱宽度通常很小，也就限制了 OPA 的增益带宽。

但经研究发现，利用非共线相位匹配的方法可以有效加宽飞秒光参量放大的增益带宽[31]，并且证明，信号光和闲频光的群速度匹配是实现宽带运转的条件[32]，图 12.5 所示即为非共线光参量放大的原理示意图。

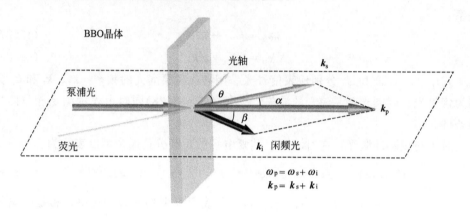

$$\omega_p = \omega_s + \omega_i$$
$$\boldsymbol{k}_p = \boldsymbol{k}_s + \boldsymbol{k}_i$$

图 12.5 非共线光参量放大原理示意图

泵浦光、信号光以及闲频光在 BBO 晶体内以特定的角度混合在一起，可以保证在较宽的光谱范围内满足能量守恒和动量守恒关系。 α 和 β 分别为晶体内信号光、闲频光与泵浦光之间的夹角，θ 为泵浦光的传播方向与晶体光轴方向的夹角

非共线角度 a 大小的选取，对于宽带增益条件的满足十分重要，相应的推导可以参照相关文献[32b,33]，这里不再详述。在后面读者会发现这个夹角在实验中很容易选取。

12.4.2 荧光光参量放大系统的基本构成

飞秒时间分辨荧光光参量放大系统和通常所用的 NOPA 装置十分相似，其主要的区别就是用飞秒脉冲所激发的荧光信号来代替超连续白光作为参量放大的种子光，系统的基本构成如图 12.6 所示。

具体来说，飞秒再生脉冲放大系统出射的 800nm 的脉冲光经分束片后分为两束。其中一束经过一对凸透镜和凹透镜组成的望远镜系统进行缩束，再进入 BBO 倍频晶体（$L=2mm$，$\theta=29.2°$，$\phi=0°$），产生 400nm 的光脉冲，用作光参量放大系统的泵浦光。为了避免过强的基频光聚焦在 BBO 中对晶体造成损坏，或是产生不必要的干扰信号，经过倍频晶体后的光束采用在 800nm 处高透射率、400nm 处高反射率的镀介质膜反射镜进行反射，然后经长焦的石英透镜聚焦在 BBO 晶体（$L=2mm$，$\theta=32°$，$\phi=0°$）中。一般情况下，泵浦光能量约为 $30\mu J$/脉冲，聚焦在晶体中的直径约为 0.3mm。而另一束 800nm 的基频光经过光学延迟线（光学延迟平台）后进入到自制的 NOPA 系统以产生特定波长的脉冲光。通常所采用的光学延

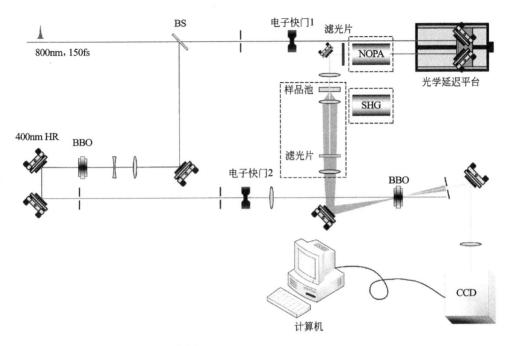

图 12.6　荧光光参量放大实验光路图

中间较大的虚线框内表示荧光的产生及收集装置。BS—分束片；BBO—β 相偏硼酸钡
晶体；400nm HR—400nm 高反射镜；CCD—CCD 光谱仪；两个小的虚线框表示泵
浦光源可以在光参量放大器(NOPA)和二次谐波产生装置(SHG)间相互切换

迟线是由精密电动平移台和两面互相垂直的反射镜组成的延时线(见第 9 章)。

　　利用 NOPA 系统可以将 800nm 的基频光转变为实验中样品激发所需的波长，其基本原理在前面已经提到，只须将超连续白光作为信号光，将 800nm 基频光倍频后用作泵浦光。另外，如果待测样品仅需要 400nm 的激光进行激发，只需将基频光进行缩束后直接通过 BBO 晶体进行倍频。

　　经过适当的滤光片及透镜后，激发光聚焦在样品池中激发样品，产生荧光。需要特别注意，激发光的焦点不能正好落在样品中，以避免损坏样品以及产生超连续白光干扰实验测量。但如果焦点离样品过远，就会使样品受激发面积过大，以至于成像到后面的 BBO 晶体上时，会产生很大的像点，继而降低光参量放大效率。综合以上考虑，激发光的焦点最好选在样品附近。

　　样品所产生的荧光经过收集后作为种子光聚焦在 BBO 晶体上，并与泵浦光以一定的夹角重合(对可见区内的荧光信号来说，两者大约呈 6.3°的夹角)。经过在晶体中的非线性耦合，作为种子光的荧光信号被放大，同时在另外一个方向上产生闲频光信号，如图 12.5 所示。放大后的荧光信号再经过采集系统进行测量。泵浦光的脉宽约为 150fs，因此在晶体中，只有在时间上与其重合的那部分荧光才被放大。这样，通过改变两路激光间的相对延迟，便可以观测到样品在激发后不同时刻下的荧光光谱，即可以同时得到整个荧光光谱的动力学变化，而系统的时间分辨率几乎仅受泵浦光脉宽的限制。

另外，在光参量荧光放大信号产生的同时，还会伴随参量超荧光的产生，或称为自发参量下转换(spontaneous parametric down conversion，SPDC)信号。参量超荧光是由真空中的量子噪声的涨落经参量放大而来的，无法消除(见后续讨论)。它以泵浦光的传播方向为中心，形成一个相对于 BBO 晶体的锥状光环(见图 12.7)，并且也满足和泵浦光间的相位匹配条件，因此信号光与参量超荧光背景无论在空间还是时间上都无法分开。这也成为在实验中所测得信号的主要噪声来源。

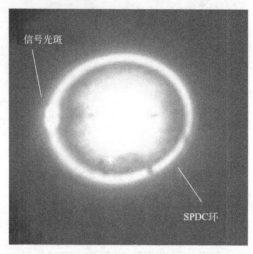

图 12.7　荧光放大信号以及参量超荧光环(SPDC)的远场照片〔见彩图 22〕

但是，参量超荧光环本身也为实验带来了许多便利。一方面，它需要满足与荧光放大信号相同的相位匹配条件。因此在实验中，当需要测量某个波长的荧光时，只需将其入射方向调节到参量超荧光环上相应波长所对应的方向重合即可。此时待放大的荧光与泵浦光之间的夹角恰好满足相位匹配关系，进而得到较高的放大增益。另一方面，读者在后面将会发现，超荧光背景同时还是进行光谱矫正的主要依据。

12.4.3　数据采集系统

根据不同的实验需要，可以采用不同的数据采集系统，具体如下。

(1) 全光谱测量

如果要同时测量样品整个瞬态荧光光谱的动力学变化，可以采用如图 12.6 所示的数据采集方法，即利用 CCD 光谱仪并配合两个电子快门的开关来采集不同延迟时刻的瞬态荧光光谱。

具体来说就是将放大后的信号光通过小孔光阑，滤除掉多余的参量超荧光环。再由消色差透镜耦合进入光纤，最后由半导体冷却的 CCD 阵列收集其光谱信息。

前文已提及，放大后的荧光信号会与超荧光信号完全重合在一起。除此之外，它一般也与种子光即未放大的荧光方向相同。因此收集到的信号既包含有较稳定的荧光背景信号，同时也有抖动较大的超荧光背景信号。

为了扣除二者的影响，在荧光激发光路上和泵浦光光路上分别加入两个电动快门。依次控制它们的开关，由 CCD 光谱仪记录不同开关条件下的光谱，进而可以得到真正的放大信号。具体操作过程如下：两路快门全关，CCD 记录的是整个实验室环境的背景光谱 $I_0 = I_b(\lambda)$；仅让信号光通过，记录的是稳态荧光和实验环境背景光的叠加 $I_1 = I_f(\lambda) + I_b(\lambda)$；仅让泵浦光通过，记录的是泵浦光在晶体中产生的超荧光光谱和环境背景光的叠加 $I_2 = I_{sf}(\lambda) + I_b(\lambda)$；两路快门全部打开，记录的是放大后的荧光信号、荧光放大条件下的超荧光信号、稳态荧光以及环境背景光的叠加 $I_3 = I_s(\lambda) + I'_{sf}(\lambda) + I_f(\lambda) + I_b(\lambda)$，其中，下角标"b"表示背景；"s"表示信号；"f"表示荧光；"sf"表示超荧光。

将微弱的荧光信号作为 NOPA 的种子光，满足小信号近似。泵浦光对荧光的放大基本上不会影响自身光强的变化，因此由泵浦光放大真空量子噪声而来的超荧光信号的光谱以及强度在有无荧光的条件下，基本上保持不变，即近似有 $I'_{sf}(\lambda) = I_{sf}(\lambda)$。综上所述，可以得到经参量放大后的荧光光谱：

$$I_s(\lambda) = I_3 - I_1 - I_2 + I_0 \tag{12.32}$$

这样，通过计算机控制电动平移台的移动以及电子快门的开关，结合式(12.32)就可以测到不同延迟时刻的瞬态荧光光谱 $I_s(\lambda, \tau)$，τ 表示泵浦光和种子光的相对延迟时间。根据荧光的强度分布 $I_s(\lambda, \tau)$，可以清楚地看到瞬态荧光光谱随时间的演化，直接反映了激发态的电子传能以及能量的重新分布等过程。

(2) 单波长测量

如果并不关心光谱的形状细节，而只需得到激发态布居变化的动力学，便可以采用荧光单波长动力学测量方法。实验系统如图 12.8 所示，与其他背景混合在一起的荧光放大信号经由透镜收集到单色仪选取所要的测量波长后，再由光电二极管转换为电信号，最后经低噪声变压放大器输入到锁相放大器中。

将斩波器放置在荧光一侧，以一定的频率调制种子光，进而放大荧光信号也被以相同的频率调制，而背景中所占比例最大的超荧光信号作为放大荧光信号的直流背景。两者进入到锁相放大器后，通过对被测信号进行一个解调制过程，即将待测信号与从斩波器输出的振荡信号相乘，再经过滤波，就可以输出正比于光强变化的直流电压值。

虽然利用 CCD 方法所测得的全光谱信号也可以提出单波长的动力学信息，但是通过锁相结合斩波器这种采集方法可以有效地滤除噪声以及没有经过调制的背景信号，从而显著提高系统的信噪比。结合高灵敏度的光电探测器及前置放大器，这种单波长测量的方法可以用于测量淹没在噪声中的微弱信号，因此可以用来测量强超荧光背景下的荧光放大信号。另外测量所需时间也会明显缩短，这不但极大地增

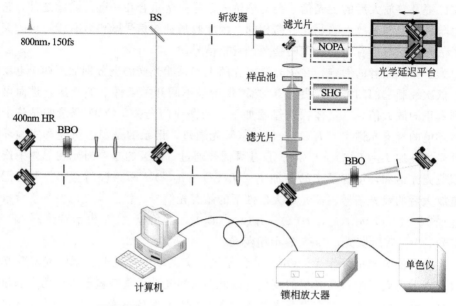

图 12.8　光参量荧光放大单波长测量实验光路图

加了仪器的使用效率，同时减小了对化学不稳定性样品如蛋白质的光损伤。

（3）双通路测量

Boxcar 平均器或称 Boxcar 积分器是一种基于信号平均技术的微弱信号检测装置，它可对被测微弱信号进行取样和积分，从而再现深埋在噪声中的周期重复微弱信号，其工作原理见第 9 章。Boxcar 具有多通路同步扫描的功能，因此可以采用如图 12.9 所示的数据采集方式来提取光参量荧光放大信号。

分别用小孔光阑在超荧光环上对称的两侧选出两束光 I_1、I_2。其中光束 1 包含有荧光放大信号和超荧光信号，而光束 2 中只有超荧光信号。将它们分别耦合进

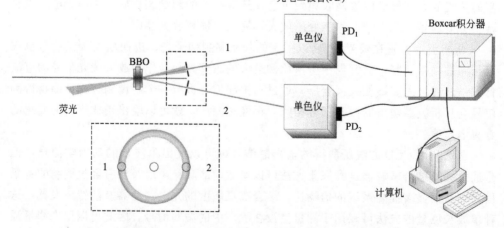

图 12.9　光参量荧光放大双通路测量实验光路图

入到相同的单色仪中，然后经由光电二极管转换为电信号，输入到 Boxcar(stanford research systems)中，利用扫描模式，便可以同步测量 I_1 和 I_2 的强度。当参量超荧光环上的光谱能量分布比较均匀时，只需将两路信号相减，即可以得到荧光放大信号。

Boxcar 的线路连接方法如图 12.10 所示。将两路信号分别输入到两个 SR250 模块，并调节两模块的电路延迟以及积分门宽，使得两路信号的主体部分落入到积分门内。再将两者输出的信号同时接入到 SR245，完成模拟信号转换为数字信号以及计算机读取。这里用到的三个模块采用了从激光器引出的同一触发信号，可以保证它们的快速同步扫描。

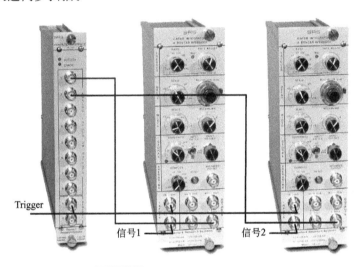

图 12.10　Boxcar 线路连接示意图

从左到右三个模块依次为 SR245、SR250 和 SR250。Trigger 也即触发信号来源于激光器，作用是将三个模块同步触发。信号 1 和信号 2 分别对应于由光束 I_1、I_2 产生的信号

由于 SR245 的模数转换速率可以高达 2kHz，利用这种方法可以实现对激光信号(例如 1kHz)单个脉冲的测量。因此与用锁相放大器测量的方法相比，它可以提供更多的信息。例如，可以测量到信号脉冲对脉冲(pulse-to-pulse)的变化，这便允许对放大信号进行一些统计上的分析。另外，它可以将同一脉冲产生的两路信号相减，然后再进行平均，这与锁相放大器所基于的先对多个脉冲平均再进行相减的测量方法相比，可以更有效地提高信号的信噪比。虽然由于超荧光自身的抖动而引入的噪声还无法消除，但对于其他因素，例如泵浦光光强的变化以及光路的抖动等所引起的噪声都可以得到有效的抑制。而锁相放大器由于需要先将信号调制成一定的周期包络，当要解调出信号时也必然需要测量多个脉冲序列才可以得到调制的大小。这也意味着用锁相方法无法获得单个脉冲的信息，它测得的信号实际上是对有无种子光条件下的信号强度先进行平均再求差。因此锁相放大器不能同 Boxcar 一样消除快速抖动的噪声。

　　荧光放大测量的一个主要的噪声来源是真空量子噪声的放大。实验表明，通过 pulse-to-pulse 方式同时测量与放大信号光空间对称点处频率与信号光相同的超荧光信号，无法用于扣除放大信号光中的量子噪声涨落。原因是这两处的量子噪声信号在非简并 NOPA 的模式下是不相关的，无法通过两者相减的方法进行扣除。通常情况下，相关系数显示了两组随机变量之间线性关系的强度和方向，不同特性的信号用的相关系数定义不同，采用常见的 Pearson 积矩（差）相关系数表示超荧光环上空间两个对称点处相同频率量子噪声光放大信号之间的相关性。两组随机变量用 X 和 Y 表示，相应的期望值分别为 μ_X 和 μ_Y，标准差分别为 σ_X 和 σ_Y，Pearson 积矩相关系数定义为

$$\rho_{XY} = \frac{\overline{(X-\mu_X)(Y-\mu_Y)}}{\sigma_X \sigma_Y} \tag{12.33}$$

如果两路的信号相关系数接近 0，表示两组数据完全独立，也就说不能通过一组数的变化来判断另一组数的变化。如果其绝对值接近 1，说明两组数据间是相关联的[34]。

　　用 Boxcars 同时采集图 12.10 中超荧光环空间对称点 1 和 2 位置处的荧光，对测得的两组数据进行相关系数的计算，不同波长所对应的相关系数由图 12.11 所示。可见，只有在简并 NOPA 条件下（波长约在 805nm 处），两组超荧光信号才有很好的相关性。在大多数情况下，荧光放大工作在非简并 NOPA 的模式，不满足上述条件。

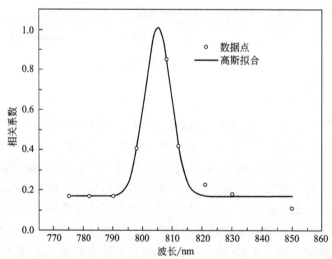

图 12.11　参量下频转换中真空量子噪声荧光放大环上两对称点处同频光涨落的相关性

12.4.4　荧光收集系统

　　激发光聚焦在样品上产生荧光，通常强度非常微弱。若想得到尽可能明显的放大信号，首先需要收集尽可能多的荧光作为种子光。另外，当激发光较强时，在样

品或样品池壁上经常会产生超连续白光，这也会对测量结果带来很严重的影响。下面将介绍几种荧光收集方法，并比较它们的优缺点，为具体实验条件下荧光收集光路选择提供参考。

（1）透镜正向收集

这种方法是最为简便的方法，即直接在样品后面加入一个短焦透镜，将各向发散的荧光收集为平行光，如图 12.6 所示。然后再用另一个长焦透镜将荧光会聚到 BBO 晶体内。假定短焦透镜的直径为 d，焦距为 f，那么荧光的收集效率约为：

$$\eta = \frac{1}{2}\left[1 - \frac{f}{\sqrt{f^2 + (d/2)^2}}\right] \approx \frac{d^2}{16f^2} \tag{12.34}$$

因此，通过选用数值孔径比较大的透镜可以收集到尽可能多的荧光。这种方法操作简单并且易于调节，但是有很多弊端。首先透镜是色散介质，由于群速色散的存在，宽谱带的荧光通过时会引入较大的啁啾，一方面会降低系统的时间分辨，另一方面造成测得的时间分辨荧光光谱，在进行啁啾矫正前存在失真。虽然可以利用球面镜来取代透镜，但是它会引入很严重的像差，并且不易于调节。其次，对于透镜正向收集方式，激发光在样品中所产生的超连续白光和散射光会与荧光混合在一起，其结果就是在测得的荧光动力学零点位置附近会出现来自于白光或散射光的放大信号，影响结果的分析。

（2）透镜背向收集

由于白光的传播总是沿着激发光入射的方向，所以为了避免白光对结果的影响，可以采用背向收集的方式，如图 12.12 所示。将激发光背向通过一个中心有孔的反射镜后再经由透镜聚焦在样品中，后向收集的荧光经带小孔的反射镜改变方向后被另一个透镜会聚进入 BBO 晶体内。不过这种方法也未能解决透镜所带来的色

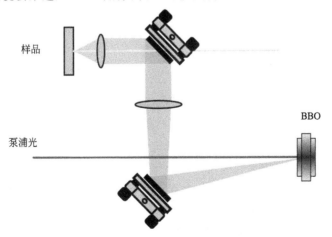

图 12.12　荧光背向收集装置示意图

其中上面的反射镜中心有一个小孔，以允许激发光通过

散问题。另外对于溶液样品,靠近样品池前表面的样品所产生的荧光与靠近后表面所产生的荧光收集后到达晶体的光程不同,约有几个皮秒的时间差,从而导致测到的荧光动力学信号的上升沿会扩展得很长,影响测量的时间分辨率。但对于固体样品来说,尤其是薄膜样品而言,则不会出现上述问题,采用这种收集方式是一个不错的选择。

(3) 微透镜阵列收集

微透镜阵列(microlens arrays)是由通光孔径及浮雕深度为微米级的透镜组成的列阵[35],它不仅具有传统透镜的聚焦、成像等基本功能,而且具有单元尺寸小、集成度高的特点,使得它能够完成传统光学元件无法完成的功能,并能构成许多新型的光学系统。结合以上特点,可以选择使用一对微透镜阵列用来激发和收集荧光。

如图 12.13 所示,将一片微透镜阵列置于样品前,由于有多组透镜的存在,激发光经过后会会聚成多个焦点进入样品,之后再由另一片相同的阵列收集激发后的荧光。两片阵列间要保持平行,且尽量保证每个透镜单元一一对应,这样便可以得到平行的荧光光束,再经由普通透镜聚焦后进入到 BBO 晶体中。这种荧光收集方式的优势在于使激发光的能量分散到一千多个焦点处,一方面大大减小对样品的破坏,另外也直接避免了超连续白光的产生。

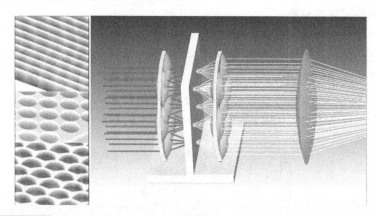

图 12.13　几种不同形状的微透镜阵列以及用作荧光收集装置的示意图

但在实际操作中这种方法也有许多弊端,首先,保持两片阵列间相互平行以及透镜单元间一一对应就比较难于实现。另外,收集后的荧光经透镜聚焦后在 BBO 晶体处光斑直径较大,为了减小光斑的尺寸,通常只能采用短焦距的透镜来进行聚焦,但这样就会导致作为种子光的荧光在晶体内的发散角很大,不利于实现相位匹配,从而导致测量结果的信噪比不佳。

(4) 卡塞格林（Cassegrain）系统

前面介绍的每种荧光收集系统都有各自的优缺点,为此需要设计出更为合适的系统来收集荧光。这样的成像系统应当具备以下优点:有尽可能大的立体角,以收集尽量多的荧光；将样品内荧光发射的物点成像至非线性晶体内时，要保证焦点直径尽可能地小，以增加信号光的强度；要使入射在晶体内的荧光锥角尽可能地小，这样可以保证尽量多的荧光满足相位匹配条件；最好能排除超连续白光和杂散光的影响；最后，要保持很高的时间分辨率。

前文提到过，透镜系统无法满足最后一个要求，且如果简单采用球面镜来代替的话，会引入很严重的像差[11a]。在超快实验中，像差与时间差本质上是一致的，因此解决好像差这一问题也是提高系统时间分辨率的关键。对于荧光成像系统，当荧光光束的发散角超过了旁轴近似条件时，就会有一部分荧光在穿过焦平面时远离光轴。有很多方法可以用来减小这种横向像差，例如利用椭圆面反射镜便可以解决这一问题[36]，但是它只允许 1∶1 成像，无法压缩荧光的发散角。而如果采用一对离轴抛物面镜来收集荧光[37]，光路将会难于调节，且高质量的抛物面镜价格不菲。

综上所述，我们课题组采用卡塞格林（Cassegrain）系统收集并会聚荧光，如图 12.14 所示。利用一对特定参数的凹面镜 M2 和凸面镜 M1 以一定的几何结构组合起来，就可以对荧光光点实现比较完美的成像。这种方法最早由 K. Schwarzschild 实现，后来又由 N. P. Ernsting 等人做了改进[11b]，使成像对系统准直的偏离不太敏感，增加了数值孔径以及景深，并将其用在荧光上转换实验中。可以看出，这样的系统完全满足前面提到的所有要求：由于采用了较大的凹面镜，因此会有较高的荧光收集效率；若荧光的激发光斑直径为 0.05mm，当收集后聚焦到晶体上时，可以保证焦点直径在 0.5mm 以内；由图中可以看出，入射在晶体内的荧光锥角也大为减少；超连续白光和激发光的能量主要集中在光轴附近，因此它们会直接穿过凹面镜的中心小孔而先于荧光到达 BBO 晶体，这样利用光程上的差别可以很好地排除二者的影响；最后，由于采用全反射式光学元件，并根据设计尽可能地减小了横向像差，使得整个系统保持了很高的时间分辨率。

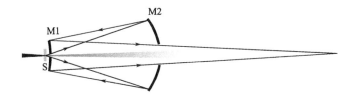

图 12.14　利用卡塞格林系统收集荧光的光路示意图

设计的尺寸如下：激发光焦点距 M2 约 6mm，M1 与 M2 距离为 134mm，M1 与晶体距离为 302.1mm，M2 直径 30mm，中间孔直径 3.61mm，曲率半径为 −162.8mm，M1 直径 90mm，中间孔直径 22.3mm，曲率半径为−140.4mm

如图 12.15 所示为利用该套系统所测量的罗丹明 6G 染料的荧光动力学，可见当激发光的能量降到 0.1mW，即单脉冲能量仅有 100nJ 时，依然可以得到较好的信噪比。而这么低的能量已经可以应用至大多数样品，甚至是蛋白质样品。

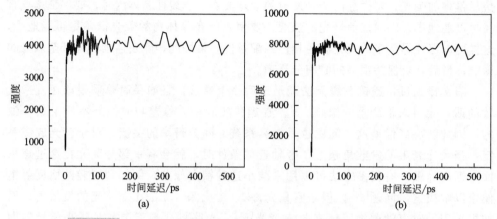

图 12.15　利用卡塞格林系统测量罗丹明6G 染料的荧光动力学结果

激发光的能量分别为：(a)0.1mW；(b)0.2mW

12.5　荧光放大光谱的失真与矫正

尽管基于 NOPA 的光参量荧光放大系统有许多优点，但与其他方法一样，在实际应用中也会遇到很多局限，尤其是光谱的失真问题会严重限制瞬态荧光测量的准确性。当选用合适的入射角度 α 以及 θ 时，放大后的荧光光谱形状与种子光光谱相比吻合得很好。这说明非共线参量放大的方法可以在很宽的频谱范围内实现较为平坦的增益。但当选择不同的非共线角 α 以及相位匹配角 θ，经过参量放大后的光谱与真实的光谱相比会有一定的失真。其根本原因是由于相位失配等原因所导致参量放大增益在光谱范围内的不均匀。为了使荧光光参量放大方法有更广泛的应用，并得到更为真实的结果，有必要找到影响光谱失真的所有因素。更为重要的是，要找到避免或矫正光谱失真的方法。

12.5.1　影响光谱增益的因素

在参量放大过程中，信号光的增益来源于泵浦光。将泵浦光的能量近似认为常数，并在高增益条件下，可以得到放大增益的表达式[38]：

$$G=0.25\exp\{2[\Gamma^2-(\Delta k/2)^2]^{1/2}L\} \tag{12.35}$$

式中，$\Gamma=4\pi d_{\text{eff}}[I_{\text{p}}/(2\varepsilon_0 n_{\text{p}} n_{\text{s}} n_{\text{i}} c\lambda_{\text{s}}\lambda_{\text{i}})]^{1/2}$ 表示增益系数；I_{p} 表示泵浦光的强度；$n_q(q=\text{s,i 和 p})$ 表示不同光束在晶体中的折射率；ε_0 为真空介电常数；d_{eff} 是有效非线性系数；L 表示光束在晶体中作用的长度，也可以简单认为是晶体的厚度；Δk 表示参量放大过程中的相位失配。对于共线的情形，$\Delta k=k_{\text{p}}(\theta)-k_{\text{s}}-k_{\text{i}}$；对于非共线的情形，$\Delta k=k_{\text{p}}(\theta)-k_{\text{s}}\cos\alpha-k_{\text{i}}\cos\beta$。

从式(12.35)中可以看到，增益系数 Γ 中包含有 n 和 λ 等随波长变化的量，因此它本身是一个关于波长的函数，进而可以影响总增益在光谱区间的分布。而后面

的相位失配项 Δk 随波长的变化则更为明显。

为了获得更大的增益，三个光束需要满足相位匹配关系，即满足 $\Delta k=0$。但以非共线相位匹配为例，$\Delta k(\omega)=k_{\mathrm{p}}(\omega,\theta)-k_{\mathrm{s}}(\omega)\cos\alpha-k_{\mathrm{i}}(\omega)\cos\beta$ 是随波长有着复杂变化的物理量，对于确定的 α、β 和 θ，相位匹配关系很难在很宽的光谱范围内得到满足，如图 12.16 所示。

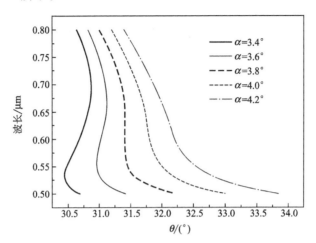

图 12.16　对于不同的非共线角 α，满足相位匹配条件 $\Delta k(\omega)=0$ 下的 $\theta(\lambda,\alpha)$ 曲线
从左至右依次对应 α 值的增加。计算过程中用到了 BBO 晶体的 Sellmeier 方程(来源于
福建福晶公司的官方网站)，泵浦光的波长取为 400nm

尽管如此，在图 12.16 中还是可以看到，当选择某些特定的非共线角度 α 时，可以使相位匹配曲线在一定的波长范围内变化较为平缓。这也是非共线光参量放大的一个重要优点，即通过选择合适的角度便可以在很宽的光谱范围内实现相位匹配关系，从而进行宽谱带的参量放大，而通过共线 OPA 的方法是无法做到这一点的。

因此，可以首先尝试通过寻找最佳的角度，以使得在整个待测荧光的光谱范围内近似满足相位匹配关系。根据以往的文献报道，在许多产生超短脉冲的实验中[39]，人们往往通过选定合适的 α 和 θ，来满足信号光和闲频光在晶体内的群速度匹配光系，进而实现非共线参量放大器的宽带运转。此处直接引用文献中的推导结果，即 α 和 θ 的选择需要满足关系式：

$$\frac{\partial\Delta k}{\partial\omega_{\mathrm{s}}}=\frac{1}{v_{\mathrm{i}}\cos(\alpha+\beta)}-\frac{1}{v_{\mathrm{s}}}=0 \tag{12.36}$$

式中，$v_q=(\mathrm{d}k/\mathrm{d}\omega|_{\omega_q})^{-1}(q=\mathrm{i}\ \text{或}\ \mathrm{s})$，分别表示闲频光或信号光在晶体内的群速度。

根据上述公式可以计算得到，对于峰值位置在 575nm 处罗丹明 6G 的荧光，其最佳匹配角度为 $\alpha=3.76°$ 及 $\theta=31.3°$。将其代回到表达式(12.35)中，并代入如下参数：泵浦光单脉冲能量为 $30\mu J$，波长 $\lambda_{\mathrm{p}}=400$nm，晶体长度 $L=2$mm，以及根据 BBO 晶体的 Sellmeier 方程，便可以得到如图 12.17 所示的增益值 G、参量增益系数 Γ 以及相位失配量 Δk 随波长的变化曲线。

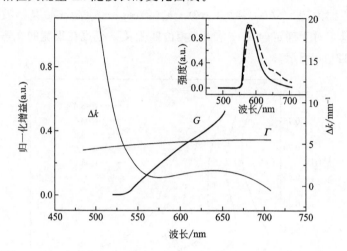

图 12.17　增益值 G、参量增益系数 Γ 以及相位失配量 Δk 随波长的变化曲线 1

取 α＝3.76°，θ＝31.3°。 插图内表示的是种子光光谱(实线)
与计算所得的放大后荧光光谱(虚线)的对比

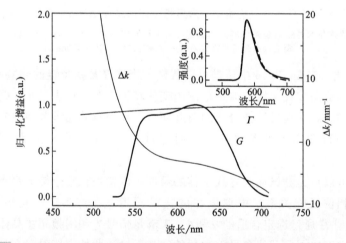

图 12.18　增益值 G、参量增益系数 Γ 以及相位失配量 Δk 随波长的变化曲线 2

取 α＝3.87°，θ＝31.66°。 插图内表示的是种子光光谱(实线)
与计算所得的放大后荧光光谱(虚线)的对比

从图 12.18 中可以看到，由于对角度值的合适选取，可以将波长在 550～650nm 范围内的相位失配量 Δk 控制到最小，且变化较为平缓。尽管如此，放大增益 G 随波长的变化仍然十分显著，其结果就是使放大后的荧光光谱与种子光相比有一定的失真。

从上述结果可以看出，尽管增益系数 Γ 随波长变化的幅度很小，但仅靠满足相位匹配关系 $\Delta k = 0$ 仍然会得到严重失真的放大光谱。因此，需要同时考虑二者的影响来选取合适的角度大小。如图 12.18 所示,当选取 $\alpha = 3.87°$, $\theta = 31.66°$ 时,可以看到放大信号与种子光的光谱形状几乎相同。在此条件下,尽管相位匹配条件并没有得到很好的满足,但最终所得的增益曲线仍然可以在很宽的光谱范围内保持平坦。因而通过选择合适的非共线角和相位匹配角,便可以实现相位失配量与增益系数所引入的色散恰好相抵消,进而将放大光谱的失真降低至最小。

另外,由图 12.18 中还可以看出,通过选取合适的角度便可以实现波长范围大于 100nm 的相对平坦的增益曲线(相对增益值在 $0.8 \sim 1.0$)。即利用这种方法可以实现在频域内超过 2500cm^{-1} 的均匀放大。尽管在非共线参量放大的领域里,很多工作都提到可以做到非常高的增益带宽,但一方面这些工作并不在意增益的平坦与否,另一方面,它们对带宽的定义往往都是以增益降低至峰值一半处为基准[33a],即定义为半高全宽。

12.5.2　理论与实验的对比

由前文可知,α 和 θ 的选取对荧光放大后光谱的形状有着极大的影响。如果在待测荧光所处的光谱范围内未能实现较为均匀的增益,其结果就会使放大信号的光谱有着严重的失真。如图 12.19 所示为实验中测量的不同条件下罗丹明 6G 的荧光放大光谱。

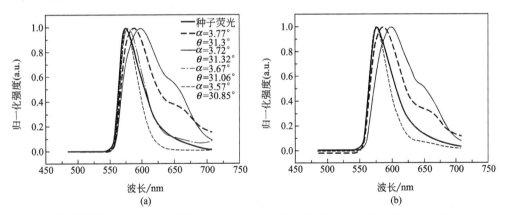

图 12.19　(a)理论上模拟以及(b)实验中测得的不同条件下的荧光放大光谱

黑色实线表示的是作为种子光的罗丹明 6G 的稳态荧光光谱

通过将稳态荧光光谱与不同 α 和 θ 值对应下的增益曲线直接相乘,便可以得到图中所示的理论模拟的荧光放大光谱。可以看到,与实验中所测得的荧光放大光谱相比,二者的形状吻合得非常好。另外,还可以看出如果角度选取不合适,放大后的荧光光谱不仅仅只是峰位发生位移,甚至整个光谱的线型都会有很大的变化。并且无论是泵浦光与晶轴的夹角 θ,还是泵浦光与信号光的非共线夹角 α,仅需稍稍变化一点,就会导致结果有极大的改变,这便是接下来所需要解决的问题。

12.5.3　光谱失真的解决方法

　　以 α 和 θ 做为待定参量，利用 Levenberg-Marquardt 算法将种子光光谱与理论计算得到的放大光谱进行非线性拟合，原则上便可以找到在实验中最为合适的角度大小，从而避免光谱失真问题。同样以罗丹明 6G 为例，根据它的稳态荧光光谱，可以计算得到最为合适的参量放大角度为 $\alpha = 3.87°$ 及 $\theta = 31.66°$，其结果如图 12.18 所示，放大光谱与稳态荧光光谱的形状非常吻合。但从图 12.19 中可以看出，在实验中任一角度的调节偏差哪怕只有 0.1°，也会得到非常不同的结果。但无论是泵浦光与晶轴的夹角 α，还是泵浦光与信号光的夹角 θ，在调节的过程中将其精度控制在远小于 0.1° 是非常难以实现的，从而导致在实验中会经常得到失真的光谱。为此，建立一套可以矫正失真光谱的方法，进而得到准确的放大光谱是很有必要的。

　　前文已经提到，泵浦光聚焦在 BBO 晶体中产生的参量超荧光环是由于真空中的量子涨落噪声经由光参量放大而来的，并且其与待测的荧光放大信号重叠在一起，且参量超荧光与放大的荧光信号有着相同的增益，因此可以尝试从前者的光谱中得到荧光放大增益的信息。

　　以往的文献中提到，参量超荧光可以被直接当作真空中的量子涨落噪声，作为种子光经由参量放大得来的。即有如下关系式[40]：

$$\Phi_{sf}(\lambda;\alpha,\theta) = \Phi_{zp}(\lambda)\left[G(\lambda;\alpha,\theta)-1\right] \tag{12.37}$$

　　式中，$\Phi_{sf}(\lambda;\alpha,\theta)$ 表示在固定角度 α 和 θ 下的参量超荧光光谱；$\Phi_{zp}(\lambda)$ 表示由于真空中的零点涨落而产生的等价的噪声光谱。在频率间隔 $d\nu$ 内，噪声能量可以认为是 $h\nu d\nu$。换算到波长，可以得到在光谱宽度 $d\lambda$ 内，其能量为 $(hc^2/\lambda^3)d\lambda$。因而只需测量参量超荧光的光谱形状，并结合 $\Phi_{zp}(\lambda)$ 的表达式，就可以由式 (12.37) 得到增益曲线的具体形式。继而便可以利用得到的增益曲线来对失真的放大光谱进行矫正。

　　实验中所用到的测量装置如图 12.20 所示，由两道狭缝来精确地控制参量超荧光以及放大荧光信号的出射角度。其中第一道狭缝是固定的，用来限制信号收集的高度。而第二道狭缝可以沿 y 方向(即在垂直于泵浦光的截面内，由超荧光环的中心指向信号光的方向)进行微调，通过调节合适的狭缝宽度以及它与晶体间的距离，可以将所选择角度的精度控制到 0.05° 以内。这样便可以保证两种信号的光谱对应着相同的角度，进而有着共同的增益曲线。

　　利用上述方法，根据采集到的参量超荧光光谱便可以得到增益曲线的具体形状，如图 12.21(a) 所示。图中特意选取了光谱失真较大的实验条件，可以看到，荧光放大光谱相比稳态光谱来说有着非常明显的红移。由相同条件下的超荧光光谱计算所得的增益曲线也证实了这一点，即相对罗丹明 6G 的荧光，增益主要集中在长波长的位置。直接用荧光放大光谱除以增益曲线，便可以得到较为真实的瞬态荧

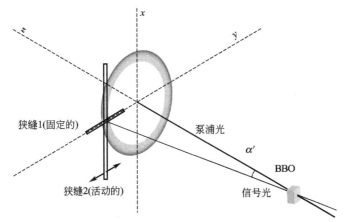

图 12.20　同时测量相同的角度 α 和 θ 对应的超荧光光谱以及
放大后的荧光光谱的实验装置示意图

光光谱，如图 12.21(b)所示。对比直接测得的荧光放大光谱，矫正后的光谱形状
已经非常符合真实的情形。

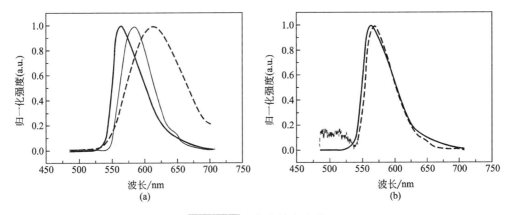

图 12.21　荧光放大光谱

(a)种子光光谱(——)、荧光放大光谱(——)与增益曲线(－－－)的对比，其中增益曲线是由超荧光
光谱计算得来；(b)矫正后的放大光谱(－－－)与稳态荧光光谱(——)的对比

另外，上述矫正过程提示，在实验中为了直接测到失真较小的光谱，可以首
先测量相同实验条件下超荧光光谱的形状。通过调节各个角度，使得从中得到的增
益曲线的形状在待测样品的荧光光谱范围内尽量平坦。这样，在此条件下直接测得
的光谱失真可以达到最小。如果再辅以矫正，便可以很容易得到正确的瞬态荧光
光谱。

参 考 文 献

[1]　(a) Birks, J.；Dyson, D. J. Sci. Instrum. **1961**，38，282-285；　　(b) Jameson, D. M.；Gratton, E.；Hall,
R. D. Appl. Spectrosc. Rev. **1984**，20，55-106；　　(c) Gratton, E.；Jameson, D. M.；Hall, R. D. Annu. Rev.

Biophys.Bioeng. **1984**, 13, 105-124.

[2] David J. S. Birch; Robert E. Imhof. Time-Domain Fluorescence Spectroscopy Using Time-Correlated Single-Photon Counting // J. R. Lakowicz, Ed. Topics in Fluorescence Spectroscopy. vol. 1: Technique. New York: 1991, 1-95.

[3] Li, H.; Shao, Y. H.; Wang, Y.; Qu, J. L.; Niu, H. B. Chin. Phys. Lett. **2010**, 8, 934-36.

[4] (a) Chen, H. L.; Weng, Y. X.; Li, X. Y. Chin. J. Chem. Phys. **2011**, 24, 253-255; (b) Chen, H.; Dang, W.; Xie, J.; Zhao, J.; Weng, Y. Photosynth. Res. **2012**, 111, 81-86; (c) Han, X. F.; Weng, Y. X.; Pan, A.; Zou, B.; Zhang, J. Y. Appl. Phys. Lett. **2008**, 92 (3), 032102-032104.

[5] Mahr, H.; Hirsch, M. D. Opt.Commun.**1975**, 13, 96-99.

[6] (a) Shah, J. IEEE J. Quantum Electron. **1988**, 24, 276-288; (b) Tomimoto, S.; Nansei, H.; Saito, S.; Suemoto, T.; Takeda, J.; Kurita, S. Phys. Rev. Lett. **1998**, 81, 417-420; (c) Zhao, L.; Lustres, J. L. P.; Farztdinov, V.; Ernsting, N. P. Phys. Chem. Chem. Phys. **2005**, 7, 1716-1725.

[7] (a) Zernike, F.; Midwinter, J. E. Applied nonlinear optics. New York: John Wiley & Sons, 1973; (b) Shen, Y. R. The principles of nonlinear optics. New York: Wiley-Interscience, 1984.

[8] Zgrablic, G.; Voitchovsky, K.; Kindermann, M.; Haacke, S.; Chergui, M. Biophys. J. **2005**, 88, 2779-2788.

[9] Bonati, C.; Cannizzo, A.; Tonti, D.; Tortschanoff, A.; van Mourik, F.; Chergui, M. Phys. Rev.B **2007**, 76, 033304, 1-4.

[10] Cannizzo, A.; Bram, O.; Zgrablic, G.; Tortschanoff, A.; Oskouei, A. A.; van Mourik, F.; Chergui, M. Opt. Lett. **2007**, 32, 3555-3557.

[11] (a) Schanz, R.; Kovalenko, S. A.; Kharlanov, V.; Ernsting, N. P. Appl. Phys. Lett. **2001**, 79, 566-568; (b) Zhao, L; Pérez-Lustres, J. L.; Farztdinov, V.; Ernsting, N. P. Phys. Chem. Chem. Phys. **2005**, 7, 1716-1725; (c) Zhang, X. X.; Würth, C.; Zhao, L.; Resch-Genger, U. Ernsting, N. P. Rev. Sci. Instrum. **2011**, 82, 0631081-0631088.

[12] Léonard, J.; Gelot, T.; Torgasin, K.; Haacke, S. Phys., Conference Series, 2011, 277, 012017.

[13] (a) Ma, C.; Kwok, W. M.; Chan, W. S.; Zuo, P.; Kan, J. T. W.; Patrick, H.; Phillips, D.L. J. Am. Chem. Soc. **2005**, 127, 1463-1472; (b) Arzhantsev, S.; Maroncelli, M. Appl. Spectrosc. **2005**, 59, 206-220.

[14] Duguay, M.; Hansen, J. Opt. Commun. **1969**, 1, 254-256.

[15] Trebino, R.; Kane, D. J. J. Opt. Soc. Am. A 1993, 10, 1101-1111.

[16] Schmidt, B.; Laimgruber, S.; Zinth, W.; Gilch, P. Appl. Phys. B: Lasers Opt. **2003**, 76, 809-814.

[17] (a) Kanematsu, Y.; Ozawa, H.; Tanaka, I.; Kinoshita, S. J. Lumin. **2000**, 87-9, 917-919; (b) Kinoshita, S.; Ozawa, H.; Kanematsu, Y.; Tanaka, I.; Sugimoto, N.; Fujiwara, S. Rev. Sci. Instrum. **2000**, 71, 3317-3322.

[18] (a) Takeda, J.; Nakajima, K.; Kurita, S.; Tomimoto, S.; Saito, S.; Suemoto, T. Phys. Rev., B **2000**, 62, 10083-10087; (b) Takeda, J.; Nakajima, K.; Kurita, S.; Tomimoto, S.; Saito, S.; Suemoto, T. J. Lumin. **2000**, 87-9, 927-929.

[19] Yu, Z.; Gundlach, L.; Piotrowiak, P. Opt. Lett. **2011**, 36, 2904-2906.

[20] Aber, J. E.; Newstein, M. C.; Garetz, B. A. J. Opt. Soc. Am. B. **2000**, 17, 120-127.

[21] Efrmov, E. V.; Buijs, J. B.; Gooijer, C.; Ariese, F. Appl. Spectrosc. **2007**, 61, 571-578.

[22] Gundlach, L.; Piotrowiak, P. Opt. Lett. **2008**, 33, 992-994.

[23] Yu, Z. H.; Chen, X. H.; Weng, Y. X.; Zhang, L. Y. Opt. Lett. **2009**, 34, 1117-1119.

[24] Zhang, J. Y.; Shreenath, A. P.; Kimmel, M.; Zeek, E.; Trebino, R.; Link, S. Opt. Express, **2003**, 11, 601-609.

[25] Fita, P. ; Stepanenko, Y. ; Radzewicz, C. *Appl. Phys. Lett.* **2005**, *86*, 0219091-0219094.

[26] Chen, X. H. ; Han, X. F. ; Weng, Y. X. ; Zhang, J. Y. *Appl. Phys. Lett.* **2006**, *89*, 0611271-0611273.

[27] Han, X. F. ; Chen, X. H. ; Weng, Y. X. ; Zhang, J. Y. *J. Opt. Soc. Am. B. Opt. Phys.* **2007**, *24*, 1633-1638.

[28] Weng, Y. X. ; Han, X. F. ; Zhang, L. Y. *J. Opt. Soc. Am. B: Opt. Phys.* **2008**, *25*, 1627-1631.

[29] Han, X. F. ; Weng, Y. X. ; Wang, R. ; Chen, X. H. ; Luo, K. H. ; Wu, L. A. ; Zhao, J. *Appl. Phys. Lett.* **2008**, *92*, 1511091-1511093.

[30] Diels, J. C. ; Rudolph, W. New York: Academic Press, **2006**.

[31] Krylov, V. ; Kalintsev, A. ; Rebane, A. ; Erni, D. ; Wild, U. P. *Opt. Lett.* **1995**, *20*, 151-153.

[32] (a) Wilhelm, T. ; Piel, J. ; Riedle, E. *Opt. Lett.* **1997**, *22*, 1494-1496; (b) Shirakawa, A. ; Kobayashi, T. *IEICE Transactions on Electronics.* **1998**, *81*, 246-253.

[33] (a) Liu, H. J. ; Zhao, W. ; Chen, G. F. ; et al. *Appl. Phys. B: Lasers Opt.* **2004**, *79*, 569-576; (b) Danielius, R. ; Piskarskas, A. ; Stabinis, A. ; Banfi, G. P. ; Di Trapani, P. ; Righini, R. *J.Opt.Soc.Am.B* **1993**, *10*, 2222-2232.

[34] Rodgers, J. L. ; Nicewander, W. A. *Am.Stat.* **1988**, *42* (1), 59-66.

[35] Popovic, Z. D. ; Sprague, R. A. ; Connell, G. *Appl. Opt.* **1988**, *27*, 1281-1284.

[36] Takeuchi, S. ; Tahara, T. *J. Phys. Chem. A* **1997**, *101*, 3052-3060.

[37] Gustavsson, T. ; Sharonov, A. ; Markovitsi, D. *Chem. Phys. Lett.* **2002**, *351*, 195-200.

[38] Baumgartner, R. A. ; Byer, R. L. *IEEE J. Quantum Electron.* **1979**, *15*, 432-444.

[39] (a) Kobayashi, T. ; Baltuska, A. *Meas. Sci. Technol.* **2002**, *13*, 1671-1682; (b) Shirakawa, A. ; Sakane, I.; Takasaka, M. ; Kobayashi, T. *Appl. Phys. Lett.* **1999**, *74*, 2268-2270; (c) Shirakawa, A. ; Sakane, I.; Kobayashi, T. *Opt. Lett.* **1998**, *23*, 1292-1294.

[40] (a) Di Trapani, P. ; Andreoni, A. ; Banfi, G. P. ; Solcia, C. ; Danielius, R. ; Piskarskas, A. ; Foggi, P. ; Monguzzi, M. ; Sozzi, C. *Phys. Rev. A: At. , Mol. , Opt. Phys.* **1995**, *51*, 3164-3168; (b) Giallorenzi, T. G. ; Tang, C. L. *Phys. Rev.* **1968**, *166*, 225-233; (c) Kleinman, D. A. *Phys. Rev.* **1968**, *174*, 1027-1041.

超快激光光谱原理与技术基础

Chapter 13

飞秒激光光脉冲性质表征方法

13.1 飞秒激光脉冲

13.1.1 激光脉冲的数学表示

一般情况下，电磁波中的电场是空间坐标和时间坐标的函数，并通常可分解为空间函数和时间函数的乘积。对于空间的任一点，电场只是时间的函数。线偏振实数电场若采用复数形式表示通常更为方便[1]：

$$E(t) = \frac{1}{2} [E^+(t) + E^-(t)] \tag{13.1}$$

式中，$E^+(t)$ 及 $E^-(t)$ 为复电场及其相应的复共轭。复电场可表示为振幅函数和位相项的乘积：

$$E^+(t) = A(t) e^{-i[\omega_0 t - \phi(t)]} \tag{13.2}$$

及

$$E^-(t) = A(t) e^{i[\omega_0 t - \phi(t)]} \tag{13.3}$$

式中，ω_0 为载波频率或中心频率；$\phi(t)$ 为时间位相。在量子力学中 $E^+(t)$ 表示光吸收，$E^-(t)$ 表示光辐射（参见第 8 章）。脉冲光强 $I(t)$ 与脉冲振幅间的关系为

$$I(t) = n\varepsilon_0 c A^2(t) \cos^2[\omega_0 t - \phi(t)] \tag{13.4}$$

式中，n 为介质的折射率；ε_0 为真空中的介电常数；c 为光速。如果振幅 $A(t)$ 变化缓慢，则脉冲宽度内的平均光强为

$$\langle I(t) \rangle = \frac{1}{2} n\varepsilon_0 c A^2(t) \tag{13.5}$$

时域的振幅和位相包含了激光脉冲的所有信息。对于脉冲电场除了在时域表示外，也可在频域中表示，或称为光谱表示。时域复电场为相应频域复电场的逆傅里叶变换：

$$E^+(t) = \frac{1}{2\pi} \int_{-\infty}^{+\infty} \widetilde{E}^+(\omega) e^{i\omega t} d\omega \tag{13.6}$$

$$E^-(t) = \frac{1}{2\pi} \int_{-\infty}^{+\infty} \widetilde{E}^-(\omega) e^{i\omega t} d\omega \tag{13.7}$$

式中，$\widetilde{E}^+(\omega)$ 及 $\widetilde{E}^-(\omega)$ 为电场在频域内的复表示及相应的复共轭。类似地，电场在频域的复表示为

$$\widetilde{E}(\omega) = \frac{1}{2} [\widetilde{E}^+(\omega) + \widetilde{E}^-(\omega)] \tag{13.8}$$

$$\widetilde{E}^+(\omega) = \begin{cases} \widetilde{E}(\omega), \omega \geqslant 0 \\ 0, \omega < 0 \end{cases} \qquad \widetilde{E}^-(\omega) = \begin{cases} 0, \omega > 0 \\ \widetilde{E}(\omega), \omega \leqslant 0 \end{cases} \tag{13.9}$$

频域电场也可表示成振幅 $\widetilde{A}(\omega)$ 和位相项 $\phi(\omega)$ 的乘积

$$\widetilde{E}^+(\omega) = \widetilde{A}(\omega) e^{i\varphi(\omega)} \tag{13.10}$$

$$\widetilde{E}^-(\omega) = \widetilde{A}(\omega)\mathrm{e}^{-i\varphi(\omega)} \tag{13.11}$$

电场的光谱表示和时域表示之间满足傅里叶变换

$$E^+(\omega) = \int_{-\infty}^{\infty} E^+(t)\mathrm{e}^{-i\omega t}\,\mathrm{d}t \tag{13.12}$$

及

$$E^-(\omega) = \int_{-\infty}^{\infty} E^-(t)\mathrm{e}^{-i\omega t}\,\mathrm{d}t \tag{13.13}$$

脉冲 $\widetilde{I}(\omega)$ 的周期平均光谱强度与谱振幅间的关系为

$$\widetilde{I}(\omega) = \frac{n\varepsilon_0 c}{4\pi}\widetilde{A}^2(\omega) \tag{13.14}$$

时域内用含时振幅和位相及频域内用谱振幅和谱位相这两种方法表示脉冲电场是等价的。

13.1.2　脉冲波形与脉冲宽度

表 13.1 总结了常用脉冲波形的时域振幅与强度以及频域光谱强度与振幅分布的数学描述。对于方波型脉冲，其波形没有两翼，是对实际脉冲波形一种很差的近似，但其计算最为简单。高斯型脉冲 $(\propto \mathrm{e}^{-t^2})$ 的计算也很简单，其波形的两翼下降很快，这一点在实验中并不完全符合实际。双曲正割波形 (e^{-t}) 的两翼下降缓慢，这一波形用于描述实际的脉冲波形更为恰当。最后，洛仑兹线型具有两个很大的侧翼，有时候也能够用到。

表 13.1　脉冲波形在时域和频域内的数学表示

波形	时间振幅	时间强度
Rectangular	$1,\ \left\|\dfrac{t}{\tau}\right\| \leqslant \dfrac{1}{2}$（0 除外）	$1,\ \left\|\dfrac{t}{\tau}\right\| \leqslant \dfrac{1}{2}$（0 除外）
Gaussian	$\exp\left[-2\ln 2\left(\dfrac{t}{\tau}\right)^2\right]$	$\exp\left[-4\ln 2\left(\dfrac{t}{\tau}\right)^2\right]$
sech^2	$\mathrm{sech}\left[2\ln(1+\sqrt{2})\dfrac{t}{\tau}\right]$	$\mathrm{sech}^2\left[2\ln(1+\sqrt{2})\dfrac{t}{\tau}\right]$
Lorentzian	$\left[1+\dfrac{4}{1+\sqrt{2}}\left(\dfrac{t}{\tau}\right)^2\right]^{-1}$	$\left[1+\dfrac{4}{1+\sqrt{2}}\left(\dfrac{t}{\tau}\right)^2\right]^{-2}$
波形	时间振幅	时间强度
Rectangular	$\tau\,\mathrm{sinc}\left[\dfrac{\tau(\omega-\omega_0)}{2}\right]$	$\tau^2\,\mathrm{sinc}^2\left[\dfrac{\tau(\omega-\omega_0)}{2}\right]$
Gaussian	$\sqrt{\dfrac{\pi}{2\ln 2}}\tau\exp\left[-\dfrac{\tau^2(\omega-\omega_0)^2}{8\ln 2}\right]$	$\dfrac{\pi}{2\ln 2}\tau^2\exp\left[-\dfrac{\tau^2(\omega-\omega_0)^2}{4\ln 2}\right]$
sech^2	$\dfrac{\pi}{2\ln(1+\sqrt{2})}\tau\,\mathrm{sech}\left[\dfrac{\pi\tau(\omega-\omega_0)}{4\ln(1+\sqrt{2})}\right]$	$\left(\dfrac{\pi}{2\ln(1+\sqrt{2})}\right)^2\tau^2\,\mathrm{sech}^2\left[\dfrac{\pi\tau(\omega-\omega_0)}{4\ln(1+\sqrt{2})}\right]$
Lorentzian	$\dfrac{\pi}{2}\sqrt{1+\sqrt{2}}\,\tau\exp\left[-\dfrac{\sqrt{1+\sqrt{2}}\,\tau\|\omega-\omega_0\|}{2}\right]$	$\dfrac{\pi^2(1+\sqrt{2})}{4}\tau^2\exp\left[-\sqrt{1+\sqrt{2}}\,\tau\|\omega-\omega_0\|\right]$

注：τ 和 ω_0 分别为脉冲的脉宽和中心频率。给出的频率振幅及强度并未包含归一化因子。Rectangular—矩形；Gaussian—高斯型；sech^2—双曲正割函数型；Lorentzian—洛仑兹线型。

一般情况下，脉宽由半高宽（full width at the half maximum，FWHM）所定义，如表 13.1 所列的那样。有些时候脉宽被定义成强度衰减至 $1/e$（$\tau_{1/e}$）处或 $1/e^2$（τ_{1/e^2}）处的时间。对于方波脉冲，不同强度标准的定义给出的脉宽结果是一致的，对于其他波形的脉宽，不同标准间的换算关系为：

高斯型：

$$\tau = \ln\sqrt{2}\tau_{1/e} = \ln\sqrt{\frac{2}{2}}\tau_{1/e^2} \tag{13.15}$$

双曲正割函数型：

$$\tau = 0.812\tau_{1/e} = 0.532\tau_{1/e^2} \tag{13.16}$$

洛伦兹线型：

$$\tau = 0.763\tau_{1/e} = 0.396\tau_{1/e^2} \tag{13.17}$$

13.1.3　色散、啁啾及其对脉冲宽度的影响

(1) 色散

如果光谱位相 $\varphi(\omega)$ 随频率变化缓慢，就可以在中心频率 ω_0 处展开成泰勒级数

$$\varphi(\omega) = \sum_{k=0}^{\infty} \frac{\varphi^{(k)}(\omega_0)}{k!}(\omega - \omega_0)^k \tag{13.18}$$

$$\varphi^{(k)}(\omega_0) = \left.\frac{\partial^k \varphi(\omega)}{\partial \omega^k}\right|_{\omega = \omega_0} \tag{13.19}$$

式（13.18）的第一项表示脉冲在时域内的绝对位相。一阶微分 $\varphi'(\omega_0) = T_g(\omega_0)$ 为群延迟（group delay，GD）。群延迟导致脉冲包络在时域上的相移。二阶微分 $\varphi''(\omega_0) = D_2(\omega_0)$ 为群延迟色散（group delay dispersion，GDD），也被称为二阶色散。$\varphi'''(\omega_0) = D_3(\omega_0)$ 及 $\varphi''''(\omega_0) = D_4(\omega_0)$ 分别为三阶和四阶色散。由于高阶微分描述了群延时对频率的依赖性，因而与色散效应及脉冲包络线的时域结构相关。

$$D_2(\omega_0) = \varphi''(\omega_0) = \left.\frac{\partial T_g(\omega_0)}{\partial \omega}\right|_{\omega = \omega_0} \tag{13.20}$$

$$D_3(\omega_0) = \varphi'''(\omega_0) = \left.\frac{\partial^2 T_g(\omega_0)}{\partial^2 \omega}\right|_{\omega = \omega_0} \tag{13.21}$$

$$D_4(\omega_0) = \varphi''''(\omega_0) = \left.\frac{\partial^3 T_g(\omega_0)}{\partial^3 \omega}\right|_{\omega = \omega_0} \tag{13.22}$$

(2) 啁啾

在时域，类似的激光脉冲位相 $\phi(t)$ 也可在时间零点处展开泰勒级数

$$\phi(t) = \sum_{k=0}^{\infty} \frac{\phi^{(k)}(0)}{k!}t^k \tag{13.23}$$

$$\phi^{(k)}(t) = \left.\frac{\partial^k \phi(t)}{\partial t^k}\right|_{t=0} \tag{13.24}$$

时域位相的微分给出了瞬态频率 $\omega(t)$

$$\omega(t) = \omega_0 - \frac{\mathrm{d}\phi(t)}{\mathrm{d}t} \tag{13.25}$$

式(13.23)的第一项代表了脉冲的绝对位相,后者给出了脉冲包络线相对于与其包含的载波振荡间的时域关系。式(13.23)中第二项所对应的一阶微分 $\phi'(0)$ 是时间的线性函数,描述了载波中心频率的位移;$\phi''(0)$ 项对应瞬时频率的线性移动,该项也被称为线性啁啾(chirp),频率随时间增加(减小)被称为上啁啾(下啁啾);而随后的几项为二次,三次啁啾等。图 13.1 给出了正啁啾脉冲的时域波形与频谱示意图。其中图(a)给出了脉冲时域波形的包络线以及载波振荡,包络线内振荡项的周期由脉冲前沿至后沿而逐渐减小,是正啁啾的表现特征;图(b)给出了激光脉冲的频谱中正频和负频分量的绝对值;图(c)给出了正频和负频分量的初相位。

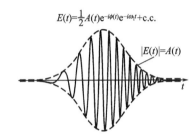

$$E(t)=\frac{1}{2}A(t)\mathrm{e}^{-i\phi(t)}\mathrm{e}^{-i\omega_l t}+\mathrm{c.c.}$$

$$|E(t)|=A(t)$$

(a) 实线是波函数,虚线是载波包络

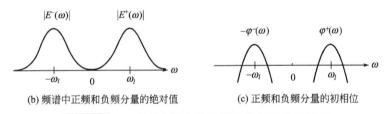

(b) 频谱中正频和负频分量的绝对值　　(c) 正频和负频分量的初相位

图 13.1　正啁啾高斯包络波形及其频谱的示意图

(3) 傅里叶变换极限脉冲与啁啾脉冲

如果激光脉冲的瞬间频率不依赖于时间 $[\omega(t)=\mathrm{const}]$,这样的脉冲便成为“带宽限制”(bandwidth limited)或者“傅里叶变换极限”(Fourier transform limited)脉冲。在这种情况下,激光脉宽由其光谱宽度唯一确定

$$\tau\Delta\omega=2\pi K_{\mathrm{TB}} \tag{13.26}$$

式中,τ 和 $\Delta\omega$ 分别为时域和频域内脉冲强度分布的半高宽;K_{TB} 是一个依赖于脉冲波形的常数(脉宽-带宽乘积因子),对于一些常用的脉冲波形,K_{TB} 的取值列于表 13.2 中(与脉冲形状相关的退卷积因子 D_{AC} 也列在表中)。通常式(13.26)被称为“时间带宽积”(time bandwidth product)。其含义是若要实现更短的脉冲就需要更宽的频谱。由于实际情况中,激光脉冲存在啁啾,因此时间带宽积满足 $\tau\Delta\omega>2\pi K_{\mathrm{TB}}$,即相同光谱宽度的情况下,啁啾脉冲的脉冲宽度要大于傅里叶变换极限脉冲的宽度。

表 13.2　不同激光脉冲波形所对应的退卷积因子 D_{AC} 及脉宽-带宽乘积因子 K_{TB}

脉冲波形	D_{AC}	K_{TB}
Rectangular	1.0000	0.443
Gaussian	$1/\sqrt{2}$	0.441
sech²	0.6482	0.315
Lorentzian	0.5000	0.142

13.1.4　载波位相

电磁场的位相在光学中并不是一个具有实际物理意义的量，因为所有的测量都涉及光的强度。光的相对位相如干涉仪中两臂的位相差测量和控制都很容易，但不是单个电磁场的绝对位相。对于连续激光来说，位相是没有绝对值的。但对于超短脉冲激光来说，由于脉冲包络的存在，可以将其中心作为零点来定义载波的位相，这一位相被称为载波包络位相（carrier envelope phase，CEP）。如图 13.2 所示，超短脉冲激光波形可表示为

$$E(t) = A(t)\cos(\omega_c t + \phi_{CE}) \tag{13.27}$$

式中，$A(t)$ 为脉冲电场包络；ω_c 为载波频率；ϕ_{CE} 为载波包络位相。

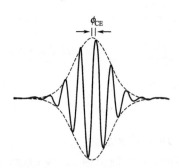

图 13.2　载波包络位相的定义

脉冲的电场强度包络用虚线表示，实线表示振荡电场。ϕ_{CE} 为电场强度峰值位置和载波峰值位置间的时间差所定义的位相

由锁模激光产生的脉冲激光序列具有可靠的周期性，使得确定以电场包络为参照的载波位相成为可能。相对于该包络，振荡电场的位相 ϕ_{CE} 随光学谐振腔内部和外部条件的改变而变化，为了对 ϕ_{CE} 的动态变化有个清晰的了解，可将其拆分成两部分：

$$\phi_{CE} = \phi_0 + \Delta\phi_{CE} \tag{13.28}$$

式中，ϕ_0 为静态载波包络位相偏移；$\Delta\phi_{CE}$ 表示由谐振腔内状况改变而导致的相邻脉冲（pulse-to-pulse）CEP 的变化。当脉冲在腔外介质间传播时，光传播相速和群速的差异（由色散引起）将导致 ϕ_0 发生变化。因而，在实际情况中，ϕ_0 并非真

正的静态。同理，形成 $\Delta\phi_{CE}$ 的物理原因也是由于腔内介质的色散。对于 $\Delta\phi_{CE}$ 而言，光在谐振腔内每传播一个来回遇到输出耦合镜后输出一个脉冲，因而，起作用的位相改变量仅仅是位相改变总量和 2π 的模余量。也就是说

$$\Delta\phi_{CE}=\left(\frac{1}{v_g}-\frac{1}{v_p}\right)l_c\omega_c \tag{13.29}$$

式中，$v_g(v_p)$ 为群速（相速）；l_c 为谐振腔的往复光程。

13.1.5　相速和群速

(1) 相速度

一列单波长的无限波可表示成式 $\cos(\omega t-kx)$ 或 $\sin\left[\frac{2\pi}{\lambda}(x-vt)\right]$ 以及等价的表达式。波形传播的相速度（简称相速）为

$$v_p=\frac{\lambda}{T}=f\lambda=\omega/k \tag{13.30}$$

式中，T 为周期；f 为频率。折射率 n 被定义为 c/v，即 c/v_p。

(2) 群速度

无限波实际上是不存在的，一列实际的波必须有起点和终点。总的波形称为包络。各种波形都是可能的，如突变或渐变的波形，而群速度（简称群速）为包络传播的速度，定义为 $v_g=\dfrac{\mathrm{d}\omega}{\mathrm{d}k}$。对于时间上有限的波形，依据傅里叶变换，是由多频率构成的。为了给群速一个直观的说明，如图13.3所示，先考虑两列波长不同的波，其频率和波矢分别为 ω_1 和 $\boldsymbol{k}_1$ 及 ω_2 和 $\boldsymbol{k}_2$，其频率和波矢的均值及差值分别为 $\omega=\dfrac{\omega_1+\omega_2}{2}$，$\boldsymbol{k}=\dfrac{\boldsymbol{k}_1+\boldsymbol{k}_2}{2}$，$\Delta\omega=\dfrac{\omega_1-\omega_2}{2}$，$\Delta k=\dfrac{\boldsymbol{k}_1-\boldsymbol{k}_2}{2}$。将上述公式改写为 $\omega_1=\omega+\Delta\omega$，

(a) 实线和虚线分别代表频率较小的和较大的波的波形

(b) 实现是两列波叠加后的波形，虚线是它的低频载波包络

(c) 叠加波形的场强

图 13.3　两列波叠加的示意图

$\omega_2 = \omega - \Delta\omega$，$\boldsymbol{k}_1 = \boldsymbol{k} + \Delta\boldsymbol{k}$，$\boldsymbol{k}_2 = \boldsymbol{k} - \Delta\boldsymbol{k}$，两列波进行干涉叠加后的波为

$$
\begin{aligned}
\mathrm{e}^{i(\omega_1 t - k_1 x)} + \mathrm{e}^{i(\omega_2 t - k_2 x)} &= \mathrm{e}^{i(\omega t + \Delta\omega t - kx - \Delta kx)} + \mathrm{e}^{i(\omega t - \Delta\omega t - kx + \Delta kx)} \\
&= \mathrm{e}^{i(\omega t - kx)} \left[\mathrm{e}^{i(\Delta\omega t - \Delta kx)} + \mathrm{e}^{-i(\Delta\omega t - \Delta kx)} \right] \\
&= \cos(\Delta\omega t - \Delta kx)\, \mathrm{e}^{i(\omega t - kx)}
\end{aligned}
\tag{13.31}
$$

可见，叠加后的波形出现了低频和高频两部分，前者与脉冲电场包络相对应，后者和载波相对应，包络的传播速度为群速，即 $v_\mathrm{g} = \dfrac{\Delta\omega}{\Delta k}$，取微分形式

$$
v_\mathrm{g} = \frac{\mathrm{d}\omega}{\mathrm{d}k} \tag{13.32}
$$

介质中的光速和波长有关，习惯上人们通常将折射率 n 作为 λ 的函数，而不是将 ω 作为 k 的函数，而后者包含相同的信息，稍作数学变换后可得

$$
\frac{\mathrm{d}n}{\mathrm{d}\lambda} = \frac{\mathrm{d}n}{\mathrm{d}k} \times \frac{\mathrm{d}k}{\mathrm{d}\lambda} \tag{13.33}
$$

又 $n = \dfrac{c}{v_\mathrm{p}} = \dfrac{ck}{\omega}$，故

$$
\frac{\mathrm{d}n}{\mathrm{d}k} = \frac{c}{\omega} - \frac{ck}{\omega^2} \times \frac{\mathrm{d}\omega}{\mathrm{d}k} = \frac{c}{\omega} - \frac{ck}{\omega^2} v_\mathrm{g} \tag{13.34}
$$

$$
\text{由 } k = \frac{2\pi}{\lambda} \text{可得} \quad \frac{\mathrm{d}k}{\mathrm{d}\lambda} = -\frac{2\pi}{\lambda^2} = -\frac{k}{\lambda} \tag{13.35}
$$

合并式(13.33)、式(13.34)和式(13.35)得

$$
\frac{\mathrm{d}n}{\mathrm{d}\lambda} = -\frac{kc}{\omega\lambda} + \frac{ck^2}{\omega^2\lambda} v_\mathrm{g} = -\frac{c}{v_\mathrm{p}\lambda} + \frac{c}{v_\mathrm{p}^2\lambda} v_\mathrm{g} \tag{13.36}
$$

最后得到群速和相速的关系为

$$
v_\mathrm{g} = v_\mathrm{p} \left(1 + \frac{\lambda}{n} \times \frac{\mathrm{d}n}{\mathrm{d}\lambda} \right) \tag{13.37}
$$

式(13.37)也可表示为

$$
v_\mathrm{g} = v_\mathrm{p} \left(1 - \frac{k}{n} \times \frac{\mathrm{d}n}{\mathrm{d}k} \right) = v_\mathrm{p} - \lambda \frac{\mathrm{d}v_\mathrm{p}}{\mathrm{d}\lambda} = \frac{c}{n + \omega(\mathrm{d}n/\mathrm{d}\omega)} = \frac{c}{n - \lambda\left(\dfrac{\mathrm{d}n}{\mathrm{d}\lambda}\right)} \tag{13.38}
$$

可见：

① 如果 $\dfrac{\mathrm{d}n}{\mathrm{d}\lambda} < 0$，有 $v_\mathrm{g} < v_\mathrm{p}$，群速小于相速，为正常色散；

② $\dfrac{\mathrm{d}n}{\mathrm{d}\lambda} = 0$，有 $v_\mathrm{g} = v_\mathrm{p}$，群速等于相速，对应于无色散情形；

③ $\dfrac{\mathrm{d}n}{\mathrm{d}\lambda} > 0$，群速大于相速，为反常色散。

13.1.6 波前及波前倾斜

由于脉冲激光是脉宽很短的有限波列，在传播过程中，脉冲波前（pulse-front）

与位相波前(phase-front)并不一定平行。在超快激光应用中，脉冲波前通常被简称为波前，因为位相波前永远垂直于激光的传播方向。通常把脉冲波前与激光传播方向不垂直的现象称为波前倾斜，如图 13.4 所示。

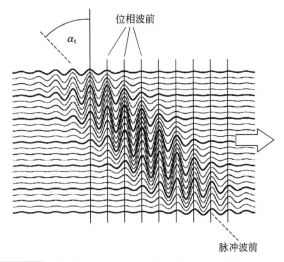

图 13.4　波前倾斜示意图[2](箭头表示光的传播方向)

经过角色散元件(如三棱镜)或光栅会对脉冲激光引入波前倾斜，即在透过光的横向引入连续的时间延迟[3]，如图 13.5 所示。波前倾斜角 γ 和角色散量 $\frac{d\varepsilon}{d\lambda}$ 满足下列关系

$$\tan\gamma=\bar{\lambda}\,\frac{d\varepsilon}{d\lambda} \tag{13.39}$$

式中，$\bar{\lambda}$ 为波长平均值，ε 为色散角。

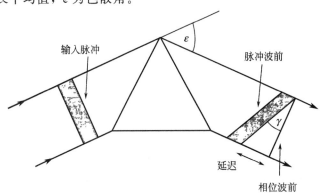

图 13.5　短脉冲激光通过角色散元件(棱镜)所引起的波前倾斜示意图

入射光的脉冲波前和位相波前是平行的。位相波前垂直于入射和
出射光的传播方向。脉冲波前的倾斜角(γ)在测量
过程中是相对于位相波前而言的

考虑一短脉冲光向一光谱器件传播，该脉冲光包含不同频率的单色平面波组分，可表示为：

$$E(\lambda) = E_0(\lambda) \sin(\omega t - \boldsymbol{k}\boldsymbol{r} + \phi_0) = E_0(\lambda)\sin\phi \qquad (13.40)$$

式中，$\boldsymbol{k}$ 为波矢；ϕ_0 为位相常数。光谱器件的功能是按照角色散来改变不同单色光的传播方向。假定光脉冲在 z-x 平面内传播，并且角色散也在该平面内，因而式(13.40)正弦函数的相角为

$$\phi = \omega t - k_x x - k_z z + \phi_0 \qquad (13.41)$$

式中，$k_x = -(2\pi/\lambda)\sin\varepsilon$，$k_z = (2\pi/\lambda)\cos\varepsilon$。其中 ε 为由 z 方向测定的传播角度，如图 13.6 所示。

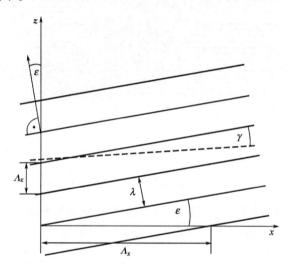

图 13.6 光波在 z-x 平面内位相波前(实线)和脉冲波前(虚线)

位相波前所表示的是平均波长的位相波前。 同波长的位相波前均相对于该波前而发生倾斜。 箭头表示光的传播方向，$\Lambda_x = \lambda/\sin\varepsilon$ 及 $\Lambda_z = \lambda/\cos\varepsilon$ 为沿 x 和 z 方向传播的空间周期。

位相恒定面(位相波前)由下式确定：

$$\omega t - k_x x - k_z z = \phi - \phi_0 = \text{const.} \qquad (13.42)$$

因而在 z-x 平面内位相波前在任何时刻都具有如下斜率的直线

$$m = -\frac{k_x}{k_z} = \tan\varepsilon \qquad (13.43)$$

脉冲波前的斜率可由式(13.41)出发进行计算。脉冲波前定义为在任何时刻所确定的波面皆包含了光强最大的那些点。这一条件意味着不同频率的平面波组分具有相同的位相。上述条件的满足要求位相对频率的一阶微分为零，即依据式(13.41)可得

$$\frac{d\phi}{d\omega} = t - \frac{dk_x}{d\omega}x - \frac{dk_z}{d\omega}z = 0 \qquad (13.44)$$

与式(13.42)类似，式(13.44)同样也描述了 x-z 平面内的一条直线，但具有不同的斜率

$$m_g = -\frac{\mathrm{d}k_x}{\mathrm{d}k_z} = -\frac{\mathrm{d}(-\tan\varepsilon k_z)}{\mathrm{d}k_z} = \tan\varepsilon + k_z \frac{1}{\cos^2\varepsilon} \times \frac{\mathrm{d}\varepsilon}{\mathrm{d}k_z} \tag{13.45}$$

如果选择这样的坐标系，使得对于平均波长(且平均频率及平均波矢 k)有 $\varepsilon = 0$。在这种情况下，$k_z = k = 2\pi/\lambda$，由式(13.43)可知位相波前的斜率为零，因而 $m_g = -\tan\gamma$(见图 13.6)，式(13.47)可写为

$$\tan\gamma = -m_g = -k\frac{\mathrm{d}\varepsilon}{\mathrm{d}k} = \bar{\lambda}\frac{\mathrm{d}\varepsilon}{\mathrm{d}\lambda} \tag{13.46}$$

可见等式(13.39)得以证明，只要角色散存在，式(13.46)就成立而不必追究角色散是如何产生的。进一步考虑角散射在折射率为 n 的介质中产生，除等式(13.46)外，上述的推导步骤依然成立，将 $k = 2\pi n(\lambda)/\lambda$ 代入式(13.46)，对 k 求导后得到稍有改变的等式

$$\tan\gamma = -k\frac{\mathrm{d}\varepsilon}{\mathrm{d}k} = \frac{n}{n_g}\bar{\lambda}\frac{\mathrm{d}\varepsilon}{\mathrm{d}\lambda} \tag{13.47}$$

式中，$n_g = n - \lambda/(\mathrm{d}n/\mathrm{d}\lambda)$ 为群折射率。

13.2　激光脉冲脉宽测量方法

现有光电器件的响应时间最快也仅在皮秒量级，因此无法用于直接测量飞秒激光的脉冲宽度，只能利用飞秒激光脉冲自身。目前最常用的脉宽测量方法有自相关(autocorrelation)[4]、频率分辨光学开关(frequency resolved optical gating，FROG)[5,6]与光谱位相相干电场重建(spectral phase interferometry for direct electric-field reconstruction，SPIDER)[7]等。

相关法虽然可以用来测量飞秒激光的脉冲宽度，但是相关信号不能提供脉冲的波形，需要事先假设脉冲的波形，而实验中得到的脉冲时域波形并不是规则的双曲正割或者高斯线型，有些甚至相当复杂，这就给飞秒激光脉宽的测量带来了误差。相干相关法也仅仅能够定性地给出脉冲的啁啾状况，不能准确提供脉冲的位相信息。频率分辨光学开关法和光谱位相相干电场重建法是新近出现的测量脉冲光谱位相以及脉冲时域波形的技术。

13.2.1　自相关方法

自相关法测量脉冲宽度是利用飞秒脉冲本身对自己进行扫描，然后利用光学非线性效应获得脉冲的自相关信号。实验中利用分束镜将飞秒脉冲光分为两束，并在其中一束引入可控的时间延迟线；随后两束光聚焦至倍频晶体上产生两束激光的和频信号。改变两束光之间的时间延迟可以获得随时间延迟变化的和频信号，即可推算出脉冲宽度。

自相关方法又分为条纹分辨自相关（fringe resolved autocorrelation，FRAC）与强度自相关（intensity autocorrelation），其光路示意图如图 13.7 所示。两者之间的最大区别在于，条纹分辨自相关的两束光脉冲以共线的方式聚焦至倍频晶体上，而强度自相关中，两束光脉冲则采取非共线的方式聚焦至倍频晶体上。

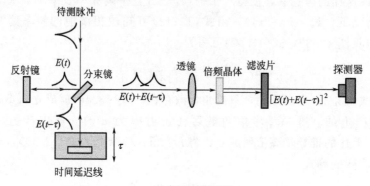

(a) 条纹分辨自相关

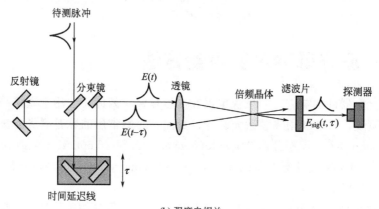

(b) 强度自相关

图 13.7   自相关光路示意图

设两束光的场强分别为 $E_1(t) = A_1(t) \mathrm{e}^{-i\omega_0 t}$ 与 $E_2(t) = A_2(t) \mathrm{e}^{-i\omega_0 t}$，当两个飞秒脉冲之间的时间延迟为 τ 时，其相干叠加后的电场可表示为：

$$I_{\omega_0}(\tau) = \int_{-\infty}^{\infty} [E_1(t-\tau) + E_2(t)][E_1(t-\tau) + E_2(t)]^* \, \mathrm{d}t \tag{13.48}$$

这个相干叠加后的电场经倍频晶体产生的倍频信号可表示为

$$I_{2\omega_0} = R(\omega, L) S^{(2)}(\tau) \tag{13.49}$$

式中，$R(\omega, L)$ 为与频率 ω、倍频晶体厚度 L 有关的倍频调制因子；$S^{(2)}(\tau)$ 为倍频自相关信号，即

$$S^{(2)}(\tau) = \int_{-\infty}^{\infty} \{[E_1(t-\tau) + E_2(t)][E_1(t-\tau) + E_2(t)]^*\}^2 \mathrm{d}t \tag{13.50}$$

将式(13.50)展开

$$S^{(2)}(\tau) = \int_{-\infty}^{\infty} \left[E_1^2(t-\tau)E_1^{*2}(t-\tau) + E_2^2(t)E_1^{*2}(t-\tau) + 2E_1(t-\tau)E_2(t)E_1^{*2}(t-\tau) \right.$$

$$+ E_1^2(t-\tau)E_2^{*2}(t) + E_2^2(t)E_2^{*2}(t) + 2E_1(t-\tau)E_2(t)E_2^{*2}(t)$$

$$+ 2E_1^2(t-\tau)E_1^*(t-\tau)E_2^*(t) + 2E_2^2(t)E_1^*(t-\tau)E_2^*(t)$$

$$\left. + 2E_1(t-\tau)E_2(t)2E_1^*(t-\tau)E_2^*(t) \right] \mathrm{d}t \tag{13.51}$$

令

$$A(\tau) = \int_{-\infty}^{\infty} \left[E_1^2(t-\tau)E_1^{*2}(t-\tau) + E_2^2(t)E_2^{*2}(t) \right] \mathrm{d}t$$

$$= \int_{-\infty}^{\infty} \left[I_1^2(t-\tau) + I_2^2(t) \right] \mathrm{d}t$$

$$B(\tau) = 4\int_{-\infty}^{\infty} \left[2E_1(t-\tau)E_2(t)2E_1^*(t-\tau)E_2^*(t) \right] \mathrm{d}t$$

$$= 4\int_{-\infty}^{\infty} \left[I_1(t-\tau)I_2(t) \right] \mathrm{d}t$$

$$C(\tau) = \int_{-\infty}^{\infty} \left[2E_1(t-\tau)E_2(t)E_1^{*2}(t-\tau) + 2E_1^2(t-\tau)E_1^*(t-\tau)E_2^*(t) \right.$$

$$\left. + 2E_1(t-\tau)E_2(t)E_2^{*2}(t) + 2E_2^2(t)E_1^*(t-\tau)E_2^*(t) \right] \mathrm{d}t$$

$$= 2\int_{-\infty}^{\infty} \left[I_1(t-\tau) + I_2(t) \right] E_2(t)E_1^*(t-\tau)\mathrm{d}t + \mathrm{c.\,c.}$$

$$D(\tau) = \int_{-\infty}^{\infty} \left[E_1^2(t-\tau)E_2^{*2}(t) + E_2^2(t)E_1^{*2}(t-\tau) \right] \mathrm{d}t$$

$$= \int_{-\infty}^{\infty} \left[E_1^2(t-\tau)E_2^{*2}(t) \right] \mathrm{d}t + \mathrm{c.\,c.} \tag{13.52}$$

式(13.51)可简化为

$$S^{(2)}(\tau) = A(\tau) + B(\tau) + C(\tau) + D(\tau) \tag{13.53}$$

式中，$A(\tau)$ 为两束脉冲各自产生的倍频信号；$B(\tau)$ 是两束光强度干涉的强度相关项；$C(\tau)$ 和 $D(\tau)$ 为交流振荡项，是两束光电场位相相干的结果。

(1) 条纹分辨自相关

条纹分辨自相关中的两束激光为共线形式，因此探测器探测到的信号即可用表达式(13.53)来表示。由于 $C(\tau)$ 和 $D(\tau)$ 为交流振荡项的存在，实验测得的相关曲线在时间轴上表现为条纹，这也是条纹分辨自相关命名的由来。

通常情况下，分束之后的两束激光强度相等，即 $A_1(t) = A_2(t) = A(t)$；当时间延迟 $\tau = 0$ 时的倍频信号为

$$S^{(2)}(0) = A(\tau) + B(\tau) + C(\tau) + D(\tau) = 16\int_{-\infty}^{\infty} A^4(t)\mathrm{d}t \tag{13.54}$$

当脉冲之间的时间延迟超出了相关时间，即 $\tau = \infty$；此时信号中只有两束激光各自的倍频信号

$$S^{(2)}(\infty) = A(\tau) = 2\int_{-\infty}^{\infty} A^4(t)\mathrm{d}t \tag{13.55}$$

由上可知，相关信号的极大值与背景的比值为 8：1，故干涉相关法测量的脉冲相关曲线也叫 8：1 曲线。当两束脉冲的能量不相等时，自相关信号的极大值于背景的比值也不再是 8：1，这一点在获得自相关曲线后推测脉冲宽度时需要注意。

相关曲线中条纹的振荡周期与脉冲的中心频率有关，可以通过半高宽处条纹数来推算相关曲线的宽度。对中心波长 800nm 的脉冲来讲相关曲线条纹的振荡周期为 2.67fs。实验当中通常是利用相干条纹估算脉冲宽度，将振荡级输出的脉冲假设成双曲正割形的脉冲。脉冲的自相关曲线与脉冲宽度的关系为

$$\tau_p = (N+1) \times 2.67/2 \tag{13.56}$$

式中，τ_p 为脉冲的半高宽；N 为自相关曲线半高宽出对应的条纹数。

一般条纹分辨自相关多用于飞秒振荡级输出的飞秒脉冲，其重复频率多为兆赫兹（MHz）量级甚至更高。在测量过程中，时间延迟线需要在两束激光的零时间延迟对应的位置附近进行匀速的往复运动（一般通过电控的压电陶瓷或者扬声器喇叭来实现），另外利用响应速度够快的光电探测器方可探测到 8：1 的自相关曲线如图 13.8 所示。通常用示波器进行观测。若探测器的响应时间较慢，探测器则无法响应相关函数中的位相相干项时，此时相关信号仅剩下 $A(\tau)$ 和 $B(\tau)$ 两项与强度相关的项，自相关曲线的极大值与背景的比值为 3：1。

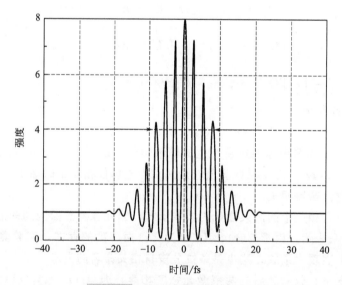

图 13.8 条纹分辨自相关曲线

由脉宽为10fs 的傅里叶变换极限脉冲(高斯型)计算得出

（2）强度自相关

而强度自相关中，两束光以非共线方式经透镜聚焦至倍频晶体上，因此探测器最后获得的倍频信号仅为两束光的强度相关项 $B(\tau)$，即

$$S(\tau) = B(\tau) = \int_{-\infty}^{\infty} I(t)I(t-\tau)\mathrm{d}t \tag{13.57}$$

自相关函数总是关于中心 $\tau=0$ 对称的，其宽度与脉冲宽度 τ_{p} 的关系为：

$$\tau_{\mathrm{AC}}=\frac{1}{D_{\mathrm{AC}}}\tau_{\mathrm{p}} \tag{13.58}$$

式中，D_{AC} 为与脉冲形状相关的退卷积因子，对于常用的不同脉冲波形其数值列于表 13.2 中。

强度自相关多用于测量低重复频率的飞秒脉冲，时间延迟线可选用电控平移台。即每改变一次两束光之间的时间延迟，记录一次和频信号强度，从而最终获得以时间延迟为函数的强度自相关曲线。图 13.9 给出了具有不同波形但脉宽恒定为 100fs(FWHM) 的强度自相关曲线，三个脉冲具有相同的 FWHM，但依据表 13.2 所列的 D_{AC} 值可知，其相应的自相关曲线是不同的。

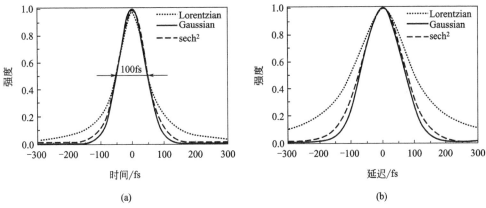

图 13.9　(a)脉宽 FWHM 为 100fs 的洛伦兹型、高斯型和双曲正割函数
型脉冲波形及(b)相应的相关函数计算曲线

(3)　啁啾脉冲的自相关曲线

当激光脉冲为啁啾脉冲时，其条纹分辨自相关或者强度自相关曲线的表现形式会有所不同，具体可见图 13.10。图中列出四种情况，分别为：①傅里叶变换极限脉冲；②包含二阶色散的啁啾脉冲；③包含三阶色散的啁啾脉冲；④包含卫星脉冲的情况。根据自相关曲线表现形式的不同可以大概估计激光脉冲的啁啾状况，但是并不能给出所含啁啾的正负。

13.2.2　频率分辨光学开关方法

频率分辨光学开关(FROG)方法的实验光路可采用任何一种自相关或互相关的光路，包括和频、倍频、三倍频、光 Kerr 门和参量放大等；与普通的强度相关测量不同，FROG 测量要利用光谱仪探测相关信号的时间分辨光谱，即和频信号关于延迟时间与频率的二维函数，通常称为 FROG 迹(FROG trace)。从这个二维函数，通过所谓二维位相重建法，可以获得入射脉冲的时域和谱域的波形，即强度和位相的信息。其过程为：首先对脉冲的形状和位相进行一个初始猜测，然后通过迭

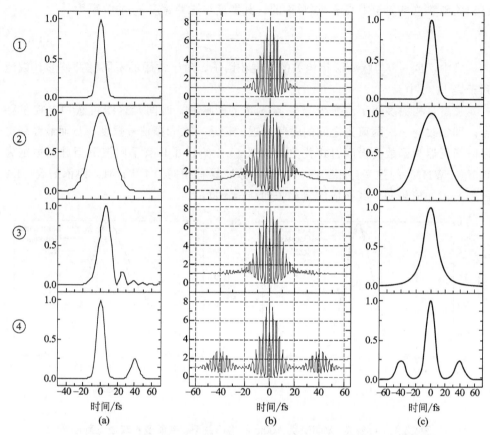

图 13.10 不同激光脉冲(a)对应的条纹分辨自相关曲线(b)与强度自相关曲线(c)

四种情况分别为：①傅里叶变换极限脉冲；②包含二阶色散的啁啾脉冲；
③包含三阶色散的啁啾脉冲；④包含卫星脉冲的情况

代计算出原始脉冲的光谱位相以及脉冲波形，迭代过程中需要不断对信号场进行时域和频域限制，从而得到待测脉冲的实际波形与位相。

FROG 有多种形式，如二倍频频率分辨光学开关法（SHG-FROG）、三倍频频率分辨光学开关法（THG-FROG）、互相关频率分辨光学开关法（cross-correlation FROG，XFROG）以及偏振开关频率分辨光学开关法（polarization-gate FROG，PG-FROG）等。下面以最简单的 SHG-FROG 为例进行介绍。

SHG-FORG 光路示意图可参考图 13.11，除探测器为光谱仪之外，光路与强度自相关的光路[图 13.7(b)]完全一样。在相关测量中，通过改变两束激光之间的时间延迟 τ，利用光谱仪记录两束激光的干涉光谱，从而获得以延迟时间 τ 与频率 ω 的二维函数，其相关信号的光强可表示为

$$I(\omega,\tau) \propto \left| \int_{-\infty}^{\infty} E(t)g(t-\tau)\exp(-i\omega t)\mathrm{d}t \right|^2 \tag{13.59}$$

式中，$E(t)$ 为待测激光的电场强度；$g(t-\tau)$ 为门函数。在 SHG-FROG 中门

函数为待测激光自身，即 $E(t-\tau)$。$I(\omega,\tau)$ 的频谱图可参考图 13.12。图中给出了脉冲分别具有正、负啁啾、无啁啾三种情况对应的 FROG 二维谱图的表现形式，可以看出，SHG-FROG 只能大致给出脉冲的啁啾量信息，不能确定啁啾的符号。要想获得包含符号的啁啾量，只能采用其他形式的 FROG，如 PG-FROG 等。

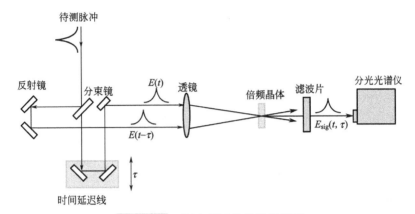

图 13.11　SHG-FROG 光路示意图

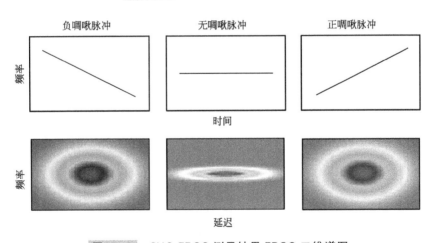

图13.12　SHG-FROG 测量结果 FROG 二维谱图

图中分别给出负啁啾、无啁啾、正啁啾脉冲对应的测量结果。第一行给出
三种脉冲频域与时间的关系，第二行为 FROG 二维谱图

总之，用 FROG 来测量脉冲的光谱位相具有结构简单、图像直观的特点，但由于迭代过程相当复杂，需要大量的运算时间，因此 FROG 很难被用于实时测量。而且由于迭代过程比较复杂，最终获得脉冲宽度也具有较大的误差。

13.2.3　光谱位相相干电场重建方法

光谱位相相干电场重建（SPIDER）是"光谱相干法"（spectral interferometry，SI）的"自参考"（self-referencing）型特例。"光谱相干法"是 20 世纪 70 年代提出的测量脉冲位相信息的方法。若使满足相干条件的两束光在光谱仪中实现相干,则获得频域的干涉条纹,并由此可提取出两束光的频谱的位相差;当已知其中一束光(参考光)的谱位相,就可以求出另一束光(信号光)的谱位相。对于单一脉冲的测量采用的是"自参考"方式,即光束经过迈克尔逊干涉仪装置,复制成两个具有时间延迟 τ 的镜像脉冲,在光谱仪中相干。由于"光谱相干法"获得是谱位相差的信息,对于两个频谱完全相同的脉冲,谱位相差为零,因此就无法得到脉冲的谱位相。但是,如果对两镜像脉冲引入已知的固定频移量,则"自参考"的"光谱相干法"就能够测量脉冲的谱位相信息。因此,关键是如何引入这个频移而不影响原来脉冲的位相。解决的方法就是 SPIDER 的"光谱侧切"(spectral shear)。其原理是将两个镜像脉冲与一个展宽的啁啾脉冲(在镜像脉冲的脉冲宽度内,展宽的啁啾脉冲的频谱可看成常数)在非线性晶体中进行和频转换,转换之后两个镜像脉冲的中心频率就出现了微小的差别,这个频率差称为"光谱侧切",此过程的示意图见图13.13。因此 SPIDER 是"光谱侧切"与"自参考"的"光谱相干法"相结合的结果。SPIDER 原理可参考图 13.14。

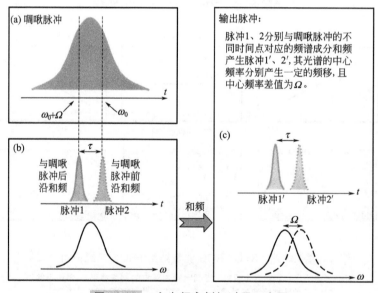

图 13.13   产生频率侧切过程示意图

SPIDER 装置的光路设计可参考图13.15。入射脉冲被分束器 BS1 分为强度比为 1:9 的两束,较强的一束通过分束器 BS3 进入展宽器,较弱的一束通过分束器 BS2 进入迈克尔逊干涉仪后被分成两束完全相同的、具有时间延迟 τ 的脉冲对。此脉冲对和被展宽后的脉冲以非共线 I 类位相匹配方式进入 BBO 晶体进行和频。根据被测脉冲宽度的不同,选择不同的展宽器。图 13.15 中的脉冲展宽器为光学玻璃,适用于测量较窄的激光脉冲(如 10fs),当测量较宽的激光脉冲时,可用光栅对作为脉冲展宽器。

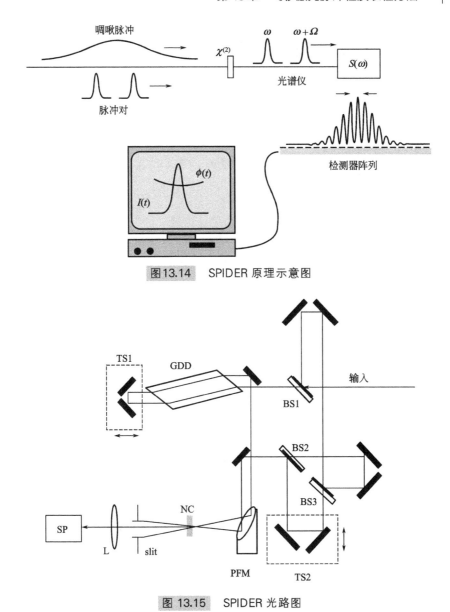

图13.14 SPIDER 原理示意图

图 13.15 SPIDER 光路图

BS1、BS2、BS3 为分束器；TS1、TS2 为手动平移台；PFM 为抛物面镜；NC 为非线性
倍频晶体；slit 为小孔光阑；L 为透镜；GDD 为展宽脉冲用的光学玻璃；SP 为光谱仪

SPIDER 的最大优点是不需要迭代，仅仅需要两次傅里叶变换。因此，最高可以达到每秒 20 次的计算。而且 SPIDER 的灵敏度很高，可以测量未经放大的脉冲。

FROG 与 SPIDER 测量脉冲的过程中，信号的采集以及脉冲宽度的反演都比较复杂，因此在超快光谱学实验中很少用到，因此这里只原理性地介绍这两种脉宽测量方法，而对于具体的脉宽反演过程不再详细介绍。

13.3 脉冲激光载波位相及波前倾斜测量

13.3.1 光谱干涉仪及载波位相的测量

光谱干涉（spectrum interfere，SI）方法是一种测量两束激光相位差的方法，最早由 C. Froehly 等人提出[8]，近年来在超快测量领域也有广泛应用。

光谱干涉仪的基本构造如图 13.16 所示，为迈克尔逊干涉仪中加入一可变延时光路及在探测器前放置一分光光谱仪。

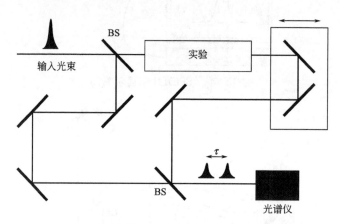

图 13.16 光谱干涉仪原理

BS 为分束片

由于光谱仪测量的物理量是光强，即入射光电场强度的平方。当两束光以一定的时间差 τ 进入光谱仪时，光谱仪在频率 ω 处测得的光强为

$$S(\omega)=|E_1+E_2|^2=|E_1|^2+|E_2|^2+2|E_1E_2|\cos[\phi_1-\phi_2-\tau\omega] \quad (13.60)$$

由式（13.60）可知，此时得到的光谱为两束光单独测量时得到的光谱之和叠加上一个周期为 $2\pi/\tau$、振幅为 $2|E_1E_2|$、相位与两束相干光的相位差有关的周期信号。理想的频域相干光谱如图 13.17 所示。

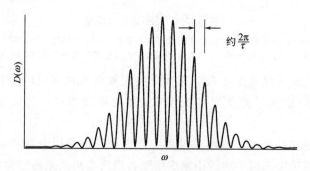

图 13.17 两束激光理想相干光谱示意图

　　该光谱是一个较为理想的周期信号，因此可以通过傅里叶变换的方法求出其周期。由于测得的光谱为实数，因此傅里叶变换的结果有正频、负频和零频三个部分，如图 13.18 所示。其中正频和负频的包络为激光脉冲光谱的傅里叶变换形式，如脉冲光谱为高斯型时，变换所得正负频分量的包络也为高斯型。其中心对应的时间即为干涉光谱的周期倒数，即实验中两脉冲的时间差 τ。

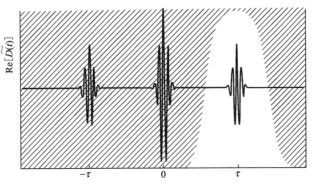

图 13.18　光谱傅里叶变换结果示意图

　　通过傅里叶变换处理，可以由此光谱中解析出干涉光谱中所包含的两束激光的相位差信息。具体方法是：首先通过数据截断处理选出傅里叶变换结果中的正频部分，对其进行逆傅里叶变换得到虚部即 $\phi_1 - \phi_2 - \tau\omega$，最后通过计算去掉 $\tau\omega$ 部分，并进行相位展开[phase unwrap，相位展开指的是将所有大于 2π 以及 2π 整数倍的位相通过合理的串联拼接（concatenate）后皆包括在总的位相中]，即可得到两束光的光谱相位差分布。需要时可对光谱相位差分布数据进行逆傅里叶变换，即可得到时域相位差分布。算法流程总结于图 13.19 中。

13.3.2　波前倾斜测量

　　(1) 角啁啾（angular chirp）**（波前倾斜）的倒场自相关**（inverted field auto-correlation）**测量**

　　对于标准自相关仪而言，激光脉冲与其延时后的副本（identical replica）在自相关仪中发生干涉，因而无法测量激光脉冲中存在的波前倾斜，因为两个干涉脉冲光斑截面空间所对应点间的延时量是相同的，见图 13.20(a)。然而，如果将其中的一束光的截面进行空间倒向，见图 13.20(b)，情况就大不相同了：如果将一个具有波前倾斜的光送入这种自相关仪进行测量，则两个脉冲光之间的延时依赖于光束截面的空间位置。

　　G. Pretzler 等人对啁啾脉冲放大器（CPA）中光栅引入角色散和波前倾斜的现象进行详细的理论分析和实验测量[2]。通过理论分析，他们指出，当 CPA 中的压缩光栅未处于最佳角度时，会对脉冲激光引入线性的波前倾斜。他们使用一种非对称的干涉仪，对于两束空间反对称的脉冲激光的空间相干强度分布进行了测量。这种

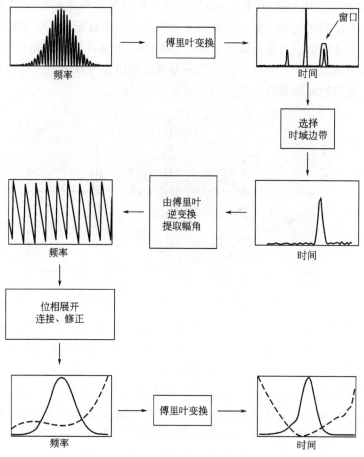

图 13.19 光谱相干相位回复算法流程

测量方法可以定性判断出激光脉冲中存在的波前倾斜方向，如图 13.20 所示。

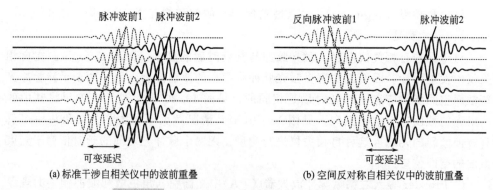

图 13.20 两种干涉自相关仪中的波前重叠示意图

图13.21(a)中迈克尔逊型干涉仪的一臂含有一个 1：1 的望远镜，相应的光束在二维空间内被倒置。在这种情况下，干涉仪就可以揭示光束截面的空间取向以及

波前倾斜的精确角度。在迈克尔逊型干涉仪的一臂放置一角锥棱镜（corner-cube retroreflector）用于取代望远镜，而在另一臂上放置一平面反射镜能够取得同样的效果。然而由此产生的干涉条纹会受到角锥棱镜内缘反射边的严重干扰而发生畸变。

如果干涉仪光路的一臂再加一面光束折返镜后，另一臂也可以安装马赫-泽德型干涉仪（Mach-Zehnder-type）如图 13.21（b）所示。图 13.21（c）～（e）的干涉条纹就是采用这种光路获取的。其优点是具有大的通光孔径，没有后向反射的问题，

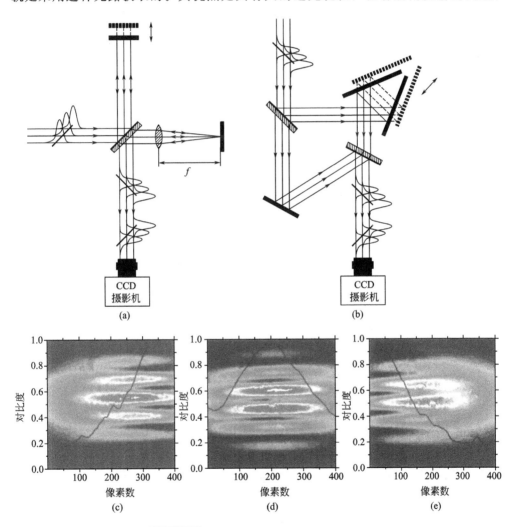

图 13.21　倒场相关仪及测得的干涉图像

(a)、(b)为 Pretzler 等人设计的、适用于波前倾斜测量的两种倒场相关仪(inverted field autocorrelator) 及测得的干涉图像[2]。 图(c)、(d)、(e)为由相关仪(b)测量的，含波前倾斜的脉冲在三个不同延迟时刻的干涉图像，给出的是原始干涉图像以及对比度函数［对比度函数通过在每一水平位置计算 $(I_{max} - I_{min})/(I_{max} + I_{min})$ 的值来获取］。 通过对上述干涉图的计算，可确定在 6mm 的光斑截面内，群延时量 $\Delta \tau_g \approx 125$fs，对应的角啁啾量约为 8 μrad/nm

但光束截面的空间倒向只在水平方向实现。如果要研究垂直方向的波前倾斜，可将光束在进入到干涉仪之前先入射到潜望镜（periscope），将垂直维度变成水平维度。

图 13.21(c)～(e) 给出了由倒场自相关仪(inverted field autocorrelator，IFE)获得的干涉条纹：当改变自相关仪两臂间的延时时间时，显示屏上干涉条纹对比度最大值的位置也随之发生变化。只有没有波前倾斜的光束才能够在整个光斑区域内形成均匀的对比度（即改变延时，对比度的空间分布依然是均匀的）。

Z. Sacks 等人于 2001 年设计了一种更为复杂的反对称干涉仪[9]，使其中一臂上的激光光斑旋转了 180°，然后和另一臂上的光束进行和频，如图 13.22 所示。

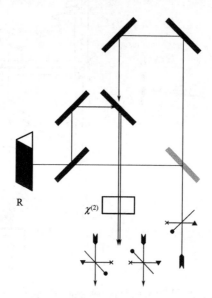

图 13.22 Z. Sacks 等人设计的单脉冲波前倾斜自相关仪(tilted pulse-front single-shot autocorrelator，TPF-SSAC)光路图

R 为垂直屋脊反射镜；χ⁽²⁾为倍频晶体。 箭头上的坐标轴表示入射光束的上下、左右方位，用以显示光束经翻转和在交会处两者的相对关系

两束光进入晶体时有一定夹角，因此和频信号在两束光之间产生。当光束不存在波前倾斜时，倍频信号相对于两基频光光斑的位置呈现对称分布；光束有波前倾斜时，倍频光光斑将偏离对称分布，如图 13.23 所示。

这种方法可以方便、直观、即时地观察激光中是否有波前倾斜，但其仍只能用于定性观测。目前这种方法已经普遍应用于 CPA 波前倾斜调节应用中。

(2) 波前倾斜及 CEP 空间分布的光谱干涉测量

由图 13.4 可知，波前倾斜导致光束截平面上包络位相(CEP)为空间位置的函数。波前倾斜及光束包络截平面内的相对位相(CEP)分布可以通过倒场光谱干涉仪进行测量。在以往的光谱干涉技术应用中，通常只是通过对干涉光谱进行傅里叶变

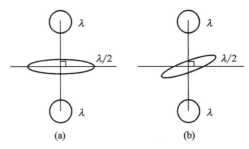

图 13.23　单脉冲波前倾斜自相关仪二次谐波产生空间位置示意图

换，由变换后的实部确定两光束的光程差，由变换得到的虚部位相确定光谱的位相[10]。事实上，干涉光谱中还包含了脉冲激光时域的 CEP 信息。但由于传统的测量方法为 CEP 确定零点，进而无法将 CEP 信息与脉冲时间延迟信息分离，所以光谱干涉技术尚未应用于定量测量时域 CEP。

本节介绍采用光谱干涉的方法测定激光的空间 CEP 分布实验。通过对光谱干涉技术的进一步发展，设计一种非对称光谱干涉仪，同时可以测量超快激光脉冲的空间 CEP 以及波前倾斜信息。

在普通的干涉仪中(图 13.16)，光在经过第一个分光片后，在两臂 A 和 B 上反射的次数是相同的，并在第二个分光片上完全重合。使用这种干涉仪时，即使激光脉冲存在一定的波前倾斜和空间 CEP 分布，也不会在最后的干涉结果中体现出来。所得的干涉结果只反映干涉仪两臂的光程差。

为了使光谱干涉仪能够反映激光脉冲的波前空间分布，设计了一种反对称(倒场)光谱干涉仪，如图 13.24 所示。在该光谱仪中，光束在 A 臂上反射了 4 次，而在 B 臂上反射了 3 次。这就使得当两束光最后合成一束的时候它们的空间分布呈镜像对称，而不是各个位置都完美地重合，因此两束光的相干强度可以反映它们的波前倾斜及相对 CEP 空间分布信息。探测部分使用光纤光谱仪，测量两束光的相干光谱。

为比较光谱干涉的强度，通过将干涉光谱减去两臂单独测得的非相干光谱，

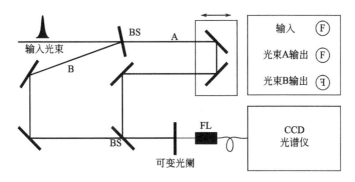

图 13.24　反对称(倒场)光谱干涉仪光路示意图
Ⓕ、ᖷ表示光斑

再除以两臂的非相干光谱之和，计算得到光谱干涉的对比度。实验中，通过改变放置于探测器前可变光阑通光孔径的大小，测量相应的光谱干涉强度，可定性地确定光束是否存在波前倾斜如图 13.25 所示。

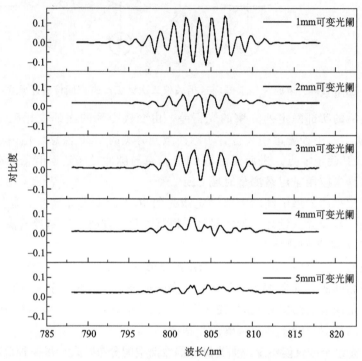

图 13.25 不同光阑通光孔径下倒场光谱相干仪给出的掺钛蓝宝石再生放大器800nm 基频输出光束的光谱相干对比度

为了定量测量空间波前分布及 CEP 分布，对普通的光谱干涉技术作了进一步的发展。首先使用复表示写出时间相隔为 b，CEP 差为 ϕ 的两个干涉脉冲光的电场：

$$E(t)=e^{i\omega_0 t}e^{-\frac{t^2}{2\tau_c^2}}+e^{i\left[\omega_0(t-b)+\varphi\right]}e^{-\frac{(t-b)^2}{2\tau_c^2}} \tag{13.61}$$

式中，τ_c 为高斯型脉冲时间常数，参见表 13.1（τ_c 与表中的 τ 对应）。将其傅里叶变换到频域：

$$E(\omega)=e^{-\frac{\tau_c^2}{2}(\omega-\omega_0)^2}+e^{i(-\omega_0 b+\varphi)}e^{-ib(\omega-\omega_0)}e^{-\frac{\tau_c^2}{2}(\omega-\omega_0)^2} \tag{13.62}$$

将其模平方得到此脉冲在光谱仪上测得的实光谱：

$$I(\omega)=\left[2+e^{-ib(\omega-\omega_0)+i(-\omega_0 b+\varphi)}+e^{ib(\omega-\omega_0)-i(-\omega_0 b+\varphi)}\right]e^{-\tau_c^2(\omega-\omega_0)^2} \tag{13.63}$$

此光谱的形式为原始脉冲光谱上叠加了一个周期与 b 相关，相位与 ϕ 相关的振荡。为将 b 和 ϕ 从中分离出来，再对此光谱进行傅里叶变换：

$$\hat{I}(\tau)=e^{-i\tau\omega_0}\left[2e^{-\frac{\tau^2}{4\tau_c^2}}+e^{i(-\omega_0 b+\varphi)}e^{-\frac{(\tau+b)^2}{4\tau_c^2}}+e^{-i(-\omega_0 b+\varphi)}e^{-\frac{(\tau-b)^2}{4\tau_c^2}}\right] \tag{13.64}$$

由于是对实光谱的变换，所得第一项、第二项和第三项分别为傅里叶变换后的零频、负频和正频分量，参见图 13.18。只取出式(13.64)中的正频分量

$$\hat{I}_+(\tau) = e^{i(-\tau\omega_0 + \omega_0 b - \varphi)} \, e^{-\frac{(\tau-b)^2}{4\tau_c^2}} \tag{13.65}$$

其模为 $e^{-\frac{(\tau-b)^2}{4\tau_c^2}}$，表示经傅里叶变换后模的实部为一个高斯函数(参考图 13.18)，其中心对应两脉冲的时间间隔 b。辐角中除了斜率为 ω_0 的线性项外，就是时间间隔 b 与两脉冲的 CEP 差 ϕ 的相加项。也就是，对于一个确定的 τ，辐角减去由实部得出的脉冲间隔就可得出两脉冲的 CEP 之差 ϕ。

　　通过上述分析可知，该方法可以将两个干涉激光脉冲的时间延迟和 CEP 进行分离，如果利用一个 CEP 已知的光脉冲作参考脉冲，就能够应用上述方法测定另一个未知脉冲的 CEP。对于一个未知脉冲的测量，采用了倒场光谱干涉仪的方法，确定脉冲波前倾斜及相对 CEP 的空间分布，实验光路如图 13.26 所示。图中干涉仪的两臂均使用回射器(retroreflector，RR)进行反射，其中 A 臂上的回射器可沿着光束方向移动，用以调节两臂光程差，B 臂上的回射器可沿垂直光束方向移动，用以选择两光束空间重叠区域的位置。经分析可知，在回射器垂直于光束方向水平移动距离 d 时，出射光束沿此方向平行移动 $2d$，且在这一过程中光程不受影响。两光束汇合后通过小孔光阑，其位置对准 A 臂光束的中心。这样当两光束完全重合时，通过小孔的光束完全相同，测得的光程差即为干涉仪光程差，对于两光束的中心而言，其 CEP 差为零。当 B 光束横向移动时，B 光束截面上偏离中心位置上的光通过小孔，而两束光的中心光程差不变，测得的两光束光程差为此位置上的脉冲光与中心位置的光程差(即相对于中心位置的波前倾斜量)与干涉仪光程差(已知量)之和，测得的 CEP 变化为此位置相对于中心位置的 CEP 变化量。为了能够使用同一套光谱干涉仪同时测量波前倾斜及 CEP 的横向和纵向分

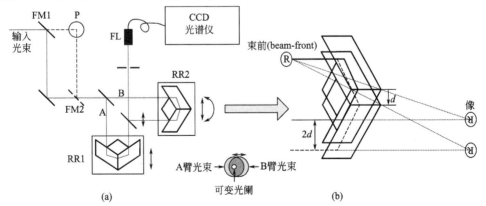

图 13.26　定量测量激光脉冲波前倾斜及 CEP 空间分布的反对称(倒场)光谱干涉仪实验光路图

FM—flip mirror，翻折镜；P—潜望镜；RR—retroreflector，回射器；FL—光纤耦合器。
(a)实验光路；(b)光束经过回射器示意图。在回射器横向移动距离 d 时，
输出光束的光程不变，但其空间位置平移了 $2d$

布，为此在干涉仪前增加了可将光束顺时针旋转 90°的潜望镜光路。这样，使用同一套干涉仪即可对激光的横向和纵向进行空间分辨测量，避免了重新调整干涉仪带来的误差。

由于激光器内部的选频、啁啾放大等非线性操作都是在水平方向进行的，因此有必要对激光的横向和纵向的波前倾斜和 CEP 分布分别测量以进行比较。应用上述方法，对掺钛蓝宝石飞秒激光器的振荡级及再生放大级基频输出光束波前倾斜及 CEP 的横向和纵向分布进行了测定。结果如图 13.27 所示。由于放大器输出的脉冲激光光斑的直径为 10mm，而振荡级输出光斑直径约为 6mm，因此二者测量范围有所不同。图 13.27(a) 显示，振荡器的 CEP 纵向空间分布最为平坦，横向分布除了在边缘上有一定的偏离外，基本可以认为是平坦的。光束边缘偏离线性分布的可能原因是因为激光束在从振荡器输出前经过了一个由棱镜对和一个竖直狭缝构成的波长选择装置，使光束在横向产生明显的衍射，从而导致光斑在边缘处产生形变。这一形变在波前倾斜测量中也在对应的空间位置体现出来，如图 13.27(b) 所示。相比之下，CPA 输出的脉冲光斑 CEP 和波前倾斜分布变化较大，其中 CEP 和波前倾斜纵向变化相对较小，横向变化较大。CEP 的横向空间变化达到了 370rad，折合近 60 个光周期。

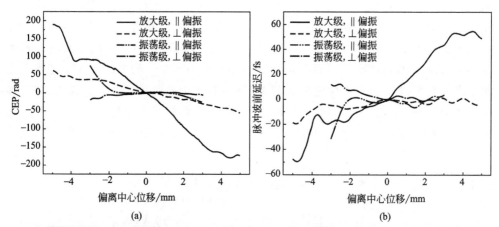

(a)   (b)

图 13.27 使用倒场光谱干涉仪测得的掺钛蓝宝石振荡级和放大级激光器基频输出光束 CEP(a)和波前倾斜(b)的空间分布

(3) 横向波前倾斜的棱镜补偿

由图 13.27 可知，CPA 脉冲光束空间横向 CEP 和波前倾斜分布均，接近线性分布且倾斜符号相反。而 CPA 中脉冲展宽和压缩光栅的角度失调引入的 CEP 和波前倾斜分布是线性的[2]。实验中再生放大器 CPA 部分光栅的刻线垂直于水平面，主要引入横向波前倾斜。可见，CPA 对光束引入的 CEP 和波前倾斜的空间线性分布正是由于其展宽或压缩光栅对的角度失调引起的。波前倾斜的脉冲光束可通过棱镜在腔外进行校正，其原理如图 13.28 所示。

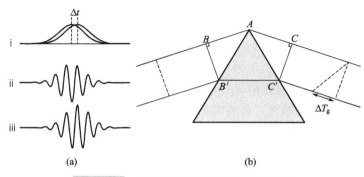

图 13.28　棱镜引入波前倾斜原理示意图

在图13.28(b)中，当一束没有波前倾斜、谱宽较窄的脉冲激光(角度色散可以忽略)擦着边缘通过棱镜时，光束两边缘经过的路径分别为 B-A-C 和 B'-C'。根据费马原理，光束两边缘经过的光程满足

$$AB + AC = nB'C' \tag{13.66}$$

式中，n 为棱镜所用材质的折射率。当光束为脉冲光束时，由群速度公式，棱镜中的群速度

$$v_g = \frac{c}{n - \lambda \, \mathrm{d}n/\mathrm{d}\lambda} \tag{13.67}$$

由此可计算出光束通过棱镜后由群速度色散引入的波前倾斜量，即图 13.68(b)中的 ΔT_g：

$$\Delta T_g = \frac{B'C'}{v_g} - \frac{AB + AC}{c} = -\frac{B'C'}{c} \lambda \frac{\mathrm{d}n}{\mathrm{d}\lambda} \tag{13.68}$$

同样的，可以计算出棱镜对于光束电场引入的相位移。在棱镜中，相速度

$$v_p = \frac{c}{n} \tag{13.69}$$

则经过棱镜以后，在空间上 C 和 C' 点的电场相位差为零，即

$$\Delta \varphi = \frac{c}{\lambda} \left(\frac{B'C'}{v_p} - \frac{AB + AC}{c} \right) = 0 \tag{13.70}$$

当脉冲光的电场位相不变，而包络位置发生变化时，其 CEP 也会相应发生变化。图 13.28(a)中，当两包络相对位移 Δt 为电场周期的 1/2 时，相应脉冲的 CEP 差为 π。由此原理可以计算出图 13.28(b)中棱镜对光束两边缘所引入的 CEP 差

$$\Delta \varphi_{\mathrm{CEP}} = -\frac{c}{\lambda} \Delta T_g = B'C' \frac{\mathrm{d}n}{\mathrm{d}\lambda} \tag{13.71}$$

可见，光束经过棱镜以后，会引入在空间上呈线性分布的波前倾斜和 CEP，而这一分布与 CPA 中光栅对的角度失调所引入的倾斜性质相同。因此，可以使用棱镜对脉冲光束中的线性 CEP 和波前倾斜进行矫正。

首先使用通用的 45°的石英棱镜对 CPA 激光横向引入与激光中固有方向相反的

波前倾斜。结果如图 13.29 所示，可见 45°的石英棱镜引入的波前倾斜和 CEP 倾斜过大，使脉冲激光原先的 CEP 和波前倾斜发生了反转。为达到 CEP 和波前倾斜矫正的效果，通过计算对棱镜的角度进行了设计。将实验中测得的光斑横向 CEP 分布 370rad 以及石英材料的折射率代入式(13.72)，可计算出 $B'C'$ 长度，进而由光斑直径 10mm 代入可计算出所需石英棱镜的顶角约为 18°。根据计算的结果，选用了顶角为 18°的石英棱镜，并将其用以对 CPA 放大的激光脉冲进行补偿，结果如图 13.29 所示。由图中可以看出，经 18°棱镜补偿后，CPA 放大激光的横向 CEP 分布和波前分布均被很好地补偿。这一结果很好地验证了 CEP 空间测量方法的准确性。

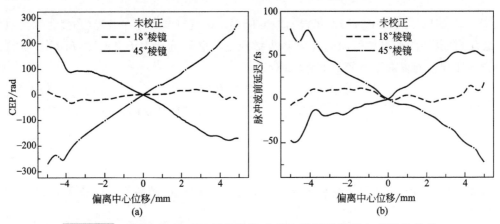

图 13.29 使用18°和 45°石英棱镜对 CPA 输出光束引入 CEP 和波前
倾斜后测得的 CEP 和波前倾斜空间分布

13.3.3 非共线光参量放大的相速、群速匹配条件

非共线光参量放大器(NOPA)具有宽的波长调谐范围及极短的超快脉冲，并能够克服共线光参量放大器中脉冲展宽的特点，能够产生脉宽小于 10fs 左右的脉冲。图 13.30 所示为共线 OPA 脉冲展宽机制及非共线 OPA 极短超快脉冲输出原理的示意图。其中，(a)为共线 OPA 中非线性光学晶体内部的情况，对于负单轴晶体，闲频光的群速度 $v_{g,i}$ 大于信号光的群速度 $v_{g,s}$，导致信号光和闲频光的走离。下角标 g 表示群速度，i 表示闲频光，s 表示信号光。由于信号光和闲频光是各自由对方连续产生的，在共线几何配置中导致放大光脉冲在时域的展宽。(b)为非共线 OPA 光学晶体内部的情况，信号光和闲频光之间有一定的夹角 Ω，即非共线角。非共线结构的特点是信号光的传播方向上获得有效的群速匹配，因此 NOPA 可以实现宽光谱光参量放大(大于 2000cm^{-1})[11]。(c)为 NOPA 中相位匹配光波矢示意图，其中 θ 为晶体切割角，ψ 为信号光波矢 k_s 与泵浦光波矢 k_p 间的夹角，Ω 为信号光波矢 k_s 与闲频光波矢 k_i 间的夹角。

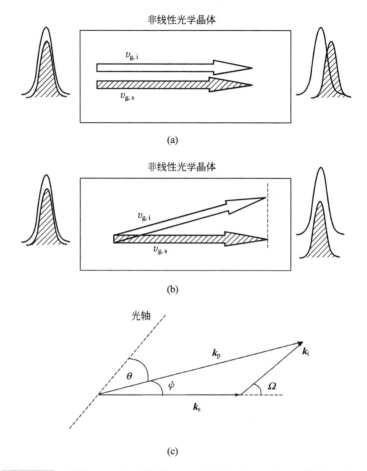

图 13.30　共线 OPA 和非共线 OPA 中信号光脉宽的形成机制示意图

NOPA 的一个主要缺点是放大后的信号光和闲频光的脉冲波前是倾斜的,而波前倾斜现象在非共线作用中又是不可避免的。由于脉冲波前倾斜导致脉宽的展宽效应,当带有波前倾斜的脉冲光束被聚焦后,其焦点的功率密度将低于无波前倾斜的脉冲。为了获取短于 10fs 的激光脉冲,波前倾斜匹配(pulse-front-matched) NOPA 应运而生,在 NOPA 中,泵浦光的脉冲波前经倾斜一定角度后与信号光的波前相匹配,获得的放大信号光脉冲波前不再倾斜,由于各群速匹配波间的相互作用,与信号共轭的闲频光波前具有较大的角色散量,即脉冲波前倾斜,如图 13.31 所示。

宽谱带光参量放大器中的非线性位相匹配

对于 NOPA 中的非线性光学晶体,泵浦光、信号光和闲频光的波矢 k_p、k_s 及 k_i 所满足的相位匹配条件是:

$$\Delta \boldsymbol{k} = \boldsymbol{k}_p - \boldsymbol{k}_i - \boldsymbol{k}_s = 0 \tag{13.72}$$

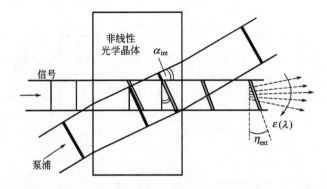

图 13.31 NOPA 中信号光和泵浦光的非共线几何配置及在信号
光中诱导波前倾斜示意图

放大信号光的脉冲波前(灰线)紧随泵浦脉冲的波前(黑线),导致信号光波前在非线性
光学晶体内倾斜一个为 α 的角度(或者当出射晶体为 η_{ext} 的角度)。 信号光的
波前倾斜导致了一个非零的角色散 $d\varepsilon/d\lambda$,其中 ε 为组分波长的出射角

由于非线性光学晶体的色散效应, 即 $v_{g,i} > v_{g,s} > v_{g,p}$, 而相位匹配条件并不能够同时保证群速匹配条件。Riedle 等指出宽带位相匹配条件将保证同时实现群速匹配[12]。他们将波矢失谐量 $\Delta \mathbf{k}$ 在固定泵浦波长 λ_p 的条件下展开成信号波长变化量 $\Delta \lambda_s$ 的函数:

$$\Delta \mathbf{k} = \Delta \mathbf{k}_0 + \frac{\partial \Delta \mathbf{k}}{\partial \lambda_s} \Delta \lambda_s + \frac{1}{2} \times \frac{\partial^2 \Delta \mathbf{k}}{\partial \lambda_s^2} \Delta \lambda_s^2 + \cdots \tag{13.73}$$

除了要满足通常的相位匹配条件 $\Delta \mathbf{k}_0 = 0$ 外, 对于宽带位相匹配条件还要求

$$\frac{\partial \Delta \mathbf{k}}{\partial \lambda_s} = 0 \tag{13.74}$$

式(13.74)与群速度直接关联, 按照光子能量守恒关系有:

$$\frac{1}{\lambda_p} = \frac{1}{\lambda_s} + \frac{1}{\lambda_i} \text{可知} \ \frac{1}{\lambda_s} = \frac{1}{\lambda_p} - \frac{1}{\lambda_i} \tag{13.75}$$

$$\frac{\partial \lambda_i}{\partial \lambda_s} = -\frac{\lambda_i^2}{\lambda_s^2} \tag{13.76}$$

$$\frac{\partial k_s}{\partial \lambda_s} = \frac{\partial}{\partial \lambda_s} \left(\frac{2\pi n_s}{\lambda_s} \right) = 2\pi \frac{\lambda_s \left(\frac{\partial n_s}{\partial \lambda_s} \right) - n_s}{\lambda_s^2} = -\frac{2\pi c}{\lambda_i^2 v_{g,s}} \tag{13.77}$$

$$\frac{\partial k_i}{\partial \lambda_s} = \frac{\partial}{\partial \lambda_i} k_i \left(\frac{\partial \lambda_i}{\partial \lambda_s} \right) = \left(-\frac{2\pi c}{\lambda_i^2 v_{g,i}} \right) \left(-\frac{\lambda_i^2}{\lambda_s^2} \right) = \frac{2\pi c}{\lambda_i^2 v_{g,i}} \tag{13.78}$$

依照图 13.30(c)所示, 波矢失谐量 $\Delta \mathbf{k}$ 可分解成平行和垂直于 k_s 的分量:

$$\Delta k_{\parallel} = k_s + k_i \cos\Omega - k_p \cos\psi \tag{13.79}$$

$$\Delta k_{\perp} = k_i \sin\Omega - k_p \sin\psi \tag{13.80}$$

因为角度 ψ 及波长 λ_p 已经假定为常数,将上面两式微分得

$$\frac{\partial \Delta k_\parallel}{\partial \lambda_s} = \frac{\partial k_s}{\partial \lambda_s} + \frac{\partial k_i}{\partial \lambda_s}\cos\Omega - k_i\sin\Omega\frac{\partial \Omega}{\partial \lambda_s} \tag{13.81}$$

$$\frac{\partial \Delta k_\perp}{\partial \lambda_s} = \frac{\partial k_i}{\partial \lambda_s}\sin\Omega + k_i\cos\Omega\frac{\partial \Omega}{\partial \lambda_s} \tag{13.82}$$

依据宽带相位匹配假定，即等式（13.74），$\frac{\partial k}{\partial \lambda_s}$ 的平行和垂直分量皆为零。将式（13.81）乘以 $\cos\Omega$，式（13.82）乘以 $\sin\Omega$，并相加后得：

$$\frac{\partial k_s}{\partial \lambda_s}\cos\Omega + \frac{\partial k_i}{\partial \lambda_s} = 0 \tag{13.83}$$

结合式（13.77）和（13.78）得：

$$v_{g,i}\cos\Omega = v_{g,s} \tag{13.84}$$

该式的含义是，波矢失谐量对 λ_s 的偏微分等于零 $\left(\frac{\partial \Delta k}{\partial \lambda_s} = 0\right)$ 等价于闲频光群速在信号波矢上的投影等于信号光的群速，见图 13.30(b)。

对于 400nm 泵浦、I 类匹配的 BBO 晶体，闲频光的群速总是大于信号光的群速，对于特定的信号光波长 λ_s，可以求出合适的 $\Omega(\lambda_s)$ 角。泵浦光和信号间的夹角 ψ 可以通过实验测定，该角度和 $\Omega(\lambda_s)$ 的关系为：

$$\psi(\lambda_s) \approx \frac{\Omega(\lambda_s)}{\left(1 + \frac{\lambda_i}{\lambda_s}\right)} \tag{13.85}$$

上述近似关系的推导（精度在 4％ 以内）依赖于下列事实，即对于寻常偏振的信号光和闲频光，它们的折射率几乎相等，并等于非寻常偏振的泵浦光。对于信号光波长位于 500～700nm 范围内时，ψ 在 3°～ 4°间变化，且幅度很小。上述考虑的所有角度皆为 BBO 晶体内的角度。

参 考 文 献

［1］ (a) Rulliere, C., Femtosecond Laser Pulses Principles and Experiments (2nd Edition)，**2005**，Spinger Science+ Business Media, Inc. 科学出版社 2007 年影印版：飞秒激光脉冲——原理及实验，**2005**； (b) Jean-Claude Diels, Wolfgang Rudolph, Ultrashort Laser Pulse Phenomena: Fundamentals, Techniques, and Applications on Femtosecond Time Scale, **2006**, Elsevier Inc.

［2］ Pretzler, G.；Kasper, A.；Witte, K. Appl. Phys., B：Lasers and Optics **2000**，70 (1), 1-9.

［3］ Hebling, J., Derivation of the pulse front tilt caused by angular dispersion. Optical and Quantum Electronics **1996**，28 (12), 1759-1763.

［4］ 韩英魁，硕士论文，飞秒激光脉冲宽度测量的研究，天津大学，**2004**.

［5］ Trebino, R. and Kane, D. J. J. Opt. Soc. Am. A **1993** 10，1101-1111.

［6］ Trebino R.，Frequency-Resolved Optical Gating：The Measurement of Ultrashort Laser Pulses，**2000**，Springer.

［7］ 何铁英，硕士论文，光谱位相干涉测量仪 (SPIDER) 的理论与实验研究，天津：天津大学，**2004**.

［8］ (a) Froehly, C.；Lacourt, A.；Vienot, J. C. J. Opt. (Paris) **1973**，4，183-196；(b) Piasecki, J.；Colombeau, B.；Vampouille, M.；Froehly, C.；Arnaud, J. Appl. Opt. **1980**，19，3749-3755.

［9］ Sacks, Z.；Mourou, G.；Danielius, R. Opt. Lett. **2001**，26 (7)，462-464.

[10] Kacprowicz, M. ; Wasilewski, W. ; Banaszek, K. *Appl. Phys.*, B: *Lasers and Optics* **2008**, *91* (2), 283-286.

[11] Chen, H. ; Weng, Y. ; Zhang, J. Noncollinear optical parametric amplifier based femtosecond time-resolved tran-sient fluorescence spectra: characterization and correction. JOSA B. **2009**, *26* (8), 1627-1634.

[12] Riedle, E. ; Beutter, M. ; Lochbrunner, S. ; Piel, J. ; Schenkl, S. ; Spörlein, S. ; Zinth, W. *Applied Physics*, B: *Lasers and Appl. Phys.*, B: *Lasers Optics.* **2000**, *71* (3), 457-465.

超快激光光谱原理与技术基础

Chapter 14

中红外瞬态吸收光谱
脉冲升温－纳秒时间分辨

14.1 引言

在蛋白质结构研究中，X-射线衍射技术以及二维核磁共振（NMR）技术已经能够非常准确地确定稳态蛋白质的结构信息。前者依赖高质量蛋白质晶体的生长，后者能够解析溶液中蛋白质的构象，但对蛋白质肽链的长度有一定的要求，一般不超过 100 个残基。然而蛋白质在行使其功能的过程中，结构通常是处于变化之中的，稳态结构无法反映其动态变化。另一方面，蛋白质动态结构是和蛋白质折叠过程密切相关的。从核糖体上合成出来的新生肽链，还必须经过修饰、折叠，并可能涉及跨膜转运、亚基组装等过程，最终才形成特定的由一维氨基酸序列所决定的三维活性结构。因而蛋白质动态结构研究也被称为蛋白质折叠/去折叠研究。国际上发展了许多动态结构的测量方法[1]，这些方法皆包含两个部分，即蛋白质动态结构变化的快速诱导及时间分辨测量。因此在动态结构测量过程中，首先要启动蛋白质折叠/去折叠过程，其原理基于对蛋白质所处环境的突然扰动（如温度、酸度、盐分的突变）；其次是快速物理检测手段。两者的结合已成为蛋白质折叠动力学研究的主要方法[2]。以往蛋白质折叠的研究中大多采用反应停-流法（stop-flow）诱发蛋白质结构变化，该方法将蛋白溶液与变性剂（denaturant）溶液快速混合，产生化学反应，从而引发蛋白质的变性，由此观察蛋白质的折叠或去折叠过程。反应停-流法与红外光谱、圆二色性光谱（circular dichromism，CD）和 NMR 等检测技术相结合，可以研究蛋白质二级结构的变化动力学。普通市售反应停-流设备的极限时间分辨率，即混合过程的"死时间"约为 1ms，在该时间尺度内，75% 的蛋白质折叠过程已经完成，无法揭示更快过程的折叠规律。因此，必须发展更快的实验方法诱导蛋白质的折叠/去折叠过程，才能研究蛋白折叠基元步骤的动力学机制。改进反应停-流法中的极限混合时间是一个重要方向，其他更快的蛋白质动态结构诱导方法也在发展之中。脉冲升温方法就是其中的一种。该方法通过激光加热水或氘代水，在大约加热激光脉宽的时间尺度内迅速将蛋白质溶液升温，温跳诱导蛋白质结构可逆的折叠/去折叠变化。该方法与反应停-流法不同，无须在蛋白质溶液中添加变性剂，并且有很高的时间分辨率（约 70ps，在 70ps 之前，蛋白质骨架基本不动）[3a]。在所有蛋白质动态结构测量方法中，核磁共振具有最好的结构分辨率，但其时间分辨率约为微秒量级。由于蛋白质的二级结构在 $1540\sim1700\text{cm}^{-1}$ 的酰胺 I 带（Amide I）和酰胺 II 带内有特征吸收，因此红外光谱能够跟踪蛋白质二级结构变化的信息。脉冲升温-时间分辨中红外瞬态吸收光谱可发展成为用于蛋白质动态结构研究的重要手段[4]，原则上其时间分辨率受脉冲升温过程的限制，可达数十皮秒的时间分辨率。由于加热激光的焦点小，普通非相干红外光源无法满足要求。本章将着重介绍我们研究组所致力发展起来的、基于可调谐连续输出 CO 中红外激光技术的脉冲升温-时间分辨中红外瞬态吸收光谱方法。

14.2　溶剂水(重水)的脉冲升温

蛋白质的二级结构在 $1540 \sim 1700 cm^{-1}$ 的酰胺 I 带和酰胺 II 带内有特征吸收,图 14.1 给出了典型蛋白质酰胺 I 带吸收范围内 H_2O 或 D_2O 的红外吸收光谱,不难看出,D_2O 在酰胺 I 带范围内存在一个红外透射窗口。因此蛋白质的稳态及瞬态红外光谱测量一般在重水及含氘代缓冲试剂的溶液中进行。

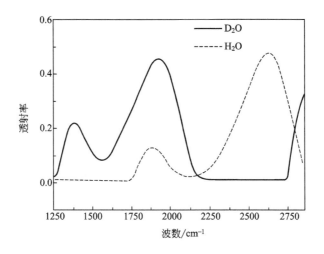

图 14.1　H_2O 和 D_2O 中红外波段透射光谱

脉冲升温法则是利用媒介如 H_2O 或 D_2O 对光的吸收(通常分别在 $1.54\mu m$ 和 $1.9\mu m$ 处有较强的泛频吸收),同时多数蛋白质对此波长的泵浦光不吸收这一特

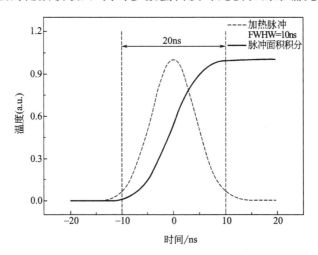

图 14.2　加热脉冲脉宽与 D_2O 温升时间的关系

点,引起样品在纳秒或更短的时间尺度内快速升温。当加热脉冲作用于样品溶液时,其能量主要被 D_2O 所吸收,由于水的振动弛豫时间约为 $10^{-11}\,\mathrm{s}$ [3],该方法的温升极限时间为数十皮秒。因此脉冲升温时间主要决定于加热脉冲的脉宽,即 D_2O 吸收加热脉冲能量,升温过程为热脉冲的积分,如图 14.2 所示。该图以脉宽(FWHW)为 10ns 的加热脉冲为例,给出 D_2O 的升温时间约为 20ns 左右,经过几毫秒后,热扩散过程结束,溶液温度弛豫到加热前的初始温度。溶液温度的弛豫时间限制了重复测量所允许的激光重复频率,实验中一般采用 10Hz 或更低的频率。

14.3 纳秒脉冲升温典型激光光源介绍

脉冲升温实验中,加热脉冲激光和探测光须聚焦,并且两束光的焦点在空间重叠。聚焦的目的是要获得较高的温跳幅值。加热脉冲激光的焦斑应当大于探测脉冲,以保证被测区域温跳幅值空间分布的相对均匀性。因此实验中,要求加热脉冲激光具有空间抖动小、能量在光束截面内分布均匀,输出功率和空间模式也要相对稳定等特点。

针对蛋白质样品中的溶剂是水还是重水,选择热脉冲的激光波长是在 $1.54\,\mu\mathrm{m}$ 还是 $1.9\,\mu\mathrm{m}$ 附近。实验室最常用的激光器为低重复频率的纳秒 Nd:YAG 激光器,基频输出频率为 $1.064\,\mu\mathrm{m}$。因此要经过频率扩展后才能使用。最近翁羽翔研究组和安徽光机所合作,研制了基频输出为 $2.1\,\mu\mathrm{m}$ 的脉冲激光,可直接用于对重水进行脉冲升温。

14.3.1 高压气体拉曼频移池

受激拉曼散射(stimulated raman scattering,SRS)是泵浦光电场与分子振动耦合的一种三阶非线性光学效应,具有如下特点:(1)泵浦功率存在阈值;(2)方向性好,当泵浦光功率超过阈值后,散射光的发散角和泵浦光相近;(3)高度单色性;(4)高转换效率(可达 60%~70%);(5)散射光的脉宽与泵浦光相近。如果用 ω_v 表示分子的振动频率,ω_p 表示泵浦光频率,ω_s 表示拉曼散射光频率,则相应的斯托克斯位移拉曼频率为 $\omega_s = \omega_p - \omega_v$。对于 H_2,$\omega_v = 4154.6\,\mathrm{cm}^{-1}$。通常受激拉曼散射的增益很高,其光强随介质的长度具有指数增长的特性,SRS 强度可以达到入射激光强度同样的量级,甚至更高,因此不采用谐振腔提供反馈也可以产生受激现象。由于是受激过程,不同于一般的散射光,方向性很好,其发散角与入射激光有一定关系,可以小于毫弧度,甚至达到衍射极限。增大入射激光的强度、选取有大散射截面的介质或增加所用介质的长度都可以带来高阶的斯托克斯和反斯托克斯受激散射。

使用光谱物理(Spectra Physics)公司的 Lab170 型 Nd:YAG 激光器作为泵浦源,基频输出 1064nm 脉冲光(水平偏振,脉宽 8ns,重复频率 10Hz)。由偏振片和

1/4 波片组成反射光隔离系统,以防止基频光的后向反射和后向受激拉曼散射对激光器造成损伤。其工作原理是,Nd:YAG 输出的水平偏振光,振动方向与偏振片的偏振方向一致,水平偏振光全部通过偏振片,经过 1/4 波片线偏振光变成圆偏振光。若后向反射光再次通过 1/4 波片后,光线变成了与原来偏振方向垂直的线偏振光,被偏振光完全反射,反射光也就无法返回到激光器。光路中偏振片前加了一个 1/2 波片,它能够改变线偏振光的偏振方向,与偏振片配合可用于连续调节 1064nm 脉冲光能量(图 14.3)。

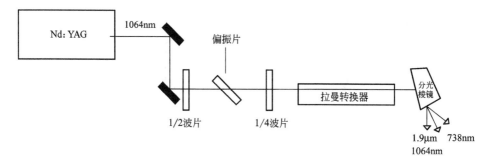

图 14.3　受激拉曼散射实验装置

高压拉曼频移池由美国 Light Age 公司生产,型号为 101 PAL-RCS。该拉曼池具有以下优点:

(1)拉曼池的两个端面石英窗片为一对焦线正交的柱面透镜,平面朝里,凸面朝外。可以承受 100atm(1atm=101325Pa)。可以通过加入一些别的气体(比如 Ar 气)来帮助热扩散,工作过程中气压一般控制在 50atm。

(2)通过拉曼池内部的风扇,将封闭在拉曼池中的高压氢气流动起来,使热扩散加速,这样可以降低热效应对于输出光的影响。

(3)拉曼频移池外部另外再配备一对柱面镜,分别放置在拉曼频移池的两端。这样,每一端口有一对焦距相等,焦线正交放置的柱面镜,其作用为会聚泵浦光和准直受激拉曼光。一对正交柱面镜组成的聚光系统具有改善泵浦光空间分布的均匀性,以提高受激拉曼光的转换效率和空间模式的作用。柱面镜聚焦的焦点不如球面镜聚焦的焦点小,同时延长了光强阈值的光程长度,这样会有更多的气体分子与激光作用,也可以降低热效应。聚焦系统如图 14.4 所示。

以 H_2 作为受激拉曼散射的介质,可产生 $1.9\mu m$ 的脉冲光,用于加热 D_2O。如果以 CH_4 作为受激拉曼散射的介质,则产生 $1.54\mu m$ 的脉冲光,适合对 H_2O 进行脉冲升温。

图 14.5 给出了高压氢气拉曼频移池 1064nm 泵浦光与 $1.9\mu m$ 输出光能量转化关系。

受激拉曼散射光尽管有上述所说的优点,但还有一个最大的缺点是空间不稳定性,即光斑在空间有一定的来回漂移,可能是由于热弛豫不够彻底引起的,因此

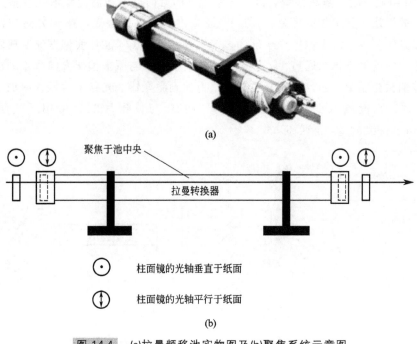

图 14.4 (a)拉曼频移池实物图及(b)聚焦系统示意图

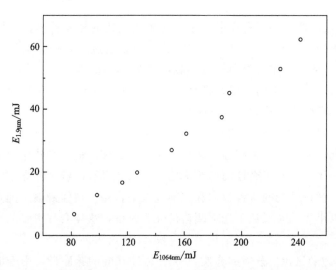

图 14.5 高压氢气拉曼频移池的1064nm 泵浦光与 1.9μm 输出光能量转化关系

还要进行一系列的匀光措施。如：（1）将 1064nm 泵浦光的高斯型能量空间分布通过高斯镜变成平顶型分布，提高聚焦光斑在空间分布的均匀性，有利于受激拉曼散射光的输出模式的空间稳定性；（2）采用匀光器(light pipe homogenizer)对受激拉曼散射光进行后处理，匀光器为一六面抛光的石英或玻璃长方体，通过匀光器引入全内反射过程，将空间上能量分布不均匀的光束变得相对均匀，但与此同时却会以牺牲部分能量作为代价，匀光器采用正方形截面，均匀化效率比较高；（3）受激拉曼散射光采取针孔滤波处理，用小孔选出光斑中能量最均匀的一块，作为加热脉冲光斑，此种方法会损失大量的泵浦光能量，但同时也是优化加热脉冲光最高效的方法。

理想的加热光源应当如 Nd：YAG 那样能量及空间模式均匀稳定的基频输出，但频率须满足对介质进行脉冲升温的要求，为此研制了 Ho：YAG 脉冲激光器。

14.3.2　Ho:YAG 脉冲激光器

钬激光的工作介质为钬-钇-铝石榴石（holmium：yttrium-aluminum-garnet，Ho^{3+}：YAG），是利用氪闪光光源激发掺在钇-铝石榴石晶体中的稀土元素钬而产生近红外脉冲激光，波长为 2100nm，恰好位于氘代水的吸收范围。目前翁羽翔科研小组与安徽光机所合作，研制出科研用钬激光器，脉宽约为 25ns，单脉冲能量大于 30mJ，能量稳定性优于 5%。在低重复频率调 Q 钬激光器领域，为目前世界上脉宽最窄、光斑输出质量和能量稳定性也较好的一种。实物如图 14.6 所示。

图 14.6　调 Q 钬激光器实物图

14.4　红外探测光源

蛋白质酰胺 I 带具体光谱范围为 $1600\sim1700cm^{-1}$，该光谱范围对应于中红外区，主要有两类激光器的出光频率可以覆盖该谱段范围，一类是半导体激光器（量子级联激光器 quantum cascade laser，铅盐激光二极管 lead salt diode），另一类是一氧化碳激光器。普通的红外灯源如硅碳棒、硅钼棒无法使用的原因是这类光源无法获得足够小的焦点和加热脉冲激光的焦点相匹配，因为加热脉冲激光的焦点太大，就无法实现足以开展脉冲升温研究的温跳幅度。到目前为止半导体激光器中的量子级联激光器已经商品化，国际上已研制出 $3.6\sim19\mu m$ 中远红外量子级联激光器。$8\mu m$ 的分布反馈量子级联激光器已进入实用化。但单一的量子级联激光器的可调谐范围有限，并且量子级联激光器在调谐过程中各波长输出的光斑大小不一致。由于 T-jump 实验要求泵浦光和探测光在长时间内均具有较高的空间稳定性、强度稳定性以及各个波长之间的光斑空间稳定性，所以量子级联激光器很难满足以上要求。到目前为止，国际上报道应用半导体激光器的研究，大多数只用于探测蛋白的单波长动力学过程。相反，一氧化碳激光器，由于其各波长输出光的空间模式一致性高，在实验室中利用一氧化碳激光器产生的中红外光几乎能够覆盖整个酰胺 I 带，很适合蛋白的二级结构变化的时间分辨光谱研究。

14.4.1 一氧化碳激光器

一氧化碳激光器由笔者所在实验室和大连理工大学联合研制而成。目前第三代激光器已投入使用，一氧化碳激光器及其控制系统结构框图如图 14.7 所示。

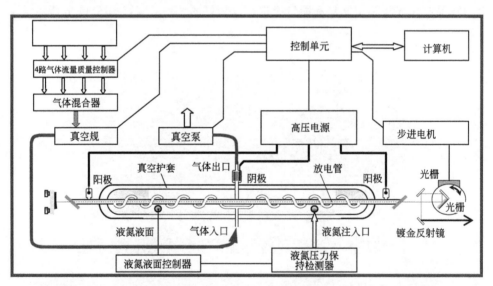

图 14.7 CO 激光器及其控制系统结构框图(由大连理工大学于清旭教授提供)

波长调谐范围在 $5.1\sim6.25\mu m$，使用计算机控制的步进电机可以准确地调节激光腔内光栅的转角，从而使 CO 激光器在输出光光路不变的情况下实现近连续波长输出，谱线间隔大概在 $4cm^{-1}$。输出波长由红外单色仪确定，误差在 $1cm^{-1}$ 以内。激光模式为 TEM_{00} 模，激光谐振腔长约 165cm，单波长平均输出功率约为 20mW。

图 14.8 所示为第三代一氧化碳分子激光器的输出光强分布。单波数能量稳定性在 20ms 内已达到千分之一以上。由此图可以看出不同的谱线能量相差较大，有的远远超过探测器的线性响应范围，若采用光阑衰减能量，CO 红外光斑分布将会

发生变化，影响测量结果。在红外波段起偏的全息线栅偏振器既能起到衰减能量的
作用，又不致改变 CO 红外光斑分布，能够很好地解决上述问题。全息线栅偏振器
是利用全息的方法产生的亚微米间距的槽（2700 槽/mm），使用红外材料的全息线
栅偏振器，如 BaF_2、KRS-5、CaF_2 和 ZnSe，覆盖的波长可从 $2\mu m$ 到 $30\mu m$。这些
偏振器常用来起偏及衰减偏振激光，或者成对使用同时提供起偏和衰减的功能。线
栅偏振器透射垂直于栅线的 **E** 矢量，同时反射平行于栅线的 **E** 矢量。

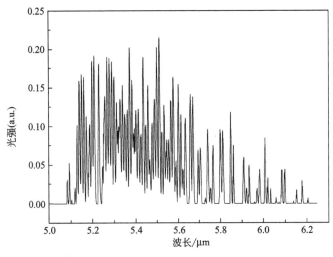

图 14.8　一氧化碳分子激光器的输出光强分布

　　一氧化碳分子激光器工作原理[5]：高纯 CO 气体与高纯 He、N_2 和 O_2 按一定
的比例配成一定压强的混合气体，通过辉光放电或化学泵浦方式向 CO 分子内注入
一定的能量，使处于电子基态的分子从振动基态跃迁到振动激发态。然后各振动态
中的粒子数又快速地将其能量分布到各个转动态；在不同的振动态中，转动态之间
的 P 支会出现局部粒子数反转，从而满足了实现激光跃迁的理论条件。

　　一氧化碳分子的激发过程可以分为两类：一类是电子与 CO 分子之间产生的非
弹性碰撞激发；另一类是两个处于振动激发态的 CO 分子之间相互碰撞之后发生的
振动态-振动态（v-v）激发。电子非弹性碰撞激发能使振动量子数 $v \leqslant 8$ 的能级获得
振动能，而 v-v 激发是振动量子数 $v > 8$ 的振动能级获得振动能量的主要途径。在
一氧化碳分子激光器的运行过程中，为了保证非谐性的 v-v 激发能够单方向进行，
低温冷却是必不可少的，比如液氮冷却。

　　一氧化碳分子激光器具有大于 90% 的量子转换效率，宽的波段覆盖范围和输
出能量主要集中在 $5\mu m$ 左右等特点，可以很好地用来进行蛋白质折叠早期动力学
研究。

　　一氧化碳分子激光器主要包括四个部分。

　　① 高压稳流电源：最大输出电压为 20kV，电流为 10mA。

② 光学谐振腔：为了便于调谐，采用全外腔式的调谐腔，即放电管的两端用布儒斯特窗片封住。谐振腔是由一块曲率半径 $R=5m$ 的镀金全反镜和一块平面高反射的闪耀光栅构成。

③ 真空配气系统：由真空泵、针型真空阀、质量控制流量计、不锈钢气瓶和真空管路组成。实验中，把激光器的工作物质高纯 CO、He 、N_2 和 O_2 气体按一定比例充入放电管，总气压控制在 5Torr(1Torr=133.322Pa)左右。混合气体中，除了增益介质 CO 气体之外，还需要其他三种气体。He 具有非常好的导热特性，主要起到传热的作用，即把放电等离子体中的热量快速地传到热交换器的壁上，由热交换器带走；另一方面起到维持气体放电的作用。N_2 分子与 CO 分子很类似，也可以通过与电子碰撞被激发，但由于 N_2 的振动激发态为亚稳态，容易通过共振碰撞向 CO 分子传能，有利于一氧化碳分子激光器的运行。O_2 降低自由电子的平均动能，提高自由电子与 CO 分子的非弹性碰撞的共振传能作用截面。

④ 波长调节器：通过计算机控制步进电机转动光栅(150 线/mm，闪耀波长 $10.3\mu m$)选频。

14.4.2 红外单色仪定标

一氧化碳分子激光器是单波长输出，通过转动光栅的转角，可以实现波长调谐。步进电机调节光栅至特定角度，就可以输出特定波长的激光，此时步进电机也到达一个特定的位置。步进电机的步长数、光栅转角及波长之间的关系是一一对应的。由于光栅转动的角度无法精确知道，因此一氧化碳激光器的输出波长需要借助红外单色仪(图 14.9)来确定，首先需要给单色仪进行定标。定标方法是用 He-Ne 激光的各级衍射光，确定单色仪的绝对波长。根据光栅衍射公式

$$d\sin\theta = \pm k\lambda \quad (k=0,1,2,3\cdots)$$

式中，d 为光栅常数，即光栅相邻两刻痕间的距离；λ 为入射波长，此处 $\lambda=0.632711\mu m$。

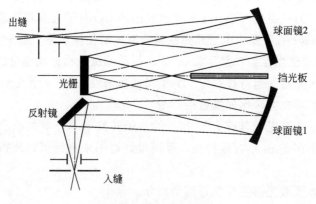

图 14.9 单色仪示意图

当光栅衍射的第十级数输出的位置 $k\lambda = 10 \times 0.632711 = 6.32711\mu m$，给出红外光一级衍射处的波长，即对应 CO 激光器发出的红外光波长。

CO 激光器出光在 $5 \sim 6.5\mu m$，红外光的第一级光与 He-Ne 光的第十级左右的光光栅转角相同，可以用 He-Ne 光给红外单色仪定标。转动光栅，各级次的 He-Ne 光可以从出射狭缝射出。图 14.10 所示为出射的每一级的光的波长和单色仪读数的对应关系。换算成波数，可得到误差在 $2cm^{-1}$ 以内。

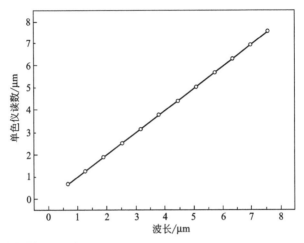

图 14.10　各级次 He-Ne 光波长与单色仪读数的对应关系

14.5　信号探测及数据采集系统

光谱采集部分包括单色仪、锑镉汞探测器(mercury-cadmium-telluride，MCT)、电流放大器、滤波器、示波器以及计算机等。随着半导体材料，特别是窄禁带半导体材料的发展，对于红外波段的信号探测，人们开始利用光子导致的电子从价带跃迁到导带后对半导体电学特性的改变这一量子性质，制备出了性能比热敏电阻优越得多的红外探测器。在这类量子型红外探测器中，首先发展的是光导型器件，随后又发展了光伏型器件。光导型器件具有较高的响应强度，其产生的电压信号与探测到的光强成正比；光伏型器件具有较快的响应速度，其产生的电流与光强成正比。考虑到研究快速动力学的需要以及所需探测的波长范围，选用了光伏型碲镉汞探测器(Kolmar 公司，KV104-0.5-A-3/8)，它工作在液氮温度，响应范围 $4 \sim 11\mu m$，响应时间为 70ns。由于光伏型碲镉汞探测器都有一定的线性工作范围，因此使用过程中应注意光强幅值不宜变化过大，以免造成信号的失真(该 MCT 线性范围为 $400 \sim 800mV$)。但实际测量蛋白样品的过程中，由于蛋白在一些特定的波长吸收度较大，经常引起相对同一入射光强，参比与样品透射光强度相差较大，易造成信号的失真。这一问题可通过对探测器加入一定幅度的反向偏压以增大线性工作范围，但会造成探测器响应速度变慢。这一矛盾还需根据实际情况，进行具体处理。为了满足实验需要，该 MCT 探测器上加入了 100mV 的反向偏压。MCT 探测器产生的电流信号经电流放大器(Kolmar 公司，KA020-A1)放大 10^4 倍，转化为电压信号，送入低通滤波器(0～20MHz，北京无线二电厂)滤除高频噪声后，由 500MHz 双踪示波器(Tektronix 公司 TDS500D 型)采集记录，电压信号通过 GPIB 卡最终存储到计算机，整套系统响应时间约 80ns，如图 14.11 给出了探测器、放大器及滤波器的实物效果图。系统退卷积后的最快响应时间约为 30ns(受探测器的上升时间和激光脉宽的限制)。

图 14.11　信号探测系统实物

左侧为 MCT 探测器，右上为电流放大器，右下为低通滤波器，用很短的同轴
电缆连接是为了降低空间电磁波干扰(参见第 15 章)

假设始态温度的红外透射光强度为 I_1，终态温度红外透射光强度为 I_2，由于光谱采集过程中，激光器输出的探测总光强不变，设为 I_0，则由吸光度的定义即 Beer-Lambert 定律可得吸光度的变化 ΔOD 为：

$$\Delta OD = OD_2 - OD_1 = \lg(I/I_2) - \lg(I/I_1) = \lg(I_1/I_2)$$

一般来说，当温度升高时透过率会增大，即 $I_1 < I_2$，即 ΔOD 为负值。图 14.12 所

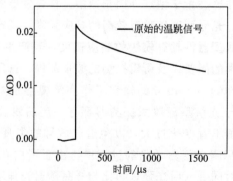

图 14.12　原始升温信号

示为实验测定的、由脉冲升温引起的透射光强变化的典型动力学曲线。

尽管理论上高频噪声经多次平均后，其对信号的干扰可降低，但实际采集过程中，若噪声信号幅值过大，易导致示波器的交流放大阻塞，造成信号失真（参见第 15 章），其平均效果亦不理想，因而在电流放大器与示波器间加一个无源低通滤波器，起到高频滤波的作用。对于随机噪声，信噪比的提高正比于测量次数的根方值即 $\sqrt{N}$，N 为测量次数。而示波器采集到的温跳信号应为蛋白质折叠/开折叠后探测光吸收光强的变化，即 $\Delta I = I - I_0$。采用示波器的平均值输出功能只能得到 ΔI 的 N 次平均值，而不是 ΔOD 的平均值，该测量方法导致在平均次数到达一定数值后信噪比几乎不随 N 的增加而发生显著的变化。因此在测量过程中记录单次的 ΔI，通过后处理计算出单次的 ΔOD 值，再求平均，能够有效地通过增加测量次数提高信噪比。

14.6　数据采集系统的改进

Tektronix 数字示波器常规功能提供双通道记录，每通道能够存储 500 个数据点，尽管该类示波器还提供更多的数据存储长度，但数据在记录过程中会偶然出错，影响了该功能的使用。为了实现单次能够记录更长的时间，并对时间轴采用对数取样，采用了数据采集卡替代数字示波器。所用的数据采集卡为 National Instrument 公司的 PCI-5152（简称 NI-5152）。NI-5152 是一款双通道的数据采集卡，除了 CH0、CH1 两个信号采集通道外，还包括一个外触发通道 TRIG。NI-5152 信号通道的带宽为 300MHz，这个带宽虽然不如原有示波器的 500MHz 带宽，但是考虑到在整个光谱仪的测量系统中 MCT 探测器的前置电流放大器和滤波器的带宽只有 100MHz，那么 300MHz 的数据采集卡已经完全可以覆盖输入信号的最高频率了。此外，NI-5152 的采样率为：单通道 2GS/s，双通道 1GS/s。这意味着在双通道采集时，相邻两个点的时间间隔最小可达 1ns。NI-5152 采集的是电压信号，其电压的量程范围是 $100mV_{pp} \sim 10V_{pp}$（pp 表示峰值到峰值，peak-to-peak），分辨率是 8bit。这意味着当选择 $100mV_{pp}$ 的量程时，它最小可以分辨出 $100mV/2^8 = 0.39mV$ 的电压变化（实际还会受噪声影响）。特别需要说明的是，NI-5152 还包含三个子型号，其区别在于板卡上的存储深度，所选择的是存储深度最大的一款，其容量为 512M，每通道 256M。选择大存储深度的产品对于实现纳秒至毫秒范围的动力学曲线记录是非常必要的。

与高档示波器相同，NI-5152 数据采集卡在一次采集过程中采样率不能改变，所以大数据量的问题也依然只能通过程序设计去解决。在采集时间固定的情况下，要解决数据量庞大的问题，唯一的方法就是降低采样率。对于随时间高速变化的信号（即等效频率高），需要用高的采样率；而对于慢速变化的信号（即等效频率低），较低的采样率也足够保证采集的真实性。所以对于脉冲升温-蛋白质折叠这样的实验，完全可以使用分时间段降采样率这样的方案解决数据量过于庞大的问题。数据采集卡的采样率是由程序设定的，所以具体实施分时间段降采样率的方案时，首先考虑到的就是按时间逐步切换硬件的采样率，使其在初始阶段以高采样率采集，采集到一定的时间后，重新设置采样率开始第二段采集，依次类推，然后将各个时间段的数据按时间拼接，完成一条完整动力学曲线的采集过程。但是这一方案在具体实施过程中并不可行。由于从软件发送命令到硬件设备，再由硬件设备执行操作的整个过程中需要耗费一定的时间（μs 量级），在这段时间中并没有任何数据被采集，所以这就有可能造成波形采集的失真。因此，在最终完成的分时间段降采样的具体实施方案中，并不分段设置硬件的采样率，而是以高采样率完成纳秒至毫秒范围的所有数据的采集。这部分数量庞大的数据足以被 512M 的采集卡所容纳，然后在数据从采集卡转移到计算机的过程中合理地剔除大部分的数据。完成一条曲线的采集后，再重复执行以上步骤，并将它与之前的那条曲线的数据相加后替换原有数据，这一过程反复进行，直至采集完所需数量的曲线后（200～500 条）求平均，最后将已经求平均处理后的信号保存成一个文件。

14.7 温度定标

脉冲升温的幅度计算参照文献报道[6]。简要地说，根据 D_2O 在某一波长下的脉冲升温引起的吸光度的变化[$\Delta A(\Delta T, \nu)$]，用下面的方程可以得到温跳的幅度：

$$\Delta A(\Delta T, \nu) = a(\nu)\Delta T + b(\nu)\Delta T^2$$

式中，$\Delta T = T_f - T_i$ 是温跳的幅度，T_i 和 T_f 分别是起始的和最终的温度；$a(\nu)$ 和 $b(\nu)$ 是 D_2O 在不同温度下的 FTIR 光谱在该波数下吸光度与参考温度（通常为室温）下吸光度差 $\Delta A(\nu)$ 随温差（ΔT）变化曲线的拟合常数。具体过程如下。实验中使用 $50\mu m$ 厚 D_2O 样品（北京化工厂生产，纯度 99.8%，pD 在 6.0～7.5），放于 FT-IR 红外光谱仪的真空样品室中，通过数字控温仪控温，其精度约在 ± 0.2℃。在 26℃室温下，以约 5℃为一间隔升温 D_2O，每两温度点之间升温时间约 5min，控温时间约 20min，每温度点谱线平均 20 次，分辨率 2cm^{-1}。将 26℃时的红外光谱设为参考光谱，更高温度时的红外光谱与参考光谱之差谱如图 14.13 所示。可见随着温升幅度的提高，其相对吸光度绝对值逐渐变大，但符号为负，表明对红外光的吸光度逐渐变小。图 14.14 给出了在 1630～1700cm^{-1} 范围内，典型单波长相对吸光度随温差的变化曲线（1650cm^{-1}），可以进行很好的线性拟合，即式（14.1）中的系数 $b(\nu) \approx 0$。结果表明对于 $50\mu m$ 厚的 D_2O，在 26～80℃范围内温度每变化 1℃，其在 1650cm^{-1} 处的相对吸光度变化为 1.44×10^{-3}OD/℃，该线性拟合线即为系统温度的定标曲线。采用同样的方法，也可对 D_2O 在 1630～1700cm^{-1} 段内各波长处相对吸光度随温差变化的曲线进行拟合。T-jump 实验中可依据测得的瞬态 ΔOD，从该波长处的定标曲线读出温跳幅值。

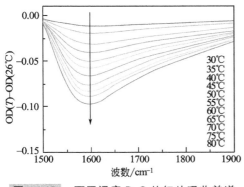

图 14.13　不同温度 D₂O 的红外吸收差谱

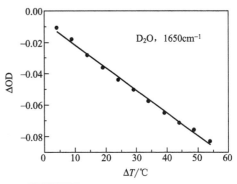

图 14.14　D₂O 在 1650cm⁻¹ 处的
相对吸光度随温差的变化

14.8　红外实验蛋白样品处理方法

在处理蛋白样品时，如果蛋白是干粉，可直接溶于纯 D_2O 或 D_2O 为溶剂的缓冲溶液。如果蛋白样品是溶于纯 H_2O 或 H_2O 为溶剂的缓冲溶液的，那么需要将样品进行氘代处理。在 H_2O/D_2O 混合溶液中，会形成 HOD 分子，其弯曲振动带在 $1450cm^{-1}$ 左右有一个吸收峰[7]，明显区别于纯 H_2O 和纯 D_2O 的吸收谱。可根据 $1450cm^{-1}$ 峰的大小判断氘代效果的好坏。图 14.15 所示为细胞色素 C（浓度 1.7mg/mL）在含不同比例的 H_2O 的 H_2O/D_2O 混合溶液中的 FTIR 吸收谱。由该图可知，随着 H_2O 比例的增大，位于 $1456cm^{-1}$ 处的吸收峰显著增强，当 H_2O 的比例达到 40% 以上，由于吸收饱和，峰高不再增强甚至下降，峰的形状出现异常。

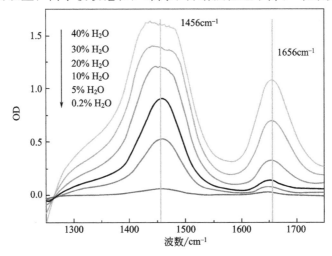

图 14.15　细胞色素 C（浓度 1.7mg/mL）在含不同比例的 H_2O 的
H_2O/D_2O 混合溶液中的 FTIR 吸收谱

位于 1656cm^{-1} 完全来自于 H_2O 的吸收，随 H_2O 的含量比例增大而线性增强。

14.9 脉冲升温-时间分辨中红外瞬态吸收光谱应用实例

14.9.1 细胞色素 C 热稳定性研究

细胞色素 C 是研究蛋白质折叠过程的模式蛋白质之一。细胞色素 C 含有一个血红素基团，其中心为一铁离子与卟啉环平面内的四个 N 原子配位，轴向与蛋白质环折结构(loop)中蛋氨酸的 S 原子配位形成 Fe—S 键。该段小的环折结构是由 70~85 号残基组成，其中 Met 80 的 S 原子与亚铁血红素的 Fe(II)相连。如图 14.16 所示。

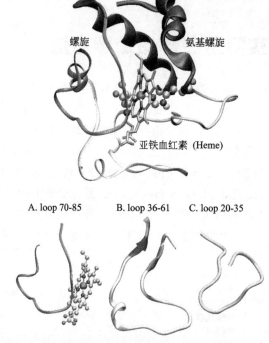

羧基螺旋

螺旋

氨基螺旋

亚铁血红素 (Heme)

A. loop 70-85   B. loop 36-61   C. loop 20-35

图 14.16　细胞色素 C 蛋白质结构及相关蛋白链结构片段示意图

以往的研究依据 Fe 离子的可见瞬态吸收光谱的变化，给出 Fe-S 键断裂的时间常数为 300ns。然而无法确认是蛋白质局域结构先发生变化导致 Fe-S 断裂，还是 Fe-S 先断裂再导致蛋白质的失稳。应用脉冲升温-纳秒时间分辨中红外光谱追踪蛋白质环折结构的变化，发现环折结构向无规结构变化的时间常数为 140ns，并在其他结构单元的变化中观察到了约 300ns 的动力学分量，从而确定是蛋白质局域结构的失稳导致 Fe-S 键的断裂，并引起蛋白质的进一步失稳，阐明了细胞色素 C 热致不稳定的原因。

由细胞色素 C 在 1653cm^{-1} 处的傅里叶红外光谱热滴定(thermal titration)曲线

可知(图 14.17),存在两个结构变性温度,一个热变性的中间温度(mid-point temperature,T_m)为 45℃,另一个为 82℃。而在其他酰胺 I′带(氘代后的酰胺 I 带,一般红移 3~5cm^{-1})所对应的波长,只存在一个变性温度约 82℃。把高的变性温度所对应的结构指认为螺旋结构。显然,在高温的第二个转变点为全局开折叠温度,低温的转变过程有可能来自于亚稳态结构的开折叠。

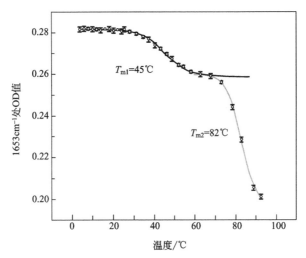

图 14.17　细胞色素 C 在 1653cm^{-1}处的热变性滴定曲线

据文献报道,当 pD 值从 7 变化到 11 的时候,酰胺 I′带的峰从 1652cm^{-1} 位移到 1648cm^{-1},并伴随强度的减弱。这一现象被认为是在高 pH 值条件下,轴向配位的蛋氨酸(Met80)和铁离子之间的键断裂,进而破坏蛋白质结构的完整性[6]。NMR 的结果进一步证实了 pH 值和温度导致的自然态到碱性异构体的构象变化的相互依赖关系。显然,所观察到的 1653cm^{-1}低温态的转变点和相应的谱带位移与 pH 值引起的碱性异构化过程非常吻合。因而将低变性温度所对应的结构指认为含Met80 的环折结构。该环折结构和螺旋结构的吸收光谱在 1653cm^{-1}附近重叠。将低温段热导致的 1653cm^{-1}谱带强度的降低归结于热致铁硫键断裂,进而引起含70~85 残基的回折结构的开折叠。这一结果也正好与早期的研究相一致,认为含Met80 的回折结构是最不稳定的单元,在低温时就开折叠。该环折结构一旦开折叠,就会降低细胞色素 C 的结构完整性,导致螺旋结构的红外吸收谱红移。

为了更深入地研究热导致的细胞色素 C 开折叠过程,应用脉冲升温时间分辨红外差谱来探测含 Met80 的回折结构的开折叠过程和相应地转变成其他二级结构的过程。如图 14.18 所示为细胞色素 C 经加热激光脉冲激发后 1μs 时采集的脉冲升温时间分辨红外吸收差谱,该图揭示当温度从 25℃跃升到 35℃时,Met80 与亚铁血红素的 Fe(II)之间的 Fe-S 键被打断,导致回折结构向无规卷曲结构的转变(1645cm^{-1})。图 14.19 给出了上述两个波数所对应的动力学曲线:1651cm^{-1}的漂白恢复过程和 1645cm^{-1} 的吸收过程。用单指数拟合，时间常数皆为(140±20)ns。如果将 1651cm^{-1} 的漂白峰倒过来，它跟 1645cm^{-1} 的吸收峰吻合得很好(见图 4.19 插图)。这说明包含 Met80 的环折结构的开折叠导致无规卷曲结构的形成。也就是，漂白过程对应的是铁硫键的断裂及包含 Met80 的环折结构开折叠的协同过程，而吸收过程来自于环折结构的开折叠引起的新生无规卷曲结构。

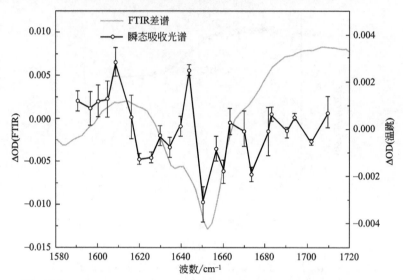

图 14.18 基础温度为25℃时比较细胞色素 C 的稳态差谱和瞬态差谱

圆圈为 25℃脉冲升温 10℃以后 1.4μs 时刻的脉冲升温时间分辨红外差谱，灰线为 36℃的 FTIR 光谱减去 25℃ FTIR 光谱得到的差谱，误差是根据同一样品的三次测量得到的

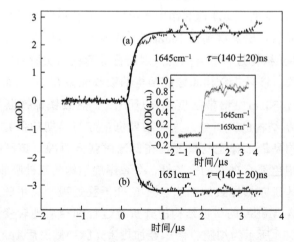

图 14.19 细胞色素 C 在1645cm^{-1} (a) 和 1651cm^{-1} (b) 处从 25℃脉冲升温到35℃的动力学曲线

实线是对仪器响应函数进行退卷积以后用单指数拟合得到的。这两个动力学的时间常数都是(140±20)ns。插图比较 1645cm^{-1}(灰线)的动力学曲线和 1651cm^{-1}(黑线)反转后的动力学曲线。ΔmOD 为毫吸光度变化量

14.9.2　二硫键异构酶(DsbC)生物学异常活性研究

晶体结构表明二硫键异构酶 DsbC 是由两个同源单体蛋白质分子通过结合界面上 9 对氢键连接形成 V 字形的同源二聚体(见图 14.20),广泛存在于细菌的周质腔中,具有蛋白质折叠伴侣的功能。通过还原并打开蛋白质中错配的二硫键,使之正确配对,保证蛋白质的正确折叠。DsbD 特异性还原被氧化了的 DsbC,使之保持还原态,继续能够行使还原酶和异构酶活力。因此生物学已经确认二硫键异构酶 DsbC 是一还原性酶。另一方面二硫键异构酶家族中的其他蛋白质如 DsbA 行使的功能是将蛋白质侧链上的巯基氧化,形成二硫键。而 DsbB 则能特异地氧化 DsbA,使得 DsbA 能够反复氧化底物蛋白。因此 DsbB 控制着 DsbA 在细菌中行使氧化酶功能,DsbD 控制着 DsbC 行使还原酶和异构酶功能。这两条氧化还原性不同的通路在生物体中一直被认为是各行其道,井水不犯河水的(见图 14.21)。理由是二体的 DsbC 由于结构位阻的原因不能被 DsbB 氧化,而只能被 DsbD 还原,单体的 DsbA 不能被 DsbD 还原而只能被 DsbB 氧化。若是利用位点突变技术,获得二聚化的 DsbA 或者单体化的 DsbC,则能使得两条通路互相交叉。然而最近的研究表明,即便二体的二硫键异构酶(DsbC)似乎也能够客串氧化酶的角色。这点令生物学家困惑不解,因为通常在生理条件下二聚体的结构比单体更稳定。这便是生物物理所王志珍院士希望我们能够运用物理学手段帮助生物学家解决的问题。那么二体的 DsbC 在体内到底有没有可能解聚成单体呢?为了回答这一问题,我们选取 G49R 作为 DsbC 蛋白的参考蛋白质,对比研究 DsbC 的热诱导的解聚和开折叠过程。G49R 是 DsbC 的单点突变体,因为将 DsbC 氨基酸序列中的位于二聚体结合界面处的第 49 位甘氨酸用精氨酸取代后,得到的 G49R 只能以单体的形式存在。

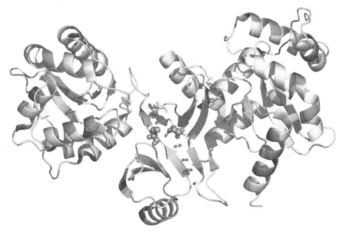

图 14.20　DsbC 蛋白的卡通图(见彩图 23)

粉红色部分为酸性氨基酸所在位置;红色虚线部分为 9 个氢键形成 DsbC 二体的结合界面;金黄色小球部分表示此处氨基酸由甘氨酸突变为精氨酸之后形成单体 G49R 蛋白

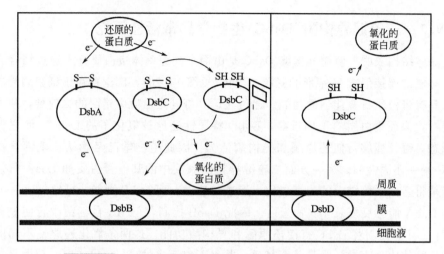

图 14.21　二硫键异构酶在细胞周质腔中的氧化、还原通路

左边为氧化通路，右边为还原通路，中间的一扇小门表示 DsbC 由右边窜到左边，
即由原先的还原酶变成氧化酶[8]

图 14.22 所示为 DsbC 和 G49R 的 CD 光谱，两者几乎毫无差异，可见 CD 光谱不足以区分 DsbC 和 G49R 二级结构差异。

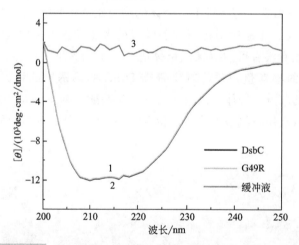

图 14.22　DsbC 和 G49R 的 CD 光谱(两者几乎没有差异)

图 14.23 所示为不同温度下 DsbC 和 G49R 在 D_2O 中的 FTIR 红外光谱及相应的二阶导数谱。从图 14.23(a)可以看出随着温度升高，主要的吸收峰 $1641cm^{-1}$ 强度减小，在 $1614cm^{-1}$ 和 $1684cm^{-1}$ 处出现小的吸收峰，被指认为加热后蛋白可逆和不可逆的聚集引起的反平行 β-折叠的形成。为了能够更加明显地区分出 DsbC 与 G49R 的结构差异，对两种蛋白的 FTIR 光谱进行了二阶导数处理。图 14.23(b)、(e)给出了 25℃ 和 80℃ 下的 DsbC 和 G49R 的 FTIR 光谱的二阶导数谱。最显著的特征是在室温条件下，G49R 在 $1641cm^{-1}$ 处对应于无规折叠结构有一特有的特征

峰，给出了 DsbC 二聚体与 G49R 单体结构间的显著特征。图中二阶导数所示的峰
位所对应的二级结构指认列于表 14.1。

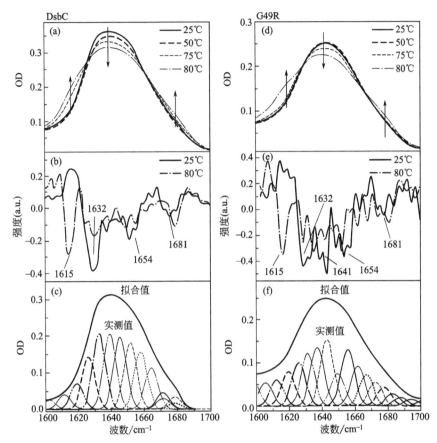

图 14.23 不同温度下 DsbC 和 G49R 在 D₂O 中的 FTIR 红外光谱及相应的二阶导数谱

(a)、(d) 不同温度下蛋白 DsbC 和 G49R 在重水中的傅里叶变换红外吸收光谱；(b)、(e) 蛋白
DsbC 和 G49R 在 25℃和 80℃时的二阶导数谱；(c)、(f) 25℃条件下 DsbC 和 G49R
酰胺 I 带红外吸收光谱二级结构相对含量的高斯峰拟合组分拆分

表 14.1　实验观测到的酰胺 I 带峰对应蛋白质二级结构的指认

实验观测值/cm⁻¹		指　认	文献值/cm⁻¹	参考文献
FTIR	T-jump(脉冲升温)		均值/极值	
1610	1608	—COO⁻ 及分子间氨基酸氢键	1605/1600~1610	[9]
1623	1619	—COO⁻ 及溶剂分子	1619/1617~1620	[9]
1618	1618(低频)	聚集体中 β-片层结构	1620/1610~1630	[9b,10]
1681	1684(高频)		1683/1680~1690	
1632	1627	β-片层	1630/1623~1641	[9b,10d,11]
1641	1640	无规卷曲	1645/1640~1650	[9b,10d,11]
1654	1650,1658	α-螺旋(或环折)	1652/1650~1656	[9b,11~12]
	1664,1674	转角	1671/1660~1675	[9b,13]

为了更进一步地了解 DsbC 和 G49R 各种二级结构的含量,对 DsbC 和 G49R 在 25℃条件下的 FTIR 红外吸收光谱按照二阶导数提供给的峰位进行了相应的二级结构的拆分,如图 14.23(c)、(f)所示。表 14.2 为 DsbC 和 G49R 中二级结构所占的比例。

表 14.2　利用高斯峰拟合分解出来的蛋白各种二级结构所占的比例(25℃)

蛋白质	β-片层/cm^{-1} 1620~1638cm^{-1}	无规卷曲 1638~1650cm^{-1}	α-螺旋(或环折) 1650~1660cm^{-1}	转角 1660~ 1670cm^{-1}	侧链羧基—COOD 1675~1685cm^{-1}
DsbC	38.3	13.6	23.2	12.8	3.3
G49R	22.1	27.2	17.6	12.9	2.5

由表 14.2 可以看出,DsbC 二聚体 β-片层的含量为 38.3%,无规卷曲结构的含量为 13.6%;G49R 单体 β-片层的含量为 22.1%,无规卷曲结构为 27.2%。根据 DsbC 的晶体结构可知 DsbC 二聚体链接界面是由一系列的 β-片层所组成,因此可以设想 DsbC 在解聚成单体的过程中 β-片层结构将会发生比较大的变化,结合上述定量分析,可以推断 DsbC 在解聚成单体过程中,链接界面处的 β-片层结构最有可能变成无规卷曲结构。因此上述指纹特征可以用来检测 DsbC 蛋白形成单体过程的动态结构变化。

图 14.24(a)所示为 DsbC 在 1629.5cm^{-1} 所对应的热变性曲线,1629.5cm^{-1} 所对应的二级结构为 β-片层,β-片层在 DsbC 中具有主导的含量。此曲线表现为一个三态过程,在温度增加的过程中 DsbC 的 β-片层先逐步减少,在 45~60℃之间保持恒定,之后含量继续降低。这充分说明在 DsbC 的 β-片层中有一部分相对于另外一部分更加不稳定,在 45℃前就全部消失。此三态过程的 T_m 值分别是(37.1±1.1)℃ 和 74.5℃。图 14.24(b)所示为 G49R 在 1638cm^{-1} 处的热变性曲线,1638cm^{-1} 为无规卷曲,而无规卷曲是 G49R 唯一有别于 DsbC 的二级结构,并且在 G49R 中也占有相当的比例,此热变性曲线有别于 DsbC 热变性曲线,为一种二态过程,也即是在 60℃ 以前无规卷曲结构几乎保持不变,此二态过程的 T_m 值大于 83.8℃。

进一步利用脉冲升温时间分辨红外光谱来追踪两蛋白的各种二级结构之间的变化过程。图 14.25 所示为 DsbC 和 G49R 的脉冲升温时间分辨红外瞬态吸收光谱,基础温度均为 28℃,光谱均为温跳后 1.4μs 时采集。DsbC 温跳为 9.5℃,G49R 的温跳为 7.5℃。由图 14.25 可以看出 DsbC 和 G49R 瞬态吸收光谱的最大区别在于 1640cm^{-1} 峰位处:DsbC 为一个明显的吸收峰,即与之对应的是无规卷曲结构的生成;而 G49R 为一个明显的漂白峰,即无规卷曲结构的消失。同时在 1627cm^{-1} 所对应的 β-片层处,DsbC 有比 G49R 更大的漂白峰,说明 DsbC 有更多的 β-片层成分消失。上述瞬态光谱的证据支持 DsbC 在升温的过程中由二聚体解聚成单体的设想。

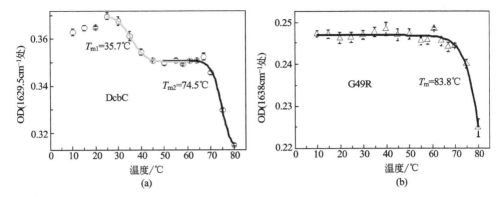

图 14.24 (a) DsbC 在 1629.5cm⁻¹处的热变性曲线及(b) DsbC-G49R 在 1638 cm⁻¹处的热变性曲线

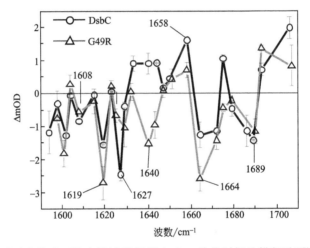

图 14.25 DsbC 和 G49R 在脉冲升温后 1.4 μs 处的时间分辨红外瞬态吸收差谱

为了进一步证实该设想,又检测了典型二级结构变化的动力学过程如图 14.26 所示。图 14.26(f)中 DsbC 在 1640cm⁻¹处的动力学可分成两个过程,一个是吸收过程,时间常数为(40±10)ns;另一过程为漂白,时间常数为(150±10)ns。图 14.26(d)中 DsbC 1627cm⁻¹处的动力学与 14.26(f)中 1640cm⁻¹处的动力学快过程相一致,其动力学常数分别为(60±10)ns 和(40±10)ns。即 β-片层的破坏和无规卷曲结构的形成是同步的,由此可以充分说明 DsbC 在升温的过程中由二聚体分解成单体。另外,图 14.26(f)中 DsbC 1640cm⁻¹漂白动力学和 1658cm⁻¹吸收动力学相一致,其动力学常数分别是(150±10)ns 和(160±10)ns,表明形成了 α-螺旋(或环折)结构。而对应的 G49R 中,这两个波数处的动力学常数也是一致的,为(40±10)ns。说明 DsbC 解聚后形成的单体发生随后的结构变化与 G49R 一致,只是变化速度慢一些。以上结果说明 DsbC 在温度由 28℃升高 10℃ 左右的时候首先二聚化界面处的 β-片层被破坏形成无规卷曲结构,与此同时由 β-片层所连接成的 DsbC 二聚体解聚成单体,之后形成的无规卷曲结构有 77% 进一步地转变成 1657cm^{-1} 所对应的 α-螺旋(或环折)结构。

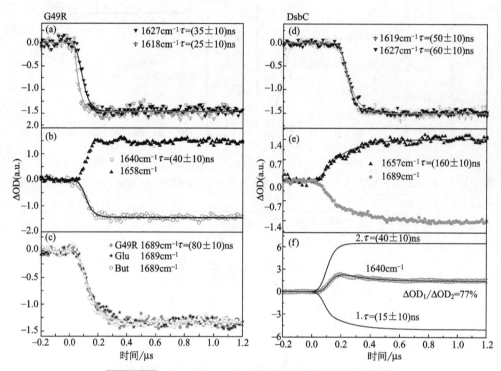

图 14.26 DsbC 和 G49R 在相应波长处的动力学曲线

其中(f)为 DsbC 在 1640cm^{-1} 处的动力学被拆分成两个过程

由此提出 DsbC 的热诱导解聚(热解聚)模型(见图 14.27)。DsbC 热解聚成单体的过程中,链接界面处维持 β-片层结构的 9 个氢键先断裂,导致 β-片层结构的破坏及无规卷曲结构的同步形成,此过程的时间常数为(40±10)ns,之后一部分无规卷曲结构再进一步地形成螺旋(或环折)结构,此过程的时间常数为(150±10)ns。

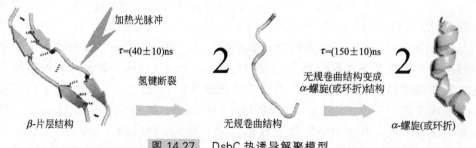

图 14.27 DsbC 热诱导解聚模型

生物化学实验如亚基杂交(hybrid mixture exchange)实验进一步验证了 DsbC 热解聚后可以单体形式存在。活性中心二硫键被 S-羧甲基化修饰的 DsbC(记为 mmDsbC)带负电,在非变性聚丙烯酰胺凝胶电泳(PAGE)上迁移速率比未修饰的天然 DsbC 快。因此 DsbC 和 mmDsbC(1∶1)的混合物在非变性 PAGE 上可以检测到异源杂交体 DsbC-mmDsbC，说明二体的解离和单体蛋白的重新聚合。尺寸排阻色谱法也证实了 DsbC 二体的热解聚过程，揭示了单体形式的 DsbC 可能会行使尚未清楚的生物学功能，如单体的氧化酶功能，并预测其具有明显的温度依赖性。最后，美国密西根大学任国平博士从分子生物学的角度，设计了一系列基因敲除后的大肠杆菌与野生型进行对照实验，探寻活体对镉中毒耐受性（体内探测氧化酶活力的方法）和温度的依赖关系，同时进行了体外 DsbC 被 DsbB 氧化再生的温度依赖性实验。上述结果表明 DsbC 在特定条件下能够行使一定的氧化酶功能，并在一定温度范围内，被 DsbB 氧化的速度随温度的升高而变快，这和 DsbC 二聚体的热解聚过程密切相关。由此可见，二硫键异构酶 DsbC 二聚体的异常生物活性来自于二聚体在体内的热解聚，异常的氧化酶活性由解聚后的单体实施。

参 考 文 献

[1] Serdyuk，I. Biophysics. **2009**，54（2），238-269.

[2] Snow，C. D.；Nguyen，H.；Pande，V. S.；Gruebele，M. Nature **2002**，420（6911），102-106.

[3] (a) Anfinrud，P.；Han，C.；Hochstrasser，R. Proc. Nat Acad Sci. **1989**，86（21），8387； (b) Genberg，L.；Heisel，F.；McLendon，G.；Miller，R. J. D. J. Phys. Chem. **1987**，91（22），5521-5524.

[4] Dyer，R. B.；Gai，F.；Woodruff，W. H.；Gilmanshin，R.；Callender，R. H. Acc. Chem. Res. **1998**，31（11），709-716.

[5] 林钧岫，于清旭. 一氧化碳分子激光器. 大连：大连理工大学出版社，**1998**.

[6] Wright，W. W.；Laberge，M. and Vanderkooi，J. M. Biochemistry **1997**，36，14724-14732.

[7] Wang，Z，H.；Andrei，P.；Yoonsoo，P. and Dana，D. D. J. Phys. Chem.，A **2004**，108，9054-9063.

[8] Vertommen，D.；et al.，Mol. Microbiol.，**2008**，67，336-349.

[9] (a) Ye，M. P.；L，H.；Zhang，Q. -l.；Weng，Y. -X.；Qiu，X. -G. Chin. J. Chem. Phys. **2007**，20（4），461-467；(b) Barth，A. Biochim. Biophys. Acta，Bioenergetics **2007**，1767（9），1073-1101.

[10] (a) Wang，T.；Zhu，Y.；Getahun，Z.；Du，D.；Huang，C.Y.；DeGrado，W. F.；Gai，F. J. Phys. Chem.，B **2004**，108(39)，15301-15310；(b) Mukherjee，S.；Chowdhury，P.；Gai，F. J. Phys. Chem.，B **2007**，111 (17)，4596-4602；(c) Timasheff，S. N.；Susi，H.；Stevens，L. J. Biol. Chem. **1967**，242（23），5467-5473；(d) van Stokkum，I. H. M.；Linsdell，H.；Hadden，J. M.；Haris，P. I.；Chapman，D.；Bloemendal，M. Biochemistry **1995**，34（33），10508-10518；(e) Kubelka，J.；Keiderling，T. A. J. Am. Chem. Soc. **2001**，123（48），12048-12058.

[11] Jackson，M.；H. Mantsch，H. Crit. Rev. Biochem. Mol. Biol. **1995**，30（2），95-120.

[12] (a) Ye，M. P.；Zhang，Q. L.；Li，H.；Weng，Y. X.；Wang，W. C.；Qiu，X. G. Biophys. J. **2007**，93 (8)，2756-66；(b) Susi，H.；Byler，D. M. Methods Enzymol. **1986**，130，290-311； (c) Surewicz，W. K.；Mantsch，H. H. Biochim. Biophys. Acta. **1988**，952 (2)，115-130；(d) Filosa，A.；Wang，Y.；Ismail，A. A.；English，A. M. Biochemistry. **2001**，40 (28)，8256 - 8263；(e) Wilder，C. L.；Friedrich，A. D.；Potts，R. O.；Daumy，G. O.；Francoeur，M. L. Biochemistry. **1992**，31，27-31.

[13] (a) Dong，A.；Huang，P.；Caughey，W. S.，Biochemistry **1990**，29（13），3303-3308； (b) Zhao，X. Y.；Chen，F. S.；Xue，W. T.；Lee，L. Food Hydrocolloids **2008**，22（4），568-575；(c) Bandekar，J.；Krimm，S. Biopolymers **1980**，19，31-36.

超快激光光谱原理与技术基础

Chapter 15

噪声与微弱信号测量

在超快光谱、红外光谱、荧光测量等领域的研究中，待测光强或者光强的变化往往非常小，很容易被淹没在背景噪声之中。因此，在进行测量时需要选择性能优良的仪器并采用适合的测量方法及数据处理方法，才能获得真实、有效的实验数据[1]。这就需要对噪声及微弱信号测量有一定的了解。首先介绍一些有关噪声和微弱信号检测的基本知识。

15.1　信噪比

微弱信号测量归根结底是要从一堆数据中判定出哪些是背景噪声，哪些是有用的信号，并将信号提取出来。信号幅度相对于噪声幅度越大，就越容易区别信号与噪声，所以微弱信号测量的首要任务是提高信噪比（signal-to-noise ratio，SNR）。

信噪比指的是信号的有效值 S 与噪声的有效值 N 之比，即 $SNR = S/N$。评价一种微弱信号测量方法的优劣，通常采用"信噪改善比（SNIR）"和"检测分辨率"两个指标。信噪改善比定义为：$SNIR = SNR_{out}/SNR_{in}$，即系统输出端的 SNR 与系统输入端的 SNR 之比，该比值越大，表明系统抑制噪声的能力越强。"检测分辨率"是表征测量系统可以响应与分辨的最小输入量的变化值。例如，对于在光谱测量中经常会使用到的单色仪来说，其中光栅的刻线密度决定了单色仪输出光谱的线宽，即该系统的"检测分辨率"，刻线密度越大，线宽越窄，分辨率越高。

光学测量最终要研究的是样品的透过率、反射率、吸收（发射）光谱、偏振特性、荧光寿命等各种不同物理量，需要先将光强（或者功率和能量）通过传感器（例如硅探测器、CCD、光电倍增管等光电传感器，基于热释电效应的光热传感器等）转换成其他物理量（电压、电流、热、声）并被后续的系统读出，从而建立起一个"光强-读出示数"的对应关系。噪声的存在会使示数发生波动。噪声可能来自于测量仪器本身的电噪声、热噪声等，也可能来自于背景光影响，或者是待测光本身的光强抖动。如果在一个实验中，将待测光强视为理论上稳定的值，而所有的信号抖动（包括光强的抖动）都归咎于噪声的话，那么信噪比的定义会非常显而易见，即所测得数据的直流部分的幅度对应于有效信号 S，而将围绕该直流值抖动的数据的标准差视为有效噪声 N。由此定义可知，对于这种类型的信号，只需要在测量过程中滤去所有的交流成分，或者对原始信号采集足够长的时间，并将所有数据求平均，即可测得光强的值。

然而在一些实验中，需要测量的并非一个稳定的光强，而是光强的变化幅度（例如超快光谱研究中经常进行的"泵浦-探测"实验）。在这种情况下，有效的信号不再是所有数据的平均值（直流成分），而是出现在平均值附近的某个抖动信号。这个抖动信号的幅度可能大于其他噪声抖动的幅度，也可能与噪声幅度相当甚至更小。显然，如之前所述的信噪比定义方式不再适用于测量分析这种类型的信号。因此，应该根据待测信号和噪声的特点给出信噪比的定义方式，并且在做测量时也要根据该特点使用或设计适合的测量系统。

除了用信噪比来衡量测量系统的优劣外，还可以用其他的标准来做衡量。在某些实验中，所测得数据的有效信号和有效噪声的值可能并不能很容易地表达出来，此时，已经不能再用定义信噪比的方式量化分析测量系统的优劣，而应该根据数据特点定义其他的数学表达式来进行描述和评价。

15.2　噪声的种类、来源以及相应的减噪措施

在光学测量中，噪声主要表现为测量系统的噪声和待测光的噪声。其中，测量系统本身的噪声除了仪器自身固有的电噪声以外，也可以来自于环境中电磁波对测量仪器的干扰，或者是不适当的使用条件（如环境过冷或过热、振动过大）对仪器产生的干扰；有时待测光本身的噪声很小，但当它入射到探测器上时，会引起探测器发热，导致测量系统的噪声变大，这种情况也可以视为测量系统的噪声，应该对测量系统进行改进降噪。例如，在红外光谱的动力学实验中，用到的碲镉汞（MCT）红外探测器就需要使用液氮制冷，降低红外光引起的热噪声并避免探测器的损坏。另一方面，如果测量系统的噪声已经被降至最小，但是待测光本身充满了噪声，那么仍然可能无法获得良好的测量数据。光的噪声通常是由于光源输出不稳定或传输光路的不稳定导致的。此外，当待测光本身过于微弱时（例如荧光），它固有的不确定性增大，表现为信噪比降低。背景杂散光进入探测器也是可能引起噪声的一个重要原因。

光源不稳定的可能原因：

① 光源系统的电噪声（例如氙灯等靠高压放电工作的光源，它们的电源噪声很大）；

② 激光器谐振腔受到外界振动、气流扰动或热胀冷缩的干扰；

③ 激光器谐振腔内某些元件无法正常工作（例如激光晶体、调 Q 元件、锁模元件的损坏等）；

④ 光源的冷却效果不佳（风冷、水冷、半导体制冷等）。

光源不稳定不仅仅表现为输出光的光强不稳定，还有可能表现为输出波长（频率）、偏振、脉冲的脉宽和重复频率、或者光斑模式等各方面的不稳定。这些不稳定性都会对测量数据的质量产生影响。在进行实验前，应该首先了解光源的稳定性，避免使用噪声很大的光源，并尽量使光源的噪声降低。

传输光路引入噪声的可能原因：

① 传输光路中各个镜架（或其他机械部件）的固定效果和隔振效果不理想；

② 气流扰动；

③ 对于红外波段的传输光路来说，环境中的水蒸气吸收会产生显著的影响；

④ 对于使用光纤传输的光路来说，过长的光纤及没有固定好的光纤也易于受到气流扰动或振动的影响；

⑤ 实验中某些运动部件(如平移台、旋转台等)的运动精度和重复性不好,导致在进行重复累加的测量时数据不一致,噪声增大。

样品性质不稳定:有时,待测样品本身的性质不稳定,或者在光激发下变得不稳定,会使它的吸收或荧光发射的噪声更大。

微弱光的噪声:理论上讲,当使用一个理想的探测器(本身无任何噪声)探测激光时,在一段给定的时间 Δt 内获得的激光光子数服从泊松分布,即 Δt 时间内光子数的不确定性服从泊松分布,平均值为 N 时,标准差则为 $\sqrt{N}$。信噪比可以表示为平均值/标准差,即 $\sqrt{N}$。当探测器接收到的光变得越来越微弱时(N 值降低),信噪比随之降低。因此,当测量微弱光时,需要通过增加测量时间(增大累计的光子数 N 值)来提高信噪比。单光子计数技术中,测量时间越长,累计的光子数越多,获得的信号越平滑。类似的,当测量的是热光源而非激光时,光子数的统计服从超泊松分布,标准差大于平均值的开方。不确定性中包含了热运动的噪声,所以统计噪声更大,但是仍然满足统计数越大,信噪比越好的特点。

除了将噪声分为测量系统的噪声和待测光的噪声以外,还可以将噪声区分为内部噪声和干扰噪声。测量系统电路和光源电路的噪声均为内部噪声,而传输光路中的机械部件噪声多为外部干扰引入的,空间中的电磁波干扰也为外部噪声。有些噪声特别是外部噪声,只要稍加注意是不难排除的,举例如下。

① 使用屏蔽的同轴电缆进行信号传输,并且同轴电缆的阻抗和输入输出端的仪器匹配。在传输高速信号或脉冲信号时,示波器、高速数据采集卡等设备的输入端多设置在 50Ω,所以传输线也应该使用 RG-174、RG-58 等 50Ω 的同轴电缆,可有效起到屏蔽电磁波和防止信号在输入输出端反射的噪声。

② 对振动敏感的仪器或光学部件一定要置于隔振台上,并远离振动源。水泵、真空泵等振动较大的设备最好能放置在远离光学实验平台的地方。

③ 易受电磁波影响的探测器,如光电倍增管等要做好屏蔽。置于一定厚度的金属外壳中(铝壳最好能大于 2mm),将负极(或单独的接地端)与外壳连接并接地。

④ 对温度敏感的仪器和部件要远离热辐射源。或者可以对温度敏感的部件进行稳定控温。

⑤ 在连接设备的供电电源进入电网前,可先经过一个电源滤波器,可防止电网噪声对设备的干扰,也可以阻止该设备的噪声通过电网对实验室内其他设备的干扰。

⑥ 在可以替换的情况下,使用线性稳压电源代替开关电源,线性稳压电源的噪声小于开关电源,而且其 50Hz 的噪声也易于在测量时滤去。

⑦ 进行光学测量时,使用滤光片、衰减片、光阑等尽可能地去除不需要的背景杂散光。

噪声还可分为随机噪声和非随机噪声。诸如开关电源的脉冲噪声、50Hz 的电噪声或空间某特定频率的电磁波等噪声都是非随机的噪声,它们都有各自的周期性规律，从另一个角度看，它们都是一种信号，只不过并不是测量所需要的信号[2]。而随机噪声则完全不同，随机变量在随时间变化的过程中，其瞬时值不确定，无论对它的过去值观察多长时间，仍然不能确定其未来的瞬时值。需要说明的是，瞬时值不可确定的随机变量并非不包含任何信息，事实上，往往可以从它们的统计分布中了解该随机变量发射源的性质。光学测量中一个非常典型的例子即荧光寿命测量

的时间相关单光子计数实验，每一个单光子发射看似都是随机的，但是它们的时间相关统计却反映了荧光发射的动力学曲线。此外，荧光发射的强度涨落实验在测量时，看似只是记录了一些随机光子事件，但从它们的统计分布就可以了解样品内分子扩散运动等信息，如图15.1所示：单个光子看似随机分布，经过大量的数据统计可以得到荧光衰减动力学曲线。

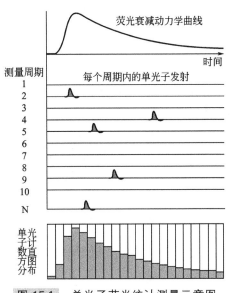

图 15.1　单光子荧光统计测量示意图

因此应该认识到，信号和噪声之间并没有严格统一的标准进行区分，噪声也并不意味着是不包含任何信息的数据。有些看似噪声的数据中可能包含着测量所忽视的另外一些有价值的信息。所以，要真正区分信号和噪声，还是取决于具体的实验。实验者应该对自己的实验结果有一定的预期，根据所要测量的物理量去设计测量方法和使用测量仪器，去除认为是噪声的部分的同时，要真实地保留有用的信号。另一方面，也不能忽视测量数据中发生了偏离预期的情况，因为这些情况可能是噪声，也可能包含了有用的信息。总之，看似信号的数据有可能是噪声，看似噪声的数据也有可能是有用的信号。

15.3　随机噪声

上一节提到了噪声可分为随机噪声和非随机噪声，并简单介绍了什么是随机噪声，这一节将进一步了解随机噪声的性质。

15.3.1　随机噪声的正态分布

由于随机噪声的瞬时值具有不可预测的特点，因此在分析和描述随机噪声时，往往使用概率分布的方法。对于离散的变量，$p(X_0)$ 表示噪声信号 $X(t)$ 在时刻 t 时取值 $X(t)=X_0$ 的概率；对于连续变量，$p(X_0)$ 则表示 $X(t)=X_0$ 的概率密度。$X(t)$ 取到所有值的总概率为 1。自然界中发生的许多随机量属于正态分布（高斯分

布)。如果噪声是由很多相互独立的噪声源产生的综合结果，则根据中心极限定理，该噪声分布也服从正态分布。在前文中，提到了激光的光子统计服从泊松分布，当记录到的光子数 N 较大时，根据 Stirling 公式，泊松分布可近似表示为正态分布，近似后的正态分布不仅具有相同的平均值和标准差，而且曲线形状也非常接近。N 较大时，泊松分布公式的计算在实际应用中很不方便，所以经常使用正态分布代替。总之，在研究噪声及信号处理的问题时，假设随机噪声为正态分布是合理的。正态分布的概率密度函数表示为：

$$p(x) = \frac{1}{\sigma\sqrt{2\pi}}\exp\left[-\frac{(x-\mu)^2}{2\sigma^2}\right] \tag{15.1}$$

式中，μ 为该分布的平均值；σ 为该分布的标准差。对于平均值为 0 的噪声，常用标准差(或方差)来描述该噪声的大小，称为噪声有效值。在测量时，噪声分布可能是电压幅度的抖动，也可能是脉冲周期的定时抖动(timing jitter)，所以噪声可以是幅度上的正态分布，也可能是时间(或空间、频率等其他物理量)上的正态分布。还需要说明的是，两个同样正态分布的噪声并不意味着这两个噪声的其他特征也是完全相同的。以电压幅度的噪声为例，两个噪声的电压抖动可能为相同的正态分布，但是它们的频谱可能不同。

15.3.2　典型随机噪声的频谱特性

(1) 白噪声

白噪声(white noise)是电路中最常见的一种噪声。电阻的热噪声、PN 结的散粒噪声等都是白噪声。白噪声的功率密度在各个频率上强度相同，类似于光学中的白光，因此称为白噪声。实际应用中，只要噪声的功率谱密度平坦的区域比系统的带宽要宽，就可以近似认为是白噪声。严格来说白噪声只是一种理想化模型，因为当功率密度谱上频率范围如果延伸到无穷时，总功率将是无穷大，这在实际测量中是不可能的，所以实际上只考虑系统通带内白噪声的各项指标。

(2) 1/f 噪声

1/f 噪声最典型的特征就是它的功率密度与频率成反比。其时间序列和频率谱如图 15.2 和图 15.3 所示。1/f 噪声最早由约翰逊(Johnson)于 1925 年在电子管中首次发现。之后发现，1/f 噪声不仅一直是电子系统中低频噪声的主要形式，而且在生物、天文、地理、社会经济等所有系统中都能观察到 1/f 噪声的存在。1/f 噪声的幅度分布为正态分布。

1/f 噪声普遍存在的特性使其在测量中不可避免地存在，但是可以利用 1/f 噪声强度随频率增大而减小的特性尽可能地降低测量中的噪声。例如，在测量光强的实验中，经常会用到锁相放大器和斩波轮来进行相敏检测，斩波轮将光强调制成以某个频率变化的周期信号，然后锁相放大器会选取该频率并输出它的振幅和相位，然而噪声中该频率的成分也会被输出，所以如果能提高斩波轮的调制频率，那

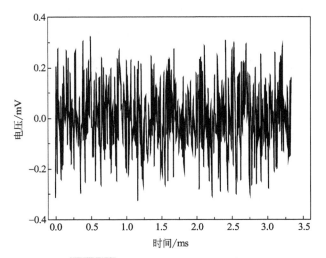

图 15.2　1/f 噪声时域分布示意图

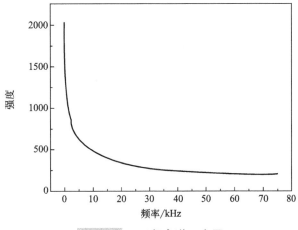

图 15.3　1/f 频率谱示意图

么根据 1/f 噪声的特点，最后输出的信号中所包含的噪声的比例会降低。此外，在知道待测信号频率的情况下，也可以通过滤波器将 1/f 噪声的其他频率成分滤去。

　　理论上来说，当频率 f 接近 0 时，频谱功率密度趋于无穷大，实际上这种情况不可能存在。因此当频率接近 0 时，可以认为功率密度趋于一个常数，所以进行实际计算时，必须限定一个低频边界（例如 0.001Hz）。当频率高于某个值时，1/f 噪声的功率显著降低，与热噪声、散粒噪声等白噪声相比可忽略不计。

　　(3) 布朗噪声

　　噪声频谱功率密度符合 $1/f^2$ 规律的噪声称为布朗噪声，这种噪声的出现对应于粒子的布朗运动。正是根据布朗噪声的特点，可以从单光子计数随时间的涨落噪声中得出粒子布朗运动的信息,诸如温度、粒子质量、溶液黏度等信息。在实际测量中,噪声的来源是复杂多样的,所以噪声的频谱特性也是不同噪声的反映。

15.3.3 噪声的时域特性:脉冲噪声、起伏噪声

上述三种噪声是以频谱特性进行分类的。噪声也可按照时域特性进行分类。脉冲噪声是突发出现、持续时间短的离散脉冲。这种噪声的特点是幅度大,持续时间短,且脉冲间隔时间比脉宽要长。这种噪声对应的频谱较宽,往往有可能覆盖待测信号的频谱或有较大的交叠,所以难以用滤波器彻底消除此类噪声而又不影响待测信号的真实性。仪器中经常使用的开关电源的噪声就属于脉冲噪声,此外,雷电干扰、电火花干扰等也都是脉冲噪声。

起伏噪声在时域上总是存在,不可避免。热噪声、散粒噪声就是起伏噪声的主要来源。在分析起伏噪声的特性及设计消除方案时(滤波器等),要注意采集连续信号时采样的准确性。起伏噪声是在时域上连续存在的,但在分析噪声前,可能会用到示波器等采样设备进行数据采集,数据采集过程会把连续信号变成离散的,为了使离散信号能还原真实的波形,采样率必须是信号最高频率的两倍以上,此即为奈奎斯特采样定理,一般要求 5~10 倍(除了分析噪声外,这一定理对于其他场合的信号采集同样适用)。

15.3.4 等效噪声带宽

通常对于一个电路而言(诸如滤波器),带宽的定义是功率降到一半时的频率间隔,即 -3dB 带宽(dB:Decibel,即分贝,是一个纯计数单位,表示两个量的比值大小,没有单位。在工程应用中有不同的定义方式,但本质是相同的)。对于功率 P,1dB$=10$lg(P_o/P_i);对于电压或电流,1dB$=20$lg(U_o/U_i)(电压),1dB$=20$lg(I_o/I_i)(电流)。功率降低一半时对应电压降低到约 70.7% 处。对于随机噪声,由于其电压幅度不确定,所以人们主要关心一个系统输出的随机噪声的功率大小,此时,带宽的定义不同于上述 -3dB 带宽的定义,需要引入等效噪声带宽的概念。一个实际线性系统输出的噪声的等效噪声带宽用 B 表示。在输入噪声相同的情况下,当某个传递函数为矩形的理想系统的输出功率与该实际线性系统的输出功率相同时,那么这个矩形传递函数的宽度即为 B。以上定义的直观表示如图 15.4 所示,B 的表达式如下:

$$B = \frac{1}{|A_0|^2} \int_0^\infty |H_z(\omega)|^2 d\omega \tag{15.2}$$

$$B = \frac{1}{2\pi |A_0|^2} \int_0^\infty |H_z(t)|^2 dt \tag{15.3}$$

第一个表达式为频域的,第二个为时域的,它们的计算结果等价。式中各个符号的意义如图 15.4 所示。

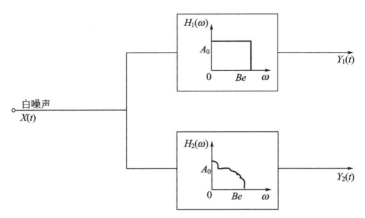

图 15.4　等效噪声带宽定义示意图

引入等效噪声带宽的主要目的是使工程计算得以简化，为计算系统输出噪声的功率带来很多方便，它主要应用于对噪声及系统响应特性进行专门分析和研究的领域，在光学测量中，主要关心的是信号提取和降低噪声，因此在这里仅仅对等效噪声带宽的基本概念作个介绍，而不再详细讨论。

15.4　电子仪器的固有噪声

现代测量技术中都离不开电子仪器的使用，所以必须要对电子系统的噪声有一定的了解。电子仪器内的各个器件本身往往就是噪声源，当仪器将输入信号进行放大时，同时会将内部的噪声一起放大，所以不可能指望一种信号处理的设计方案、计算方法能完美地按理论预计地去除所有噪声。在实现微弱噪声的测量时，在设计测量方案的同时，也一定要选择性能优异的仪器或元件去实现测量[3]。

15.4.1　热噪声

电阻内电子的随机热运动会导致电阻两端电荷的瞬间堆积形成噪声电压，即电阻热噪声（也称为 Johnson 噪声），即使没有电流流过该电阻，其两端也会有电压起伏。热噪声的功率密度随温度升高而升高，且功率密度谱在很宽的频率范围内（DC~10^{12} Hz）都是平坦的，可认为是白噪声。热噪声的等效功率可表示为：

$$P = 4kTRB \tag{15.4}$$

式中，k 为玻耳兹曼常数；T 为热力学温度，K；R 为电阻阻值；B 为等效噪声带宽。由于热噪声的白噪声频谱可达 10^{12} Hz，远远大于一般电子系统的带宽，所以等效噪声带宽 B 取决于电子系统输出的通带宽度，而非电阻元件本身。电阻开路时，热噪声有效电压可表示为：

$$U_{eff} = \sqrt{P} = \sqrt{4kTRB} \tag{15.5}$$

基于上述公式，可以估算出电阻热噪声的大小。设等效噪声带宽为 100kHz，电阻工作温度为 300K，电阻大小为 $1k\Omega$，那么 $U_{eff} \approx 1.3\mu V$。由此可见，热噪声对于测量微伏（μV）和纳伏（nV）级的微弱信号有显著影响。

热噪声随系统带宽的减小而减小，在事先了解信号频率的情况下，尽可能地减小系统带宽是非常有效的手段。在使用锁相放大器的测量中，可以通过设置锁相放大器输出级滤波器的时间常数和滚降系数（roll-off factor）来减小带宽，提高信噪比。但是，如果信号是宽带的脉冲或高速的时间动力学信号，那么就不能减小测量系统的带宽，那样会使信号失真。给元件进行制冷也可以降低热噪声，即便不能主动使元件温度降到很低，也应该做好充分的散热（散热片、风扇等），并且使功耗大的设备远离测量系统中的精密仪器。

15.4.2　温漂的影响

温漂与热噪声虽然都与温度有关，但它们的概念并不相同。温漂是指元件的某个参数（例如电阻值）随着温度会发生变化，当该元件所处的温度有扰动、起伏时导致噪声出现。在进行微弱信号测量时，某些关键的部件应该采用低温漂的元件并且精确控制它们的温度。

15.4.3　散粒噪声

电子或空穴的随机发射导致流过势垒的电流在其平均值附近随机起伏，这种电流起伏称为散粒噪声。在电子仪器中，凡是具有 PN 结的元件（二极管、三极管、场效应管以及集成电路等）都存在散粒噪声。理论上来说，散粒噪声的频谱是白噪声，然而在实际系统中会受限于系统的带宽，散粒噪声的电流有效值可以表示为：

$$I_{eff} = \sqrt{2eIB} \qquad (15.6)$$

式中，I 为流过 PN 结的电流平均值；e 为电子电荷；B 为等效噪声带宽。上式表明，散粒噪声随着流过 PN 结的电流的减小而减小。由于散粒噪声是大量独立随机事件的综合效果，所以其噪声幅度符合正态分布。

15.4.4　接触噪声

当两种导体的接触不理想时，会产生接触点电导的随机涨落，这种涨落称为接触噪声。接触噪声也是一种 $1/f$ 频谱的噪声。保证器件有优质的焊接、使导线与接口保持良好的接触等都是减小接触噪声的有效措施。此外，电阻内部也存在接触噪声，不同制作工艺的电阻接触噪声也不相同。在碳电阻中，电流必须流过许多碳粒之间的接触点，所以 $1/f$ 噪声很严重，而金属膜电阻的噪声要小得多，金属丝绕线电阻的性能更好。

15.4.5 放大器级联时的噪声

以上介绍了电子仪器内基本元件的噪声，了解这些元件的噪声特性有助于设计性能优异的电子仪器。然而，在实际应用中，可能并不需要设计和制作基本电路，更多的情况下，会综合使用各种仪器，将它们组合以实现微弱信号测量。放大器是微弱信号测量中必不可少的设备，各个功能不同的放大器经常会级联使用。级联放大器中，各级的噪声系数(用于描述放大器噪声抑制性能的参数，噪声系数越小，性能越好)对总噪声系数的影响不同，越是前级的影响越大。因此，在进行微弱信号测量时，必须保证第一级放大器具有很好的性能，前置放大器的选择是非常重要的。

15.5 外部干扰噪声及其抑制

前文提到了噪声可分为内部固有噪声和外部干扰噪声，不同外部噪声的频谱范围不同，图 15.5 所示为一些外部干扰的典型频谱。

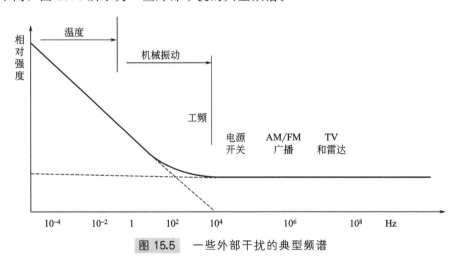

图 15.5 一些外部干扰的典型频谱

15.5.1 外部干扰的途径

要抑制外部干扰，首先会考虑从根源上消除干扰的存在，但是一部分自然界的干扰是不可能从根源上解决的，这些自然界的噪声有：宇宙射线、雷电、大气电离等。对于一个实验室来说，大部分设备的电源都取自外部电网，电网的波动以及它固有的 50Hz 噪声也是不能从根源上消除的。另外一些对仪器的干扰则属于人为噪声，这部分噪声应该尽可能地从根源上解决，例如，在进行光学测量时，可以将实验室的日光灯关闭，这样会从根本上避免闪烁的日光灯噪声进入光电探测器；另外，使用电池代替外接电源也是很好的消除电源噪声的方法。诸如此类消除外部干扰的措施，可以根据每个实验室的具体情况，尽可能地去实现。更多的情况下，不可能从根源上消除外部干扰，但是可以尽量使测量仪器受外部干扰的影响减小，所以首先要了解一下外部干扰是怎样进入电子仪器中的，这里不涉及机械抖动、声音干扰等因素，只介绍电磁干扰的影响。外部电磁干扰的影响分为电场、磁场以及辐射。这些影响几乎都是通过传导耦合、公共阻抗耦合和空间耦合这几种方式实现的。

传导耦合是指噪声通过电源线和信号线直接进入电子设备的情形。设备的电源线、信号线、与其他设备或外围设备相互交换的通讯线路，至少有两根导线，这两根导线作为往返线路输送电力或信号。但在这两根导线之外通常还有第三跟导线，即"地线"。因此，根据信号传导通路的不同，噪声电压或电流的干扰模式一般分为共模干扰和差模干扰两种。

共模干扰：两根导线作为去路，地线作为返回路传输，主要是在并行传输时产生。

差模干扰：两根导线分别作为往返线路传输，主要是在回路传输时产生。通常，干扰噪声的差模分量和共模分量同时存在，由于线路阻抗的不平衡，两种分量在传输中会互相转化。

公共阻抗耦合是指来自不同电路的电流经过一个公共阻抗时，会通过这个公共阻抗产生互相的干扰。常见的情况是信号处理电路与信号输出电路使用公共电源如图 15.6 所示。

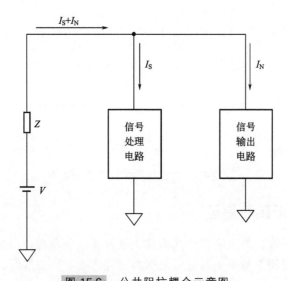

图 15.6 公共阻抗耦合示意图

信号处理电路与信号输出电路使用公共电源

空间耦合是噪声通过场的形式干扰电子设备。高频电磁场以电磁波的形式在空间传播，即辐射耦合干扰。另一种是感应耦合，又可分为电场耦合和磁场耦合。电场耦合是由于电路间存在分布电容，这些分布电容会将电路附近高压小电流的噪声信号耦合入电路；磁场耦合则是由于电路间存在互感，互感容易将附近低电压大电流源的噪声耦合进电路。

15.5.2　传导干扰的抑制

　　抑制传导耦合的干扰分为抑制电源线上的干扰和抑制信号传输线上的干扰。对于使用交流电源的仪器，可以在电源输入端安装电源低通滤波器，去除电网中 50Hz 的高次谐波的干扰，电源滤波器如图 15.7 所示。可以使用压敏电阻和瞬变抑制二极管来吸收浪涌冲击的干扰。还应该注意避免使信号测量、信号处理电路与继电器、电磁铁等噪声大的设备共用同一个电源。

图 15.7　电源滤波器

　　在抑制信号线上的干扰时，也会用到滤波器。根据被测信号的不同频率范围选用不同的滤波器。直流和低频信号使用低通滤波器；高频信号采用高通滤波器；中频信号采用带通滤波器；对于窄脉冲信号或动力学弛豫信号，应根据该信号的频谱范围使用宽带滤波器。

　　无源滤波器成本较低，但是体积较大、损耗及抗干扰能力方面稍差、器件性能（尤其是电感和电容）的偏差影响设计指标的实现，所以性能稍差；而有源滤波器只要采用高质量的电容和电阻，在放大器的开环带宽内，滤波器设计的可控性和可靠性都要明显优于无源滤波器，而且体积也要小很多。因此，一般而言，用于信号处理的滤波器多为有源滤波器，由晶体管或运算放大器等构成，使用时需要加电源；用于电源滤波的滤波器为无源滤波器，不需要额外的电源使其工作，由电阻、电感、电容、磁珠等构成。

　　除了使用滤波的方法抑制信号的噪声以外，人们还经常使用隔离的措施来消除共模干扰。如图 15.8 所示。对模拟信号可采用变压器隔离、线性隔离放大器等。对数字信号可采用光电耦合隔离。前置放大器则应该采用差分放大器的结构消除共模干扰。

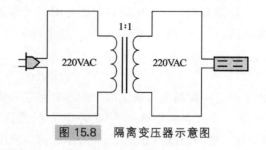

图 15.8　隔离变压器示意图

15.5.3　公共阻抗耦合干扰的抑制

对于处理低频信号的电路来说，应该采用单点接地的方式，即将所有设备的地都接到同一个点上，避免不同设备的接地点之间有电压差。另外，还应该使用较粗的线缆作为接地线，减小接地线的电阻。最后，要注意将大电流的设备和小电流的设备分开，不要共用同一个接地线。单点接地也有两种接地方式：串联单点接地及并联单点接地，如图 15.9 所示。

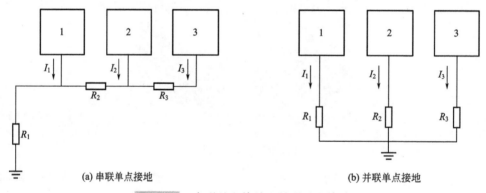

(a) 串联单点接地　　　　　　　　　　　　　　(b) 并联单点接地

图 15.9　串联单点接地和并联单点接地

串联单点接地比较简单，用起来比较方便。但是不是很合理。电阻之间是串联的，公共阻抗耦合，发生干扰，当各电路的电平相差不大时还可以勉强使用，但当各电路的电平相差较大时，就不再适用。并联单点接地方式在低频时可以很好地降低电路之间的耦合，但是需要连接多根地线，用起来比较麻烦。实际应用中应该根据实际情况进行选择。

15.5.4　空间耦合干扰的抑制

与抑制电源线和信号线上的传导干扰不同，抑制空间干扰的重点在于屏蔽环境中的电磁噪声。屏蔽指的是通过特定的材料对外来的电磁干扰进行吸收或反射，防止干扰进入到电子设备中。导电性能良好的金属（例如铜和铝）适用于电场的屏蔽，高磁导率的材料（例如铁磁性材料、钢的合金等）适用于磁场屏蔽。干扰以电压形式出现时，电路板上的分布电容会耦合入干扰信号，称为容性耦合。消除这种电压干扰使用的是电场屏蔽，设计屏蔽装置需要遵循以下几点：屏蔽体要尽量靠近设备，且屏蔽体必须接地良好；屏蔽外壳最好能做成全封闭的，而且屏蔽效果好坏与外壳形状有关，外壳厚度不能太薄(具体厚度视材料而定)；屏蔽体要使用铜、铝等良导体制造。

用于信号传输的电缆通常也适用屏蔽线。单路信号的传输线应该采用同轴电缆(RG-174、RG-58、RG-316 等型号)，例如探测器与放大器、示波器、锁相放大器之间的连接。在传输高频或脉冲信号时，其他类型线缆损耗较大，必须采用阻抗匹配的同轴电缆。在将两路信号传输到差分放大器时，应该采用双绞屏蔽线。双绞线是指两根绝缘的导线互相绞在一起，每一根导线在传输中引入的外界电磁波干扰会被另一根线上引入的电磁波干扰抵消(要求为差分输入)，如图 15.10 所示。如图 15.10(a)所示，两股平行导线中外场感应的电磁干扰信号幅度分别为＋5 和＋3，考虑到两者的位相差，差分干扰信号的最大幅值可以是＋8。而采用双绞线结构后

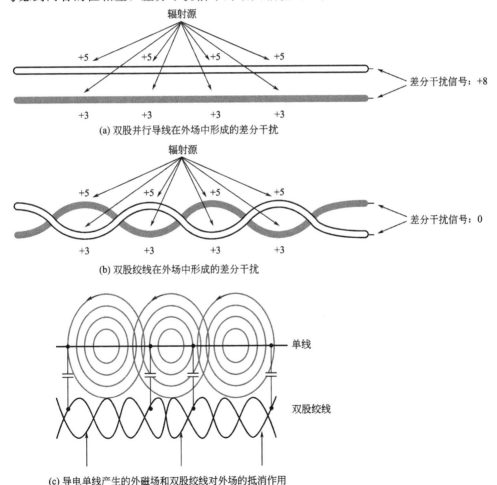

(a) 双股并行导线在外场中形成的差分干扰

(b) 双股绞线在外场中形成的差分干扰

(c) 导电单线产生的外磁场和双股绞线对外场的抵消作用

图 15.10 双股绞线抵消电磁干扰示意图

[图 15.10(b)]，在两股导线中感应出的干扰信号的平均复值是相同的，差分信号为零。另外通电导线时产生磁场，两根并行导线产生的外磁场就是两个圆环形状的磁场相重合，从剖面看就是两个圆相交。这时如果一根导线切割另一根导线产生的磁场会产生微弱电流，就会形成干扰。双绞线将两根导线分别呈螺旋状绞合，带来的效果是，第一使两个导线相对位移的机会减少，避免了切割对方磁感线的发生；第二，更重要的是两根导线的磁感线相互呈螺旋形交合了时，使得产生的磁场不能明显区别于对方，并且相互制约抵消。所以双绞线对自己内部两根导线以及外部导线的干扰就降低了很多，如图 15.10(c) 所示，其中环线箭头表示导线内部电流产生的电磁场干扰，直线箭头表示外电磁场干扰。

对于低频信号的传输，双绞线的屏蔽效果比较好。需要注意的是，不论何种屏蔽线，它们的屏蔽层都需要接地。

15.6 相敏检测技术

在进行微弱信号测量时经常使用的一种仪器就是锁相放大器，锁相放大器利用的原理就是相敏检测技术(phase sensitive detection，PSD)。相敏检测是调制-解调技术的一种，它可以选择性地测量信号中特定频率成分的幅度和位相。在进行相敏检测时，待测信号是受调制的交变信号，该信号被送入锁相放大器，与此同时，另一路和待测信号调制频率相同的信号也被送入锁相放大器，作为参考信号。锁相放大器会将这两路信号相乘，频率相同的两个信号相乘后会变成一个和频信号和一个差频信号，和频信号的频率为调制频率的两倍，差频信号则为直流，最后，所有的频率成分会通过锁相放大器末端的低通滤波器，将高频成分全部滤除，而只输出直流部分的值。如果事先已经知道了参考信号的幅度以及两路信号的相位差，那么就能根据输出的直流电压值恢复出待测信号的幅度。以上就是相敏检测以及锁相放大器工作的基本原理。正是因为锁相放大器最终只输出待测信号中和参考信号同频成分的幅度值，所以它具有很强的抗噪声能力，是微弱信号测量中的常用仪器。现在常用的一些高性能锁相放大器能够检测的信号可以比噪声小数千倍。待测信号的波形可以与参考信号不同(例如用斩波轮将光强调制成一个方波，而参考信号可以是方波，也可以是正弦、三角波等)，但是它们必须是相同频率，并且有固定的相位差。锁相放大器输出端低通滤波器的带宽(bandwidth)和滚降系数(roll-off factor)决定了噪声滤除的效果。窄的带宽以及快速的滚降能够尽可能地滤除噪声，即便噪声的频率成分和参考信号非常接近。如果待测信号是一个非常明确的直流信号时，可以设置大的时间常数和滚降系数，使锁相放大器滤除更多的噪声信号；但是很多的应用场合中，需要测量的是一个随时间变化的信号，这个信号的变化速率相对于调制频率来说要慢许多，可以视为调制信号具有慢变的振幅，在测量这种特点的信号时，就不能将滤波器设置为完全通直流的，因为这样会将待测的慢变振幅一起滤成直流电压，而看不到它的变化情况。所以，此时需要考虑噪声抑制与信号保真之间的平衡。

一般来说，锁相放大器输出值是正弦波振幅的均方根（root mean square，RMS）。例如，当正弦波的振幅为 1.4V 时（$V_{pp}=2.8V$），锁相放大器输出的电压为 $1V_{rms}$。当输入的待测信号不是正弦波时，需要先考虑该信号的傅里叶展开，然后再将锁相放大器的输出信号换算成待测信号的振幅。例如，待测信号是方波（斩波器调制的光信号就属于这种情况），振幅的峰-峰值为 $2V_{pp}$，频率为 f，它的傅里叶展开为：

$$S(t)=1.273\sin(2\pi ft)+0.4244\sin(3\times2\pi ft)+0.2546\sin(5\times2\pi ft)+\cdots$$

$$(15.7)$$

参考频率为 f 时，锁相放大器的输出即为 $0.9V_{rms}(1.273/\sqrt{2})$。有时，当所使用的探测器的响应速度不够快时，探测器的输出信号与调制信号间会有波形和幅值的误差，所以在使用锁相放大器测量时，应该首先注意误差是否来源于输入信号本身。

15.7　纳秒量级时间分辨实验中电磁干扰屏蔽举例

纳秒（ns）量级调 Q 激光器在动力学测量等领域中有广泛的应用。低重复频率（10Hz）的调 Q 激光器的调 Q 元件多采用电光调制晶体。通过在纳秒（ns）量级的时间尺度内改变加在调 Q 元件上的高压可以实现 ns 量级的激光调 Q 输出。然而，这种瞬间改变的高压会向外辐射大量的电磁波，从而对探测系统造成很大的影响。图 15.11 所示为某款国产调 Q 激光器工作在调 Q 状态时，对光电探测信号造成的电磁干扰。

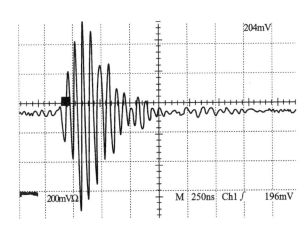

图 15.11　激光器工作在调 Q 状态时，对光电探测信号造成的电磁干扰

相比较而言，国外生产的调 Q 激光器电源要比国内生产的好一些，但仍然会对探测系统有较大影响，尤其是对于泵浦探测实验。以脉冲升温时间分辨红外瞬态

光谱动力学测量为例,实验中对应探测光的瞬态信号幅值变化大约为 20mV。上升时间大约为几十纳秒。由图 15.11 可知,其噪声幅度已经达到几百毫伏,且持续时间在几百纳秒量级,对被测动力学造成了很大的影响。因此,对这种电磁干扰进行屏蔽就显得尤为重要。下面主要针对这种噪声介绍一些基本概念及处理方法[4]。

电磁兼容性 电磁兼容性(electromagnetic compatibility, EMC)是在不损害信号所含信息的条件下,信号和干扰能够共存的程度。国际电工委员会(IEC)给出的定义是:设备或系统在其电磁环境中能正常工作且不对该环境中任何事物构成不能承受的电磁干扰的能力。可见,这个定义主要包含两个方面:设备和系统产生的电磁干扰,不应对周围环境中的设备造成不能承受的干扰以及系统和设备对来自周围环境电磁干扰具有足够的抗御能力。因此,应该从两个方面来处理电磁的干扰,即降低电磁辐射源对周围环境的辐射和提高探测系统的抗辐射干扰的能力。

电磁干扰过程 要很好的屏蔽电磁干扰,必须了解电磁干扰的产生过程及必要条件,图 15.12 显示了电磁干扰产生的基本过程及要素。电磁干扰的产生需要四个条件:辐射源,干扰耦合途径,受扰体及三者在时间上的一致性。四者缺一,则干扰就没有发生的可能。

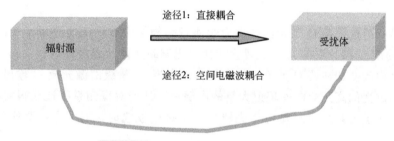

图 15.12 电磁干扰的两个主要途径

电磁干扰的抑制 在实际测量时,电磁辐射源及受扰体显然是存在的,时间上的一致性一般情况下也满足,因此降低电磁干扰影响首先需要从干扰耦合的途径上入手。由图 15.12 可知,电磁干扰耦合途径粗略地可以分为两种:辐射源与受扰体之间的直接耦合和通过空间电磁波的耦合。

直接耦合又可以分为公共阻抗耦合及传导耦合。公共阻抗耦合指的是辐射源与受扰体具有公共阻抗时的耦合。最常见的情况是辐射源与受扰体共用电源。辐射源产生的电磁干扰会对电源产生影响,电源的抖动会导致受扰体供电的抖动,从而使采集到的信号发生抖动。传导耦合指的是辐射源产生的噪声信号通过导线直接传导至受扰体上,也称为直接耦合。电源线、输入输出信号线都是干扰经常窜入的途径。

空间电磁耦合又称为辐射耦合,主要由电磁场的辐射引起。当高频电流流过导体时,在该导体周围产生电场线及磁感应。它们随着导体上电荷的瞬时变化而变化,从而向空中辐射电磁波,而处于该电磁波辐射范围内的各个电子学元件会在该电磁波的驱动之下产生瞬时的感应电动势及电流。辐射干扰是一种无规则的干扰，它最容易通过电源(尤其是电池)耦合进系统之中。此外，传输信号的导线具有一定的天线效应，它们既可以接收电磁波也可以辐射电磁波。在一定强度的电磁辐射下，由于天线效应，噪声通过辐射耦合进入电路就很难避免。

针对直接耦合进电路的干扰，最直接也是最简单的做法是将辐射源所用的电源与受扰体所用的电源分开。一般情况下，辐射源所需的电量一般比较大，且会有瞬间的高压出现，称其所需的电为强电。而探测系统一般需要的电量较小，将之称为弱电。因此在建立实验室的时候，可以在实验里引入两路电：一路为强电，给具有较大辐射的仪器或者系统供电。一路为弱电，给探测系统供电。如果条件不允许给两路电，可以采用具有屏蔽效果的隔离变压器将辐射源与探测系统用电分开。同时根据信号特征在探测系统中采用滤波器屏蔽一定的串扰噪声。在布线方面，应该尽量避免辐射源的电源线与探测系统的电源线并行排列，尽量将其距离拉开。

相较于直接耦合的干扰而言，通过空间电磁波的间接耦合更难消除。尤其是对于调 Q 激光器这种高压高频干扰而言。图 15.13 所示为调 Q 激光器工作在静态时(调 Q 模块不工作时)所产生的电磁干扰。

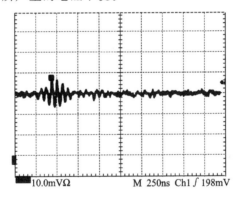

图 15.13　调 Q 激光器工作在静态时(调 Q 模块不工作时)所产生的电磁干扰

对比图 15.11 和图 15.13 可知，调 Q 激光器的调 Q 高压模块对于电磁干扰的贡献是电磁干扰的最主要的来源，且其主要是来自于空间耦合的干扰。空间的感应干扰包括静电场、高频电磁场以及磁场引起的干扰，对于这类干扰主要采用隔离、良好的屏蔽以及正确的接地方法加以解决，其中屏蔽是最主要的方法。屏蔽可以将电场线或磁感应线控制在一定的范围之内。其目的是隔断场的耦合来抑制场对外界的干扰。按照干扰性能可以分为：静电屏蔽、电磁屏蔽以及磁场屏蔽。调 Q 激光器主要为电磁波的影响，故只介绍电磁屏蔽。电磁屏蔽主要是为了克服高频电磁场的干扰，它利用良导体在电磁场中产生涡流效应来削弱电磁场的干扰。工艺上来说，需要用良性导体包裹或者隔离辐射源、导线以及受扰体。对于调 Q 激光器而言，将其完全用导体包裹是不可能的，必然要留有一定的出光孔。但幸运的是，只要孔的大小在几厘米量级以内，百兆量级以下的电磁干扰会得到很好的屏蔽。导线可以用常规的铜胶带加以包裹。对受扰体而言，可以根据其具体形状及要求做相应的屏蔽。需要指出的是：如果在受扰体(一般是探测系统)中存在电池供电的情况，一定要对电池做很好的屏蔽。屏蔽做完之后还必须对屏蔽层进行合适的接地，因为虽然屏蔽层能很好地阻止电磁波的渗透，但其表面会被诱导出很多自由电子。这些自由电子数量随电磁波变化，会成为新的辐射源。通过合适接地可以将这些自由电子导入大地，减少辐射。同时，辐射源系统的屏蔽层接地和受扰体系统的接地要分开，防止二者通过接地触电产生相互的影响。

除此以外，还可以考虑以下方法进行空间干扰的去除：①空间隔离，使敏感设备或者信号线远离干扰源；②信号线与电源线分开，并尽量避免平行铺设；③采用双绞线或者同轴电缆作为信号线，如果要求更高，可以采用光导纤维；④高电平线和低电平线不要走同一电缆，也不要走同一插件。

最后是利用上述技术消除的电磁干扰的结果，如图 15.14 所示，电磁干扰噪声被控制在±2mV 范围内。

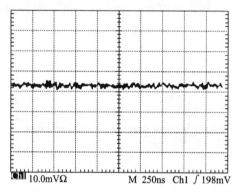

Ch1 10.0mVΩ   M 250ns Ch1 ∫ 198mV

图 15.14　激光器工作在调 Q 状态时，通过有效屏蔽措施后测得的电磁干扰信号

电磁干扰噪声被控制在±2mV 范围内

参 考 文 献

[1]　林理忠，宋敏. 微弱信号检测学导论. 北京：中国计量出版社，**1996**.

[2]　[英] 瓦塞. 现代数字信号处理与噪声降低. 第 3 版. 刘文红，高阳译. 北京：电子工业出版社，**2007**.

[3]　[美] Henry W. Ott 著. 电子系统中噪声的抑制与衰减技术. 王培清，李迪译. 北京：电子工业出版社，**2003**.

[4]　王成珍. 抑制噪声的相关原理. 电测与仪表，**1989**，(5).

超快激光光谱原理与技术基础

Chapter 16

接口及计算机控制简介

光谱学实验室需要建立各种不同类型的时间分辨光谱测量系统，因此要将多种不同的仪器（例如，示波器、光开关、电控位移台、光谱仪等）通过微型计算机统一连接起来，通过设备控制和数据采集构成一个整体的光谱测量系统。本章将主要介绍微型计算机和几种常用的仪器控制硬件接口和编程软件。

光谱技术已发展了很多年，近三十年来，随着微型计算机技术的发展，很多仪器设备都走向了数字化，即可通过计算机进行数据采集和控制。用于光谱实验的硬件非常多。受篇幅所限，无法一一进行介绍，本章主要介绍目前常用的几种硬件接口方式，并结合两种较常用编程语言（Visual Basic 和 LabVIEW）给出一些实例。

16.1 常用仪器通信接口

16.1.1 串行接口

串行接口，也称串行通信接口。串行通信是指通信的发送方和接收方之间数据信息的传输是在单根数据线上，以每次一个二进制的 0、1 为最小单位逐位进行传输，是一种传输速度相对慢，一对一连接的通信方式[1]。

串行数据传送的特点是，数据传送按位顺序进行，最少只需要一根传输线即可完成，节省传输线。与并行通信相比，串行通信还有较为显著的优点：传输距离长，可以从几米到几千米；在长距离内串行数据传送速率会比并行数据传送速率快；串行通信的通信时钟频率容易提高；串行通信的抗干扰能力十分强，其信号间的互相干扰完全可以忽略。但是串行通信传送速度比并行通信慢得多，在等量数据量与相同传输频率的情况下，并行通信时间为 T，则串行时间为 NT。但并行的几路（N）信号在较高的频率下相互之间的干扰问题不好解决，限制了速度的进一步提升。

串行接口技术简单成熟，性能可靠，价格低廉；所要求的软/硬件开发环境都很低；因此，尽管现代计算机的新接口层出不穷，各种应用日新月异，其规模也越来越大，但是，很多对速度要求不高的常用仪器设备都带有串行接口，串行通信仍然是仪器控制必须掌握的核心技术。

串行接口按电气标准及协议来分包括 RS-232C、RS-422、RS-485 等。

RS-232C：也称标准串口，又称为 Com 口，是目前微型计算机上最常用的一种串行通信接口。

RS-232C 是美国电子工业协会（Electronic Industry Association，EIA）于 1962 年公布，并于 1969 年修订的串行接口标准。它已经成为国际上通用的标准。这个标准对串行通信接口的有关问题，如信号电平、信号线功能、电气特性、机械特性等都作了明确规定。

　　目前 RS-232C 已成为数据终端设备(data terminal equipment，DTE，如计算机)和数据通信设备(data communication equipment，DCE，如 Modem)的接口标准。RS-232C 是个人计算机(PC 机)与通信工业中应用最广泛的一种串行接口，在微型计算机机上的 COM1、COM2 接口，就是 RS-232C 接口。

　　在如图 16.1 所示微型计算机上，有各种各样的接头，其中有两个 9 针的接头区，这就是串行通信端口。人们对 PC 机上的串行接口有多种称呼：232 口、串口、通信口、COM 口和异步口等。图 16.1 表示出 PC 机主板上的串行端口及其针脚定义。

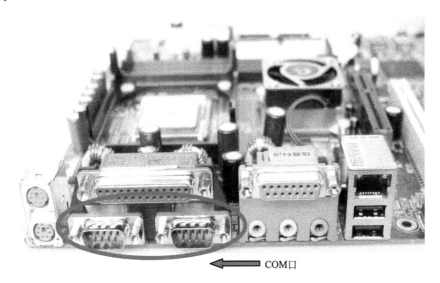

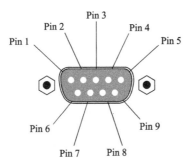

图 16.1　　PC 机主板上的串行端口及其针脚定义

　　串口的每一针脚都有它的作用，也有它信号流动的方向。原来的 RS-232 是设计用来连接调制解调器作传输之用的，因此它的脚位意义通常也和调制解调器传输有关。从功能来看，全部信号线分为 3 类，即数据线(TXD、RXD)、地线(GND)和联络控制线(DSR、DTR、RI、DCD、RTS、CTS)。表 16.1 所列为这 9 针脚的相关说明(RS-422、RS-485 标准这里不再详述，用到时请查找相关资料)。

表 16.1　9 针串行口的针脚功能

针　脚	符　号	通　信　方　向	功　　能
1	DCD	计算机→调制解调器	载波信号检测
2	RXD	计算机→调制解调器	接收数据
3	TXD	计算机→调制解调器	发送数据
4	DTR	计算机→调制解调器	数据终端准备好
5	GND	计算机→调制解调器	信号地线
6	DSR	计算机→调制解调器	数据装置准备好
7	RTS	计算机→调制解调器	请求发送
8	CTS	计算机→调制解调器	清除发送
9	RI	计算机→调制解调器	振铃信号指示

16.1.2　并行接口

并行接口，简称并口，是采用并行通信协议的扩展接口，通常并口能同时传送 8 位（bit）[1 字节（B）] 数据。LPT 接口为常用并口，使用的是 IEEE1284—1994 标准，一般用来连接打印机、扫描仪等，所以又被称为打印口。较少用于仪器控制。但是，因为该口有很多路输入输出端口，在实验室中可以很方便地用于一些简单的开关量控制，而不需要另外购置 I/O 板卡。例如，可以用并口输出 TTL（晶体管-晶体管逻辑电路）电平信号控制一个光开关的通断或者检测某些仪器输出的 TTL 电平判断工作状态。图 16.2 所示为微型计算机上的并口的形状和针脚定义分布。

微机上的并口共有25 根连线，其中18～25 都是地线，因此实际共有 17 根线，分成三类：8 根数据线，可进行数据输出，5 根状态线，输入，4 根控制线，输出。这三组线分别对应打印口的三个寄存器，即 378h(数据口，针脚 2～9)、379h(状态口，针脚 10～13、15)、37Ah(控制口，针脚 1、14、16、17)，只要对这三个地址的寄存器读或写，就可以输入或输出数据。而对这三个地址的读写可以用编程语言中的输入/输出函数(inport/outport)进行操作。

16.1.3　GPIB/IEEE488 接口

GPIB(general-purpose interface bus，通用接口总线)是一种用于仪器控制的常用接口总线。最初由 HP 公司在 1965 年提出，1975 年，IEEE(美国电气和电子工程师协会)以 IEEE488 标准总线予以推荐，1977 年 IEC(国际电工委员会)也对该总线进行认可与推荐，定名为 IEC-IB(IEC 接口总线)。所以这种总线同时拥有 IEEE488、IEC-IB、HP-IB(HP 接口总线)和 GPIB(通用接口总线)等多种名称。1987 年，IEEE 加强了原来的标准，精确定义了控制器和仪器的通信方式，新的协议标准称为 IEEE488.2；IEEE 制定的可编程仪器的标准命令(standard commands

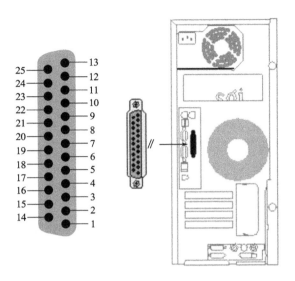

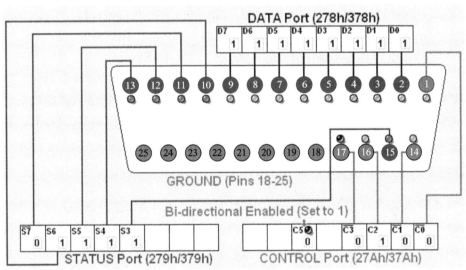

图 16.2   微型计算机并口形状和针脚定义分布

for programmable instruments，SCPI)采纳了 IEEE488.2 定义的命令结构，创建了一整套编程命令。

当用 IEEE488 标准建立一个由计算机控制的测试系统时，不要再加一大堆复杂的控制电路，IEEE488 系统以机架层叠式智能仪器为主要器件，构成开放式的积木测试系统。因此 IEEE488 总线是当前仪器和工业控制上应用最广泛的通信总线之一。使用一台计算机，通过 GPIB 控制卡可以实现和一台或多台仪器的听、讲、控功能，并组成仪器系统，使测试和测量工作变得快捷、简便、精确和高效。通过 GPIB 电缆的连接，可以方便地实现星型组合、线型组合或者二者的组合。

GPIB 是一个数字化的 24 脚并行总线，它包括 8 条数据线、5 条控制信号线、

3 条挂钩线、7 条地线、1 条屏蔽线，使用 8 位并行、字节串行的双向挂钩和双向异步通信方式。由于 GPIB 的数据单位是字节(8 位)，数据一般以 ASCⅡ码字符串方式传送，传送速度一般可达 250～500kB/s，最高可达 1MB/s。

GPIB 的一个重要特点是连接方式为总线式联接，仪器直接并联在总线上，一个接口可连接 14 个 GPIB 接口的仪器，它们相互之间可以直接进行通信。GPIB 有一个控者(PC 机)来控制总线，在总线上传送仪器命令和数据，控者寻址一个讲者、一个或者多个听者，数据串在总线上从讲者向听者传送。

将 GPIB 接口和一般接口系统的结构进行对比，一般接口系统是"一点对一点"传送，而 GPIB 接口则是"一点对 N 点"传送，由于其传送速率高、系统扩展方便等优点使计算机和仪器之间的关系更为紧密，就像一座桥梁，连接着仪器工业和计算机工业，改变了以往仪器手工操作、单台使用的传统应用方法。

跟串口相比，GPIB 接口提高了传输速率和同时支持的设备总数；但是，不过标准 PC 机和工控机中均不带 GPIB 接口，因此，要通过 GPIB 接口实现控制采用 IEEE488 接口的仪器时，必须在 PC 机中安装一块 GPIB 接口卡或使用 USB 接口的 GPIB 卡，并用一根 GIPB 电缆与数据采集仪的 GPIB 接口进行连接。图 16.3 所示为 GPIB 接口卡、电缆及接口的针脚定义。

GPIB 接口在仪器控制中使用方便，支持广泛，兼容性和扩展性都很好。特别是使用 LabVIEW 等高级语言进行 GPIB 编程时十分方便。但其通信速度较低，硬件价格高(GPIB 卡和 GPIB 线)，近年来已开始有被 Ethernet 接口和 USB 接口取代的趋势。

16.1.4　Ethernet 接口

Ethernet(以太网)接口作为普通计算机的局域网接口为大家所熟悉。近几年很多仪器通过内建网卡实现了 Ethernet 接口进行通信，通常采用 RJ45 局域网接口。使用 Ethernet 口通信具有速度快、成本低、可分布式采集和远程监控等优点。但与 GPIB 及串口相比，若要对其编程控制，需要对 TCP-IP 协议有一定了解。很多提供 Ethernet 接口的仪器同时提供接口程序。例如，近年来市场上的新示波器通常带有 RJ45 的网络接口，可以很方便地通过本章软件部分所讲到的 VISA(virtual instrument software architecture)编程接口进行控制。而一些更先进的仪器更是提供了内置的建议网络服务器，用户可直接通过 web 或其他专用端口对仪器进行远程操作及监控。

16.1.5　USB 接口

USB(universal serial bus，通用串行总线)是连接外部设备的一个串口总线标准，在计算机上使用广泛。USB 速度比并行端口(例如 EPP、LPT)和串行接口(例如 RS-232)等传统计算机用标准总线快许多。原标准中 USB 1.1 的最大传输带宽为 12Mbps，USB 2.0 的最大传输带宽为 480Mbps。最新的 USB 3.0 更从

Pin 1	DIO1	Data input/output bit.
Pin 2	DIO2	Data input/output bit.
Pin 3	DIO3	Data input/output bit.
Pin 4	DIO4	Data input/output bit.
Pin 5	EOI	End-or-identify.
Pin 6	DAV	Data vllid.
Pin 7	NRFD	Not ready for data.
Pin 8	NDAC	Not data accepted.
Pin 9	IFC	Interface clear.
Pin 10	SRQ	Service request.
Pin 11	ATN	Attention.
Pin 12	SHIELD	
Pin 13	DIO5	Data input/output bit.
Pin 14	DIO6	Data input/output bit.
Pin 15	DIO7	Data input/output bit.
Pin 16	DIO8	Data input/output bit.
Pin 17	REN	Remote enable.
Pin 18	GND	(wire twisted with DAV)
Pin 19	GND	(wire twisted with NRFD)
Pin 20	GND	(wire twisted with NDAC)
Pin 21	GND	(wire twisted with IFC)
Pin 22	GND	(wire twisted with SRQ)
Pin 23	GND	(wire twisted with ATN)
Pin 24	Logic ground	

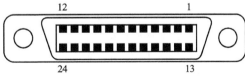

图 16.3　GPIB 接口卡、电缆及接口的针脚定义

480Mbps 提升到 4.8Gbps 以上。USB 的设计为非对称式的，它由一个主机控制器和若干通过集线器设备以树形连接的设备组成。一个控制器下最多可以有 5 级 hub；包括 hub 在内，最多可以连接 127 个设备；而一台计算机可以同时有多个控制器。USB 接口（图 16.4）支持热插拔，同时能对仪器提供 5V 电源。单 USB 总线的线缆长度限制为 5m，更长的应用需要用到集线器（hub）。

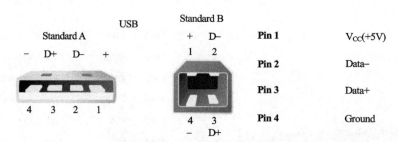

图 16.4　USB 接口及针脚定义

USB 设备通常会提供相应的驱动程序供直接调用,另外,通过开发环境中的通用驱动(如 NI VISA)也可以对其进行与普通串口类似的读写操作。

16.2　常用仪器控制编程软件

科研实验室中用于仪器控制的常用编程软件是 Visual C、Visual Basic 和 LabVIEW。

16.2.1　Visual C

Visual C 是 Microsoft 公司出版的 C 语言编译器。C 语言功能强大,可以直接对硬件底层进行操作,运算速度快。目前,很多仪器厂商都会提供用于仪器控制的 C 语言编程接口(动态链接库-DLL)和相应的 Visual C 的例子程序。但是,尽管 Visual C 称为可视化开发工具,但是对于初学者而言,C 语言本身较难掌握;而且 Visual C 的编程界面相对 Visual Basic 和 LabVIEW 都要复杂一些,因此在一般对程序性能要求不高,功能简单的实验室仪器控制应用中使用较少。

16.2.2　Visual Basic

Visual Basic 是由美国微软公司开发的一种可视化的、面向对象和采用事件驱动方式的结构化高级程序设计语言,它入门容易,功能强大,可以获得的资源丰富。初学者可以轻松地使用 VB 提供的组件快速建立一个应用程序。很多仪器也都带有 Visual Basic 的例子程序;即使没有 Visual Basic 的例子程序,Visual Basic 也可以很方便地对仪器所带的 DLL 函数库进行调用编程。而且,Microsoft 公司和网络上人们开发了大量的控件,利用这些控件,用户就可以像搭积木一样构成自己需要的程序[2]。

16.2.3　LabVIEW

LabVIEW(laboratory virtual instrumentation engineering workbench,实验室虚拟仪器工程平台)是由美国 NI(National Instrument,国家仪器)公司所开发的图形化程序编译平台。可以说,LabVIEW 就是专门为仪器控制而开发的程序。LabVIEW率先引入了特别的虚拟仪器(virtual instruments)概念,使用者可通过人机接口直接控制自行开发的仪器，如图 16.5 所示。目前 LabVIEW 已经有 Windows，UNIX，Linux，Mac OS 等多种操作系统下运行的版本。由于 LabVIEW 特殊的图形程序拥有简单易懂的开发接口，缩短了开发原型的时间以及方便了日后的软件维护，因此逐渐受到系统开发及研究人员的喜爱。目前广泛地被应用于工业自动化领域和实验室中。

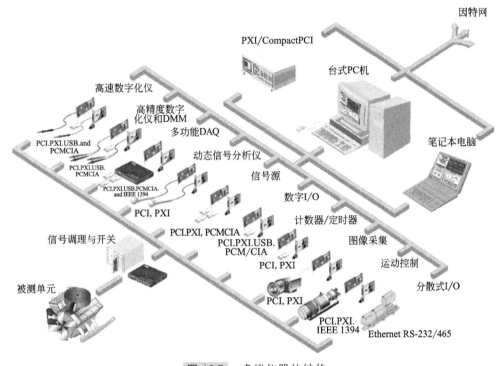

图 16.5　虚拟仪器的结构

NI 公司开发了基于 LabVIEW 的 VISA(virtual instrument software architecture)接口，这是一个用来与各种仪器总线进行通信的高级应用编程接口(API)。它不受平台、总线和环境的限制。换言之，与设备进行通信的程序，无论是在运行 Windows 2000 的机器上用 LabVIEW 开发出来的，还是在运行 Mac OS X 的机器上用 C 语言编写的，都可以使用同一个 VISA API 接口。

在使用第三方仪器时，若要在程序中通过 VISA 直接调用串口、并口、USB 口等接口，需要安装 NI-VISA 驱动(安装 LabVIEW 后，用户可以到美国 NI 公司的网站 http：//www. ni. com/visa 上免费下载和安装 NI-VISA)。这一驱动使用户可以通过 LabVIEW 自由地与仪器通过 VISA 端口进行通信。NI 公司针对自己公司的产品在 LabVIEW 平台上开发了一套名为 NI-DAQmx 的驱动程序(安装 Lab-VIEW 后，用户可以到美国 NI 公司的网站 http：//www. ni. com/dataacquisition/nidaqmx. htm 上免费下载和安装 NI-DAQmx)。这套驱动程序在用户使用 NI 公司的数据采集产品时可以方便而灵活地对产品功能进行使用。

由于目前国内外科研实验室广泛采用 LabVIEW 作为计算机实验平台开发工具，大多数仪器公司都会提供预先封装好的 LabVIEW 接口程序及例程，甚至直接使用 LabVIEW 开发仪器的驱动程序。

16.3　常用接口编程示例

仪器控制的硬件接口和编程语言都有很多种选择，组合起来更是不胜枚举。本节主要针对一些几种常见的硬件接口和编程语言组合给出例子。

16.3.1　Visual Basic 串口编程

以 Visual Basic 6 为例给出串口编程的例子。Visual Basic 提供了很多控件给用户，MSComm 是一个串口通信控件。由于 VB 的串口通信组件并不会主动出现在工具箱中，当需要 MSComm 控件时，首先要把它加入到工具箱中。让 MSComm 控件出现在工具箱中的步骤如下：

选择"工程"菜单下的"部件..."子菜单，在弹出的"部件"对话框中，在"控件"选项卡属性中选中"Microsoft Comm Control 6.0"复选框，单击"确定"按钮后，在工具箱中就出现了一个 ☎ 的图标，它就是 MSComm 控件。

工具箱中有了 MSComm 控件，就可以选择 MSComm 控件的图标后将其添加到程序窗体上，程序窗口上就多了一个 MSComm1 控件，利用该控件编程，PC 就可以通过 VB 实现与串口设备的串口通信了。由于每个使用的 MSComm 控件对应着一个串行端口，如果应用程序需要访问多个串行端口，必须添加多个 MSComm 控件。

串口使用前，要首先进行初始化设置，并打开串口通信。初始化一般在程序启动时进行。程序如下所示：

```
Private Sub Form_Load()
    MSComm1. CommPort=1                '设置通信端口号为 COM1
    MSComm1. Settings="9600,n,8,1"     '设置串口 1 参数
    MSComm1. InputMode=0               '接收文本型数据
    MSComm1. PortOpen=True             '打开通信端口 1
End Sub
```

利用串口发送一段以回车键(0x0D)字符串"hello"的程序如下所示：

```
    MSComm1. Output = "hello" & Chr $ (13)
```

利用串口接收一段字符放到缓冲器(buf)所在的内存的程序如下所示：

```
    Dim buf $

    buf=MSComm1. Input
```

当程序结束或者不再使用串口进行通信了，需用关闭串口。程序如下所示：

MSComm1. PortOpen＝False

16.3.2　Visual Basic 并口编程

如前所述，并口是一种很方便的开关量出接口。本节给出利用 Visual Basic 通过并口进行开关量输入/输出的例子。

由于 32 位的 Windows 操作系统(Windows 2000、Windows XP 等)不支持对硬件端口直接操作，因此必须借助一些专门的函数包对端口进行输入/输出。这里使用的是 Inpout32 程序包，该包(Inpout32. dll)可以直接从网络上下载后放在程序所在目录中。然后在程序工程模块中添加如下函数声明代码：

Public Declare Function Inp Lib "inpout32. dll" _

Alias "Inp32"(ByVal PortAddress As Integer)As Integer

Public Declare Sub Out Lib "inpout32. dll" _

Alias "Out32"(ByVal PortAddress As Integer,ByVal Value As Integer)

这样就可以直接对端口进行操作了。例如，如果我们要将并口的针脚 4 设为高电平，根据图 16.2，只要将并口数据口(＆H378)的 d2 设为 1 就可以了。代码如下：

Out ＆ H378，＆ H04

如果要看并口的针脚 11 检测到的是高电平还是低电平，根据图 16.2，只要读取状态口(＆H379)的数据，并判断最高位是 1 还是 0 就可以了。代码如下：

Port11＝Inp(＆ H379)

16.3.3　LabVIEW 串口编程

LabVIEW 是一种非常强大的仪器控制语言，美国 NI 公司开发了基于LabVIEW 的 VISA——虚拟仪器软件编程接口。基于 VISA 接口，很多常见硬件接口都可以很方便地利用 LabVIEW 进行处理。安装 LabVIEW 后，用户可以到美国 NI 公司的网站 http://www. ni. com/visa 上免费下载和安装 NI-VISA[3]。本节给出利用 LabVIEW-VISA进行串口编程的一个简单实例。所用的 LabVIEW 版本为LabVIEW 2010。

LabVIEW 进行串口交互是利用函数库中"Instrument I/O"目录下的"Serial"目录中的八个函数，如图 16.6 所示，其中上面的四个 VISA 函数的功能分别是初始化串口(Configure)，写入串口(Write)，读取串口数据(Read)和关闭串口(Close)。

在"Instrument I/O"目录下有一个数据格式是"VISA Resource Name Constant""　"，选择添加到程序里后，可以从下拉菜单 中直接选择 LabVIEW 所支持的一些 VISA 接口类型，在这里我们选择使用串口 COM1。

要想使用串口，首先要对串口进行初始化设置，使用 进行串口初始化设置的程序如图 16.7 所示。

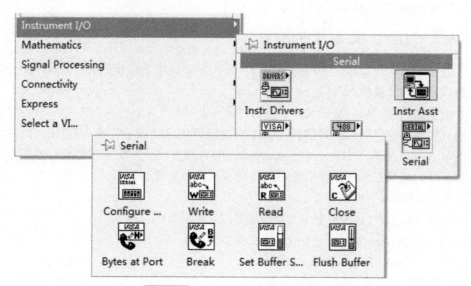

图 16.6　Lab VIEW 中的串口函数

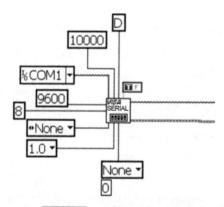

图 16.7　串口初始化程序

上面的程序将串口 1(COM1)进行了设置，基本参数分别为：波特率 9600，数据位 8 位，无奇偶效验，停止位 1 位。经过初化化设置后得到的串口 1 操作资源名经过 "⎓⎓⎓⎓⎓⎓" 输出。

将字符串 "hello" 写入打开的串口 1 的程序如图 16.8 所示。

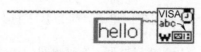

图 16.8　写串口程序

从打开的串口读取 10 个字节到 "read buffer" 缓存中的程序如图 16.9 所示。对串口进行操作完成后，需要关闭串口，程序如图 16.10 所示。

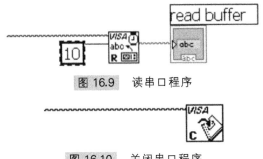

图 16.9　读串口程序

图 16.10　关闭串口程序

16.3.4　LabVIEW GPIB 编程

GPIB 是专门用于仪器控制的接口，而 LabVIEW 是专门用于仪器控制的编程软件。两者的结合，使得仪器控制编程变得非常简单。在 GPIB 接口和 LabVIEW 软件发展中，LabVIEW 中针对 GPIB 编程有三种编程方式，分别是：GPIB、GPIB-488.2 和 VISA 编程接口。这三种编程接口其编程方便性以 VISA 最易入手。图 16.11 所示为 LabVIEW 中的 GPIB 和 VISA 函数列表。

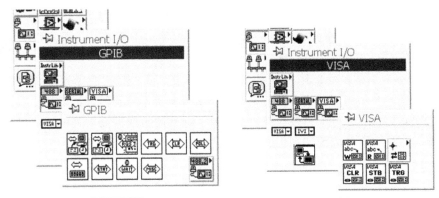

图 16.11　LabVIEW 中的 GPIB 和 VISA 函数列表

在上节中针对串口讲解了 VISA 编程；利用 VISA 对 GPIB 进行编程跟串口基本相同，只要利用如图 16.11 中所示 LabVIEW 函数库中的"Instrument I/O"目录下的"VISA"目录中的几个函数就可以了。

图 16.12 所示为利用 VISA 对一个通过 GPIB 链接的设备进行操作的例子。

这个例子是询问这个仪器的型号。VISA 资源名"GPIB0::1::INSTR"表示这个设备连接在第一块 GPIB 卡上（GPIB0），设备的编号为 1。字符串"* IDN?"是一个常常用来查询仪器型号的一个字符串（接收到这个字符串的仪器会返回一个仪器型号的字符串）。这些数据输入到  函数中，通过 GPIB 口发给链接在 GPIB 卡上的编号为 1 的设备。接着又利用  读入一个字符串，字符串长度不大于 100，并且输

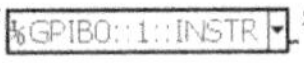

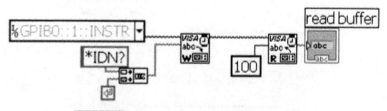

图 16.12 利用 VISA 对 GPIB 端口进行读写

出到 read buffer 所代表的缓存中。

以上的程序是利用"＊IDN?"字符串询问仪器型号的示例。"＊IDN?"是 GPIB 设备的标准命令之一，适用于多数 GPIB 接口的仪器。除了这些标准命令，其他命令须参考仪器说明书中关于计算机控制的部分。

提示(Tips)：

① 由于 LabVIEW 中的数据是以数据流的方式在框图中运行，因此程序提供了一个名为"高亮运行"(highlight execution)的功能。打开高亮运行后，程序将以慢速运行，同时在程序图中的所有数据的传递和计算过程以非常直观的动画方式显示在程序框图中。另外，在程序的运行过程中，用户可以使用名为"探针"(Probe)的功能对程序中任何一个变量进行实时监测。使用这些工具可以大量节省调试程序的时间。

② 很多较新的仪器的附带软件包中都会带有 LabVIEW 的子程序及示例，利用这些子程序及示例可以很方便地进行编程实现实验室需要的测试功能。

③ LabVIEW 中对于大多数模块都提供了详细的帮助页面，其中很多都有内置的例程。在使用中如能善加利用的话可以大大提高程序的开发速度。

注：

① 新版本的 LabVIEW 能够完全兼容之前的版本，而旧版本不能打开新版本编写的程序，也不能打开经过新版本编译保存过的旧版本程序。

② 在使用 VB 等语言编程对串口进行控制和数据交换的时候，若接收数据和等待数据的方式不当，造成对串口过于频繁的读写和无时间延迟的循环操作，容易造成计算机 CPU 占用过高的问题。如果在实际操作中遇到类似的问题，须对程序的串口读写部分进行优化。

参 考 文 献

[1] 孙晓云. 接口与通信技术原理与应用. 北京：中国电力出版社，**2007**.

[2] 国家 863 中部软件孵化器，Visual Basic 从入门到精通. 北京：人民邮电出版社，**2010**.

[3] National Instruments，LabVIEW User Manual. 320999E-01，**2003**.